Claudia Campos Netto

Autodesk®
Revit® Architecture 2018

Conceitos e aplicações

1ª edição

érica

saraiva EDUCAÇÃO | **érica**

Av. das Nações Unidas, 7221, 1º Andar, Setor B
Pinheiros – São Paulo – SP – CEP: 05425-902

SAC | **0800-0117875**
De 2ª a 6ª, das 8h00 às 18h00
www.editorasaraiva.com.br/contato

Dados Internacionais de Catalogação na Publicação (CIP)
Angélica Ilacqua CRB-8/7057

Campos Netto, Claudia
  Autodesk® Revit® Architecture 2018 : conceitos e aplicações
/ Claudia Campos Netto. - São Paulo : Érica, 2018. 408 p.

Bibliografia.
ISBN 978-85-365-2592-1

1. Autodesk Revit (Programa de computador)
2. Projeto arquitetônico - Software – Processamento de dados
3. Computação gráfica I. Título

16-0961   CDD 720.2840285536
                           CDU 72:004.4

Índices para catálogo sistemático:
  1. Autodesk Revit (Programa de computador)

Diretora executiva	Flávia Alves Bravin
Gerente executiva editorial	Renata Pascual Müller
Gerente editorial	Rita de Cássia S. Puoço
Editora de aquisições	Rosana Ap. Alves dos Santos
Editoras	Paula Hercy Cardoso Craveiro
	Silvia Campos Ferreira
Assistente editorial	Rafael Henrique Lima Fulanetti
Produtores editoriais	Camilla Felix Cianelli Chaves
	Laudemir Marinho dos Santos
Serviços editoriais	Juliana Bojczuk Fermino
	Kelli Priscila Pinto
	Marília Cordeiro
Preparação	Halime Musser
Revisão	Trisco Comunicação
Diagramação	Eduardo Benetório
Capa	Casa de Ideias
Impressão e acabamento	PSP Digital

CO	8763	CL	641849	CAE	622411

Fabricante

Produto: **Revit® 2018**

Fabricante: **Autodesk, Inc.**

Site: **www.autodesk.com.br**

Endereço no Brasil:

Autodesk do Brasil Ltda.

Rua James Joule, 65 – 4º andar – cj. 41

CEP: 04576-080 – São Paulo – SP

Fone: (11) 5501-2500

Requisitos de hardware e de software

Autodesk® Revit® 2018 (versão em português)

Revit para plataforma 64 bits – configuração mínima de entrada

- Microsoft® Windows® 10, 64 bits, Enterprise, Pro.

- Microsoft® Windows® 7, SP1, 64 bits, Enterprise, Ultimate, Professional ou Home Premium.

- Microsoft® Windows® 8.1, 64 bits, Enterprise, Pro.

- Processador de núcleo único ou de múltiplos núcleos Intel® Pentium®, Xeon®, ou processador de i-Series ou AMD® equivalente com tecnologia SSE2. Maior velocidade de CPU possível recomendada de classificação. Os produtos de software Revit usarão múltiplos núcleos para muitas tarefas, usando até 16 núcleos para as operações de renderização quase fotorrealistas.

- 4 GB RAM (para edição de projetos de modelo único de aproximadamente 100 MB. Essa estimativa é feita pela Autodesk com base em relatórios de usuários). Os modelos criados em versões anteriores de produtos de software Revit podem solicitar mais memória disponível para o processo de atualização única.

- 8 GB RAM (para edição de projetos de modelo único de aproximadamente 300 MB. Está estimativa é feita pela Autodesk baseada em relatórios de usuários). Os modelos criados em versões anteriores de produtos de software Revit podem solicitar mais memória disponível para o processo de atualização única.

- Mídia – download ou instalação a partir do DVD9 ou da chave USB.

- 5 GB de espaço em disco.

- Monitor 1.280 × 1.024 com true color. Configuração de DPI de exibição: 150% ou menos.

- Placa de vídeo compatível com DirectX® 11 com Shader Model 3 (verifique as placas recomendadas e certificadas pela Autodesk).

Revit Architecture para projetos grandes e complexos

- Microsoft® Windows® 10, 64 bits, Enterprise, Pro.

- Microsoft® Windows® 7, SP1, 64 bits, Enterprise, Ultimate, Professional ou Home Premium.

- Microsoft® Windows® 8.1, 64 bits, Enterprise, Pro.

- Múltiplos núcleos Intel® Xeon®, ou processador de i-Series ou AMD® equivalente com tecnologia SSE2. Maior velocidade de CPU possível recomendada de classificação. Os produtos de software Revit usarão múltiplos núcleos para muitas tarefas, empregando até 16 núcleos para as operações de renderização quase fotorrealistas.

- 16 GB RAM (para edição de projetos de modelo único de aproximadamente 700 MB. Essa estimativa é feita pela Autodesk baseada em relatórios de usuários).

- Mídia – Download ou instalação a partir do DVD9 ou da chave USB.

- 5 GB de espaço em disco. Mais de 10.000 RPM (para as interações de Nuvem de pontos) ou unidade de estado sólido.

- Monitor 1.920 × 1.200 com true color.

- Placa de vídeo compatível com DirectX® 11 com Shader Model 5 (verifique as placas recomendadas e certificadas pela Autodesk).

- Conexão com a Internet para registro do software.

Revit com Suporte para o Parallels Desktop® 11 for Mac®, Citrix, e suporte para VMware® consulte diretamente a Autodesk em: <www.autodesk.com.br>.

Importante

Especificações fornecidas pela Autodesk Inc. Para outros detalhes e informações, assim como para se certificar das placas gráficas suportadas pelo Revit, acesse: <www.autodesk.com.br>.

Este livro possui material digital exclusivo

Para enriquecer a experiência de ensino e aprendizagem por meio de seus livros, a Saraiva Educação oferece materiais de apoio que proporcionam aos leitores a oportunidade de ampliar seus conhecimentos.

Nesta obra, o leitor terá acesso ao gabarito das atividades apresentadas ao longo dos capítulos.

Para acessá-lo, siga estes passos:

1. Em seu computador, acesse o link: https://somos.in/ARC1

2. Se você já tem uma conta, entre com seu login e senha. Se ainda não tem, faça seu cadastro.

3. Após o login, clique na capa do livro. Pronto! Agora, aproveite o conteúdo extra e bons estudos!

Qualquer dúvida, entre em contato pelo e-mail suportedigital@saraivaconecta.com.br.

Agradecimentos

Meus agradecimentos à equipe da Editora Saraiva, selo Érica, pelo excelente trabalho demonstrado nesta edição.

Aos meus alunos, estudandes e colegas arquitetos e engenheiros, que me procuram para agradecer pelo livro que os ajuda a aprender a projetar em BIM com o Revit.

Sumário

Prefácio

Você provavelmente está migrando para a tecnologia BIM (Modelagem da Informação da Construção) e começará a projetar com o Revit para usá-la.

Primeiramente, quero lhe dar as boas-vindas ao mundo BIM. Com ele e o Revit, você terá mais produtividade e eficiência em seus projetos.

O Revit é uma excelente ferramenta para modelagem da informação da construção, a tecnologia que está tomando conta do mercado de construção no mundo.

Houve uma revolução na maneira de criar projetos de forma eletrônica e de compartilhar as informações dos projetos com a tecnologia BIM. Mas que informações são essas? Aos iniciantes na tecnologia BIM, saibam que ela permite criarmos um edifício virtual antes de construí-lo! No Revit, é possível, por exemplo, criar uma parede e informar do que ela é feita. Isso mesmo: bloco cerâmico, emboço, argamassa, tinta, cerâmica. É possível fazer isso com todos os componentes do edifício, sem exceção. Qual é a vantagem? Podemos extrair as quantidades de material, fazer o cálculo estrutural e simular até mesmo o consumo de energia.

O edifício que criamos eletronicamente é inteligente e tem todas as informações para ser construído; e podemos fazer dessa mesma forma os projetos das partes estruturais, como instalações hidráulicas, elétricas e ar--condicionado. Com todos os projetos em mãos, podemos fazer a compatibilização entre eles. Com a ajuda de outras ferramentas, como o Autodesk Navisworks, unimos todos esses projetos e tirarmos mais proveito da modelagem BIM. A compatibilização é, sem dúvida, um dos maiores ganhos do BIM, pois resolverá problemas que hoje acontecem no processo de desenho 2D, como desperdício de materiais e atrasos na obra.

Com a modelagem 3D e todos os recursos disponibilizados pelo Revit, podemos antecipar a visualização de problemas nos projetos e resolvê-los antes de ir para a obra. Portanto, modelar como o Revit e a tecnologia BIM tem muitas vantagens. Vamos lá, comece agora a aprender a trabalhar com mais produtividade e eficiência!

O livro tem exemplos práticos e um tutorial passo a passo para você criar um projeto completo de um edifício. Os exercícios têm arquivos que você pode baixar no site da editora, bem como as respostas dos exercícios.

No meu canal do YouTube (Claudia Campos), você poderá assistir a vídeos com o que tem de mais importante em cada capítulo.

Bom aprendizado!

Claudia Campos Netto

Sobre a Autora

Claudia Campos Netto é graduada em Arquitetura pela Faculdade de Belas Artes de São Paulo, em 1984, é uma das pioneiras no uso de tecnologia para elaboração de projetos.

Atualmente consultora da ConstruBIM, empresa de consultoria em BIM que, junto com outros consultores, desenvolve planos de implantação de BIM e planos de execução de BIM em empresas de engenharia e arquitetura.

Iniciou suas atividades em uma das primeiras revendas Autodesk no Brasil, em 1988, em pré-venda e treinamentos de AutoCAD® na versão 9.

Em 1990, foi para o distribuidor da Autodesk no Brasil, Digicon, onde foi responsável pelos treinamentos, tanto desenvolvendo materiais como ministrando aulas e suporte às revendas no Brasil.

Foi consultora técnica e comercial da área de arquitetura e decoração em uma revenda Autodesk, em que implantou com grande êxito sistemas CAD em empresas de arquitetura, engenharia e decoração.

Atuou também na coordenação de um Centro de Treinamento – ATC (Autodesk Training Center) em São Paulo, preparando materiais de treinamento e atuando como instrutora em cursos in company.

Atuou em uma revenda Autodesk em São Paulo como técnica especialista em Revit implantando Revit Architecture em conjunto com Revit MEP e Revit Structure e Autodesk Navisworks em construtoras e escritórios de engenharia e arquitetura.

Em 2017, completa 29 anos de trabalho com AutoCAD® e outros softwares, como Revit Architecture, Navisworks, Arqui 3D, Active 3D e SketchUp.

Recentemente, lançou o livro *Navisworks – Conceitos e Aplicações* e já publicou 24 livros de AutoCAD® e 7 de Revit Architecture pelo selo Érica, da Editora Saraiva, sendo: *AutoCAD® – Guia Prático* – versões 12 a 14; *AutoCAD® LT for Windows*; é coautora de *Apresentação de Projetos em 3D*; *Estudo Dirigido de AutoCAD®* – versões 2002 a 2018; *Revit Architecture – Conceitos e Aplicações* – versões 2011 a 2018; *Autodesk Navisworks – Conceitos e Aplicações* – versão 2018.

Possui as seguintes certificações: Autodesk Instructor, Autodesk Author, AutoCAD® Certified Professional e Revit Architecture Certified Professional.

É coordenadora da Comunidade de Usuários Autodesk – Português e moderadora dos fóruns Autodesk em português de Revit e AutoCAD®, nos quais atua orientando um grupo de colaboradores cujo objetivo é criar tutoriais, videoaulas e dicas de produtos Autodesk – o que lhes dá oportunidade de mostrar seus trabalhos e compartilhar conhecimento com outros colegas (www.autodesk.com.br/forumptb).

A autora possui um blog com as novidades da área de CAD e BIM, notícias de eventos e lançamentos, entre outras informações: http://claudiacampos.blog.br e um canal no YouTube com vídeos para cada capítulo do livro.

Apresentação

Quando penso em começar mais um livro, fico entusiasmada, pois vou levar a milhares de profissionais e estudantes a possibilidade de novos conhecimentos, que lhes permitirão ser mais produtivos em seu trabalho e ter novas oportunidades na carreira. Fico muito feliz também por encontrar, em eventos e congressos, meus leitores, que dizem:"Adorei seu livro, você explica muito bem" ou "Obrigada, aprendi com seu livro e hoje passei na prova de certificação de Revit" (foi o que disse uma arquiteta recentemente no AU Brasil 2015). Isso não tem preço e esse é meu estímulo.

Para você aprender o Revit, neste livro, eu procuro introduzir os principais conceitos do programa de uma forma didática e com exemplos práticos. No final da obra, tem um exercício passo a passo. Com isso, pretendo ajudá-lo a iniciar-se no Revit, uma ferramenta muito robusta, que precisa de prática e mais de um projeto para que você a domine totalmente.

Para quem está acostumado a trabalhar em 2D com o AutoCAD ou similar e se vê agora diante do desafio de trabalhar em 3D, não se preocupe: o Revit proporciona uma tranquila transição. O livro começa com a modelagem dos elementos da construção e, em seguida, trabalha as vistas de projeto e extração de quantitativos para depois abordar a extração da documentação. Além disso, apresenta uma pequena introdução ao conceito da tecnologia BIM (Building Information Modeling – Modelagem da Informação da Construção).

Independentemente de seu papel no uso do Revit, sugiro que procure aprofundar seus conhecimentos sobre ele, pois o Revit é somente uma ferramenta que usa essa tecnologia, mas ele vai muito além do projeto de arquitetura.

Para auxiliar o aprendizado, seja sozinho ou em um centro de treinamento, preparei um vídeo curto que explica o que há de mais importante a aprender em cada capítulo. Você pode assistir ao vídeo, estudar os detalhes de cada assunto no livro e depois fazer o tutorial.

Os exemplos do livro e o tutorial têm seus arquivos disponibilizados no site da Editora e é interessante baixá-los para acompanhar e ter um melhor aproveitamento. Os vídeos também podem ser vistos no meu canal no YouTube – Claudia Campos.

Espero alcançar meu objetivo de ajudá-lo nessa transição para o Revit e a tecnologia BIM, e encontrá-lo no próximo evento.

Bom trabalho!

Certificação em Revit

A Autodesk, por intermédio de seus Centros de Certificação Autorizados, oferece provas de certificação dos principais softwares. As certificações Autodesk são credenciais reconhecidas pelo mercado por validar o conhecimento de quem as possui. Uma certificação pode ajudá-lo a conquistar benefícios na sua carreira. Para o empregador, a certificação é uma garantia de que está contratando um profissional com conhecimento reconhecido.

Portanto, só temos vantagens nas certificações Autodesk.

Os exames de certificação são realizados nos Centros de Certificação, em computadores e em ambiente fiscalizado. Você poderá encontrar os centros de certificação mais próximos de sua cidade no site <www.certiport.com/locator>.

A Autodesk possui dois tipos de exame de certificação em Revit Architecture:

- Exame de Usuário Certificado.
- Exame de Profissional Certificado.

Este livro auxilia na preparação dos exames para aqueles que desejam fazer a prova de certificação em Revit. A seguir, listamos os tópicos das provas de certificação em Revit 2016 disponível, até o momento da impressão deste livro. Cada tópico tem o capítulo correspondente que trata do assunto. Nem todos os tópicos são cobertos no livro. Aconselhamos também a quem deseja fazer o exame de certificação que procure um Centro de Treinamento Autorizado Autodesk (ATC) para realizar o treinamento de Revit e se preparar para a prova.

Boa sorte!

Tópicos do exame de Usuário Certificado em Autodesk Revit 2016

As provas de Usuário Certificado são compostas de questões de múltipla escolha e questões de performance; e são destinadas a usuários relativamente novos na utilização do software.

Tópicos	Objetivo do Exame	Capítulos do Revit 2018 – Conceitos e Aplicações
Interface	Navegar pela interface e gerenciar arquivos	Capítulos 2, 7
Vistas	Trabalhar com vistas, incluindo criação de vistas de câmera	Capítulos 7, 18
Modelagem	Criar níveis, paredes, portas e janelas	Capítulos 5, 8
	Trabalhar com componentes, colunas e eixos	Capítulos 4, 10, 18
	Criar escada, corrimão, telhados e pisos	Capítulos 9, 11, 12
Documentação	Criar anotações e tabelas	Capítulos 15, 16

Tópicos da prova de Profissional Certificado em Autodesk Revit Architecture 2016

As provas de Certificação Profissional são compostas de questões práticas, em que o usuário deve abrir o software, resolver questões e marcar a resposta, e de algumas questões de múltipla escolha.

Tópicos	Objetivo do Exame	Capítulos do Revit 2018 – Conceitos e Aplicações
Colaboração	Copiar e monitorar elementos em um arquivo vinculado	Capítulo 19
	Uso de Worksharing	Capítulo 19
	Importar arquivos DWG para o Revit	Capítulo 4
	Uso da visualização no Worksharing	Capítulo 19
	Acessar avisos de revisão no Revit	Capítulo 19
Documentação	Criar e modificar regiões preenchidas	Capítulo 15
	Inserir componentes de detalhe e componentes de detalhe repetitivos	Capítulo 15
	Identificar elementos (portas, janelas etc.) por categoria	Capítulo 15
	Inserir cotas de dimensão	Capítulo 15
	Definir as cores usadas numa legenda de esquema de cores	Capítulo 15
	Trabalhar com fases	Capítulo 19
Elementos e Famílias	Alterar elementos de uma parede cortina: grids, painéis e montantes	Capítulo 13
	Criar paredes compostas	Capítulo 5
	Criar paredes empilhadas	Capítulo 5
	Diferenciar famílias do sistema e famílias de componentes	Capítulo 3
	Trabalhar com parâmetros nas famílias	Capítulos 5, 9
	Criar um novo tipo numa família	Capítulos 5, 9
	Usar procedimentos de criação de famílias	Capítulos 5, 9
Modelagem	Criar uma plataforma de construção	Capítulo 14
	Definir pisos com base em uma modelagem de massa	O livro não abrange
	Criar uma escada com patamar	Capítulo 11
	Criar elementos tais como pisos, forros e telhados	Capítulos 9, 12
	Criar uma superfície topográfica	Capítulo 14
	Modelar corrimãos	Capítulo 11
	Editar o material de um elemento: porta, janela, mobiliário	Capítulos 5, 8
	Modificar um piso/forro/telhado genérico para um tipo específico	Capítulos 9, 12
	Associar paredes a telhados ou pisos	Capítulos 5, 12
	Editar famílias de ambientes	Capítulo 15

Tópicos	Objetivo do Exame	Capítulos do Revit 2018 – Conceitos e Aplicações
Vistas	Definir as propriedades de um elemento em uma tabela	Capítulo 16
	Controlar a visibilidade	Capítulo 7
	Usar níveis	Capítulo 4
	Criar e duplicar uma vista de planta, corte, elevação etc.	Capítulo 7
	Criar e manipular legendas	Capítulo 15
	Manipular a posição de uma vista na folha	Capítulo 17
	Organizar os itens em uma tabela	Capítulo 16

Visão Geral do Revit

● Introdução

Neste capítulo, vamos estudar os principais fundamentos do Revit e os tipos de arquivo que ele utiliza e cria, além de introduzir os conceitos de BIM (Building Information Modeling) e parametria.

● Objetivos

- Reconhecer e saber em quais situações utilizar os arquivos do Revit.
- Introduzir os conceitos de Building Information Modeling e parametria.

1.1 Conceito de BIM – Uma breve introdução

O AutoCAD®, da Autodesk, juntamente com outras ferramentas CAD (Computer Aided Design) revolucionaram a forma de desenhar com a utilização de um computador e, na época, muitos projetistas sentiram um choque por terem de passar a projetar em um computador. Hoje, a produção do desenho é incrivelmente mais rápida e precisa do que há 25 anos. No AutoCAD, temos ferramentas de desenho que permitem desenhar em 2D ou 3D, representando muitas vezes modelos em 3D na vida real.

O Revit é uma ferramenta que utiliza um novo conceito, o BIM (Building Information Modeling, ou Modelagem da Informação da Construção), com o qual os edifícios são criados de uma nova maneira. Os arquitetos não estão mais desenhando vistas em 2D de um edifício 3D, mas projetando um edifício em 3D virtualmente. Isso traz uma série de benefícios, como:

- Examinar o edifício de qualquer ponto.
- Testar e analisar o edifício.
- Verificar interferências entre as várias disciplinas atuantes na construção.
- Quantificar os elementos necessários à construção.
- Simular a construção e analisar os custos em cada uma das fases.
- Gerar uma documentação vinculada ao modelo que seja fiel a ele.

Por se tratar de um modelo virtual, é possível utilizar informações reais para analisar conflitos de projeto, realizar estudo de insolação, uso de energia, entre outras facilidades. Os construtores do projeto têm a facilidade de simular várias opções de construção, economizando material e tempo de obra.

A integração do modelo 3D do Revit com softwares de gerenciamento de projeto, como Microsoft Project Manager e Primavera, integrados com softwares de coordenação de projetos, permite o gerenciamento da construção com muita eficiência. Nesses softwares, é possível fazer revisão de um projeto em 3D, detecção de interferências entre as disciplinas de arquitetura, estrutura e instalações e simulação de etapas de construção com a integração do cronograma ao modelo 3D. O Autodesk Navisworks Manages, da Autodesk, é o software que permite fazer a coordenação do projeto.

Ao projetar um edifício em 3D com o Revit, trabalhamos com elementos construtivos como paredes, lajes, vigas, esquadrias, forros, escadas, telhados etc., os quais têm todas as características definidas em suas propriedades, incluindo informações geométricas, comportamento em relação a outros elementos construtivos e características do material a ser utilizado.

No modelo 3D, a alteração de qualquer objeto pode ser feita em qualquer vista, e reflete-se em todas as vistas em que ele seja exibido, já que se trata do mesmo objeto. Isso garante a consistência do modelo e da documentação que é gerada com base nele.

O Revit oferece ferramentas para projeto de arquitetura, instalações hidráulicas, elétricas e climatização, engenharia estrutural e de construção, e permite a coordenação entre as disciplinas.

Concluindo, o conceito de **BIM** – reúne a ideia de se construir um edifício virtual antes de construí-lo efetivamente. Todas as informações necessárias para construir o edifício estão no modelo digital criado ao se projetar com esse conceito. O modelo eletrônico torna-se então um banco de dados que permite a simulação real de um protótipo da construção verdadeira. Todos os profissionais envolvidos no processo, desde o planejamento inicial do projeto passando pelo anteprojeto e culminando no projeto executivo, construção e manutenção do edifício, são beneficiados com o modelo 3D e suas informações.

O nome **Revit** vem das palavras em inglês *Revise Instantly*, que significam "revise instantaneamente", ou seja, ao desenhar no Revit, as alterações de um objeto se dão instantaneamente em todos os objetos iguais de maneira simultânea e em todas as vistas do desenho em que ele aparece.

1.2 Elementos paramétricos

Para analisarmos o conceito de parametria, vou emprestar a descrição dos autores Chuck Eastman e Rafael Sacks no livro *BIM Handbook*: "Em um projeto paramétrico, em vez de se desenhar uma instância de um elemento do edifício, tal como uma parede ou pilar, o projetista primeiro define a Classe ou a Família do elemento com geometria tanto quanto fixa como paramétrica e uma série de regras para controlar os parâmetros e relações pelas quais um elemento é criado. Os objetos e suas faces podem ser definidos usando relações que envolvem distâncias, ângulos e regras de comportamento: anexado a, paralelo a, e deslocado de (EASTMAN; SACKS, 2011). Dessa forma, é possível que cada objeto de uma classe possa variar de acordo com seus parâmetros e condição relacionada a outros objetos. Por exemplo, um mesmo tipo de parede pode ter sua altura definida como anexada a um pavimento, de forma que, se a altura do pavimento se alterar, a altura da parede modifica-se. Do mesmo modo, outra instância do mesmo tipo de parede pode ter sua altura anexada a um telhado, de maneira que, havendo modificação na altura do telhado, o mesmo ocorre com a parede. "Em um desenho 3D de CAD tradicional cada aspecto do elemento deve ser editado manualmente e, no projeto criado num modelador paramétrico, a geometria se ajusta automaticamente dependendo do contexto e com alto grau de controle do usuário" (EASTMAN; SACKS, 2011).

Todos os objetos do Revit pertencem a uma família e essas famílias pertencem a categorias ou classes. As categorias ou classes são os elementos construtivos (paredes, vigas, pilares etc.) ou os objetos de anotação do desenho (texto, cotas, símbolos etc.). Ao passarmos o mouse sobre um objeto, isso fica claro porque ele mostra uma etiqueta com a categoria e a família.

Com isso, todos os elementos têm uma classificação e podem ter o comportamento controlado por meio dela. Por exemplo, temos elementos construtivos em 3D do projeto, como paredes, vigas, telhados, escadas, que aparecem em todas as vistas. Dessa forma, uma parede desenhada em planta é exibida em todas as vistas, elevações, cortes e vistas 3D, pois ela é um elemento construtivo de um único modelo 3D. Estamos vendo um único modelo; todas as vistas do Revit são maneiras diferentes de olhar para o mesmo edifício. Os elementos 2D de anotação, como cotas, símbolos, texto, já se comportam de modo diferente: aparecem somente na vista em que foram criados. Se se quiser que apareçam em outras vistas, eles precisam ser criados nessas vistas.

A Figura 1.1 mostra, na primeira coluna, algumas categorias dos elementos na aba **Objetos de modelo**. Na aba **Objetos de anotação**, ficam os elementos de anotação.

Cada elemento de uma família tem suas **Propriedades de tipo**, iguais para todos os objetos do mesmo tipo, e propriedades de instância (**Propriedades**) próprias da instância inserida no projeto, que podem variar de um objeto para outro. Por exemplo, uma parede tem nas suas características de tipo a espessura de 0,25 m e é formada de tijolos de 15 e 1,5 cm de massa de cada lado, mas em uma inserção no projeto (que seria a instância) ela tem altura de 2,8 m, e em outra inserção (instância) a altura é de 1,8 m e em outra ainda a parede vai até o telhado numa altura variável, mas se trata do mesmo tipo de parede. Isso permite usar o mesmo objeto com comportamento diferente em cada situação do projeto. Trata-se de um elemento paramétrico. Os objetos do Revit são dessa forma, com parâmetros que permitem a criação de variações de um mesmo tipo. Esses parâmetros podem ser alterados a qualquer momento, gerando imediatamente uma atualização do projeto em todas as vistas.

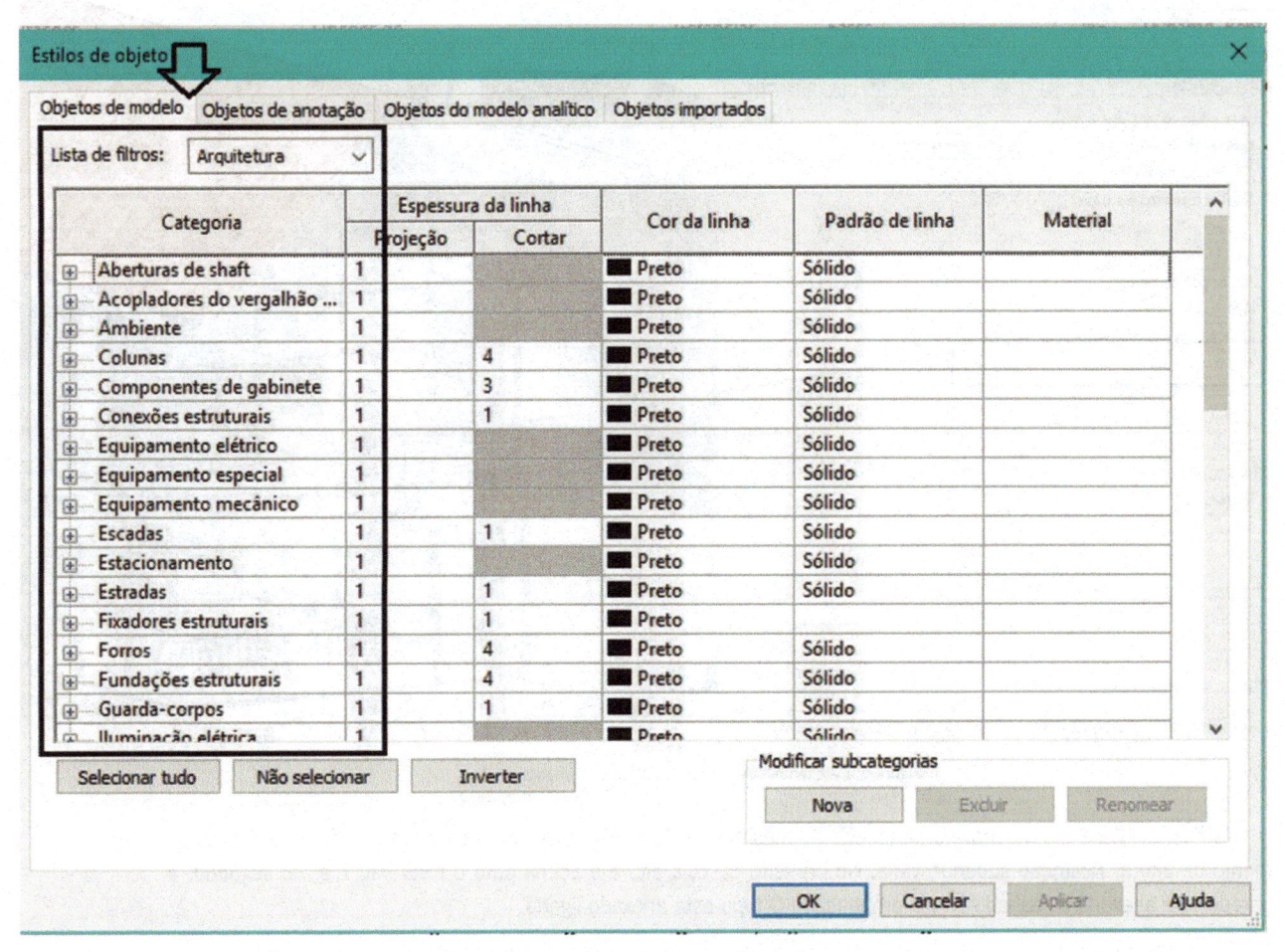

Figura 1.1 – Categoria dos objetos.

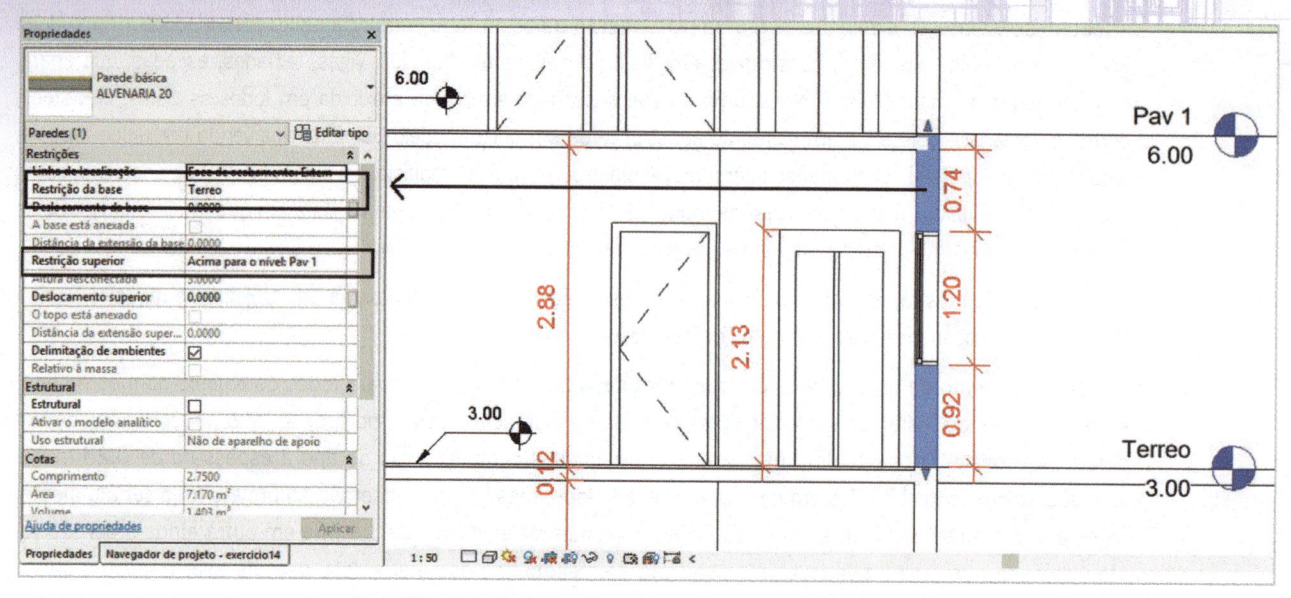

Figura 1.2 – Exemplo da parede associada ao pavimento.

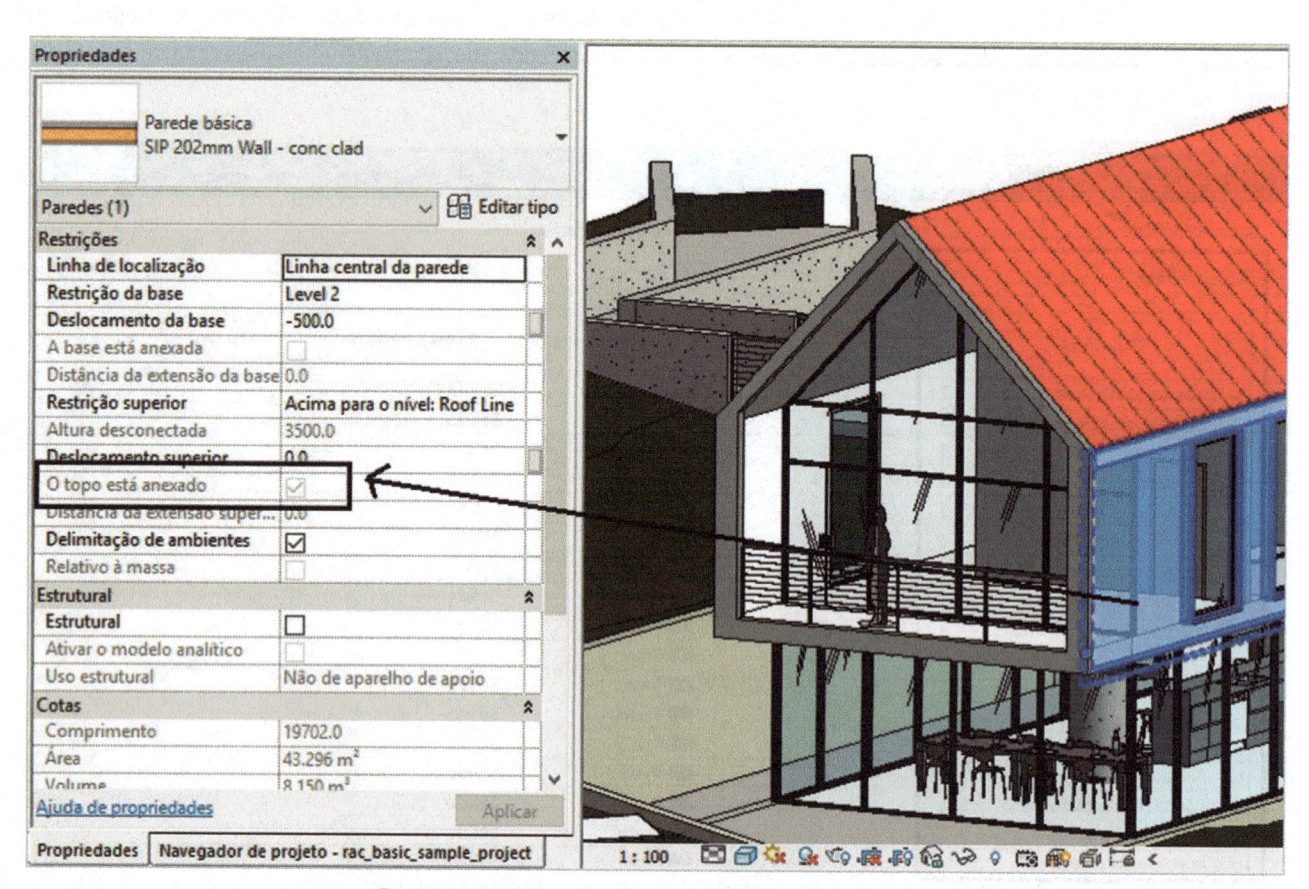

Figura 1.3 – Exemplo de parede anexada ao telhado.

As Figuras 1.2 e 1.3 mostram uma parede do mesmo tipo (SIP 202 mm Wall – conc clad) em que o comportamento da altura, **Restrição superior**, varia. No primeiro caso, a altura é acima para o nível Pav 1 e, no segundo, a parede está anexada ao telhado com a propriedade **O topo está anexado** ligada.

A parametria é bidirecional no Revit. Por exemplo, se uma parede tem a propriedade de se ajustar ao telhado e este muda de altura ou de forma, a parede ajusta-se automaticamente às novas condições do telhado. Outro exemplo é a relação da altura dos pavimentos com os objetos, como paredes, pilares, pisos. Se a altura de um pavimento muda, esses elementos atualizam-se automaticamente.

A parametria também se aplica a alguns objetos de anotação do desenho, como os Tags (identificadores de propriedades de janelas, portas etc.). Se editamos o Tag, o objeto se atualiza e vice-versa.

1.2.1 Tipos de arquivo utilizados

Ao iniciarmos o trabalho com um software novo, é muito importante conhecer os principais formatos de arquivo que ele permite gerar e importar, pois isso facilita a troca de informações com outros profissionais e outros softwares.

Os arquivos criados pelo Revit são:	
RVT	Arquivo do projeto; o principal arquivo do Revit.
RFA	Arquivo de família de elementos. As famílias são os elementos construtivos, parede, porta etc.
RTE	Arquivo de modelo/template (Template, semelhante ao DWT do AutoCAD).
RFT	Arquivo de modelo/template para criação de famílias.
IFC (Industry Foundation Classes)	Formato de arquivo para intercâmbio entre softwares BIM para compartilhar informações.

O Revit permite a importação dos seguintes formatos:	
DWG	AutoCAD.
DGN	Microstation.
DXF	CAD em geral.
SKP	SketchUp.
SAT	Arquivo de sólidos ACIS.
IFC	Formato de arquivo para intercâmbio entre softwares BIM para compartilhar informações.

O Revit possibilita a exportação nos seguintes formatos de arquivos:	
DWG	AutoCAD.
DWF	Formato fechado de DWG.
DGN	CAD em geral.
DXF	CAD em geral.
SKP	SketchUp.
SAT	Arquivo de sólidos ACIS.
JPG, BMP, PGN, TGA e TIF	Imagens.
AVI	Arquivo de vídeo.
FBX	Formato de intercâmbio de modelos em 3D da Autodesk.
ADSK	Extensão universal para todos os produtos Autodesk.
gbXML	Formato de exportação para ser lido por softwares do LEED.

1.2.2 Salvamento automático de cópias de segurança

Ao se salvar pela primeira vez um arquivo no Revit, gera-se um arquivo com extensão .RVT. Por exemplo, salvamos o arquivo com o nome exemplo_projeto_residencial.rvt. Nas próximas vezes em que ele for salvo, cópias de segurança (backup) serão geradas automaticamente, sendo nomeadas da seguinte forma: exemplo_projeto_residencial.0001.rvt, exemplo_projeto_residencial.0002.rvt, exemplo_projeto_residencial.0003.rvt, e assim por diante.

Essas cópias são os backups do arquivo. O arquivo **exemplo_projeto_residencial.rvt** é mantido e é a última versão do projeto; os outros vão sendo criados por segurança. Dessa forma, você sempre terá não somente a última versão salva, mas várias outras, que podem ser abertas a qualquer momento sem a necessidade de renomeá-las. Se não quiser manter muitos arquivos, pode apagar as versões mais antigas e manter somente as mais novas, para evitar ocupar muito espaço no disco, pois os arquivos de projetos em 3D costumam ficar grandes.

Para configurar quantas cópias de backup serão criadas, utilize o comando SALVAR ou SALVAR COMO, selecionando OPÇÕES na janela Salvar Como. Em seguida, marque o número de cópias que deseja manter, como mostra a Figura 1.4.

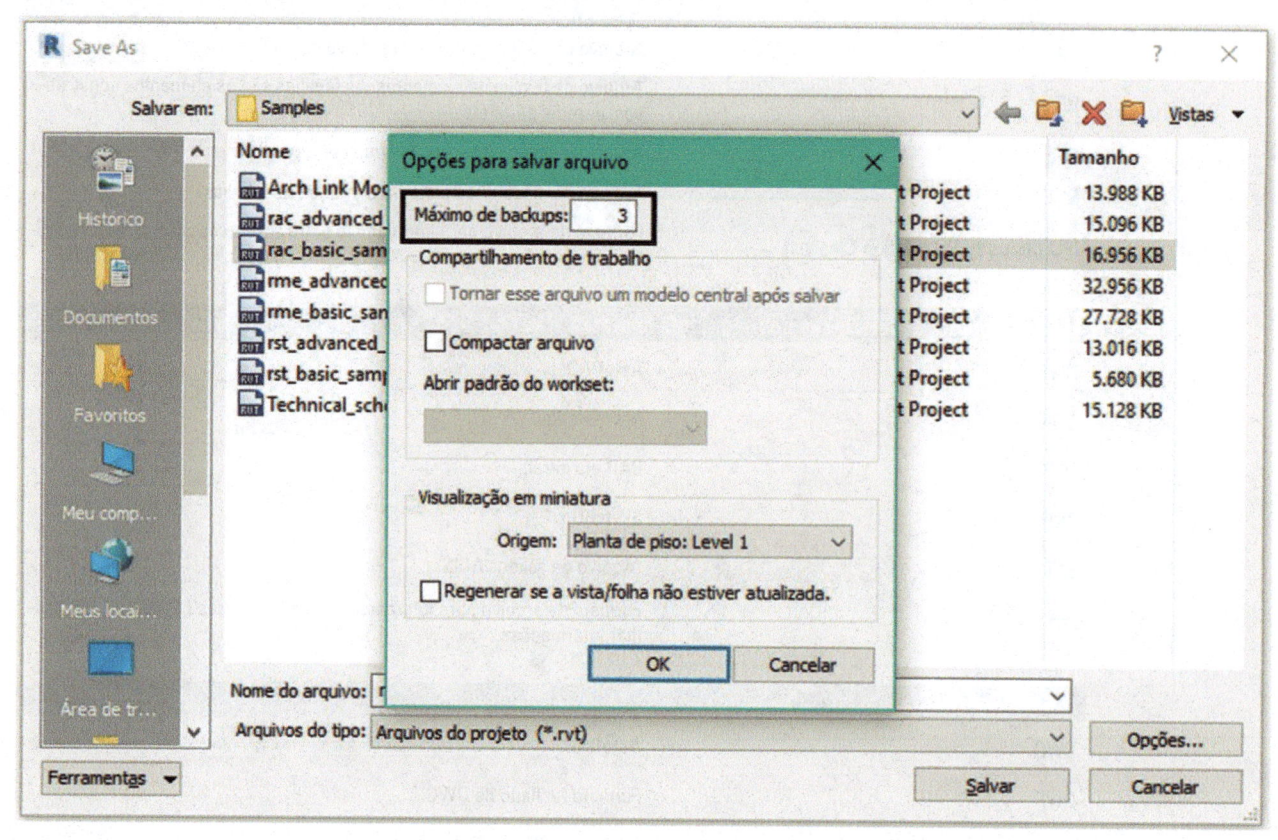

Figura 1.4 – Configuração do número de cópias de backup.

Autodesk® Revit® Architecture 2018 - Conceitos e Aplicações

2 A Interface

Introdução

Neste capítulo, vamos conhecer a interface do Revit e compreender como acessar suas ferramentas pelos menus e atalhos de teclado. Este livro utiliza a versão em português do programa, o que facilita muito o aprendizado, pois, como muitos termos arquitetônicos e de construção são utilizados, a versão em inglês requer conhecimento mais profundo da língua. Se você está com a versão em inglês e deseja usar a versão em português, é muito simples alterar o idioma no Revit 2018 – veja como fazer essa alteração no Apêndice B, que apresenta dicas úteis sobre o programa.

Objetivos

- Apresentar a interface.
- Aprender como acessar as ferramentas.
- Conhecer os atalhos de teclado.

2.1 Interface do Revit

Ao iniciar o Revit, temos a opção de iniciar um novo projeto ou abrir um projeto já iniciado, como indica a Figura 2.1. Também podemos criar uma família ou abrir uma existente. As famílias são as bibliotecas de elementos construtivos, estudadas no Capítulo 3. No lado direito da tela, em Recursos, podemos ver as novidades dessa versão ou assistir a vídeos que auxiliam no começo do trabalho com Revit.

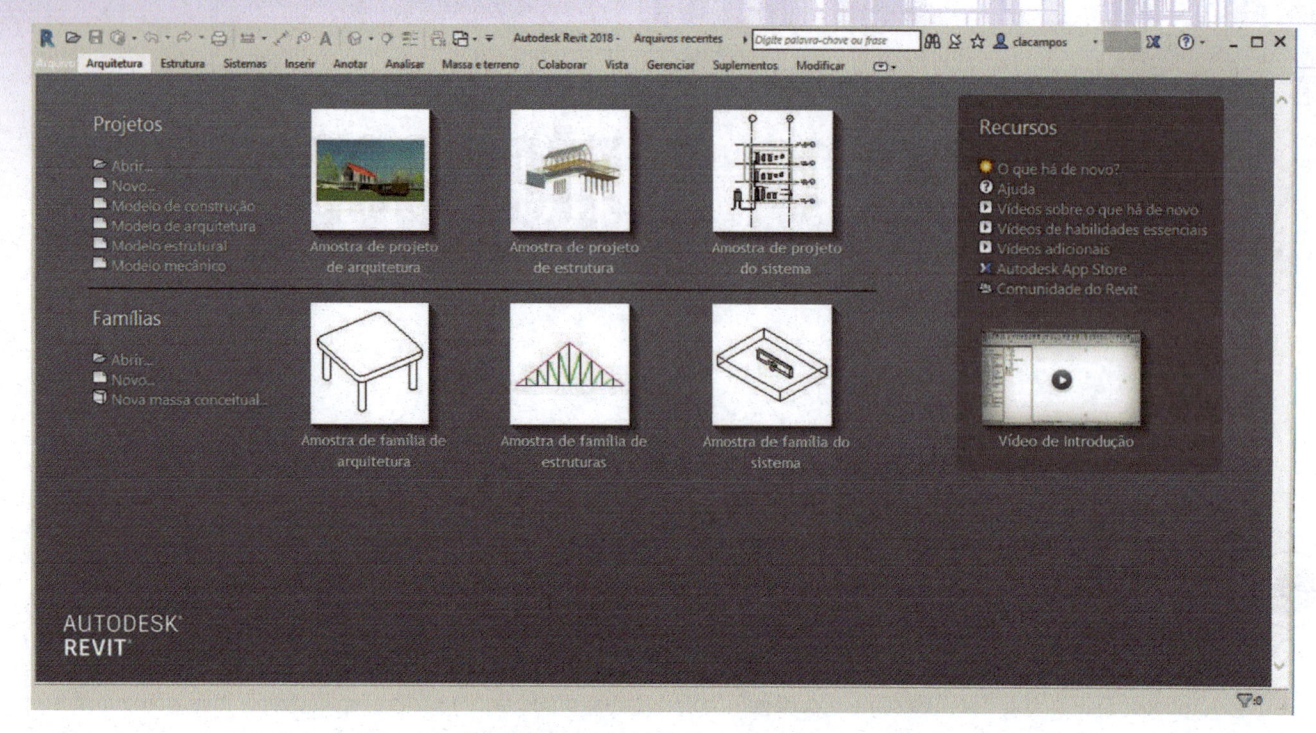

Figura 2.1 – Tela inicial do Revit.

Para começar um novo projeto, clique em **Projetos > Novo**. Em seguida, surge a tela da Figura 2.2, que solicita um modelo para iniciar o projeto. O modelo/template é um arquivo com extensão .RTE, que tem os parâmetros iniciais de um projeto, com as configurações padrão de projetos. Além disso, é nele que carregamos as principais famílias utilizadas. Ao iniciar um projeto, sempre devemos selecionar um modelo/template. Por exemplo, nele criamos os principais tipos de parede, pilares, vigas e pisos, especificamos as espessuras de linhas para os objetos, as unidades de trabalho, carregamos as folhas de impressão etc. O Revit vem com um modelo/template no sistema métrico padrão que é o DefaultBRAPTB.RTE, que é usado no Modelo de Arquitetura conforme a Figura 2.2. Se você não encontrar ou não possuir o arquivo, ele pode ser baixado do site da Editora ou da Autodesk. Clique em **Procurar**, selecione o arquivo **DefaultBRAPTB.RTE** na pasta C:\ProgramData\Autodesk\RVT2018\Templates\Brazil\DefaultBRAPTB.RTE e clique em **OK**. Em seguida é iniciado o novo projeto.

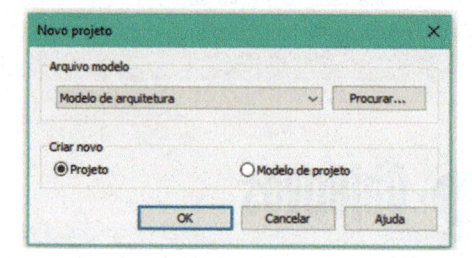

Figura 2.2 – Seleção do modelo.

A tela do **Revit** tem basicamente as seguintes áreas:

Ribbon: faixa na qual ficam as ferramentas agrupadas por contexto; muda conforme a aba selecionada.

Barra de opções: controla as variáveis e opções de cada ferramenta conforme ela é selecionada nos botões da **Ribbon**.

Navegador de projeto (Project browser): navegador de projeto no qual ficam todas as vistas, pavimentos, folhas, cortes, detalhes do projeto.

Janela Propriedades: exibe as propriedades do objeto selecionado ou da vista se não houver nada selecionado.

Área gráfica: área de projeto.

Escala: exibe a escala de projeto corrente.

Aba Arquivo: comandos para salvar, abrir arquivos, imprimir etc.

Barra de acesso rápido: comandos mais utilizados, como abrir, salvar, imprimir, U e Redo (padrão Windows).

Barra de controle da vista: controla a maneira como os objetos são exibidos (linhas, shade, acabamento), liga/desliga sombra, recorta vista, aciona o **Render**.

Barra de status: ao entrar em uma ferramenta, surgem nessa barra dicas de uso do comando, semelhante à linha de comandos do AutoCAD. No lado direito, no ícone do filtro, fica o filtro de seleção de objetos.

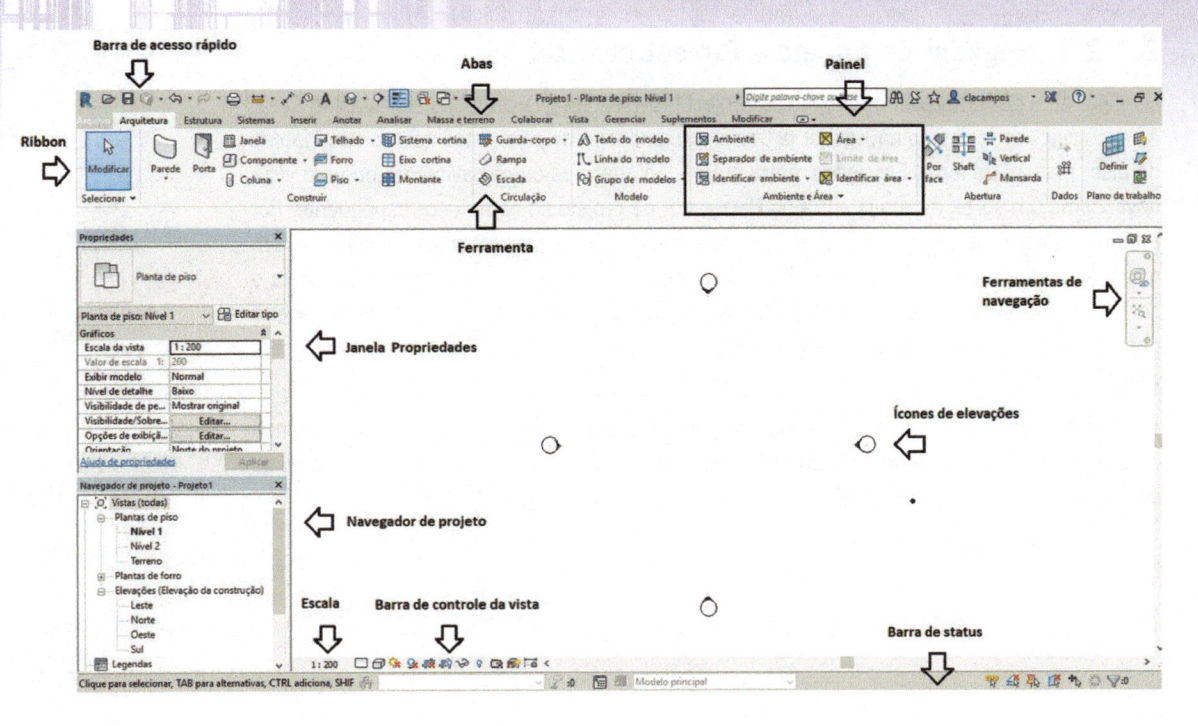

Figura 2.3 – Tela inicial de um novo projeto.

2.1.1 Ribbon

A faixa, na qual estão as ferramentas do Revit, possui abas que reúnem as ferramentas agrupadas por contexto. Acompanhe o conteúdo de cada aba na tabela a seguir.

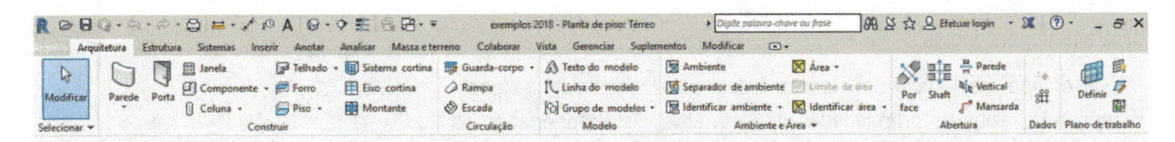

Figura 2.4 – Ribbon.

Abas	Conteúdo
Arquitetura	Inclui os comandos principais de inserção de elementos construtivos, como paredes, portas, janelas, escadas, rampas, vigas, suportes, eixo e cálculo de área.
Estrutura	Inclui todas as ferramentas de estrutura, como vigas, pilares e fundações.
Sistemas	Inclui todas as ferramentas de hidráulica, elétrica e ar-condicionado.
Inserir	Inclui comandos de importação de arquivos e links com outros softwares.
Anotar	Inclui comandos de dimensionamento, detalhamento, texto e anotações.
Analisar	Inclui os comandos para análise de energia do modelo. É necessário ter subscription e Internet.
Massa e terreno	Inclui comandos para estudos de massa e volume, criação e modificação de terrenos.
Colaborar	Inclui ferramentas de compartilhamento de arquivos com equipes de trabalho, gerenciamento e coordenação de trabalho.
Vista	Inclui ferramentas de controle da aparência gráfica dos objetos, criação de vistas e adição de folhas. Também inclui ferramentas de controle da interface.
Gerenciar	Inclui ferramentas de configuração do Revit, criação de parâmetros de projeto, entre outras. Também inclui opções para gerenciamento de projetos.
Suplementos	Ferramentas de exportação-colaboração da Autodesk.
Modificar	Inclui comandos de edição de objetos, desenho. Também inclui comandos de copiar e colar, ferramentas de pesquisa.

2.1.2 Navegador de projeto – Project browser

Chamado de **Navegador de projeto** ou **Project browser**, ele guarda todas as vistas do Revit. Ao se iniciar um projeto, o navegador já traz algumas das principais vistas dele, como **Plantas de piso**, **Plantas de forro**, **Elevações**, entre outras. Ao criarmos outro pavimento ou uma vista nova, como um corte, a vista já entra no **Navegador de projeto** no campo correspondente. Por exemplo, o corte vai para o item **Cortes**, um pavimento para o item **Plantas de piso** e assim por diante. As vistas básicas já iniciadas com o projeto podem ser renomeadas clicando-se o botão direito do mouse e selecionando **Renomear**. Dessa forma, temos uma hierarquia lógica para todas as vistas do projeto, pavimentos, cortes, detalhes, tabelas, folhas de impressão, vistas 3D etc.

A todo momento, acessamos o **Navegador de projeto** para trocar a vista ativa, dependendo do que estiver sendo projetado. Podemos ter mais de uma vista exibida na tela. Isso é estudado no Capítulo 7.

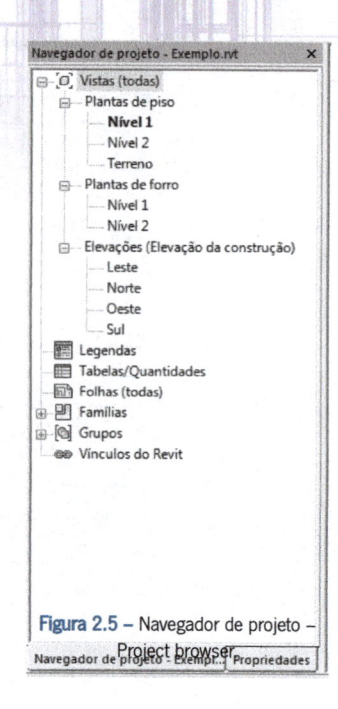

Figura 2.5 – Navegador de projeto – Project browser.

2.1.3 Janela Propriedades

Essa janela exibe as propriedades dos elementos selecionados na tela. A todo momento durante o projeto, você vai utilizá-la juntamente com o **Navegador de projeto**. Essas duas janelas podem estar sobrepostas, para melhor visualização de cada uma devido a sua extensão, ou exibidas separadamente. Na parte inferior das janelas, podemos clicar para alternar entre elas.

Caso não haja nenhum objeto selecionado na tela, a janela Propriedades exibe as propriedades da vista ativa. As **Propriedades da vista** serão estudadas em detalhe no Capítulo 7.

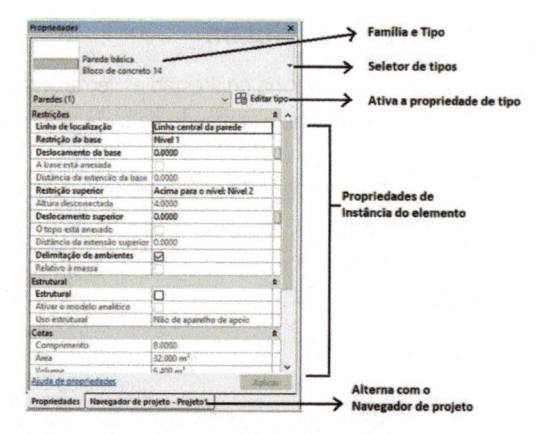

Figura 2.6 – Janela Propriedades.

2.1.4 Barra de acesso rápido

Semelhante a outros aplicativos Windows, ela reúne os comandos para abrir, iniciar e imprimir arquivos (Figura 2.7). Pode ser customizada de acordo com as necessidades do usuário, conforme mostra a Figura 2.8.

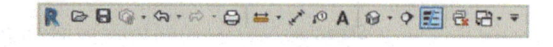

Figura 2.7 – Barra de acesso rápido.

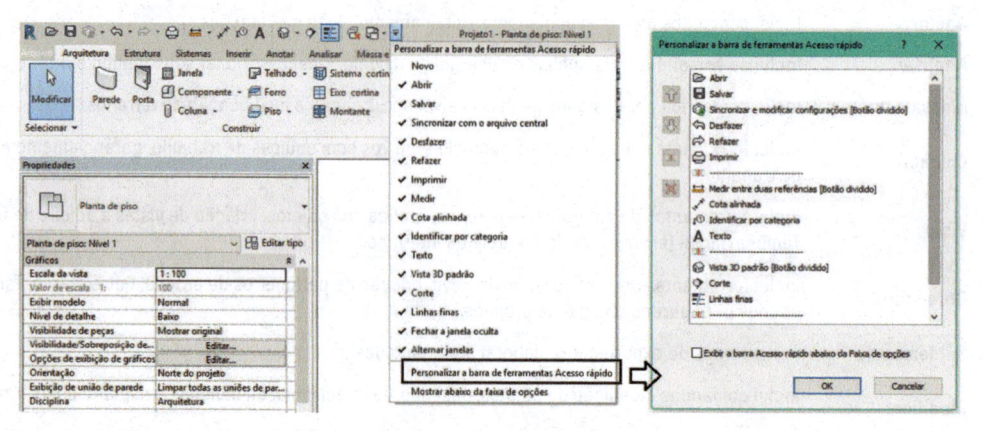

Figura 2.8 – Customização da barra de acesso rápido.

2.1.5 Barra de opções

A Figura 2.9 mostra em destaque a barra de opções da ferramenta Parede. A cada ferramenta selecionada, as opções dessa barra se modificam, mostrando as várias opções de uso da ferramenta de acordo com o elemento selecionado. Sempre que selecionar uma ferramenta, você deve estar atento a essas opções.

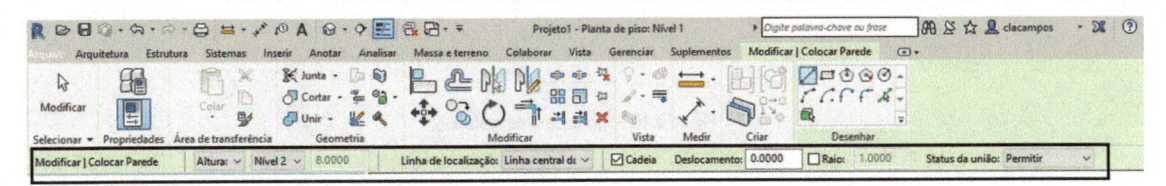

Figura 2.9 – Barra de opções da ferramenta Parede

2.1.6 Barra de status

Na parte inferior da tela está a barra de status mostrada na Figura 2.10, que orienta o uso da ferramenta selecionada com uma dica de que ação tomar, além de possuir outras ferramentas.

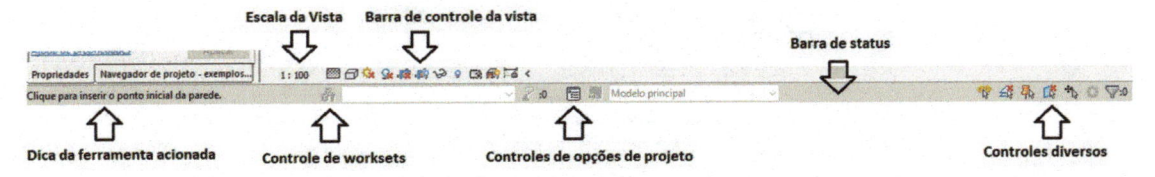

Figura 2.10 – Barra de status, botão de escala e barra de controle de vista.

Do lado da barra de status, temos o botão de escala, com o qual devemos selecionar a escala a ser exibida na tela, que pode ser alterada a qualquer momento, mudando-se a exibição dos objetos na tela de acordo com a escolha feita. No Revit, desenhamos com as medidas em escala real, mas o desenho já é exibido em uma escala na tela. A escala definida na vista será a mesma de impressão da vista, portanto você pode trabalhar visualizando o desenho em qualquer escala e, no momento de preparar a vista para impressão (Capítulo 17), mudar a escala.

Ao lado do botão de escala, estão os botões que definem a forma como o desenho aparece na tela. As formas de visualização do desenho são descritas em detalhes no Capítulo 7.

No canto direito da tela está o filtro de seleção de objetos. Sua função é filtrar objetos quando há muitos deles na tela. Selecionamos tudo e acionamos o filtro para retirar os objetos que não interessam (esses detalhes estão no Capítulo 5; as outras ferramentas serão explicadas nos capítulos correspondentes).

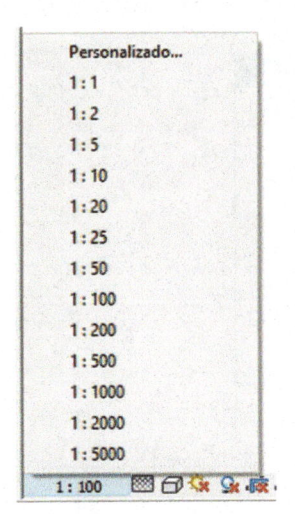

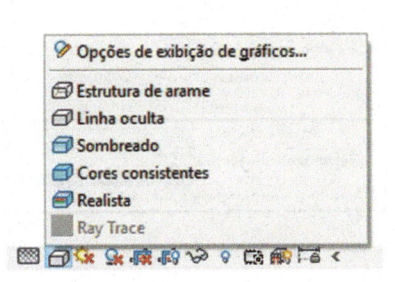

Figura 2.11 – Botão de escala.   Figura 2.12 – Barra de visualização de objetos.   Figura 2.13 – Filtro de seleção de objetos.

2.1.7 Área gráfica

Na área gráfica, existem quatro ícones que representam as quatro vistas ortogonais do projeto. Ao clicar neles, a elevação correspondente é aberta. Esse ícone poderá variar de acordo com o modelo/template utilizado.

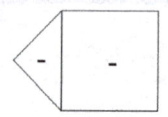

Figura 2.14 – Ícone da área gráfica.

2.2 Guia para melhor entendimento da interface

1. Ao pousar o cursor sobre uma ferramenta na tela, surge uma breve explicação do comando em uma pequena etiqueta temporária, a **Dica**, como mostra a Figura 2.15.

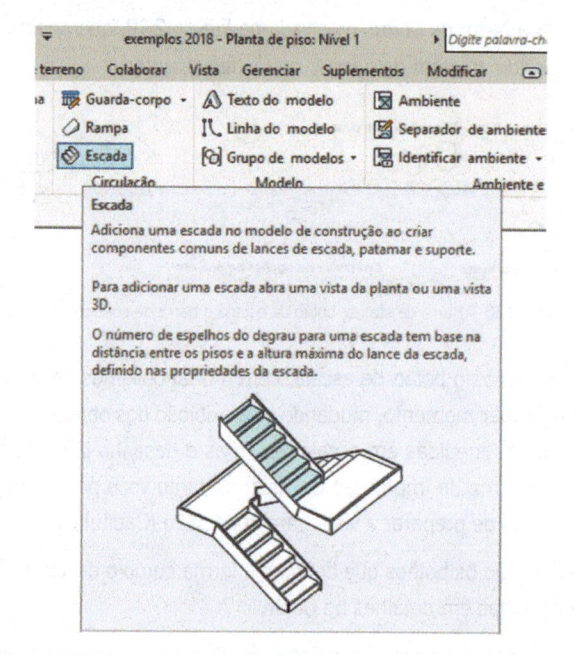

Figura 2.15 – Dica exibida ao se posicionar o cursor sobre uma ferramenta.

2. Podemos controlar o nível de informação que é exibido na **Dica** por meio da sua configuração. Na aba Arquivo, selecione o botão **Opções** e a aba **Interface do usuário** em **Assistência de dica de ferramenta** (Figura 2.16).

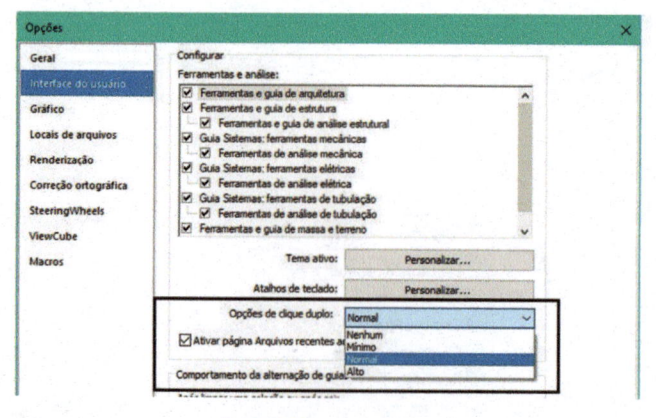

Figura 2.16 – Janela Opções.

3. Ao pressionar **F1**, quando a tela de explicação estiver aberta, o **HELP** já entra no comando em questão.

4. Quando nenhuma ferramenta estiver selecionada, os comandos de edição estão ativos. Basta selecionar um elemento e surge na **Ribbon** a aba de edição do respectivo elemento.

5. Use a **barra de opções** para selecionar parâmetros específicos do comando, como a altura da parede. Essa forma é mais eficiente do que inserir a parede e depois editar sua altura.

6. Para aumentar a área gráfica e visualizar projetos muito grandes, feche o **Navegador de projeto** e a janela **Propriedades** e esconda a **Ribbon** clicando no botão **Minimizar para as guias** (Figura 2.17). O resultado é semelhante ao que se vê na Figura 2.18.

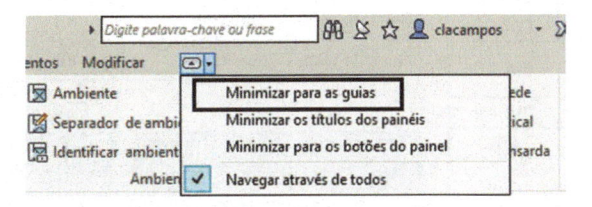

Figura 2.17 – Botão Minimizar para as guias.

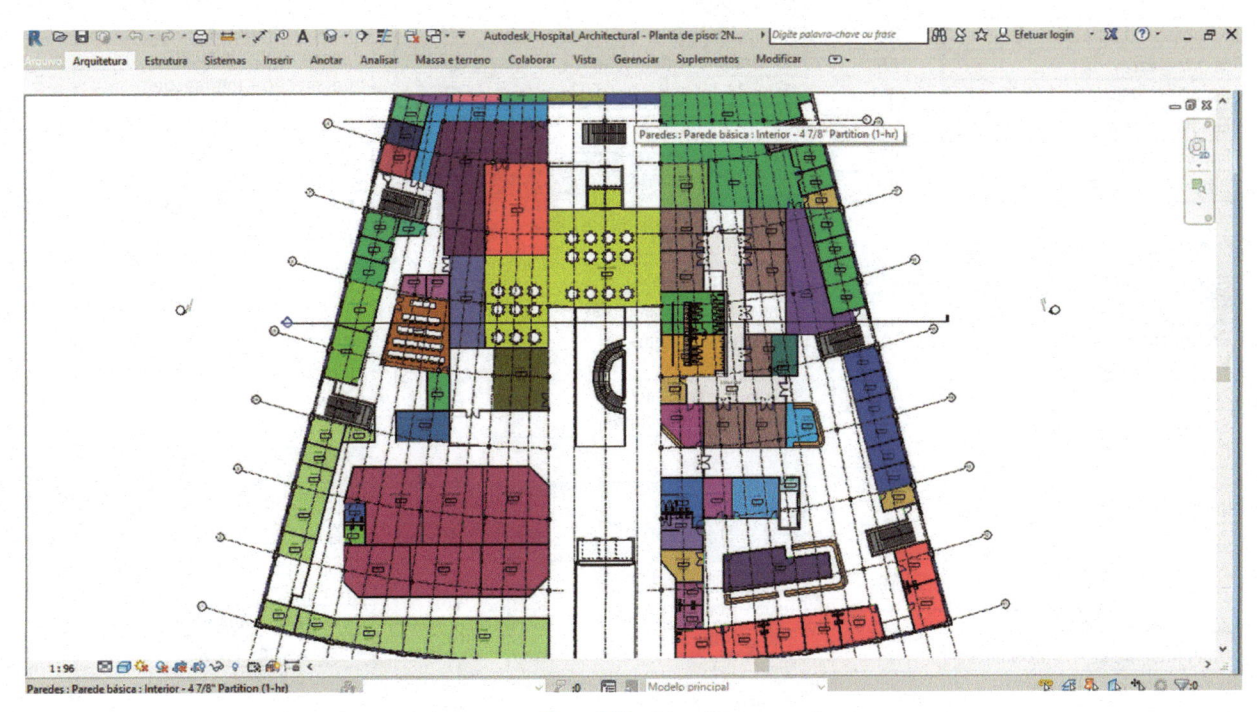

Figura 2.18 – Tela gráfica aumentada.

7. Para abrir novamente o **Navegador de projeto** e a janela **Propriedades**, clique na aba **Vista**, selecione **Interface do usuário** e habilite as caixas de **Navegador de projeto** e de **Propriedades**, como apresenta a Figura 2.19.

8. Alguns comandos podem ser acessados por atalhos de teclado; por exemplo, **UN** aciona o comando **Unidades**. Os atalhos de teclado do Revit estão relacionados com os nomes das ferramentas em inglês. A seguir, veja os outros atalhos possíveis nas tabelas agrupadas por tipos de ferramenta.

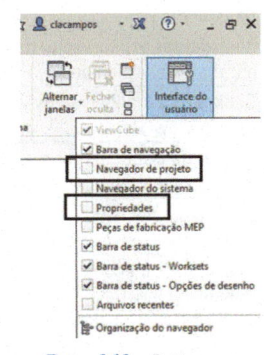

Figura 2.19 – Botões para habilitar as janelas da tela.

Arquivos

Comando	Atalho
Abrir – Open	Ctrl + O
Salvar – Save	Ctrl + S
Imprimir – Print	Ctrl + P
Desfazer – Undo	Ctrl + Z
Refazer – Redo	Ctrl + Y
Ajuda – Help	F1

Edição

Comando	Atalho
Desfazer – Undo	Ctrl + O
Refazer – Redo	Ctrl + S
Cortar – Cut	Ctrl + P
Copiar para área de transferência – Copy to Clipboard	Ctrl + C
Colar – Paste	Ctrl + V
Modificar – Modify	MD
Selecionar todas as instâncias – Select All Instances	SA
Mover – Move	MV
Copiar – Copy	CO
Rotacionar – Rotate	RO
Matriz – Array	AR
Espelhar – Mirror	MM
Escala – Scale	RE
Excluir – Delete	DE
Propriedades – Properties	PP

Visualização

Comando	Atalho
Propriedades da vista – View Properties	VP
Zoom na região – Zoom in Region	ZR
Sobreposição de visibilidade/ Gráfico – Visibility/Graphics	VG
Afastar zoom duas vezes – Zoom Out	ZO
Zoom para ajustar – Zoom to Fit	ZF
Zoom no tamanho da folha – Zoom Sheet Size	ZS
Zoom anterior – Zoom Previous	ZP
Ocultar elemento – Hide Element	HH
Isolar elemento – Isolate Element	HI
Ocultar categoria – Hide Category	HC
Isolar categoria – Isolate Category	IC
Reinicializar ocultar/isolar temporário – Reset Temporary Hide	HR
Ocultar na vista/Elementos – Hide in View/Elements	EH
Ocultar na vista/Categoria – Hide in View/Category	VH
Desocultar elemento – Unhide in View/Elements	EU
Desocultar categoria – Unhide in View/Category	VU

Visualização

Comando	Atalho
Estrutura de arame – Wireframe	WF
Linha oculta – Hidden Line	HL
Sombreado – Shading with Edges	SD
Linhas finas – Thin Lines	TL
Atualizar – Refresh	F5
Círculo de navegação – Steering Wheels	F8
Janelas em cascata – Cascade Windows	WC
Janelas lado a lado – Tile Windows	WT
Renderização – Rendering	RR
Faixa da vista – View Range	VR

Construção

Comando	Atalho
Parede – Wall	WA
Porta – Door	DR
Janela – Window	WN
Componente – Component	CM
Linha de detalhe – Detail Lines	DL

Geral

Comando	Atalho
Encerrar uma ação	Esc
Sair de um comando	Esc
Limpar as cotas temporárias	Esc
Unidade do projeto – Project Units	UN
Configuração do sol – Sun and Shadow Settings	SU

Anotação e Desenho

Comando	Atalho
Cota alinhada – Dimension	DI
Texto – Text	TX
Eixo – Grid	GR
Nível – Level	LL
Plano de referência – Reference Plane	RP
Ambiente – Room	RM
Identificar ambiente – Room Tag	RT

Outras Ferramentas de Edição

Comando	Atalho
Verificar ortografia – Spelling	F7
Manipulação de estilos de linha – Linework	LW
Alinhar – Align	AL

Outras Ferramentas de Edição

Comando	Atalho
Dividir elemento – Split Walls and Lines	SL
Aparar/Estender – Trim/Extend	TR
Deslocamento – Offset	OF

Seleção de Objetos

Comando	Atalho
Adicionar à seleção	Ctrl
Remover da seleção	Shift
Alternar a seleção de objetos muito próximos	Tab
No dimensionamento, destaca a face ou linha de centro de parede	Tab
Alterna entre uma parede cortina e um painel de vidro em vista plana	Tab
Seleciona todas as linhas na janela de diálogo Workset	Ctrl + A

Object Snaps

Comando	Atalho
Desliga snaps de objeto	SO
Intersecção – Intersection	SI
Ponto final – Endpoint	SE
Ponto médio – Midpoint	SM
Centro – Center	SC
Mais próximo – Nearest	SN
Perpendicular	SP
Tangente – Tangent	ST
Eixo do plano de trabalho – Work Plane Grid	SW
Quadrante – Quadrant	SQ
Pontos – Points	SX
Fechar – Close	SZ

Grupos

Comando	Atalho
Criar grupo – Create Group	GP
Editar grupo – Edit Group	EG
Desagrupar – Ungroup	UG
Vínculo – Link Group	LG
Excluir – Exclude Member	EX
Restaurar membro excluído – Restore Excluded Member	RB
Restaurar todos os excluídos – Restore All	RA
Adicionar ao grupo – Add to Group	AP
Remover do grupo – Remove from Group	RG
Propriedades do grupo – Group Properties	PG
Concluir – Finish Group	FG
Cancelar – Cancel Group	CG
Fixar – Pin Position	PP

9. Podemos modificar os atalhos de teclado e inserir outros de acordo com as necessidades do usuário. Selecione **Opções** na aba Arquivo e na janela de diálogo Opções, no item **Interface do usuário** selecione **Atalhos de teclado** e clique no botão **Personalizar**. Você também pode acessar a janela de diálogo **Atalhos de teclado** pelo atalho **KS** (Figura 2.20). Como os atalhos de teclado estão relacionados com as ferramentas em inglês, o atalho para **Paredes** é **WA** e assim por diante.

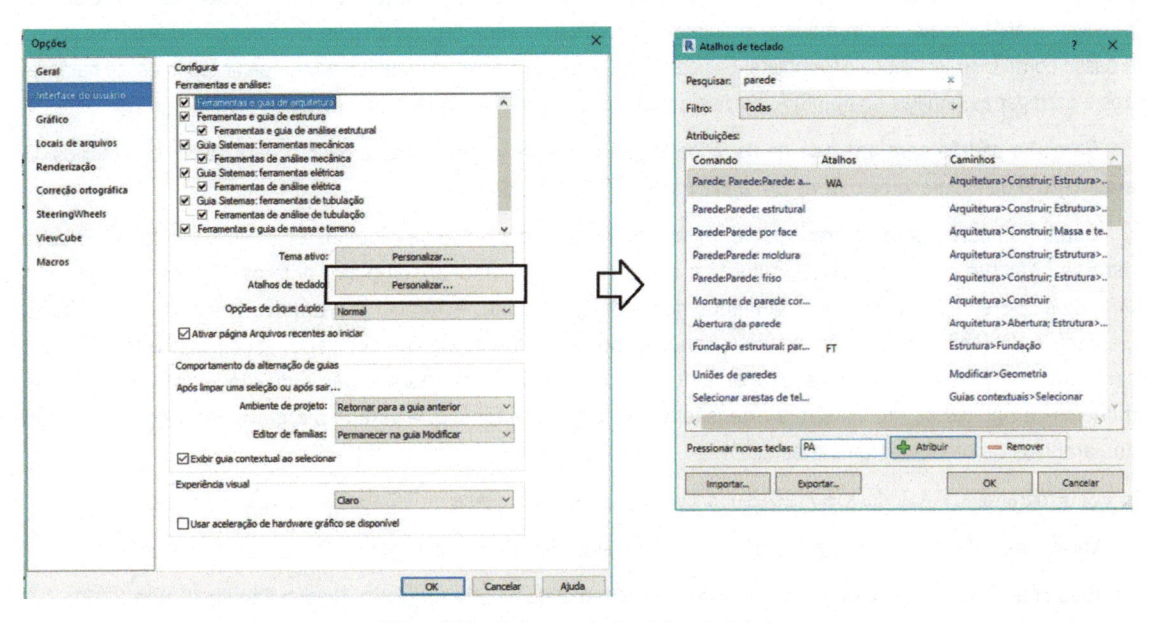

Figura 2.20 – Customização dos atalhos de teclado.

10. Na janela de diálogo **Atalhos de teclado**, para inserir um atalho em uma ferramenta ou alterá-lo, selecione a ferramenta e digite o atalho. Note que algumas ferramentas podem ter mais de um atalho. O resultado é imediato, assim que sair da janela pressionando **OK**.

2.3 Configurações iniciais de pastas dos arquivos do Revit

Para um melhor desempenho do Revit e facilidade na organização de bibliotecas e padronizações, é preciso configurar as pastas e os arquivos de trabalho. Isso é feito com o comando **Opções** na aba **Locais de arquivos** (Figura 2.21). Na instalação do Revit, ele instala os arquivos principais em pastas predefinidas, mas você pode mudar essas pastas.

Arquivos de modelo de projeto: nesse quadro, configuramos os modelos/templates de projeto. Os cinco últimos modelos/templates configurados são exibidos ao se iniciar o Revit. Assim, podemos iniciar o projeto já com um modelo/template escolhido. Clique no sinal de + e selecione um arquivo de modelo/template.

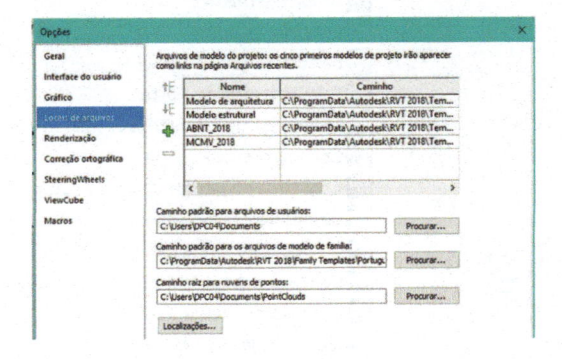

Figura 2.21 – Localização de arquivos.

O arquivo de modelo/template do Revit guarda todas as configurações básicas do projeto com os padrões do usuário; ele tem a extensão .RTE. Ao instalar o Revit e selecionar o sistema métrico, o arquivo carregado inicialmente é o **DefaultBRAPTB.rte** e está gravado na respectiva pasta exibida a seguir.

C:\ProgramData\Autodesk\RVT2018\Templates\Brazil\DefaultBRAPTB.rte

Ao usar o Revit pela primeira vez, iniciamos um projeto com as configurações de estilos de linhas, textos, níveis, plantas, vistas de elevação, famílias do sistema e outras famílias do tipo RFA que já estão carregadas, além de muitas outras que estão configuradas no arquivo **DefaultBRAPTB.rte**.

No decorrer do uso do Revit, você vai criar as famílias e os estilos de elementos que são necessários aos seus projetos e, então, poderá também criar um modelo/template com todas as suas famílias para facilitar o trabalho. É possível, aliás, ter mais de um modelo/template de acordo com cada tipo de projeto. No Capítulo 4, veremos passo a passo como criar um modelo/template; basicamente, você deve abrir um arquivo novo, definir todos esses parâmetros e carregar as famílias do tipo RFA. Salve o arquivo como um modelo/template (RTE).

Caminho padrão para arquivos de usuários: nessa opção definimos a pasta padrão para salvar os arquivos. O arquivo de projeto gerado pelo Revit tem a extensão RVT.

Caminho padrão para os arquivos de modelo de família: o arquivo de modelo/template é usado como base para se criar uma família. Cada família tem o seu respectivo modelo/template, pois os objetos têm comportamentos diferentes, os quais são definidos no modelo/template. A família é o arquivo com extensão RFA de elementos do Revit, como, por exemplo, janelas, portas, pilares, vigas, mobiliário, louça sanitária, folhas e carimbos, entre outros. Todos esses elementos são criados em famílias e a partir de modelos/templates. Os modelos/templates de família têm a extensão RFT e, ao criar a família, é gerado o arquivo RFA. A pasta padrão dos arquivos de modelos/templates é:

C:\ProgramData\Autodesk\RVT2018\Family Templates\Portuguese

Você pode definir outras pastas para gravar os modelos/templates e elas podem ser configuradas aqui.

Para criar uma família, você deve abrir um modelo/template na aba **Arquivo > Novo > Família** (Figura 2.22).

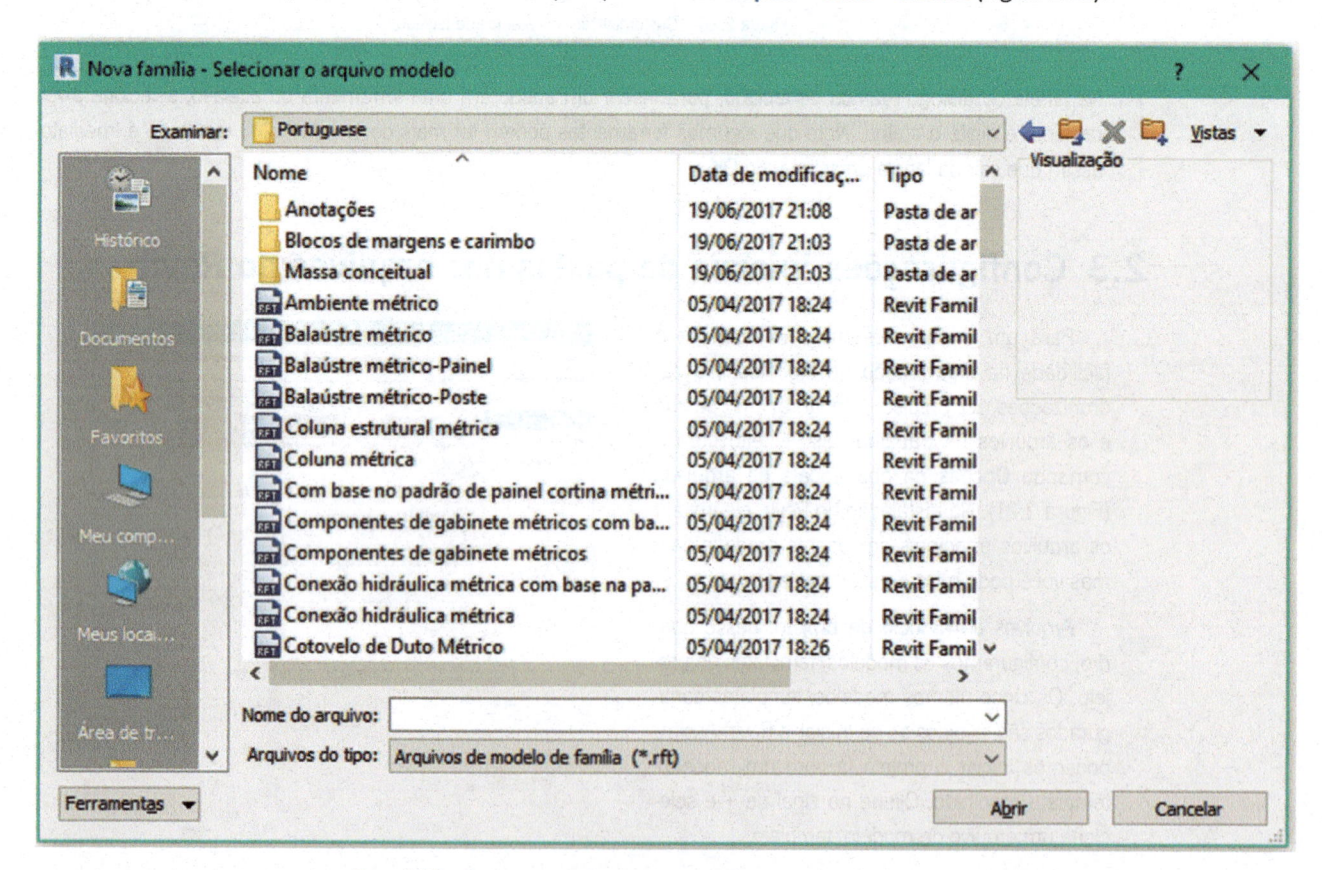

Figura 2.22 – Abertura de um arquivo modelo/template (RFT).

A criação de uma família envolve a modelagem dos elementos em 3D com os parâmetros específicos dos objetos, tais como medidas, comportamento, forma de inserção. Depois de definidos, o arquivo deve ser salvo como uma família em **Salvar Como > Família**.

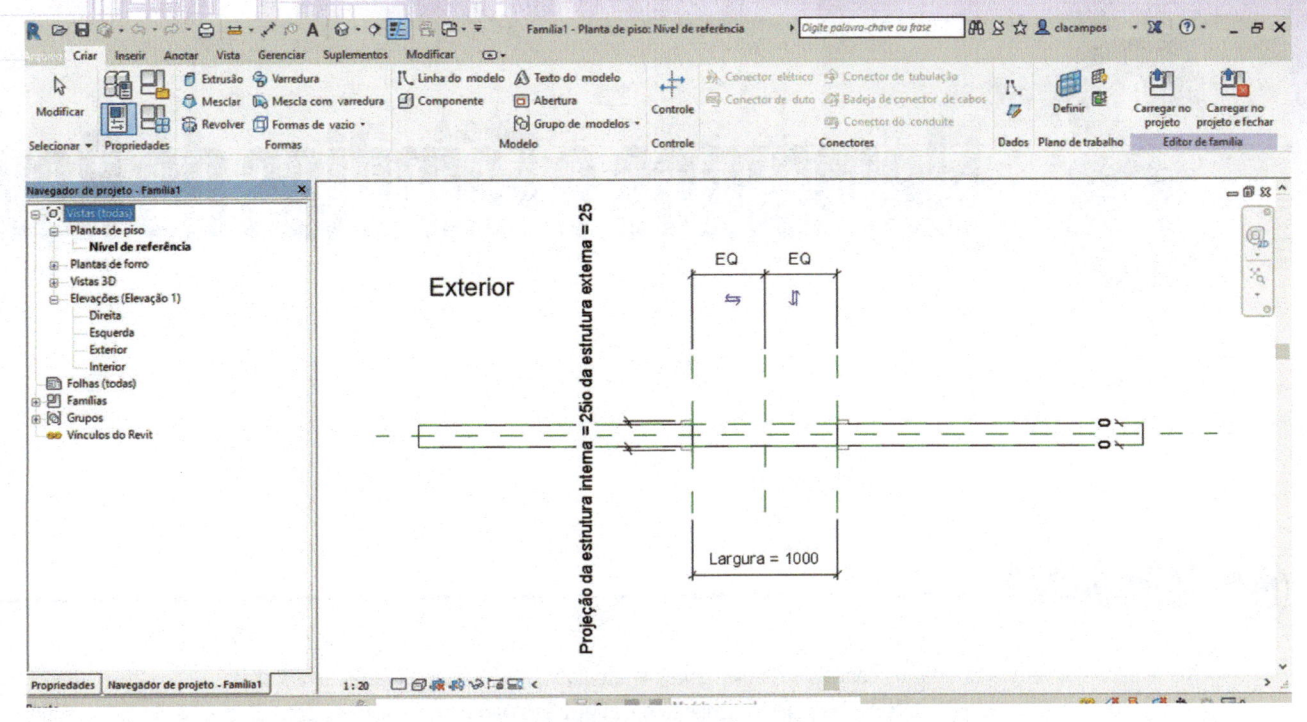

Figura 2.23 – Exemplo de modelo/template de família de portas.

Caminho raiz para nuvens de pontos: especifica a pasta padrão para os arquivos de nuvem de pontos. Esses arquivos são gerados por scanners 3D que permitem escanear um modelo 3D, por exemplo, um edifício, e trazer o modelo em forma de nuvem de pontos para ser modelado no Revit. Esse processo é útil em reformas de edifícios existentes, porém os arquivos gerados são muito grandes e inseridos no Revit como uma referência para não sobrecarregar o projeto.

Localizações: esse botão permite configurar atalhos para as pastas mais utilizadas, por exemplo, com outros arquivos de famílias utilizados. Você pode adquirir outras famílias de elementos por meio da web ou de fornecedores e configurá-las aqui. No exemplo da Figura 2.24, configuramos novas pastas com famílias de portas e louça sanitária.

Figura 2.24 – Configuração de outras pastas de arquivos de famílias.

Depois de configurar, ao usar o comando **Carregar família**, as pastas configuradas serão exibidas na janela **Carregar família**, como mostra a Figura 2.25. As bibliotecas que já são instaladas junto com o Revit estão nas pastas conforme descrito em seguida, porém você pode modificar essa localização e configurá-las aqui.

C:\ProgramData\Autodesk\RVT 2018\Libraries\Brazil

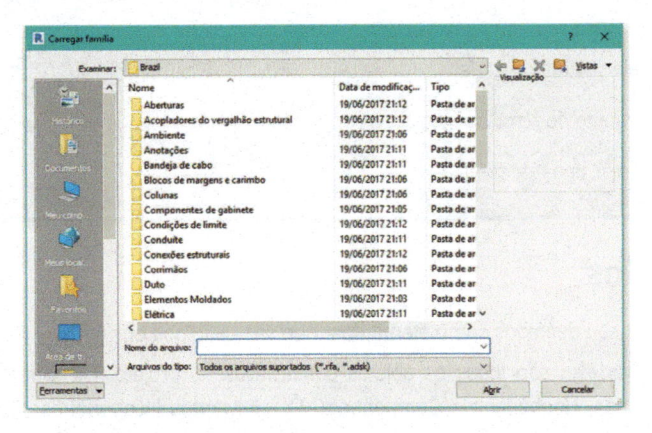

Figura 2.25 – Pastas de arquivos de famílias configuradas.

3 Elementos e Famílias do Revit

Introdução

Neste capítulo, vamos estudar os conceitos de elementos e famílias que permitem criar as bibliotecas.

Como vimos no Capítulo 1, ao trabalhar com o conceito de BIM, trabalhamos na realidade com objetos, em vez de entidades geométricas para representar um edifício. Os objetos que contêm todas as informações específicas dele são elementos da construção, organizados segundo categorias e famílias.

Por exemplo, para inserir uma parede no projeto, simplesmente escolhemos um tipo de parede de uma lista previamente criada e marcamos o ponto de inserção e o ponto final no projeto. Depois de inserir a parede, podemos escolher uma porta para ela. Ao colocar a porta escolhida, em uma lista marcamos somente o ponto de inserção dela. O software cria uma abertura na parede e insere a porta com todos os seus componentes: folha, batentes, guarnições, fechadura etc. Não desenhamos nenhum desses componentes da porta nem precisamos fazer a abertura na parede para que a porta seja inserida, pois o software se encarrega disso. Se movermos a porta, a abertura se move, e em todas as vistas do projeto a porta se move e a abertura se atualiza.

Não criamos somente uma geometria, mas sim objetos inteligentes que se interligam e têm características próprias e formas de se relacionar. Desse modo, trabalhamos e modificamos objetos com propriedades paramétricas que podem ser alteradas, em vez de entidades geométricas, como linhas, círculos, arcos etc.

Após introduzir o conceito de BIM, vamos ver o que acontece no Revit e como ele pode ajudar a melhorar o modo de criarmos os projetos de arquitetura. Durante o processo de trabalho com o Revit e ao longo da leitura você ficará aos poucos mais familiarizado com esse novo conceito. Este capítulo mostra como se organizam os elementos, as categorias, as famílias e os tipos no programa.

Objetivos

- ◉ Distinguir os elementos do projeto.
- ◉ Entender o conceito de famílias e tipos.
- ◉ Apresentar os três tipos de família.

3.1 Elementos

Os objetos do Revit são definidos como elementos, que são divididos em:

Elementos de modelo: são todos os objetos construtivos do projeto. Os elementos de um projeto possuem duas categorias, Hospedeiro e Componente. Os elementos Hospedeiros são os itens da construção normalmente construídos na obra, como paredes, telhados etc., e os **elementos Componentes** são os manufaturados fora e instalados na obra já construída, como portas, janelas e mobiliário. Nesse caso, a parede é o **Hospedeiro** e a porta é um **Componente** instalado em um **Hospedeiro**. Os **Componentes** sempre são inseridos em um **Hospedeiro** e podem ser transferidos para outro **Hospedeiro (Selecionar novo hospedeiro)**.

Elemento	Descrição
Hospedeiro	Elementos como paredes, pisos, telhados e forros, que formam a base de uma construção. Os elementos Hospedeiros podem conter outros inseridos neles.
Componente	Elementos como janelas, portas, mobiliário e pilares são os inseridos em paredes ou ficam livres no projeto (.RFA).

A janela de diálogo **Estilos de objeto** mostra todos os **Objetos de modelo** na coluna **Categoria**. Ela é acessada pela **Ribbon** na aba **Gerenciar > Configurações > Estilos de objeto**.

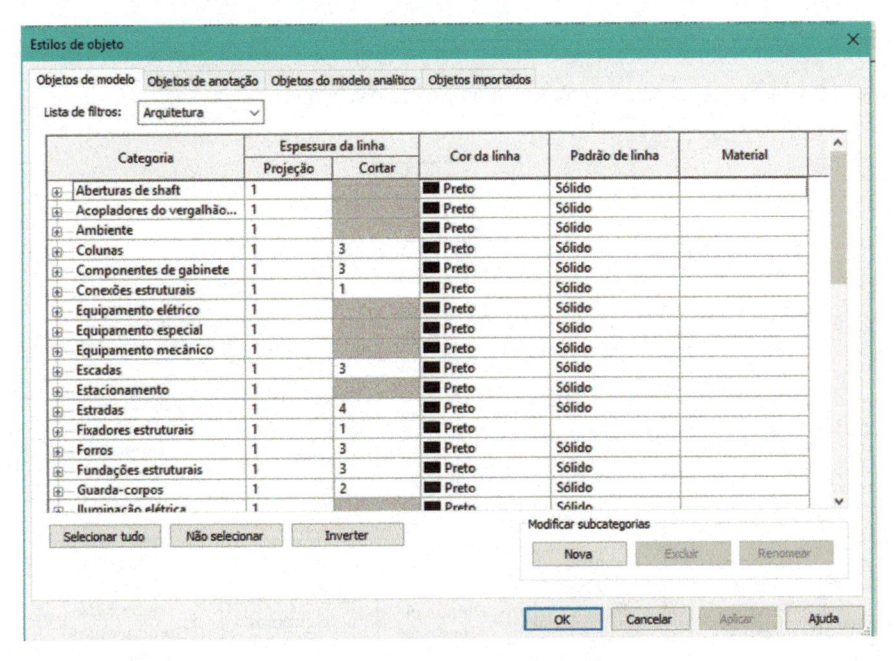

Figura 3.1 – Janela de diálogo Estilos de objeto.

Objetos de anotação: são os elementos usados para as anotações do projeto, como textos, cotas, linhas de chamada etc. Dividem-se ainda em:

Elemento	Descrição
Anotação	São os elementos de anotação, como texto e cotas. Eles são específicos de cada vista. Isso significa que uma cota criada em uma vista aparece somente na vista em que foi criada.
Dados	São dos tipos linha de Eixo e Nível, elementos de referência no desenho, mas considerados anotações. Os Eixos aparecem em todas as vistas de plantas e os Níveis aparecem em todas as vistas de elevação e cortes.

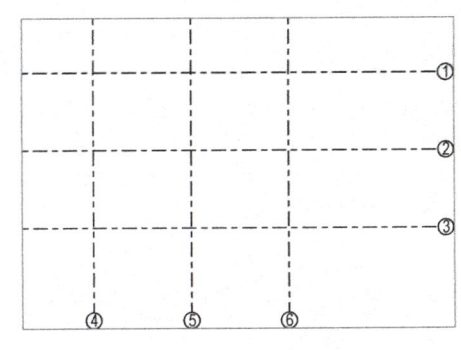

Figura 3.2 – Eixo – Elemento Dados.

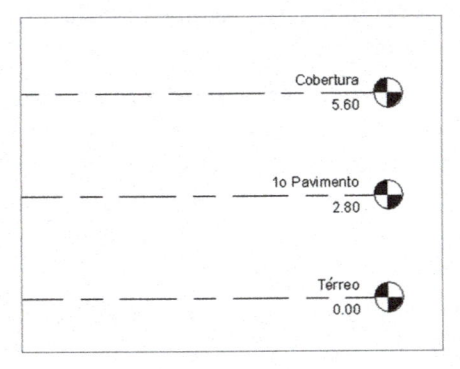

Figura 3.3 – Nível – Elemento Dados.

Elementos de vista: são todas as vistas do desenho que também são consideradas **elementos**. Por exemplo, plantas, cortes, vistas 3D, tabelas etc. São acessados pelo **Navegador de projeto**.

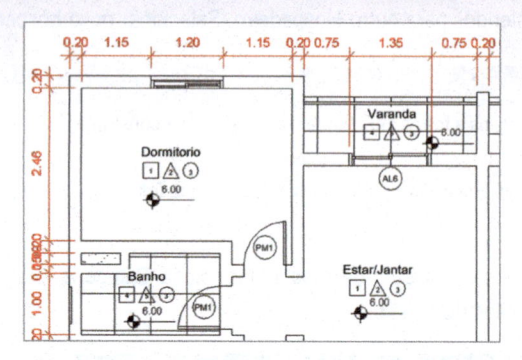

Figura 3.4 – Cotas/Texto/Identificadores – Elemento de anotação.

Figura 3.5 – Navegador de projeto.

O esquema seguinte apresenta os elementos e como eles se dividem em categorias.

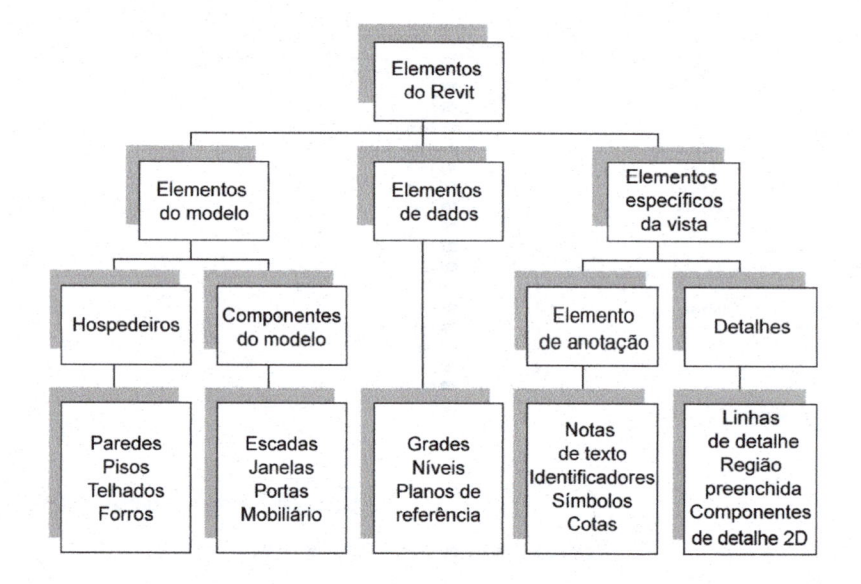

3.2 Famílias

Todos os elementos do Revit pertencem a uma **família**. As famílias reúnem objetos do mesmo tipo com os mesmos parâmetros e comportamentos. Elas facilitam muito a organização do projeto e a criação do modelo. Existem famílias para paredes, portas, janelas, telhados, elementos anotativos, mobiliário etc.

Por exemplo, uma edificação possui diferentes tipos de janela de correr e maximar. Criamos uma família de janelas de correr e outra de janelas maximar, e nas famílias há vários tipos de janela de correr e maximar com diferentes tamanhos. Com isso, temos uma biblioteca customizada de acordo com as necessidades de cada obra ou escritório.

As famílias podem ser criadas e modificadas sem a necessidade de programação adicional, apenas com conhecimento de modelagem e parametria.

Dessa forma, podemos ter todos os elementos construtivos definidos com seus parâmetros geométricos básicos, que podem ser modificados a qualquer momento, mesmo depois de inserido o elemento, e o desenho se altera sem a necessidade de apagar e inserir o elemento novamente. O programa já traz várias famílias de objetos, que podem ser alterados ou permitem criar outros a partir deles. Ao se instalar o Revit, são instaladas algumas famílias de todos os tipos de objeto do projeto, como paredes, vigas, lajes, telhados, janelas, portas, mobiliário, luminárias, vegetação, cotas, textos, símbolos etc.

O exemplo da Figura 3.6 mostra um modelo criado com elementos que já vêm disponíveis no Revit, em diversas famílias.

A compreensão da manipulação das famílias é uma condição para o perfeito trabalho com o Revit, visto que toda a organização e a produtividade dependem do correto uso e customização das famílias.

As famílias são divididas em três tipos – **Famílias do sistema**, **Famílias RFA (carregáveis)** e **Famílias modeladas no Local** – dependendo do elemento. A Figura 3.7 exemplifica as famílias de paredes do tipo **Família do sistema**.

Famílias do sistema: são as famílias que vêm instaladas no programa e não podem ser apagadas (Figura 3.8). Podem ser elementos **Modelo** ou de **Anotação**. Por exemplo, as paredes são famílias **Sistema**, portanto não é possível apagá-las, mas se você quer um tipo de parede que não está na lista, pode criá-la a partir da sua duplicação. Nas **Famílias do sistema** podemos, então, criar outros tipos a partir dos existentes. Podemos apagar os tipos que não utilizamos, mas não podemos apagar uma família. Alguns exemplos de **Famílias do sistema** são paredes, telhados, pisos, forros.

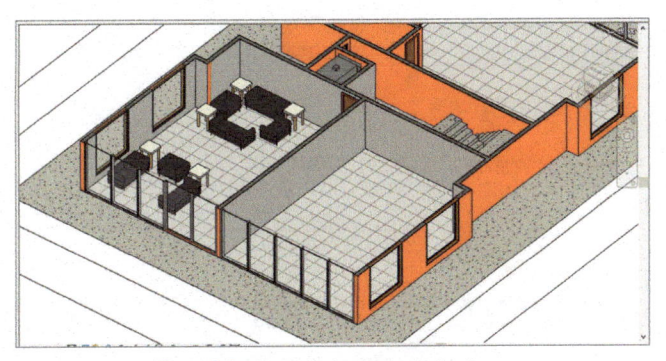

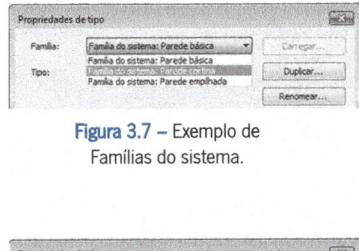

Figura 3.7 – Exemplo de Famílias do sistema.

Figura 3.6 – Exemplo de objetos de famílias – paredes, mesas, cadeiras.

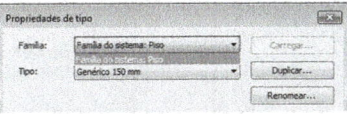

Figura 3.8 – Famílias do sistema – Pisos.

Famílias RFA (carregáveis): a família RFA fica em um arquivo externo, por exemplo, **PORTA.RFA**, que é carregado em qualquer projeto. A família é criada a partir de um modelo/template do Revit (RFT) específico para criação de cada tipo de família. O programa tem um editor de famílias que usa modelos/templates predefinidos para criação das famílias. Um exemplo é a família de mobiliário específico de um fabricante, que pode ser fornecida por ele por meio de download na web ou comercializada. A Figura 3.9 mostra arquivos de templates para construção de famílias de móveis.

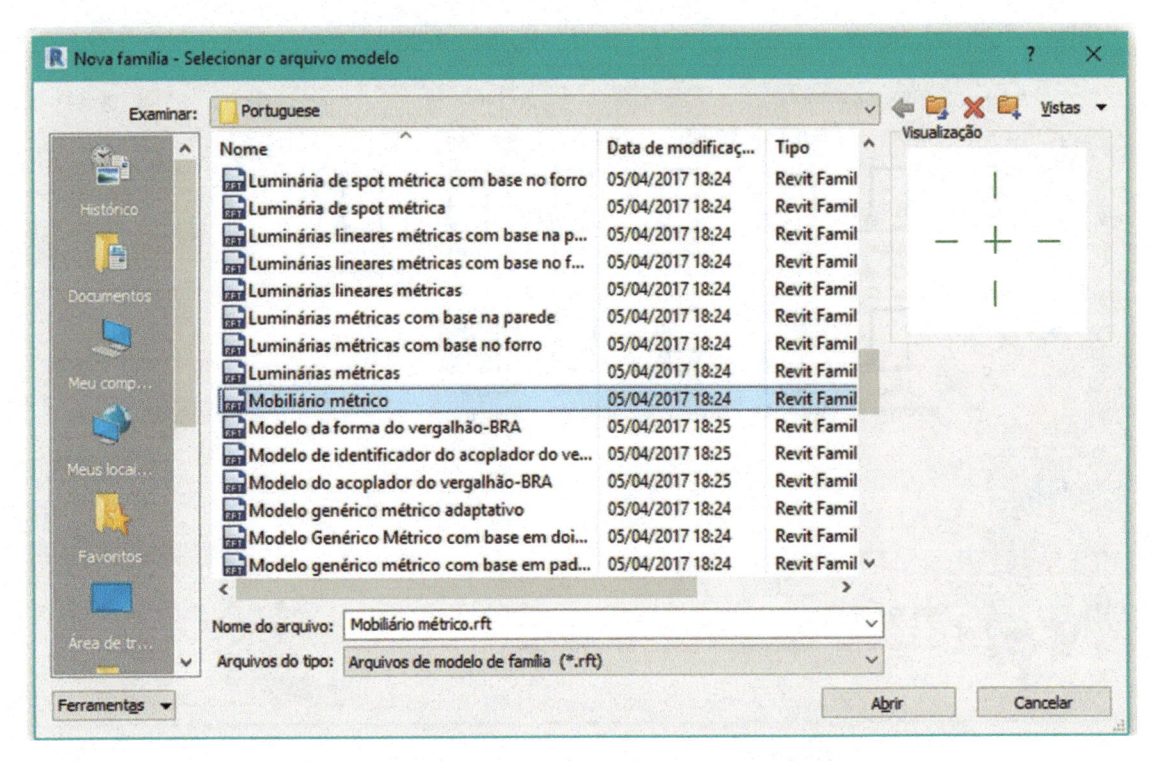

Figura 3.9 – Relação de templates (RFT) para criação de famílias.

Somente algumas famílias RFA vêm carregadas no projeto para que o template não fique muito grande. Caso queira utilizar outros tipos de elementos, você deve carregar outras famílias ou criar uma a partir de um modelo/template (arquivo RFT) específico para o objeto. A Figura 3.10 mostra a pasta de famílias do sistema métrico disponíveis no Revit.

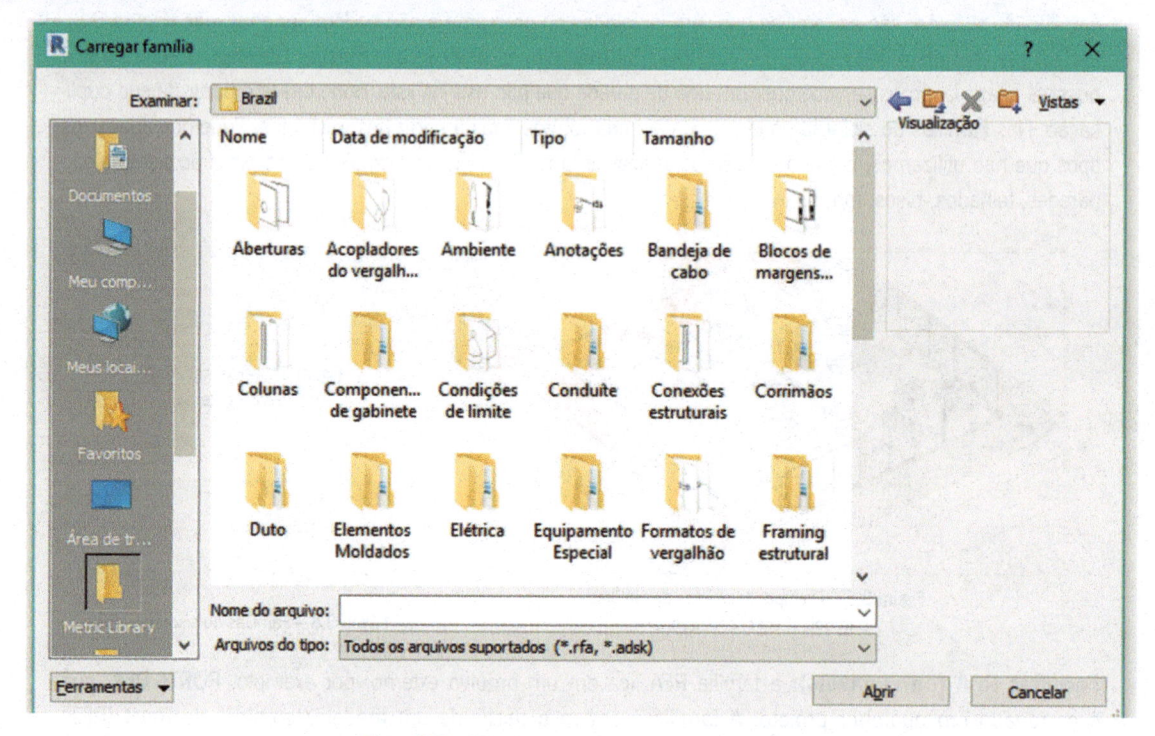

Figura 3.10 – Relação de famílias instaladas com o Revit.

Ao selecionar a pasta Janelas, temos todas as famílias de janelas para carregar no projeto. Cada família possui um tipo de janela com parâmetros específicos que podem ser modificados (Figura 3.11).

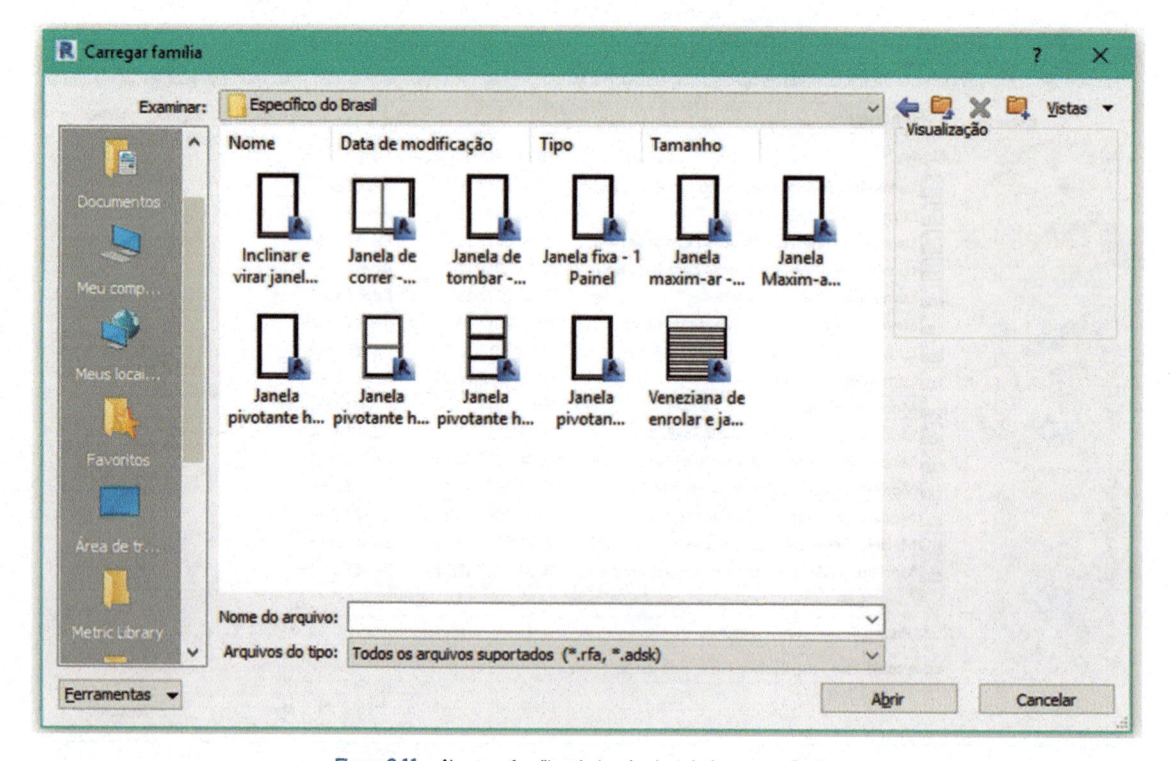

Figura 3.11 – Algumas famílias de janelas instaladas com o Revit .

A Figura 3.12 mostra famílias carregadas no projeto e seus vários tipos.

Famílias modeladas no Local: famílias criadas diretamente no arquivo do projeto, não em um arquivo separado, como o RFA; não podem ser exportadas diretamente para outro projeto. Uma família desse tipo só deve ser criada para uso específico de um projeto particular e nunca deve ser reutilizada em outro projeto. Se o objetivo for utilizar várias vezes o mesmo elemento, ele deve ser criado em uma família do tipo **RFA**, com o modelo/template específico para cada elemento, ou com o template de **Modelos Genéricos**, com o editor de famílias e carregado no projeto.

3.2.1 Propriedades das famílias

Uma família reúne objetos da mesma categoria com características diferentes. Por exemplo, a família de **Parede básica** reúne vários tipos de parede com espessuras diferentes. Cada uma delas é um tipo. Alguns parâmetros valem para todas as paredes de um mesmo tipo e outros são específicos de uma instância inserida no projeto. É possível haver duas paredes do mesmo tipo com alturas diferentes. Isso pode ser controlado pelo Revit em **Propriedades de tipo** e **Propriedades** (que se refere ao elemento selecionado ou a ser inserido).

Propriedades de tipo: definem os parâmetros de tipos de parede. Elas são definidas para todas as paredes de um mesmo tipo e incluem aparência, estrutura e tamanho. A Figura 3.14 mostra um exemplo de **Propriedades de tipo** para uma parede de alvenaria de 25 cm. Ao acessar essa opção, surge a janela de diálogo da Figura 3.14, na qual estão os parâmetros da parede selecionada, os quais são comuns a todas as paredes do mesmo tipo. Ao modificar um parâmetro nas **Propriedades de tipo**, a alteração ocorre em todas as paredes desse tipo no projeto. Por exemplo, se a espessura do acabamento for alterada, todas as paredes com o mesmo tipo no projeto serão modificadas.

Propriedades: define os parâmetros específicos de um elemento inserido no modelo a que chamamos de instância. Neste exemplo, um mesmo tipo de parede, **Alvenaria 25**, tem uma das paredes com altura (**Restrição superior**) até o nível **Acima para o nível: Cobertura** e outras em que a altura já é definida como **Acima para o nível: Superior**, ou seja, vai até a altura do pavimento superior. Se a altura desses pavimentos for alterada, a altura da parede altera-se automaticamente. Por isso, essa é uma propriedade de instância, isto é, de um objeto selecionado no modelo. Outras paredes do mesmo tipo podem ter alturas diferentes, mas todas têm 25 cm de espessura e as mesmas características de acabamento, estrutura, representação no projeto etc. A janela **Propriedades** exibe as propriedades do objeto selecionado ou a ser inserido, as quais representam uma instância do objeto no projeto (Figura 3.15).

Figura 3.12 – Famílias de janelas carregadas no projeto.

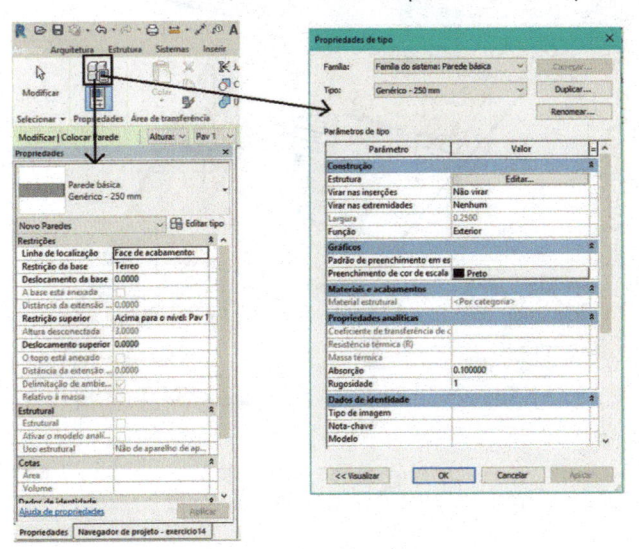

Figura 3.13 – Propriedades de tipo e do elemento selecionados.

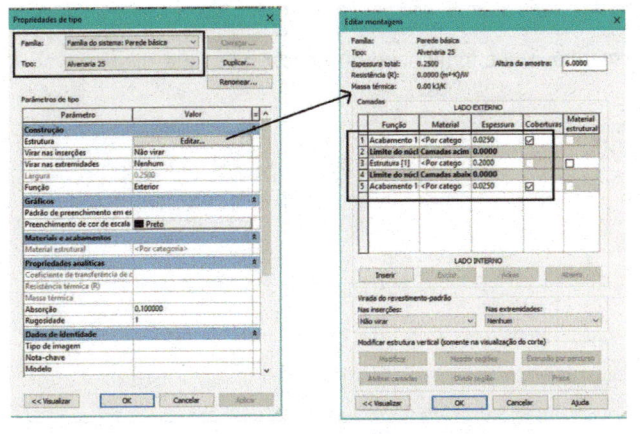

Figura 3.14 – Propriedades de tipo.

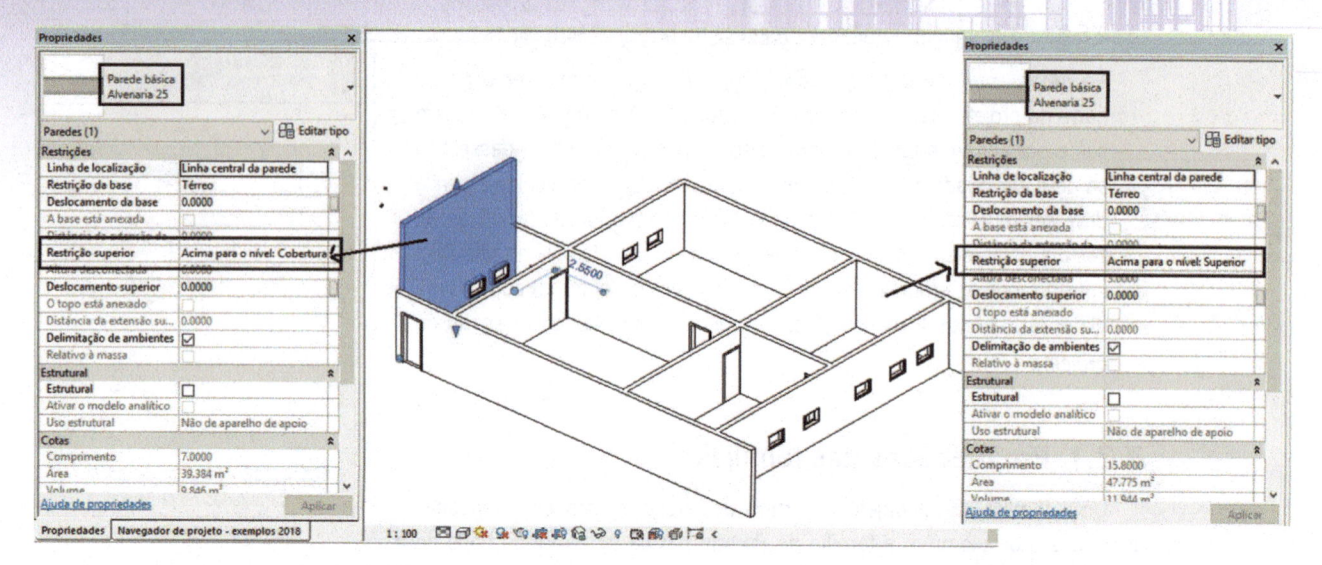

Figura 3.15 – Propriedades – propriedades de instância.

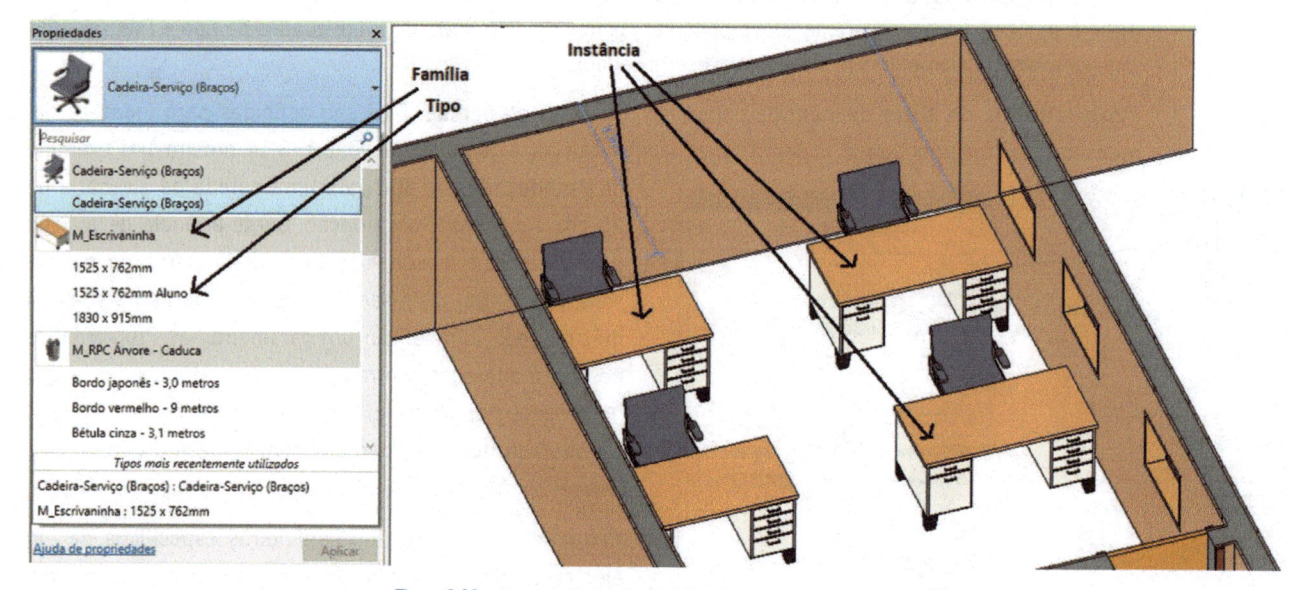

Figura 3.16 – Exemplo de família/tipo/instância.

As famílias de cada categoria serão estudadas novamente nos capítulos correspondentes do livro. Veremos como criar outros tipos de parede, portas e demais elementos.

Procure conhecer bem as famílias instaladas no automaticamente Revit. Dessa forma, você poderá utilizar elementos já criados, evitando a criação de objetos já definidos.

Cada elemento pode ser visualizado na tela de explicação do comando, o que torna possível verificar o tipo e a família do elemento enquanto você estiver trabalhando.

4. Início do Projeto

Introdução

Este capítulo explica como iniciar um projeto, as configurações iniciais, espessuras de linhas, ajustes de unidades, uso de modelos/templates predefinidos, criação de pavimentos e eixos de referência.

Objetivos

- Usar modelos/templates para iniciar um projeto.
- Definir unidades de trabalho.
- Criar pavimentos.
- Criar eixos de referência.
- Importar uma planta 2D do AutoCAD.

4.1 Configurações iniciais

As configurações iniciais de um projeto envolvem muitos itens e decisões que requerem cuidado. Os programas de projeto e desenho em geral trazem pré-configurações iniciais que podem ser úteis para a maioria dos usuários, mas não podem satisfazer a todos. Cada escritório tem padrões que facilitam o trabalho da equipe, os quais geralmente cobrem quase todo o processo de projeto e apresentação dos desenhos.

Em um projeto no Revit, é preciso definir espessuras de linhas dos objetos, estilos de textos, símbolos, pavimentos, unidades, vistas, famílias, entre outras configurações que permitem que haja o mesmo ponto de partida para todos os outros projetos. A seguir, você aprenderá a fazer essas configurações e a criar um modelo/template para guardar todos os seus padrões.

4.1.1 Início de um projeto – Criação de modelo/template

Ao entrar no Revit, surge a tela da Figura 4.1, em que podemos abrir um arquivo de projeto já existente ou iniciar um novo. Vamos clicar em Novo para iniciar um novo projeto.

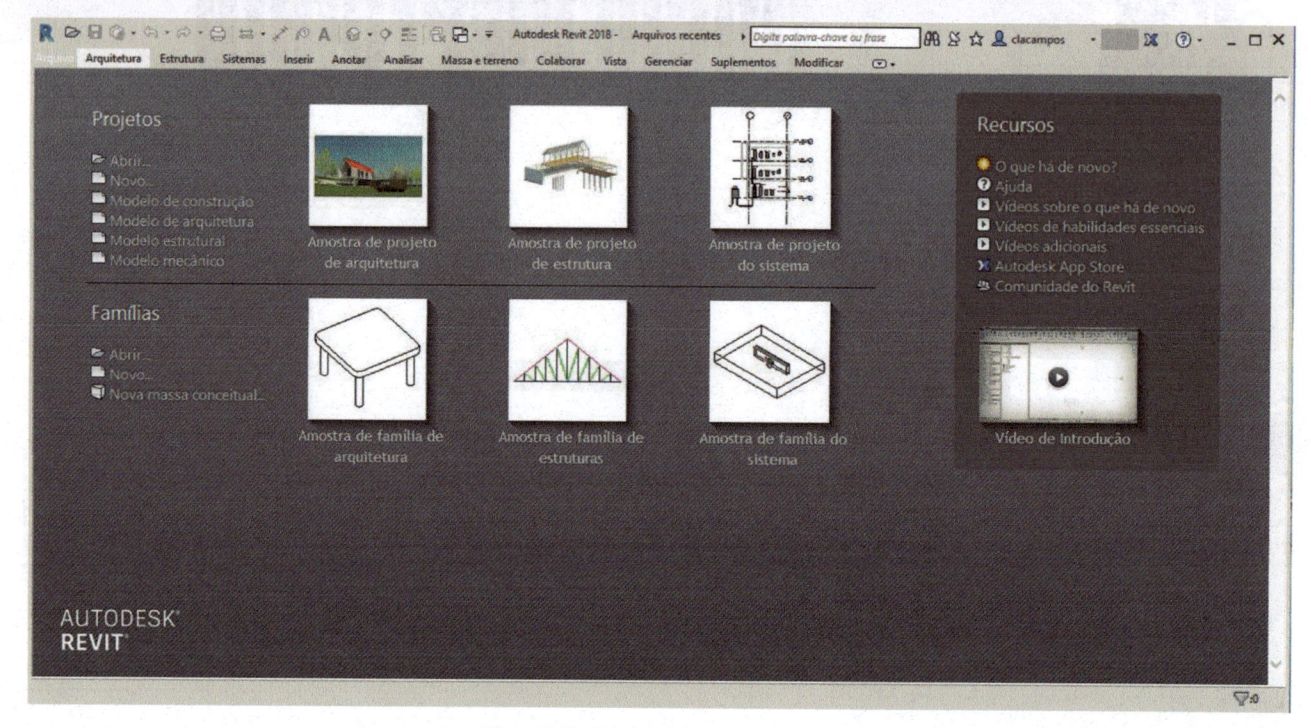

Figura 4.1 – Tela inicial.

Ao clicar em Novo, iniciamos um novo arquivo, que utiliza um modelo/template de configurações básicas predefinido no comando Opções, conforme visto na Seção 2.3. O Revit possui alguns modelos/templates básicos. Esses modelos/templates estão na pasta C:\ProgramData\Autodesk\RVT2018\Templates\Brazil\.

A janela Novo projeto pede que você selecione o modelo/template a ser utilizado e abre as opções disponíveis, como: Modelo de arquitetura, Modelo de construção, Modelo estrutural e Modelo mecânico ou <Nenhum>.

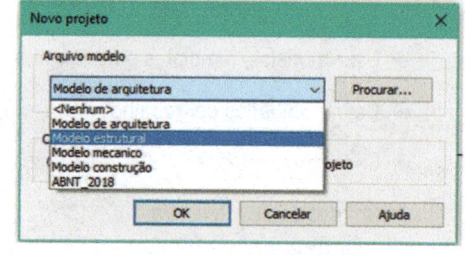

Figura 4.2 – Janela Novo projeto.

Você poderá ter mais de um modelo/template e escolher entre eles ao iniciar um projeto com esse comando. Por exemplo, podemos criar um template para projetos comerciais e outro para projetos residenciais. Como muitas características desses projetos são diferentes, seria justificável e produtivo ter padrões predefinidos para cada uma das situações. Para criar um modelo/template, você deve definir todos os padrões de projeto em um arquivo e salvá-lo como RTE.

1. Inicie um novo projeto utilizando o modelo/template Modelo de arquitetura – na realidade, você está abrindo o arquivo DefaultBRAPTB.

2. Faça todas as alterações para que as configurações fiquem de acordo com seus padrões e necessidades (tipos de linha, unidades, pavimentos, famílias, crie folhas etc.). No decorrer do livro, você vai aprender a criar esses elementos.

3. Configure Estilos de objeto, Espessura da linha e Estilos de linha. Faça outras configurações necessárias na aba Gerenciar > Configurações.

4. As famílias do tipo Famílias do sistema (Parede, Piso, Telhado etc.) são criadas no arquivo do modelo/template e gravadas junto com o modelo/template. As famílias do tipo RFA mais utilizadas podem ser carregadas no modelo/template; ao iniciar um projeto com o modelo/template, elas já estão disponíveis. Porém, você só deve carregar as famílias RFA que forem essenciais ao projeto, para não criar um modelo/template com muita informação e gerar um arquivo muito grande.

5. Na aba Arquivo, selecione Salvar Como > Modelo.

6. Dê um nome ao modelo e verifique se o tipo de arquivo está marcado como RTE. Procure gravar na pasta C:\ProgramData\Autodesk\RVT2018\Templates\Brazil\ junto com os outros modelos/templates já instalados (Figura 4.3).

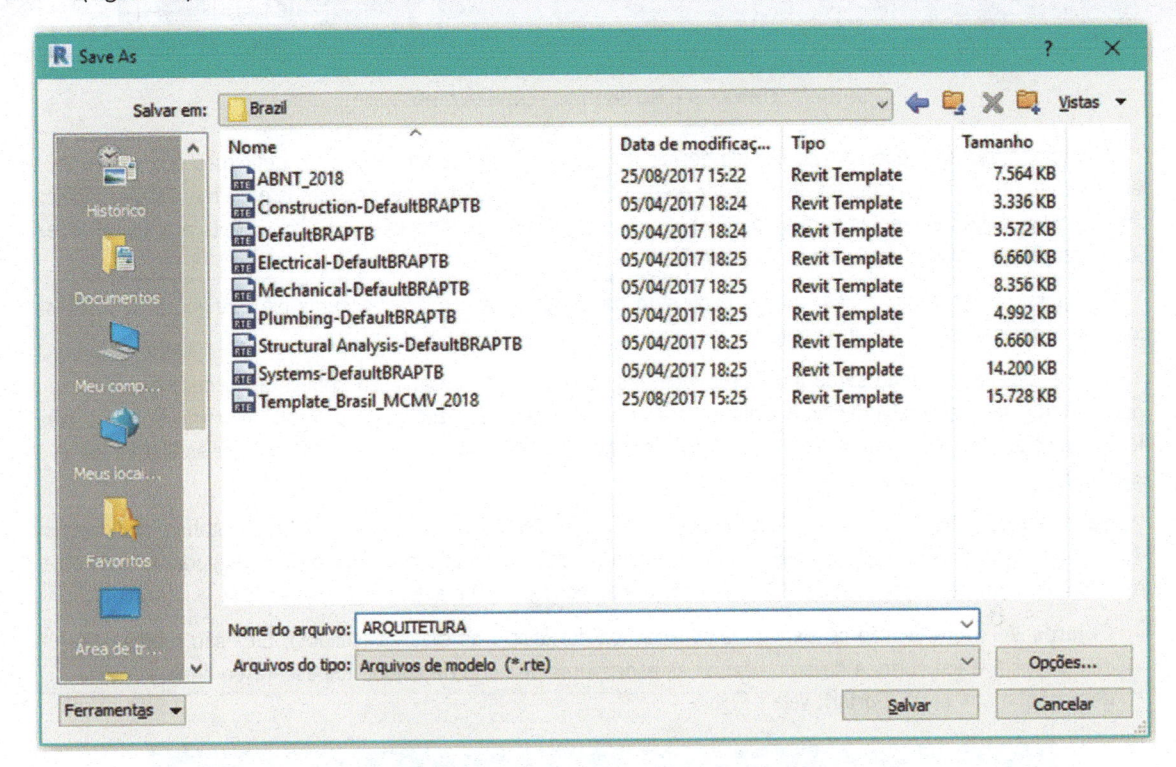

Figura 4.3 – Criação do modelo/template ARQUITETURA.

7. Nesse exemplo, criamos o template **ARQUITETURA** e o salvamos na mesma pasta dos templates que já são instalados com o Revit.

Importante

Introduzimos o conceito de modelos/templates no Revit e sugerimos um guia para criá-los. Todos os itens que podem ser padronizados e configurados serão vistos nos capítulos posteriores. Com o tempo de uso do programa e a experiência adquirida, você ficará mais seguro para selecionar, alterar e configurar os elementos de seu interesse para gerar o padrão de modelos/templates. Quanto mais experiência na utilização do Revit, mais elaborado pode ficar o modelo/template. Volte a esse item depois que completar os exercícios e o tutorial, pois terá conhecimento mais completo para elaborar o seu modelo/template. Apesar de reunirem padrões de trabalho, os templates são sempre revistos e aprimorados.

4.1.2 Estilos de objeto

Aba Gerenciar > Estilos de objeto

Os estilos de objeto definem como serão representadas as linhas dos elementos (paredes, pilares, janelas, textos, símbolos etc.) em termos de espessura, de cor e também de materiais. Para acessar a janela de diálogo **Estilos de objeto** na aba **Gerenciar**, selecione **Estilos de objeto**. A definição feita será utilizada na visualização dos objetos na tela e na impressão. Se você achar que algumas linhas ficam muito grossas na tela, pode usar o **Linhas Finas** (TL), visto no Capítulo 7, para que todas as linhas fiquem finas na tela temporariamente, pois o Revit já representa na tela as espessuras de impressão.

Se você utiliza o AutoCAD, deve usar os layers para organizar os tipos de objeto e definir as cores das linhas e associá-las a espessuras em um arquivo .CTB. O Revit não tem o conceito de layer, mas sim de objetos com estilos definidos em **Estilos de objeto**. Então, fazendo uma analogia, no Revit definimos as cores e espessuras de linhas dos elementos, o que indicará a forma como eles são impressos. Essa definição é feita para todos os elementos do Revit. Por exemplo, se você definir que as paredes têm em corte espessura 3 e em vista espessura 1, isso ocorre com todas as paredes do projeto.

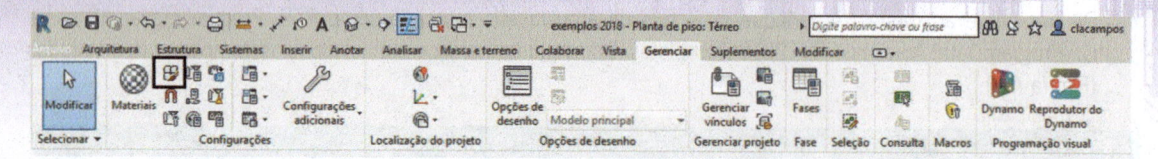

Figura 4.4 – Aba Gerenciar – Estilos de objeto.

Podemos fazer alterações de visibilidade desses objetos por vista, de forma que, se definimos que as paredes têm espessura de linha em planta de 1 na cor preta, como estilos das paredes, podemos em uma vista específica definir configurações diferentes para as paredes, por exemplo, cor azul e espessura 2. Isso é feito em **Visibilidade/ Sobreposição de gráficos**, estudado no Capítulo 7.

A espessura das linhas é definida em **Espessura da linha**. O Revit traz espessuras pré-configuradas. Veremos como usar as espessuras no próximo item.

Vamos especificar como serão impressos todos os elementos do Revit. Essa configuração deve estar no seu modelo/template. As configurações iniciais já estão com uma lógica razoável de projeto, de forma que não será necessário alterá-las em todos os elementos. Você deve fazer uma análise inicial e modificar aqueles elementos que estiverem fora do seu padrão.

Na janela de diálogo **Estilos de objeto** (Figura 4.5), note que há quatro abas com as categorias dos objetos, **Modelo**, **Anotação**, **Analítico** e **Importados**, para que sejam definidas suas características por categoria, pois os objetos se comportam de forma diferente. Muitos são representados em 3D e alguns somente em 2D.

Objetos de modelo: são os elementos construtivos do Revit e as massas (sólidos). Eles são representados em vista e em corte, e devemos definir as espessuras de linha na coluna **Espessura da linha** em vista (**Projeção**) e em corte (**Cortar**). Veja a Figura 4.5.

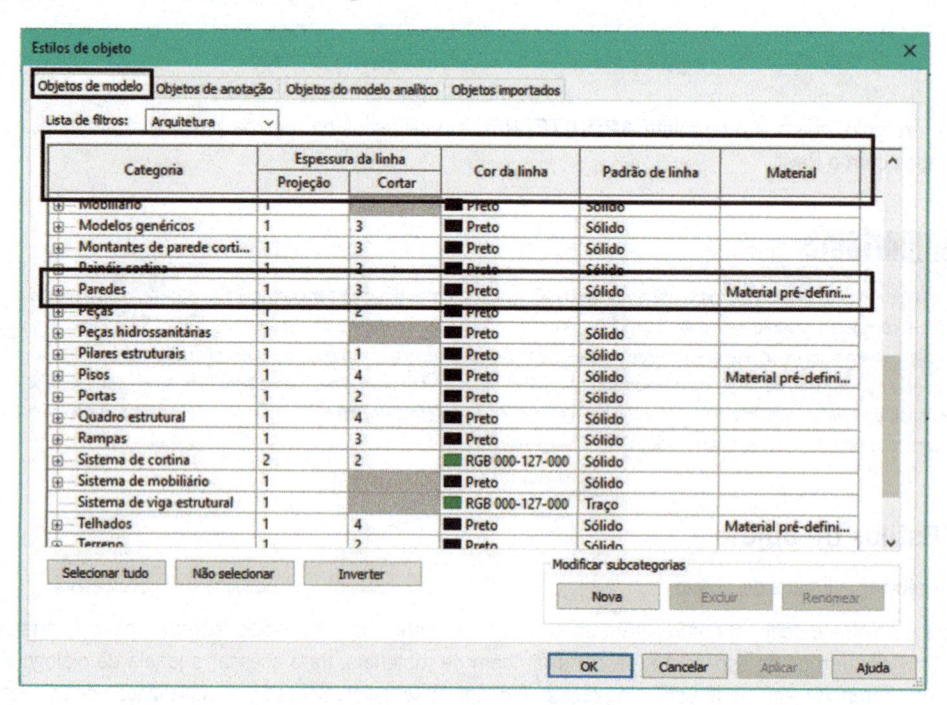

Figura 4.5 – Estilos de objeto – Objetos de modelo.

Por exemplo, para configurar o tipo de linha das paredes, selecionamos **Paredes** e definimos:

Espessura da linha

Projeção: espessura da linha em vista.

Cortar: espessura da linha em corte. O valor que aparece na lista corresponde a uma espessura que é definida em **Espessura da linha**, que veremos na próxima seção.

Cor da linha: define a cor da linha.

Padrão de linha: tipo (contínua, tracejada etc.).

Material: material básico da categoria, mas poderá ser definido posteriormente em cada tipo de forma mais específica.

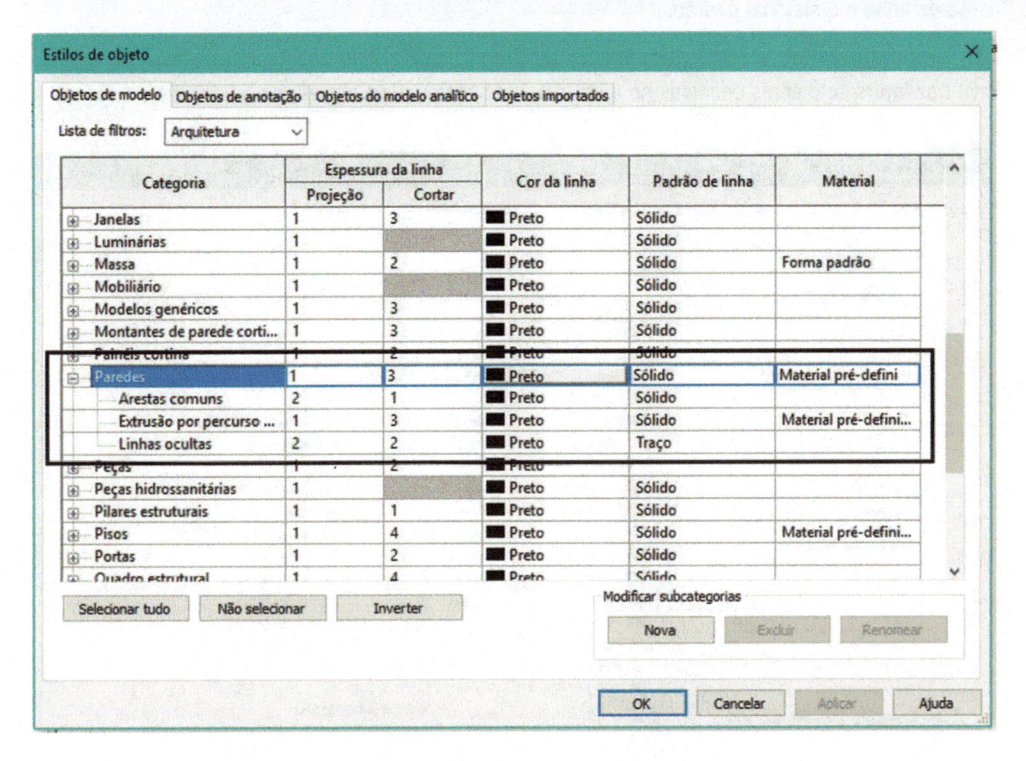

Figura 4.6 – Configuração do tipo de linha das paredes.

Objetos de anotação: nessa aba, estão os objetos usados para as anotações no projeto, como tags, linha de corte, margens etc. São objetos que só aparecem em 2D e para eles não definimos material nem tipo de linha em corte, somente espessura, cor e tipo. Observe a Figura 4.7.

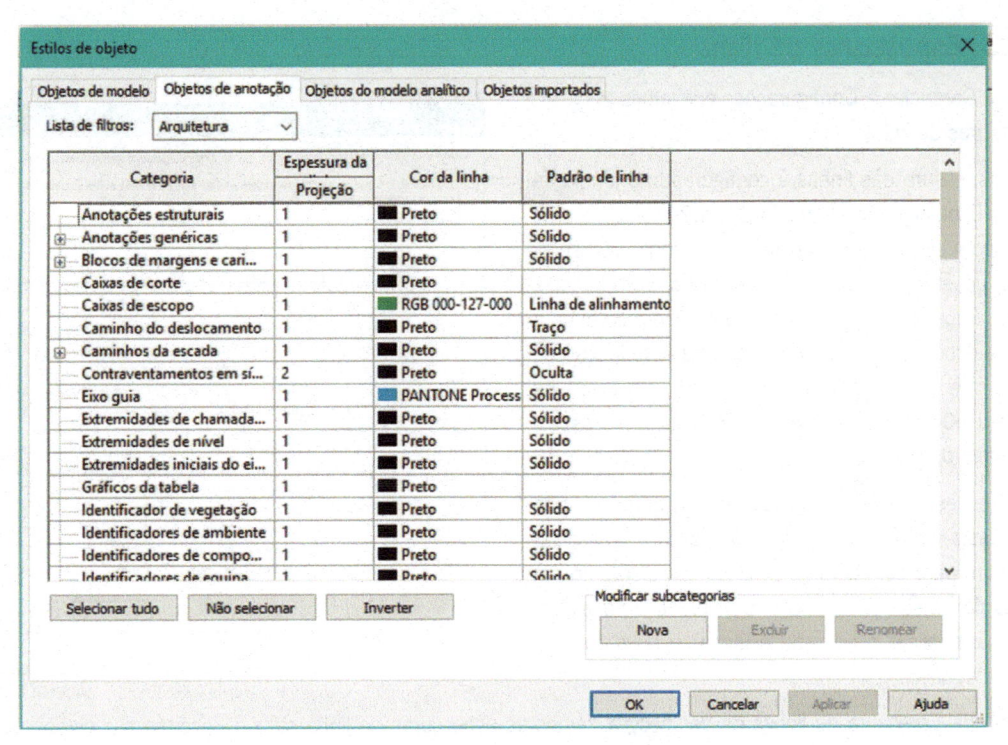

Figura 4.7 – Estilos de objeto – Objetos de anotação.

Objetos de modelo analítico: são os elementos estruturais (vigas, lajes, pilares) que podem ser usados para análises. Como são construtivos, são representados em planta e em corte. Devemos definir as espessuras de linha em vista **(Projeção)** e em corte **(Cortar)** na coluna **Espessura da linha**, bem como a **Cor da linha**, o **Padrão de linha** e o **Material** padrão.

Objetos importados: por exemplo, um arquivo DWG do AutoCAD, que pode servir de base para o projeto, no Revit traz layers com cores definidas no AutoCAD, mas você poderá alterá-las no Revit. Veja a Figura 4.8.

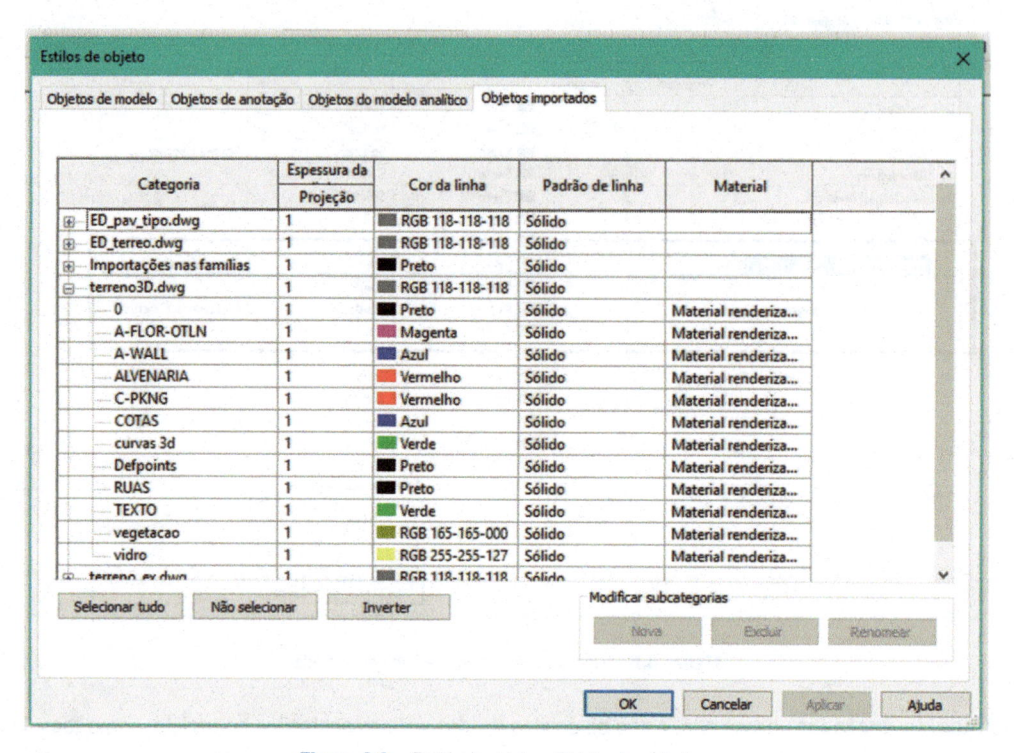

Figura 4.8 – Estilos de objeto – Objetos importados.

4.1.3 Espessuras de linha

Aba Gerenciar > Configurações adicionais > Espessuras de linha

A espessura das linhas é configurada na janela de diálogo **Espessuras de linha** (Figura 4.9). Nela, há uma tabela com escalas e 16 espessuras de linhas que se alteram, dependendo da escala do projeto. Por exemplo, a parede que tem linha em vista com 1 e em corte com 3 terá a espessura da linha em vista na escala 1:50 de 0,18 mm e na escala 1:100 de 0,1 mm; em corte, na escala 1:50 terá espessura de 0,35 mm e na escala 1:100 terá 0,25 mm.

As espessuras já estão associadas a números, portanto basta verificar a escala e a espessura e associar o número para configurar a linha de um elemento em **Estilos de objeto**. Para alterar o valor de uma espessura, basta clicar no campo e digitar o novo valor; a tabela é editável.

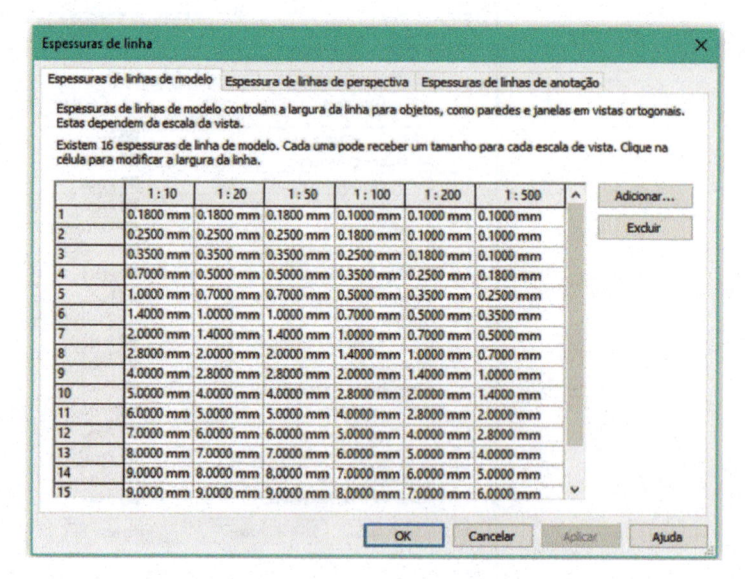

Figura 4.9 – Aba Gerenciar – Espessuras de linha.

Na aba **Espessura de linhas de perspectiva**, temos as espessuras de linha para o desenho em perspectiva; em **Espessuras de linhas de anotação**, temos as espessuras para os objetos de anotação.

4.1.4 Unidades de trabalho

Aba Gerenciar > Configurações > Unidades de projeto

Esse comando define as unidades de trabalho. O modelo/template métrico inicia em milímetros, portanto, devemos sempre passar para metros. No Revit, o desenho é criado em escala real 1:1 e a escala de plotagem é definida nas vistas, podendo ser alterada a qualquer momento, enquanto textos, cotas, símbolos e tags são ajustados automaticamente à escala escolhida. Cada vista pode ter uma escala diferente, não havendo necessidade de trabalhar sempre na mesma. Ao montar a folha de impressão, revemos as escalas da vista para imprimir e as vistas são inseridas nas folhas com as escalas nelas definidas.

O Capítulo 17 mostra a montagem de folhas.

Ao entrar no comando, é possível definir as unidades de vários elementos. Então, clique no botão ao lado direito do campo **Linear** para selecionar as unidades de comprimento (Figura 4.10).

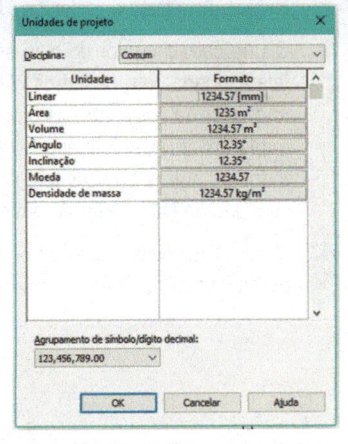

Figura 4.10 – Definição de unidades.

Na janela de diálogo **Formato**, selecione a unidade, por exemplo, **Metros**, como mostra a Figura 4.11. O campo **Arredondamento** define o número de casas decimais e **Símbolo de unidade**, se selecionado, pode incluir um símbolo da unidade. O Revit vem configurado para usar ponto (.) como separação decimal e usamos vírgula, portanto devemos fazer essa alteração no campo **Agrupamento de símbolo/dígito decimal**.

Os outros campos definem:

Linear: unidade de comprimento.

Área: unidade de medida de área.

Volume: unidade de medida de volume.

Ângulo: unidade de medida de ângulo.

Inclinação: unidade de medida de inclinação em graus ou porcentagem.

Moeda: unidade de medida de moeda.

Densidade de massa: unidade de densidade de massa.

Agrupamento de símbolo/dígito decimal: define onde se usa ponto ou vírgula para separação decimal.

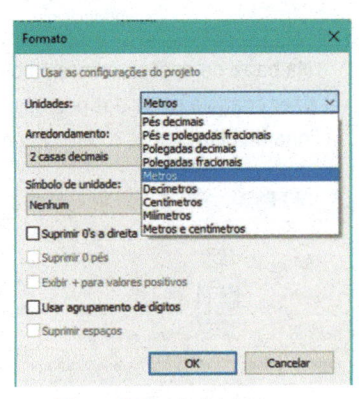

Figura 4.11 – Definição de unidade de comprimento.

4.1.5 Níveis/Pavimentos

Aba Arquitetura > Dados > Nível

Deve-se criar um pavimento para cada piso do projeto. Ao criarmos os pavimentos, são geradas vistas planas de cada um deles, por exemplo: Térreo, 1º Pavimento, 2º Pavimento, Cobertura.

Ao iniciarmos um projeto com o template padrão do Revit, são criados automaticamente os pavimentos Nível 1 e Nível 2 com altura de 4 m entre eles.

Para criar um pavimento, devemos estar em uma vista de corte ou elevação.

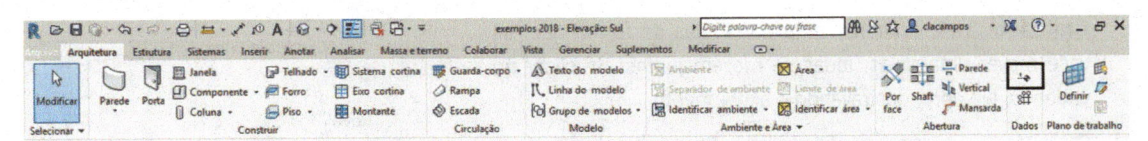

Figura 4.12 – Aba Arquitetura – seleção de nível.

Para adicionar um pavimento, siga os passos:

1. Abra a vista de elevação **Sul**.

2. Na aba **Arquitetura**, selecione **Nível**.

3. Clique com o cursor do lado esquerdo e marque um ponto. Ao fazer isso, uma cota temporária de nível surge na tela alinhada com os outros níveis. Clique no lado direito, alinhando com o símbolo de nível. Depois de criada, edite o valor da cota entre os pavimentos. Você também pode digitar o valor da distância da altura entre o pavimento antes de clicar o primeiro ponto, quando surge uma cota temporária em azul. Prossiga dessa forma para criar todos os outros pavimentos. Ao criar um pavimento, além da planta de piso, a planta de forro também é criada; verifique no **Navegador de projeto**. As linhas alinham-se horizontalmente.

4. O nome do nível pode ser editado clicando-se nele. Ao alterar o nome do nível, note que o nome da vista em planta também se atualiza no **Navegador de projeto**.

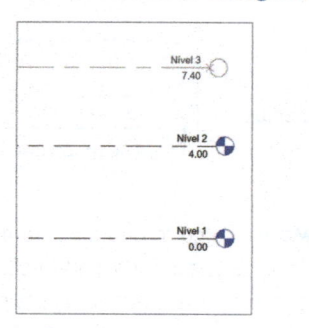 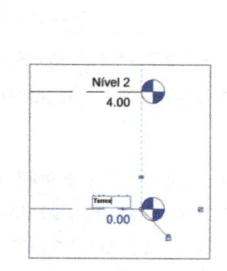 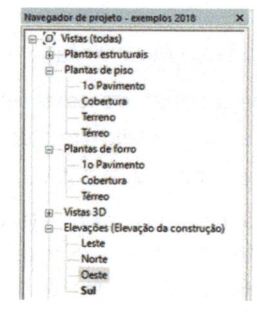

Figura 4.13 – Criação de pavimentos.   **Figura 4.14** – Alteração do nome no pavimento.   **Figura 4.15** – Navegador de projeto.

Na barra de opções, temos o botão **Deslocamento**, como mostra a Figura 4.16, que permite dar a distância do nível a ser criado a partir dos pontos clicados. Se definirmos um deslocamento de 3 m e clicarmos nos pontos em cima da linha do último piso, o piso criado fica a 3 m do último. Dessa forma, o novo pavimento já fica na altura desejada.

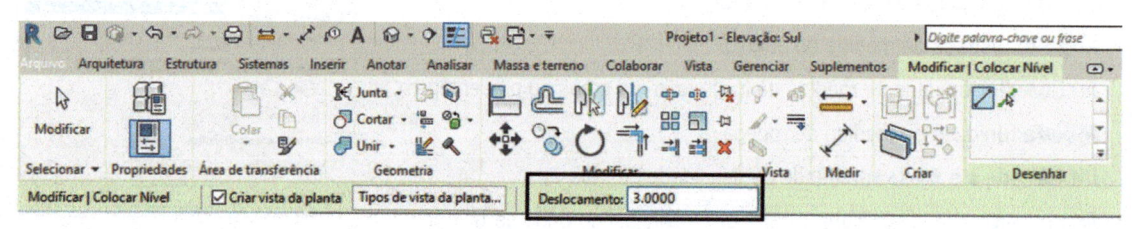

Figura 4.16 – Aba Modificar | Colocar Nível > Deslocamento.

Você também poderá criar pavimentos copiando as linhas de nível com o comando **Copiar** ou com o comando **Matriz**, ambos estudados no Capítulo 6.

As linhas de nível são exibidas em todas as vistas de elevação e cortes. Para alterar sua visibilidade em uma vista, é preciso editar as propriedades da vista em **Sobreposição de Visibilidade/Gráfico** (Capítulo 7).

Na linha criada, temos alguns controles que podem alterar a forma de sua representação. Esses controles (grips) permitem alterar a posição da linha, seu comprimento e altura entre os pavimentos pela cota temporária. Todas as alterações feitas só serão exibidas na vista em questão; não serão refletidas nas outras vistas.

Marca de tique: temos uma caixa de tique em cada extremo da linha. Ela liga/desliga o símbolo de nível em cada extremidade. Para inserir o símbolo nas duas extremidades, basta clicar na outra ponta.

Cadeado: trava o alinhamento das linhas de forma que, se você mover uma delas, todas se movem juntas. Se clicar no cadeado, ele abre, destravando o alinhamento.

Símbolo de quebra: quebra a linha. Para voltar, basta clicar no grip e puxar para a posição inicial.

Símbolo de argola: serve para arrastar a linha e o conjunto de linhas de pavimento.

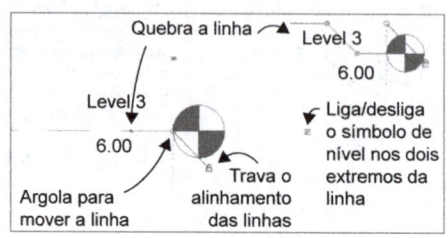

Figura 4.17 – Linha de pavimento.

4.1.6 Linhas de Eixo

Aba Arquitetura > Dados > Eixo

Os **Eixos** são as linhas de eixo do projeto. Eles servem de guia para inserção de pilares, vigas e paredes, sendo acessados pela aba **Arquitetura** no painel **Dados**, como mostra a Figura 4.18.

Eles são exibidos em todas as vistas de plantas de piso e de forro. Para alterar sua visibilidade em uma vista, é necessário editar as propriedades da vista em **Visibilidade/Sobreposição de gráficos** (Capítulo 7).

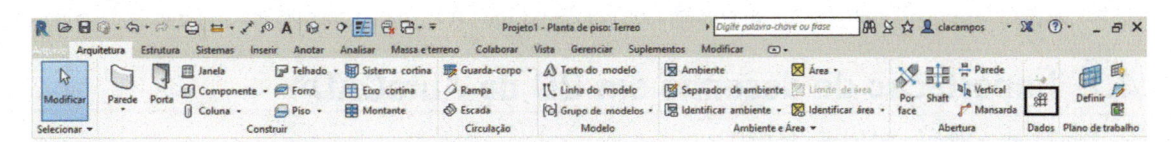

Figura 4.18 – Aba Arquitetura > seleção do Eixo.

Para criar o eixo, siga os passos:

Selecione uma vista em planta em **Plantas de piso**.

1. Na aba **Arquitetura**, selecione **Eixo**.

2. Clique em um ponto na tela e arraste o cursor; uma linha tracejada é criada, então marque o ponto final dela.

3. Para inserir outra linha de eixo, clique mais uma vez e a nova linha se ajusta com a anterior.

4. Para definir uma distância exata entre as linhas, digite o valor antes de clicar no primeiro ponto, quando surgir uma cota temporária em azul, ou defina o valor em **Deslocamento**, na barra de opções, como em **Nível**, e clique nos pontos sobre a última linha inserida.

5. Crie as outras linhas de eixo no projeto.

A Figura 4.19 mostra os eixos criados.

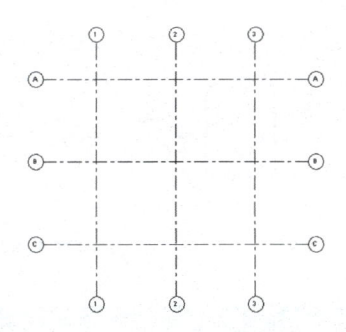

Figura 4.19 – Criação dos eixos.

> ### ! Importante
>
> As linhas de eixo vão sendo criadas com a numeração 1, 2, 3 etc. Podemos usar letras e números. Para editar o número, clique nele e digite a nova letra.

Os eixos têm o mesmo controle visto para **níveis**, de forma que podemos inserir outro símbolo de eixo na outra ponta, quebrar a linha e alinhar todos simultaneamente.

Eles também podem ter forma de arco, como mostra a Figura 4.21. Para criar um eixo em forma de arco, selecione no painel **Desenhar** o ícone do arco, como indica a Figura 4.20.

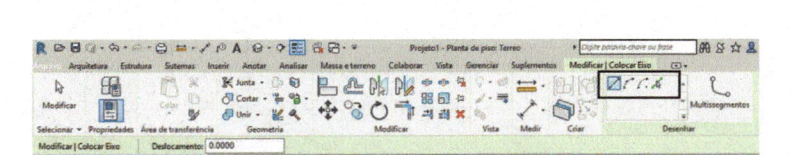

Figura 4.20 – Seleção do eixo em arco.

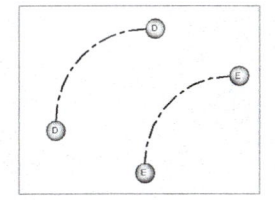

Figura 4.21 – Desenho do eixo em arco.

> ### ! Importante
>
> Os eixos e os níveis são elementos 2D do tipo Dados e visíveis em todas as vistas planas e elevações.

Com os pavimentos e as linhas de eixo criados, estão praticamente prontos os ajustes básicos para se iniciar um projeto no Revit. Para dar continuidade ao projeto, o próximo passo é a inserção das paredes e dos outros elementos, como pilares, lajes, vigas, esquadrias e assim por diante. Cada capítulo do livro trata de um desses elementos. Com os pavimentos e os eixos de referência, podemos iniciar com as paredes ou com os pilares nos eixos.

Podemos iniciar também o projeto pelo terreno, conforme Capítulo 14, e depois fazer a implantação do edifício. No tutorial no final do livro, faremos um projeto iniciando pelo terreno.

A seguir, mostramos como importar um desenho em 2D do AutoCAD® para iniciar um projeto no Revit, visto que muitos projetos podem estar em estudo ou predefinidos em 2D no AutoCAD®, sendo possível aproveitar esse desenho.

4.2 Importação de desenho em 2D do AutoCAD®

Aba Inserir > Vínculo > Vínculo de CAD

Para importar um desenho em 2D do AutoCAD®, usamos a ferramenta Vínculo de CAD, que permite vincular o desenho AutoCAD® ao Revit de forma que, se houver uma alteração no AutoCAD®, podemos atualizar o link, recarregando o desenho no Revit. A outra opção é Importar CAD, que importa somente o desenho do AutoCAD®, não permitindo atualizações. As duas opções são selecionadas pela aba Inserir (Figura 4.22). Neste exemplo, vamos usar o Vínculo de CAD. Ative a vista do pavimento Térreo clicando duas vezes nela no Navegador de projeto. O arquivo utilizado está disponível no site da Editora, do qual você pode fazer o download (planta_apto.dwg). Ao entrar no comando, é apresentada a janela de diálogo da Figura 4.23, em que devemos selecionar o arquivo DWG:

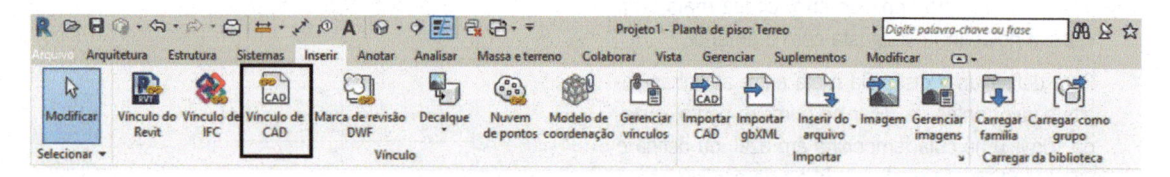

Figura 4.22 – Aba Inserir > Vínculo de CAD.

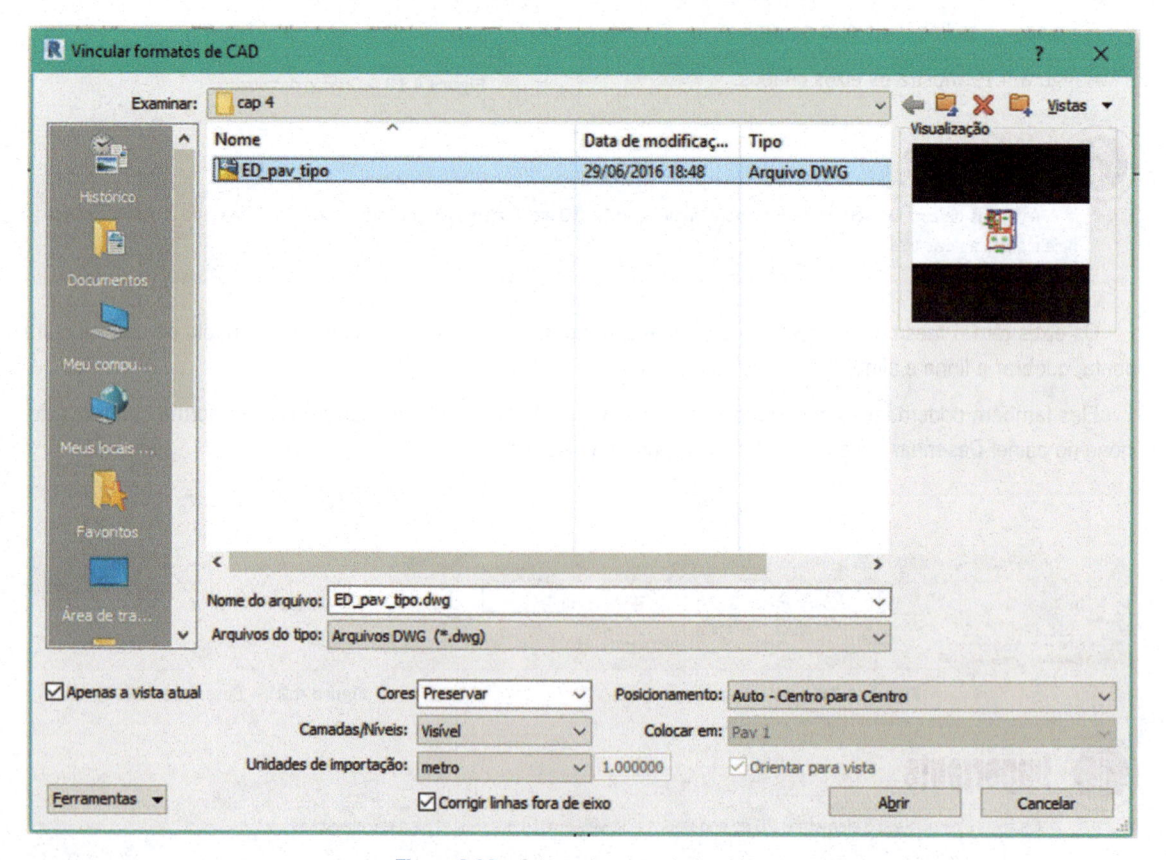

Figura 4.23 – Seleção de arquivo do AutoCAD.

Após a seleção, devemos ajustar alguns parâmetros na parte inferior da janela:

Apenas a vista atual: se essa opção estiver ativada, o DWG é inserido somente na vista corrente do desenho. Sempre que uma planta de um pavimento for incluída no projeto, é preciso habilitar a opção. É necessário desabilitá-la quando uma planta de curva de nível, para a modelagem de terrenos, for introduzida.

Cores: a opção **Inverter** inverte as cores dos layers do AutoCAD, **Preservar** mantém as cores dos layers e **Preto e Branco** altera a cor do desenho para branco e preto, dependendo de como ele estiver no AutoCAD.

Camadas/Níveis: a opção **Todos** traz todos os layers do AutoCAD, **Visíveis** traz somente os layers ligados no arquivo e **Especificar** permite especificar quais layers serão trazidos.

Unidades de importação: define as unidades de importação do arquivo. É recomendável que você identifique a unidade do desenho que está importando e marque nesse campo a unidade correta.

Posicionamento: permite escolher em que posição o arquivo será inserido no Revit.

Colocar em: nome do pavimento em que está sendo inserido o arquivo.

⊙ Depois de inserido no pavimento, podemos usar o arquivo DWG como base para o projeto no Revit. Podemos desenhar paredes sobre as paredes do DWG, porque o Revit pega pontos finais e intersecções do arquivo do AutoCAD, ou usar um DWG com curvas de nível para criar um terreno, entre outras possibilidades.

Se houver uma planta para cada pavimento no AutoCAD, cada planta deve ser inserida no pavimento correspondente no Revit, marcando-se **Apenas a vista atual**, de modo que não haja sobreposição de desenhos no Revit. Ative a vista do pavimento na qual serão inseridos os arquivos do AutoCAD antes de selecionar **Vínculo de CAD**.

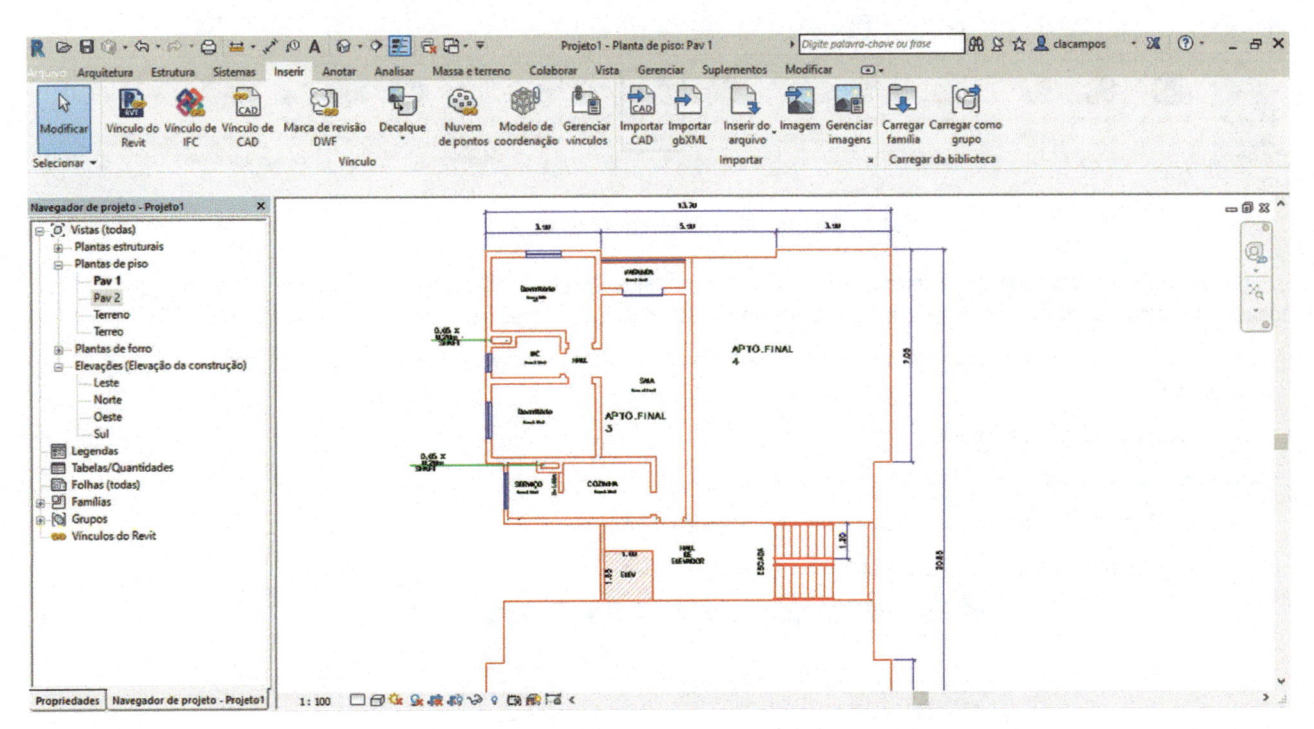

Figura 4.24 – Desenho do AutoCAD inserido no Revit.

Depois de terminado o projeto, você pode desligar a visibilidade do arquivo do AutoCAD para imprimir o projeto do Revit sem o desenho do AutoCAD ou remover totalmente o link. Isso é feito pelo controle de visibilidade dos objetos por vista em **Visibilidade/Sobreposição de gráficos**, a ser estudado no Capítulo 7.

Com a vista ativa, selecione em **Propriedades** a opção **Visibilidade/Sobreposição de gráficos** e clique em **Editar**. Na aba **Categorias importadas**, desmarque a visibilidade do arquivo DWG (Figura 4.25).

Outra forma de gerenciar os links é pela ferramenta **Gerenciar vínculos** na aba **Inserir**. É possível remover o link ou recarregar o arquivo atualizado do link.

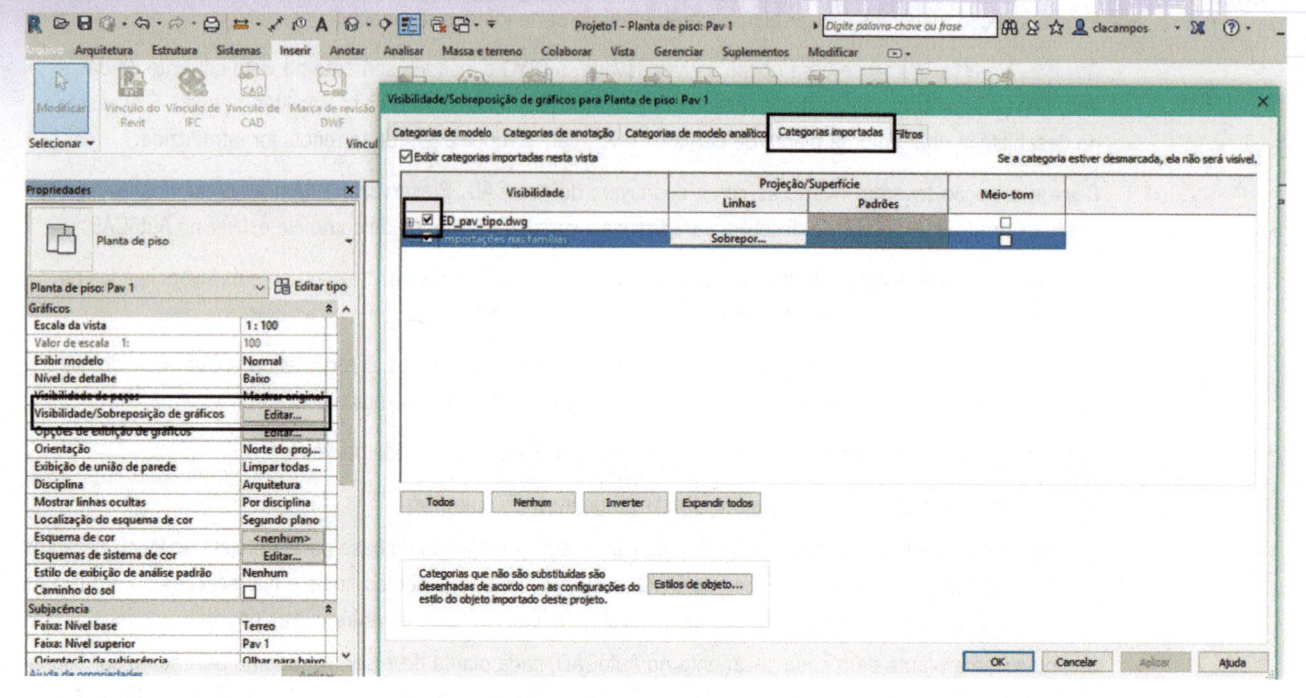

Figura 4.25 – Visibilidade do arquivo importado.

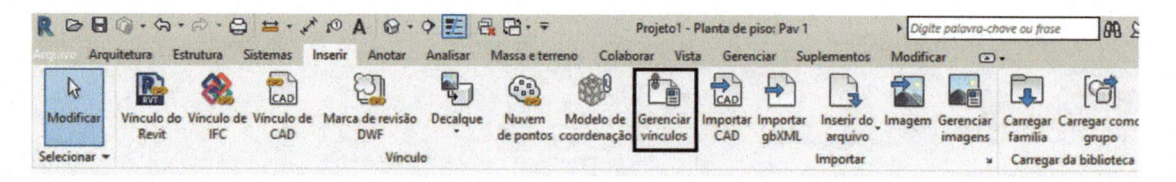

Figura 4.26 – Aba Inserir > Gerenciar vínculos.

Na janela de diálogo **Gerenciar vínculos**, selecione a aba **Formatos CAD** e escolha o arquivo. Veja que aparecem todas as informações do arquivo associado e, na parte inferior da janela, os botões para gerenciar o arquivo.

Recarregar de: permite recarregar o arquivo de outra pasta. Se por acaso você o moveu de pasta, pode recarregá-lo.

Recarregar: recarrega o arquivo.

Descarregar: desassocia o arquivo sem remover a associação.

Importar: importa o arquivo para o Revit e ele fica inserido no projeto.

Remover: remove a associação totalmente.

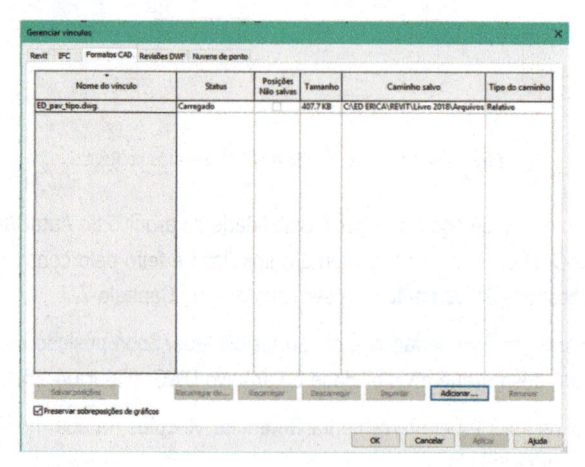

Figura 4.27 – Janela Gerenciar vínculos.

5 Paredes

Introdução

As paredes são, sem dúvida, os elementos mais básicos no início do projeto no Revit. Com base nelas, vamos nos familiarizar com o uso da interface do programa e do modelo em 3D, o que nos permitirá a visualização e a compreensão do modelo de várias formas.

Este capítulo descreve como inserir paredes, usar as dimensões temporárias, selecionar objetos, usar as ferramentas de precisão – snaps, modificar paredes, criar tipos de parede e iniciar as primeiras tarefas com a interface.

Objetivos

- Inserir paredes.
- Selecionar objetos.
- Usar dimensões temporárias.
- Modificar paredes.
- Criar novos tipos de parede.

5.1 Inserção de paredes

Aba Arquitetura > Construir > Parede: Arquitetônica

As paredes no Revit são elementos construtivos que pertencem a uma família. As famílias de paredes são do tipo **Família do sistema**, ou seja, já fazem parte do template e não precisam ser carregadas de arquivos externos. A base das paredes automaticamente se ajusta à base de um pavimento. Quando paredes se cruzam, elas se juntam, formando a intersecção. As paredes não se ajustam automaticamente a elementos como telhado e forro. O ajuste deve ser manual, por meio da seleção da parede e do uso das opções **Anexar** e **Desanexar**.

Existem três famílias de parede no Revit: **Básica**, **Cortina** e **Empilhada**. Cada uma das três famílias tem vários tipos de parede com características diferenciadas.

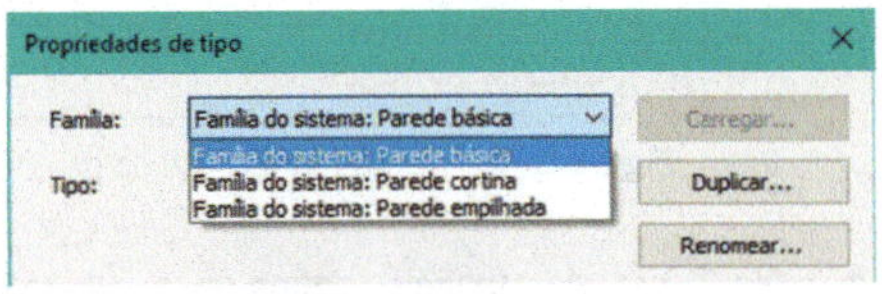

Figura 5.1 – Tipos de parede.

Tabela 5.1 – Características de cada tipo de parede

Tipo	Descrição
Básica	Tem estrutura simples e é diferenciada pela espessura da parede.
Cortina	Consiste em painéis divididos por grids com perfis. É possível especificar o material de cada painel e inserir perfis de formas e tamanhos específicos nas linhas para definir esquadrias.
Empilhada	Consiste em paredes sobrepostas umas às outras.

1. Na aba **Arquitetura > Parede**, abre-se uma caixa com a opção **Parede: arquitetônica** (Figura 5.2).

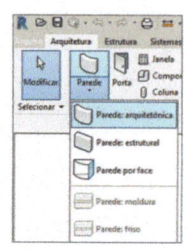

Figura 5.2 – Seleção da ferramenta Parede.

2. Depois de selecionar o comando **Parede: arquitetônica**, a **Ribbon** muda para a aba **Modificar | Colocar Parede** (Figura 5.3), na qual estão todos os parâmetros necessários para inserir as paredes.

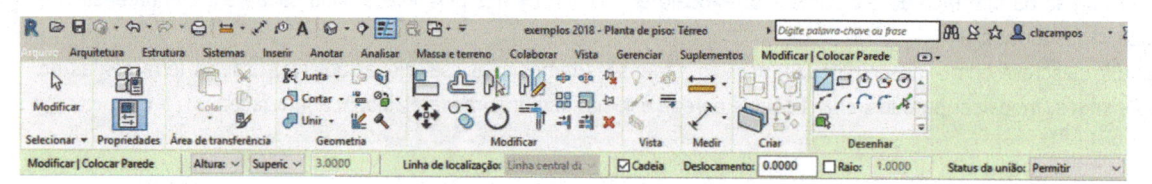

Figura 5.3 – Aba Modificar | Colocar Parede.

3. Em seguida, devemos selecionar um tipo de parede entre as famílias disponíveis. Na janela **Propriedades**, clique no seletor de tipos ao lado de **Parede básica**; uma lista de tipos é exibida (Figura 5.4). Vamos selecionar **Genérico – 200 mm** neste exemplo.

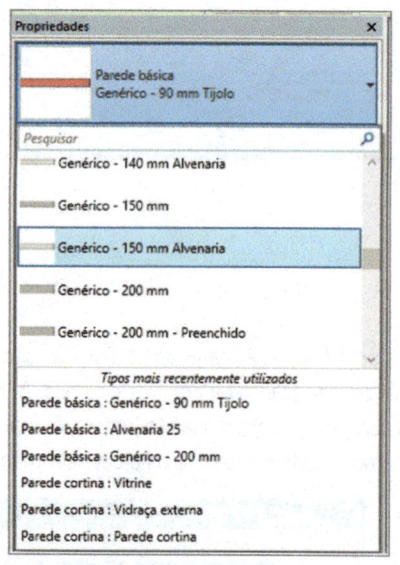

Figura 5.4 – Seleção de um tipo de parede

4. Na barra de opções, define-se a altura da parede no campo **Altura**, da seguinte forma: se selecionar

Altura: Não conectado, digite o valor no campo que fica ao lado, que deve ser 3.00 (ele será permanente) (Figura 5.5). Você também pode selecionar um pavimento para definir a altura, então a parede sempre se ajustará à altura do pavimento selecionado. Em seguida, defina a posição da linha que traça a parede por um dos lados em **Linha de localização**, conforme as opções da Figura 5.7.

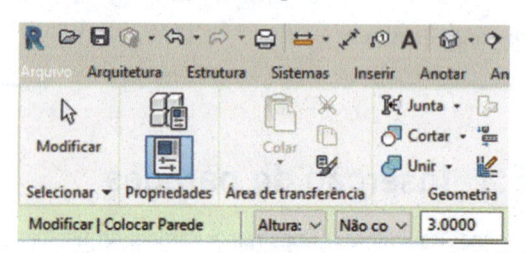

Figura 5.5 – Barra de opções – Altura = Não conectado.

Figura 5.6 – Barra de opções – Altura = PAV1.

Linha central da p e: linha de eixo da parede.

Linha central no núcleo: linha de eixo do osso da parede.

Face de acabamento: Externa: face acabada externa.

Face de acabamento: Interna: face acabada interna.

Face núcleo: Externa: face do osso externa.

Face núcleo: Interna: face do osso interna.

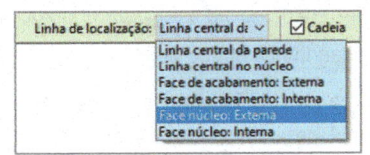

Figura 5.7 – Seleção da posição da linha para traçar a parede.

5. A opção **Cadeia** permite desenhar paredes em sequência. Se estiver desmarcada, para cada parede você deverá clicar no ponto inicial novamente.

6. Em seguida, marque na tela gráfica o ponto inicial da parede e depois o ponto final. Note que dimensões e ângulos provisórios são exibidos ao se iniciar o desenho da parede. Para definir a medida exata do sentido da linha da parede, digite o valor, e ele será inserido em uma caixa de texto, como na Figura 5.8.

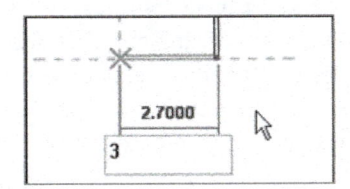

Figura 5.8 – Definição da medida da parede.

7. Prossiga definindo os pontos. Note que há um snap automático nos pontos finais e uma linha guia que passa no lado escolhido em **Linha de localização**. Finalize clicando em **Modificar** no painel **Selecionar** ou tecle **Esc**.

8. Para visualizar o projeto em 3D, clique na "Casinha" na barra de acesso rápido e selecione **Vista 3D Padrão**.

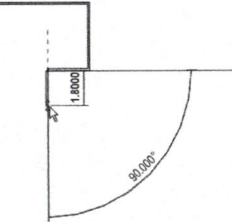

Figura 5.9 – Uso da tecla Shift para ligar o Ortho.

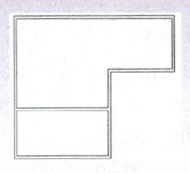

Figura 5.10 – Desenho final das paredes em 2D.

Figura 5.11 – Desenho final das paredes em 3D.

As paredes que criamos foram feitas a partir de uma linha, porém podemos definir outras formas de criá-las pelo painel **Desenhar**, selecionando retângulo, polígono, círculo ou arco (Figura 5.12).

Figura 5.12 – Painel Desenhar – opções de desenho de paredes.

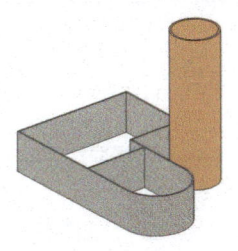

Figura 5.13 – Desenho de paredes com retângulo, polígono, círculo e arco.

5.2 Seleção de objetos

A seguir, veremos os modos de seleção de objetos do Revit que podem ser aplicados em paredes e em todos os objetos para fazer qualquer edição. Podemos selecionar objetos isoladamente ou em grupo. Quando se seleciona um objeto, ele muda de cor e fica azul.

Seleção de um objeto: clique no objeto.

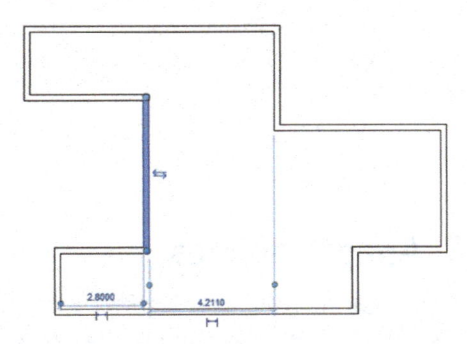

Figura 5.14 – Seleção de um único objeto.

Seleção de vários objetos: clique com o cursor em qualquer ponto vazio da tela e abra uma janela para a esquerda. De forma semelhante ao Crossing do AutoCAD, ela é tracejada, selecionando todos os objetos que engloba e os que corta. Para a direita, entra-se no modo Window com linha cheia, selecionando somente os objetos totalmente contidos nela. Durante a seleção, tanto no modo Crossing como no Window, os objetos ficam na cor azul.

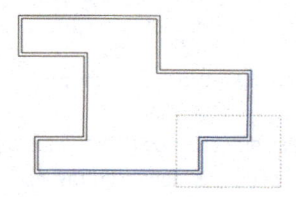

Figura 5.15 – Seleção de objetos por Crossing.

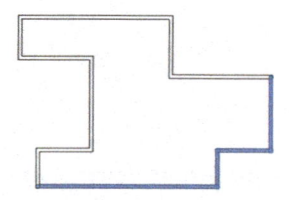

Figura 5.16 – Resultado da seleção: os objetos mudam de cor.

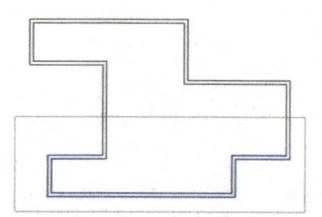

Figura 5.17 – Seleção de objetos por Window.

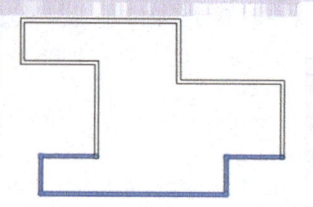

Figura 5.18 – Resultado da seleção.

Ctrl: para acrescentar objetos à seleção, tecle em Ctrl. Um sinal de + surge no cursor, então siga clicando nos outros objetos.

Shift: para retirar objetos da seleção, tecle Shift. Um sinal de – surge no cursor, então siga clicando nos outros objetos. Eles serão removidos da seleção.

 Importante

Se a vista do desenho estiver com um zoom muito afastado e não for possível selecionar objetos com precisão, clique em um objeto, por exemplo, PAREDE, e na tecla Tab. Os outros objetos por perto vão sendo selecionados em continuidade para que você escolha o objeto procurado.

Filtro de seleção de objetos: por vezes o desenho contém muitos objetos e fica difícil selecionar os desejados. Nesse caso, podemos usar os filtros; seleciona-se tudo e, em seguida, elimina-se o que não é necessário da seguinte forma:

1. Selecione com Crossing vários objetos.

2. Depois, clique em Filtro na aba temporária Seleção múltipla, como mostra a Figura 5.19.

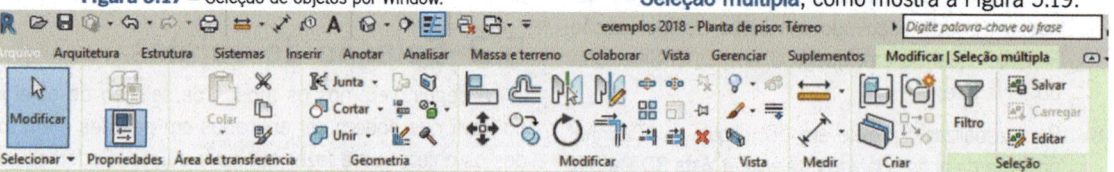

Figura 5.19 – Seleção da ferramenta Filtro.

3. Surge a janela de diálogo da Figura 5.20 com os objetos selecionados.

4. Desmarque as categorias que não interessam e clique em OK. Em seguida, continue a edição dos objetos selecionados. Os comandos de edição serão vistos no Capítulo 6.

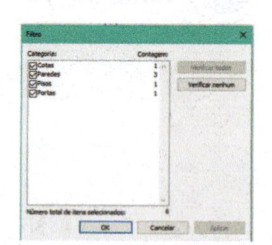

Figura 5.20 – Seleção das categorias no filtro.

5.3 Apagar objetos

Para apagar qualquer objeto no Revit após selecionar os elementos com um dos métodos estudados anteriormente, use a tecla Excluir ou, na aba de contexto do objeto selecionado, no painel Modificar, clique em Excluir no símbolo com X em vermelho. Você também pode usar a tecla **DELETE** do seu teclado.

5.4 Dimensões temporárias de paredes

As dimensões temporárias indicam o tamanho do objeto, no caso a parede e sua posição relativa a outros objetos próximos a ele. Elas aparecem ao se criar ou selecionar um objeto. Podemos alterar ou mover elementos mudando a dimensão temporária. No exemplo, vamos deixar as duas salas com a mesma medida. Selecione a parede vertical do meio e veja as dimensões que são exibidas. Clique na dimensão temporária e digite o novo valor. O desenho é alterado em seguida. A parede que se movimenta é a parede selecionada.

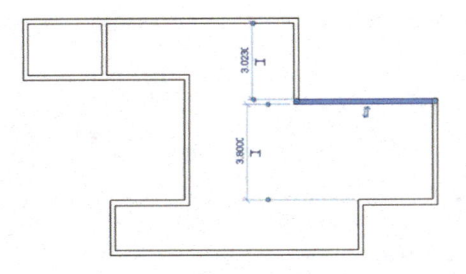

Figura 5.21 – Seleção da parede.

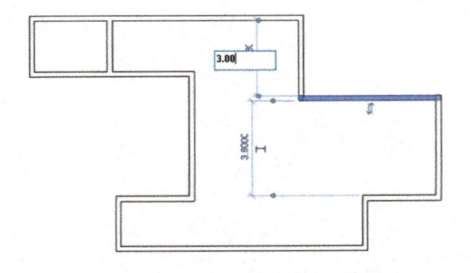

Figura 5.22 – Alteração da dimensão temporária.

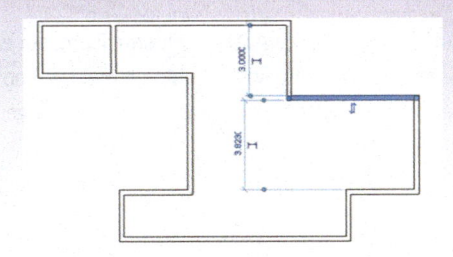

Figura 5.23 – Resultado.

As dimensões temporárias podem ser transformadas em cotas definitivas clicando-se no ícone com duas setas, localizado ao lado da cota, como mostram as Figuras 5.24 e 5.25.

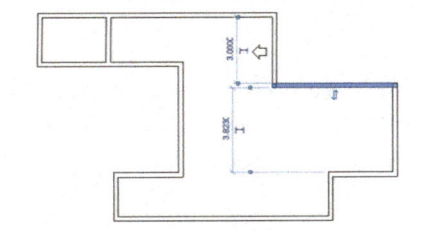

Figura 5.24 – Seleção do ícone.

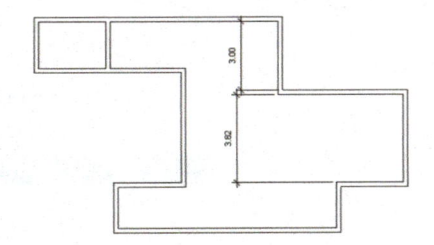

Figura 5.25 – Resultado.

 **Importante**

Com a edição das dimensões temporárias, há grande ganho de produtividade no processo de projeto da parede.

5.5 Ferramentas de auxílio ao desenho de paredes

Aba Gerenciar > Configurações > Snaps

Linhas de alinhamento: durante a geração da parede, linhas de alinhamento são exibidas de acordo com a opção escolhida em **Linha de localização**. Ao se mover o cursor horizontal e verticalmente ou ao se cruzar a extensão de uma linha, ela aparece como uma trilha, fazendo a projeção de uma linha em outra.

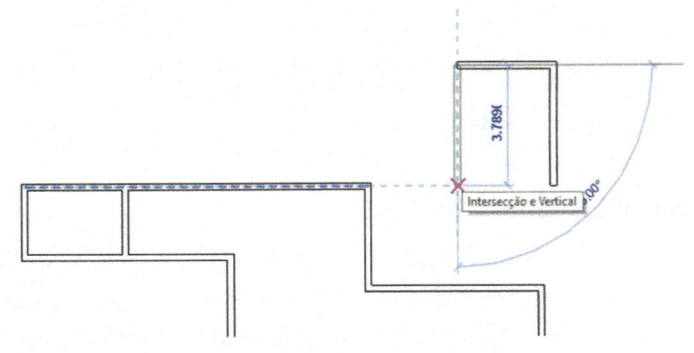

Figura 5.26 – Linhas de alinhamento.

Snaps: os snaps aparecem automaticamente ao se mover o cursor por cima de pontos geométricos do desenho, como Ponto final e Ponto do meio. Como estamos trabalhando em um modo de desenho, no caso, na ferramenta Parede, para cada tipo de snap é gerado um ícone, como indicam as Figuras 5.27 e 5.28.

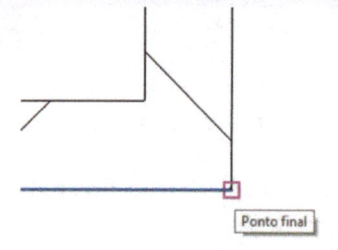

Figura 5.27 – Snap no Ponto final.

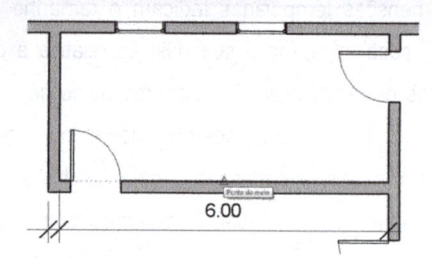

Figura 5.28 – Snap no Ponto do meio.

Para configurar as opções de snap que serão habilitadas, selecione Snaps na aba Gerenciar, como mostra a Figura 5.29, e na janela de diálogo Snaps marque as opções desejadas. Também é possível desabilitar o snap em Snap desativado. Note que todos os snaps têm atalhos de teclado e, na parte inferior da janela, temos outros atalhos para ferramentas temporárias. Por exemplo, SZ faz o close ao se desenhar uma sequência de paredes.

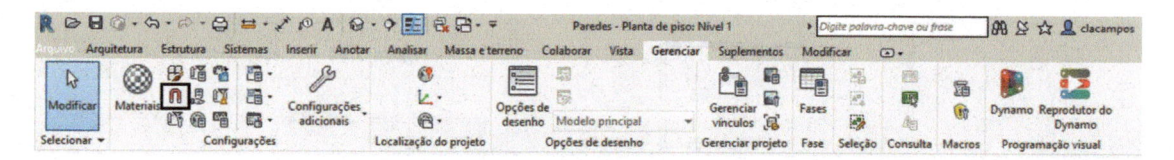

Figura 5.29 – Seleção de Snaps.

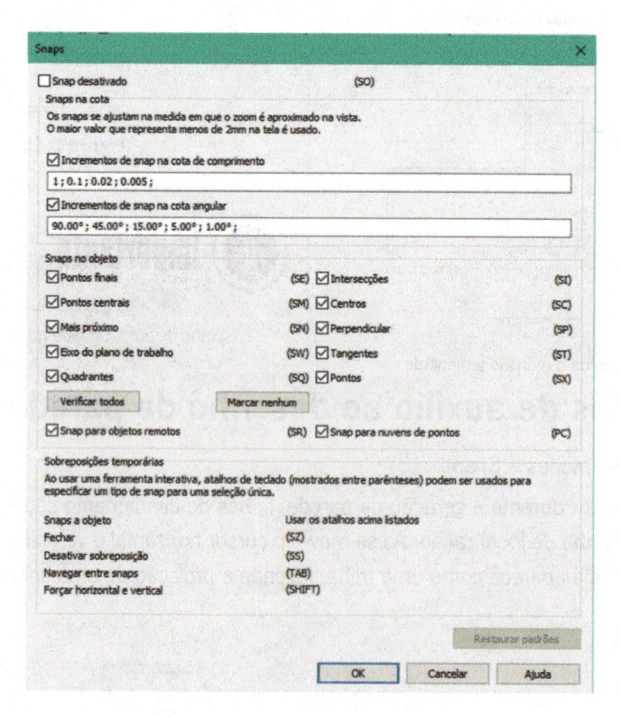

Figura 5.30 – Janela de diálogo Snaps.

5.6 Criação de paredes básicas

Há vários tipos de parede já definidos no Revit, sendo possível criar outros de acordo com as necessidades construtivas. Uma parede pode ser representada somente no osso ou conter todas as camadas de acabamento necessárias para a construção. A vantagem de se criar uma parede completa é obter o quantitativo de material, além da sua representação gráfica. No Revit, criamos uma parede a partir da definição de seus parâmetros e da função, sendo estes as famílias e os tipos. Existem parâmetros que servem para todas as paredes de um mesmo tipo e outros que são usados para uma das paredes do tipo inserida no projeto, chamada instância. Por exemplo, podemos ter duas paredes do mesmo tipo com alturas e bases diferentes. As principais propriedades de uma parede são aparência, estrutura e tamanho.

Antes de criar um tipo de parede, vamos analisar os tipos e as famílias existentes. Ao clicar em Parede na aba Arquitetura e selecionar Parede: arquitetônica, temos no painel Propriedades a lista com as famílias carregadas no programa (Figuras 5.31 e 5.32).

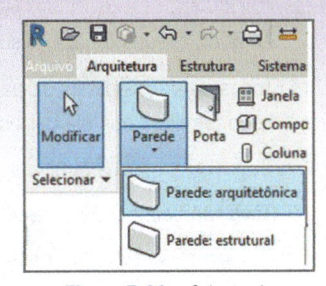

Figura 5.31 – Seleção de Parede.

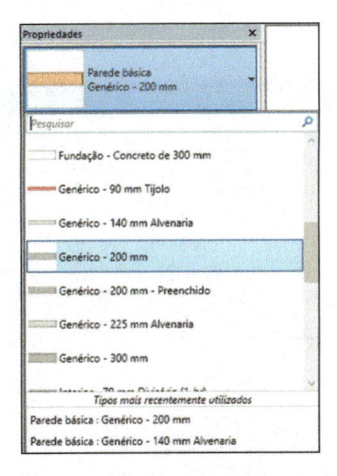

Figura 5.32 – Lista das paredes carregadas no programa.

Vamos selecionar um tipo de parede e analisar as suas características. Selecione a opção Genérico – 200 mm, em seguida o botão Editar tipo, como mostra a Figura 5.33. A janela de diálogo Propriedades de tipo é aberta conforme a Figura 5.34.

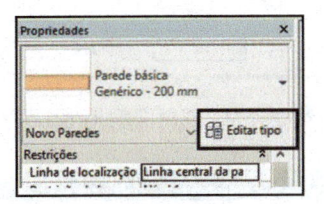

Figura 5.33 – Seleção de Propriedades de tipo.

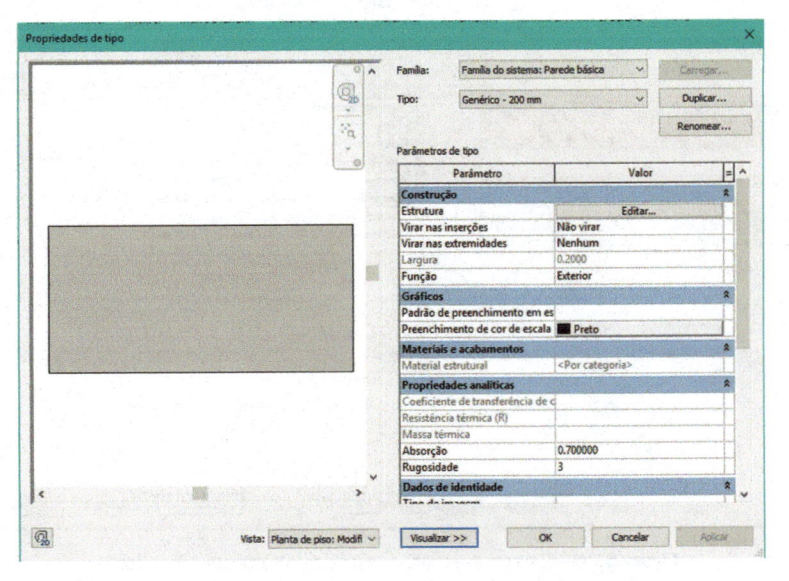

Figura 5.34 – Janela de diálogo Propriedades de tipo.

Ao abrir, clique no botão **Visualizar** na parte inferior, para expandir a janela.

Todas as propriedades da parede **Genérico – 200 mm** estão definidas nessa caixa. Na parte superior, aparece o nome da família a que ela pertence.

Família: mostra a família a que pertence a parede.

Tipo: apresenta o tipo selecionado.

Parâmetros de tipo: nesse quadro, estão os parâmetros e seus valores.

Construção: parâmetros da construção da parede.

Estrutura: clicando no botão **Editar**, define-se como será a estrutura dos componentes da parede, conforme a Figura 5.35.

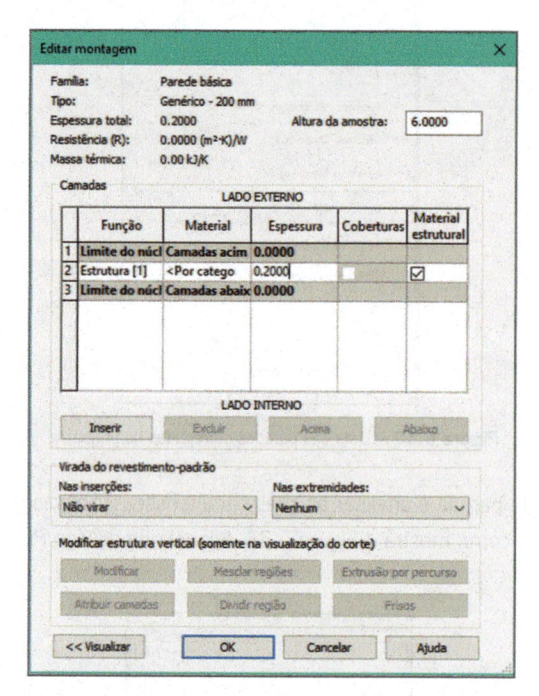

Figura 5.35 – Exemplo de estrutura de uma parede simples.

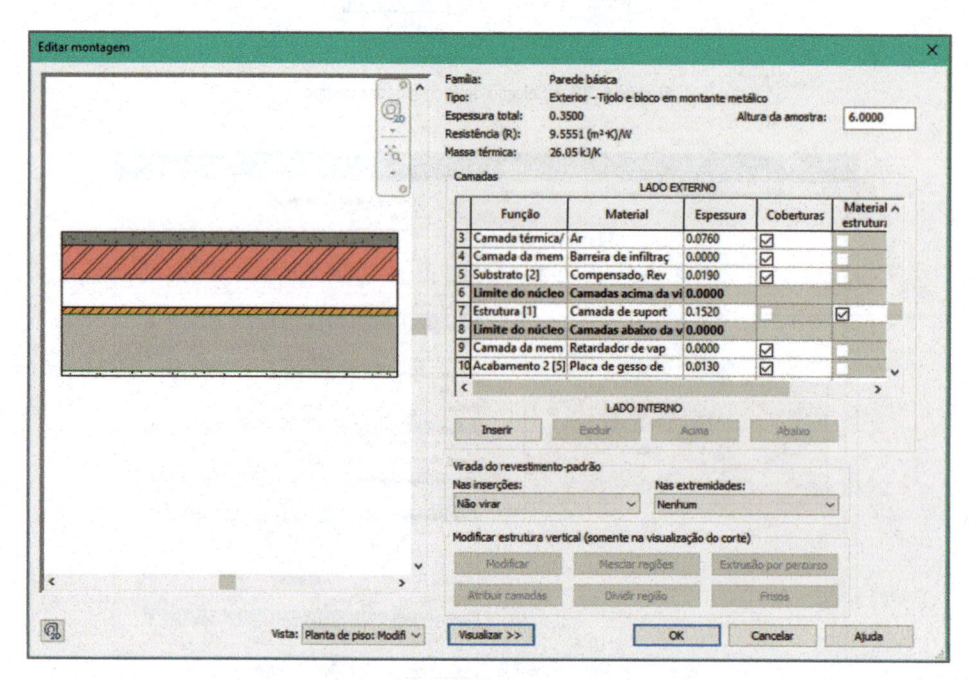

Figura 5.36 – Exemplo de estrutura de uma parede com várias camadas.

Podemos ter outros tipos de paredes com várias camadas já criadas, como mostra a Figura 5.36. Clique em **OK** para voltar para a janela **Propriedades de tipo**. Prosseguindo:

Virar nas inserções: define se haverá virada da parede em torno de porta e janela.

Virar nas extremidades: indica se haverá virada na camada da parede no ponto final.

Largura: determina a largura da parede.

Função: indica a função da parede. As opções são Interior, Exterior, Retenção, Fundação, Shaft Núcleo e Sofito.

Gráficos: define parâmetros gráficos da parede.

Padrão de preenchimento em escala de baixa resolução: estabelece um padrão de hachura para a parede, que é exibido no modo **Baixa resolução** e ajustado na barra de controle da vista.

Preenchimento de cor de escala em baixa resolução: indica a cor da hachura definida no item anterior.

Em seguida, temos as **Propriedades analíticas** e os **Dados de identidade**. Modificando as propriedades podemos criar infinitos tipos de parede. A seguir, veremos como fazer isso.

Para criar um tipo de parede, na janela **Propriedades de tipo**, duplicamos um existente, mudamos as propriedades e então gravamos o novo tipo. Dessa forma, não perdemos o tipo original da parede selecionada nem o alteramos acidentalmente. Sempre se deve partir de uma parede com parâmetros parecidos com os da que será criada para evitar ter de alterar ou eliminar muitos parâmetros que não farão parte da nova parede.

Na janela de diálogo **Propriedades de tipo**, com o tipo **Genérico – 200 mm**, clique em **Duplicar** e, em seguida, dê um nome à nova parede, como mostra a Figura 5.37.

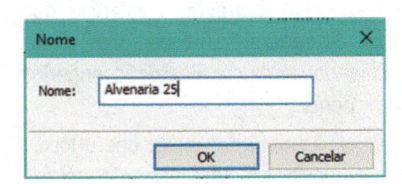

Figura 5.37 – Nome de nova parede.

A seguir, é criada a parede "Alvenaria 25", como exibe a Figura 5.38. Agora, vamos modificar os seus parâmetros.

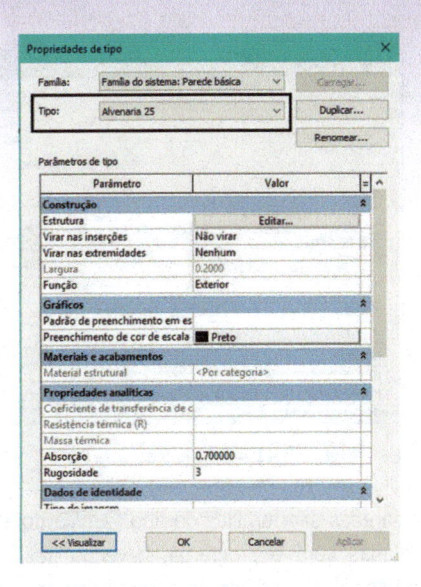

Figura 5.38 – Propriedades da parede "Alvenaria 25" a serem alteradas.

Dê um clique em **Editar**, no campo **Estrutura**, e altere o valor para 0,25, conforme a Figura 5.39. Clique em **OK** para finalizar.

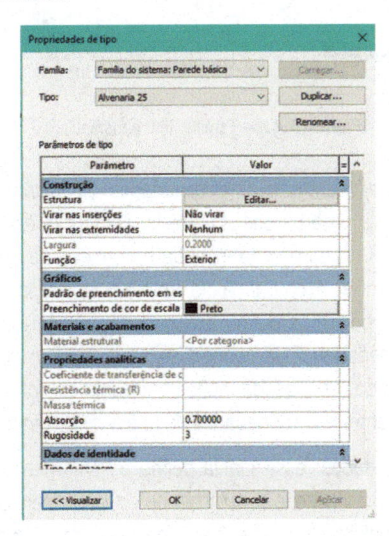

Figura 5.39 – Alteração da espessura da parede.

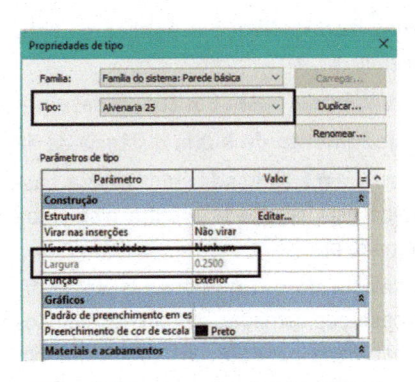

Figura 5.40 – Espessura alterada para 0.25.

Agora, a parede criada "Alvenaria 25" já está adicionada aos outros tipos de parede básica do projeto.

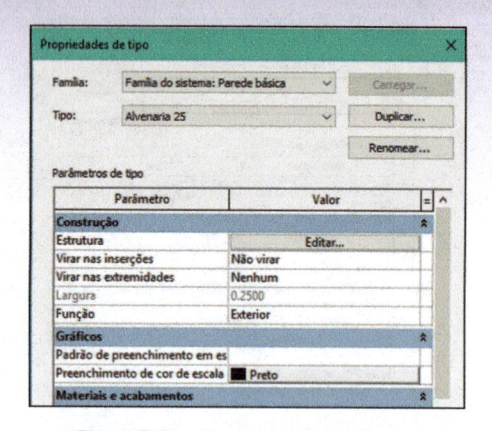

Figura 5.41 – Nova parede já na lista.

As paredes são famílias do tipo **Família do sistema** já instaladas com o programa, havendo três opções: **Parede básica**, **Parede cortina** e **Parede empilhada**.

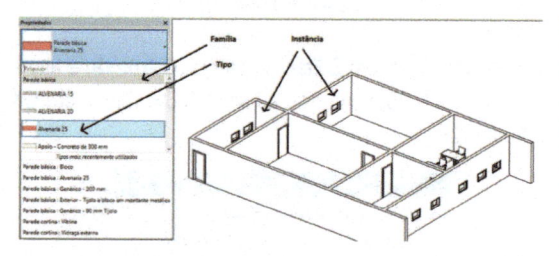

Figura 5.42 – Família, tipo e instância.

A seguir, veremos as propriedades de instância que se referem a uma parede do projeto, conforme identifica a Figura 5.43. Cada parede inserida no projeto, de qualquer tipo ou família, é chamada no Revit de **instância**, e para cada uma podemos definir propriedades diferentes na janela **Propriedades**. Esse conceito está presente em **todos** os elementos do Revit, sendo muito importante compreender a diferença entre as propriedades de tipo e de instância.

Propriedades: essa janela define os parâmetros específicos de uma parede a ser inserida ou que esteja selecionada para alteração. As principais propriedades que podem ser alteradas são:

Linha de localização: posição da linha de desenho.

Restrição da base: posição da base.

Deslocamento da base: distância da base.

A base está anexada: indica se a base da parede está vinculada a outro elemento; por exemplo, piso.

Distância da extensão da base: distância da base das camadas de paredes compostas; só habilitada para paredes compostas por camadas extensíveis.

Restrição superior: posição do topo. Define que a altura da parede vai até o pavimento selecionado (Figura 5.43).

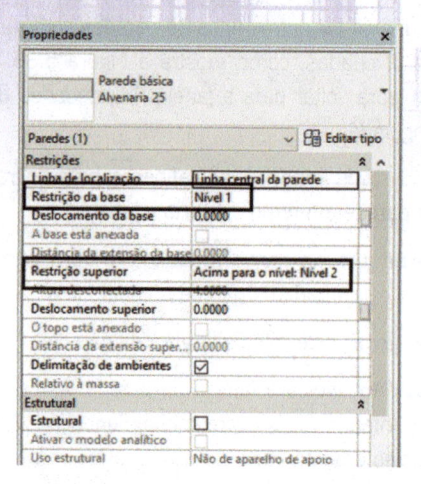

Figura 5.43 – Parede com altura até o Nível 2.

Altura desconectada: altura da parede. A opção só é habilitada se a altura não estiver fixada em um pavimento – **Restrição superior** (Figura 5.44).

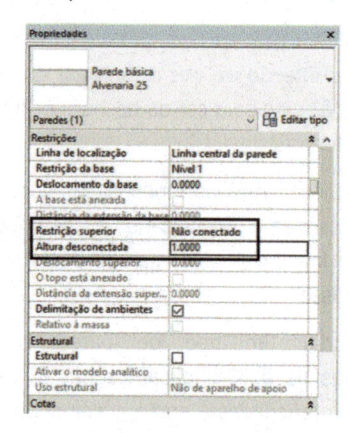

Figura 5.44 – Parede com altura fixa de 1 m.

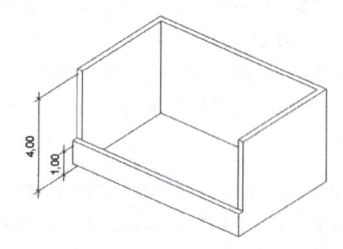

Figura 5.45 – Parede com altura fixa de 1 m.

Deslocamento superior: distância da parte superior da parede acima do topo; só é habilitada quando se ajusta **Restrição superior** para um pavimento.

O topo está anexado: indica que o topo da parede está vinculado a outro elemento; por exemplo, forro ou telhado.

Distância da extensão superior: distância do topo das camadas de paredes compostas; só habilitada para paredes compostas com camadas extensíveis.

Delimitação de ambiente: ao selecionar essa opção, a parede fica como parte do contorno do ambiente. Essa propriedade é utilizada ao usarmos a ferramenta **Ambiente**, que identifica o ambiente, nomeando-o e extraindo as áreas.

Relativo à massa: indica que a parede foi criada a partir de um estudo de massa.

5.7 Paredes com camadas

As paredes compostas contêm diferentes camadas de materiais. Por exemplo, podemos criar paredes com elementos estruturais, placas de gesso e placas térmicas, além dos materiais convencionais, como tijolo, bloco, argamassa, pintura etc. Tudo isso pode ser configurado e, ao desenharmos a parede, essas camadas são exibidas. No exemplo a seguir, há uma parede com várias camadas, que representam diferentes materiais. As paredes compostas fazem o arremate automático nos cantos. Se duas paredes se encontram, o arremate dos cantos é feito se os materiais forem iguais, conforme o exemplo seguinte.

Figura 5.46 – Arremate de paredes do mesmo tipo.

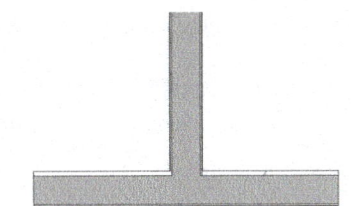

Figura 5.47 – Arremate de paredes de diferentes tipos.

Ao se criar paredes compostas, cada camada pode ter uma hachura que represente os respectivos materiais. As paredes são exibidas em corte e, na planta, com as hachuras, quando alteramos o modo de visualização em **Nível de detalhe** para **Médio** ou **Alto**. O lado da parede também pode ser invertido ao se clicar nas setas que visualizamos depois de inserir a parede. As setas representam o lado externo da parede. Veja a Figura 5.48.

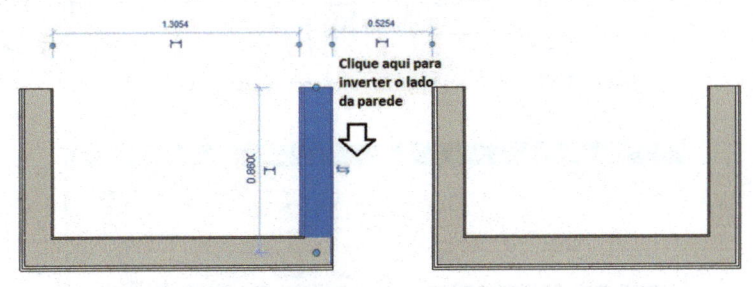

Figura 5.48 – Inversão do lado da parede.

Podemos definir o acabamento nas extremidades das paredes usando dois parâmetros da janela de diálogo **Propriedades de tipo**: **Virar nas extremidades** e **Virar nas inserções**. Selecione uma parede, clique em **Propriedades de tipo**, e então a janela de diálogo é aberta. Para exibir a imagem da parede, clique em **Visualizar**.

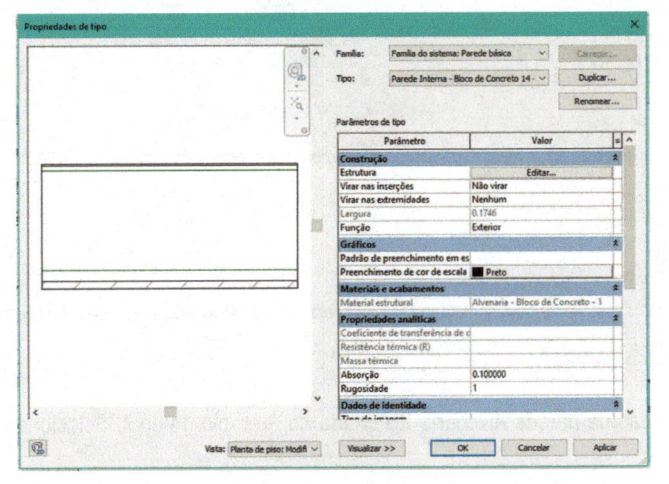

Figura 5.49 – Visualização de uma parede composta.

Para visualizar, selecione Exterior ou Interior em Virar nas extremidades e clique em Aplicar.

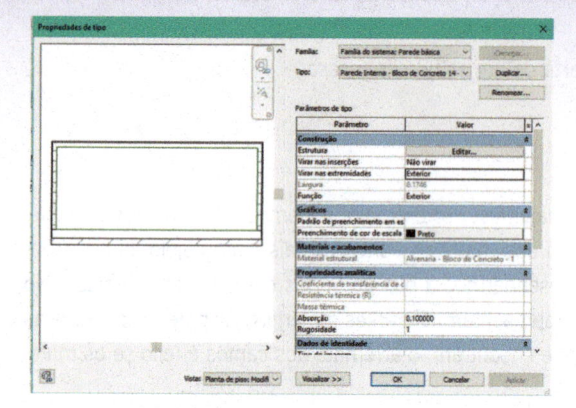

Figura 5.50 – Parede com arremate Exterior selecionado.

Figura 5.51 – Resultado após Virar na extremidade Exterior.

O parâmetro Virar nas inserções define o arremate ao inserirmos janelas e portas na parede. Os exemplos a seguir mostram a primeira parede com a opção Não virar e a seguinte com o parâmetro estabelecido como Exterior.

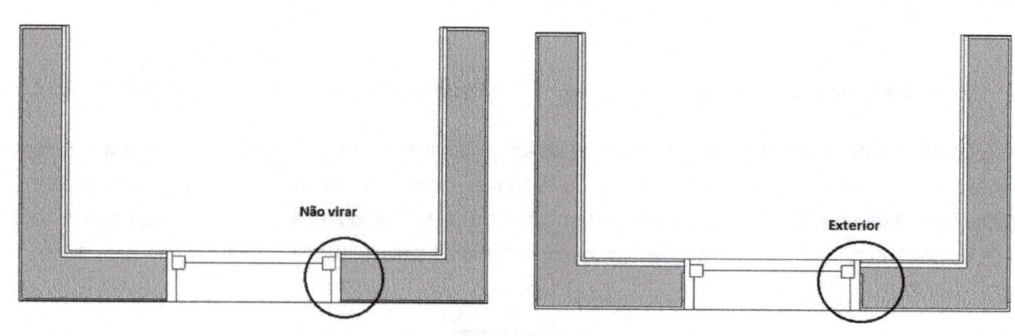

Figura 5.52 – Virar nas inserções com opções Exterior e Não virar.

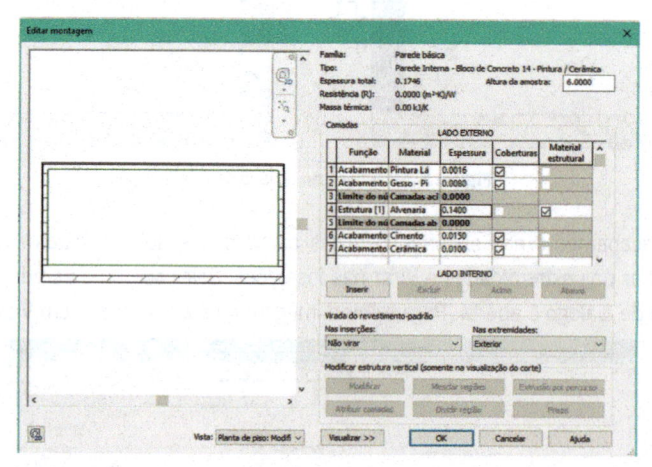

Figura 5.53 – Modificação do envelopamento pela edição da estrutura da parede.

> **Importante**
>
> As portas e as janelas possuem uma propriedade chamada Fechamento da parede, a qual se sobrepõe aos parâmetros de arremate ajustados nas paredes.

1. Vamos inserir camadas na parede Alvenaria 25 criada no exemplo anterior. Selecione a parede Alvenaria 25 e clique em Editar tipo.

2. No campo Estrutura, clique em Editar para abrir a janela Editar montagem (Figura 5.54).

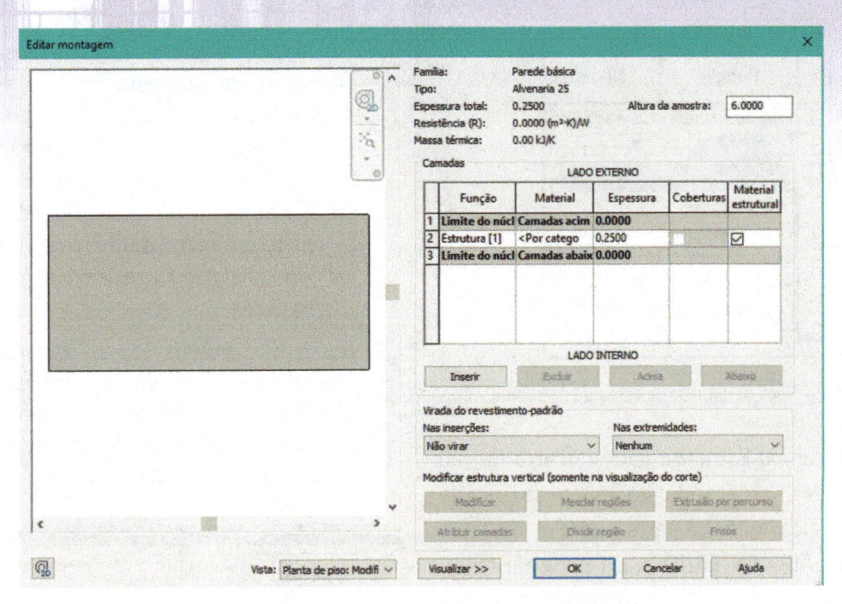

Figura 5.54 – Edição da estrutura da parede.

3. Nessa janela, vamos inserir as camadas e aplicar materiais a cada uma delas. Para inserir novas camadas, clicamos no botão **Inserir**, em seguida definimos o tipo e o acabamento. Clique no botão **Inserir** duas vezes. Note que são inseridas duas novas camadas.

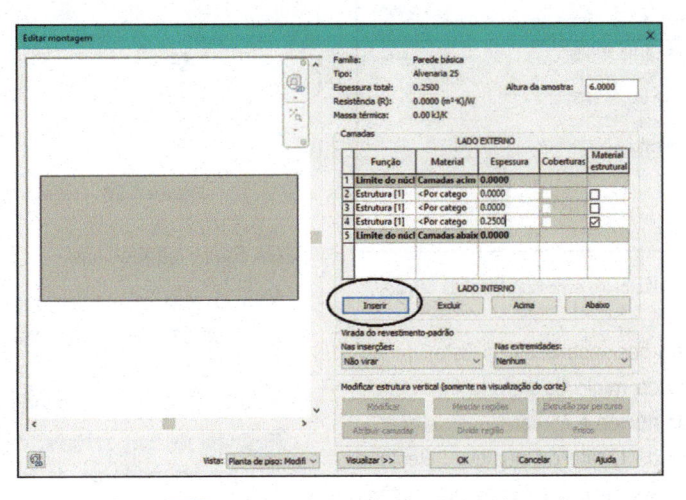

Figura 5.55 – Inserção de camadas na estrutura da parede.

4. A seguir, vamos definir a função e o material de cada uma. Os tipos de camada podem ser:

Função/prioridade	Descrição
Estrutura (prioridade 1)	Miolo da parede
Substrato (prioridade 2)	Consiste no material que dá suporte a outro material
Camada térmica/ar (prioridade 3)	Camada reservada para passagem de ar
Camada da membrana	Membrana reservada para impermeabilização; tem espessura zero
Acabamento 1 (prioridade 4)	Usada como camada exterior
Acabamento 2 (prioridade 5)	Usada como camada interior

Associamos uma função específica à camada de uma parede composta para assegurar que cada camada é unida com outra de função correspondente quando duas paredes se encontram. As funções das camadas seguem uma ordem de preferência: camadas com prioridades maiores são conectadas antes de camadas com prioridades menores. Por exemplo, no encontro de duas paredes compostas, a camada de prioridade 1 na primeira parede é unida com a camada de prioridade 1 da segunda parede. A prioridade representa a importância da camada em relação às outras.

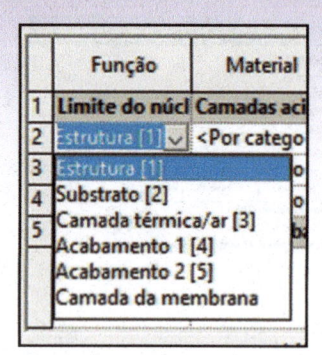

Figura 5.56 – Tipos de camada da estrutura da parede.

5. Clique no campo **Estrutura** para mudar a função das camadas, ordenando do miolo da parede para fora. Note que na parte superior da tabela consta **LADO EXTERNO** e, na parte de baixo, **LADO INTERNO**. Selecione as funções, conforme a Figura 5.57. Altere também o valor da espessura de cada camada, conforme a Figura 5.57.

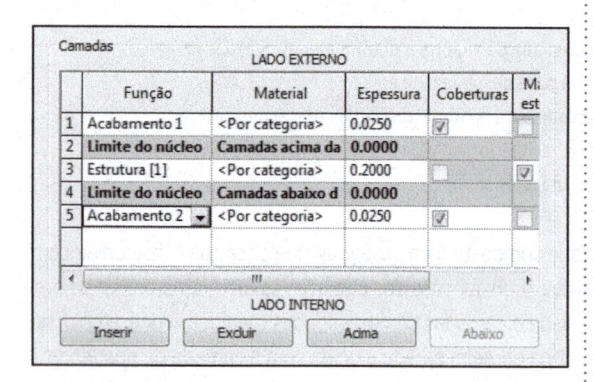

Figura 5.57 – Definição da função e espessura de cada camada.

6. As camadas devem ser separadas na lista, de forma que a camada do miolo da parede fique entre as linhas **Limite do núcleo** e as camadas de acabamento fiquem fora de **Limite do núcleo**. Selecione as camadas de acabamento e clique nos botões **Acima** e **Abaixo** para que elas fiquem de fora, como mostra a Figura 5.58. Clique no campo correspondente à coluna **Material** para selecionar os materiais na janela de diálogo **Materiais**.

Figura 5.58 – Definição do material de cada camada.

7. Ao clicar no campo **Material**, surge a janela **Navegador de materiais**. No lado esquerdo da janela, há uma lista de materiais que podem ser definidos para a camada. O Revit traz alguns comumente usados; podemos modificá-los ou importar bibliotecas de outros locais. No lado direito da janela, temos um editor de materiais que permite alterar o material que foi selecionado do lado esquerdo (Figura 5.59).

Na área nomeada como **Materiais do projeto** (Figura 5.59), selecione o material desejado para cada camada, rolando a barra lateral. Neste exemplo, selecionamos **Tijolo Comum** para a estrutura da parede, como mostra a Figura 5.60.

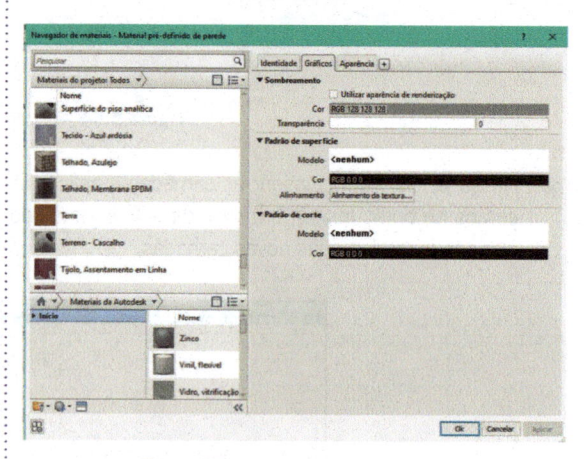

Figura 5.59 – Navegador de materiais.

Os outros campos são:

Sombreamento: essa opção usa a cor do material do **Render** para apresentar o projeto em 3D na forma de sombreado ou uma outra cor de escolha do usuário, clicando-se no botão da cor.

Padrão de superfície: define a hachura e a sua cor no modo de visualização em 3D e nas vistas de elevação e perspectiva.

Padrão de corte: define a hachura e a sua cor no modo de visualização em corte.

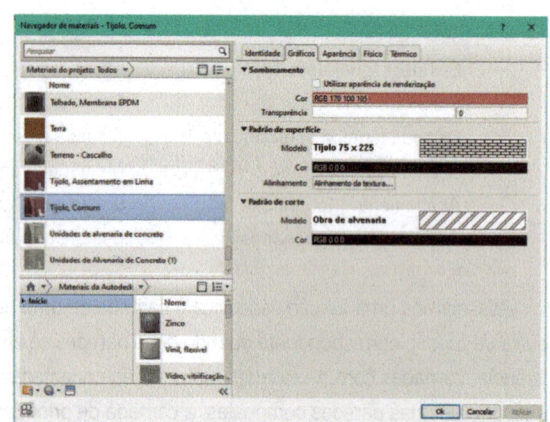

Figura 5.60 – Definição do material Tijolo Comum.

8. Repita o processo para a camada de acabamento interno escolhendo, no tipo de material, **Cerâmica** (Figura 5.61). Em seguida, selecione **Material Azulejo cerâmico**, como mostra a Figura 5.62.

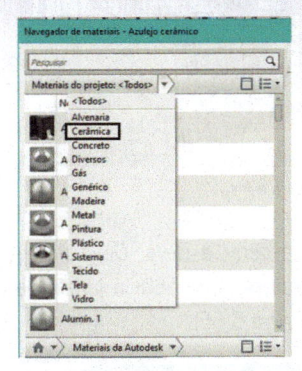
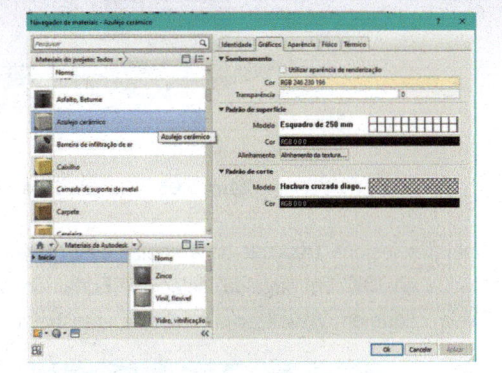

Figura 5.61 – Definição de cerâmica.　　　**Figura 5.62** – Escolha de Azulejo cerâmico.

9. Repita o processo para a camada de acabamento externo .

10. A parede acabada deve ficar como mostra a Figura 5.63. Clique em **OK** para finalizar.

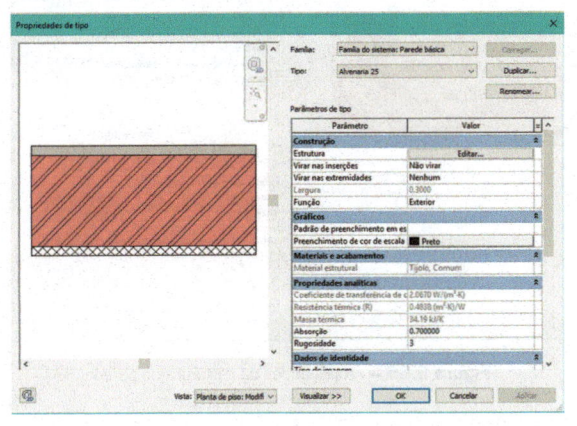

Figura 5.63 – Parede com camadas.

11. Em seguida, na tela gráfica, selecione o modo de visualização em **Alto** para visualizar as camadas em planta, como mostra a Figura 5.64. O modo **Baixo** não exibe as camadas.

Figura 5.64 – Visualização das camadas.

5.8 Molduras e frisos em paredes

Há duas maneiras de criar paredes com molduras e frisos; uma delas é editar uma parede básica e inserir o friso, e outra é inserir uma moldura ou friso em uma parede confirmar pelas ferramentas **Moldura** e **Friso**. Podemos ainda criar paredes com materiais distintos na vertical, como mostra a Figura 5.65.

Selecione **Parede > Parede: arquitetônica** e escolha o tipo **Alvenaria 25**, que criamos no exemplo anterior. Depois, vá à janela **Propriedades > Editar tipo**.

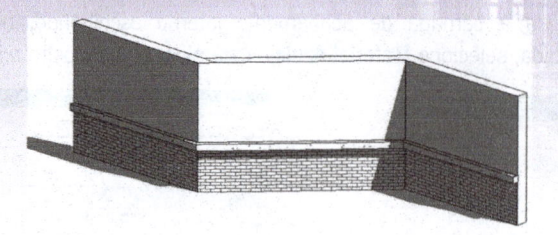

Figura 5.65 – Exemplo de parede com moldura e friso.

Nessa janela, selecione **Duplicar** para copiar essa parede, a fim de gerar a nova. Dê o nome "Alvenaria 25 Moldura" e clique em **OK**. Em seguida, selecione **Editar** no campo **Estrutura**, para abrir a janela de diálogo **Editar montagem**. Nela, clique em **Visualizar** para abrir a amostra da parede (Figura 5.66).

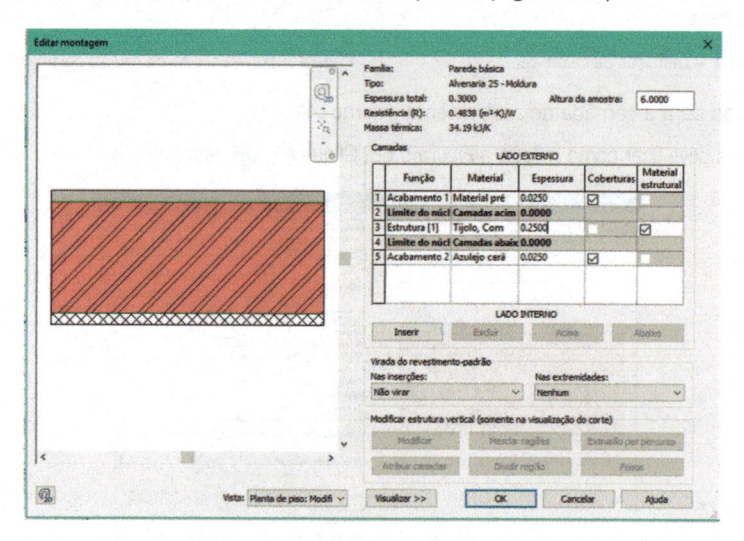

Figura 5.66 – Propriedades da estrutura da parede.

No canto inferior esquerdo da janela, certifique-se de que a opção **Corte** está selecionada em **Vista** (modo de vista da parede). Para ver o projeto em corte, selecione o ícone da lupa e dê um zoom na parede, deixando-a como na Figura 5.67.

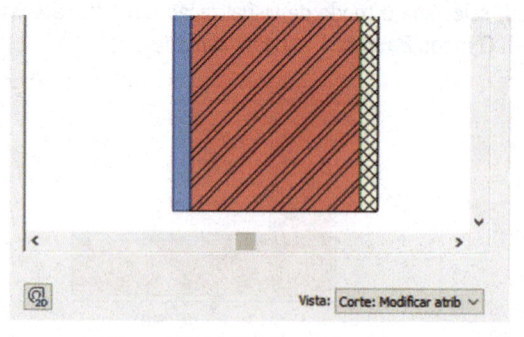

Figura 5.67 – Visualização da parede.

Primeiro, vamos criar uma barra na parte inferior com outro material. No lado direito da janela, abaixo de **Modificar estrutura vertical**, clique em **Dividir região**. A janela deve ficar como na Figura 5.68.

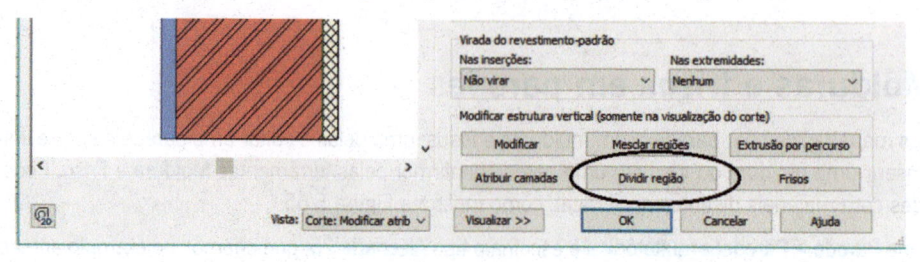

Figura 5.68 – Seleção de Dividir região.

Clique no lado esquerdo, na amostra da parede, até que apareçam um lápis e a medida da camada, como mostra a Figura 5.69.

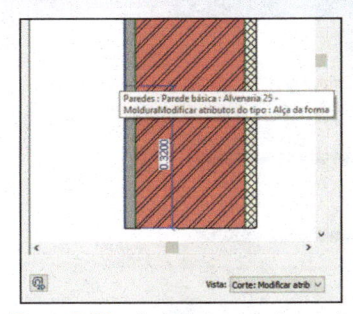

Figura 5.69 – Corte da camada da parede.

Clique no lado direito da camada externa; note que surge uma linha de cota. Clique em qualquer ponto, não importa a medida.

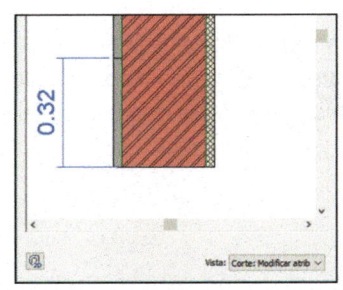

Figura 5.70 – Visualização da parede com distância da espessura.

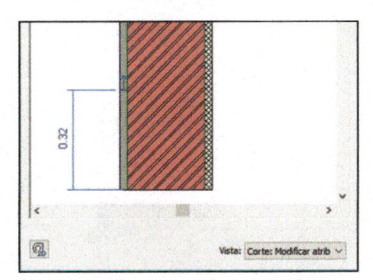

Figura 5.71 – Preview da parede.

Para acertar a medida, dê um clique no botão **Modificar**, no lado direito da janela, e na linha que foi criada na horizontal, até que apareça uma seta. Em seguida, clique na caixa de texto da cota provisória e digite 1.00, conforme a Figura 5.72.

Com a lupa, dê um zoom para visualizar a linha de corte gerada.

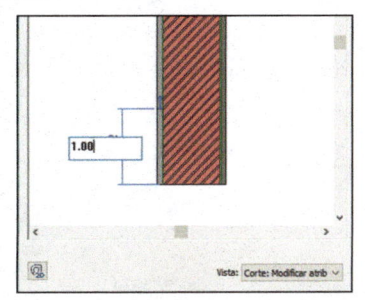

Figura 5.72 – Alteração da altura da camada.

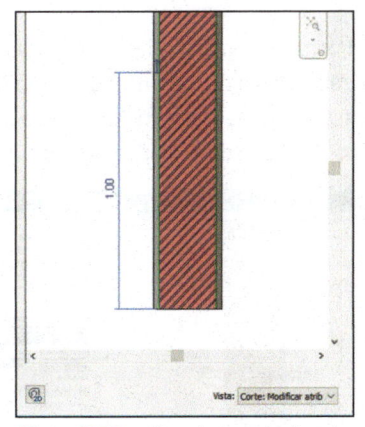

Figura 5.73 – Altura da camada alterada.

Agora, vamos associar outro material a essa parte da parede. Coloque o cursor na primeira linha de camadas no quadro de camadas do lado direito e selecione **Inserir** para incluir uma nova. Ao fazer isso, ela entra como tipo **Estrutura**; mude para **Acabamento 2** (Figura 5.74).

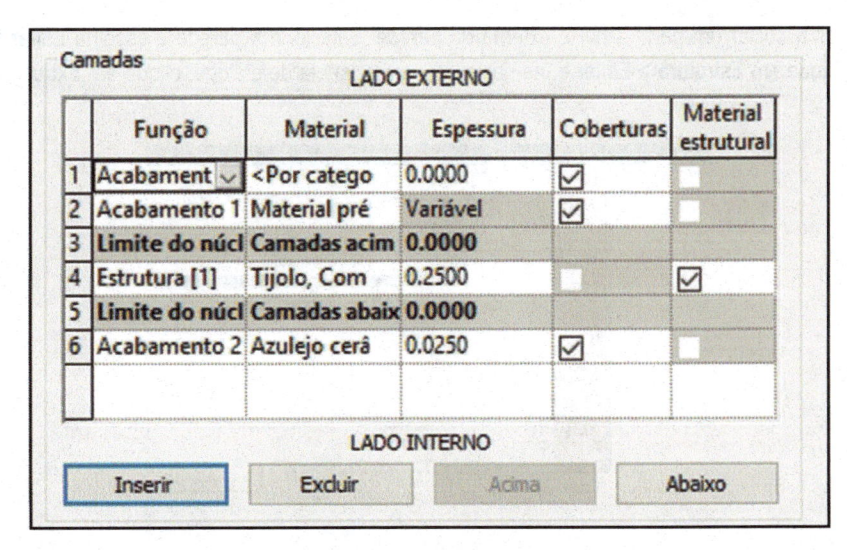

Figura 5.74 – Nova camada inserida.

Clique no campo **Material** para alterar o material na janela **Navegador de materiais**. Selecione **Alvenaria – Tijolo, Comum** e clique em **Ok** (Figura 5.75). Note que a espessura dessa camada ficou com 0.0.

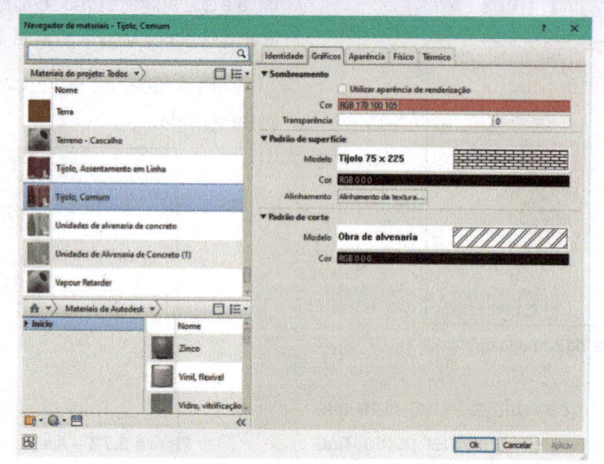

Figura 5.75 – Alteração de material da camada.

Com a primeira camada selecionada, selecione **Atribuir camadas** na parte de baixo da janela de diálogo. No painel **Visualizar**, coloque o cursor no lado esquerdo da parte dividida da parede e clique para associar a camada a essa parte. Ao associar, note que a hachura dessa parte muda e a espessura da camada fica igual à outra camada com o mesmo tipo. A parede deve ficar semelhante à da Figura 5.77.

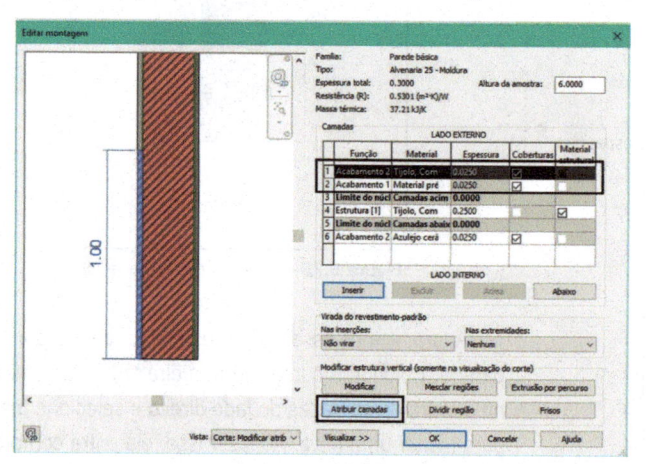

Figura 5.76 – Nova camada inserida.

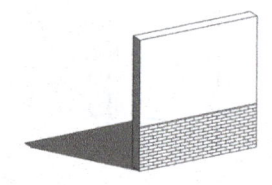

Figura 5.77 – Parede com dois materiais.

Agora, vamos associar um perfil à parte externa da parede. Selecione a parede e escolha **Editar tipo** na janela **Propriedades**. Clique em **Estrutura > Editar** e, na parte inferior da janela de diálogo, clique em **Extrusão por percurso** (Figura 5.78).

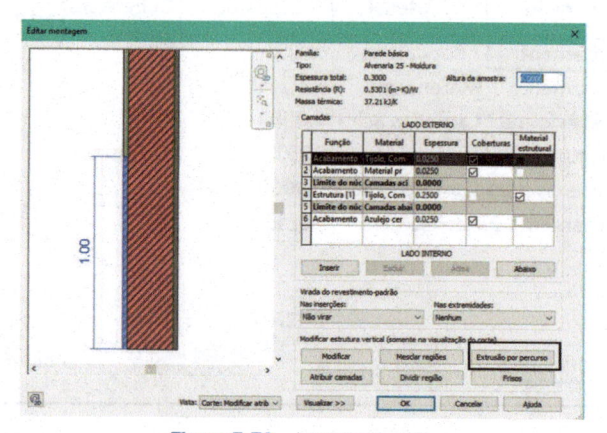

Figura 5.78 – Inserção de perfil.

Na janela que se abre, vamos selecionar o perfil no campo Perfil.

Clique em Adicionar; no campo Perfil, selecione Padrão (Figura 5.79).

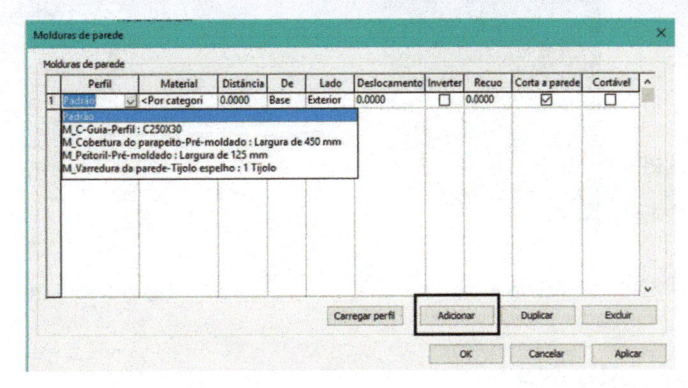

Figura 5.79 – Adição de perfil.

Na coluna Material, abra o Navegador de materiais. Selecione Concreto, Moldado no local e clique em OK.

Em seguida, verifique os campos, que devem estar da seguinte forma na janela Molduras de parede:

Distância: 1.00 m (distância da base).

De: base (ponto de início do perfil).

Lado: exterior (lado do perfil).

Deslocamento: valor 0.025.

Inverter: desmarcado.

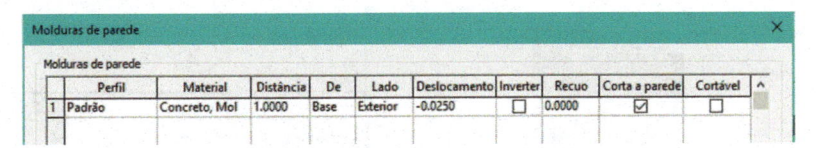

Figura 5.80 – Distância do perfil à base da parede.

Para finalizar, clique em OK e visualize o perfil, conforme a Figura 5.81.

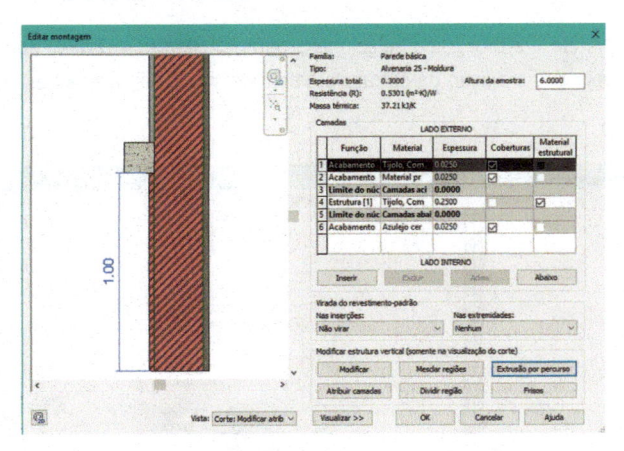

Figura 5.81 – Visualização do novo perfil inserido.

Você poderá inserir quantos perfis desejar, mas sempre verifique as distâncias entre eles, da base ou do topo. Poderá ainda criar novas famílias de perfis e carregar no projeto para utilizar nas paredes.

É possível ainda inserir outros elementos na parede, como frisos. Na janela de edição da estrutura da parede, selecione Frisos em vez de Extrusão por percurso. O procedimento é o mesmo, com a diferença de que o friso faz um recorte na parede, como mostra a Figura 5.83.

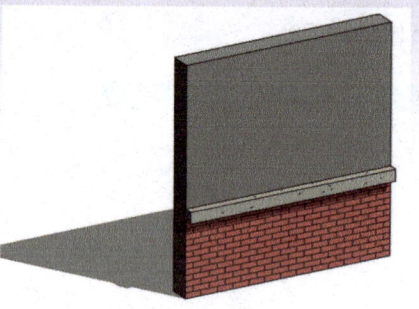
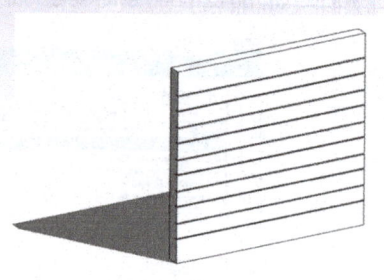

Figura 5.82 – Visualização da parede com o novo perfil.

Figura 5.83 – Frisos.

5.9 Parede empilhada

Outro tipo de parede é a chamada parede empilhada, que tem este nome porque é criada a partir de uma sobreposição de tipos de parede já existentes, formando assim uma nova. O Revit traz um tipo de parede empilhada e, a partir dela, podemos criar outras.

Para utilizar a parede empilhada, selecione a ferramenta **Parede** e escolha o tipo **Parede empilhada** no seletor de tipos na parte inferior (Figura 5.85).

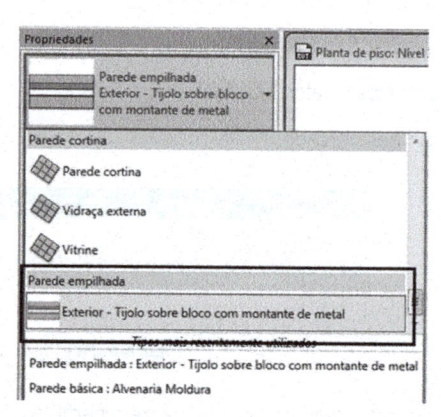

Figura 5.84 – Parede empilhada.

Figura 5.85 – Seleção de Parede empilhada.

Insira uma parede no projeto e em seguida selecione a parede; clique em **Editar tipo**. Na janela seguinte, selecione **Estrutura > Editar** e veja que a edição da estrutura é semelhante à da parede básica, porém menos complexa (Figura 5.86).

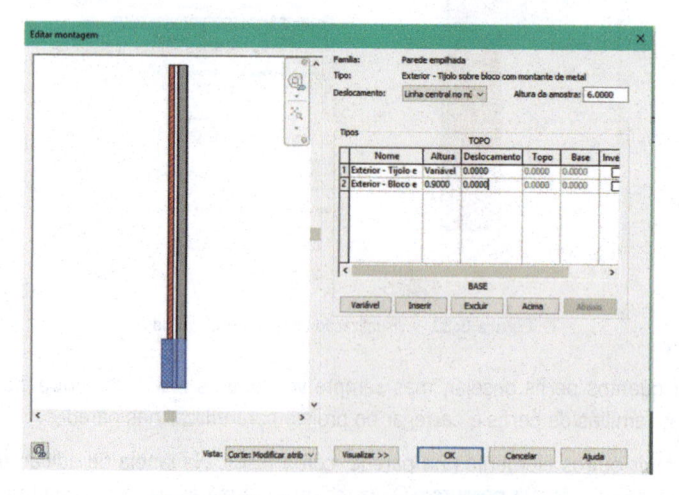

Figura 5.86 – Estrutura da Parede empilhada.

Ao clicar no botão **Inserir**, veja que uma nova camada é acrescentada. Em seguida, você deve escolher um tipo de parede básica para essa camada e para sua altura, como mostra a Figura 5.87.

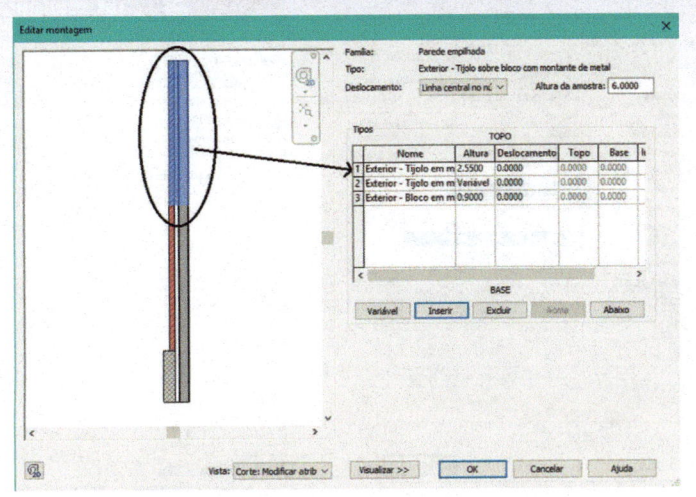

Figura 5.87 – Criação de uma camada na parede.

5.10 Modificação de paredes

Depois de criada, uma parede pode ser alterada tanto pelo desenho, por destes meio dos grips, como pelas propriedades. Para modificar uma parede, siga um destes passos:

1. Para alterar suas medidas, selecione a parede e puxe o grip do ponto final para um novo ponto ou selecione a cota provisória e altere seu valor.

2. Para alterar os lados interno/externo, clique no ícone das setas que representa o lado externo, como mostra a Figura 5.88, ou aperte a barra de espaços do teclado. Mesmo durante o desenho das paredes você pode usar a barra de espaço para inverter o lado da parede.

3. Para mudar o tipo de parede no projeto, selecione a parede, vá até **Propriedades** e escolha o novo tipo (Figura 5.90).

Figura 5.88 – Alteração do lado do desenho da parede.

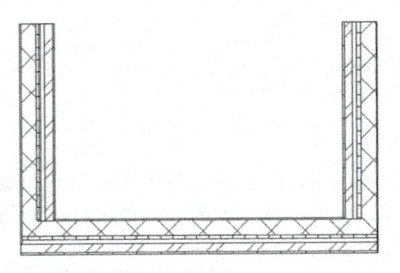

Figura 5.89 – Resultado depois da inversão.

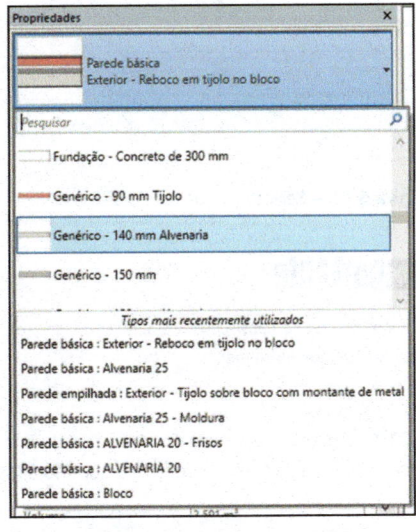

Figura 5.90 – Modificação do tipo de parede.

4. Para modificar a altura ou o pavimento da parede, selecione a parede. Em **Propriedades**, altere os valores de **Restrição da base** e **Restrição superior**, depois clique em **Aplicar** (Figura 5.91). Se a parede não terminar em nenhum pavimento, selecione **Não conectado** para a altura, digite um valor em **Altura desconectada** e clique em **Aplicar**.

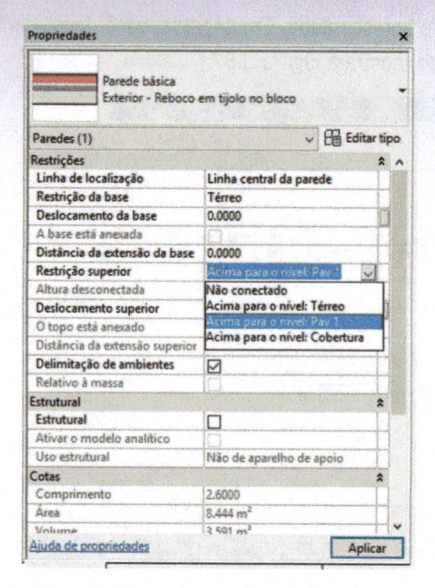
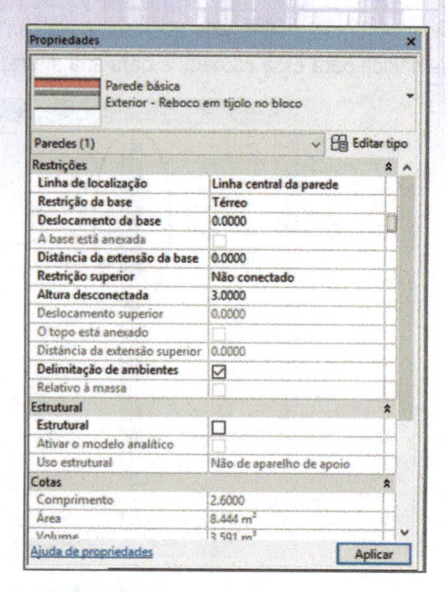

Figura 5.91 – Seleção de Altura desconectada. **Figura 5.92** – Parede com altura de 3 m.

Importante

Se a **Restrição superior** estiver ajustada para **Não conectado**, você pode definir a altura em **Altura desconectada**, e então ela será fixada no valor ajustado. Se a altura estiver em **Restrição superior** com um pavimento selecionado, a parede **sempre** irá até a altura da cota do pavimento; ao mudar a altura da cota do pavimento, a parede ajusta-se automaticamente.

5. Para modificar todas as paredes do mesmo tipo inseridas no projeto, selecione uma delas, clique no botão direito do mouse e escolha **Selecionar todas as instâncias** (Figura 5.93). Todas as paredes do mesmo tipo são selecionadas e ficam na cor azul (Figura 5.94). Em seguida, acesse **Propriedades** e altere as propriedades desejadas.

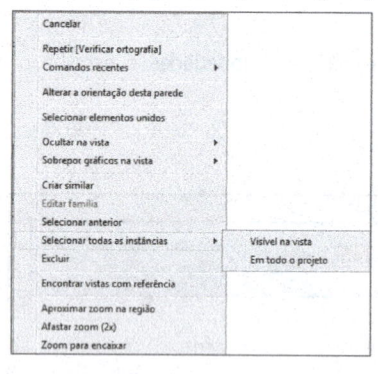
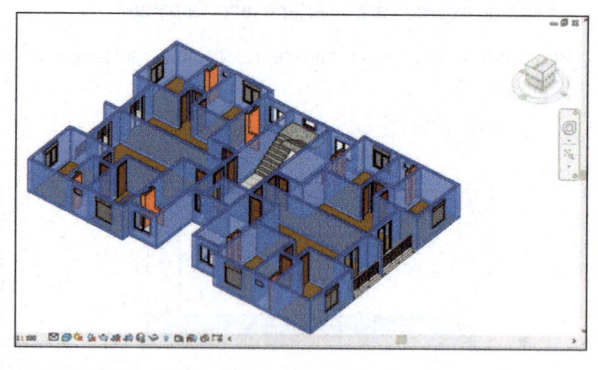

Figura 5.93 – Seleção de todas as instâncias. **Figura 5.94** – Seleção de todas as paredes de um mesmo tipo.

Importante

Todos os objetos construtivos podem ser criados e editados em uma vista de planta, de elevação e corte ou 3D, desde que você tenha a visibilidade do elemento.

6. Para criar aberturas nas paredes, opte por uma vista de elevação ou corte, de modo a facilitar a visualização – que pode ser 3D, e selecione a parede. Na aba **Modificar | Paredes**, selecione o painel **Modo > Editar perfil** (Figura 5.95).

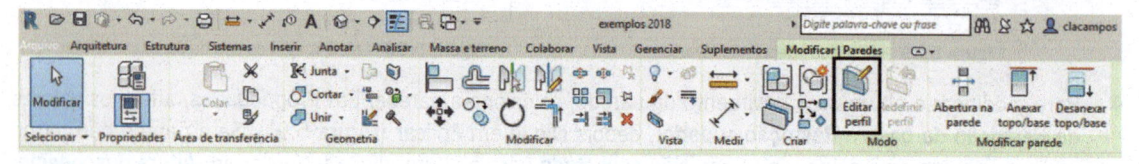

Figura 5.95 – Aba Modificar | Paredes – seleção de Editar perfil.

7. Em seguida, com as ferramentas de desenho da aba **Editar perfil**, crie a abertura desejada e selecione **Finalizar** (Figura 5.96). Neste exemplo, criamos uma abertura em forma de retângulo na parede lateral (Figuras 5.97 e 5.98).

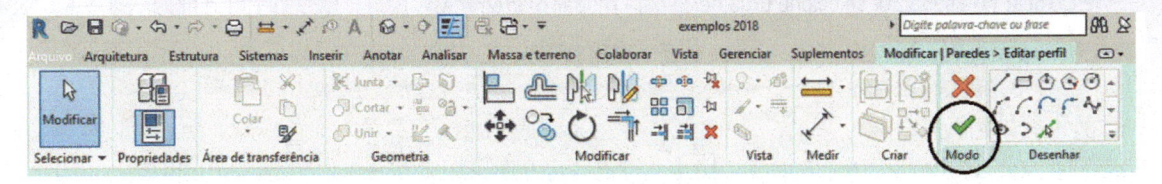

Figura 5.96 – Aba Editar perfil

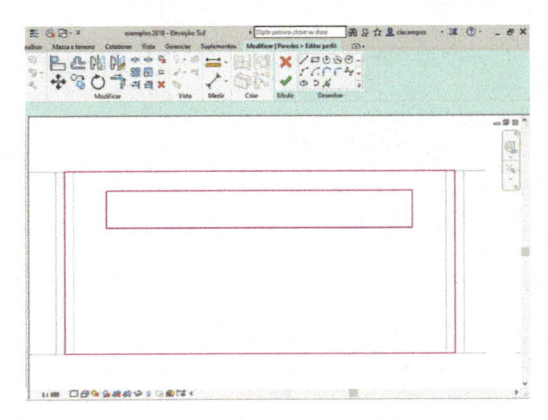

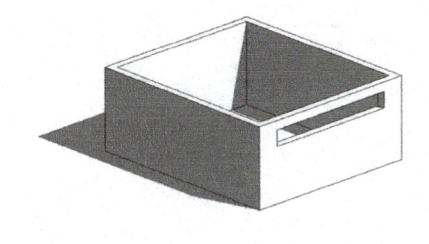

Figura 5.97 – Desenho da abertura em elevação.

Figura 5.98 – Abertura gerada no modelo.

8. Com as ferramentas do painel **Desenhar**, você pode criar aberturas de qualquer formato nas paredes. As medidas da abertura são editáveis com as cotas temporárias. Se a abertura já estiver criada e você quiser alterá-la, selecione a parede e repita o processo anterior; as cotas são exibidas quando a parede é selecionada (Figura 5.99).

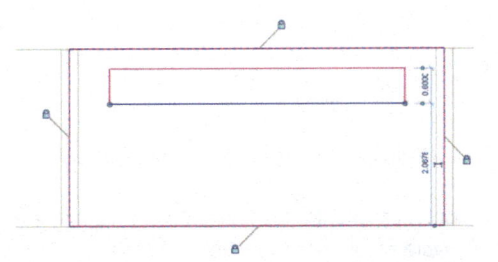

Figura 5.99 – Alteração da abertura gerada no modelo.

5.11 Arremate de paredes

Por padrão, o Revit arremata o encontro de paredes, mas é possível mudar essa configuração. Para visualizar os detalhes de uma parede, selecione, na barra de controle da vista, o nível de detalhe em **Alto** para exibir todas as linhas da parede (Figura 5.100). Cada parede tem um nível de detalhe diferente, conforme suas camadas. Neste exemplo, usamos a parede **Exterior – Tijolo em bloco de concreto**, que possui várias camadas.

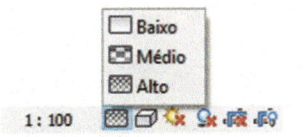

Figura 5.100 – Formas de visualizar detalhes do modelo.

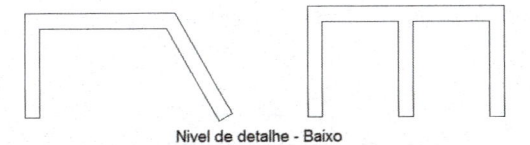

Figura 5.101 – Paredes com a opção Baixo.

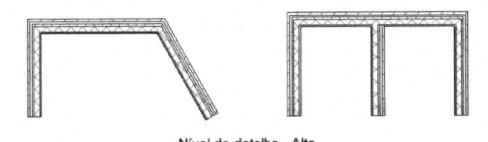

Figura 5.102 – Paredes com a opção Alto.

1. Na aba **Modificar** selecione **Uniões de parede** (Figura 5.103) e passe o cursor por cima das paredes até que surja um quadrado (Figura 5.104). Em seguida, note que na barra superior aparecem as opções **Topo**, **Chanfro** e **Colocar no esquadro**; selecione uma delas para mudar o arremate.

Figura 5.103 – Ferramenta Uniões de parede – para fazer arremate de paredes.

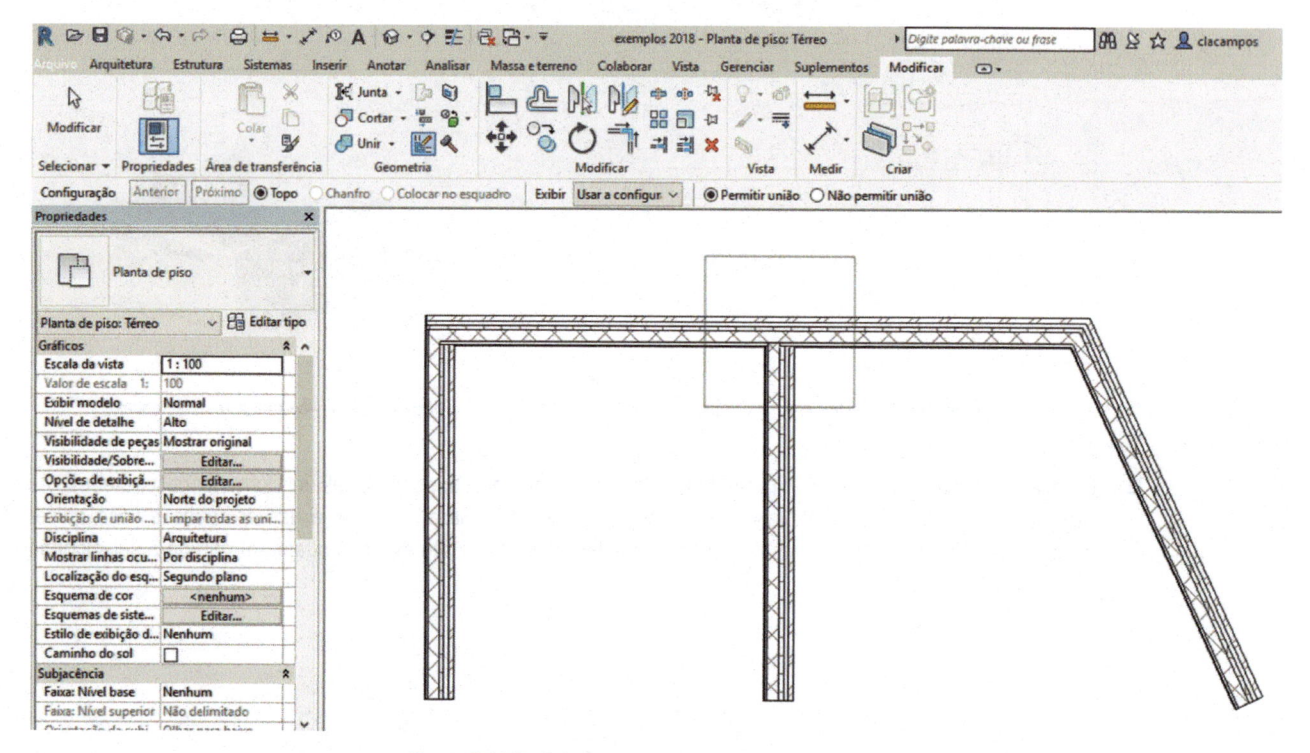

Figura 5.104 – Seleção do tipo de arremate.

O arremate padrão do Revit é **Topo**, mas **Chanfro** faz o arremate em canto e a opção **Colocar no esquadro** gera um canto de 90 graus na parede. A Figura 5.105 mostra as três opções.

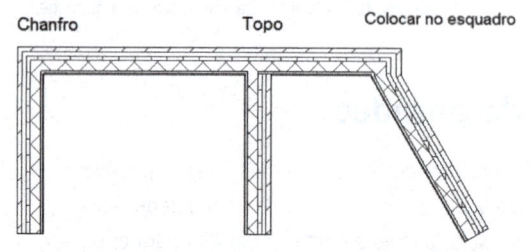

Figura 5.105 – Vários tipos de arremate de paredes.

2. Para gerar paredes com cantos arredondados, primeiramente desenhe-as, com linha ou com retângulo, e em seguida selecione a opção **Arco em concordância** no painel **Desenhar** da aba **Modificar | Colocar Parede** (Figura 5.106).

Figura 5.106 – Seleção da opção Arco em concordância.

Habilite a opção Raio na barra de opções, digite o seu valor e selecione as paredes cujos cantos serão arredondados. Caso opte por não habilitá-la, é possível fazer o arredondamento usando-se o recurso visual ao clicar. Veja a Figura 5.107.

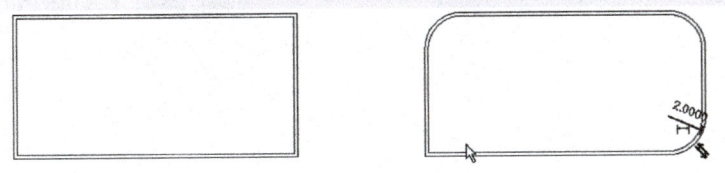

Figura 5.107 – Paredes com cantos arredondados.

5.12 Inserção de molduras em paredes – Moldura

Na Seção 5.8, vimos como criar tipos de parede com molduras que fazem parte da parede, de forma que todas as paredes do tipo em questão tenham a moldura. Além dessa opção, podemos inserir uma moldura em qualquer parede por fora, sem que o tipo da parede possua moldura na sua estrutura. Com essa ferramenta, qualquer parede pode ter uma ou mais molduras, independentemente do tipo usado para criar rodapés e molduras. Observe a Figura 5.108.

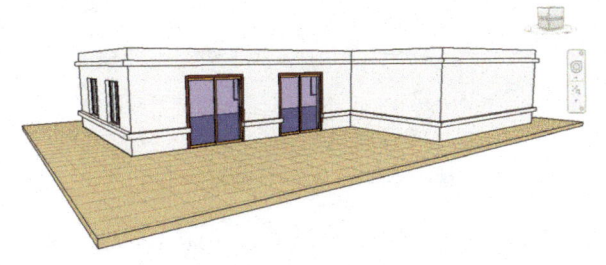

Figura 5.108 – Paredes com molduras.

A moldura é inserida em uma vista 3D ou de elevação. Mude para uma vista 3D para inserir a moldura. A ferramenta Moldura é acessada pela aba Arquitetura > Parede > Parede: moldura (Figura 5.109).

Ao clicar em Moldura, a Ribbon muda para Modificar | Colocar Moldura de parede e surgem as opções Horizontal e Vertical, como mostra a Figura 5.110. O padrão Horizontal já está ativado, mas você poderá mudar para Vertical.

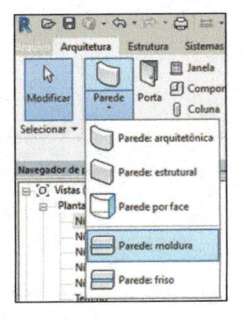

Figura 5.109 – Ferramenta Moldura.

> **Dica**
>
> Para ativar uma vista 3D, clique no ícone da CASINHA na Barra de acesso rápido e selecione Vista 3D padrão.

Em seguida, clique na face da parede na qual será inserida uma moldura (Figura 5.111).

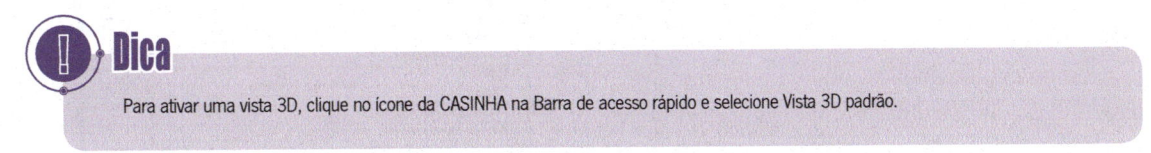

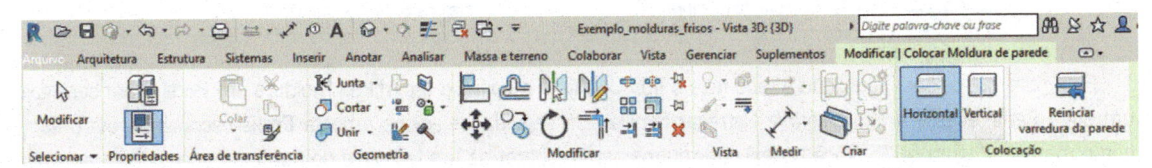

Figura 5.110 – Aba Modificar | Colocar Moldura de parede.

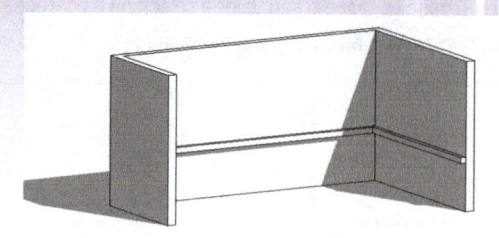

Figura 5.111 – Inserção da moldura na parede.

As molduras podem ser usadas para criar rodapés, originando novos perfis e famílias.

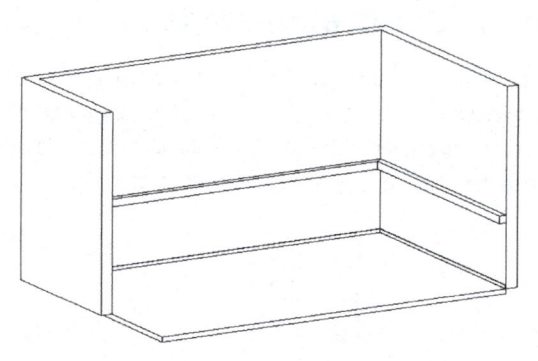

Figura 5.112 – Molduras como rodapés.

Para definir a altura correta da moldura, selecione a moldura e edite as propriedades dela na janela **Propriedades** em **Deslocamento do nível** (Figura 5.113).

Para alterar o tipo de moldura, clique em **Editar tipo** com a moldura selecionada. Em seguida, na janela **Propriedades de tipo**, veja que a moldura é uma **Família do sistema** e só possui um tipo – **Cornija**. O material da moldura é definido nas propriedades de tipo.

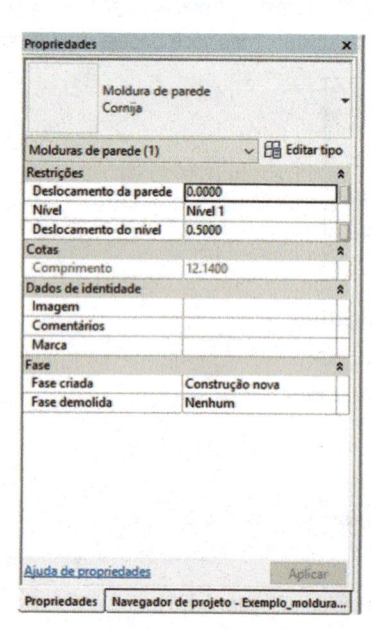

Figura 5.113 – Edição da altura da moldura.

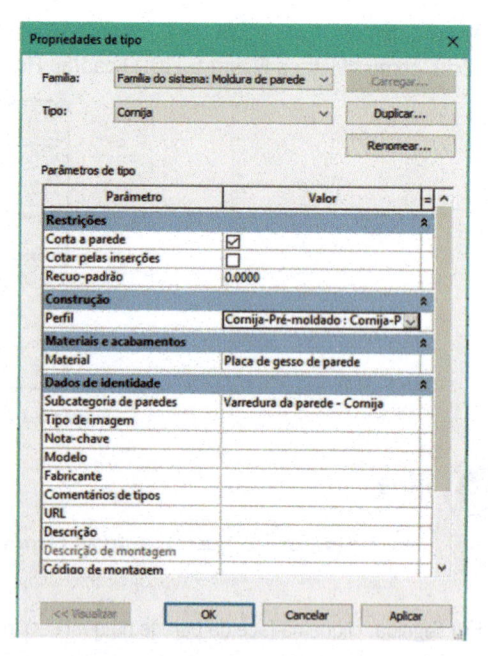

Figura 5.114 – Criação de novo perfil.

Para criar outros tipos, duplique e renomeie o tipo **Cornija** e modifique o perfil da moldura em **Perfil**. Para carregar um outro Perfil, acesse a aba **Inserir > Carregar família**. Em seguida, selecione a pasta **Perfis** escolhendo outro tipo, como mostra a Figura 5.115. Você poderá criar outros perfis a partir de um template de perfil, de acordo com as suas necessidades, e depois carregar no projeto.

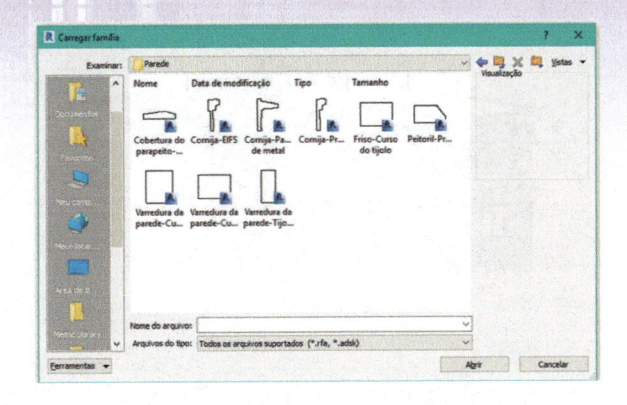

Figura 5.115 – Perfis de parede.

Depois de carregar um novo tipo de perfil, ele fica disponível nas **Propriedades de tipo** das molduras, como mostra a Figura 5.116.

Se na parede houver uma porta ou janela, a moldura é interrompida no vão.

Para adicionar ou remover molduras de paredes que já tenham uma moldura, selecione a moldura e, na **Ribbon**, selecione o botão **Adicionar/remover paredes**; selecione a parede em que vai inserir a moldura; assim uma moldura do mesmo tipo da selecionada é inserida na sequência, na mesma altura da anterior. Veja as Figuras 5.116 e 5.117.

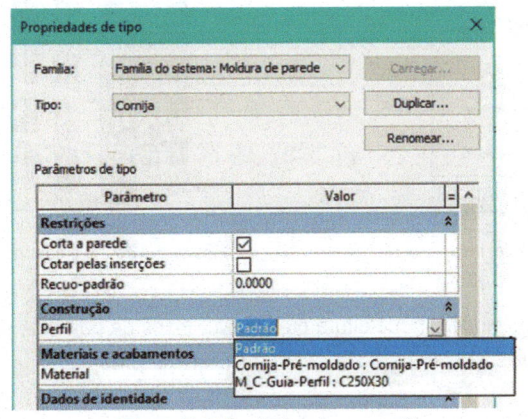

Figura 5.116 – Aplicando novo perfil.

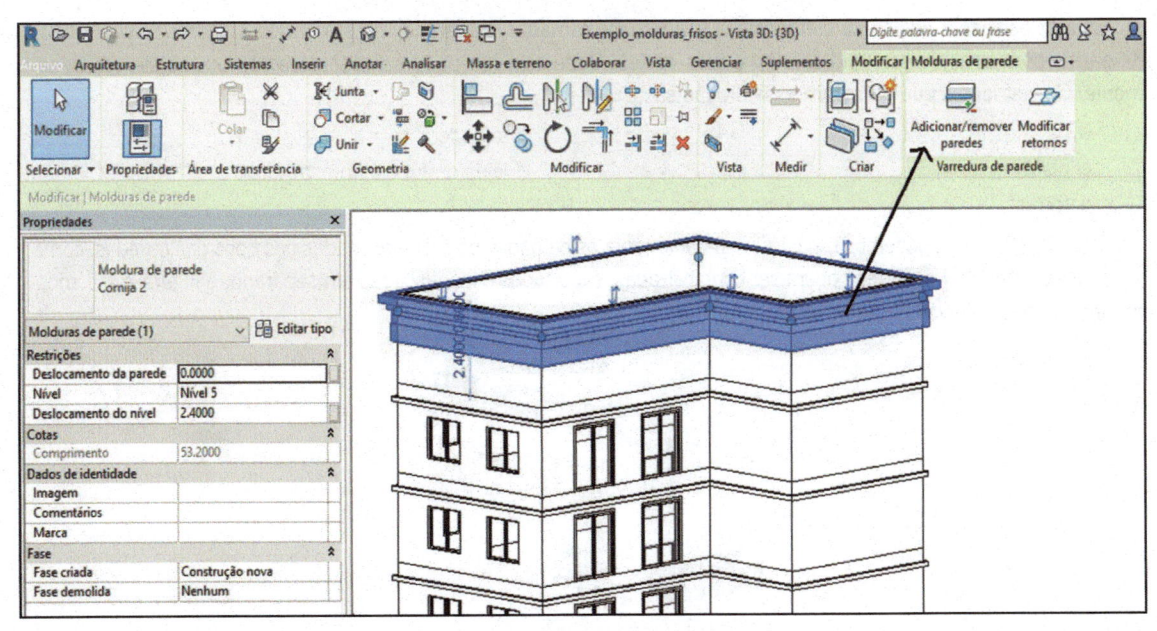

Figura 5.117 – Inserção de molduras.

Figura 5.118 – Resultado.

5.13 Inserção de frisos em paredes – Frisos

O mesmo procedimento utilizado para criar molduras em paredes poderá criar frisos. Os frisos são cortes nas paredes feitos a partir de um perfil que recortará a parede, gerando um sulco.

O friso é inserido em uma vista 3D ou de elevação. Mude para uma vista 3D para inserir o friso. A ferramenta **Friso** é acessada pela aba **Arquitetura > Paredes > Parede: friso** (Figuras 5.119 e 5.120).

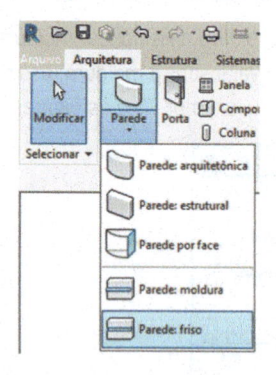

Figura 5.119 – Parede: friso.

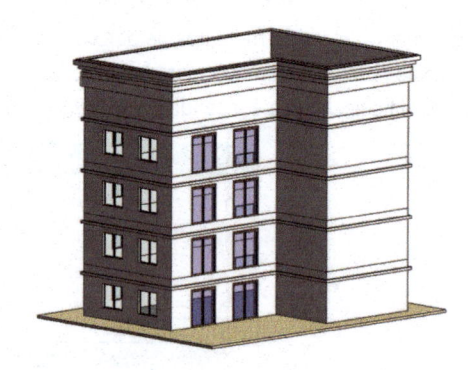

Figura 5.120 – Paredes com frisos inseridos.

Para criar outro tipo de friso, modificar sua altura ou remover frisos de paredes, siga os mesmos procedimentos que usamos para as molduras.

5.14 Separação das camadas da parede – Partes

O Revit permite a edição de elementos que possuem camadas, separando-os em partes e alterando sua forma. As partes podem ainda ser divididas em outras partes. Cada camada pode ser tratada como um objeto separadamente. Os elementos que permitem essa divisão são:

- paredes;
- pisos;
- forros;
- telhados;
- lajes de fundação estrutural.

Com esse recurso, podemos modificar separadamente as camadas de material criadas nos tipos das paredes, como vimos anteriormente. As partes podem ser contabilizadas, exportadas e identificadas em separado. A Figura 5.121 mostra uma parede com várias camadas que foram separadas.

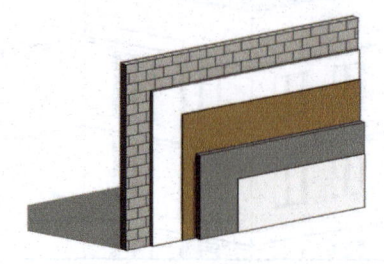

Figura 5.121 – Parede com camadas separadas.

Para acessar o comando Peças, que faz a separação das camadas, primeiro selecione uma parede, então clique em Criar peças na aba Modificar | Paredes (Figura 5.122).

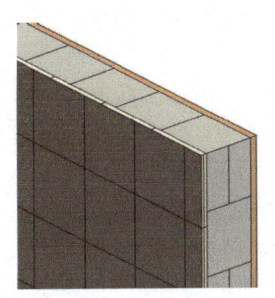

Figura 5.122 – Aba Modificar | Paredes – comando Criar peças.

Em seguida, as camadas da parede são exibidas separadamente, como indica a Figura 5.123. É possível modificar a largura e a altura de cada uma.

Figura 5.123 – Parede com camadas separadas.

Para alterar a forma de cada camada, selecione uma delas por vez. Na janela de diálogo Propriedades, selecione Mostrar manipuladores de forma para exibir os grips, depois clique para alterar a forma das paredes (Figuras 5.124 e 5.125).

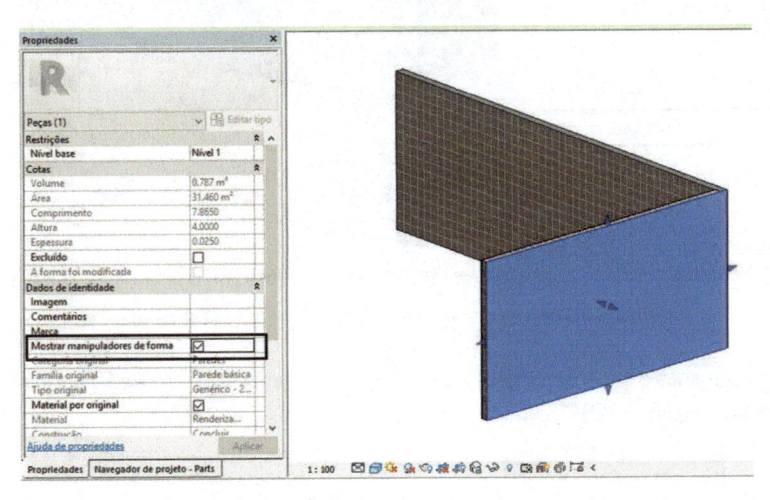

Figura 5.124 – Exibição e seleção dos grips.

O processo deve ser repetido para cada camada a ser alterada, de modo que sejam criadas paredes com faixas e outras formas.

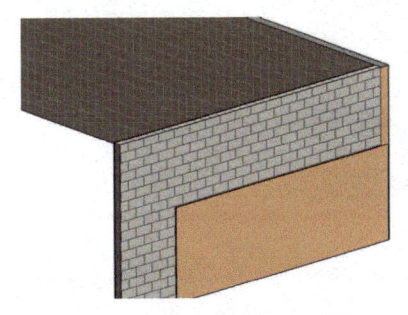

Figura 5.125 – Alteração da camada da parede.

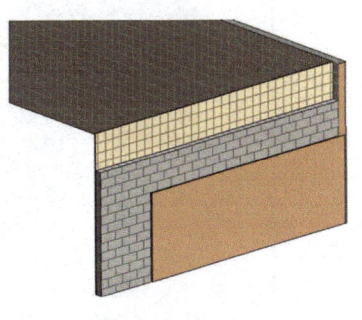

Figura 5.126 – Camadas modificadas.

As peças são derivadas de um elemento e sua visibilidade pode ser controlada, sendo possível visualizar as partes ou o elemento que as originou. Por exemplo, se em uma vista 3D você criou partes de um elemento, em outra vista 3D a visibilidade será a do elemento que as originou, ou seja, as partes só são visíveis primeiramente na vista em que foram geradas.

Quando há uma vista na tela e nenhum comando em curso, a janela de diálogo **Propriedades** exibe as propriedades da vista (consulte o Capítulo 7). Em uma vista 3D com as partes de uma parede criadas, selecione **Visibilidade de peças** na janela de diálogo **Propriedades** e veja as opções:

Mostrar peças: mostra somente as partes separadas do elemento.

Mostrar original: mostra somente o elemento original (nesse exemplo, a parede).

Mostrar ambos: apresenta ambos, permitindo selecionar com o cursor tanto o elemento original como cada parte separadamente.

Podemos ainda alterar o material de cada uma das partes da divisão. Selecione uma parte e na janela de diálogo **Propriedades** desmarque a opção **Material por original**. Em seguida, o campo logo abaixo, **Material**, é habilitado. Basta clicar para definir outro material para a camada selecionada.

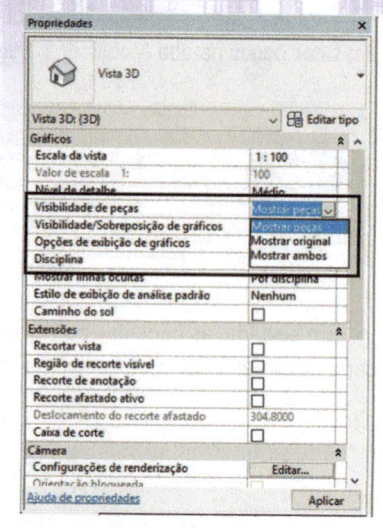

Figura 5.127 – Controle de exibição das partes e do elemento original.

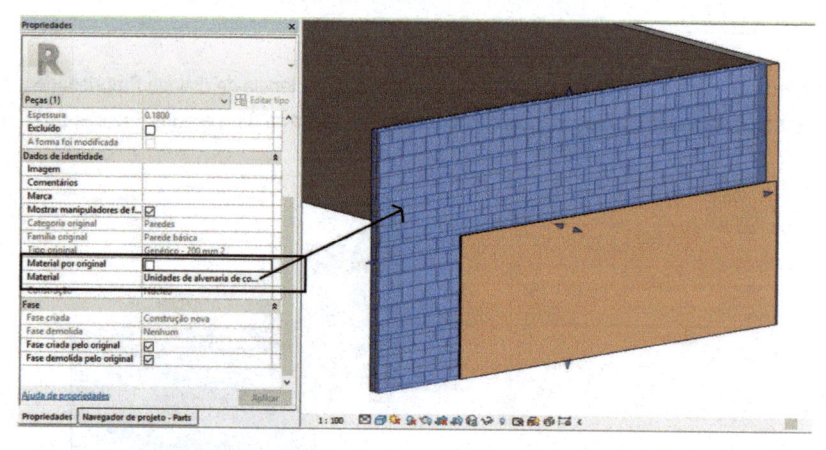

Figura 5.128 – Modificação do material de uma camada da parede.

Para retornar as camadas à situação original, selecione cada uma e clique em **Redefinir forma** na aba **Modificar | Peças**, como mostra a Figura 5.129.

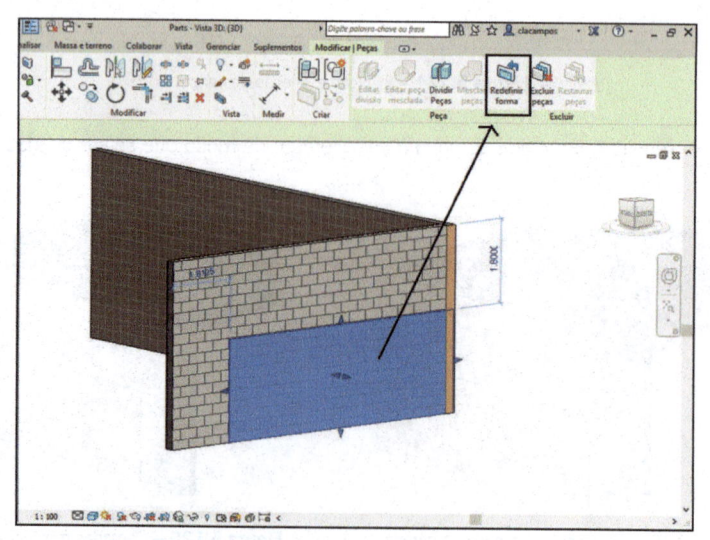

Figura 5.129 – Redefinir forma – desfazer a edição das partes.

6 Ferramentas de Edição

Introdução

Este capítulo apresenta as ferramentas gerais de edição da aba Modificar e algumas utilizadas em vários comandos, como Mover e Copiar. Outras ferramentas específicas são abordadas nos capítulos correspondentes de cada objeto.

Objetivos

Para editar um objeto no Revit, é preciso selecioná-lo, o que abre uma aba temporária com ferramentas que variam conforme o objeto selecionado. Por exemplo, ao selecionar uma parede, temos a aba Modificar | Paredes; um piso, Modificar | Pisos; um telhado, Modificar | Telhados etc. Na aba Modificar, há ferramentas que atuam em vários objetos. Podemos usar a opção Espelhar em paredes ou vigas e assim por diante.

◉ Conhecer as ferramentas gerais de edição de objetos.

Figura 6.1 – Aba Modificar.

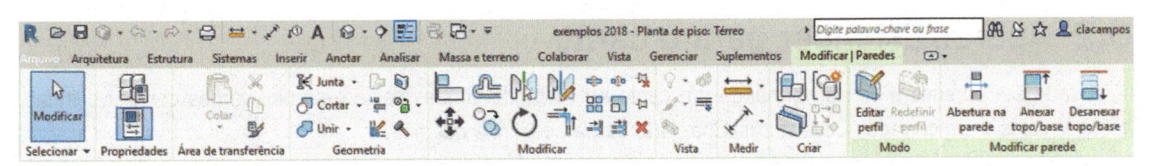

Figura 6.2 – Aba Modificar | Paredes após seleção de uma parede.

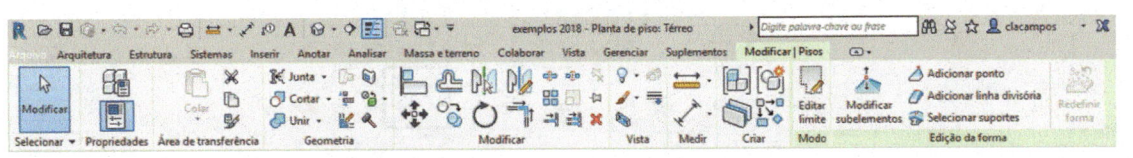

Figura 6.3 – Aba Modificar | Pisos após seleção de um piso.

6.1 Deslocamento

É possível fazer cópias paralelas de objetos. Nesse exemplo, vamos criar várias paredes a partir de uma existente. Escolha uma parede e, na aba **Modificar | Paredes**, selecione o comando **Deslocamento**, conforme Figura 6.4. Na barra de opções, é preciso fornecer o valor da distância da cópia paralela, no caso, 2 m. Em seguida, clique na parede que será copiada e uma linha pontilhada surge, dando a distância da cópia, como indica a Figura 6.5.

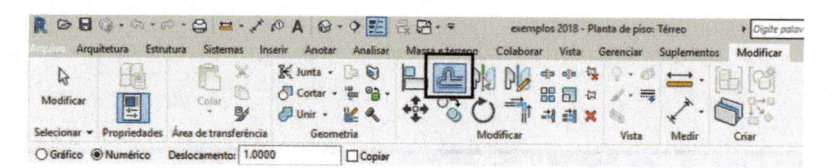

Figura 6.4 – Aba Modificar | Paredes, comando Deslocamento.

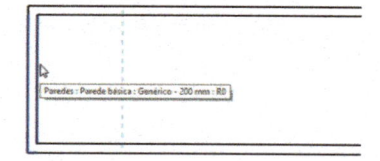

Figura 6.5 – Seleção do lado.

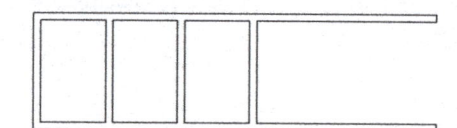

Figura 6.6 – Resultado de vários deslocamentos.

O lado da cópia é aquele apontado na parede. As Figuras 6.7 e 6.8 mostram a mesma parede sendo apontada pelos dois lados, gerando a linha pontilhada do deslocamento para cada um dos lados.

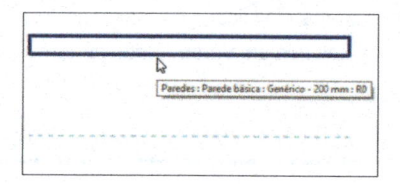

Figura 6.7 – Seleção do lado.

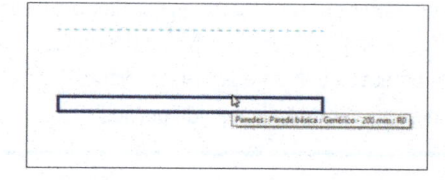

Figura 6.8 – Seleção do lado.

6.2 Aparar/Estender para o canto

Usado em paredes e linhas, formando um canto ou cortando linhas. Neste exemplo, vamos cortar as linhas, gerando salas e um corredor. Deve-se clicar na parte da parede/linha que fica.

Figura 6.9 – Ferramenta Aparar/Estender para o canto.

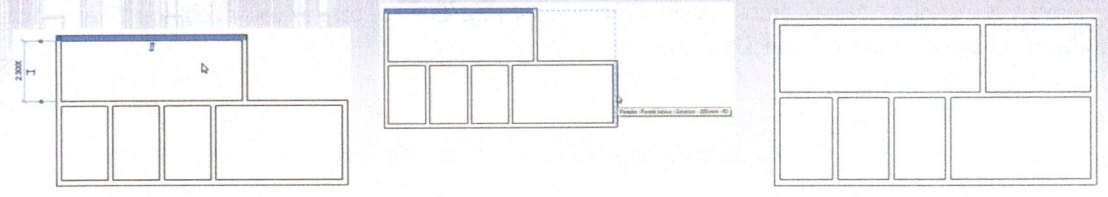

Figura 6.10 – Primeira parede selecionada.   **Figura 6.11** – Segunda parede selecionada.   **Figura 6.12** – Resultado.

Note que, ao selecionar a segunda parede, uma linha pontilhada é apresentada no ponto onde estará o resultado.

6.3 Aparar/Estender

Permite estender ou cortar paredes e linhas. Há duas opções: para um objeto somente e para vários objetos simultaneamente.

Figura 6.13 – Ferramenta Aparar/Estender.

Para cortar uma parede, escolha **Aparar/Estender Elemento Único**, em seguida selecione a parte da parede que fará o papel da que corta. Depois, selecione a parte da parede que fica. Na barra de status, ao entrar no comando, surge a solicitação das Figuras 6.14 e 6.15. Por fim, veja as Figuras 6.16 a 6.18.

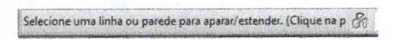

Figura 6.14 – Selecione a parede a cortar.   **Figura 6.15** – Selecione a parte da parede que fica.

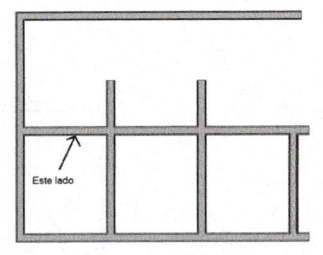

Figura 6.16 – Seleção da parede que corta.

Para cortar vários objetos, escolha **Aparar/Estender Múltiplos Elementos** e selecione a parede que corta. Depois, vá selecionando as paredes a serem cortadas na parte que fica.

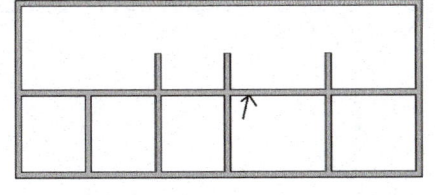

Figura 6.19 – Seleção da parede que corta.

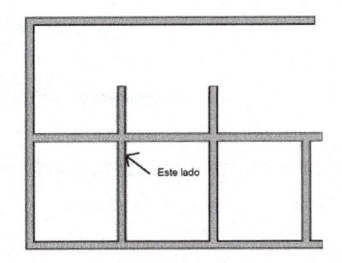

Figura 6.17 – Seleção do lado que permanece.

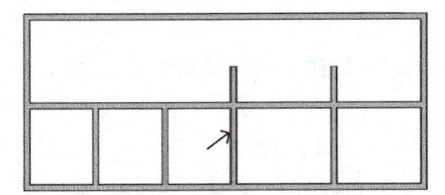

Figura 6.20 – Seleção das paredes que serão cortadas na parte que fica.

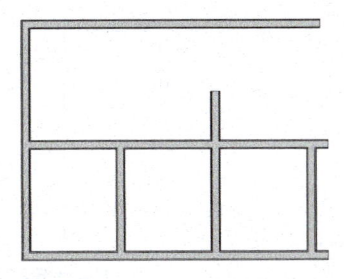

Figura 6.18 – Resultado.

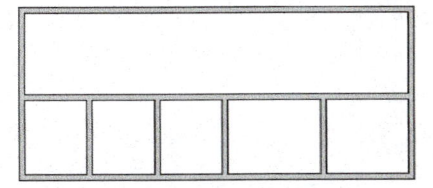

Figura 6.21 – Resultado.

Para estender, siga o mesmo procedimento, porém selecionando a parede para a qual as outras serão estendidas e, depois, as paredes a serem estendidas, da seguinte forma:

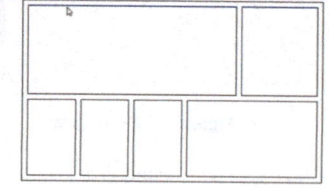

Figura 6.22 – Seleção da parede que define o limite da extensão.

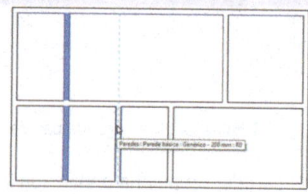

Figura 6.23 – Seleção das paredes a serem estendidas.

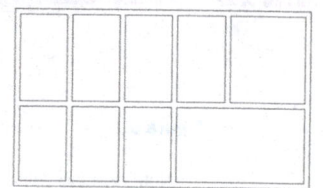

Figura 6.24 – Seleção das paredes a serem estendidas.

6.4 Dividir

Permite dividir uma parede ou linha em vários segmentos. Podemos usar esse comando para aplicar diferentes alturas e características a cada parte da parede ou mesmo para apagar uma parte dela. Ao entrar no comando, surge um lápis no cursor, sendo preciso selecionar uma parede; ao selecioná-la, surge uma cota com referência em um canto próximo a ela. Clique e marque a distância desejada. Você também pode alterar o valor na cota provisória. Em seguida, clique no segundo ponto da quebra. Note que um novo segmento foi gerado entre os dois pontos.

Figura 6.25 – Ferramenta Dividir.

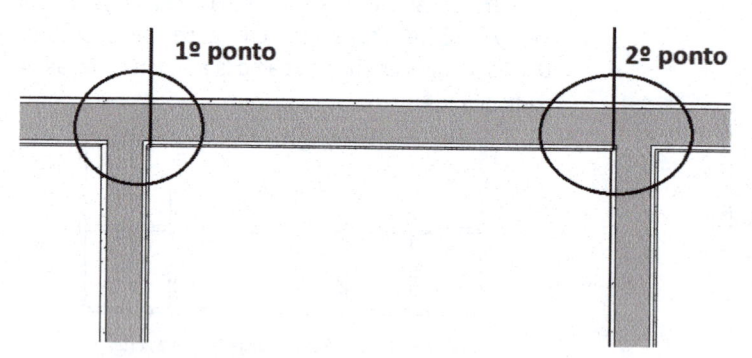

Figura 6.26 – Seleção dos dois pontos do corte.

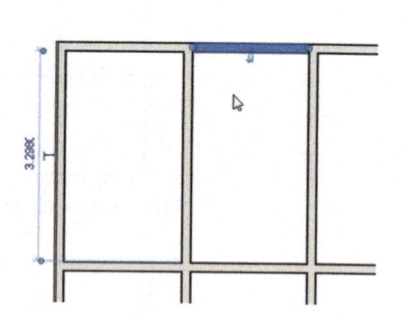

Figura 6.27 – Resultado: Parede cortada.

Se **Excluir Segmento Interno**, na barra de opções, for selecionada, a parte interna é apagada ao se fazer a divisão.

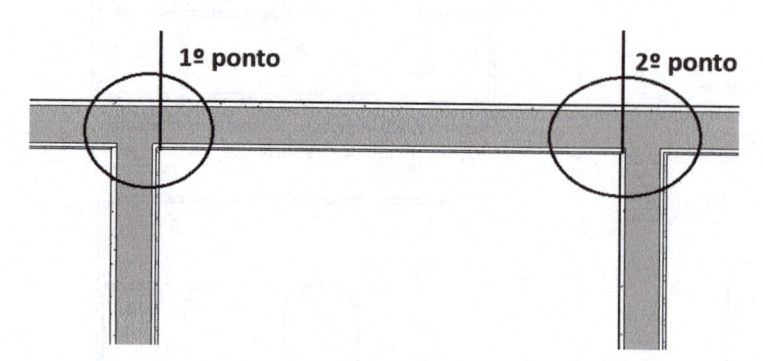

Figura 6.28 – Seleção dos dois pontos do corte.

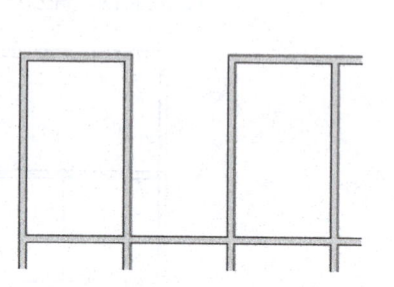

Figura 6.29 – Resultado.

6.5 Alinhar

Essa ferramenta permite alinhar paredes, vigas e outros elementos. Primeiro, selecionamos a parede à qual a outra será alinhada e, em seguida, a parede a ser alinhada. Ao alinhar duas paredes, surge um cadeado, que pode ser fechado para que o alinhamento se mantenha. Nesse caso, dependendo da alteração da parede, ela se reflete na que estiver alinhada.

Figura 6.30 – Ferramenta Alinhar.

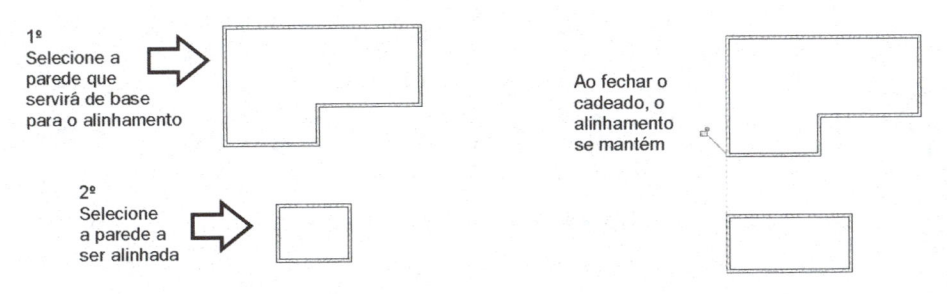

Figura 6.31 – Seleção da parede à qual a outra parede será alinhada e da parede a alinhar.

Figura 6.32 – Resultado.

6.6 Mover

Na aba **Modificar | Paredes**, consta o comando **Mover**, que permite mover os objetos, que neste exemplo é a parede. Ele se aplica a vários outros objetos e é apresentado na aba de cada objeto selecionado, por exemplo, piso, viga etc.

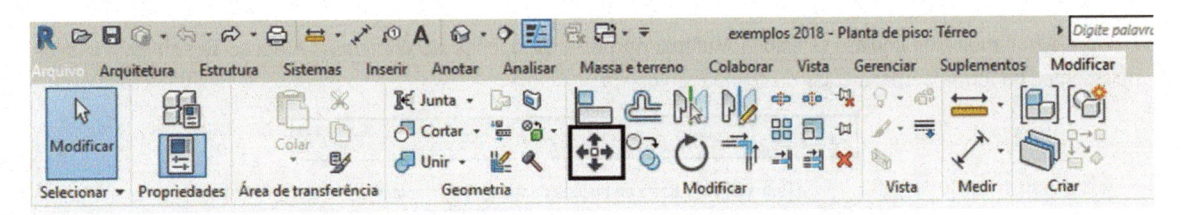

Figura 6.33 – Ferramenta Mover.

Para mover uma parede, selecione-a clicando nela. Para selecionar mais de uma parede, use as opções **Crossing** e **Window** ou mantenha pressionada a tecla **Ctrl** para selecionar vários objetos (Capítulo 5). Depois de selecionar, clique no comando **Mover** e marque o ponto base, então defina o novo ponto por meio da cota provisória.

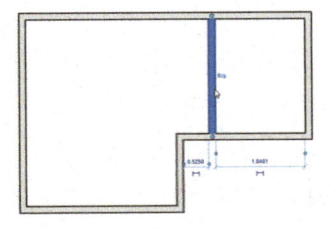

Figura 6.34 – Seleção da parede.

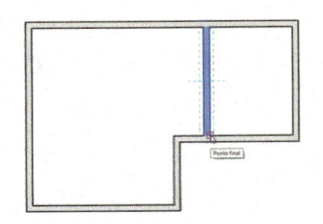

Figura 6.35 – Definição do ponto base.

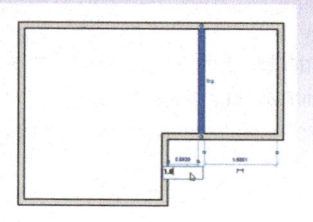
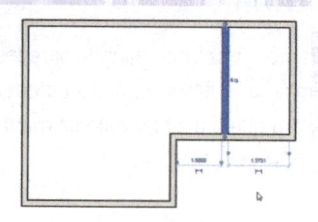

Figura 6.36 – Movimentação pela cota provisória.   **Figura 6.37** – Resultado depois de mover 1 m para a esquerda.

6.7 Copiar

Copia objetos previamente selecionados, como no comando anterior. Também se aplica a vários objetos e é apresentado na aba de edição correspondente de cada um. Primeiramente, selecione os objetos, depois escolha Copiar na aba Modificar | Paredes, em seguida defina o ponto base da cópia e, com a cota provisória, indique o segundo ponto.

Figura 6.38 – Ferramenta Copiar

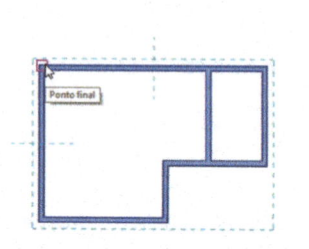
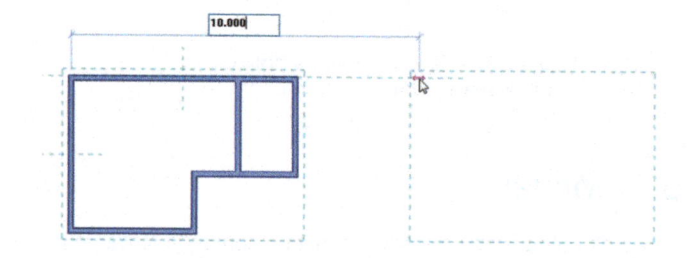

Figura 6.39 – Seleção dos objetos   **Figura 6.40** – Definição do ponto da cópia
e definição do ponto base da cópia.   por meio da cota provisória.

Para gerar múltiplas cópias, selecione Múltiplo na barra de opções do comando. A opção Restringir limita os movimentos de forma perpendicular ou colinear ao objeto.

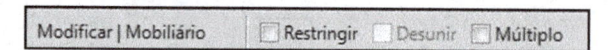

Figura 6.41 – Barra de opções da ferramenta Copiar.

6.8 Rotacionar

Rotaciona um ou mais objetos previamente selecionados. Selecione os objetos e clique no comando Rotacionar na aba Modificar | Paredes. Ao fazer isso, surge uma linha de referência e um ponto central do eixo de rotação. Deve-se definir o ângulo inicial e o ângulo final da rotação com o cursor posicionado nesses ângulos. Veja a seguir as Figuras 6.42 a 6.46.

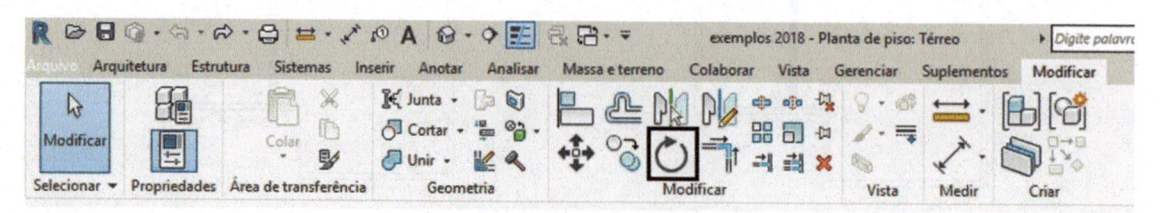

Figura 6.42 – Ferramenta Rotacionar.

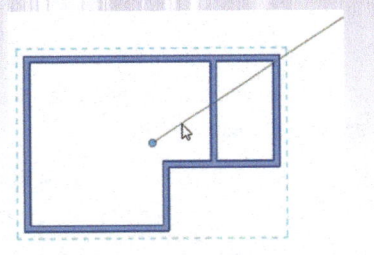

Figura 6.43 – Seleção do objeto e da opção Rotacionar.

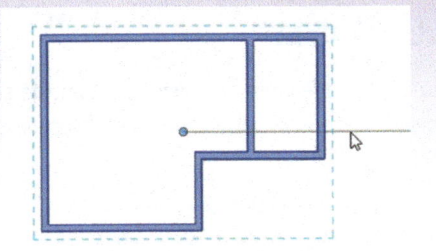

Figura 6.44 – Definição do ângulo inicial (zero).

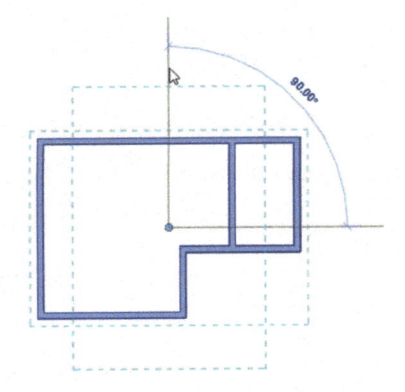

Figura 6.45 – Definição do ângulo de rotação (90 graus).

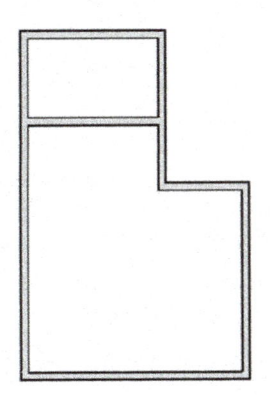

Figura 6.46 – Resultado.

6.9 Espelhar

Faz o espelhamento dos objetos previamente selecionados. Selecione os objetos e clique em Espelhar na opção Desenhar Eixo, conforme Figura 6.47. Nessa opção, vamos desenhar a linha de espelhamento da figura por meio de dois pontos. Clique no ponto base e defina a distância com a cota provisória, em seguida marque o segundo ponto na vertical (Figuras 6.48 a 6.50).

Figura 6.47 – Ferramenta Espelhar.

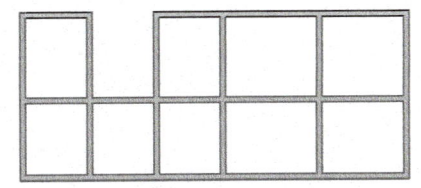

Figura 6.48 – Seleção dos objetos.

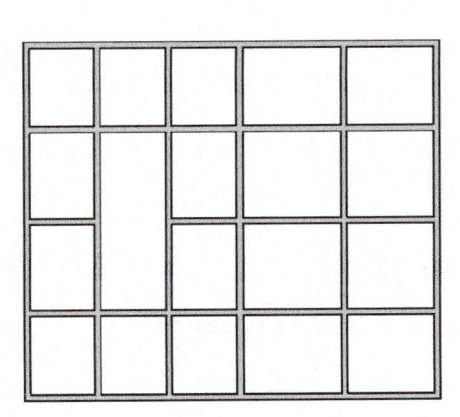

Figura 6.50 – Resultado.

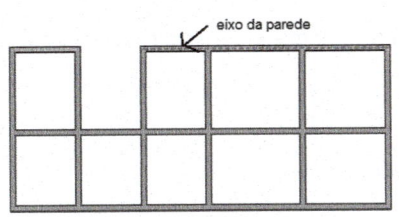

Figura 6.49 – Definição da linha de espelhamento pelo eixo da parede.

6.10 Matriz

Faz cópias ordenadas de objetos previamente selecionados, as quais podem ser lineares ou angulares. Selecione uma parede e clique em Matriz. Na barra de opções, surgem as seguintes opções:

Figura 6.51 – Ferramenta Matriz.

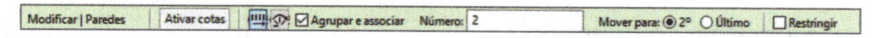

Figura 6.52 – Barra de opções da ferramenta Matriz no modo linear.

: define se a matriz será linear ou angular.

Agrupar e associar: agrupa os elementos da cópia. Se a opção não for selecionada, os elementos ficam independentes uns dos outros.

Número: especifica o número de cópias.

Mover para 2º: especifica a distância entre o primeiro e o segundo objeto e todos os outros ficam com a mesma distância.

Último: indica a distância entre o primeiro e o último objeto e todos os outros ficam dispostos entre eles.

Restringir: restringe a cópia no sentido ortogonal e colinear ao objeto selecionado.

Vamos fazer cópias da parede selecionada a cada 3 m. Após selecionar a parede e clicar em Matriz, marque 5 no campo Número para copiar com 5 metros de distância entre os eixos das paredes e siga os parâmetros da barra de opções da Figura 6.53.

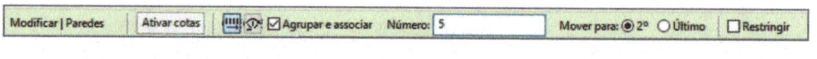

Figura 6.53 – Barra de opções da ferramenta Matriz no modo linear.

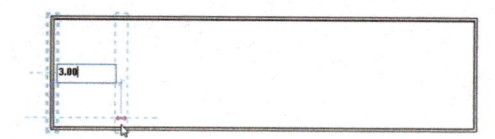

Figura 6.54 – Definição da distância.

Com o cursor, defina a distância de 3 m e clique. Em seguida, a cópia é feita.

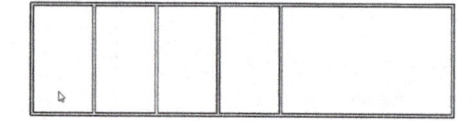

Figura 6.55 – Resultado das cópias.

Neste exemplo, vamos fazer cópias informando a distância entre a primeira e a última, usando os parâmetros da barra de opções da Figura 6.56.

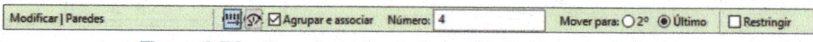

Figura 6.56 – Barra de opções da ferramenta Matriz no modo linear.

Selecione a parede, conforme Figura 6.57, arraste o botão do mouse para a direita e digite o valor 19,7, conforme a Figura 6.58, pois a parede do exemplo tem 0,3 m. São geradas quatro cópias com distância de fora a fora das paredes de 20 m. Vide Figura 6.59.

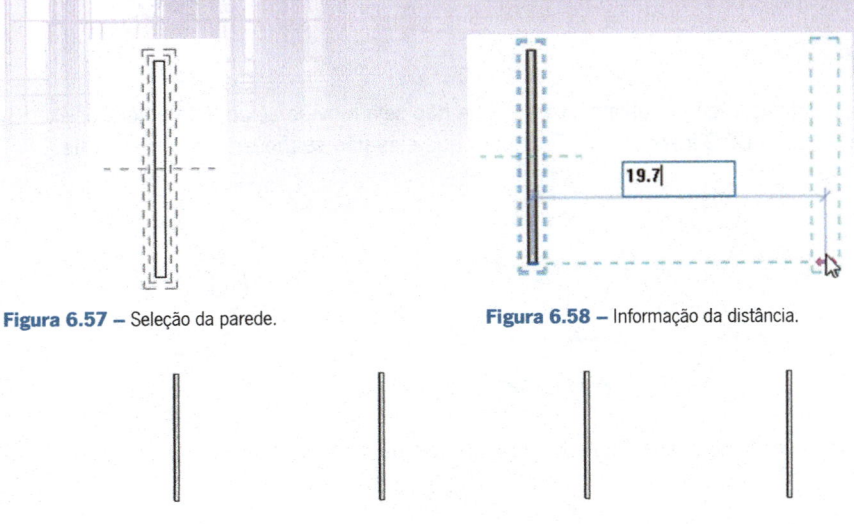

Figura 6.57 – Seleção da parede.　　　　**Figura 6.58** – Informação da distância.

Figura 6.59 – Resultado.

Ângulo: define o ângulo da cópia. Vamos fazer quatro cópias da cadeira em um ângulo de 360°.

Selecione a cadeira, clique em **Matriz** e indique o modo angular, conforme os parâmetros da barra de opções da Figura 6.60.

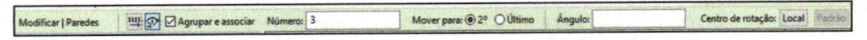

Figura 6.60 – Barra de opções da ferramenta Matriz no modo angular.

Note que, na cadeira, há um ícone do centro da cópia. Arraste o cursor para que ele fique na intersecção das duas linhas. Em seguida, digite 360 na caixa **Ângulo** e tecle **Enter**, conforme Figura 6.61.

Figura 6.61 – Barra de opções da ferramenta Matriz no modo angular.

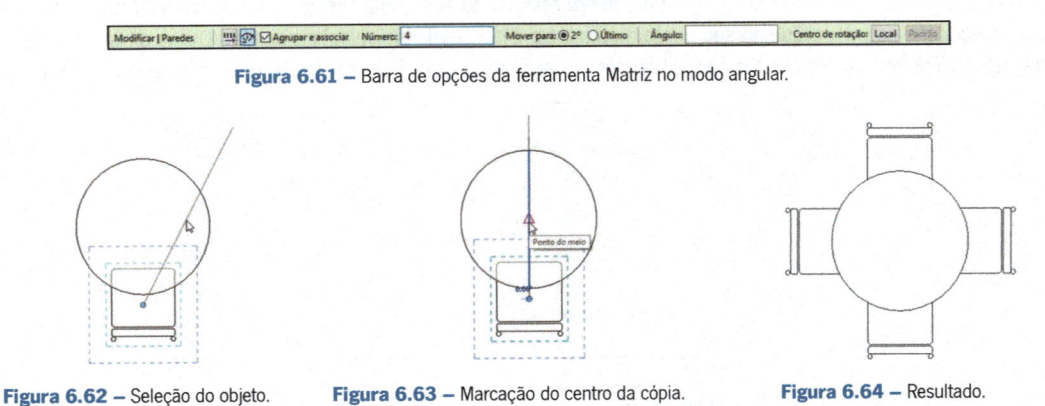

Figura 6.62 – Seleção do objeto.　　**Figura 6.63** – Marcação do centro da cópia.　　**Figura 6.64** – Resultado.

Outra possibilidade é marcar o ângulo com o cursor. Selecione a cadeira, arraste o ícone de rotação para o centro da mesa, conforme Figura 6.67, e digite 6 no campo **Número**, para ângulo de 360°, de acordo com a Figura 6.68. O resultado são seis cópias dentro desse ângulo.

Figura 6.65 – Barra de opções da ferramenta Matriz no modo angular.

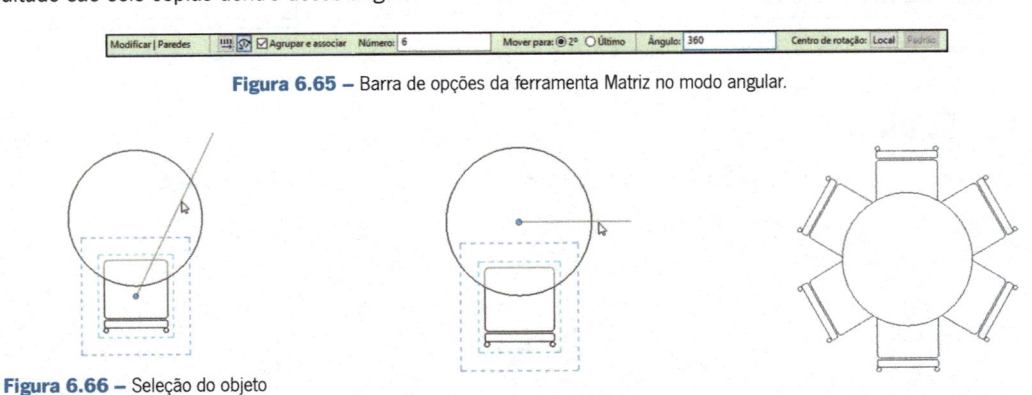

Figura 6.66 – Seleção do objeto e marcação do centro da cópia.　　**Figura 6.67** – Ponto central do Array.　　**Figura 6.68** – Resultado.

6.11 Fixar

Essa opção trava a posição de um objeto para que ele não seja movido acidentalmente. Por exemplo, podemos usar **Fixar** em arquivos DWG inseridos no Revit para que eles não se movam acidentalmente.

Figura 6.69 – Ferramenta Fixar.

Ao selecionar o comando **Fixar** em uma parede, surge o ícone de um pino, conforme Figura 6.70.

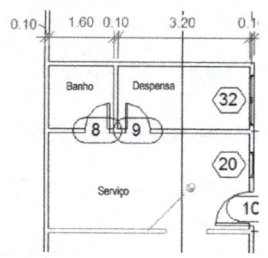

Figura 6.70 – Parede com a ferramenta Fixar.

6.12 Escalar

Essa ferramenta atua em alguns objetos que podem ter suas dimensões alteradas conforme uma escala. Por exemplo, podemos duplicar o tamanho de uma parede em relação ao seu ponto médio. Com os parâmetros da barra de opções, selecione a parede, clique no seu ponto médio e ela é duplicada em relação ao meio. Como o Revit é um software paramétrico e já tem muitos objetos com diferentes dimensões nas famílias, só alguns elementos poderão ser escalados.

Figura 6.71 – Ferramenta Escalar.

Figura 6.72 – Barra de opções da ferramenta Escalar.

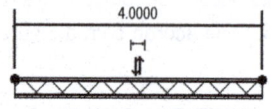

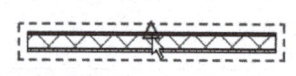

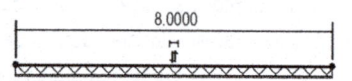

Figura 6.73 – Seleção da parede.   **Figura 6.74 –** Marcação do ponto médio.   **Figura 6.75 –** Resultado.

6.13 Excluir

Apaga os objetos selecionados. Também é possível apagar os objetos com a tecla **Del** ou **Delete**.

Figura 6.76 – Ferramenta Excluir.

6.14 Unir Geometria

Essa ferramenta une dois ou mais elementos que compartilham uma face comum. Você poderá unir uma parede e um piso em um corte para alterar a representação gráfica do desenho. Os elementos unidos passam a ter a mesma espessura de linha e hachura.

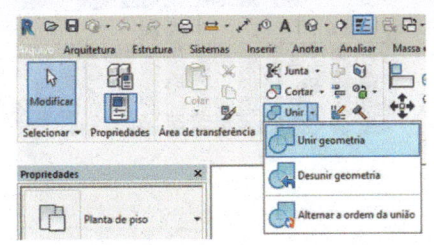

Figura 6.77 – Ferramenta Unir Geometria.

Em uma vista de corte, selecione a parede e, na aba Modificar | Paredes Unir > Unir Geometria, selecione o piso, como mostra a Figura 6.78. As arestas entre os elementos são removidas.

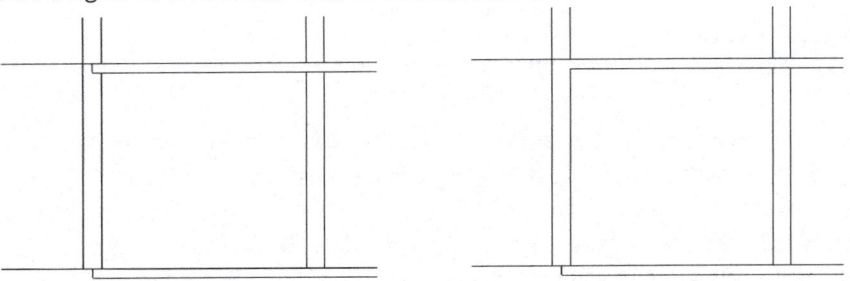

Figura 6.78 – Vista em corte. **Figura 6.79 –** Resultado após união de parede e laje.

Os elementos se unem e cortam uns aos outros na seguinte ordem:

- ⊙ Paredes cortam colunas.
- ⊙ Elementos estruturais cortam paredes, telhados, forros e pisos.
- ⊙ Pisos e telhados cortam paredes.

6.15 Desunir Geometria

Essa ferramenta é o inverso da anterior e permite desunir os elementos unidos pela ferramenta Unir Geometria.

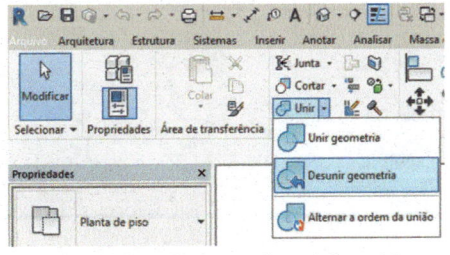

Figura 6.80 – Ferramenta Desunir Geometria.

Selecione a ferramenta Desunir Geometria e, em seguida, selecione um dos elementos a desunir. Após desunidos os elementos, voltam a ter suas características originais.

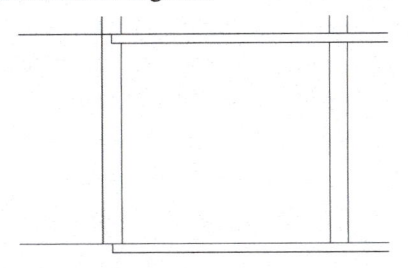

Figura 6.81 – Resultado após Desunir Geometria.

7 Vistas e Formas de Visualização do Projeto

Introdução

Este capítulo explica como trabalhar com as vistas do modelo 3D e como configurar os elementos do Revit para impressão e visualização. No **Navegador de projeto**, o Revit reúne todas as vistas do projeto já criadas no template inicial e todas as que forem criadas ao longo de um projeto. Com ele, podemos "navegar" entre as vistas, modificar seus nomes. Este capítulo descreve como criar vistas de planta, corte, elevação e 3D isométricas. Ensina também como inserir legendas e como controlar a aparência dos objetos nas vistas. As perspectivas e renderizações são abordadas no Capítulo 18. De maneira diferente do AutoCAD, que possui layers com os quais se controla a visibilidade dos objetos, o Revit não os possui e controla a visibilidade por vista, de forma que um objeto pode aparecer em uma vista e ser desligado em outra.

Objetivos

- Aprender a criar vistas de corte, elevação e 3D isométricas.
- Apresentar as propriedades de uma vista.
- Criar modelos/templates de vista.
- Explorar a barra de controle da vista.
- Aprender a controlar a visibilidade dos objetos.

7.1 Navegador de projeto

O **Navegador de projeto** é a janela mais importante do Revit porque agrupa todas as vistas do projeto. Cada vista controla como os objetos são representados, por exemplo, em linhas ou em sombreado, com ou sem os elementos de anotação de desenho, como cotas, textos, simbologia etc. Para acompanhar este exemplo, abra um projeto, ou o arquivo **Bloco A.rvt**, disponível no site da Editora. A Figura 7.1 exibe uma tela do Revit com várias formas de visualização do desenho.

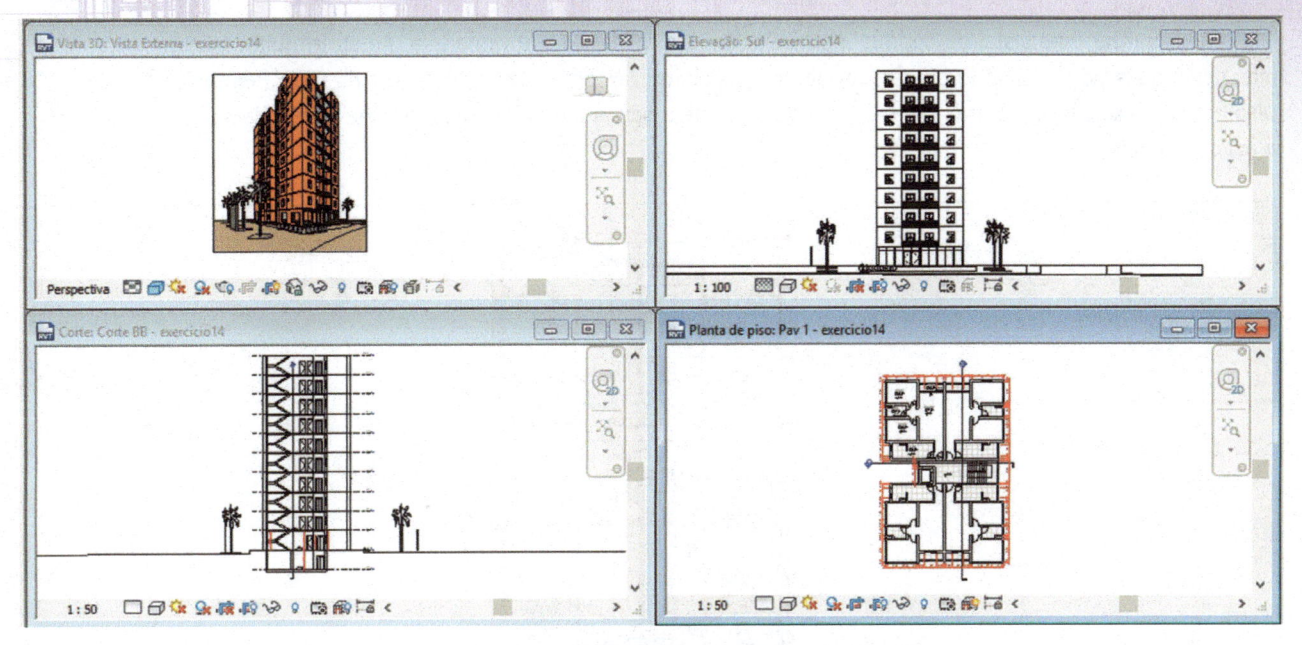

Figura 7.1 – Planta, corte, elevação e vista isométrica.

Figura 7.2 – Modelo 3D renderizado.

A Figura 7.3 mostra o **Navegador de projeto** do projeto exibido na Figura 7.2.

As vistas são essenciais ao projeto. No Revit, toda alteração de desenho, como inserção de elementos, cópias etc., feita no projeto se reflete em todas as vistas do modelo. Ao se iniciar um projeto novo, algumas vistas são criadas automaticamente, conforme o template utilizado, sendo depois possível criar outras e alterar suas propriedades. Somente uma vista é ativada por vez, mas podemos mudá-la durante a execução de um comando.

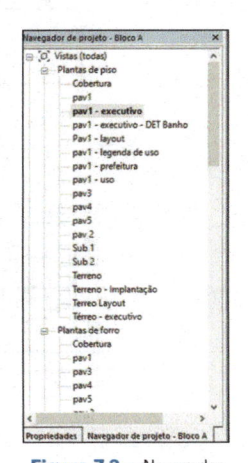

Figura 7.3 – Navegador de projeto.

As vistas são organizadas em uma estrutura em árvore, conforme a relação apresentada em seguida:

- plantas de piso;
- plantas de forro;
- vistas 3D;
- elevações;
- cortes;
- vistas de detalhe;
- renderizações;
- vistas de desenho;
- legendas;
- tabelas;
- folhas.

Para visualizar uma vista, dê um duplo clique sobre ela, tornando-a ativa na tela. Ao abrir muitas vistas, elas ficam atrás da principal (a que estiver aberta por último). Neste exemplo, ao clicar na vista **Plantas de piso > pav1 - executivo**, a outra, abaixo, será exibida na tela ocupando toda a área; a cada vista selecionada a ação se repete.

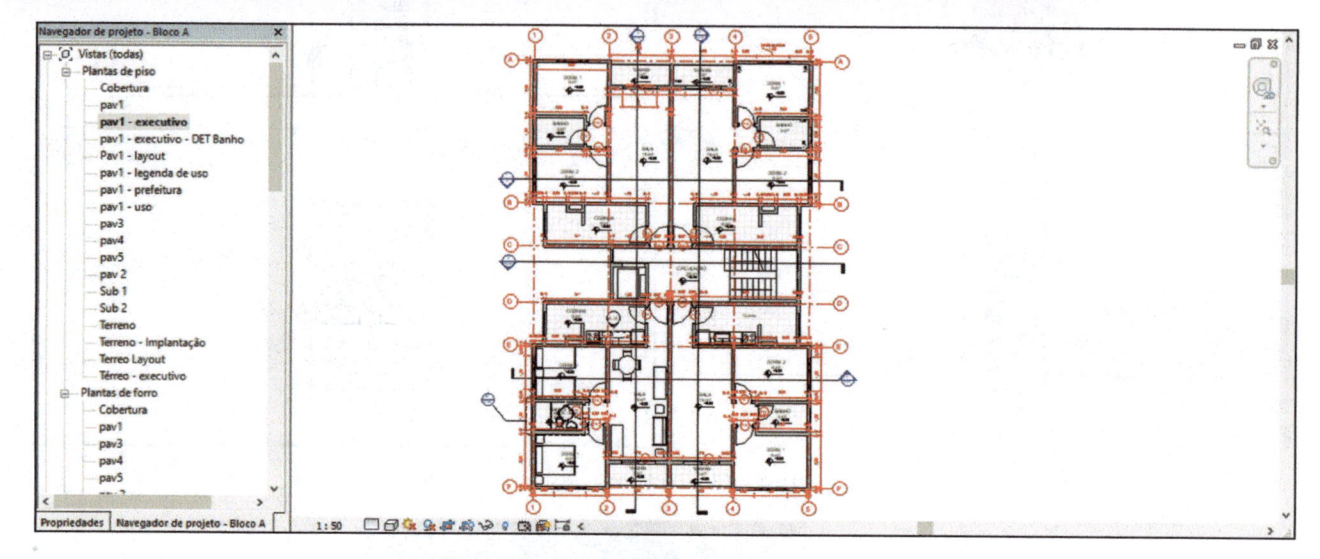

Figura 7.4 – Vista do pavimento tipo.

A aba **Vista** traz comandos para criar novas vistas e controlar a maneira como são exibidas. No painel **Janelas**, ficam as opções que definem a disposição das vistas na tela (Figura 7.5). Se houver várias vistas abertas, o Revit pode organizá-las automaticamente de duas formas: **Janelas em cascata** e **Janelas lado a lado** (Figuras 7.6 e 7.7).

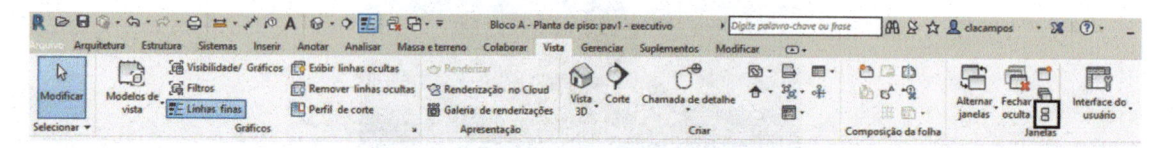

Figura 7.5 – Seleção de Janelas em cascata/Janelas lado a lado.

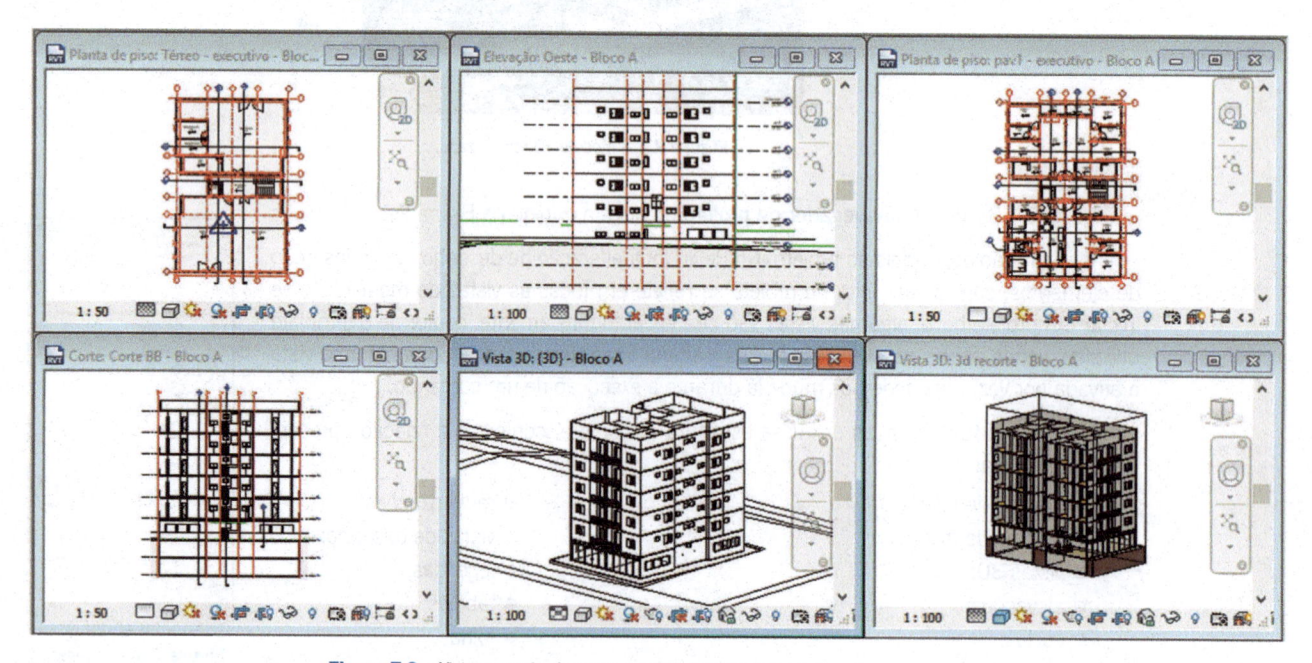

Figura 7.6 – Vistas organizadas com a opção Janelas lado a lado.

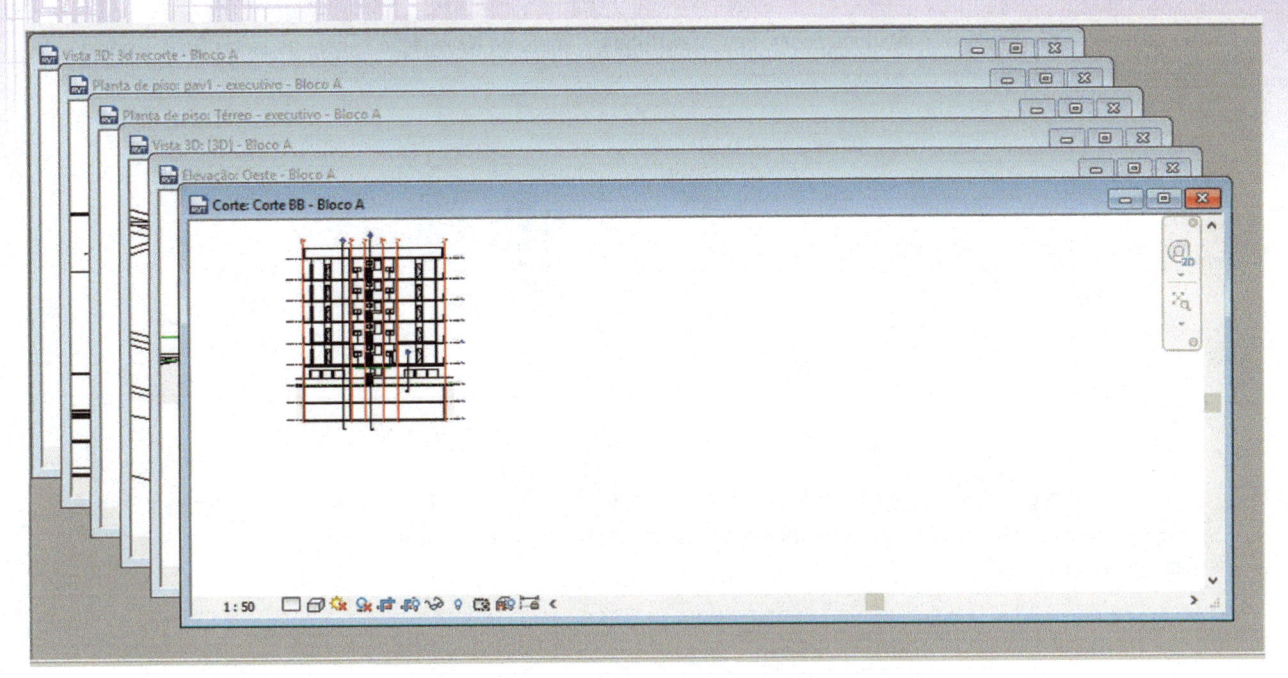

Figura 7.7 – Vistas organizadas com a opção Janelas em cascata.

Para organizar a partir daí, é preciso fechar as vistas que não estão em uso e, a qualquer momento, abri-las novamente. A opção **Alternar janelas** permite visualizar todas as vistas abertas e selecionar a principal (Figura 7.8); **Fechar oculta** fecha as vistas que estiverem abertas e escondidas por trás; **Duplicar** copia a vista ativa.

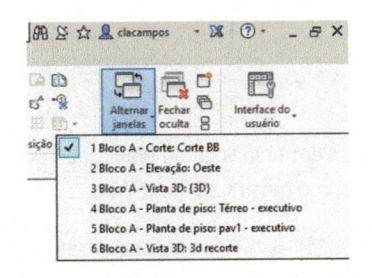

Figura 7.8 – Seleção de uma vista entre as abertas.

7.2 Criação de vistas

Aba Vista > Criar

Para criar outras vistas, como cortes, vistas 3D, elevações, vamos utilizar os comandos do painel **Criar**, como mostra a Figura 7.9. Ao trabalhar em 3D, é imprescindível visualizar o projeto de várias formas e pontos de vista para evitar erros e facilitar a compreensão. A seguir, acompanhe cada uma delas.

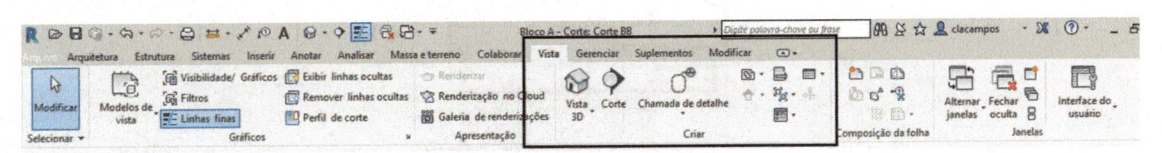

Figura 7.9 – Aba Vista – comandos para criar outras vistas.

7.2.1 Vista 3D

Aba Vista > Criar > Vista 3D

É possível criar uma vista 3D do modelo. Para isso, clique em **Vista 3D padrão**. A vista isométrica padrão em 3D é exibida na tela; no **Navegador de projeto**, ela é criada com o nome 3D. Em seguida, pode-se modificar a posição do desenho em 3D com os comandos **Zoom**, **Pan**, **ViewCube** e **Círculo de Navegação** e, com as teclas **Shift + botão Scroll**, girar o desenho em 3D e renomear a vista.

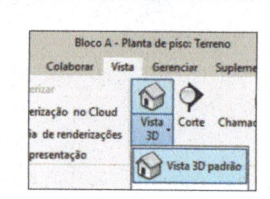

Figura 7.10 – Aba Vista – Vista 3D.

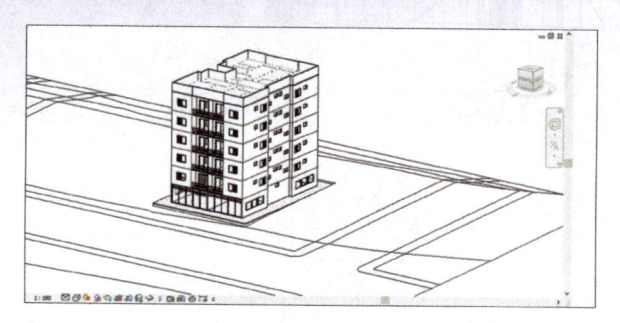

Figura 7.11 – Resultado da seleção de Vista 3D.

Veja no **Navegador de Projetos** a vista criada com nome 3D. Para renomear uma vista 3D, clique com o botão direito do mouse no seu nome e selecione a opção **Renomear** (Figura 7.12).

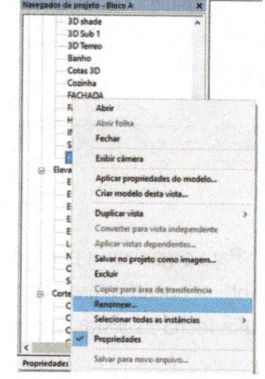

Figura 7.12 – Renomear uma vista.

7.2.2 Corte

Aba Vista > Criar > Corte

Essa opção cria cortes de um projeto. Com uma vista de planta aberta, clique em **Corte**. Em seguida, clique nos pontos de início e fim do corte, P1 e P2, como mostra a Figura 7.14.

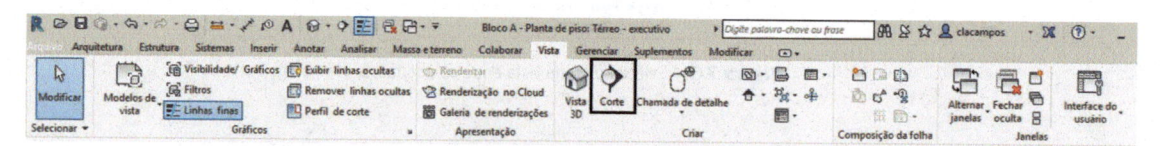

Figura 7.13 – Aba Vista – Corte.

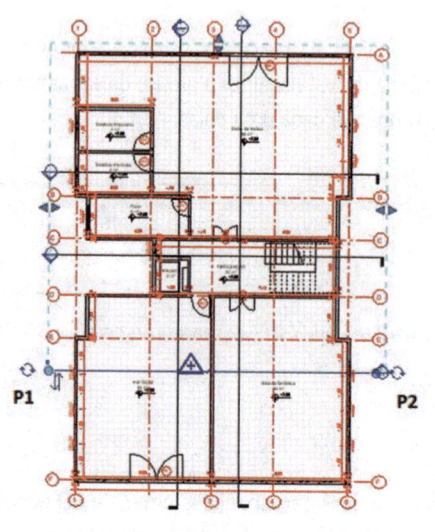

Figura 7.14 – Definição dos pontos do corte.

Para visualizar e expandir o corte, clique em **Cortes**, no **Navegador de projeto**. O primeiro corte gerado tem o nome **Corte 1** e os próximos terão a numeração sequencial. Neste exemplo, o projeto já possui outros dois cortes. Depois de criá-los, renomeie-os clicando no botão direito do mouse e, então, no nome do corte.

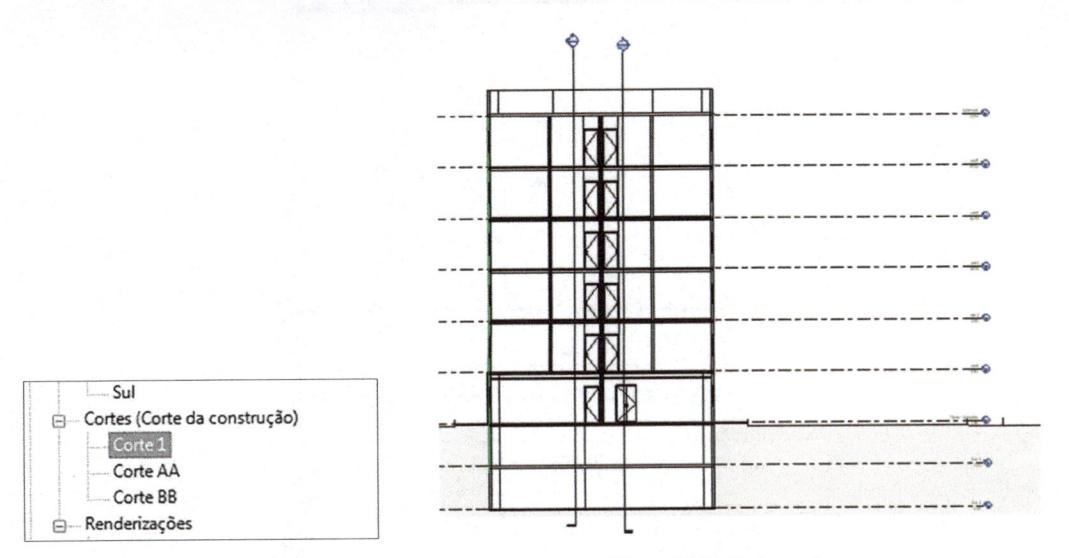

Figura 7.15 – Nome do corte gerado.

Figura 7.16 – Corte gerado.

Após clicar nos dois pontos, o corte é criado e na linha de corte são exibidos os ícones e as setas de controle azuis, que podem ser usadas para editá-lo, clicando e arrastando-as. A linha tracejada define o campo de visão do corte. Desta forma, com os pontos de controle é possível definir o que será exibido no corte e sua profundidade. Para inverter o lado do corte, clique nas setas azuis na sua parte inferior, como mostram as Figuras 7.17 a 7.19.

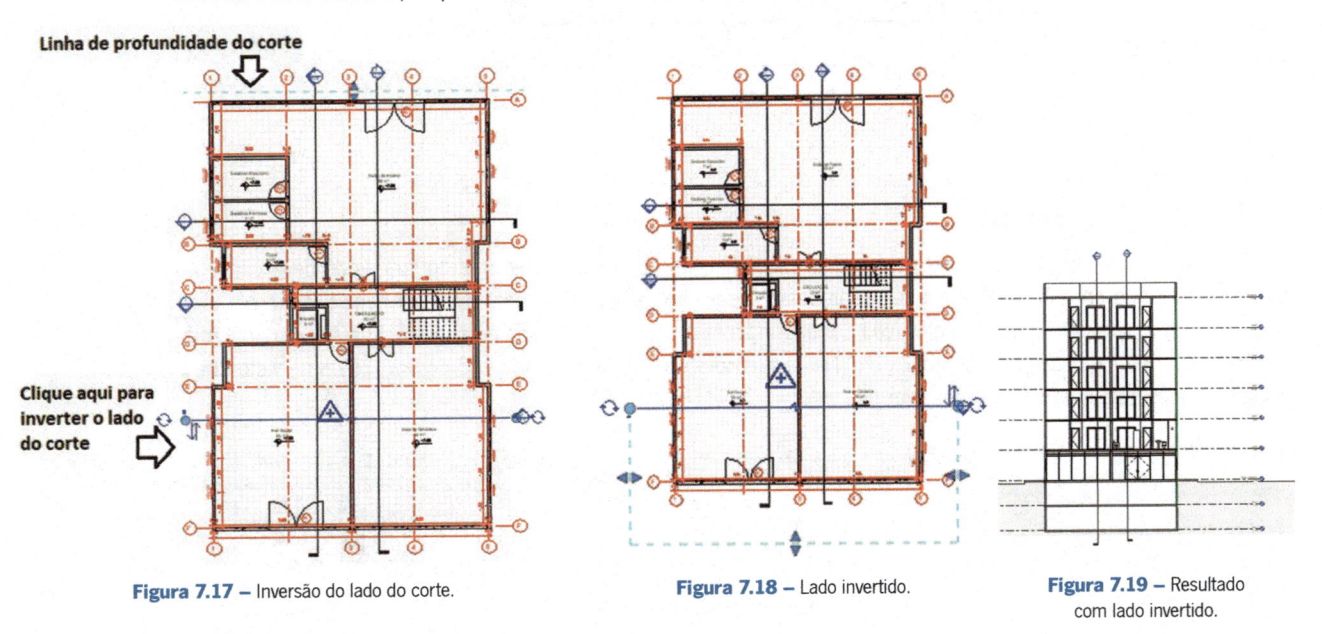

Figura 7.17 – Inversão do lado do corte.

Figura 7.18 – Lado invertido.

Figura 7.19 – Resultado com lado invertido.

É possível criar um corte (ou elevação) segmentado; ou seja, a linha de corte/elevação é recortada, o que permite a visualização de diferentes partes de um edifício sem que seja necessário criar novos cortes. Depois de criar um corte, selecione a linha de corte e, na aba **Vista**, em **Modificar Vistas**, selecione **Dividir segmento**, como mostra a Figura 7.20.

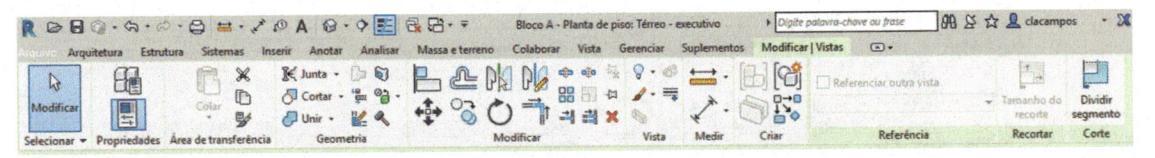

Figura 7.20 – Criação de Corte Segmentado.

Em seguida, surge no cursor um ícone de um estilete; clique na parte da linha do corte que deseja cortar e em seguida mova a parte cortada para a região desejada do projeto, como mostram as Figuras 7.21 e 7.22.

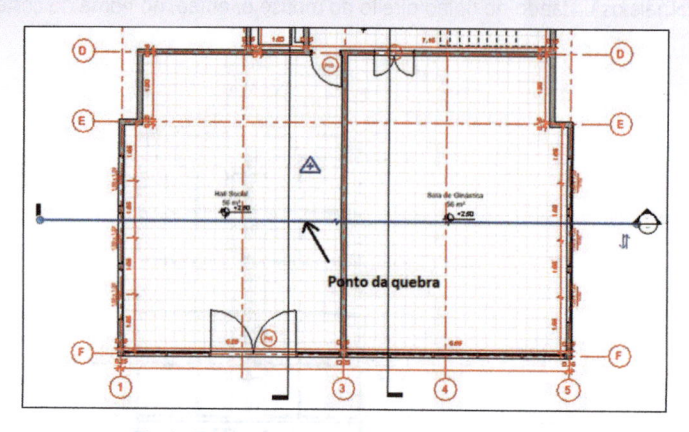

Figura 7.21 – Ponto do recorte do Corte Segmentado.

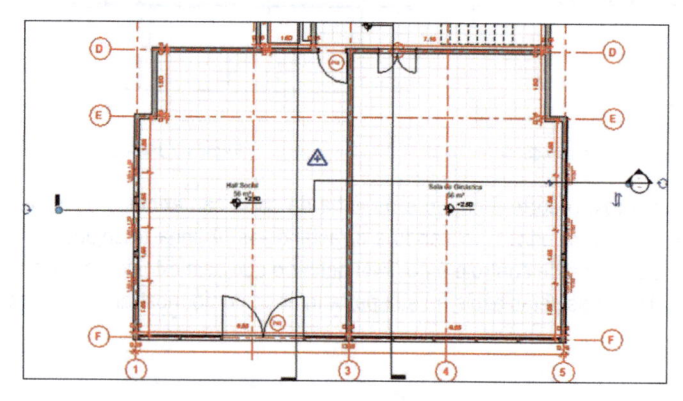

Figura 7.22 – Resultado.

7.2.3 Elevação

Aba Vista > Criar > Elevação

Ao selecionar **Elevação** no painel **Criar**, surge um ícone no cursor em forma de "olho". Você deve clicar no ponto do desenho onde ficará o ícone que representa a posição da vista. Ao tocar o cursor com o ícone em uma parede, o ícone vira para o lado da elevação correspondente à parede. Podemos fazer elevações externas de edificações e internas de cozinhas, escritórios etc. Neste exemplo, vamos fazer a elevação de uma cozinha, visto que o projeto já possui as quatro elevações externas.

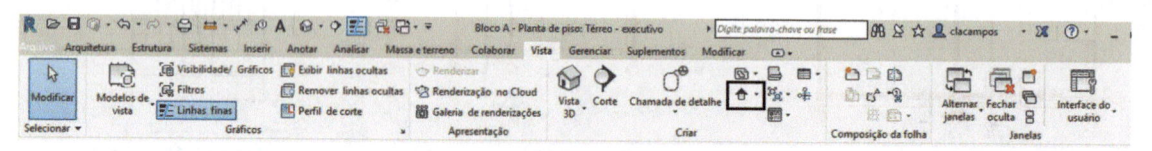

Figura 7.23 – Aba Vista – Criar – Elevação.

No **Navegador de projeto**, o nome da nova vista será **Elevação 1a** e assim por diante para as vistas seguintes. Você pode renomeá-la clicando no nome com o botão direito do mouse, no **Navegador de projeto**, e selecionando **Renomear**.

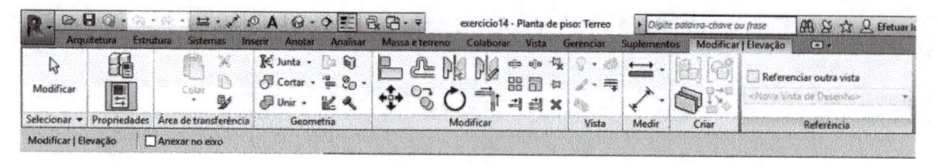

Figura 7.24 – Aba do comando Elevação.

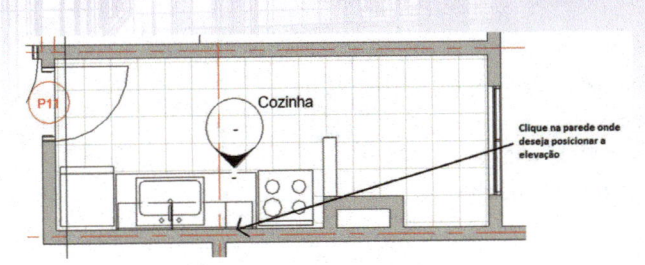

Figura 7.25 – Posicionamento da elevação.

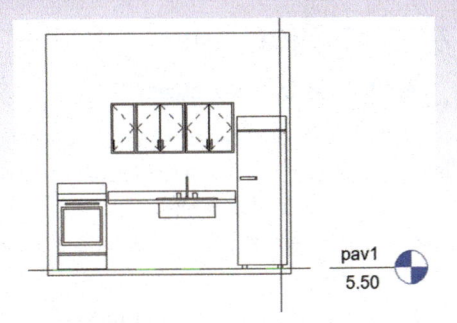

Figura 7.26 – Resultado da vista de elevação criada neste exemplo.

Ao inserir o ícone do "olho" a fim de criar a vista, para que ele fique apontando o lado desejado, clique no círculo e veja as caixas que são exibidas. O ponto ativo mostra o lado da vista. Para mudar o lado da vista, ative um dos outros pontos e desative o anterior.

Podemos criar uma vista de elevação segmentada da mesma forma que o corte. Clique no ícone da elevação e, ao surgir a linha de visualização, clique em **Dividir Segmento** na aba **Modificar Vistas** e siga o mesmo procedimento para segmentar o corte visto na seção anterior.

7.2.4 Vistas de planta

Aba Vista > Criar > Vista de planta

Essa opção cria vistas planas do projeto. Isso ocorre automaticamente quando são feitos os níveis de pavimentos em um projeto. Se os **Níveis** forem criados com a ferramenta de **Copiar** a linha do nível ou **Matriz** (**Array**), as plantas de piso não são criadas automaticamente e devem ser criadas com a ferramenta **Vistas de planta**. É possível duplicar uma vista plana já existente para trabalhar outros detalhes nela. Ao criar um pavimento, o Revit automaticamente gera uma vista do forro **Plantas de forro** desse pavimento. Clique em **Vista de planta > Planta de piso** para criar uma vista plana, desmarque a opção **Não duplicar vistas existentes**, selecione o pavimento para o qual vai gerá-la e clique em **OK**. Neste exemplo, é criada a vista **Cobertura(1)** e assim por diante. Para renomear, clique no nome da vista com o botão direito do mouse e selecione **Renomear**. Se ao clicar em **Planta de Piso**, na janela **Nova Planta de Piso**, não surgir nenhuma vista, isso signfica que você tem todas as vistas de nível criadas, mas pode duplicar uma vista desmarcando o botão **Não duplicar vistas existentes**.

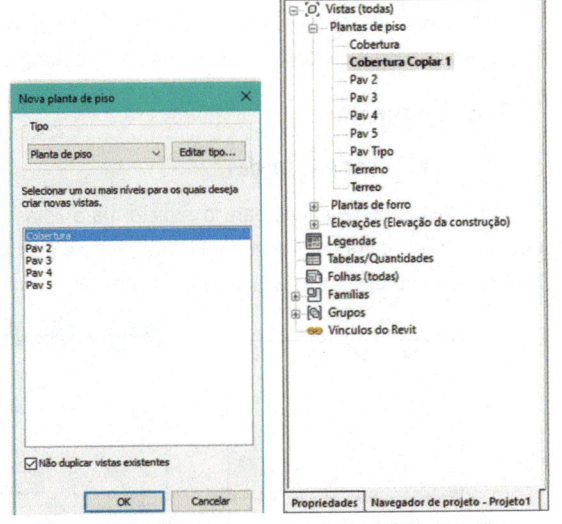

Figura 7.28 – Criação da vista plana

Figura 7.29 – Vista plana Cobertura(1) criada.

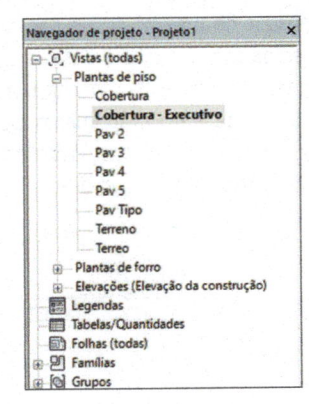

Figura 7.30 – Vista Cobertura(1) renomeada.

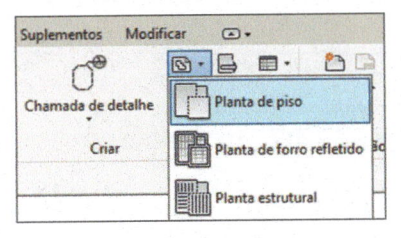

Figura 7.27 – Aba Vista – Vista de planta.

Importante

Ao se criar uma vista em planta, não se gera um novo pavimento. Os pavimentos são criados com a ferramenta **Nível**.

A opção **Planta de forro refletido** é semelhante à opção **Planta de piso**, porém a vista criada corresponde à de um pavimento, mas no forro. **Região da planta** cria uma vista plana de parte de outra vista. **Planta de área** cria uma planta plana para utilizar com esquemas de área.

7.2.5 Duplicar vista

Aba Vista > Criar > Duplicar vista

O objetivo da duplicação é gerar outros detalhes em uma vista do mesmo tipo. Por exemplo, fazemos a vista do pavimento térreo para mostrar o layout e outra para o detalhamento executivo. Não podemos inserir a mesma vista em duas folhas diferentes. É preciso duplicá-la para permitir a inserção da mesma vista em mais de uma folha.

As opções, ao duplicar uma vista, são:

Duplicar vista: cria uma cópia da vista corrente **sem** os objetos de anotação, como textos, cotas e símbolos.

Duplicar com detalhamento: cria uma cópia da vista corrente **com** os objetos de anotação, como textos, cotas e símbolos, mas você pode alterá-los depois e mudar a escala da vista.

Duplicar como dependente: cria uma cópia da vista corrente com as mesmas propriedades inerentes a ela, ou seja, idêntica. Todas as modificações feitas na vista principal serão aplicadas na vista dependente. A vista duplicada nessa opção leva todos os objetos de anotação; os que forem criados na vista original aparecem na dependente e vice-versa.

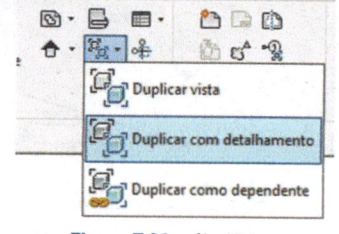

Figura 7.31 – Aba Vista – Duplicar vista.

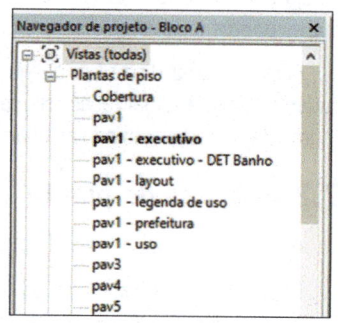

Figura 7.32 – Vistas do Pav 1 para representar diferentes informações.

7.2.6 Legendas

Aba Vista > Criar > Legendas

Gera vistas de legendas para o projeto, para listar componentes do desenho e símbolos. Ao entrarmos no comando, surge a caixa de diálogo da Figura 7.34, na qual devemos inserir o nome e a escala da vista. Em seguida, no **Navegador de projeto**, é criada a vista (Figura 7.35).

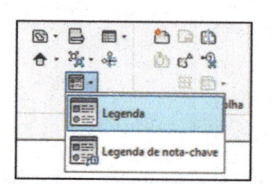

Figura 7.33 – Aba Vista }– Legenda.

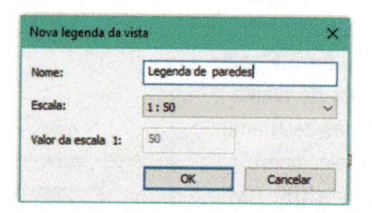

Figura 7.34 – Criação da vista de legenda.

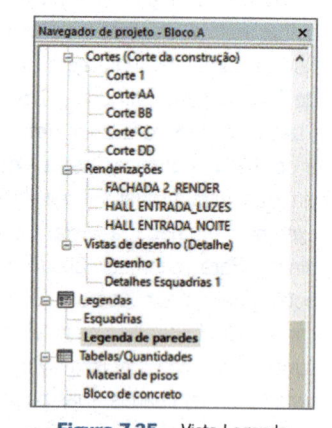

Figura 7.35 – Vista Legenda de paredes criada.

Na vista criada, existem vários métodos para inserir os símbolos de famílias:

1. No **Navegador de projeto**, clique nas famílias e arraste para a área gráfica. Os elementos são inseridos na escala definida na vista. Neste exemplo, criamos uma legenda de paredes. Ao arrastar uma família de paredes, defina o comprimento da parede em **Comprimento do hospedeiro**, como mostra a **Figura 7.36**. Na barra de opções, em **Vista**, é possível selecionar **Planta de Piso** ou **Corte** para representar as paredes.

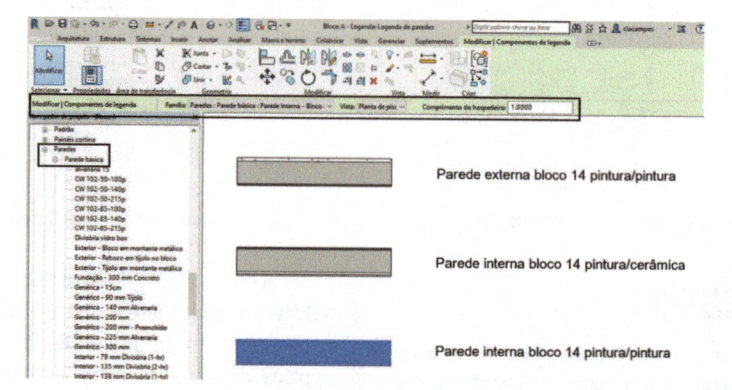

Figura 7.36 – Inserção de paredes.

2. Vá até a aba **Anotar > painel Detalhe > Componente > Componente da legenda**. Na barra de opções, em **Família**, selecione a família e insira o símbolo.

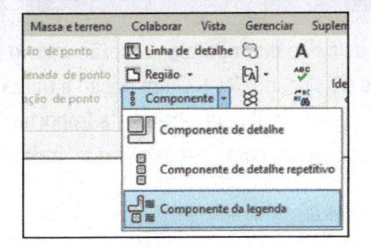

Figura 7.37 – Inserção de símbolos de componentes.

Alguns elementos podem ser visualizados em planta, vista ou corte. Na caixa **Vista** da barra de opções, é possível definir em que posição eles devem ser inseridos. Para componentes, podemos escolher o comprimento do elemento que está em **Comprimento do hospedeiro**. Por exemplo, em uma porta pode-se indicar o tamanho da parede que será mostrada com a porta.

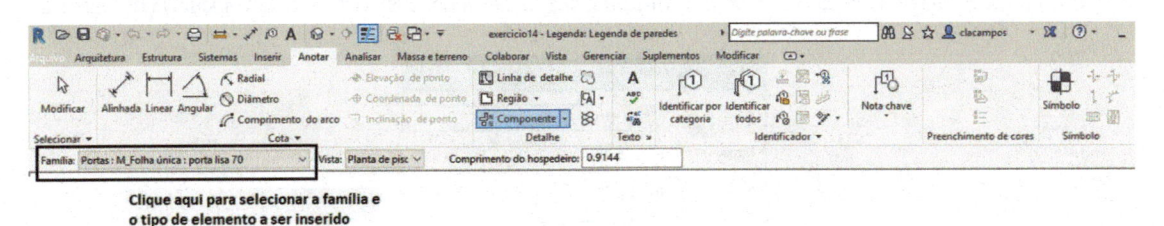

Figura 7.38 – Barra de opções para criação de vista de legenda.

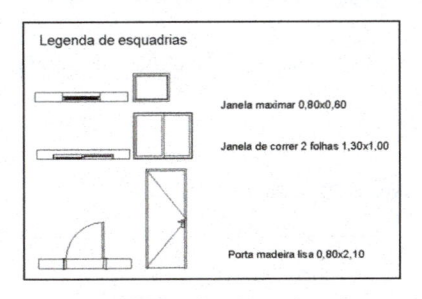

Figura 7.39 – Vista de uma legenda.

Para alterar a visibilidade de uma porta que pode ser vista em planta ou elevação, selecione-a e clique em **Vista** na barra de opções exibida na Figura 7.40.

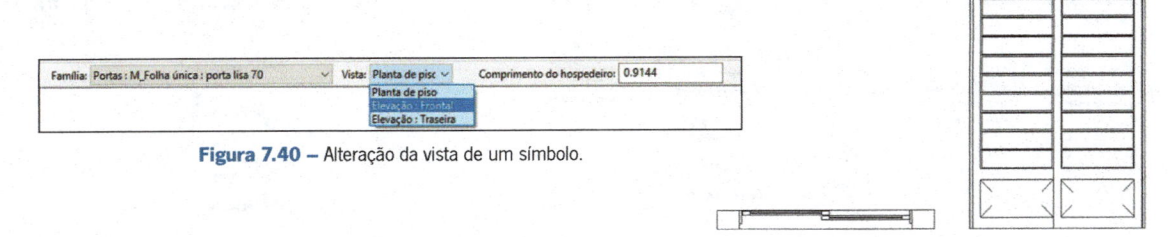

Figura 7.40 – Alteração da vista de um símbolo.

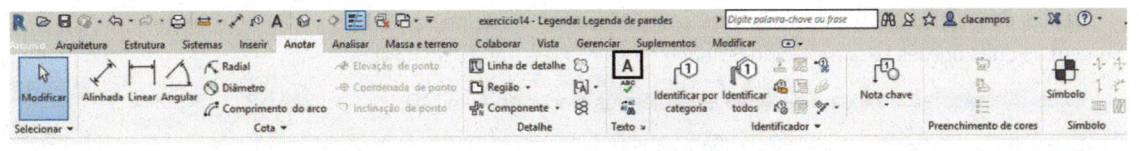

Figura 7.41 – Porta em planta e alterada para elevação.

3. Para inserir textos na legenda, acesse a aba **Anotar > painel Texto > Texto**. Os textos serão estudados com mais detalhes no Capítulo 15.

Figura 7.42 – Aba Anotar – Texto.

7.2.7 Vista de desenho

Aba Vista > Criar > Vista de desenho

Essa opção cria uma vista para os detalhes que não têm conexão com o projeto, os quais devem ser desenhados com os comandos de linha, em **Linha de detalhe**, do Revit. Outra opção é utilizar os detalhes em 2D que estejam criados no AutoCAD, que podem ser importados para o Revit pela ferramenta **Importar CAD** na aba **Inserir**. Depois de inserido no Revit, o arquivo pode ser explodido e seus objetos, como linhas e textos, tratados como elementos do Revit.

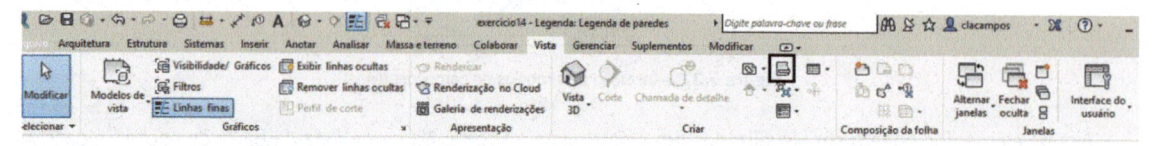

Figura 7.43 – Aba Vista – Vista de desenho.

Ao selecionar o comando, são solicitados o nome da vista e a escala. Em seguida, é criada uma vista com a tela em branco na qual devem ser feitos os detalhes com comandos de desenho. Essa vista não tem vínculo com o projeto.

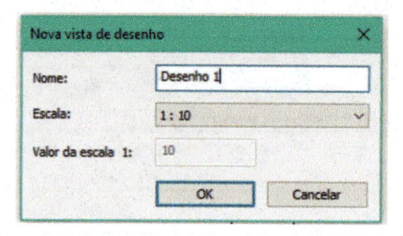

Figura 7.44 – Criação da vista de desenho.

No exemplo abaixo, os detalhes foram importados do AutoCAD. Você pode utilizar o arquivo de exemplo **Detalhes 2D.dwg** e inserir na vista.

Aba Inserir > Importar CAD

Em seguida, selecione o arquivo DWG e insira na vista.

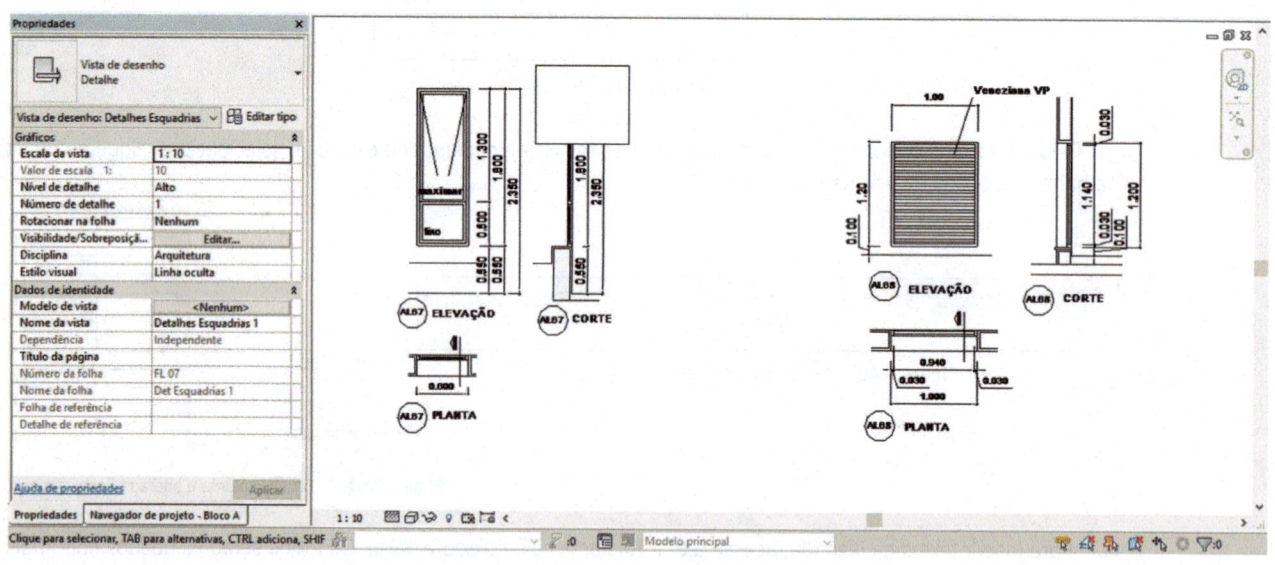

Figura 7.45 – Exemplo de vista de desenho.

Depois de inserido o DWG na vista, você pode selecionar o detalhe na aba. Surgem as duas opções para explodir o desenho do AutoCAD e tratá-lo no Revit.

Explodir parcial: explode o desenho e mantém os blocos do AutoCAD.

Explodir completo: explode o desenho e os blocos.

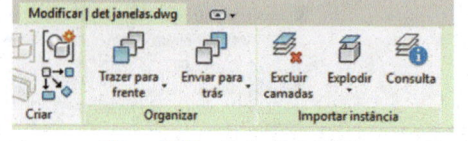

Figura 7.46 – Explosão do DWG.

7.3 Linha de detalhe

Aba Anotar > Linha de detalhe

Para o desenho de detalhes, o Revit possui comandos em 2D que estão na aba **Anotar**.

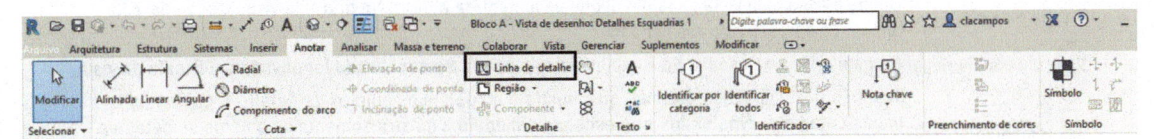

Figura 7.47 – Aba Anotar | Linha de detalhe.

Ao selecionar **Linha de detalhe**, surge a aba **Modificar | Colocar Linhas de detalhe** com comandos para a criação de desenhos em 2D livremente em qualquer vista, como linha, círculo, elipse etc. Esses objetos só aparecem na vista em que foram criados e não têm nenhuma conexão com o projeto.

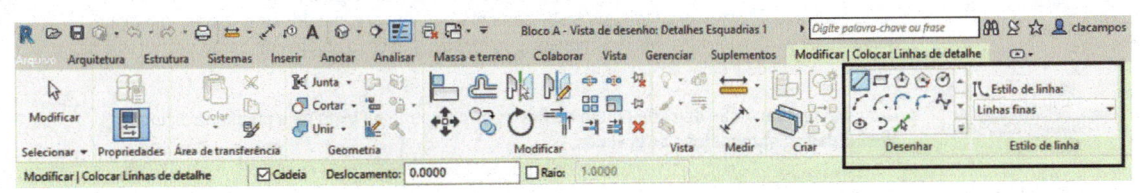

Figura 7.48 – Aba Modificar | Colocar Linhas de detalhe.

7.4 Propriedades da vista

Cada vista do Revit tem propriedades que podem ser configuradas e alteradas. Dessa forma, cada uma delas pode ser apresentada de uma maneira diferente. Essas propriedades podem ser configuradas em **Propriedades da vista** na janela de diálogo seguinte. A janela **Propriedades** exibe as propriedades da vista quando não há nenhum elemento selecionado.

As propriedades variam conforme o tipo de vista selecionado. Por exemplo, uma vista 3D exibe propriedades diferentes de uma vista de planta. A maioria das propriedades aparece em todas as vistas. A seguir, temos a janela **Propriedades** de uma vista de planta e outra de uma vista 3D.

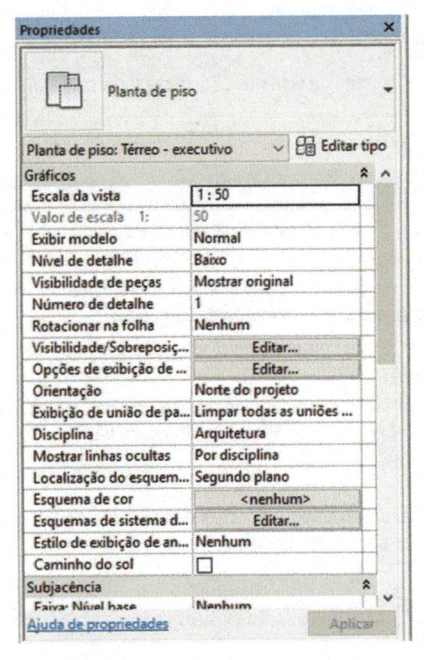

Figura 7.49 – Propriedades de uma vista de planta.

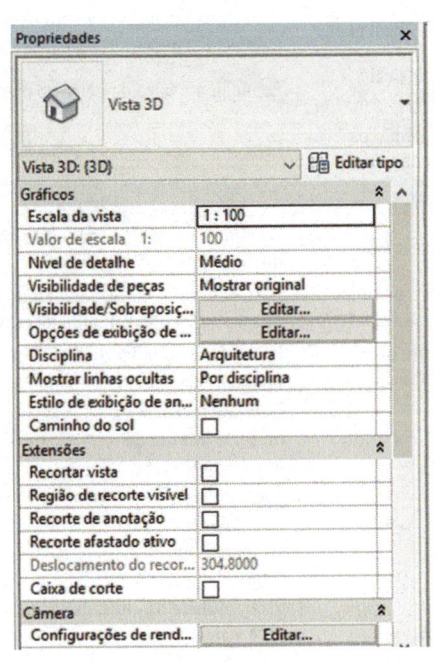

Figura 7.50 – Propriedades de uma vista 3D.

Em seguida, a descrição de cada propriedade da vista.

Parâmetro	Descrição
Gráficos	
Escala da vista	Define a escala da vista na folha. Clique na linha para alterar. Na barra de visualização da vista também é apresentada essa opção.
Valor de escala	Permite criar uma escala. Só é habilitada se a opção **Personalizado** for ativada em **Escala da vista**.
Exibir modelo	Tem três possibilidades: **Normal**, que mostra o modelo e os objetos de detalhes, como textos, linhas cotas etc.; **Não exibir**, que esconde o modelo e mostra somente os objetos de detalhes como textos, símbolos, linhas; **Meio tom**, que mostra os elementos de detalhe e o modelo em um tom mais apagado.
Nível de detalhe	Define o grau de detalhamento das linhas do desenho. Tem as opções **Baixo** – mais simplificado; **Médio** – mostra alguns detalhes; **Alto** – o mais detalhado possível. Na barra de visualização da vista também é apresentada essa opção.
Visibilidade de peças	Controla a visibilidade dos objetos depois que foram criadas partes em um objeto. Por exemplo, podemos dividir um piso em partes e visualizar somente o piso original ou cada uma das partes. As opções são: **Mostrar original**, que exibe somente o objeto original; **Mostrar peças**, que exibe somente as partes geradas; **Mostrar ambos**, que mostra ambos, o objeto que gerou as partes e as partes, permitindo a seleção dos dois.
Visibilidade/ Sobreposição de gráficos	Define a apresentação de cada objeto do Revit por categoria na vista pela janela de diálogo **Visibilidade/Sobreposição de gráficos**.
Opções de exibição de gráficos	Controla as sombras e arestas do desenho na visualização em 3D.
Orientação	Permite escolher entre visualizar o projeto pelo Norte verdadeiro ou pelo Norte de projeto.
Disciplina	Define a área do projeto, podendo-se optar por **Arquitetura, Estrutura, Mecânica, Elétrica** e **Coordenação**.
Mostrar linhas ocultas	Define como serão exibidas as linhas ocultas.
Localização do esquema de cor	Primeiro plano: aplica o esquema de cores em todos os elementos da vista. Segundo plano: aplica o esquema de cores no segundo plano da vista.
Esquema de cor	Define o padrão de cores a aplicar. Quando se utiliza a opção **Ambiente**, é visível em planta; visto em outro capítulo.
Caminho do sol	Liga o caminho do sol na vista. A configuração do sol é feita pela ferramenta **Configuração do sol** na barra de visualização.
Subjacência	
Faixa: Nível base	Especifica um nível que será exibido junto com o nível atual (em meio tom) para compreensão do modelo. Em geral, se usa o nível abaixo do atual.
Faixa: Nível superior	Especifica a faixa de corte do nível subjacente, o limite da visualização acima do nível atual
Orientação da subjacência	Especifica se o nível da será visto olhando-se acima ou abaixo.
Extensões	
Recortar vista	Cria uma moldura ao redor do projeto. Podemos clicar e arrastar a moldura para modificar a região do desenho que é visualizada.
Região de recorte visível	Para desligar o corte, desmarque a caixa **Recortar vista**. Para desligar a moldura e manter o corte, desmarque a caixa **Região de recorte visível**. Veja a seguir como gerar a moldura.
Recorte de anotação	É uma área ao redor da região de recorte da vista que controla a apresentação dos itens de anotação, como cotas, identificadores e símbolos.
Faixa da vista	Controla o campo de visualização das vistas, permitindo indicar a altura de corte do topo da vista e da parte inferior da vista. Com isso, podemos definir a profundidade de uma vista e o que ela mostrará. **Topo**: define a borda superior da vista. **Plano de corte**: define a altura de corte da vista, por exemplo, as vistas planas estão cortadas a 1,2 m, ou seja, as plantas mostram tudo que está abaixo desse valor. **Inferior**: define a borda inferior da vista. **Profundidade da vista**: define a profundidade da vista, ou seja, quanto abaixo do pavimento atual será visível.

Parâmetro	Descrição
Caixa de escopo	Ativa uma caixa de escopo predefinida. As caixas de escopo permitem controlar a visibilidade de elementos como eixos, níveis e planos de referência.
Recorte de profundidade	Controla a visibilidade dos elementos abaixo de um plano de corte. O plano de corte é configurado em **Faixa da Vista**.
Dados de Identidade	
Modelo de vista	Define um **Modelo de vista**, que poderá ser gravado para cada vista de forma a padronizar as vistas do mesmo tipo. Ver a Seção 7.5.
Nome da vista	Mostra o nome da vista; ele também é apresentado no **Navegador de projeto**.
Título na página	Mostra o nome da vista como ele aparece na folha.
Folha de referência	Em uma vista de detalhe, indica em que folha está a vista a que o detalhe se refere.
Detalhe de referência	Indica o número do detalhe.
Fase	
Filtro da fase	Filtra a exibição dos elementos do modelo, dependendo da fase do projeto definida em **Fase**.
Fase	Permite definir fases do projeto.

7.4.1 Barra de controle de vista

Além do controle de visibilidade pela janela **Propriedades**, podemos usar os controles da barra de visualização na parte inferior da tela. A Figura 7.54 exibe o controle do modo de exibição de detalhes.

Baixo: o desenho é apresentado de forma simplificada.

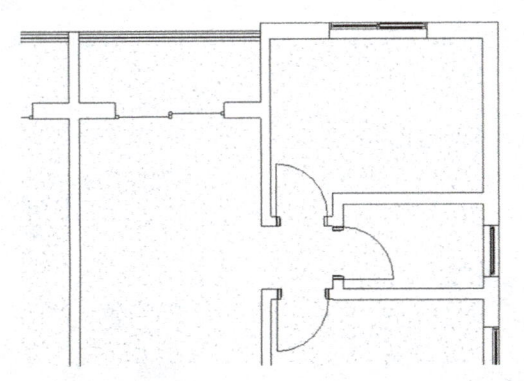

Figura 7.51 – Visualização em Baixo.

Médio: o desenho é apresentado com um nível médio de detalhes. Nas famílias, podemos definir quais elementos aparecem em cada nível de detalhe.

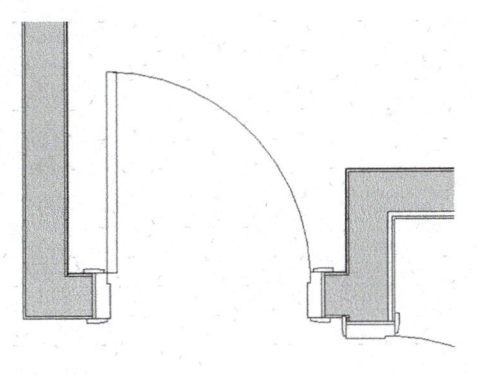

Figura 7.52 – Visualização em Médio.

Alto: o desenho é apresentado com todos os detalhes. Na Figura 7.53, por exemplo, é exibida a guarnição da porta além do batente que já era exibido no nível médio.

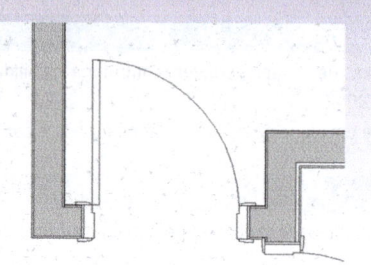

Figura 7.53 – Visualização em Alto

Figura 7.54 – Controle do nível de detalhe pela barra.

A Figura 7.55 mostra as opções de visualização em 3D que controlam a aparência do modelo.

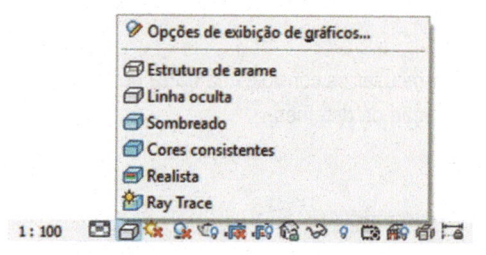

Figura 7.55 – Controle de estilo visual.

Estrutura de arame: mostra o desenho em 2D ou 3D em forma de linhas, como modelo de arame.

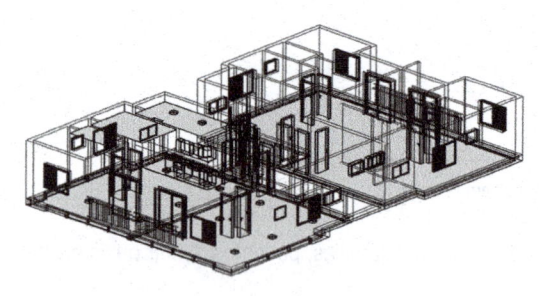

Figura 7.56 – Estrutura de arame.

Linha oculta: mostra o desenho em 2D ou 3D, escondendo as linhas de trás e gerando a ideia de volume.

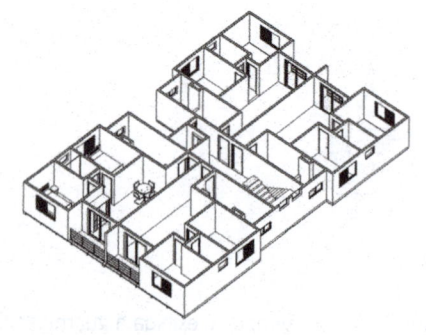

Figura 7.57 – Linha oculta.

Sombreado: mostra o desenho em 2D ou 3D sombreado.

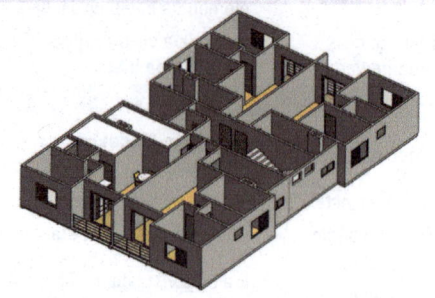

Figura 7.58 – Sombreado.

Cores consistentes: exibe o desenho em 2D ou 3D usando as cores definidas nos elementos.

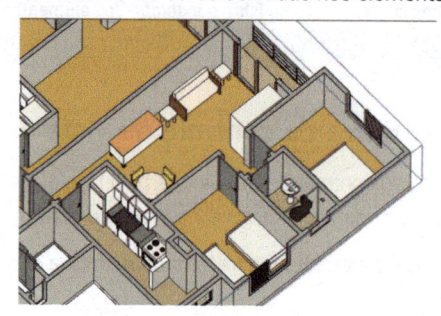

Figura 7.59 – Cores consistentes.

Realista: mostra o desenho em 2D ou 3D, com texturas aproximadas dos materiais dos elementos.

Figura 7.60 – Realista.

Ray Trace: exibe o modelo em uma renderização rápida com materiais. Essa opção deve ser usada com cuidado porque pode levar tempo para renderizar os elementos na vista. A outra opção é usar a ferramenta **Render** com mais controles. Ela será vista no Capítulo 18.

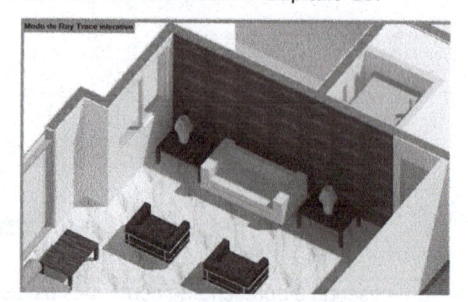

Figura 7.61 – Ray Trace.

Recortar Vista: permite cortar uma vista para exibir somente uma parte do modelo. Para cortar parte de uma vista, vamos usar dois botões na barra de visualização: **Exibir região de recorte** e **Recortar vista**. Selecione o botão **Exibir região de recorte** para visualizar a linha de recorte e depois selecione o **Recortar vista** para que a vista seja cortada, como mostra a Figura 7.62. Temos a vista de um pavimento térreo que está exibindo a vegetação, mas queremos inserir na folha somente a planta, então fazemos o recorte de parte da vista.

Figura 7.62 – Botão Recortar vista.

Em seguida, no desenho, surge a moldura. Selecionando-a, é possível clicar nos grips azuis e arrastar a vista, cortando parte dela, como mostram as Figuras 7.63 a 7.65 A moldura do recorte pode ser desabilitada no botão **Ocultar região de recorte**. O recorte é muito utilizado na configuração das vistas para montar as folhas.

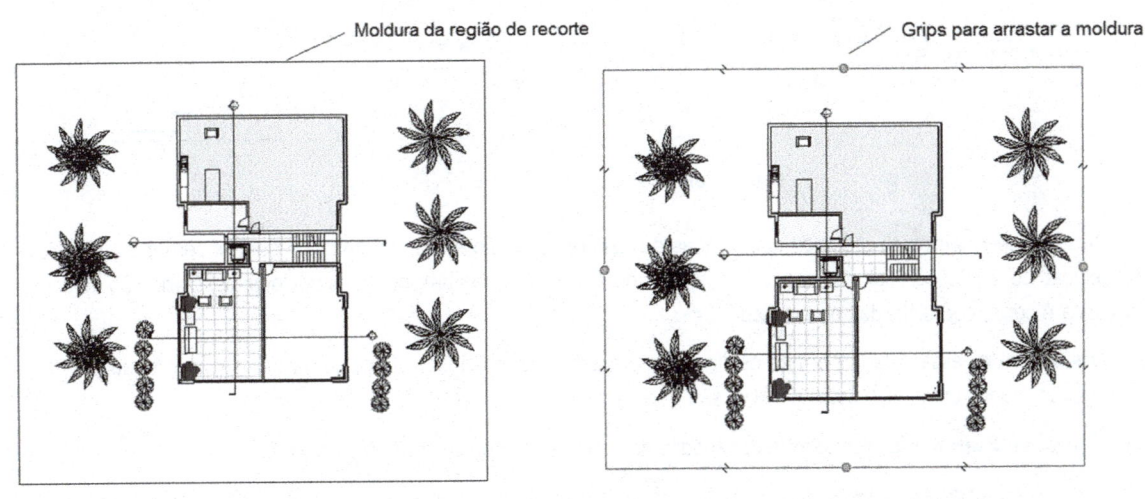

Figura 7.63 – Seleção de Recortar vista.

Figura 7.64 – Grips de corte da vista.

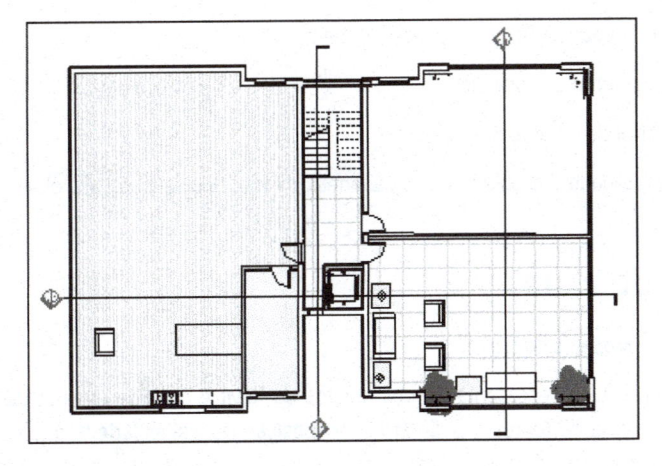

Figura 7.65 – Vista recortada.

7.4.2 Visibilidade/Sobreposição de gráficos

Essa opção gera uma sobreposição de visibilidade gráfica em relação ao que foi definido em **Estilos de objeto**. Dessa forma, podemos alterar em cada vista a representação dos objetos e sua visibilidade. Por exemplo, para esconder um elemento em uma vista, desligamos sua visibilidade. Conforme vimos, o Revit controla os elementos por objeto e não por layer, como no AutoCAD. Se você precisar "desligar" um elemento, deve desativar sua visibilidade por vista. Ao selecionar o botão **Editar** em **Visibilidade/Sobreposição de gráficos**, na janela **Propriedades**, aparece a janela apresentada em seguida. O atalho para essa ferramenta é VV ou VG.

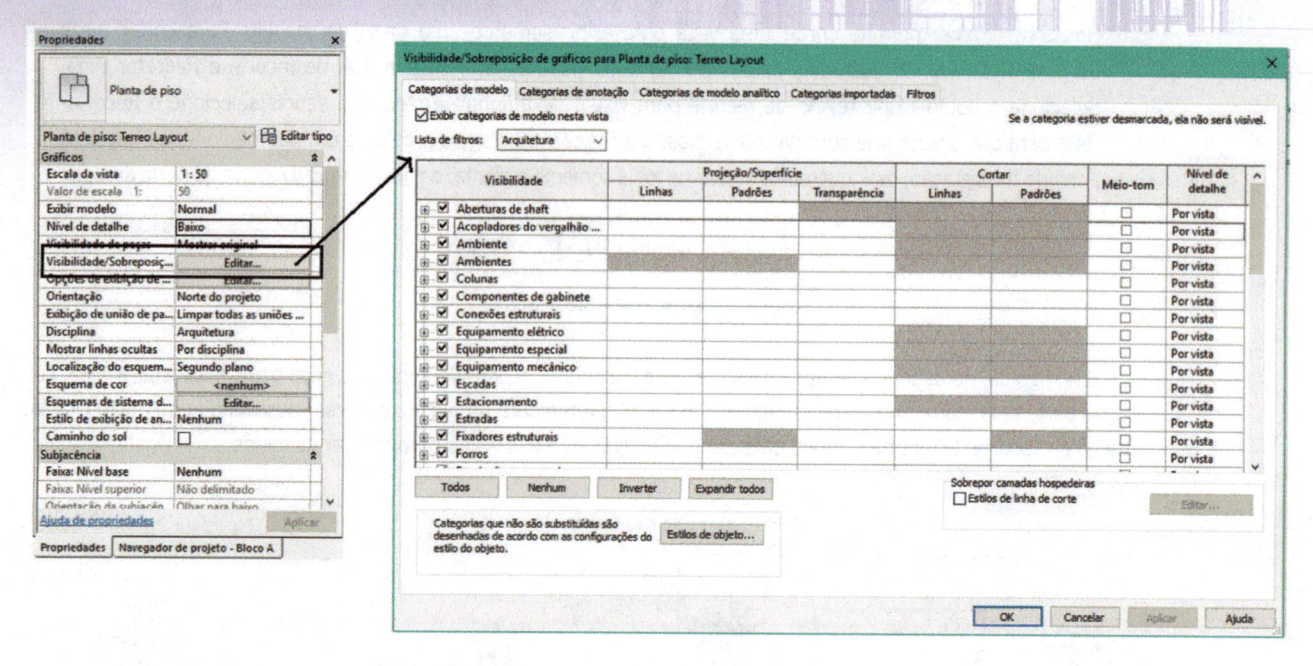

Figura 7.66 – Sobreposição de visibilidade gráfica.

Nessa janela, temos as mesmas quatro abas de **Estilos de objeto** e a aba **Filtros**, na qual podemos gerar filtros de seleção de objetos. As colunas em cada aba apresentam as mesmas propriedades dos objetos, como tipo de linha em vista e corte, cor, além das propriedades:

Visibilidade: essa coluna permite desligar a visibilidade dos objetos clicando-se na caixa com o tique. Por padrão, quase todos os objetos do Revit são visíveis em todas as vistas.

Projeção Superfície: define as propriedades da linha do elemento em vista (superfície).

Transparência: exibe o elemento completamente transparente (muito útil nas vistas 3D, por exemplo, para deixar um telhado transparente e visualizar o interior do edifício).

Cortar: define as propriedades da linha do elemento em corte.

Meio-tom: exibe o elemento em meio-tom.

Nível de detalhe: nível de detalhe da vista.

Depois de alterar a visibilidade dos objetos e sair da janela, o efeito já é aplicado aos objetos da vista ativa somente.

7.5 Modelos de vista

Aba Vista > Gráficos > Modelos de vista

Como vimos anteriormente, a representação dos objetos do Revit é definida em **Estilos de objeto**. Podemos alterar sua visibilidade e a forma de representação em **Sobreposição de visibilidade/Gráfico** por vista. Portanto, cada vista pode ser apresentada de uma forma. Para facilitar e agrupar as formas de apresentação para um mesmo tipo de vista, podemos criar modelos/templates de vista. Por exemplo, representamos todos os cortes da mesma forma com os mesmos detalhes e as elevações de outra forma, então podemos criar um modelo de vista para apresentar os cortes e outro para apresentar as elevações.

Os parâmetros da forma de apresentação de uma vista são previamente definidos em um template. Na instalação do programa, alguns templates já vêm configurados para serem aplicados às vistas, mas podemos criar outros para condições específicas. Podemos também aplicar modelos temporários às vistas por meio do ícone **Propriedades da vista temporária** na barra de controle da vista, de forma que possamos retornar rapidamente à visibilidade padrão da vista. Na aba **Vista**, selecione **Modelos de vista**, em seguida **Gerenciar os modelos de vista**, e então aparece a janela de diálogo **Modelos de vistas**.

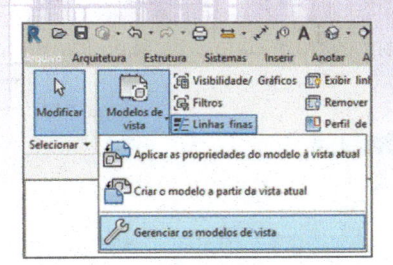

Figura 7.67 – Aba Vista – Modelos de vista.

Nessa janela de diálogo, do lado esquerdo, em **Nomes**, estão listados alguns templates já criados para cada tipo de vista; por exemplo, 3D, corte, elevações etc. Conforme selecionamos um template, sua configuração é exibida do lado direito, em **Propriedades de vistas**. Os parâmetros da coluna da direita variam conforme o tipo de vista selecionada. A seguir, veremos os parâmetros de todos os tipos de vista.

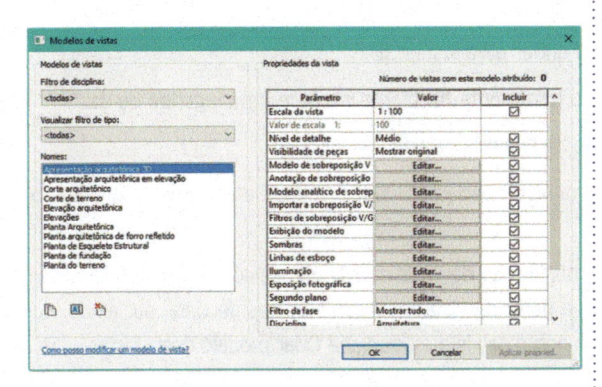

Figura 7.68 – Modelos de vistas.

Filtro de disciplina: filtra os tipos de vista por disciplina.

Visualizar filtro de tipo: filtra as vistas por tipo; por exemplo, vistas de elevação ou planas.

As propriedades da vista são:

Escala da vista: informa a escala da vista.

Nível de detalhe: define o nível de detalhe da vista. **Baixo** é o modo mais simplificado, **Médio** mostra alguns detalhes dos objetos e **Alto** apresenta todos os detalhes dos objetos.

Visibilidade de peças: modo de visualização das partes.

Modelo de sobreposição V/G: permite editar as características dos elementos do modelo na janela de diálogo **Sobreposição de visibilidade/Gráfico**.

Anotação de sobreposição V/G: permite editar as características dos elementos de anotação na janela de diálogo **Sobreposição de visibilidade/Gráfico**.

Modelo analítico de sobreposição V/G: edita as características dos elementos de análise.

Importar a sobreposição V/G: edita as características dos elementos importados no projeto por meio da janela de diálogo **Sobreposição de visibilidade/Gráfico**.

Filtros de sobreposição V/G: permite editar as características dos filtros na janela de diálogo **Sobreposição de visibilidade/Gráfico**.

Exibição do modelo: define o estilo de apresentação do desenho na tela. Possibilita adicionar sombra, definir a posição do sol e controlar a exibição das arestas dos objetos. As opções são:

- **Estrutura de arame:** mostra o desenho 3D em forma de arame, com todas as arestas.
- **Linha oculta:** esconde as linhas atrás do desenho em 3D.
- **Sombreado:** o desenho apresenta as cores definidas para os objetos (**Propriedades de tipo**).
- **Cores consistentes:** exibe a imagem com as cores ajustadas para o material do objeto.
- **Realista:** a imagem apresenta os materiais definidos nos objetos, dando uma aparência realística ao modelo. Os efeitos de luz se modificam de acordo com a posição do modelo.

Sombras: permite configurar como serão apresentadas as sombras.

Linhas de esboço: cria um estilo gráfico de desenhado a mão livre para as vistas. Pode ser aplicado em todo tipo de vista: plantas, cortes, elevações e vistas 3D.

Iluminação: configura como serão exibidas as luzes.

Exposição fotográfica: define como serão apresentadas as cores da imagem.

Segundo plano: configura um fundo para as vistas 3D.

Recorte afastado: define se haverá corte no modelo em vista de corte ou elevação e como serão mostradas as vistas cortadas na janela de diálogo **Recorte afastado**. O corte pode apresentar as linhas do projeto na parte cortada ou não, conforme ilustra a Figura 7.69.

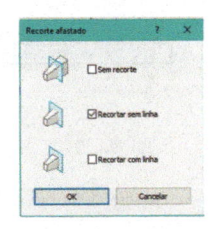

Figura 7.69 – Janela de diálogo Recorte afastado.

Faixa da vista: define a profundidade do corte para vista em planta e corte a partir do pavimento/nível (Figura 7.70).

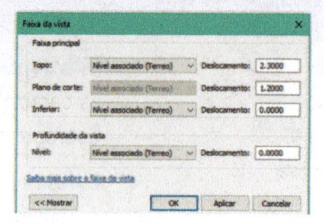

Figura 7.70 – Janela de diálogo Faixa da vista.

Orientação: orienta o projeto para o Norte ou Norte Verdadeiro.

Filtro da fase: aplica propriedades de fase na vista.

Disciplina: determina a visibilidade dos símbolos para disciplinas específicas.

Recorte de profundidade: define se haverá corte de vista em planta. O corte pode apresentar as linhas do projeto na parte cortada ou não, conforme ilustra a Figura 7.71.

Configurações de renderização: configurações do **Render** para vistas 3D.

Esquema de cores: define o esquema de cores para a ferramenta **Ambiente** e insere uma legenda de uso.

Localização do esquema de cor: define a colocação da legenda de uso.

Depois de definir os parâmetros de visibilidade para uma vista, podemos criar um template/modelo para ela, o qual pode ser aplicado em qualquer outra vista.

Para criar outro template/modelo com base em uma configuração de vista já definida, selecione o botão **Duplicar** na janela de diálogo (Figura 7.72), ou acesse **Criar o modelo a partir da vista atual** em **Modelos de vista**, ou, ainda, no **Navegador de projeto**, clique com o botão direito do mouse no nome da vista e selecione **Criar modelo desta vista**.

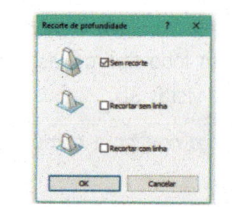

Figura 7.71 – Janela de diálogo Recorte de profundidade.

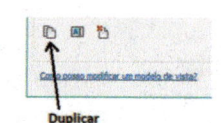

Duplicar

Figura 7.72 – Duplicar.

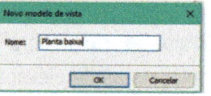

Figura 7.73 – Nome do novo modelo.

Após duplicar e mudar o nome, edite as propriedades, e o modelo já pode ser aplicado em uma vista.

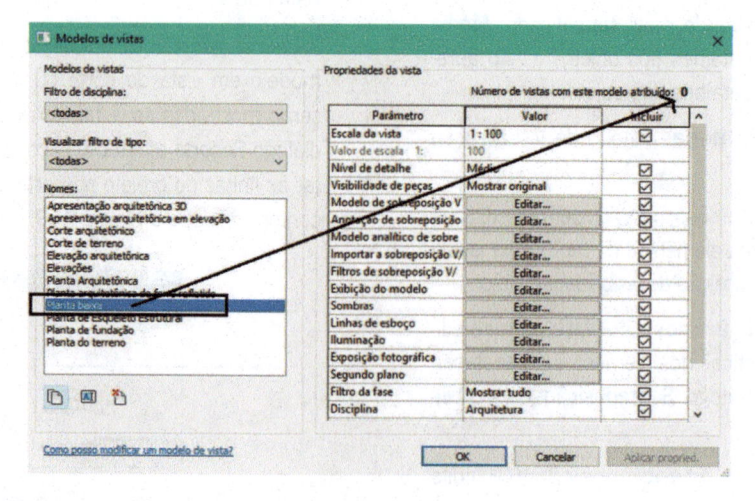

Figura 7.74 – Modelo criado.

Para aplicar um template/modelo a uma vista, deixe a vista corrente e selecione **Aplicar as propriedades do modelo à vista atual**, no painel **Gráficos**, em **Modelos de vista**. Selecione o template do quadro **Nomes**, clique em **Aplicar** e em **OK**. Outra forma de aplicar um template a uma vista é pela janela **Propriedades** em uma vista. Selecione em **Dados de Identidade > Modelos de vista** e clique no botão à direita para abrir a janela **Aplicar o Modelo de vista** e selecione o modelo criado.

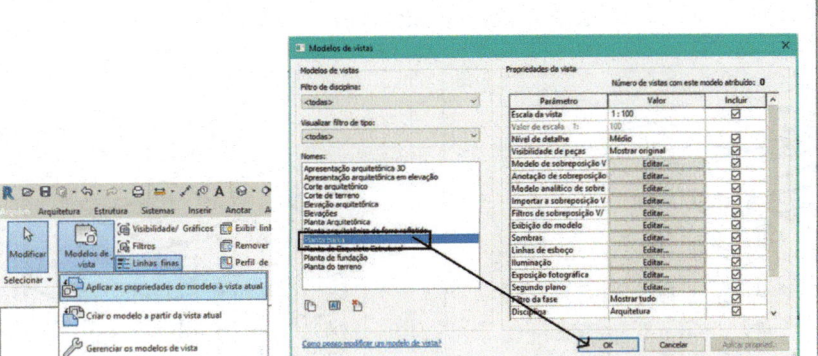

Figura 7.75 – Aplicação de novo modelo à vista.

Figura 7.76 – Seleção do novo modelo.

Figura 7.77 – Modelo de vista aplicado.

7.6 Linhas finas

Aba Vista > Gráficos > Linhas finas

No Revit, as linhas de desenho podem ser exibidas com espessura ou finas. Na aba **Vista**, do painel **Gráficos**, podemos ligar/desligar linhas finas e o resultado se aplica a todas as vistas do desenho. Visualizar linhas finas traz como vantagens a maior visibilidade do desenho e a facilidade de selecionar pontos finais e intersecções.

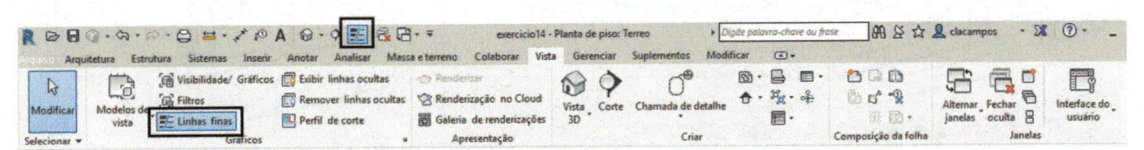

Figura 7.78 – Aba Vista – Linhas finas.

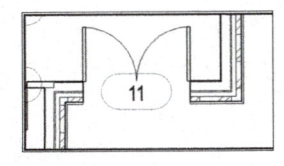

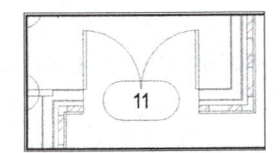

Figura 7.79 – Linhas finas – ligado.

Figura 7.80 – Linhas finas – desligado.

7.7 Ocultar/Isolar temporário

Podemos esconder temporariamente alguns objetos do projeto ou isolar um elemento também temporariamente para que somente ele fique visível na tela. Muitas vezes, o desenho fica com muitos elementos, o que dificulta a edição, e esse procedimento elimina esse problema. Na barra de visualização, temos o ícone de óculos para acionar as seguintes possibilidades depois de selecionar um objeto qualquer no projeto (paredes, janelas, portas etc.):

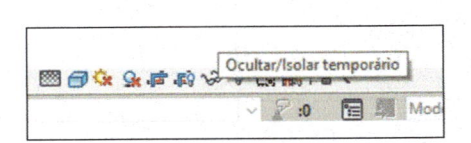

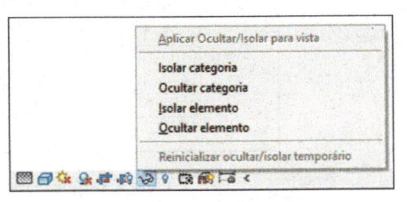

Figura 7.81 – Seleção de Ocultar/Isolar temporário.

Figura 7.82 – Seleção de Isolar categoria.

Isolar categoria: isola uma categoria de elementos. Por exemplo, selecionando uma porta, somente as portas ficam visíveis.

Ocultar categoria: esconde uma categoria. Por exemplo, selecionando uma parede, todas as paredes ficam invisíveis.

Isolar elemento: isola somente o elemento selecionado, escondendo **todos** os demais.

Ocultar elemento: esconde somente o elemento selecionado.

No exemplo seguinte, escolhemos uma parede e selecionamos **Isolar categoria**, então somente as paredes são exibidas.

Figura 7.83 – Seleção da parede para isolar a categoria.

Figura 7.84 – Resultado do isolamento da categoria parede.

Para reverter a situação, selecione **Reinicializar ocultar/isolar temporário**.

7.7.1 Seleção do elemento no desenho com menus de atalho

Podemos selecionar elementos no desenho em uma vista, clicar no botão direito do mouse e selecionar o menu de atalho para alterar a visibilidade do elemento por categoria, por elemento ou por filtro, filtrando objetos com características semelhantes.

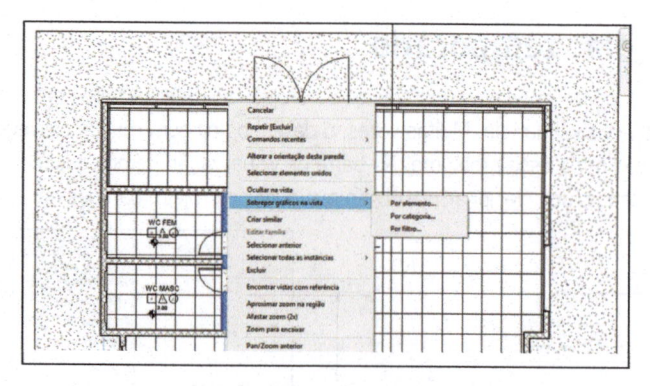

Figura 7.85 – Seleção do elemento por categoria.

Autodesk® Revit® Architecture 2018 – Conceitos e Aplicações

Por elemento: modifica a visibilidade **somente** para o elemento selecionado na vista ativa. Marcando-se essa opção, surge a janela de diálogo da Figura 7.86, na qual é possível alterar as características das linhas e hachuras para o **elemento** selecionado.

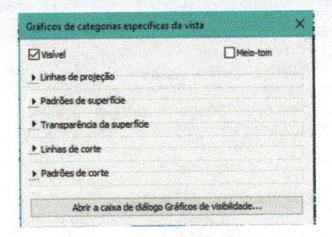

Figura 7.86 – Características por elemento.

Por categoria: modifica a visibilidade para a categoria selecionada. Por exemplo, **todas** as paredes na vista ativa são alteradas. Selecionando-se essa opção, surge a janela de diálogo da Figura 7.87, na qual é possível alterar as características das linhas e hachuras para a **categoria** selecionada.

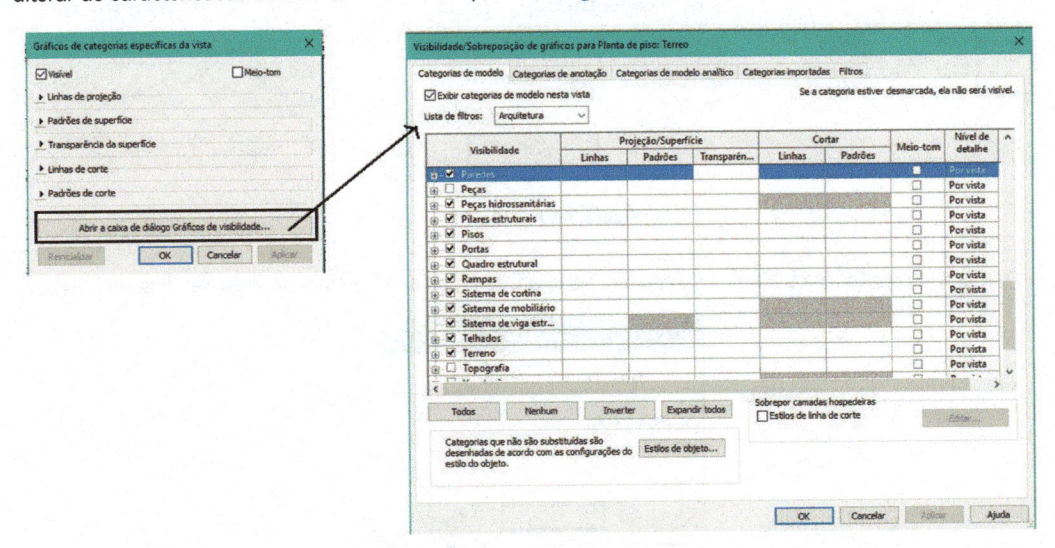

Figura 7.87 – Características por categoria.

Por filtro: permite filtrar elementos pelas suas propriedades; por exemplo, podemos selecionar todas as paredes de um certo fabricante com determinada altura ou todas as paredes do tipo **exterior** com uma determinada espessura. Isso facilita muito a seleção e a definição de visibilidade para um grupo de objetos que deva ter representação semelhante. Ao selecionar **Filtros**, aparece a janela da Figura 7.88, na qual configuramos o filtro. Selecione **Editar/Novo** e dê um nome ao filtro.

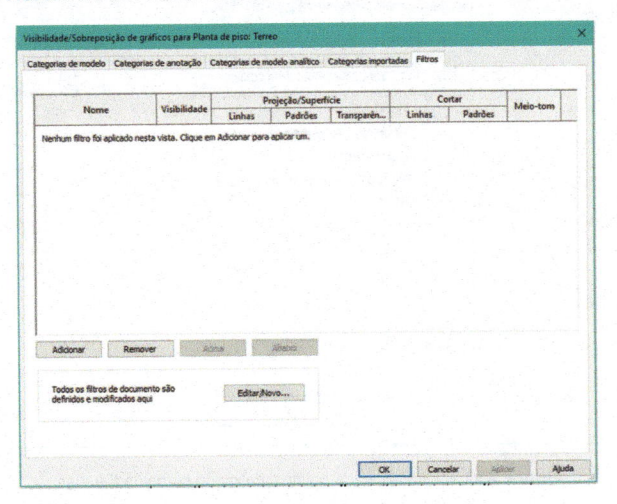

Figura 7.88 – Seleção por filtros.

Em seguida, clique no ícone da Figura 7.89 para criar um filtro, então atribua um nome a ele.

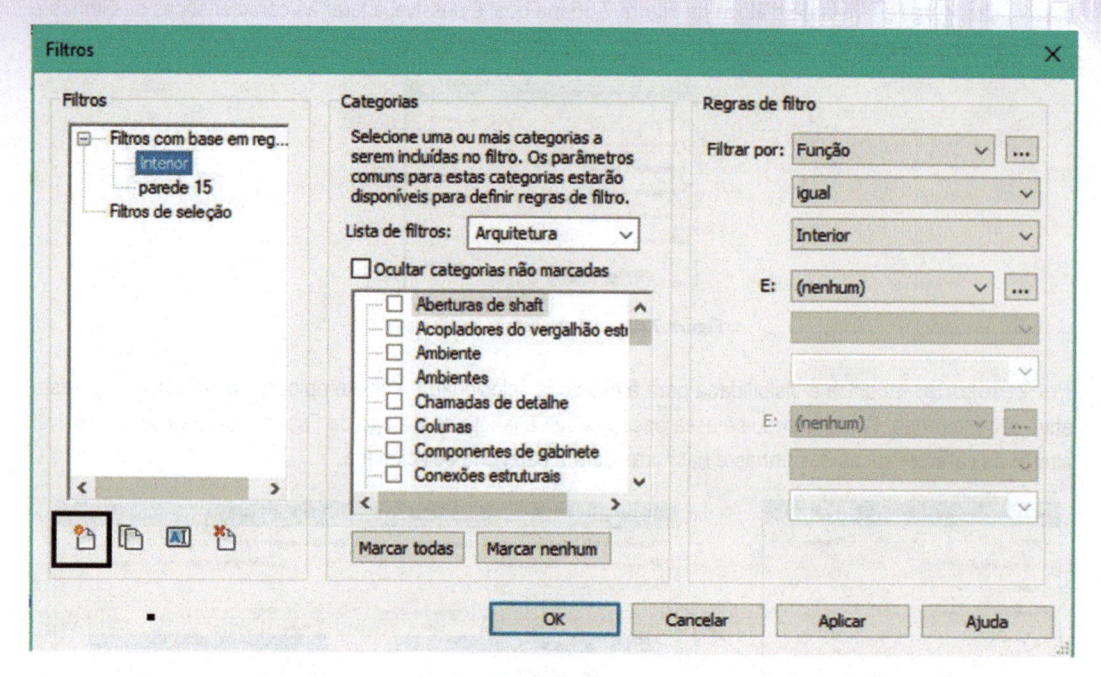

Figura 7.89 – Novo filtro.

Surge a janela com todos os filtros e categorias. Desmarque todos e deixe somente Paredes (Figura 7.91).

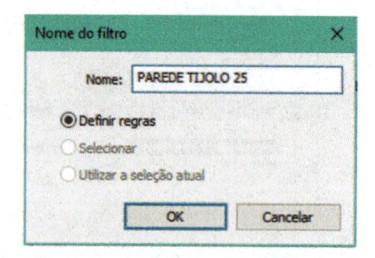

Figura 7.90 – Nome do filtro.

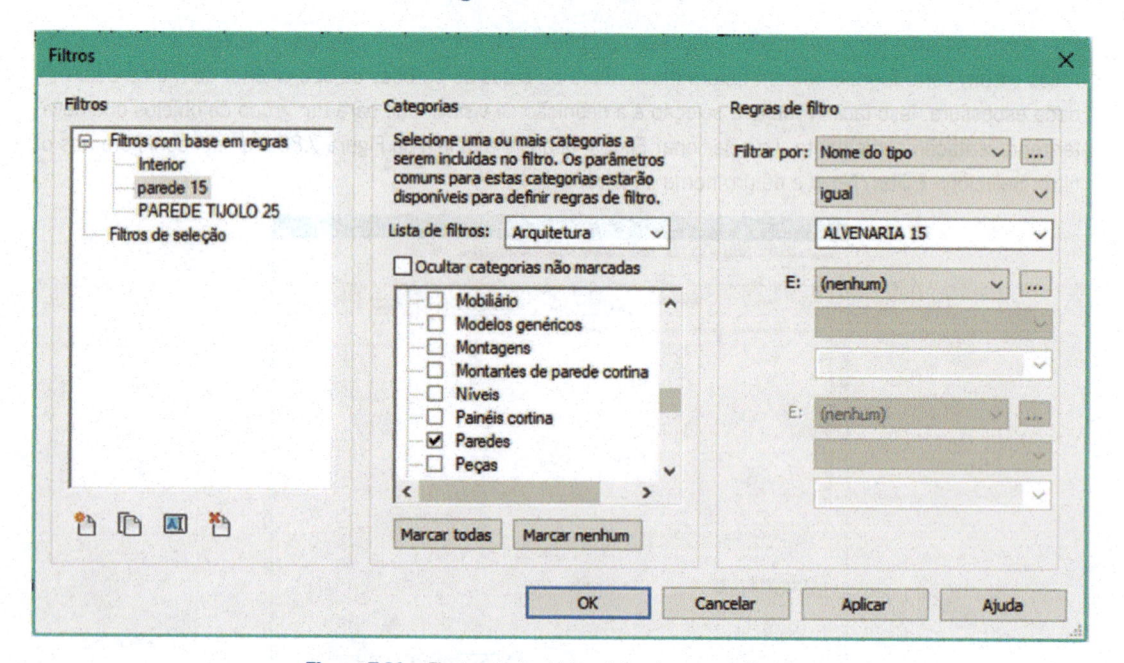

Figura 7.91 – Eliminação de objetos, deixando somente Paredes.

Autodesk® Revit® Architecture 2018 – Conceitos e Aplicações

No campo **Regras de filtro**, selecione, em **Nome do tipo**, o nome **Tijolo 25** e clique em **OK**. Estamos criando um filtro para selecionar somente essas paredes. Em seguida, clique em adicionar e selecione o filtro criado, como mostra a Figura 7.93.

Na janela seguinte, surge o filtro criado.

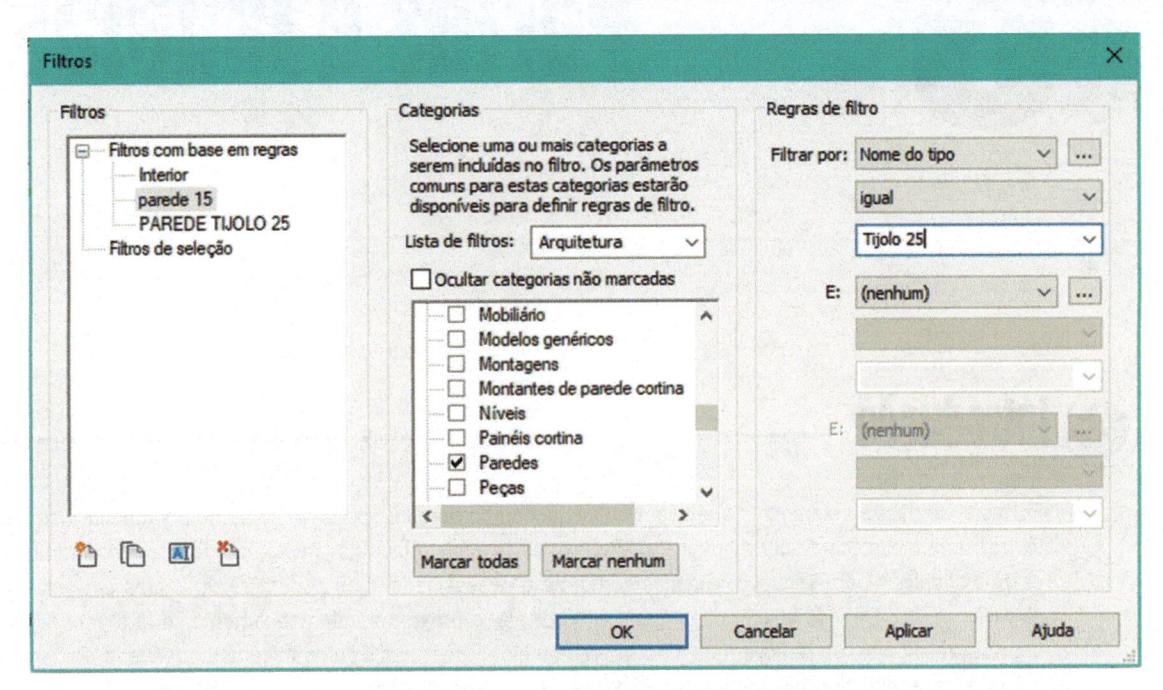

Figura 7.92 – Seleção das características do filtro Paredes.

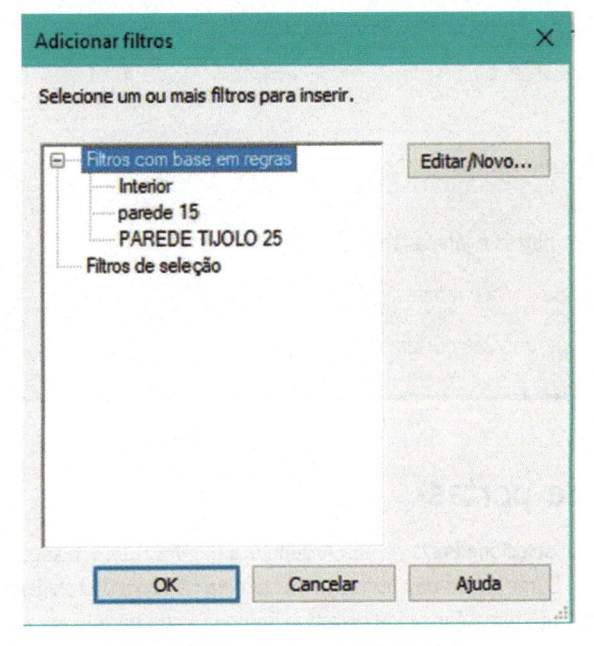

Figura 7.93 – Filtro parede tijolo 25 criado.

8 Portas e Janelas

Introdução

Portas e janelas são elementos que ficam hospedados nas paredes, portanto somente podem ser inseridos nelas. O Revit traz uma biblioteca de portas e janelas que são as famílias. Algumas já estão carregadas no template inicial e outras estão disponíveis para serem carregadas conforme a necessidade. Elas podem ser inseridas em uma vista em planta, elevação ou 3D. Quando inserimos uma porta ou janela, o programa automaticamente corta a parede para colocá-la na abertura resultante. Se removermos a porta ou a janela, a abertura é automaticamente fechada. Podemos criar famílias de portas e janelas por meio de templates de criação desses elementos a partir de arquivos RFT.

Objetivos

- Aprender a inserir portas e janelas no projeto.
- Criar novos tipos de porta e janela.
- Modificar os parâmetros das portas e janelas.

8.1 Inserção de portas

Para inserir uma porta, selecione **Porta** na aba **Arquitetura** (Figura 8.1). Em seguida, clique em **Propriedades** para selecionar o tipo de porta. Surge a lista das portas dessa família na caixa de rolagem. Escolha uma porta e, no desenho, clique em uma parede. A porta é inserida com a folha do lado da parede em que o cursor tocar.

Aba Arquitetura > Construir > Porta

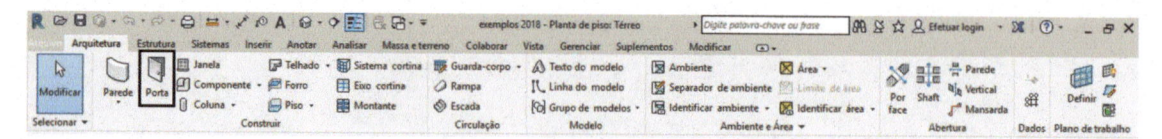

Figura 8.1 – Aba Arquitetura – seleção de Porta.

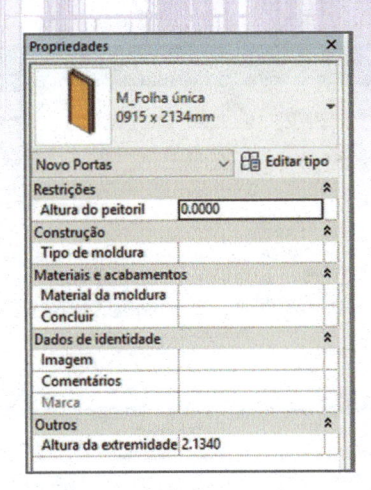

Figura 8.2 – Seleção dos tipos de porta.

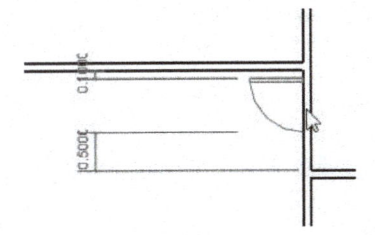

Figura 8.3 – Seleção do ponto de inserção da porta.

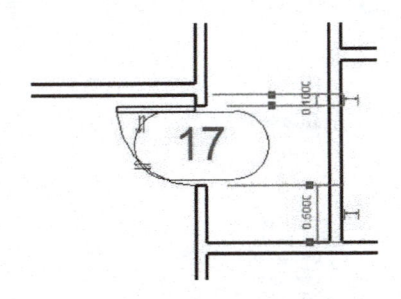

Figura 8.4 – Porta já inserida.

Figura 8.5 – Porta em 3D.

Depois de inserida, podemos alterar o lado de abertura e a posição da porta por meio de ícones que são exibidos quando selecionamos a porta e a cota provisória da distância da porta até a parede, clicando nela e digitando outro valor. Um identificador de porta foi automaticamente inserido, mas pode ser desabilitado na aba **Modificar | Colocar Porta** em **Identificar na colocação**.

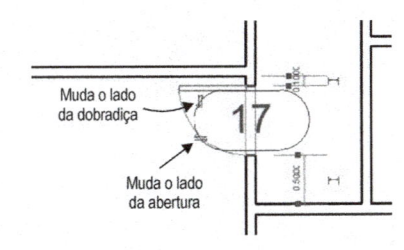

Figura 8.6 – Ícones de edição do lado da abertura e dobradiça.

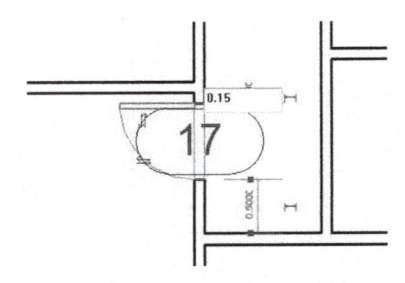

Figura 8.7 – Edição da cota provisória.

8.1.1 Modificações de parâmetros das portas

Depois de inserida, a porta pode ser alterada. Em **Editar tipo**, é possível modificar as dimensões e os materiais; então essas alterações refletem-se em todas as portas do mesmo tipo. Em **Propriedades**, pode-se alterar o seu pavimento e outras propriedades somente das portas selecionadas.

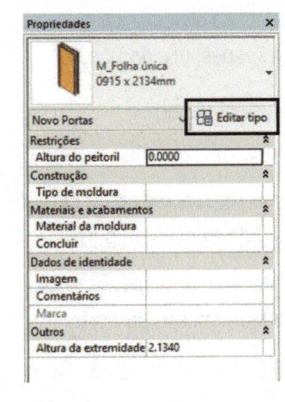

Figura 8.8 – Seleção de Propriedades de tipo.

Propriedades de tipo: selecione a porta e, então, clique em **Editar tipo** na janela **Propriedades** (Figura 8.8) ou na aba **Modificar | Portas** no botão **Propriedades de tipo**. Surge a janela de diálogo **Propriedades de tipo** (Figura 8.9), na qual as modificações refletem em todas as portas desse tipo selecionado. As modificações possíveis são descritas em seguida.

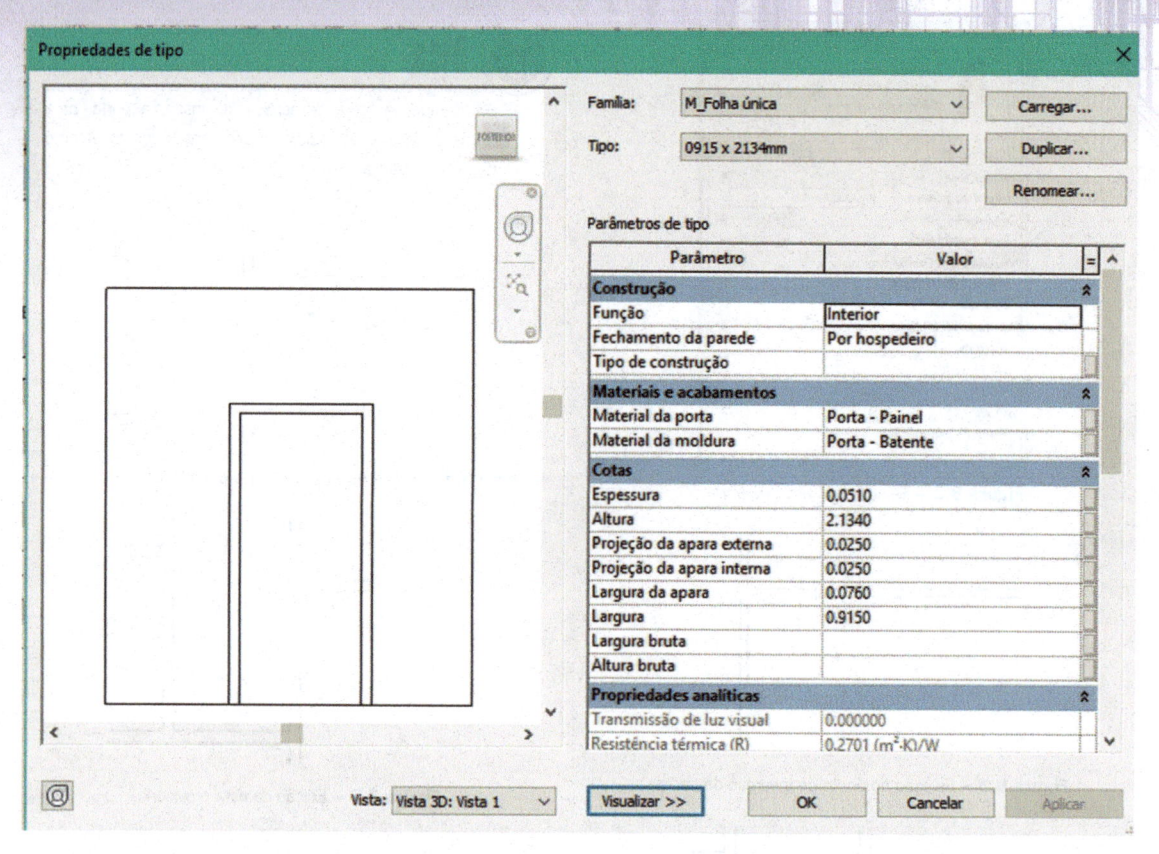

Figura 8.9 – Janela de diálogo Propriedades de tipo.

Clique no botão **Visualizar** para ver a porta com as propriedades.

Material da porta: material da porta usado na renderização e cor usada no modo sombreado.

Material da estrutura: material da moldura da porta usado na renderização e cor utilizada no modo sombreado.

Espessura: espessura da porta.

Altura: altura da porta.

Largura: largura da porta.

Projeção da apara externa: profundidade da moldura do lado externo da porta.

Projeção da apara interna: profundidade da moldura do lado interno da porta.

Largura da apara: largura da moldura da porta.

Propriedades: selecione a porta e, na caixa **Propriedades** (Figura 8.10), altere os parâmetros de uma ou de todas as portas selecionadas por meio de **Selecionar todas as instâncias** (clicando no botão direito do mouse). As modificações se refletem **somente** nas portas selecionadas, sendo possíveis as seguintes:

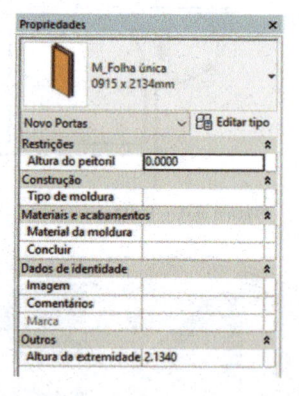

Figura 8.10 – Propriedades da porta selecionada.

Nível: pavimento; se desenhar por engano em outro pavimento, é só mudar.

Altura do peitoril: nas portas, em geral, o valor é zero; elas se apoiam no piso.

Fase criada: fase da obra.

Altura da extremidade: altura da verga da porta.

8.1.2 Criação de um tipo de porta a partir de uma existente

Para criar um tipo de porta, o processo é semelhante ao de criação de uma parede. Copiamos uma porta existente e modificamos suas propriedades. Também podemos criar famílias de portas a partir de templates de famílias.

1. Na aba **Arquitetura > Porta**, selecione em **Propriedades** uma porta na lista de portas existentes (Figura 8.11).

2. Em seguida, selecione **Editar tipo** e, na caixa de diálogo, clique em **Duplicar**. Dê um nome à nova porta (Figuras 8.12 e 8.13).

3. Note que a janela **Propriedades de tipo** mostra a porta criada. É preciso alterar as características da porta (Figura 8.15) para que fique com 0,80 m e altura de 2,10 m da seguinte forma:

Espessura: digite 0.05.

Altura: digite 2.10.

Largura: digite 0.8.

4. Agora, essa porta de 80 cm faz parte desse arquivo. Ela não aparecerá em novos arquivos.

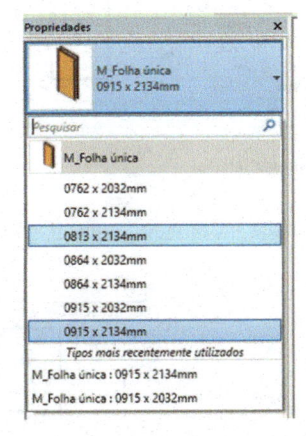

Figura 8.11 – Seleção de um tipo de porta.

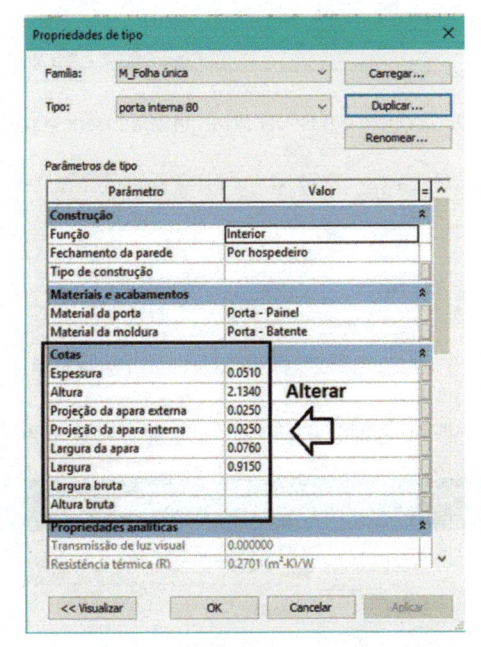

Figura 8.14 – Porta criada – porta interna 80.

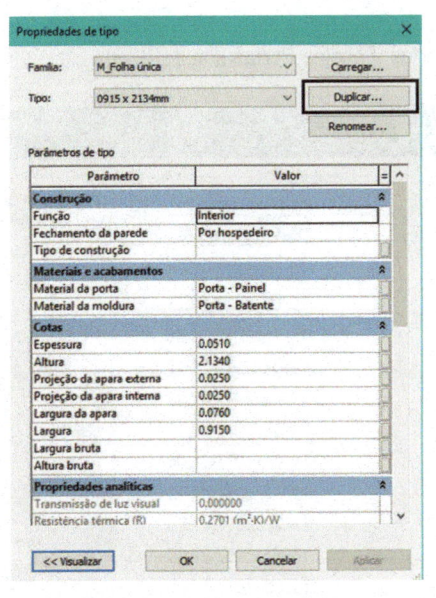

Figura 8.12 – Duplicação da porta.

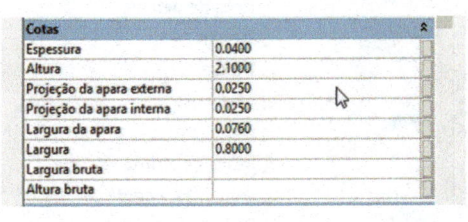

Figura 8.15 – Alteração das propriedades geométricas da porta.

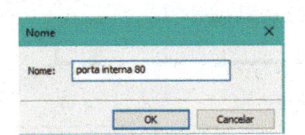

Figura 8.13 – Nome da porta.

Dica

Para inserir portas sem a etiqueta com a numeração, desmarque a caixa **Identificar na colocação** na aba **Modificar | Colocar Porta**.

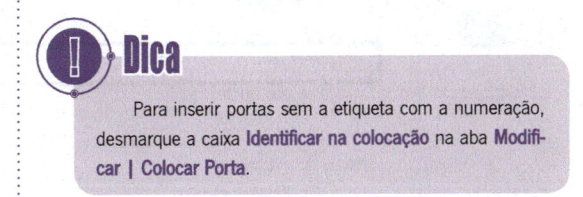

Figura 8.16 – Inserção de portas sem a etiqueta de numeração.

8.1.3 Inserção de novo tipo de porta

Para inserir uma porta de outro tipo, que não esteja na lista do desenho, é preciso carregar outra família de portas a partir de um arquivo. Na aba **Modificar | Colocar Porta** selecione **Carregar família**, como mostra a Figura 8.17.

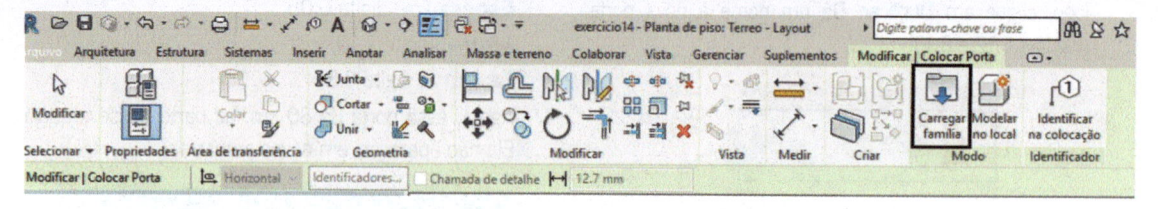

Figura 8.17 – Aba Modificar | Colocar Porta – Carregar família.

Ou também é possível clicar na **aba Inserir > painel Carregar da biblioteca > Carregar família** (Figura 8.18).

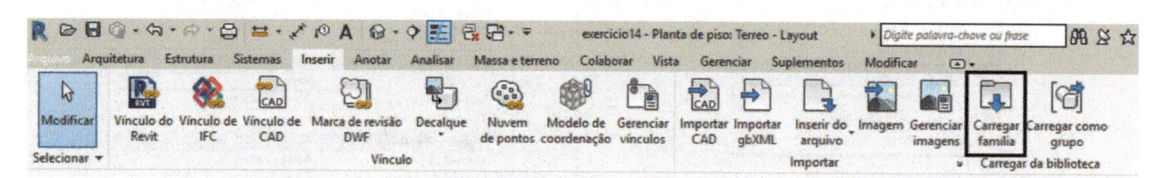

Figura 8.18 – Aba Inserir – Carregar família.

Surge a janela na qual devemos selecionar outra família de portas. Escolha **Portas** (Figura 8.19).

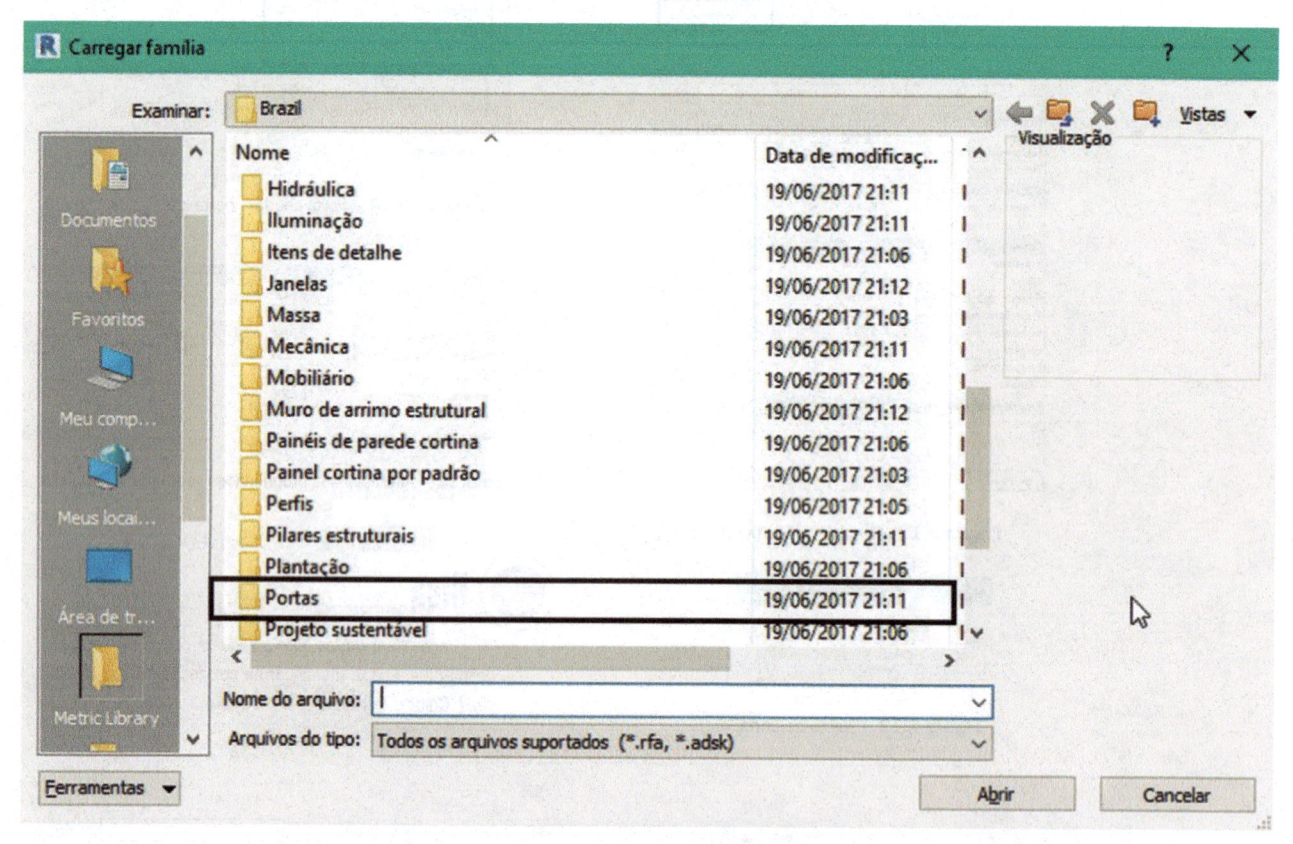

Figura 8.19 – Seleção de pastas de famílias de portas.

Na próxima janela, as famílias são exibidas. Conforme uma família é selecionada, tem-se a visualização do tipo de porta na janela do canto superior direito da tela. Selecione uma delas e volte ao desenho (Figura 8.20).

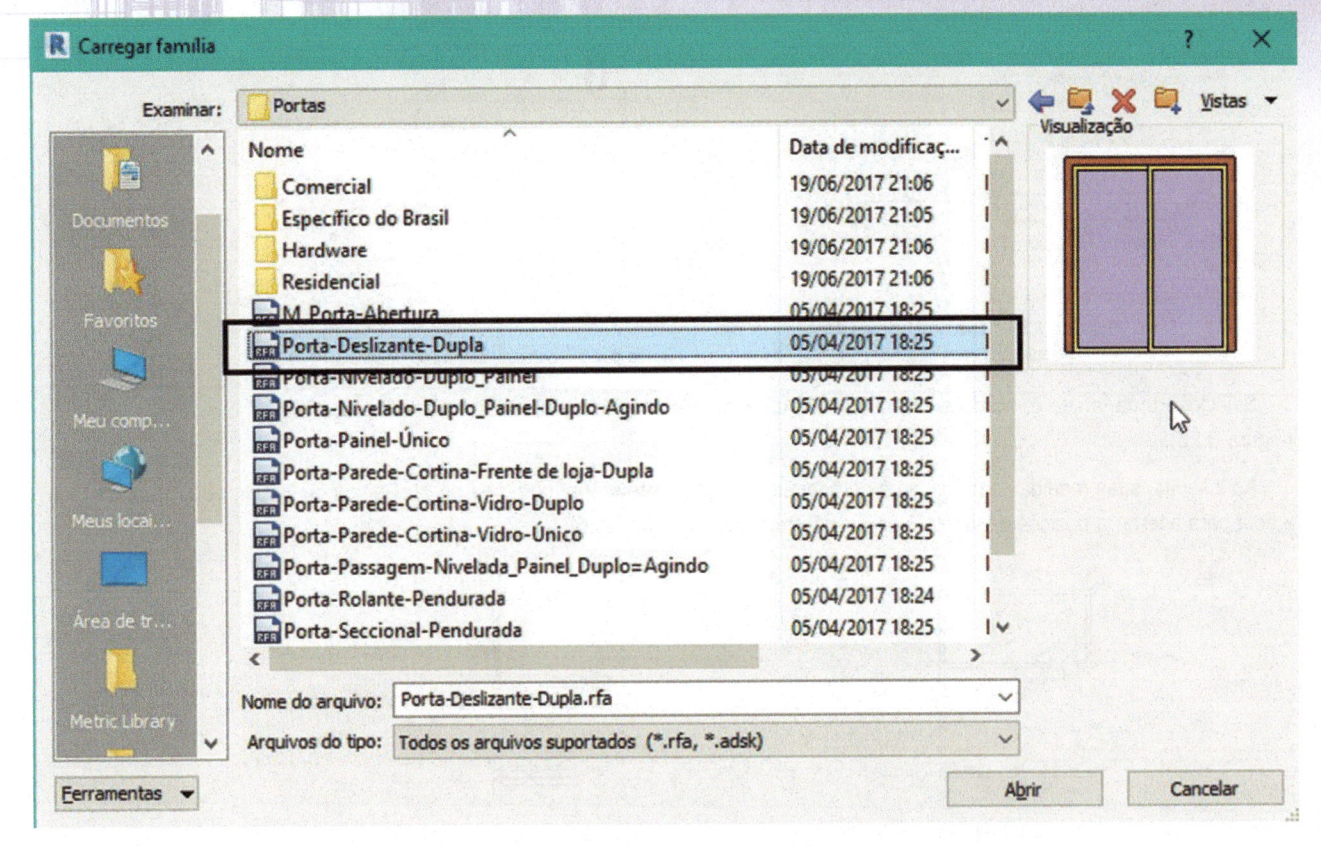

Figura 8.20 – Seleção do tipo/família.

No desenho, selecione Porta na aba Arquitetura e, na caixa Propriedades, veja a nova família.

A partir desse momento, os tipos de porta dessa família podem ser utilizados no projeto e também é possível criar outros a partir deles, como na criação de tipos de porta, que vimos anteriormente. Ao salvar o arquivo de projeto, a família carregada fica com ele.

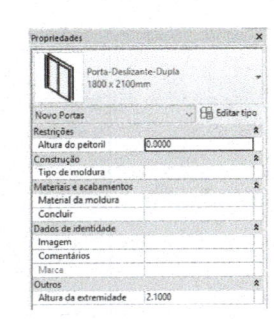

Figura 8.21 – Nova família de portas inserida.

8.2 Inserção de janelas

Para inserir uma janela, selecione Janela na aba Arquitetura e clique em Propriedades para escolher o tipo da janela (Figuras 8.22 a 8.24).

Aba Arquitetura > Construir > Janela

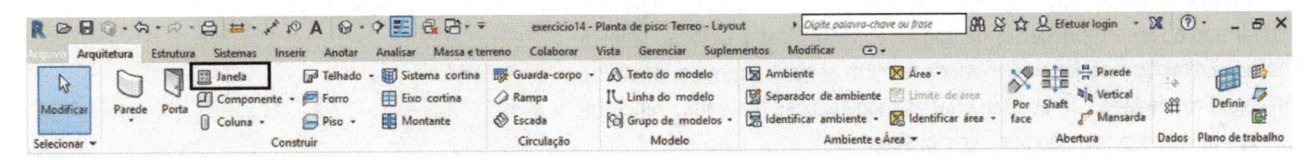

Figura 8.22 – Aba Arquitetura – Janela.

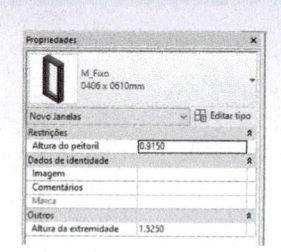

Figura 8.23 – Caixa Propriedades para seleção dos tipos de janela.

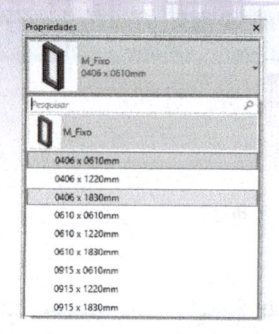

Figura 8.24 – Seleção de um tipo de janela.

Selecione uma janela e, no desenho, clique em uma parede. A janela é inserida na parede tocada pelo cursor (Figura 8.25).

Ao inseri-la, suas medidas em relação à parede têm uma cota provisória, como na porta. Depois de inserir, edite a cota para acertar a posição da janela, que é então realocada (Figura 8.26).

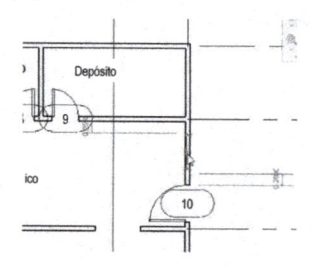

Figura 8.25 – Inserção da janela.

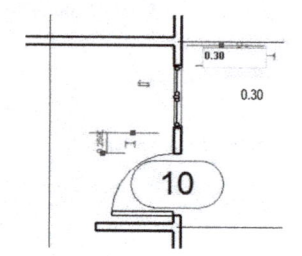

Figura 8.26 – Edição da cota provisória.

Para inverter o lado de dentro e de fora da janela, clique no ícone das setas, como na porta. Depois de inserida, a janela pode ser copiada, movida e modificada.

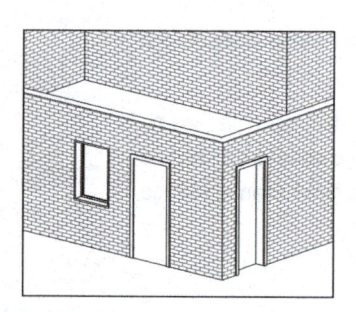

Figura 8.27 – Janela na vista 3D.

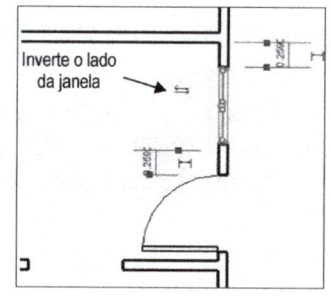

Figura 8.28 – Inversão do lado da janela.

8.2.1 Modificações de parâmetros das janelas

Em **Propriedades de tipo**, é possível modificar as dimensões e os materiais, e essas alterações refletem-se em todas as janelas do mesmo tipo. Em **Propriedades**, pode-se alterar pavimento e material, e isso se reflete somente na janela selecionada.

Propriedades de tipo: selecione a janela e, em seguida, clique em **Editar tipo** ou em **Propriedades de tipo** na aba **Modificar | Colocar Janelas** ou em **Editar tipo** na janela **Propriedades**. Em seguida, surge a janela de diálogo **Propriedades de tipo**, na qual as modificações realizadas refletem-se em todas as janelas do tipo selecionado.

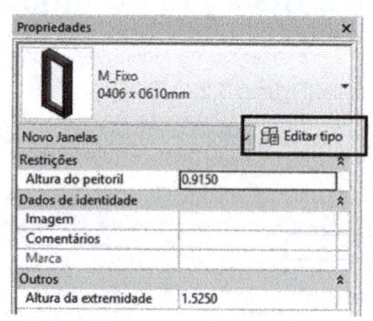

Figura 8.29 – Seleção de Editar tipo. susb

As propriedades variam de acordo com a janela selecionada. O tipo de janela que já está carregado no template inicial é de vidro fixo. Para carregar outros tipos, clique em **Carregar família**.

Clique no botão **Visualizar** para visualizar a janela com as propriedades:

Materiais e acabamentos: material usado na renderização e na cor usada no modo sombreado.

Altura: altura da janela.

Altura-padrão do peitoril: peitoril.

Projeção da apara – Ext.: profundidade da moldura do lado externo da janela.

Projeção da apara – Int.: profundidade da moldura do lado interno da janela.

Largura da apara – Exterior: largura da moldura do lado externo.

Largura da apara – Interior: largura da moldura do lado interno.

Largura: largura da janela.

Janela aplicada: profundidade da esquadria.

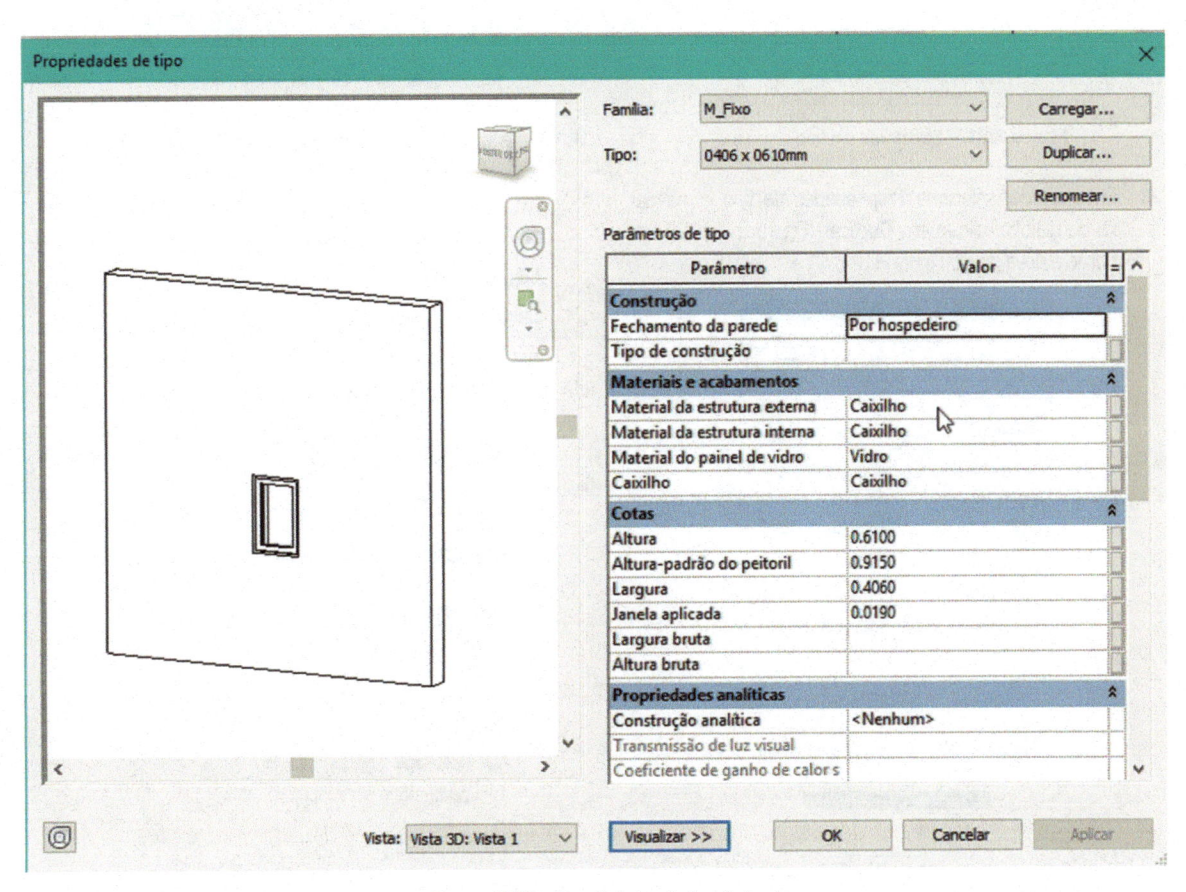

Figura 8.30 – Propriedades de tipo da janela.

Propriedades: ao selecionar a janela, podemos alterar em **Propriedades** os parâmetros de uma ou de todas as janelas selecionadas com a opção **Selecionar todas as instâncias** (clicando no botão direito do mouse), o que se reflete **somente** nas janelas selecionadas. As modificações possíveis são:

Nível: pavimento; se desenhar por engano em outro pavimento, basta mudar.

Altura do peitoril: altura do peitoril.

Fase: fase da obra.

Altura da extremidade: altura da verga.

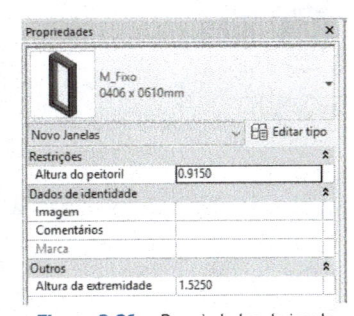

Figura 8.31 – Propriedades da janela selecionada.

8.2.2 Criação de um tipo de janela

Para criar um tipo de janela, o processo é semelhante ao de criação de uma porta. Copia-se uma janela existente e modificam-se suas propriedades.

1. Na aba **Arquitetura > Janela**, selecione uma janela na lista de janelas existentes (Figura 8.32).

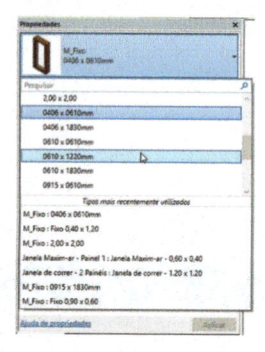

Figura 8.32 – Seleção de um tipo de janela.

2. Em seguida, selecione **Propriedades de tipo** e, na caixa de diálogo, clique em **Duplicar** (Figura 8.33). Dê um nome à nova janela Figura 8.34).

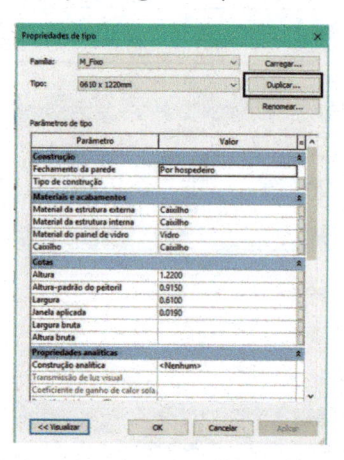

Figura 8.33 – Duplicação da janela.

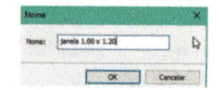

Figura 8.34 – Nome da janela.

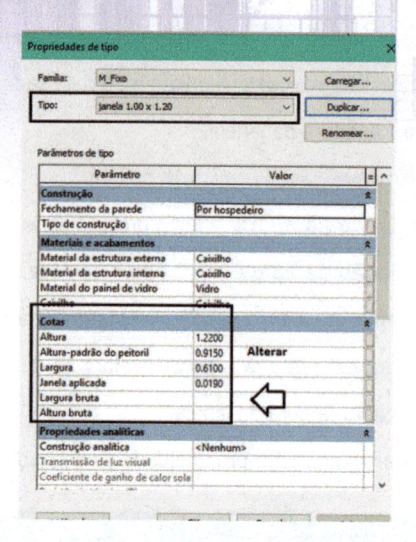

Figura 8.35 – Janela criada.

3. Note que **Propriedades de tipo** se abre com a janela que foi criada. É preciso alterar suas características para que ela fique com 1 m de largura e 1,2 m de altura, seguinte forma:

Altura: digite 1.20.

Largura: digite 1.00.

Agora, a janela de 1 m faz parte desse arquivo, mas ela não aparecerá em novos arquivos.

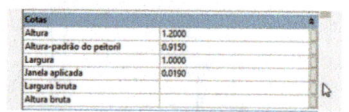

Figura 8.36 – Alteração das medidas da nova janela.

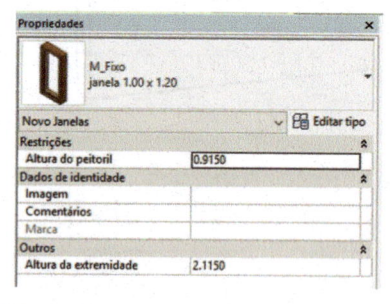

Figura 8.37 – Janela criada no desenho.

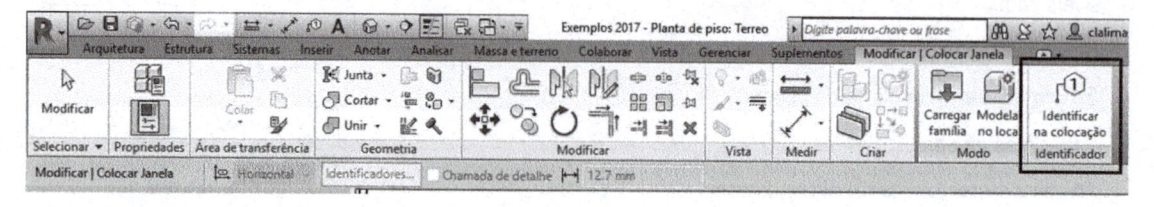

Figura 8.38 – Aba Modificar | Colocar Janela.

8.2.3 Inserção de novo tipo de janela

Para inserir um tipo de janela que não está na lista do desenho, é preciso carregar outra família de janelas a partir de um arquivo, da mesma forma que foi feito com as portas. Na aba **Modificar | Colocar Janela** selecione **Carregar família**, conforme a Figura 8.39.

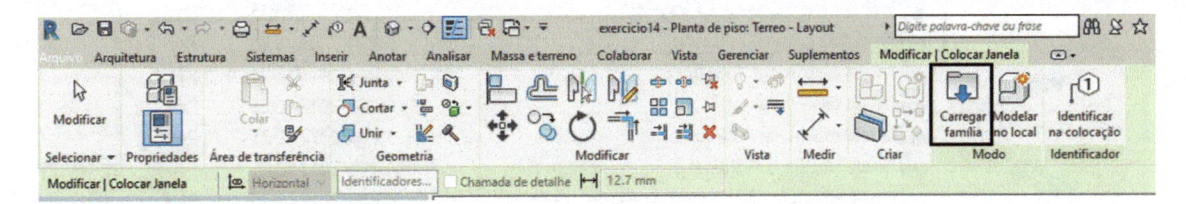

Figura 8.39 – Aba Modificar | Colocar Janela – Carregar família.

Ou também é possível clicar na aba **Inserir > Carregar da biblioteca > Carregar família** (Figura 8.40).

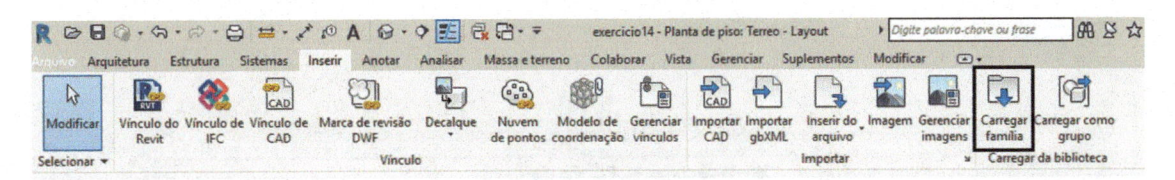

Figura 8.40 – Aba Inserir – Carregar família.

Surge a janela do Windows na qual devemos selecionar outra família de janelas. Escolha **Janelas** (Figura 8.41).

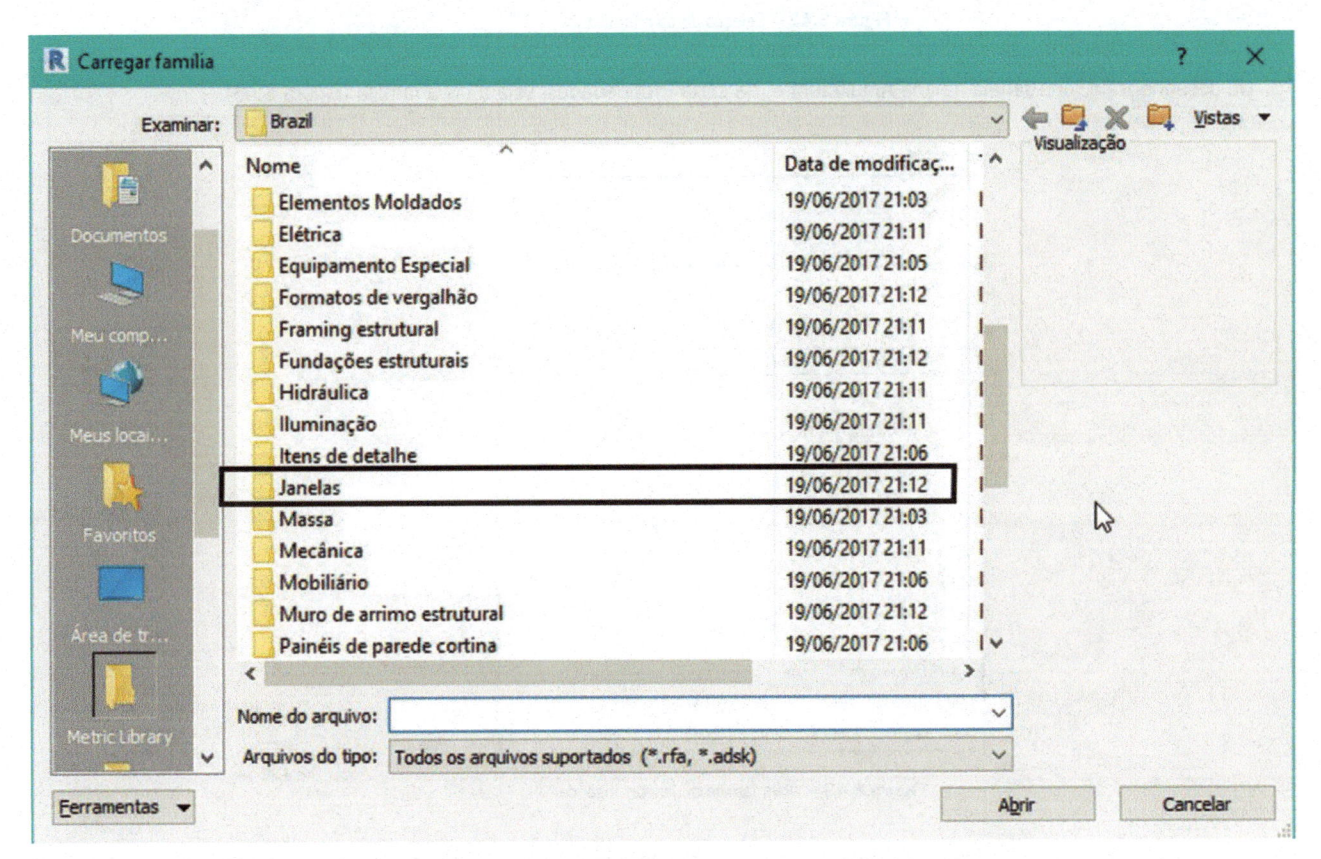

Figura 8.41 – Seleção da pasta com as famílias de janelas.

Na próxima janela, as famílias são exibidas. Conforme você seleciona uma **família**, tem a visualização do tipo de janela no canto superior direito da tela. Selecione uma delas (Figura 8.42) e volte ao desenho.

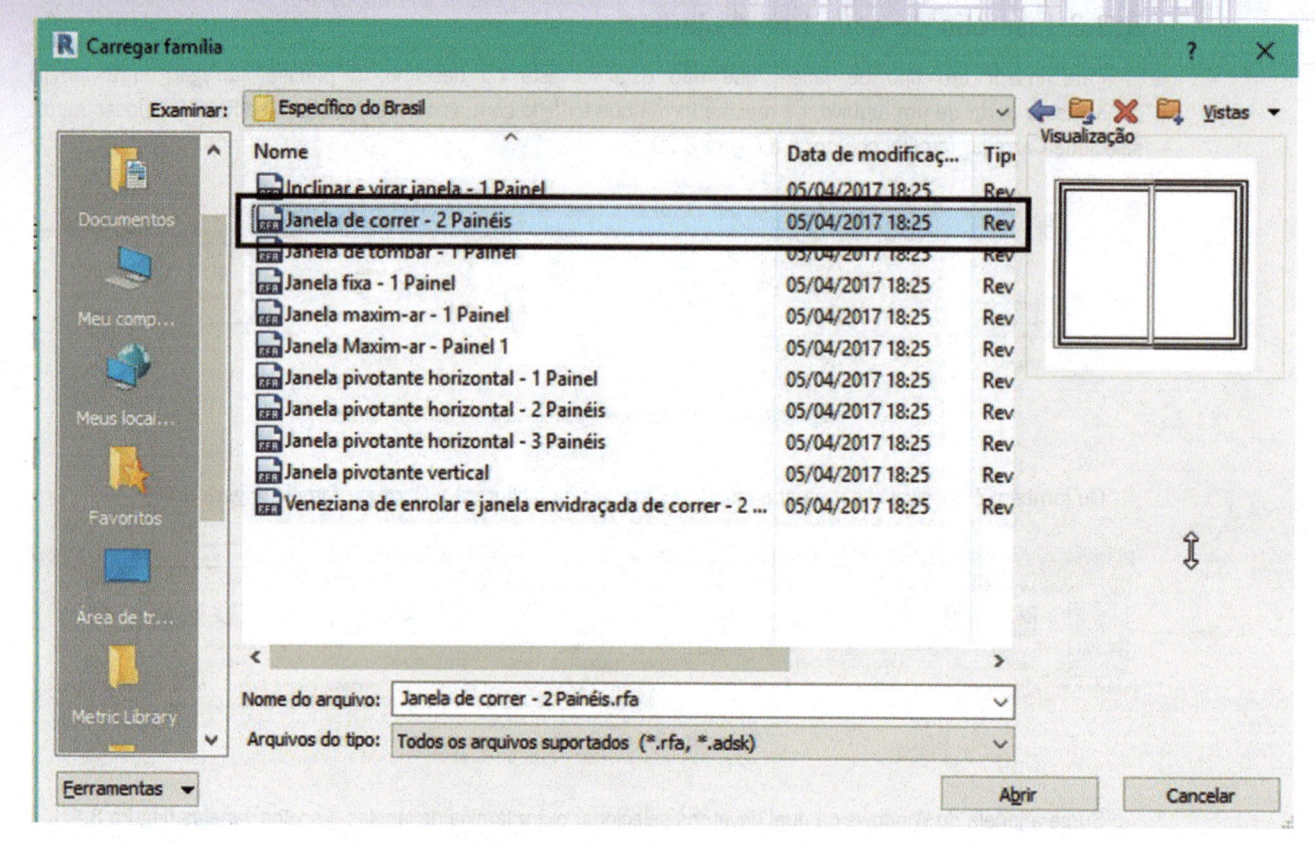

Figura 8.42 – Seleção do tipo/família.

No desenho, selecione **Janela** na aba **Arquitetura** e, na caixa **Propriedades**, veja a nova família (Figura 8.43).

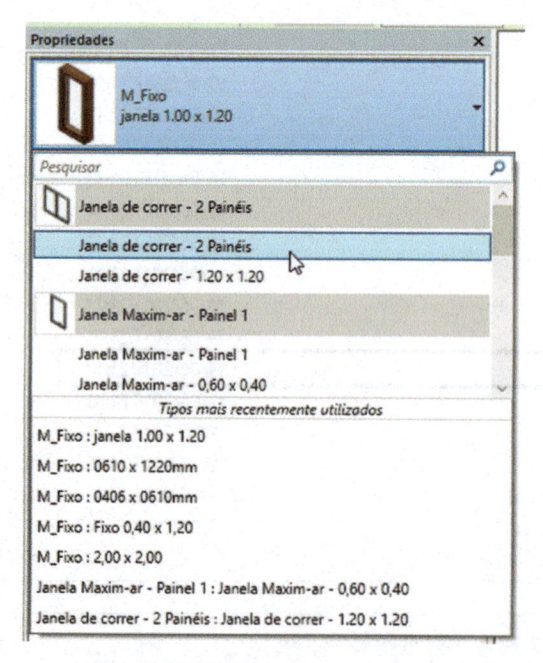

Figura 8.43 – Nova família de janelas inserida.

A partir desse momento, os tipos de janela dessa família podem ser utilizados no projeto e também é possível criar outros a partir deles, como vimos na criação de tipos de janela. Ao salvar o arquivo de projeto, a família carregada fica com ele.

9 Pisos e Forros

Introdução

Pisos e forros são elementos baseados em pavimentos. No Revit, podemos criar pisos com o comando **Piso** e forros com o comando **Forro**. O programa traz vários tipos de piso e forro predefinidos. Depois de inseridos, eles podem ser editados de muitas maneiras pelas propriedades ou pela alteração da forma geométrica - por exemplo, abrindo-se furos nos pisos para a passagem de uma escada. O processo de criação de um piso ou forro é semelhante ao de uma parede ou elemento do Revit. Os forros servem para hospedar luminárias, equipamentos elétricos, detectores de fumaça etc.

Objetivos

- Aprender a inserir pisos planos e inclinados.
- Inserir forros.
- Criar aberturas em pisos e forros.
- Gerar forros com eixos.

9.1 Inserção de pisos

Aba Arquitetura > Construir > Piso

O piso é uma superfície horizontal que suporta elementos do edifício apoiados nele. Para criá-lo, precisamos definir seu contorno por meio de linhas ou de seleção de paredes. O contorno do piso precisa ser uma poligonal fechada. Ao inserir um piso, especificamos seu pavimento. O topo do piso é colocado, por padrão, na cota do pavimento em que ele é criado, sendo sua espessura projetada para baixo. O comando **Piso** está na aba **Arquitetura** do painel **Construir**, como mostra a Figura 9.1. Na janela de diálogo **Propriedades**, podemos especificar a altura do topo da superfície do piso a partir da cota do piso.

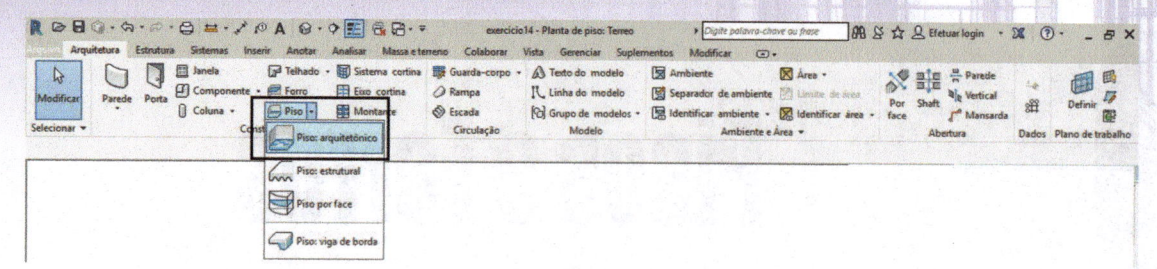

Figura 9.1 – Aba Arquitetura – ferramenta Piso.

O Revit possui os seguintes tipos de piso:

Piso: arquitetônico: é um piso convencional.

Piso: estrutural: mesmo que o anterior, mas tem outras propriedades estruturais além das do **Piso: arquitetônico**.

Piso por face: cria os pisos com base em um estudo de massa/volume, em que a forma do volume define a forma do piso.

Piso: viga de borda: cria pisos em cuja borda haja uma forma irregular.

Para inserir um piso plano, selecione **Piso > Piso: arquitetônico** e perceba que a aba muda para **Modificar | Criar limite do piso**. Na janela **Propriedades**, o Revit traz alguns tipos de pisos, já criados e podemos criar novos tipos; veja a Seção 9.2.1. Neste exemplo, vamos inserir um piso do tipo **Genérico 150 mm**.

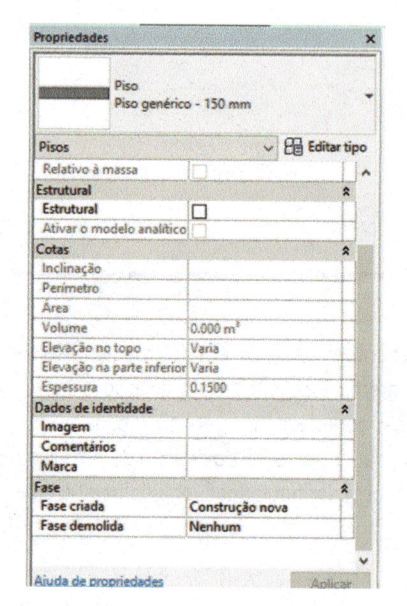

Figura 9.2 – Janela Propriedades – tipos de piso.

1. Em seguida, temos duas opções: selecionar paredes preexistentes ou desenhar o contorno com os comandos **Linha, Arco, Círculo, Polígono** etc. no painel **Desenhar** e compor a poligonal do piso. Esse modo chama-se **Edição**. Neste exemplo, vamos selecionar as paredes do desenho. Escolha a ferramenta **Selecionar paredes** no painel **Desenhar**, como destaca a Figura 9.3. Clique com o mouse na parede e uma linha rosa salientará a parede selecionada. Pode ser que a linha selecionada não seja a desejada; por exemplo, às vezes pode ser selecionada a linha de dentro da parede, mas a que se deseja é a de fora, como no desenho a seguir. Nesse caso, clique nas setas azuis e a parede selecionada se inverterá.

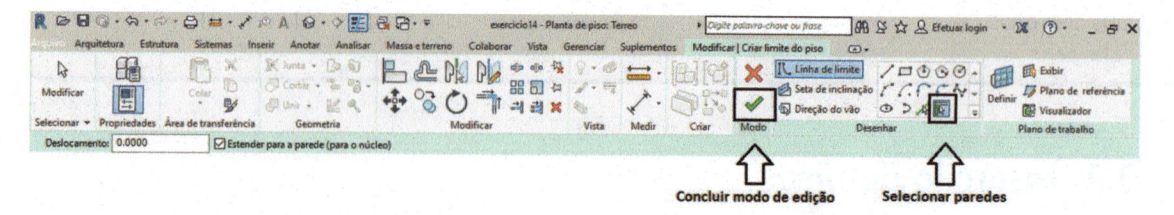

Figura 9.3 – Aba Modificar | Criar limite do piso – seleção de paredes.

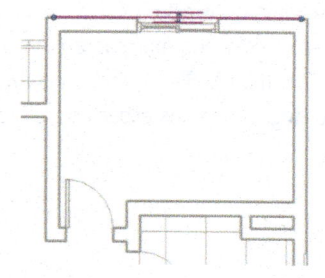

Figura 9.4 – Seleção de uma parede.

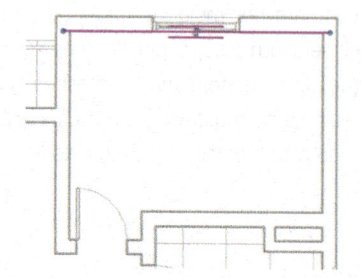

Figura 9.5 – Inversão do lado de seleção da parede.

2. Selecione outras paredes do projeto até concluir uma poligonal e edite com os grips, conforme a Figura 9.6.

3. Para encerrar, clique no botão **Concluir o modo de edição** no final da aba **Modificar | Criar limite do piso**.

4. Quando selecionamos uma parede com linhas que passam sobre outras paredes, gera-se uma divisão no piso; se você não quiser fazer a divisão, edite a linha com os grips azuis no ponto final da linha até o ponto desejado.

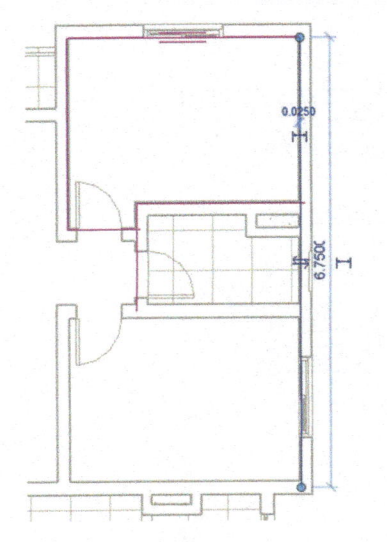

Figura 9.6 – Definição do contorno com grips.

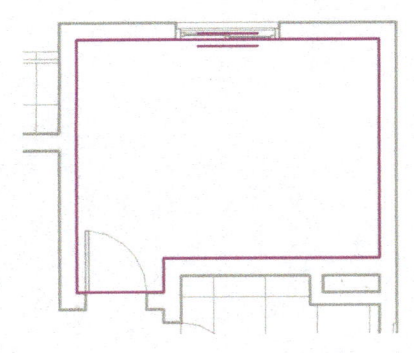

Figura 9.7 – Contorno definido.

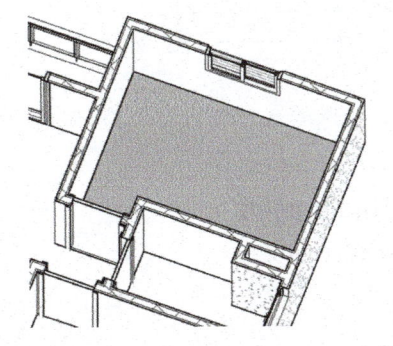

Figura 9.8 – Resultado em 3D após concluir-se o modo de edição.

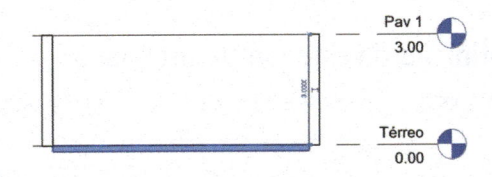

Figura 9.9 – Espessura do piso projetada para baixo.

Neste exemplo, vamos criar um piso com forma irregular.

1. Vamos inserir um piso plano. Selecione **Piso > Piso: arquitetônico** e note que a aba muda para **Modificar | Criar limite do piso**. Selecione o painel **Desenhar > Linha** e desenhe uma linha; selecione **Arco** e faça um arco na ponta e assim por diante, alternando entre as opções até formar uma poligonal fechada.

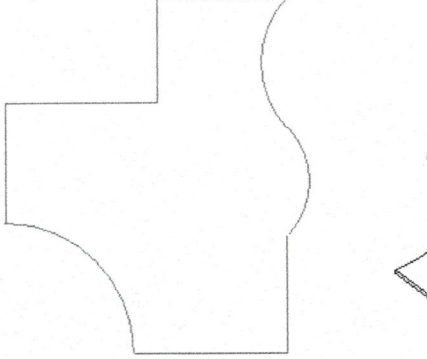

Figura 9.10 – Desenho da poligonal.

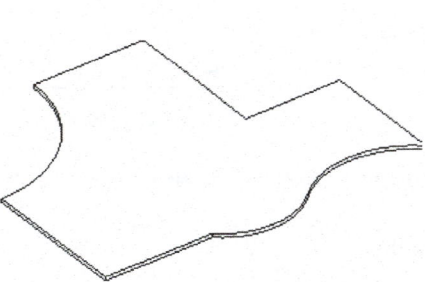

Figura 9.11 – Poligonal fechada.

2. Para encerrar, clique no botão **Concluir o modo de edição**, que fica no final da aba **Modificar | Criar limites do piso**.

9.1.1 Criação de pisos inclinados

Para criar pisos inclinados, primeiramente criamos o piso horizontal e, em seguida, alteramos suas características. Há três maneiras de criar um piso inclinado:

- ⊙ pela definição da direção de inclinação;
- ⊙ pela definição das propriedades de duas linhas paralelas;
- ⊙ pela definição da propriedade de uma única linha.

Figura 9.12 – Piso inclinado.

A seguir, acompanhe um exemplo de cada tipo.

9.1.2 Pela definição da direção de inclinação – Seta de inclinação

1. Crie um piso horizontal, como mostra a Figura 9.13, com linhas criando a borda do piso.

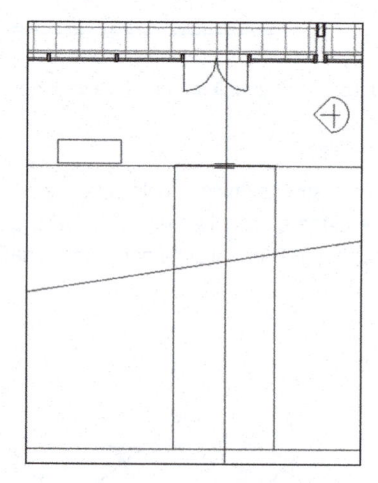

Figura 9.13 – Piso plano.

2. Em seguida, na aba **Modificar | Criar limite do piso**, selecione **Seta de inclinação**, como mostra a Figura 9.14.

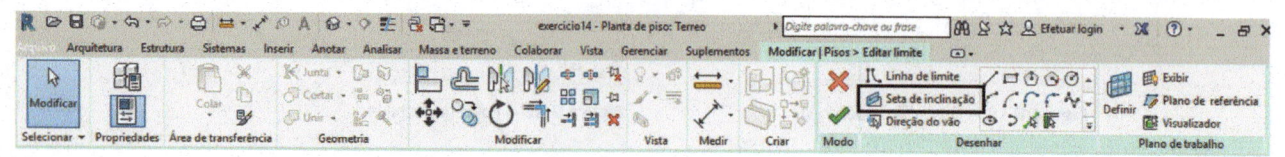

Figura 9.14 – Seleção da opção Seta de inclinação.

3. Depois de selecionar Seta de inclinação, clique em um local para definir o ponto inicial da seta, que dá o sentido de inclinação do piso. Em seguida, clique para definir o ponto final.

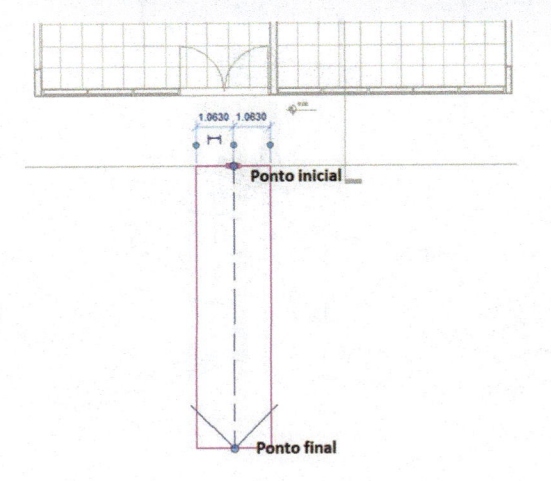

Figura 9.15 – Definição dos pontos inicial e final da inclinação.

4. Depois de definido o ponto final, surge uma seta azul que dá a direção da inclinação.

5. Agora vamos mudar as propriedades da seta no piso que vai definir a inclinação do piso na janela Propriedades, como indica a Figura 9.16.

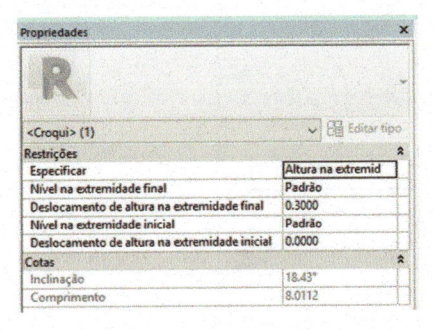

Figura 9.16 – Propriedades da seta.

6. Em Especificar, podemos escolher Altura na extremidade ou Inclinação. Na primeira opção, definimos a altura do piso na parte de trás; na segunda, indicamos uma inclinação do piso em graus. A seguir, observe as formas de cada opção:

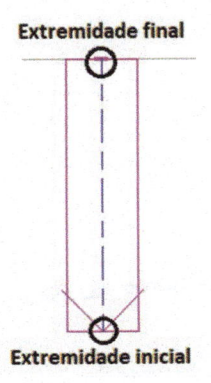

Figura 9.17 – Definição das extremidades inicial e final.

Se escolher Altura na extremidade:

Nível na extremidade final: pavimento na parte de trás da seta.

Deslocamento de altura na extremidade final: especifique o quanto a parte de trás da seta está acima do pavimento dela.

Nível na extremidade inicial: indique o pavimento da ponta da seta.

Deslocamento de altura na extremidade inicial: especifique quão acima do pavimento da ponta da seta ela termina.

Se escolher Inclinação:

Nível na extremidade final: pavimento na parte de trás da seta.

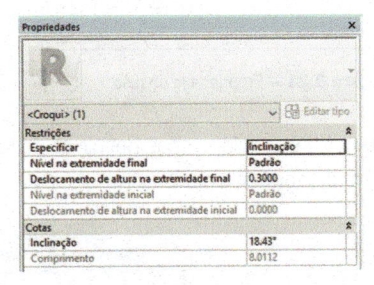

Figura 9.18 – Seleção de Inclinação.

Deslocamento de altura na extremidade final: especifique o quanto a parte de trás da seta está acima do pavimento dela.

Inclinação: dê a inclinação do piso.

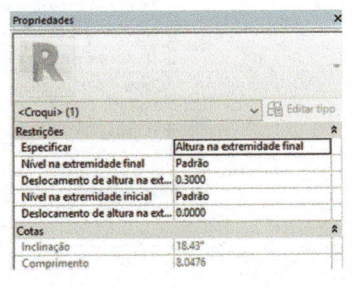

Figura 9.19 – Seleção de Altura na extremidade final.

Neste exemplo, se definirmos a Inclinação, o piso ficará com as propriedades mostradas na Figura 9.20. A Inclinação da seta é de -6 graus e a Altura do deslocamento do nível é de -0,35 m para baixo, de modo que ele se ajuste à altura, conforme as Figuras 9.20 e 9.21.

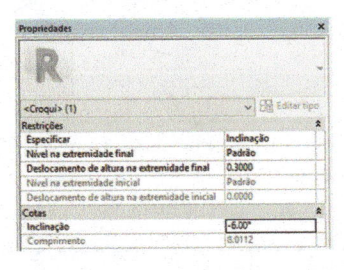

Figura 9.20 – Propriedades de Inclinação.

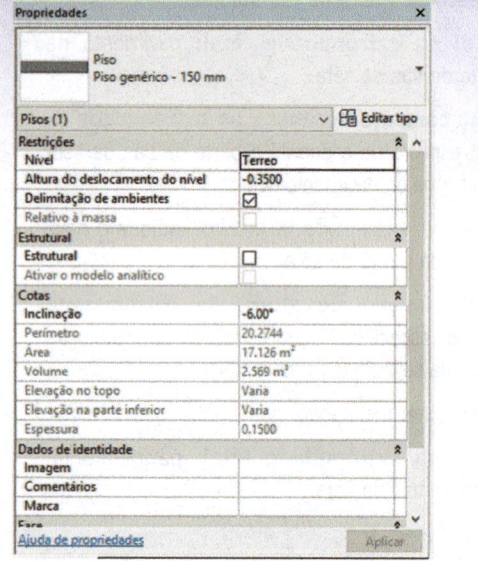

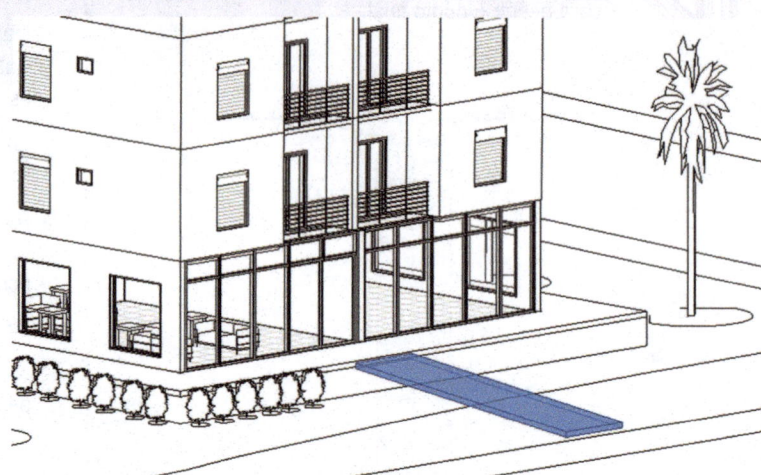

Figura 9.21 – Propriedade do piso.

Figura 9.22 – Resultado em 3D.

Neste outro exemplo, vamos definir os seguintes parâmetros para **Altura na extremidade final**, a fim de obter o resultado mostrado em seguida:

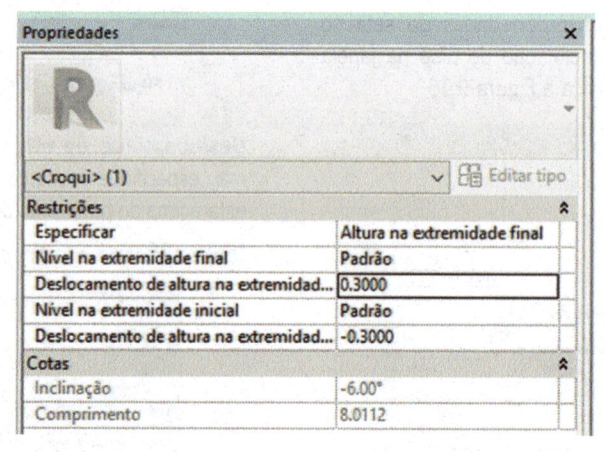

Figura 9.23 – Definição de Altura na extremidade final e distância da base.

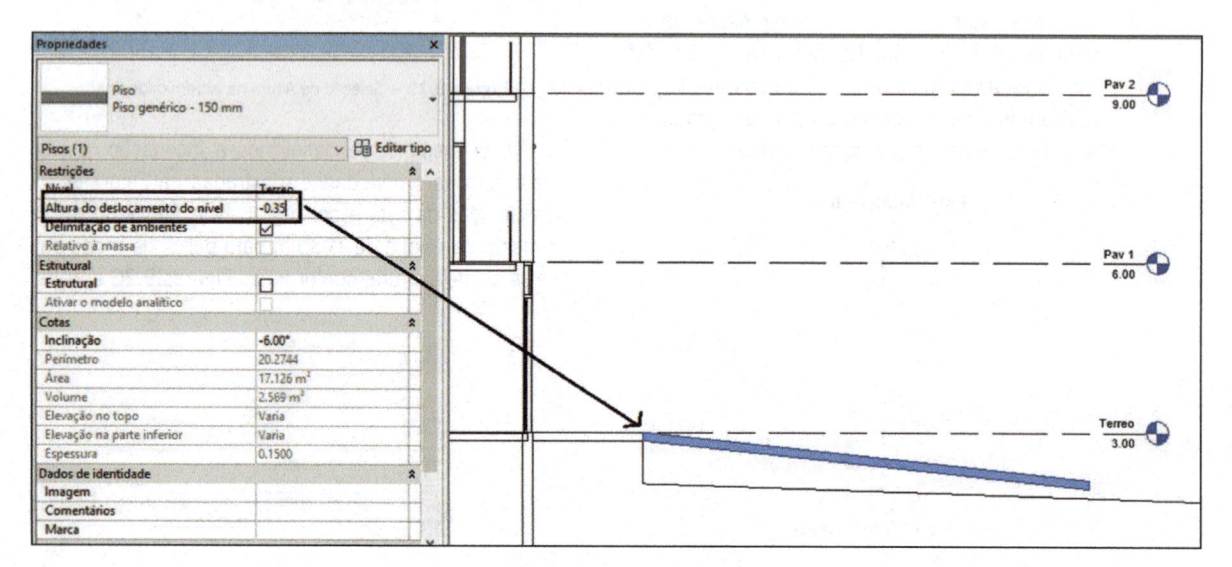

Figura 9.24 – Deslocamento da base do nível.

Autodesk® Revit® Architecture 2018 – Conceitos e Aplicações

Figura 9.25 – Resultado em 3D.

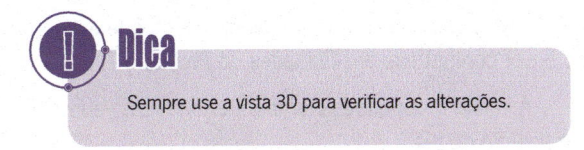

Dica

Sempre use a vista 3D para verificar as alterações.

Para finalizar, clique em Concluir o modo de edição.

9.1.3 Pela definição das propriedades de linhas paralelas

1. Crie um piso.

2. Pressione **Ctrl**, selecione duas linhas paralelas e, na janela Propriedades, clique em Define a altura constante.

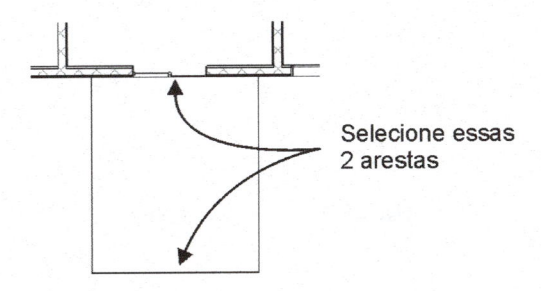

Selecione essas 2 arestas

Figura 9.26 – Seleção das arestas.

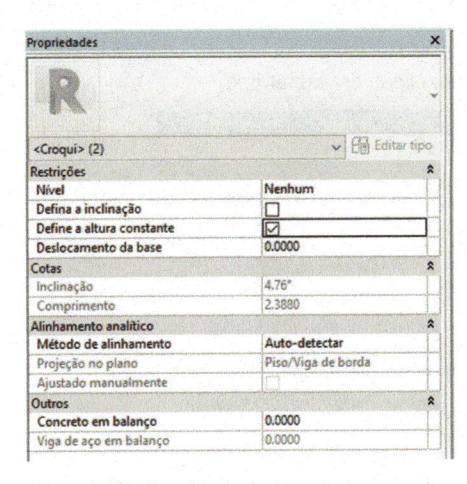

Figura 9.27 – Definição da altura constante nas arestas.

3. Clique nas mesmas linhas individualmente e digite um valor diferente em Deslocamento da base para uma delas.

4. Para finalizar, clique em Concluir o modo de edição.

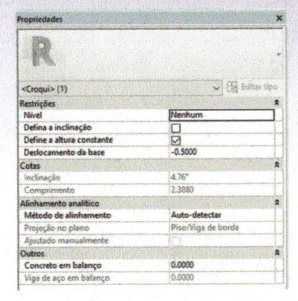

Figura 9.28 – Altura da primeira aresta.

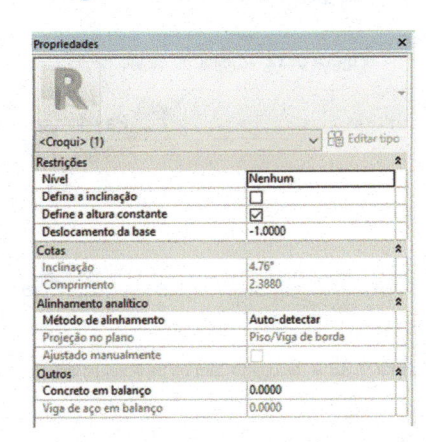

Figura 9.29 – Altura da segunda aresta.

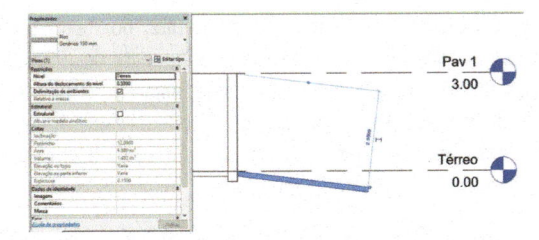

Figura 9.30 – Resultado com os parâmetros definidos.

9.1.4 Pela definição das propriedades de uma única linha

1. Crie um piso.

2. Selecione uma linha e, em Propriedades, clique em Define a altura constante.

3. Selecione a propriedade Defina a inclinação e digite um valor para a inclinação no campo Inclinação.

4. Para finalizar, clique em Concluir o modo de edição.

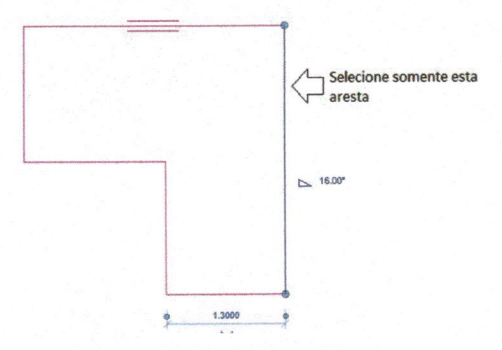

Selecione somente esta aresta

Figura 9.31 – Seleção de uma única aresta.

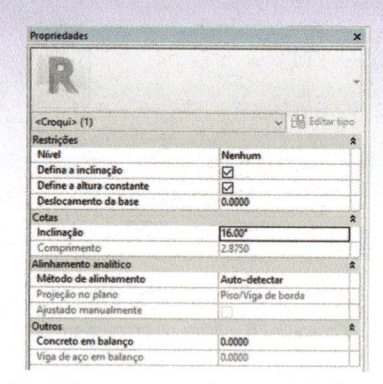

Figura 9.32 – Definição de inclinação.

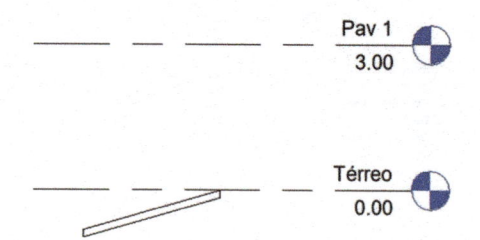

Figura 9.33 – Resultado com os parâmetros definidos.

Altura do deslocamento da base: distância do topo do piso ao nível do pavimento.

Delimitação de ambiente: se habilitado, o piso é utilizado como delimitador de ambiente para gerar ambientes e calcular áreas, como veremos mais adiante na Seção 15.6.

Estrutural: se habilitado, insere propriedades estruturais no piso mais usado no Revit Structure.

Inclinação: define a inclinação do piso em graus ou porcentagem, dependendo do que estiver configurado em Unidades do Projeto.

A janela Propriedades também exibe Área, Perímetro e Volume do piso.

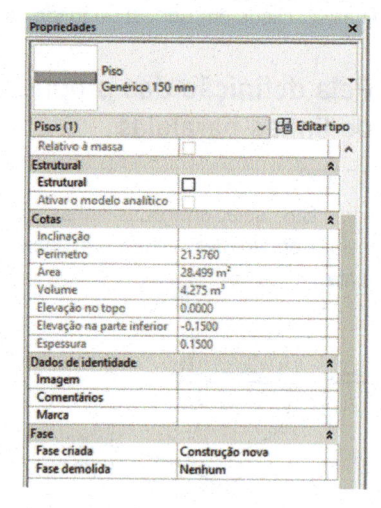

Figura 9.34 – Janela Propriedades.

9.2 Propriedades dos pisos

Os pisos, como todos os elementos do Revit, têm propriedades de instância e propriedades de tipo. Os pisos são famílias do sistema, ou seja, estão no template/ modelo da mesma forma que as paredes. A seguir, veremos as propriedades de instância, ou seja, de um piso selecionado na janela Propriedades.

Nível: pavimento a que o piso pertence.

9.2.1 Criação de novos tipos de piso

O processo de criação de um novo piso é semelhante ao de paredes, porque os pisos são famílias do sistema. Logo, duplicamos um piso e alteramos as propriedades para criar novos pisos.

1. Selecione um piso no projeto e, na janela Propriedades de tipo, clique em Editar tipo.

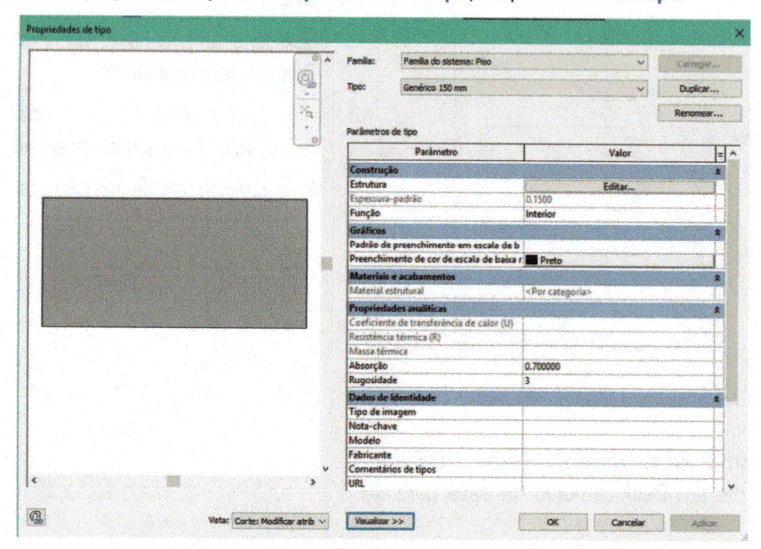

Figura 9.35 – Propriedades de tipo do piso.

2. Em seguida, na janela **Propriedades de tipo**, clique em **Visualizar** para expandir a janela e visualizar o piso em vista.

3. Clique em **Duplicar** e, em seguida, dê um nome ao novo piso – por exemplo, **Madeira 2 cm** – e clique em **Ok**.

4. O novo piso é criado e agora vamos alterar suas propriedades. Clique em **Estrutura > Editar** para abrir a janela **Editar montagem**, como mostra a Figura 9.36.

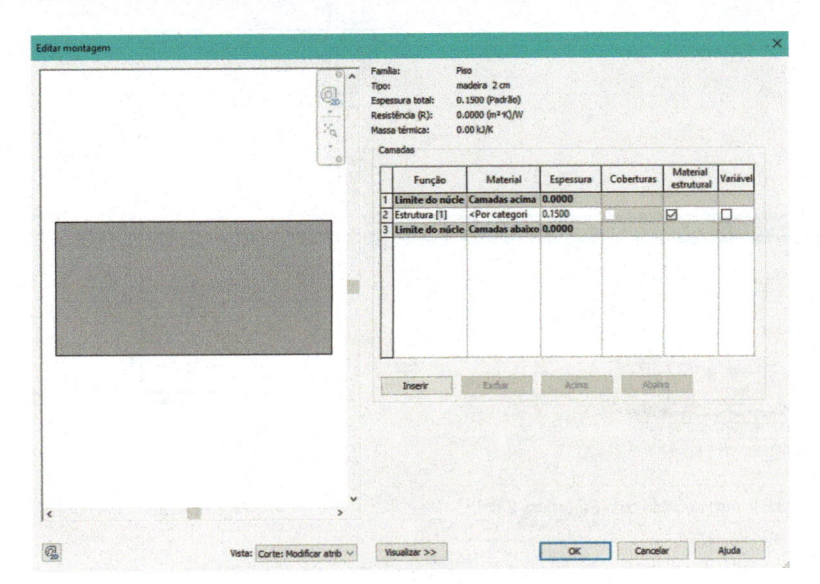

Figura 9.36 – Janela Editar montagem.

5. Em seguida, altere o valor da espessura para 0.02, assim como o material, da mesma forma que vimos em paredes. O material do piso poderá ter uma hachura, de forma a representar o material, no caso madeira. Para isso, escolha a hachura em **Padrão de superfície**, como mostra a Figura 9.37.

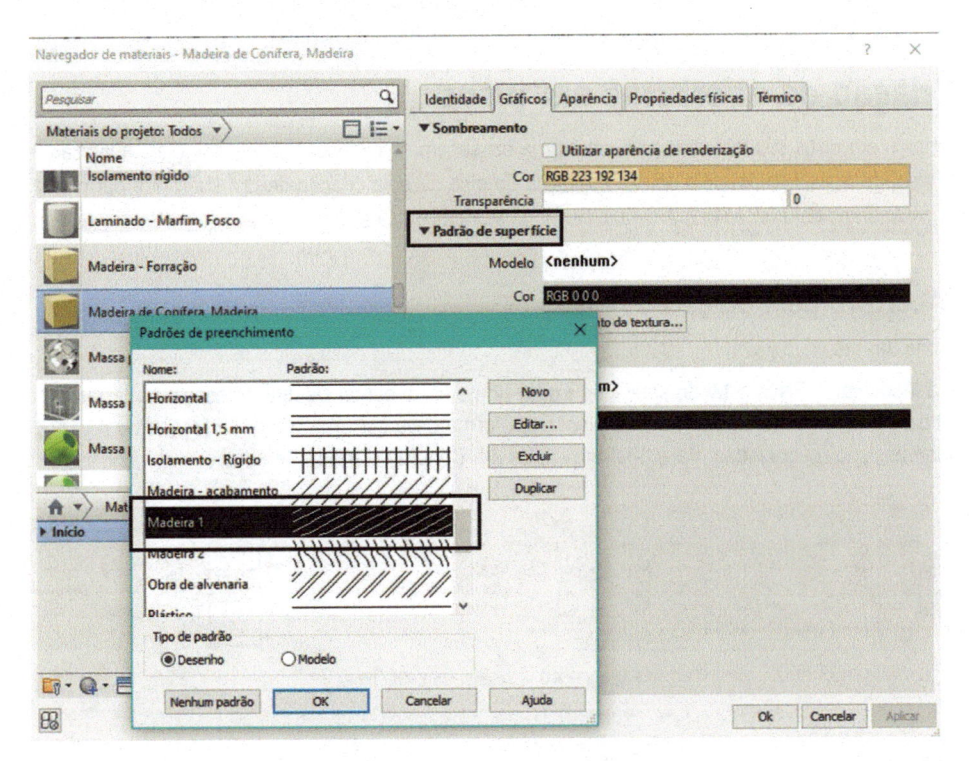

Figura 9.37 – Definição do material do piso.

6. Em seguida, as propriedades do piso devem ficar como na Figura 9.38.

7. Clique em **OK** para finalizar.

8. O piso é acrescentado à lista de pisos do arquivo e só será exibido no arquivo em que ele foi criado.

A Figura 9.39 exibe exemplos de pisos com hachuras definidas nos materiais.

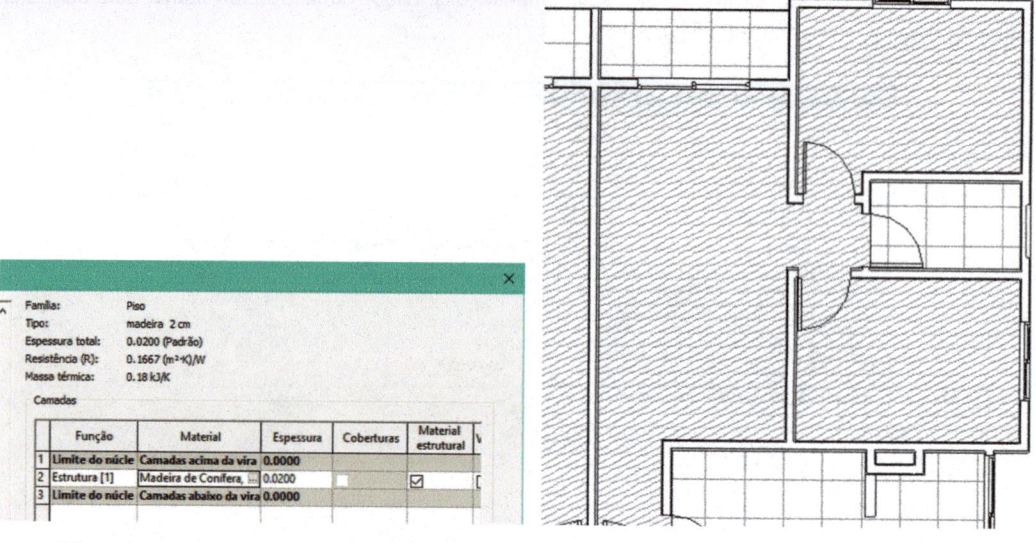

Figura 9.38 – Piso definido com espessura 2 cm.

Figura 9.39 – Hachuras em pisos.

 **Importante**

O piso pode ser composto de várias camadas, como a parede. Por exemplo, uma camada para a argamassa e outra para o acabamento. Para isso, basta clicar no botão **Inserir** na janela **Editar montagem**, inserir novas camadas e definir o material e a espessura de cada uma delas.

9.3 Criação de aberturas em pisos

As aberturas em pisos são inseridas para criar uma passagem de escada, um mezanino etc. Elas são feitas após a criação do piso, de duas formas: pela edição da forma do piso ou pela criação de um shaft que permite criar um furo para vários pavimentos de uma só vez. A seguir, veremos as duas opções.

9.3.1 Abertura pela edição do piso

1. Selecione um piso.

2. Na aba **Modificar | Pisos > Modo** selecione **Editar limite** e, no painel **Desenhar**, escolha a ferramenta mais adequada para criar a forma da abertura do piso. Essa forma deve ser uma poligonal **fechada** e não pode ter linhas em sobreposição ou cruzadas. Para finalizar, clique em **Concluir o modo de edição**.

Figura 9.40 – Seleção de Editar limite.

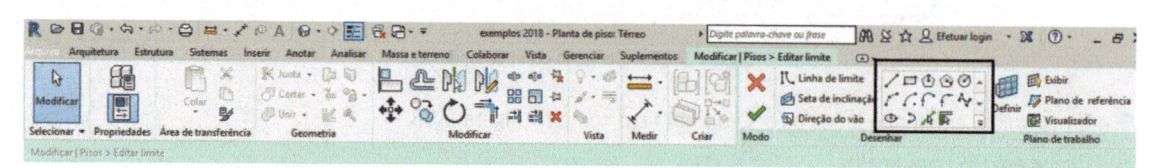

Figura 9.41 – Seleção das ferramentas de desenho.

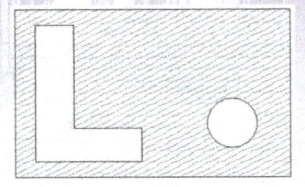

Figura 9.42 – Piso com aberturas em forma de círculo e polígono.

9.3.2 Abertura pela criação de shaft

Aba Arquitetura > Abertura > Shaft

Para gerar uma mesma abertura em pisos ou lajes em vários pavimentos sobrepostos, existe a opção Shaft, que cria um volume que passa cortando todos os pavimentos. Podemos manipulá-lo por meio dos grips, o que facilita bastante a edição. O volume criado não aparece no projeto, funcionando como se fosse um "fantasma". A Figura 9.43 mostra um shaft passando por todos os pavimentos para criar a abertura da escada.

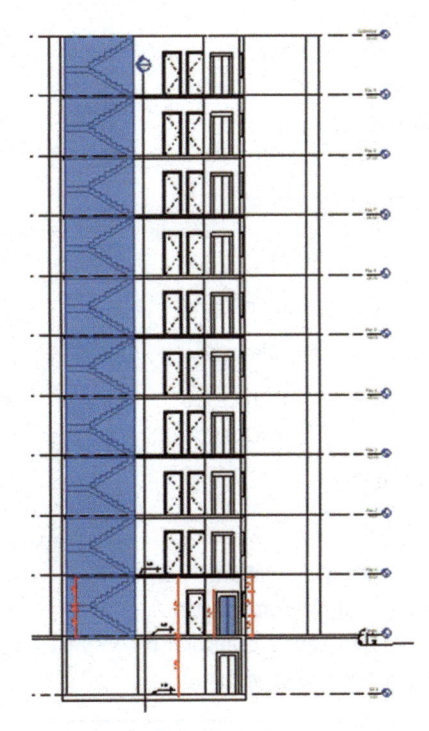

Figura 9.43 – Shaft para geração de abertura em vários pavimentos.

Na vista de planta do pavimento em que se encontra o piso a ser cortado, selecione Shaft na aba Arquitetura, como mostra a Figura 9.44.

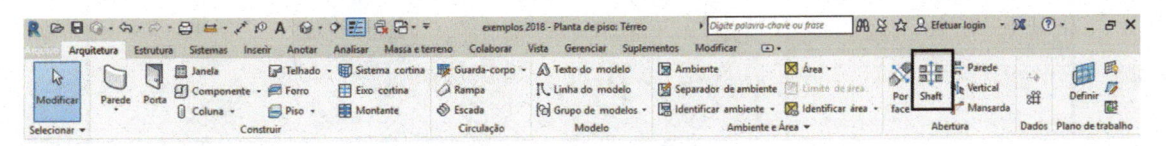

Figura 9.44 – Aba Arquitetura – seleção de Shaft.

Em seguida, na aba Modificar | Criar Croqui da abertura do shaft, desenhe a poligonal da borda do furo com as ferramentas de desenho do painel Desenhar, conforme a Figura 9.45, e clique no botão Concluir o modo de edição no painel Modo para encerrar.

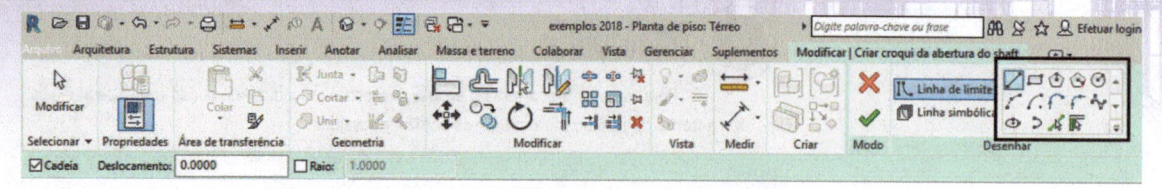

Figura 9.45 – Ferramentas de desenho da poligonal do Shaft.

Em uma vista 3D isométrica, veja o shaft criado como na Figura 9.47. Se tiver dificuldade de selecionar e visualizar, passe o cursor sobre a região onde ele foi criado na vista 3D e verá que ele aparece como um retângulo; então, selecione-o. Para mudar a altura do corte, podemos usar os grips exibidos ao selecionar Shaft ou as propriedades do shaft, na janela Propriedades, como na Figura 9.48.

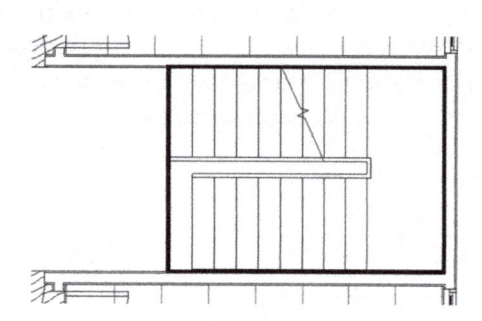

Figura 9.46 – Desenho da poligonal da borda do furo.

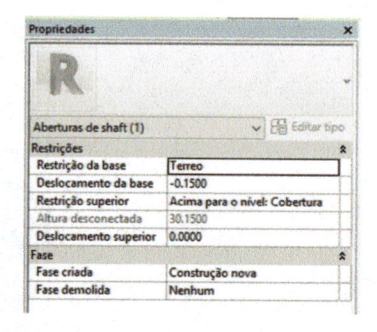

Figura 9.47 – Shaft.

As propriedades são:

Deslocamento superior: distância a partir do topo.

Deslocamento da base: distância a partir da base.

Altura desconectada: essa opção só aparece ao selecionarmos Não conectado em Restrição superior.

Restrição da base: pavimento da base.

Restrição superior: pavimento do topo.

Configuramos a altura do shaft com a definição do pavimento de base e topo. Ainda podemos atribuir uma distância a partir da base e do topo. Neste exemplo, vamos configurar o shaft para sair do térreo e ir até o pavimento da cobertura.

Figura 9.48 – Propriedades do shaft.

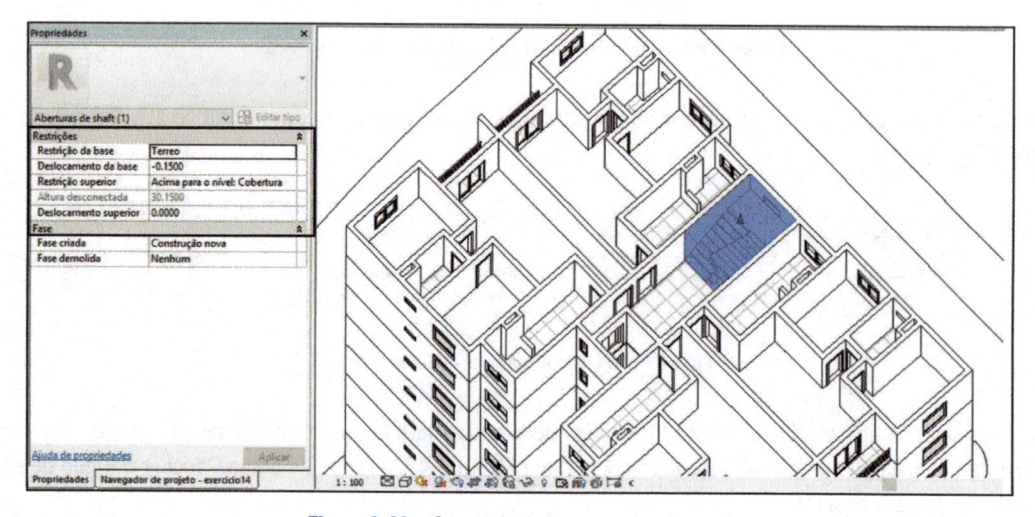

Figura 9.49 – Criação de shaft do térreo a cobertura.

A Figura 9.50 mostra o resultado final do corte depois de criado o shaft.

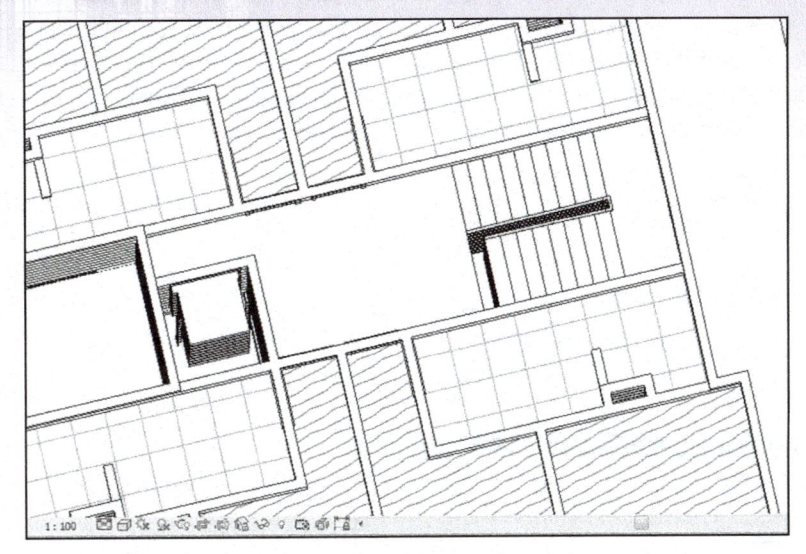

Figura 9.50 – Resultado em 3D do corte passando por todos os pavimentos.

9.4 Divisão do piso

Como já abordado, o recurso **Peças**, quando usado para paredes, permite separar as camadas em pisos e dividi-los em várias partes. Depois de divididos, os elementos gerados podem ter outro material e ainda ser subdivididos. As partes geradas são contabilizadas, identificadas, filtradas e exportadas separadamente. A divisão visa facilitar a apresentação e a implantação desses elementos na construção.

Podemos gerar peças dos seguintes elementos:

Pisos: de qualquer tipo.

Paredes: excluindo paredes cortina e empilhadas.

Forros.

Telhados.

Fundação estrutural: lajes de fundação.

Quando modificamos o elemento que gerou a peça – a fim de alterar suas camadas, mudar o tipo e recortar a geometria e o material –, as partes também são modificadas. Ao eliminarmos o objeto original, as partes são apagadas.

Vejamos um exemplo de divisão de piso em partes. Selecione um piso e, na aba **Modificar | Pisos**, painel **Criar**, clique em **Criar peças**, como mostra a Figura 9.51.

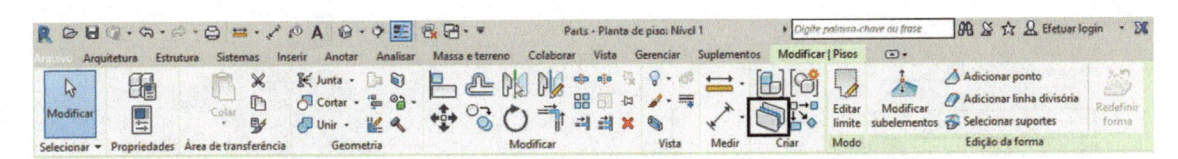

Figura 9.51 – Seleção de Criar peças.

Na aba **Modificar | Peças**, selecione **Dividir Peças** para dividir o piso em partes (Figura 9.52).

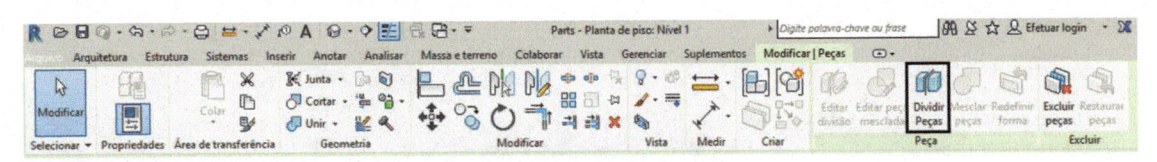

Figura 9.52 – Seleção de Dividir Peças.

Depois de selecionar a opção Dividir Peças, é preciso configurar a divisão do piso na aba Modificar | Divisão. Há duas opções: podemos usar as ferramentas de desenho para fazer uma linha que divida o piso em duas partes e desenhar outra forma geométrica dentro do piso para dividi-lo. Ou, ainda, podemos usar referências do projeto, como eixos e planos, para dividir. Para isso, selecionamos Intersecção de referências (Figura 9.53) e os eixos na janela de diálogo Efetuando a interseção de referências nomeadas, como mostra a Figura 9.54.

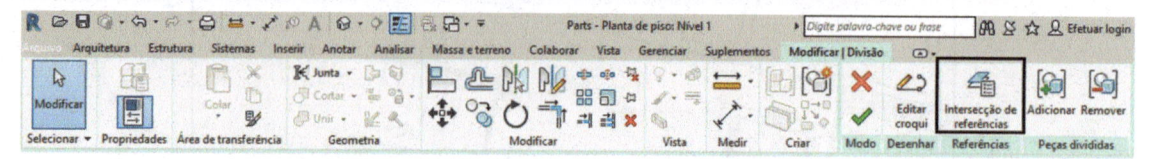

Figura 9.53 – Seleção de Intersecção de referências.

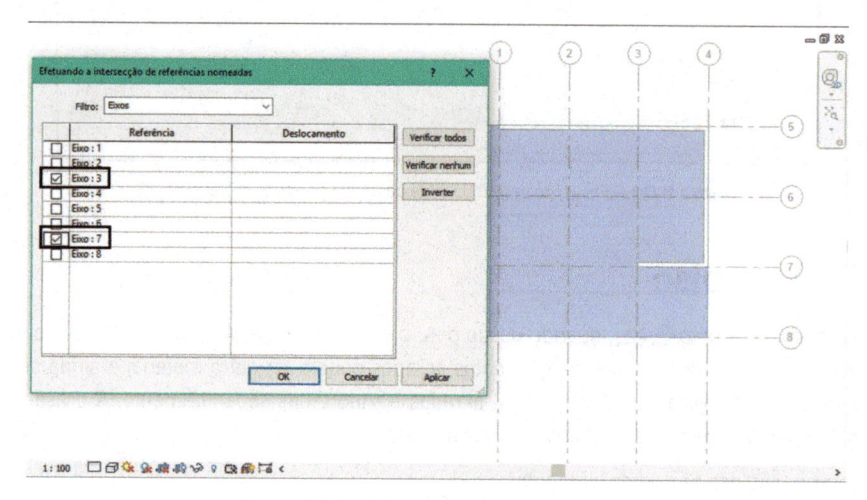

Figura 9.54 – Seleção de eixos para dividir o piso.

Neste exemplo, foram selecionados os eixos 3 e 7 do projeto para gerar as divisões mostradas na Figura 9.55. Em seguida, clique em OK, na janela de diálogo, e em Concluir o modo de edição, na aba Modificar | Divisão, para finalizar. Se não estiver visualizando as partes, selecione Mostrar peças em Visibilidade de peças, na janela Propriedades da vista. Apesar de termos criado divisões no piso, ele ainda preserva o elemento original, então podemos visualizar e selecionar somente o elemento original, visualizar apenas as partes ou ambos, clicando em Visibilidade de peças.

Mostrar peças: exibe somente as partes.

Mostrar original: exibe somente o elemento que originou as partes.

Mostrar ambos: apresenta ambos.

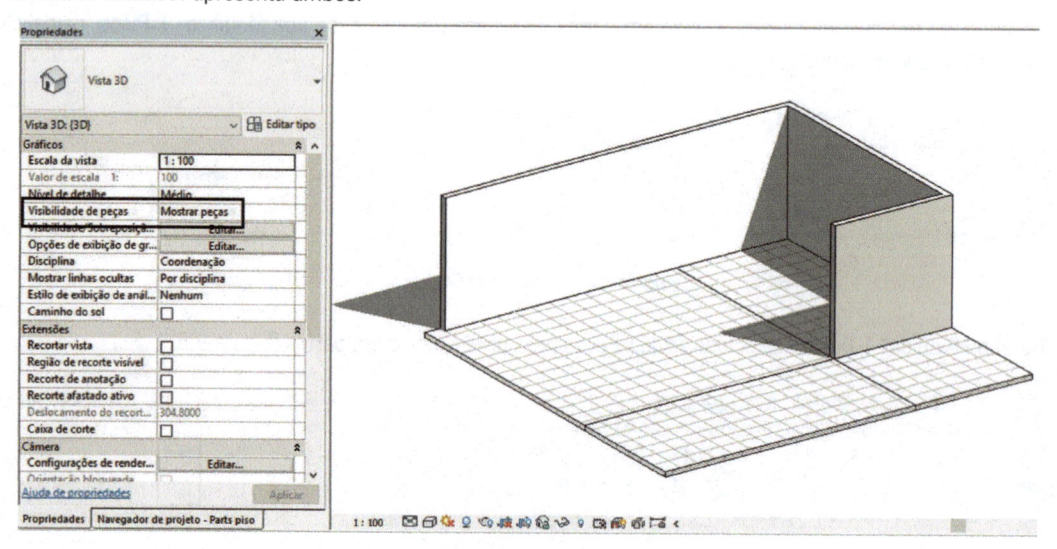

Figura 9.55 – Visualização das partes criadas.

Depois de dividir o piso, podemos mudar os materiais de cada parte. Selecione a parte que terá o piso alterado e desmarque **Material por original** na janela **Propriedades**. Clique em **Material** para selecionar outro material, como indica a Figura 9.56.

Com a possibilidade de dividir um piso em várias partes, podemos criar um único piso para um pavimento, depois dividi-lo em partes e selecionar o material de cada ambiente. Dessa forma, simplificamos a quantidade de pisos e temos um elemento só para manipular. Para extrair os materiais de cada parte separadamente nos quantitativos de materiais, selecionamos **Levantamento de material** em **Peças**. As tabelas de quantitativos e de materiais são estudadas no Capítulo 16.

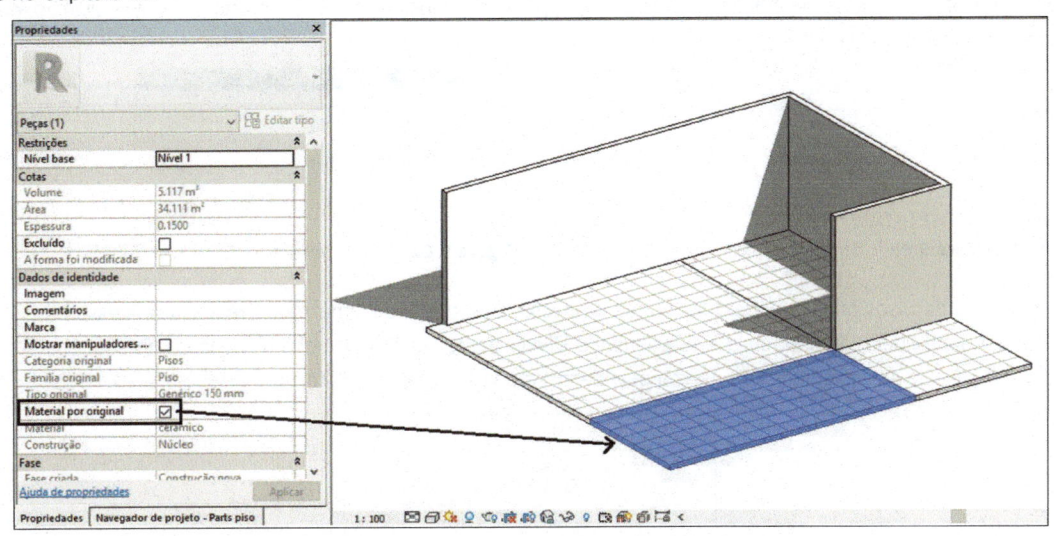

Figura 9.56 – Alteração do material de uma das partes do piso dividido.

Para visualizar o piso original, selecione **Mostrar original** em **Visibilidade de peças** na janela **Propriedades**, como mostra a Figura 9.57.

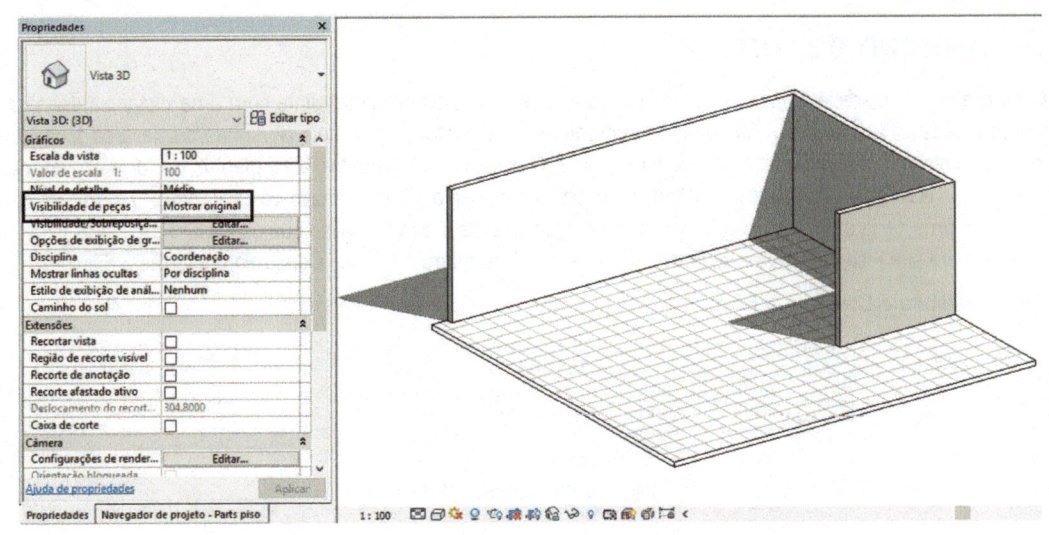

Figura 9.57 – Visualização do piso original.

Para desfazer a divisão, selecione qualquer uma das partes e então clique em **Editar divisão** na aba **Modificar | Peças**. Em seguida, escolha **Remover** e selecione novamente o piso.

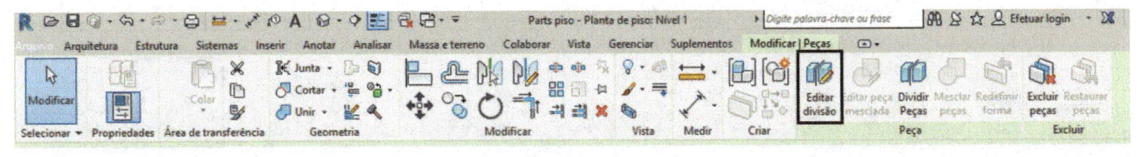

Figura 9.58 – Seleção de Editar divisão.

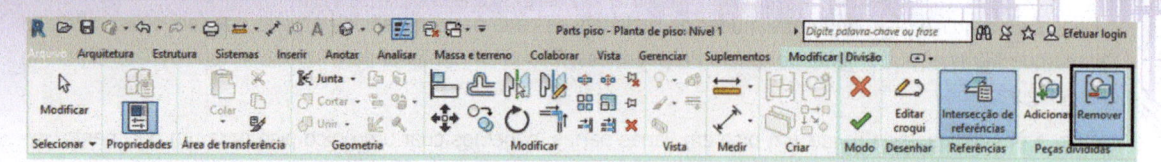

Figura 9.59 – Seleção de Remover.

Depois de clicar em **Remover**, uma mensagem no canto inferior da tela informa que a divisão não contém partes. Clique em **Concluir o modo de edição** para finalizar. Surge outra mensagem indicando que nada será dividido, como ilustram as Figuras 9.60 e 9.61.

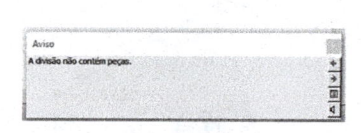

Figura 9.60 – Mensagem do canto inferior.

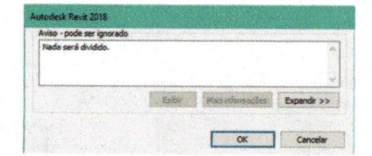

Figura 9.61 – Mensagem final – não há mais divisão.

As partes de pisos criadas podem ter outras divisões. Para subdividir uma parte, repita o processo para cada parte a ser subdividida, clicando nela e selecionando **Dividir peças**; então, desenhe a forma da divisão, conforme a Figura 9.62. Neste exemplo, foi feito um retângulo dentro da parte do piso já dividido.

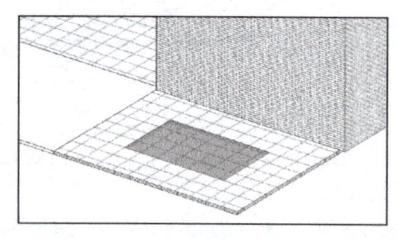

Figura 9.62 – Criação de subdivisão da parte de um piso.

9.5 Inserção de forros

O forro é uma superfície horizontal que fica abaixo do piso do pavimento seguinte com uma distância definida em suas propriedades. Para criar um forro, precisamos definir seu contorno por meio de linhas ou de área fechada por paredes. O contorno precisa ser uma poligonal fechada. O Revit cria pavimentos para plantas de forro ao se criar os pavimentos. No **Navegador de projeto**, em **Plantas de forro,** selecione a planta de forro do pavimento. O forro é colocado, por padrão, a uma certa altura em relação ao pavimento em que ele é criado, sendo sua espessura projetada para cima. O comando para sua inserção chama-se **Forro** e está na aba **Arquitetura** do painel **Construir**, conforme a Figura 9.63.

Aba Arquitetura > Construir > Forro

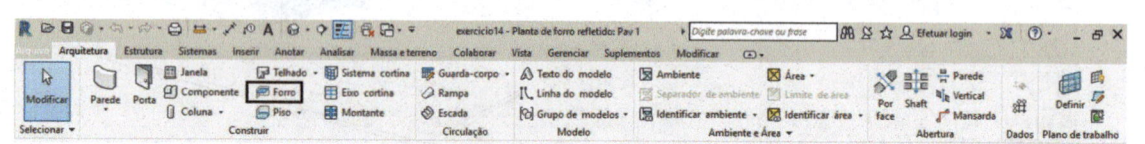

Figura 9.63 – Comando Forro.

Ao entrar no comando, a aba da **Ribbon** muda para **Modificar | Colocar Forro**. Devemos selecionar o tipo de forro no seletor de tipo na janela **Propriedades** e ele entra no modo de **Forro automático** (Figura 9.64). Em seguida, devemos optar por usar paredes para definir o contorno ou desenhá-lo. Os forros são famílias do sistema e já vêm carregados no modelo.

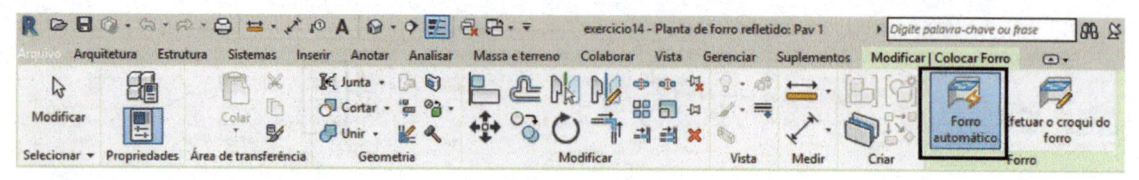

Figura 9.64 – Aba Colocar Forro.

Na linha de status abaixo, à esquerda da tela, surge a mensagem da Figura 9.65, que solicita clicar em uma área cercada por paredes para criar o forro automático. Se essa opção for a mais adequada, clique na área (Figura 9.66) e o forro é criado na área selecionada.

Clique em uma área vinculada pelas paredes para criar o forro

Figura 9.65 – Mensagem na linha de status.

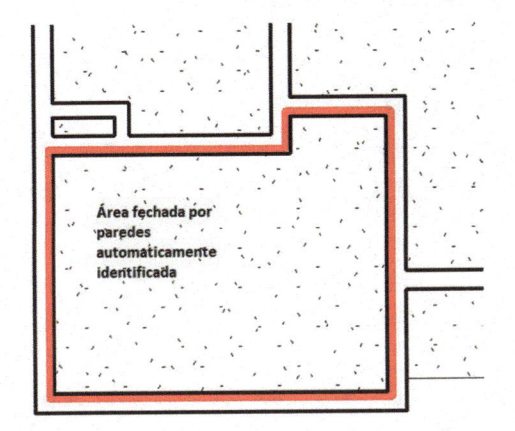

Figura 9.66 – Seleção de uma área fechada por paredes.

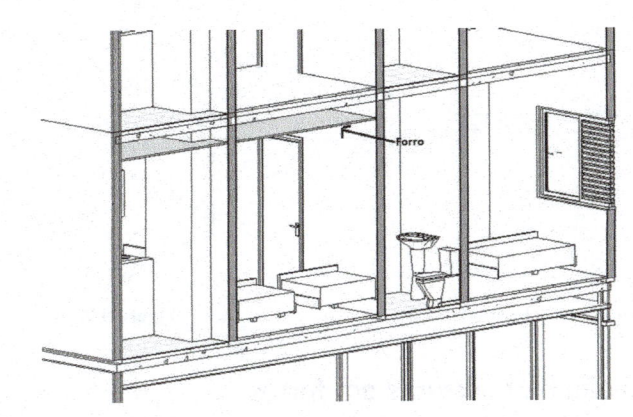

Figura 9.67 – Criação do forro em uma área fechada por paredes.

Para desenhar o forro de forma livre, clique em Efetuar o croqui do forro na aba Modificar | Colocar Forro e use uma das ferramentas de desenho do painel Desenhar que surge na mesma aba (Figuras 9.68 e 9.69). Para finalizar ambas as opções, clique em Concluir o modo de edição Forro.

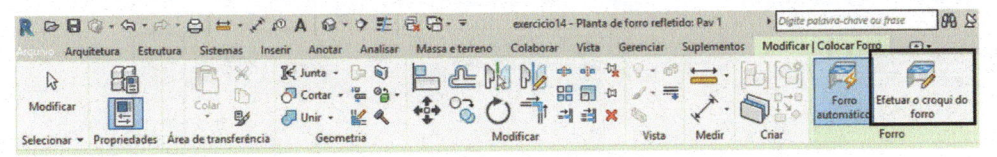

Figura 9.68 – Seleção de Efetuar o croqui do forro para desenhar o forro de forma livre.

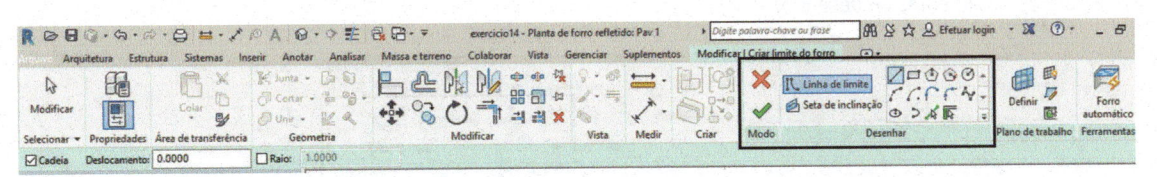

Figura 9.69 – Ferramentas para desenhar o forro de forma livre.

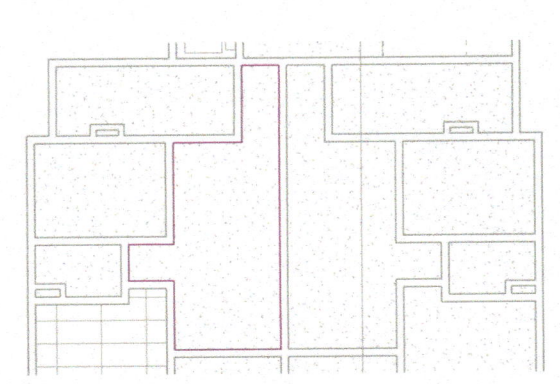

Figura 9.70 – Desenho de forro com a opção Efetuar o croqui do forro.

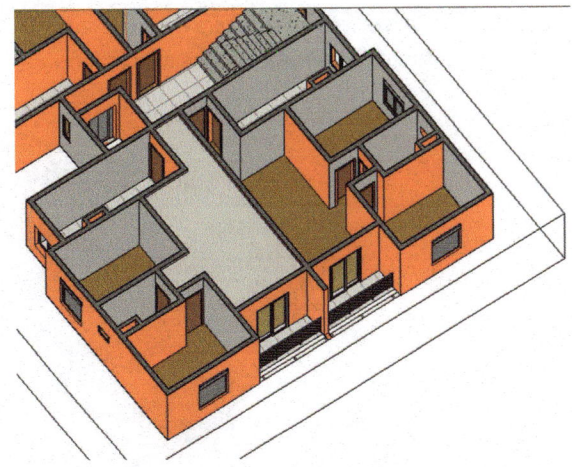

Figura 9.71 – Resultado do desenho com a opção Efetuar o croqui do forro.

Na janela de diálogo **Propriedades**, podemos especificar uma altura do piso até o forro a partir da cota do piso.

Para visualizar o forro, a melhor vista é de corte, conforme a Figura 9.73, que mostra o piso, as paredes, o forro abaixo do piso do pavimento superior e a cota provisória que surge ao selecionarmos o forro. Para alterar essa cota, basta clicar nela e digitar outro valor.

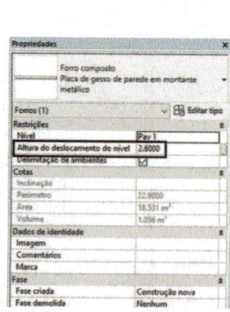

Figura 9.72 – Definição da altura do forro.

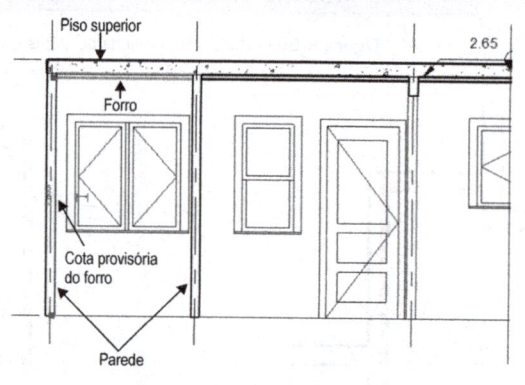

Figura 9.73 – Definição da altura do forro.

9.5.1 Criação de aberturas em forros

As aberturas em forros são semelhantes às criadas em pisos para gerar uma passagem de escada, mezanino etc. Elas são geradas após a criação do forro, da mesma forma que no piso. Se fizer um shaft, ele também corta forros.

Selecione um forro e na aba **Modificar | Forros** escolha **Editar limite** (Figura 9.74).

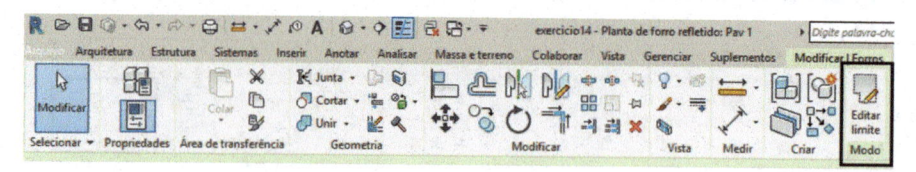

Figura 9.74 – Aba Modificar | Forros > Editar limite.

Clique no ícone com as ferramentas de desenho.

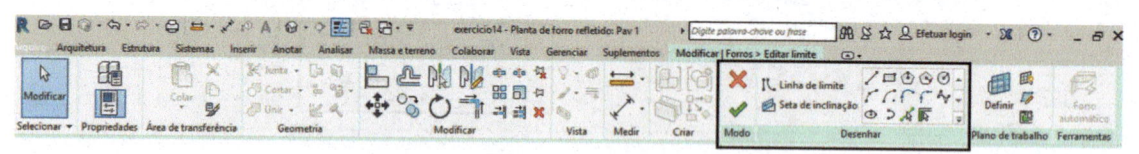

Figura 9.75 – Ferramentas de desenho para corte em forros.

Agora, escolha uma das ferramentas para desenhar a forma do furo e clique em **Concluir o modo de edição**. As figuras seguintes mostram as aberturas criadas em um forro.

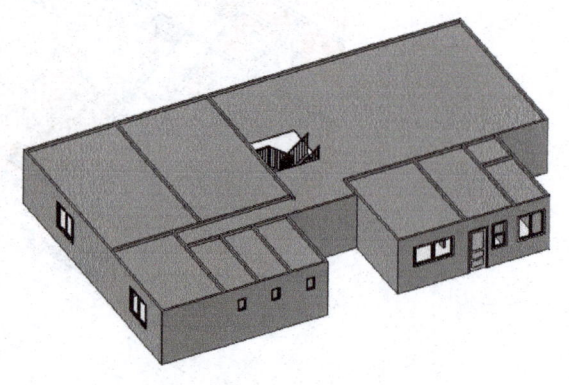

Figura 9.76 – Forro cortado para passagem da escada.

9.5.2 Visualização de forros

O forro é desenhado a certa altura em relação ao piso do pavimento. O Revit gera as vistas em planta, imaginando um corte horizontal no pavimento a 1,5 m, portanto o forro **não** é exibido na vista em planta quando selecionamos o pavimento em **Plantas de piso** no **Navegador de projetos**. É possível, ainda, usar a vista **Plantas de forro** especificamente para visualizar os forros, a qual é criada para todos os pavimentos gerados. Também se pode alterar essa linha de corte com a opção **Faixa da vista** nas **Propriedades** caso desejemos visualizar o forro em planta, mas não é usual.

A Figura 9.77 mostra uma planta com os forros inseridos no pavimento **Térreo**, ao se selecioná-lo em **Plantas de forro**.

O forro usado neste exemplo com a hachura em malha é do tipo **600 × 600 mm Eixo** para melhor visualização. Para alterar, selecione o forro inserido e mude-o na lista de tipos, em **Propriedades**, como mostra a Figura 9.78.

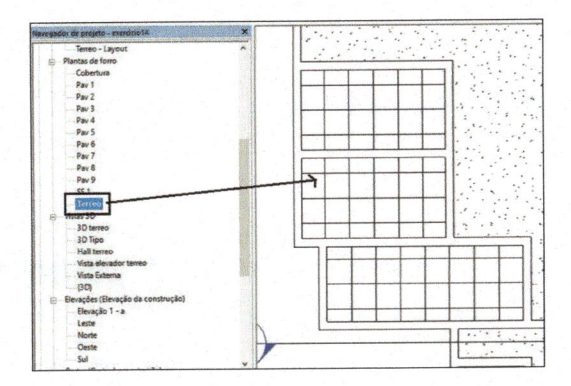

Figura 9.77 – Visualização na vista de forro em Plantas de forro.

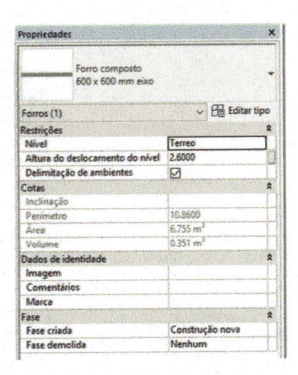

Figura 9.78 – Mudança do tipo de forro.

 **Dica**

Para selecionar o forro com mais facilidade, use uma vista 3D ou um corte. Ou use a tecla TAB ba planta do forro.

9.5.3 Criação de forros com eixo

Os forros com eixo têm uma malha predefinida que pode ser alterada de acordo com o projeto. Para inserir esse tipo de forro, selecione em **Propriedades** o tipo **600 × 600 mm Eixo**, como ilustra a Figura 9.80.

Para criar uma modulação, gere outro tipo duplicando o primeiro. Selecione o forro e clique em **Editar tipo** (Figura 9.81).

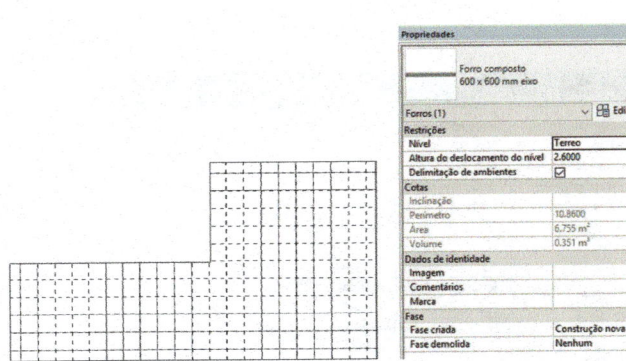

Figura 9.79 –
Forro com eixo.

Figura 9.80 – Seleção
do forro com eixo.

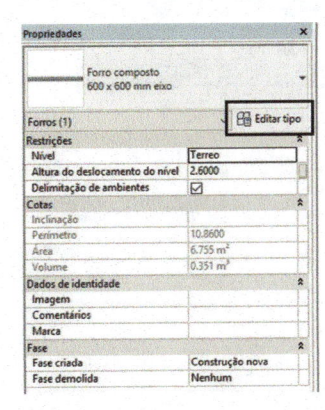

Figura 9.81 – Propriedades
do forro com eixo.

Na janela **Propriedades de tipo**, clique em **Duplicar** para gerar a cópia e, em seguida, dê um nome ao novo forro (Figuras 9.82 e 9.83).

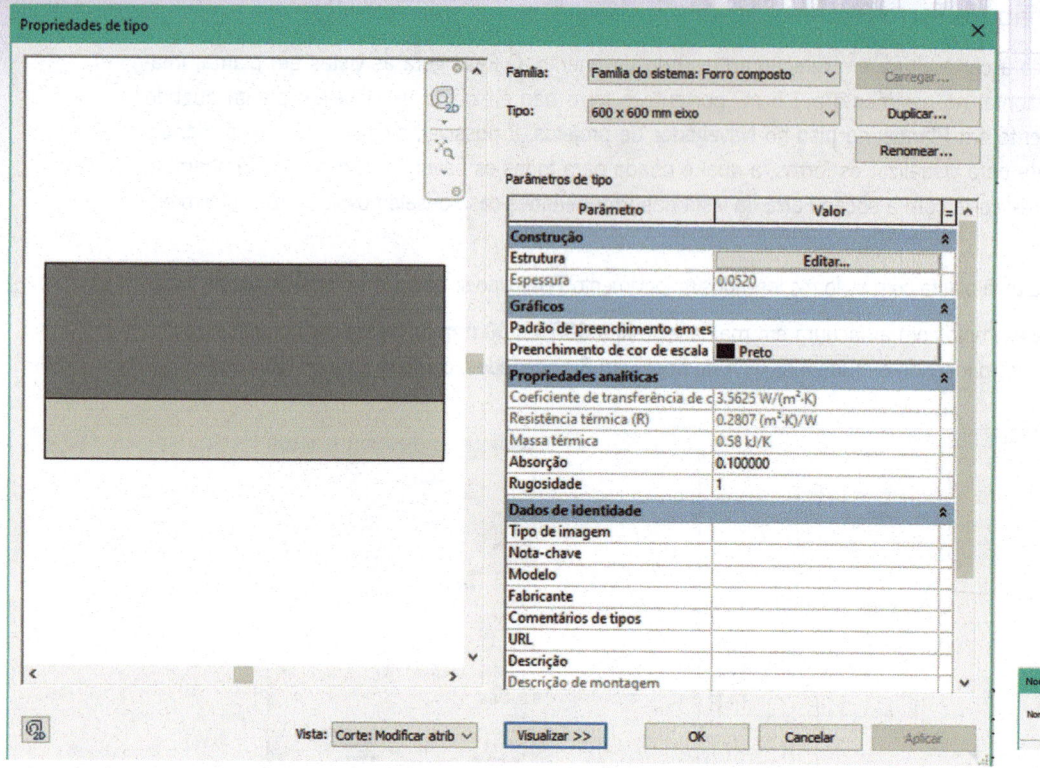

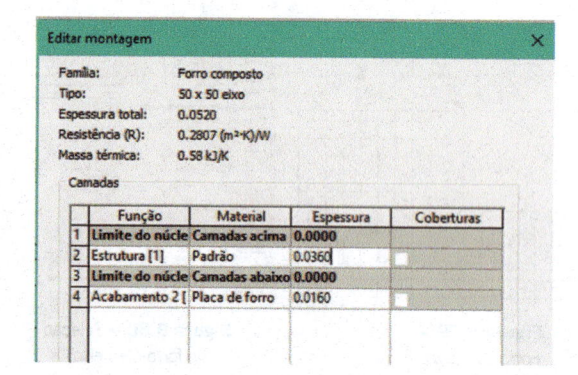

Figura 9.82 – Duplicação do tipo de forro.

Figura 9.83 – Nome do novo forro.

Surge a janela **Propriedades de tipo** do novo forro; agora, basta editar as propriedades para gerar as medidas novas.

Clique em **Estrutura > Editar**, então, na tela semelhante à da Figura 9.85, edite o campo **Estrutura > Espessura**. Digite a medida da espessura do forro.

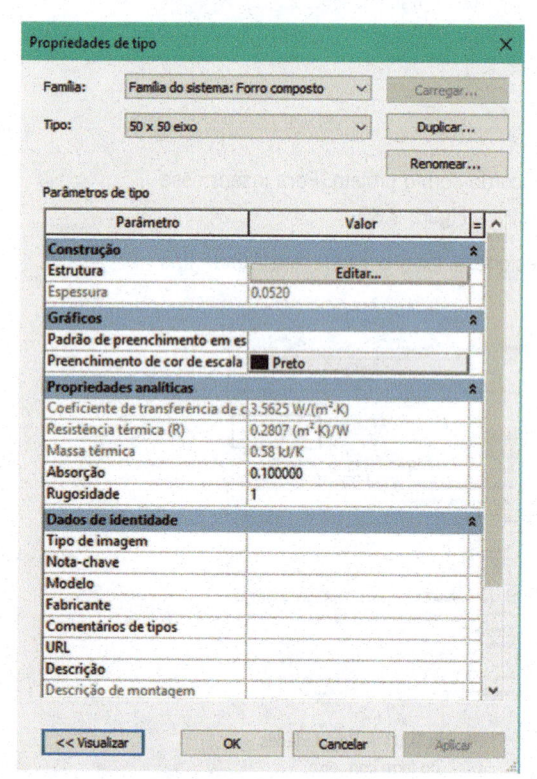

Figura 9.84 – Propriedades do novo forro.

Figura 9.85 – Estrutura do novo forro.

Na janela seguinte, vamos editar a hachura da representação do forro em planta para 50 × 50 cm da seguinte forma:

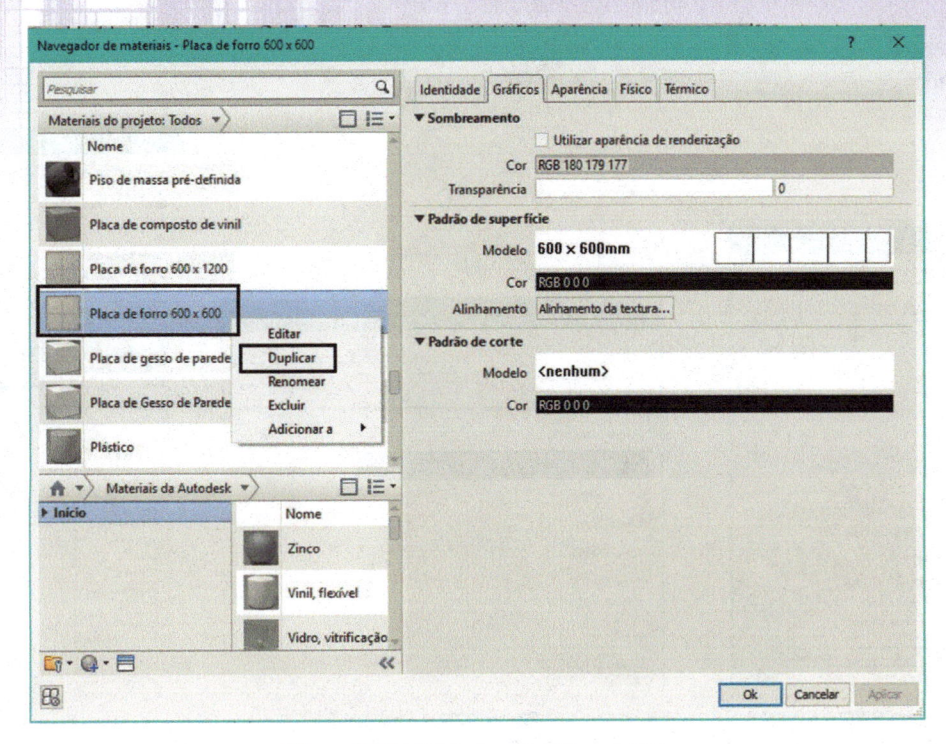

Figura 9.86 – Edição do material do novo forro.

Selecione o acabamento **Placa de forro 600 × 600**, clique no botão direito do mouse e escolha a opção **Duplicar** (Figura 9.86). Na janela do **Editor de material**, altere o nome para **Placa de forro 500 × 500**.

Clique no botão do padrão de hachura em **Gráficos**, como mostra a Figura 9.87.

O padrão **600 × 600 mm** fica selecionado. Na janela **Padrões de preenchimento**, clique em **Novo**, conforme a Figura 9.88. Em seguida, na janela **Adicionar padrão de superfície**, altere o nome e o ângulo, e selecione hachura cruzada, como indicam as Figuras 9.89 e 9.90.

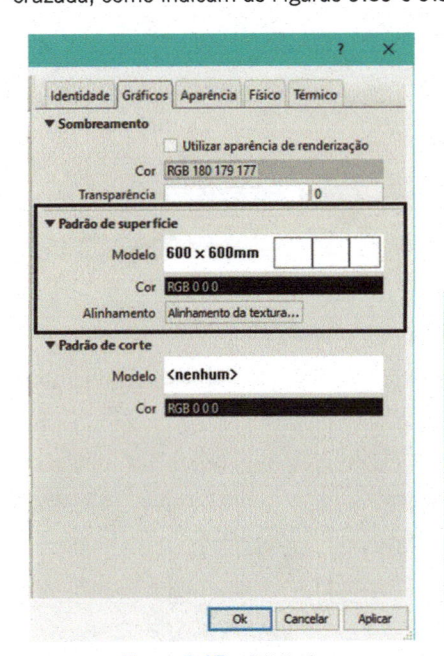

Figura 9.87 – Edição da hachura do material.

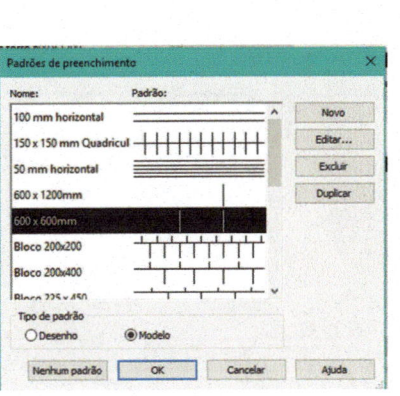

Figura 9.88 – Criação de hachura para o forro.

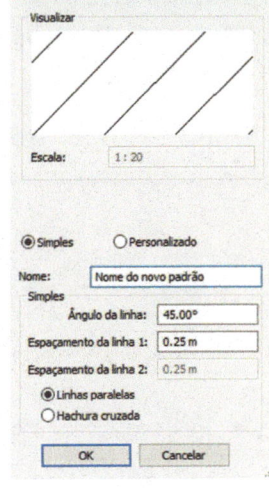

Figura 9.89 – Nome do novo padrão.

Clique em **OK** para finalizar e o padrão **500 × 500** estará criado. Clique em **OK** em todas as janelas para voltar ao desenho.

Para finalizar, clique em **OK** em todas as janelas e veja que foi criado o tipo **forro 50 × 50 eixo**, que agora será aplicado no forro selecionado.

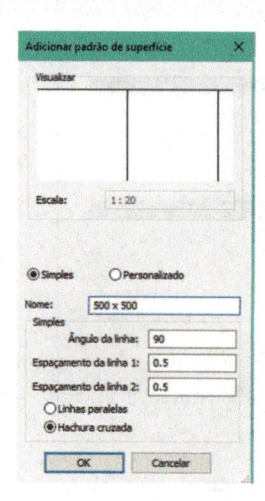

Figura 9.90 – Alteração das medidas e do ângulo.

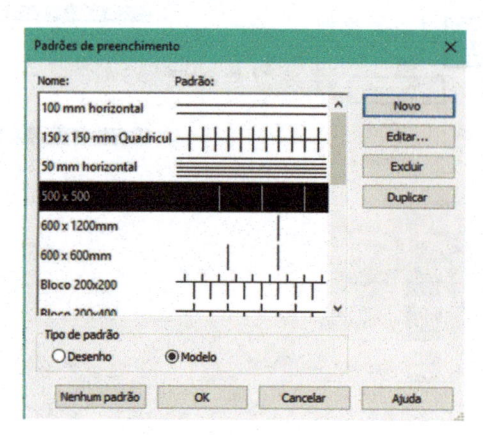

Figura 9.91 – Hachura criada com 500 × 500 mm.

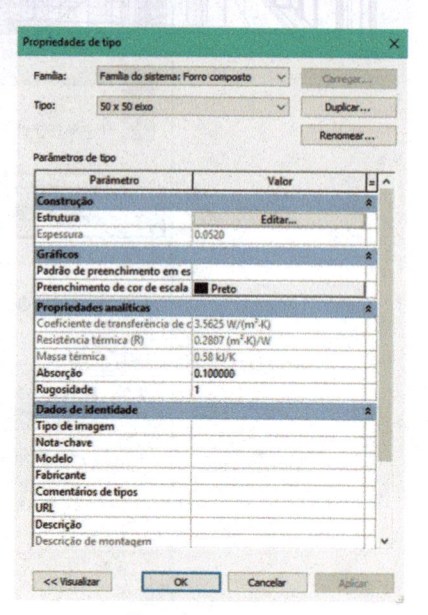

Figura 9.92 – Forro de 50 × 50 criado.

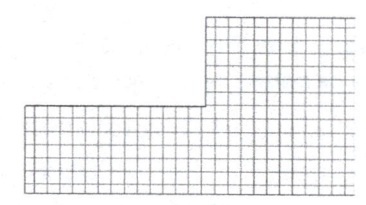

Figura 9.93 – Forro de 50 × 50 criado a partir do forro de 60 × 60.

10 Estrutura – Pilares, Vigas e Lajes

Introdução

O Revit possui elementos estruturais, como pilares, vigas, lajes e de fundação paramétricos, que podem ser alterados de acordo com o projeto estrutural.

Este capítulo mostra como inserir os elementos estruturais do projeto em eixos de referência. Ensina como vincular pilares a um piso, forro ou viga. A vantagem de associar um pilar a um piso, forro ou viga é que, se o pavimento ou a altura desses objetos sofrer alguma alteração, o pilar é alterado também.

Objetivos

- Inserir pilares em eixos.
- Criar pilares.
- Vincular pilares a forros, telhados e vigas.
- Inserir vigas horizontais e inclinadas.
- Criar vigas.
- Inserir lajes.

10.1 Inserção de pilares

Os pilares são divididos em dois tipos: Coluna: arquitetônica e Pilar estrutural. A diferença básica entre eles é que Coluna: arquitetônica possui características arquitetônicas para dar forma ao elemento e Pilar estrutural é lido pelo Revit como um elemento estrutural, com propriedades estruturais, além de se comportar de maneira diferente na intersecção com outros elementos estruturais, como vigas.

Para inserir um pilar, selecione Pilar estrutural na aba Arquitetura (Figura 10.1).

Aba Arquitetura > Construir > Coluna > Pilar Estrutural

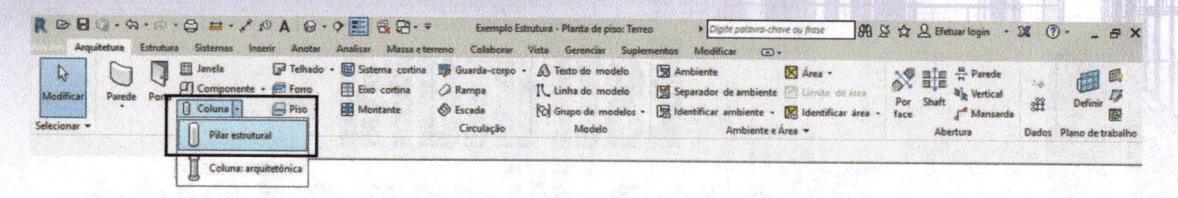

Figura 10.1 – Aba Arquitetura – seleção de Pilar estrutural.

Na janela **Propriedades**, selecione o tipo de pilar na lista de opções (Figura 10.2). O Revit, no template/modelo de arquitetura, traz carregado somente um tipo de pilar: um pilar de perfil metálico em I. Para carregar outros tipos de pilar, por exemplo, de concreto, selecione **Carregar família** na aba **Modificar |Carregar Pilar estrutural**.

Ao entrar nesse comando, a barra de opções mostra as seguintes opções (Figuras 10.3 e 10.4):

Rotacionar após a colocação: habilita a rotação assim que o ponto de inserção é definido.

Altura: indica a altura do pilar, que pode ser baseada no próximo pavimento, como as paredes, ou "não conectado", com um valor a ser definido.

Delimitação de ambientes: define se o pilar será considerado área de contorno de paredes na ferramenta **Ambiente** ou se será ignorado.

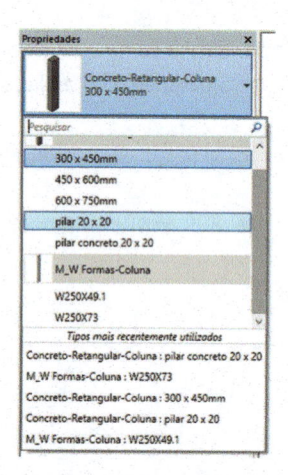

Figura 10.2 – Seleção do tipo de pilar.

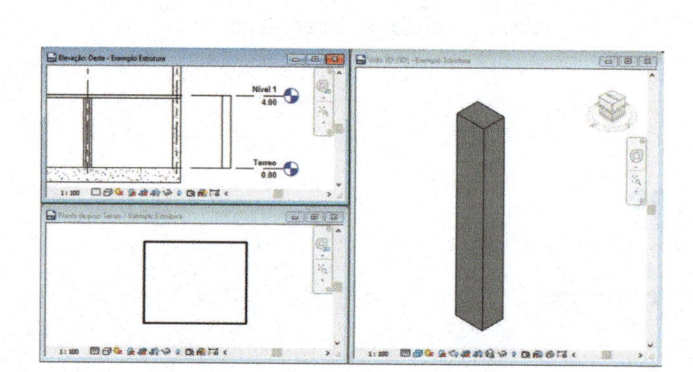

Figura 10.3 – Barra de opções de Pilar estrutural.

Figura 10.4 – Pilar estrutural inserido.

 **Dica**

Pilar estrutural une-se a elementos estruturais do projeto, como vigas, fundações e lajes.
Coluna: arquitetônica une-se apenas a paredes.
Os pilares podem ser inseridos em uma vista 2D ou 3D.

10.1.1 Inserção de pilares em eixos

A maneira mais adequada de inserir pilares é fazê-lo por meio de eixos, para posicioná-los com mais precisão. Crie eixos com o comando **Eixo** (Capítulo 4), e em seguida insira os pilares do tipo **Estrutural** nos eixos, clicando nas intersecções ou selecionando várias intersecções pelas opções de seleção **Crossing** ou **Window**. Os pilares do tipo **Coluna: arquitetônica** só podem ser inseridos livres no projeto ou em paredes; não se pode inseri-los automaticamente em eixos.

Depois de selecionar o tipo de pilar na janela **Propriedades**, selecione **Nos eixos** na aba **Modificar | Colocar Pilar estrutural**. Em seguida, em **Modificar | Colocar Pilar estrutural > Na intersecção do eixo**, clique em **Nos eixos**, selecione os eixos pela seleção de **Crossing**, passando por todos os eixos desejados, ou **Window** e clique em **Concluir**, como mostra a Figura 10.7.

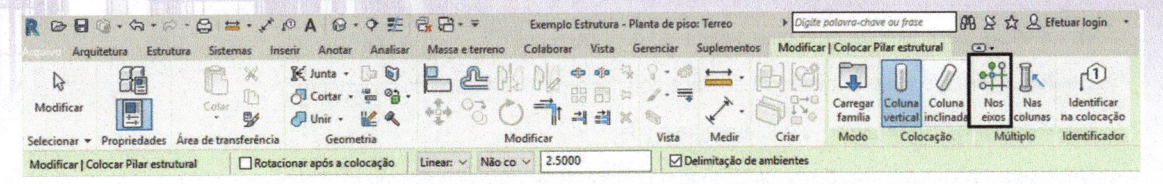

Figura 10.5 – Seleção de Pilar estrutural – inserção nos eixos.

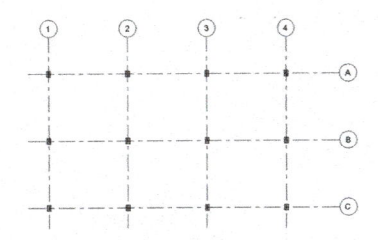

Figura 10.6 – Pilares inseridos nas intersecções dos eixos.

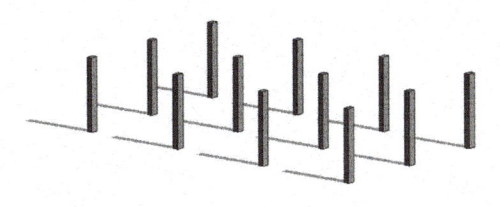

Figura 10.7 – Resultado em 3D após a inserção dos pilares.

A opção **Nas Colunas** permite inserir um pilar estrutural em uma coluna arquitetônica (que não tem função estrutural, somente plástica). Depois de selecionar o tipo de pilar na janela **Propriedades,** selecione **Nas colunas** na aba **Modificar | Colocar Pilar estrutural** e selecione colunas arquitetônicas. Note que neste exemplo inserimos um pilar metálico em uma coluna de arquitetura. A coluna só tem função de acabamento e pode ter qualquer forma, assim como o pilar estrutural que a sustenta.

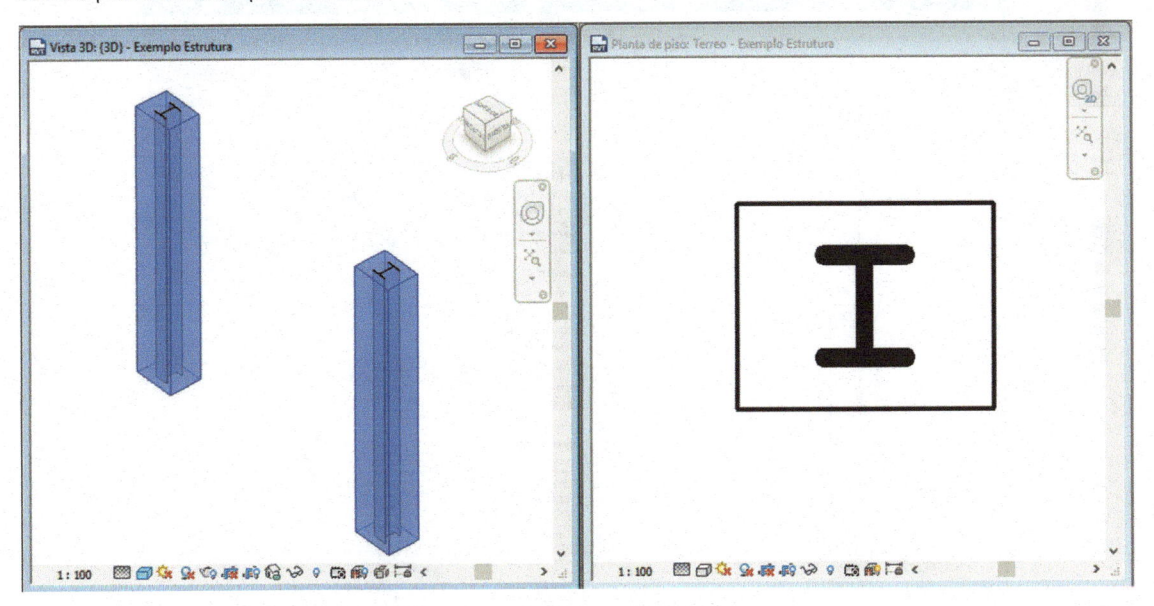

Figura 10.8 – Pilares estruturais inseridos em colunas arquitetônicas.

10.1.2 Propriedades dos pilares

As propriedades dos pilares **Coluna: arquitetônica** e **Pilar estrutural** são parecidas, mas o último possui opções que a primeira não tem. A seguir, veremos as duas possibilidades.

Propriedades de instância de Coluna: arquitetônica

Selecione um pilar **Coluna: arquitetônica** e acesse **Propriedades**, que apresenta as propriedades descritas em seguida. Quando alteradas, estas modificam **somente** os pilares selecionados:

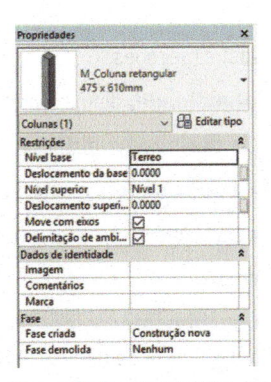

Figura 10.9 – Propriedades dos pilares Coluna: arquitetônica.

Nível base: pavimento onde o pilar inicia e ao qual pertence.

Deslocamento da base: distância da base do pilar a partir da base do pavimento.

Nível superior: pavimento no qual termina o pilar.

Deslocamento superior: distância do topo do pilar a partir do pavimento no qual ele termina.

Move com eixos: move os pilares conforme o eixo é movido.

Delimitação de ambientes: define se o pilar é considerado área de contorno de paredes na ferramenta Ambiente ou se será ignorado.

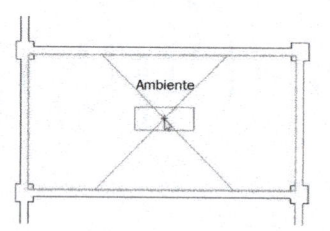
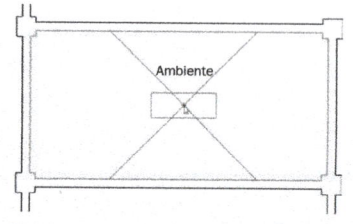

Figura 10.10 – Pilar com Delimitação de ambientes desligado.

Figura 10.11 – Pilar com Delimitação de ambientes ligado.

As Propriedades de tipo apresentam-se na Figura 10.12. Quando alteradas, mudam todos os pilares do mesmo tipo inseridos no projeto.

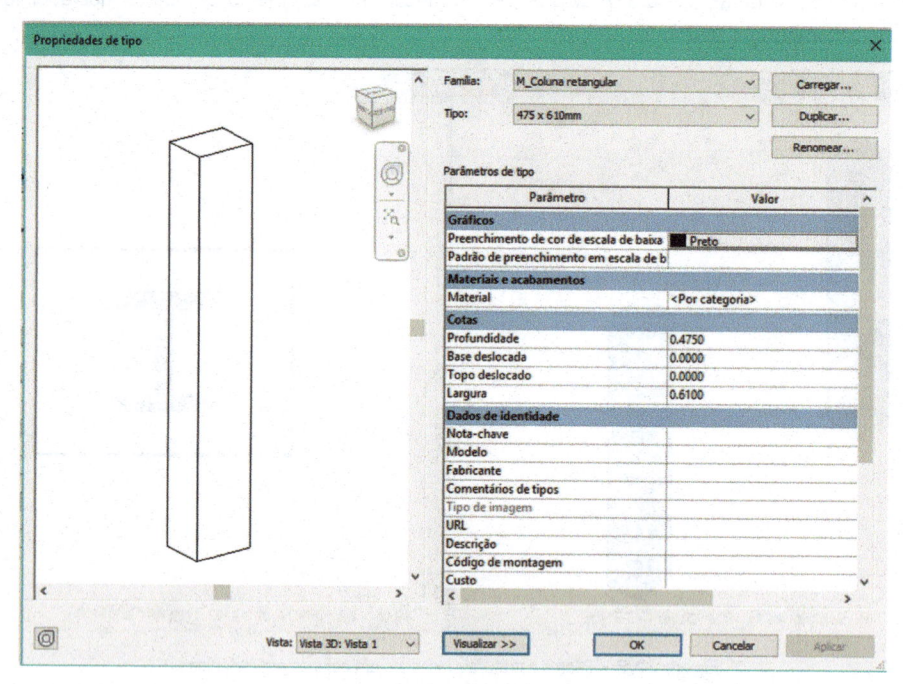

Figura 10.12 – Propriedades de tipo do pilar (Coluna: arquitetônica).

Cotas: dimensões.

Profundidade: define a profundidade do pilar.

Base deslocada: distância da base do pilar a partir da base do pavimento.

Topo deslocado: distância do topo do pilar a partir do pavimento no qual ele termina.

Largura: indica uma largura para o pilar.

Gráficos

Preenchimento de cor de escala de baixa resolução: permite definir a cor da representação da hachura em nível de detalhe Baixo.

Padrão de preenchimento em escala de baixa resolução: indica a hachura em nível de detalhe Baixo.

Materiais e acabamentos: material do pilar.

Dica

Propriedades de instância de Pilar estrutural

Vamos carregar uma família de pilares de concreto do tipo estrutural em **Carregar família** na aba **Modificar | Colocar Pilar estrutural**, como mostra a Figura 10.13.

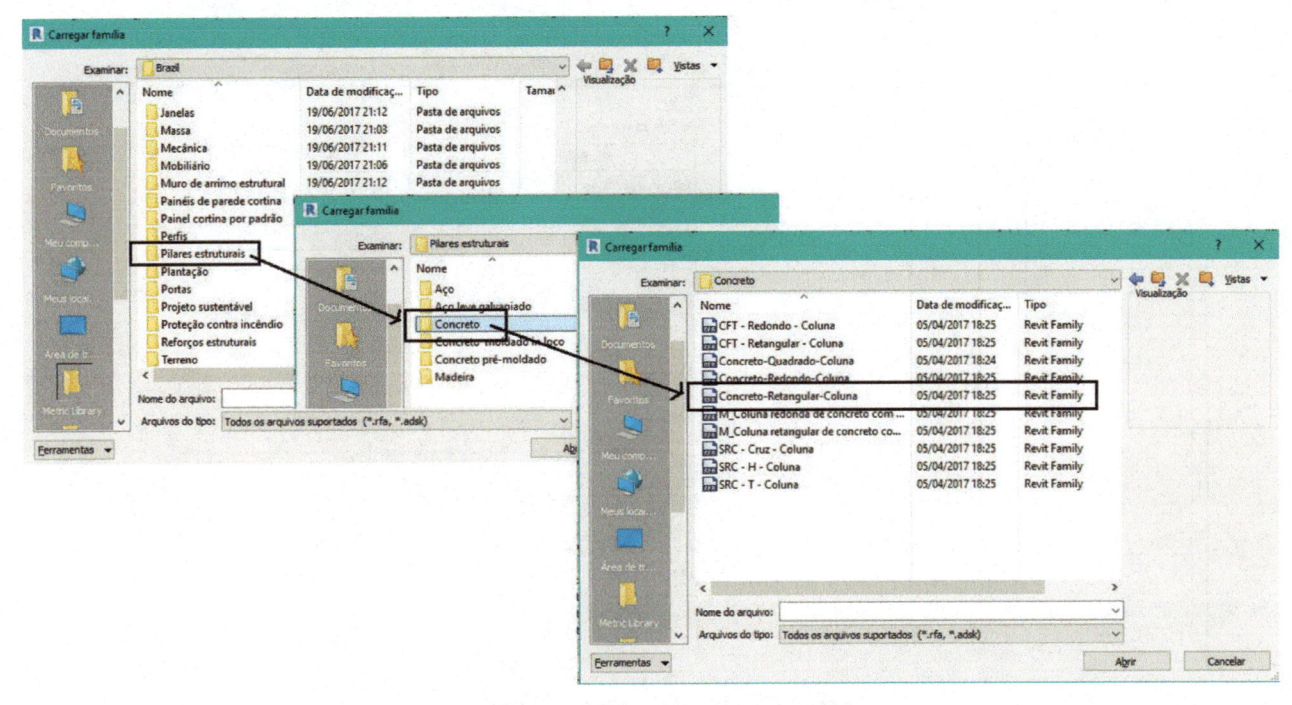

Figura 10.13 – Seleção da família de pilar de concreto.

Depois de carregar a família de pilar de concreto, insira um pilar no projeto e selecione o pilar; veja, na janela **Propriedades**, as propriedades de instância do pilar (Figura 10.14).

Nível base: pavimento onde o pilar inicia e ao qual pertence.

Deslocamento da base: distância da base do pilar a partir da base do pavimento.

Nível superior: pavimento no qual termina o pilar.

Deslocamento superior: distância do topo do pilar a partir do pavimento no qual ele termina.

Move com eixos: move os pilares conforme o eixo é movido.

Delimitação de ambientes: define se o pilar será considerado área de contorno de paredes na ferramenta **Ambiente** ou se será ignorado.

Material estrutural: define o material da coluna.

Ativar o modelo analítico: inclui o elemento em análises de cálculo.

Recobrimento de vergalhão: define a armadura (estribos e ferros) dos pilares estruturais.

Estilo de coluna: especifica o estilo de inclinação da coluna.

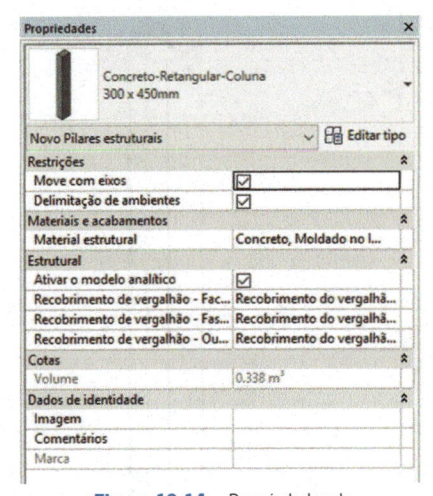

Figura 10.14 – Propriedades do pilar selecionado (Pilar estrutural).

Clique em **Editar tipo** para visualizar as **Propriedades de tipo**, conforme a Figura 10.15. Quando alteradas, estas mudam todos os pilares do mesmo tipo inseridos no projeto. As propriedades variam dependendo da família do pilar. As Figuras 10.15 e 10.16 mostram dois tipos de pilar, um retangular e outro em forma de I.

b e h: medidas do pilar; como se trata de uma família de pilar retangular, temos os dois lados.

Pilar metálico: as propriedades em **Cotas** definem as dimensões de acordo com a família e variam de família para família.

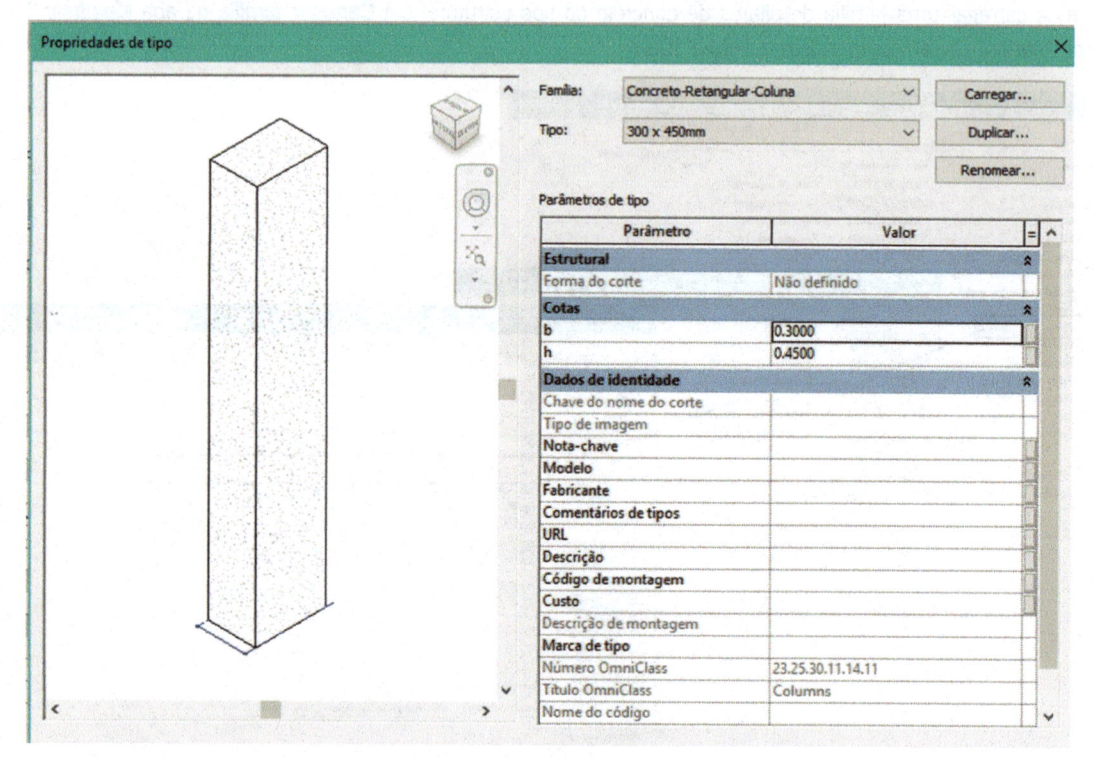

Figura 10.15 – Propriedades de tipo do Pilar estrutural.

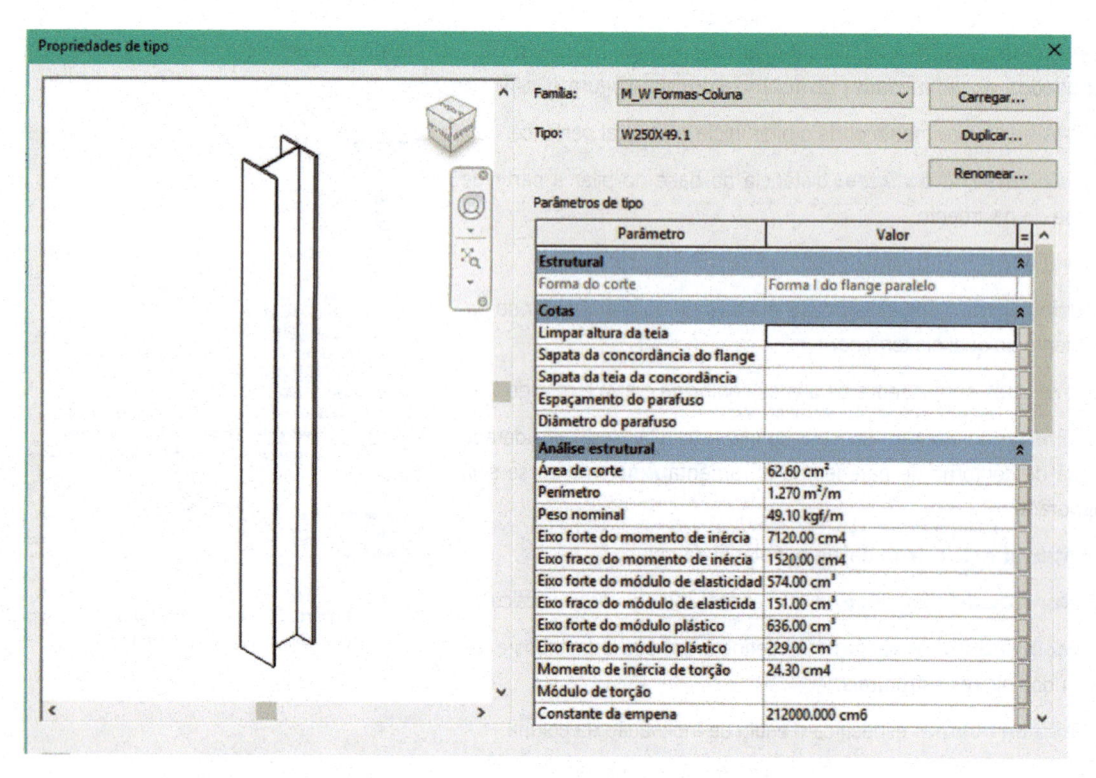

Figura 10.16 – Propriedades de tipo do Pilar estrutural metálico.

Autodesk® Revit® Architecture 2018 – Conceitos e Aplicações

10.1.3 Criação de pilar

Para criar um tipo de pilar a partir dos já existentes, seguimos o mesmo procedimento dos outros objetos do Revit, ou seja, duplicação e alteração de um preexistente. Vamos criar um pilar de 20 × 20 cm com base em um preexistente.

1. Selecione o pilar **Concreto – Retangular Coluna** e clique em **Editar tipo**. Na janela que se abre, selecione **Duplicar** (Figura 10.17).

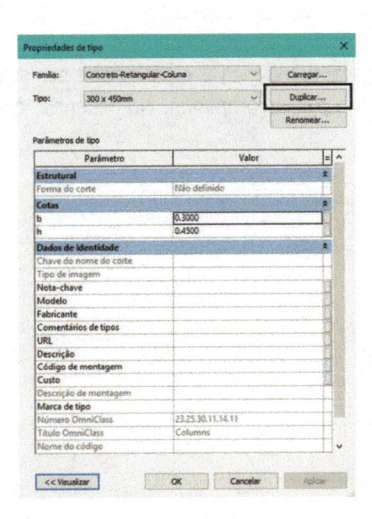

Figura 10.17 – Duplicação de um pilar.

2. Dê um nome ao pilar e clique em **OK** (Figura 10.18).

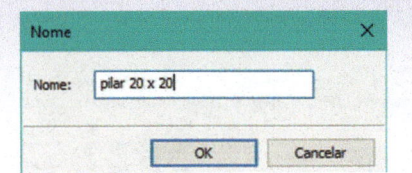

Figura 10.18 – Nome do novo pilar.

3. Na janela seguinte, note que ele já foi criado, mas está com as propriedades do anterior. Altere as medidas **b** e **h** conforme a Figura 10.19.

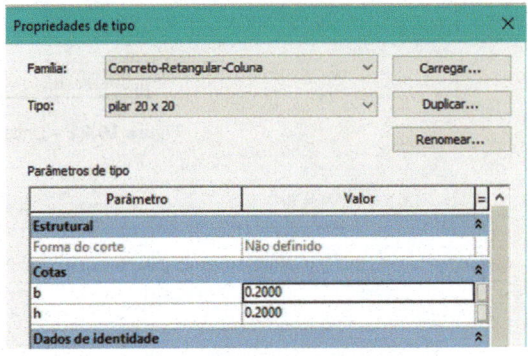

Figura 10.19 – Propriedades do tipo do pilar de 20 × 20.

4. Para alterar o material, clique nos três pontinhos em **Material,** na janela **Propriedades**, pois nesse tipo de elemento o material é uma propriedade de instância, já que pilares com mesmas dimensões podem ter concreto de resistências diferentes. Na janela que se abre, configure o material selecionando **Concreto – Concreto moldado no local** e pressione **OK** para finalizar (Figura 10.20).

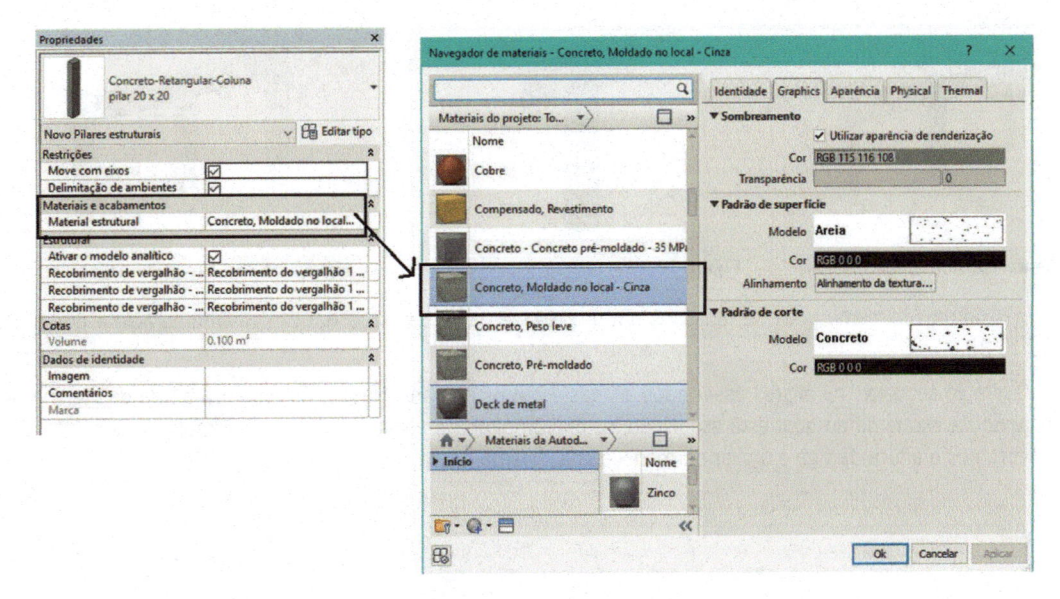

Figura 10.20 – Material do novo pilar.

10.1.4 Associação dos pilares com vigas, forros, telhados – Anexar

Os pilares não se associam (se conectam) automaticamente a pisos, forros, telhados e lajes. Isso deve ser feito posteriormente à inserção deles na opção **Anexar topo/base**, que surge na aba **Modificar | Pilares estruturais**, após a seleção de um ou vários pilares.

A vantagem de associar um pilar a um piso, forro, viga ou laje é que, se o pavimento ou a altura desses objetos foram alterados, o pilar também será alterado.

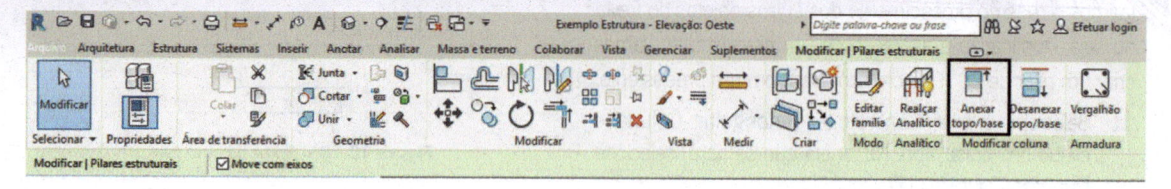

Figura 10.21 – Aba Modificar | Pilares estruturais – seleção de Anexar topo/base.

No exemplo seguinte, há uma viga sobre os pilares do tipo coluna arquitetônica e o pilar pode ser associado à viga, de forma que, se o pavimento ou a posição da viga se alterarem, o pilar acompanha. No desenho, o pilar atravessa a viga e com a associação ele termina na viga.

Figura 10.22 – Linha de status ao selecionar Anexar.

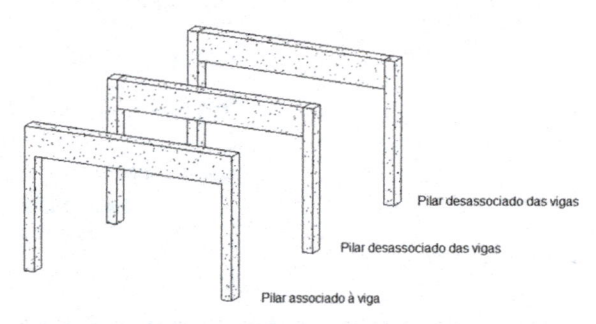

Figura 10.23 – Pilares associados a vigas e desassociados.

Selecione o pilar e clique em **Anexar topo/base**. O pilar é automaticamente cortado até a altura da viga, conforme mostram as Figuras 10.24 a 10.26.

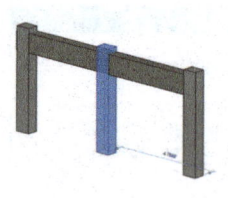
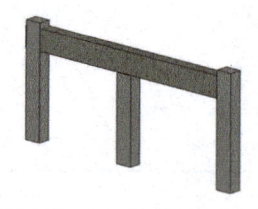

Figura 10.24 – Seleção do pilar.   **Figura 10.25** – Seleção da base da viga.   **Figura 10.26** – Resultado após o Anexar.

O mesmo procedimento pode ser aplicado em um piso ou laje que esteja em um pavimento acima dos pilares (Figura 10.27).

No exemplo seguinte, há pilares associados a vigas e outros não associados. Ao mudar a altura da viga no pilar do conjunto da esquerda ao qual está associado, este acompanha a altura da viga. No exemplo do conjunto da direita, alteramos a altura da viga e o pilar permaneceu na mesma altura.

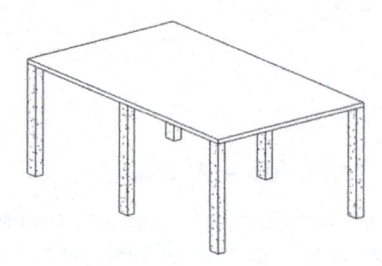
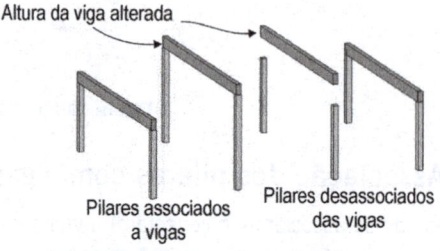

Figura 10.27 – Pilares associados a pisos.   **Figura 10.28** – Alteração da altura de vigas com pilares associados a elas e não associados.

Os pilares do tipo **Pilar estrutural** comportam-se de maneira diferente.

O Revit trata elementos estruturais, como pilar estrutural, fundação, vigas e contraventamento, de forma que, ao serem inseridos, eles se unem automaticamente por serem elementos estruturais. Para usar a opção **Anexar** em pilar estrutural com vigas, é preciso modificar suas propriedades.

O pilar estrutural pode ser associado a pisos, forros, telhados e planos de referência (elementos arquitetônicos) sem problemas. Quando inserimos uma viga sobre um pilar estrutural, a união é feita automaticamente. A Figura 10.29 mostra o pilar estrutural associado a pisos e forros.

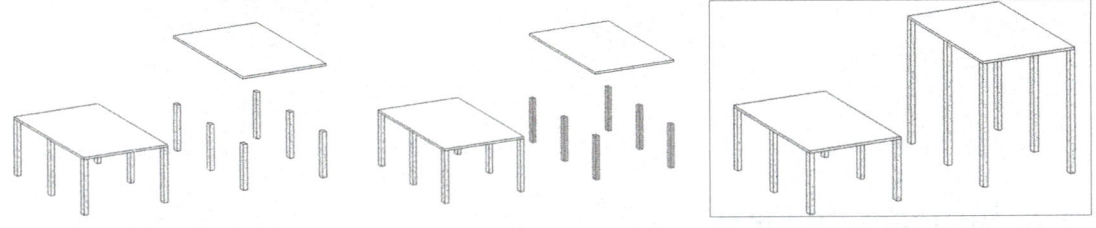

Figura 10.29 – Pilar estrutural no térreo e piso no pavimento cobertura.

Figura 10.30 – Seleção dos pilares e comando Anexar no piso.

Figura 10.31 – Resultado final dos pilares do térreo até o piso da cobertura.

O pilar estrutural tem um comportamento diferente, por isso, quando o associamos a um elemento arquitetônico, surge a mensagem da Figura 10.32. É somente um aviso e não uma falha ou impossibilidade de conexão do pilar com o piso. Clique na tela para retirar a mensagem.

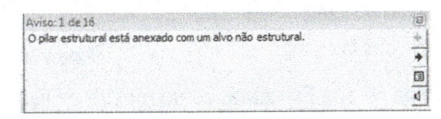

Figura 10.32 – Mensagem alerta que o pilar estrutural foi associado a um elemento não estrutural (piso).

10.1.5 Remoção da associação de pilares a pisos, forros, vigas

Para remover a associação do pilar aos objetos, selecione um ou vários pilares e escolha **Desanexar topo/base** na aba **Modificar | Pilares estruturais**, como mostra a Figura 10.33.

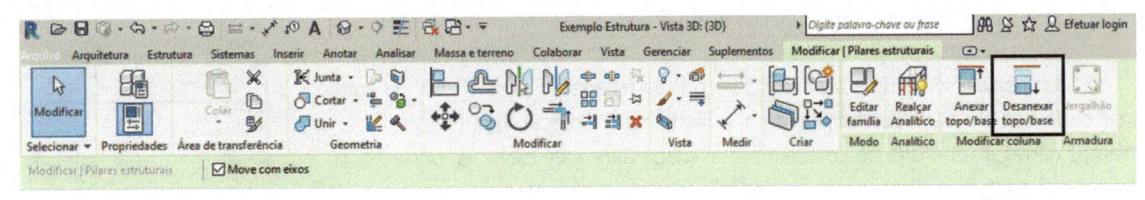

Figura 10.33 – Aba Modificar | Pilares estruturais – seleção de Desanexar topo/base.

Na barra de status, solicita-se a seleção de um piso, forro etc.

> Selecione o telhado, forro, viga ou plano de referência do qual a c

Figura 10.34 – Barra de status após a seleção de Desanexar topo/base.

Selecione o piso e, em seguida, a desassociação é feita. No desenho, pode não haver nenhuma alteração, porém os objetos já não estão mais associados. Neste exemplo, desassociamos os dois pilares da direita do piso e mudamos a altura do piso para um pavimento abaixo. Note que os pilares associados mudaram para a altura do piso e os que foram desassociados se mantiveram.

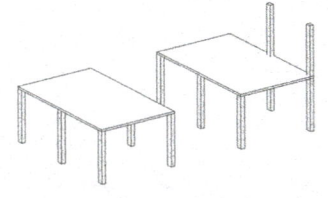

Figura 10.35 – Resultado depois de desassociar somente dois pilares.

A Figura 10.36 apresenta as propriedades de um pilar associado ao piso; veja que o campo Deslocamento superior tem valor de – 0,15 e não está habilitado para edição porque está associado. A Figura 10.37 exibe as propriedades do mesmo pilar depois de desassociado, com o campo Deslocamento superior já liberado para edição.

A desassociação foi feita, mas o Deslocamento superior não voltou à condição de zero. Isso pode ser feito com a edição desse campo, quando então o pilar volta a terminar no pavimento que estiver em Nível superior.

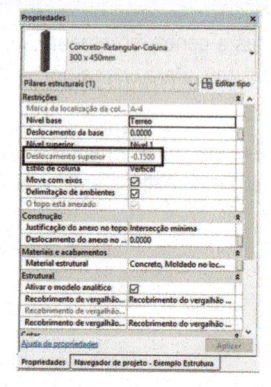

Figura 10.36 – Propriedades do pilar associado ao piso.

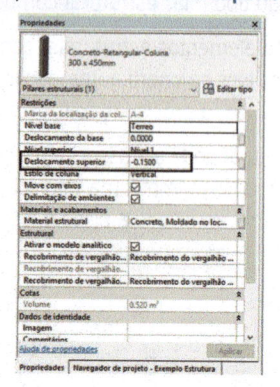

Figura 10.37 – Propriedades do pilar desassociado do piso.

10.2 Inserção de vigas

As vigas, como os pilares, são elementos estruturais do projeto e também paramétricos. Podemos inserir vigas com medidas estimadas e, depois do cálculo estrutural, reconfigurá-las para os parâmetros baseados na análise de engenharia. O Revit traz algumas famílias de vigas de vários tipos, como concreto, madeira e ferro – outros podem ser criados por meio das famílias.

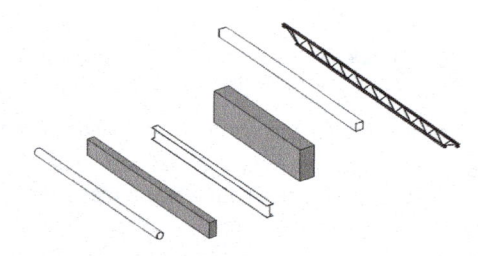

Figura 10.38 – Exemplos de vigas do Revit.

Para inserir uma viga, selecione Viga na aba Estrutura, como mostra a Figura 10.39.

Aba Estrutura > Viga

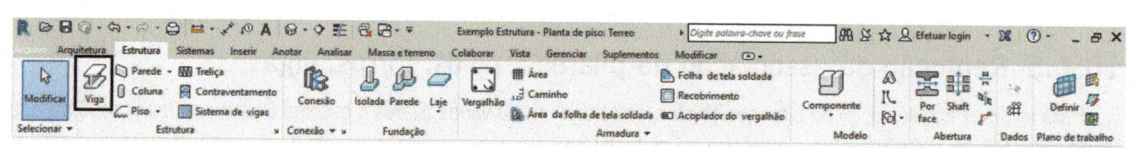

Figura 10.39 – Aba Estrutura – seleção de Viga.

Podemos selecionar uma viga na lista em Propriedades (Figura 10.40) ou carregar outro tipo em Carregar família, na aba Modificar | Colocar Viga (Figura 10.41). Vamos carregar uma viga de concreto pré-moldada para este exemplo, portanto, clique em Carregar família.

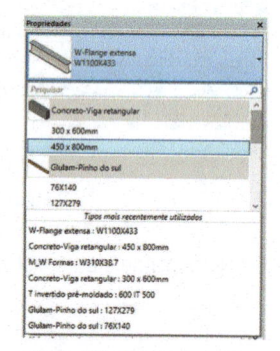

Figura 10.40 – Lista de vigas disponíveis.

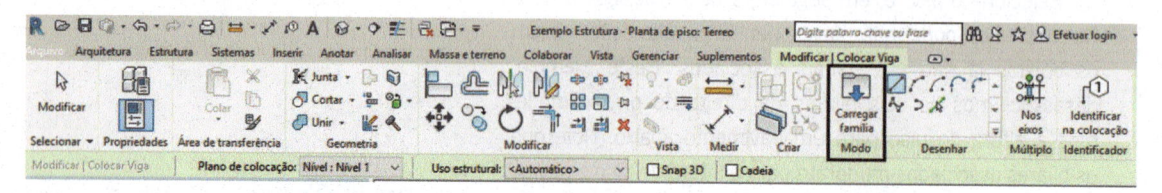

Figura 10.41 – Aba Modificar | Colocar Viga – seleção de Carregar família.

Em seguida, vamos selecionar nas pastas a viga de concreto pré moldada em **Estrutura Estrutural > Concreto pré-moldado > T invertido pré-moldado** (Figura 10.42).

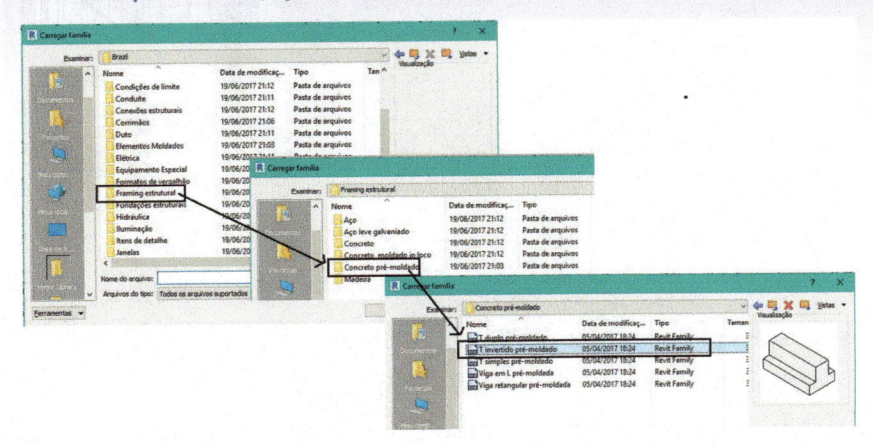

Figura 10.42 – Carregar uma família das vigas de concreto pré-moldado.

Depois de carregar, surge a lista dos tipos de vigas de concreto da família (Figura 10.43).

 **Observação**

Para visualizar as vigas ative o modo de detalhe Alto ou Médio; no nível Baixo só é exibida uma linha.

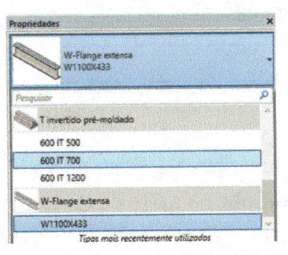

Figura 10.43 – Lista das vigas de concreto T invertido pré-moldado carregados.

Vamos inserir uma viga retangular. Selecione a viga de 300 × 600. Para inseri-la, podemos usar as ferramentas de desenho do painel **Desenhar,** da aba **Modificar | Colocar Viga**. Vamos usar a linha no exemplo. Clique no ponto inicial da viga e no ponto final. Para entrar com as medidas, digite o valor na caixa da cota provisória. Podemos inserir em 2D em uma vista em planta ou na vista 3D.

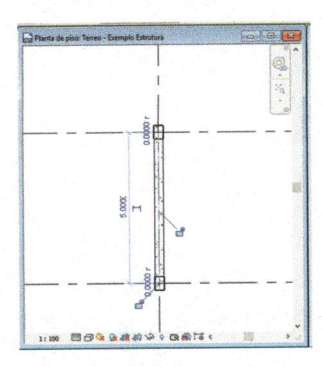

Figura 10.44 – Definição dos pontos inicial e final.

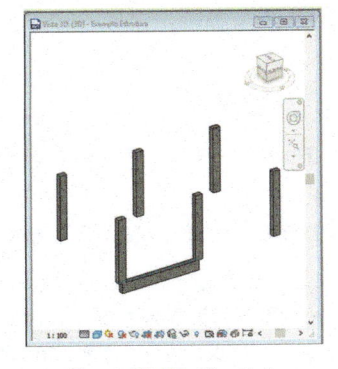

Figura 10.45 – Resultado.

Ao inserirmos uma viga pelos pontos inicial e final, o cursor automaticamente liga o **Snap** em pontos geométricos de pilares e paredes, como centro de parede e de pilar. A viga é inserida na cota 0 (zero) do pavimento, porque em estrutura a viga sempre está no zero do pavimento. Uma mensagem indica que ela não será visualizada na vista plana por causa dos parâmetros. É preciso mudar a **Faixa da vista**, pois o corte para vista em planta é feito em 1,2 m. Em seguida, podemos mudar a altura da viga em **Propriedades**. Selecione a viga e altere os valores de **Deslocamento do nível inicial** e **Deslocamento do nível final**, como mostra a Figura 10.46.

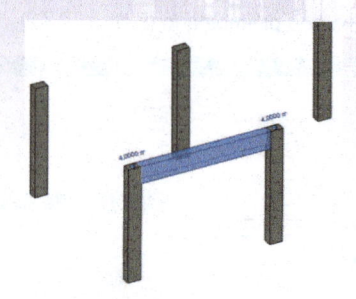

Figura 10.46 – Alteração da altura da viga.   **Figura 10.47** – Resultado.

Ao entrar no comando **Viga**, a barra de opções (Figura 10.48) apresenta os seguintes campos:

Plano de colocação: selecione o pavimento de inserção da viga.

Uso estrutural: esse campo permite selecionar o tipo de uso estrutural da viga; ele pode ser alterado posteriormente em **Propriedades**.

Snap 3D: ativa o **Snap** em 3D; útil para desenhar vigas em telhados ou inclinadas em modo 3D (Figura 10.49).

Cadeia: ao ativar essa opção, o Revit usa o ponto final de uma viga como ponto inicial da viga seguinte, ou seja, o desenho ocorre em sequência.

Figura 10.48 – Barra de opções da ferramenta Viga.

Depois de inseridas as vigas, elas podem ser copiadas, movidas, rotacionadas. Neste exemplo, vamos copiar as vigas acima dos outros pilares.

A melhor vista para copiá-las sem ter de alterar a **Faixa da vista** da planta é a 3D de topo (Figura 10.49). Selecione a vista 3D e depois clique no **ViewCube** na parte do topo, como mostra a figura. O **ViewCube** é estudado em detalhes no Capítulo 18, no qual abordamos visualização em 3D e renderização.

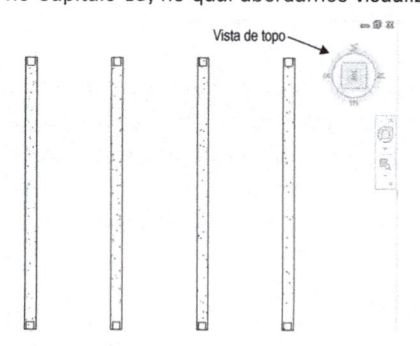
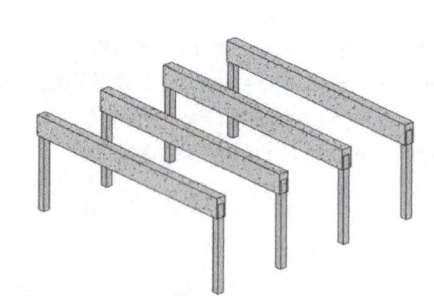

Figura 10.49 – Vista de topo em 3D para copiar.   **Figura 10.50** – Resultado.

10.2.1 Inserção de vigas em eixos

Da mesma forma que os pilares podem ser inseridos em eixos, as vigas também podem ser inseridas na intersecção dos eixos usando-se a opção **Nos eixos**, disponível na aba **Modificar | Colocar Viga**. A viga é inserida entre dois elementos. Se os pilares não forem do tipo **Pilar estrutural**, as vigas não são inseridas e surge a mensagem da Figura 10.53.

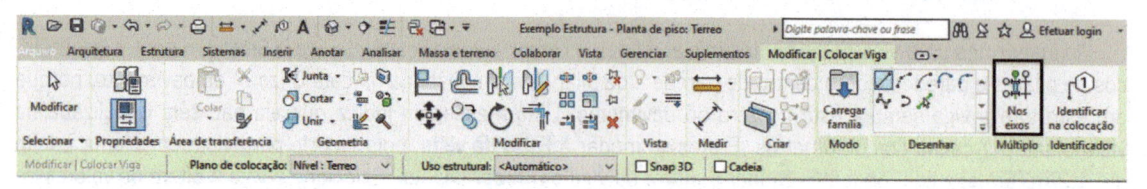

Figura 10.51 – Aba Modificar | Colocar Viga – seleção de Nos eixos.

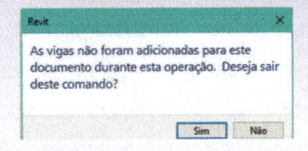

Figura 10.52 – Barra de status ao selecionar a opção Nos eixos.

Ao selecionar essa opção, com pilares do tipo Pilar estrutural, marque os eixos no desenho e clique em Concluir na aba Modificar | Colocar Pilar estrutural > Na intersecção do eixo (Figura 10.54).

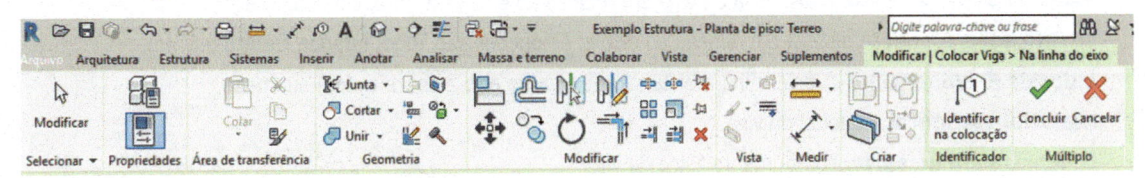

Figura 10.54 – Aba Modificar | Colocar Viga – seleção de Concluir após a escolha dos eixos.

> **Dica**
>
> A opção Nos eixos só é habilitada em uma vista em planta.

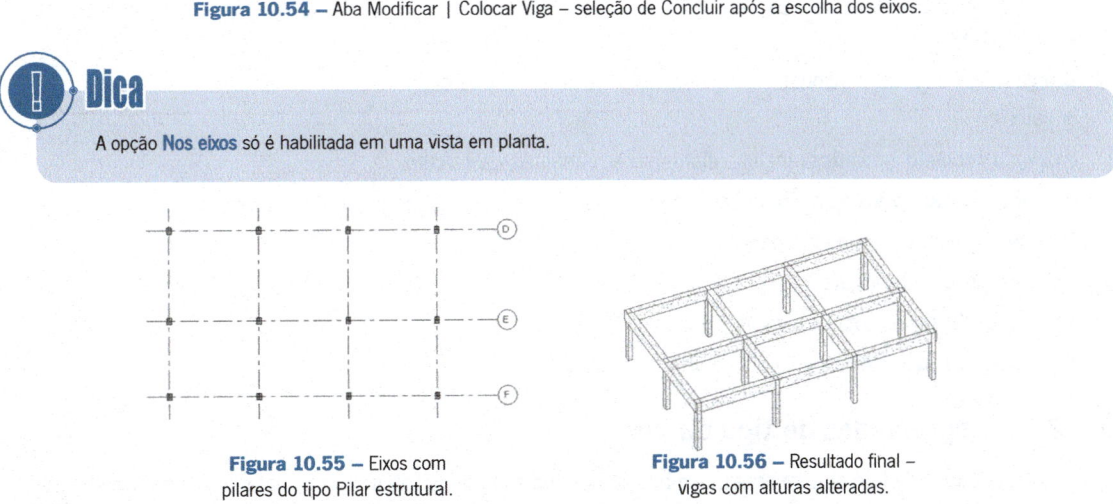

Figura 10.55 – Eixos com pilares do tipo Pilar estrutural.

Figura 10.56 – Resultado final – vigas com alturas alteradas.

> **Dica**
>
> As vigas criadas são independentes, portanto é possível apagar uma delas.

10.2.2 Propriedades de instância das vigas

Elas variam de acordo com o tipo da família, isto é, concreto, ferro, madeira etc. Cada tipo tem propriedades peculiares ao material usado na fabricação. A seguir, apresentam-se as propriedades de quatro tipos de viga: concreto, ferro em T, ferro em I e madeira. Outras propriedades, como plano, material e ângulo, são comuns a todos os tipos.

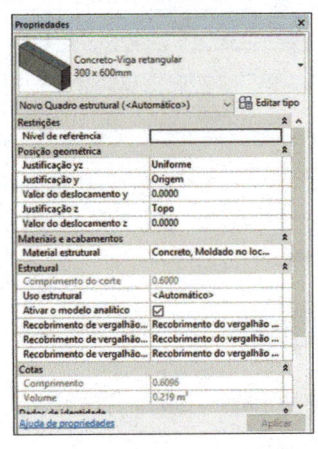

Figura 10.57 – Viga de concreto.

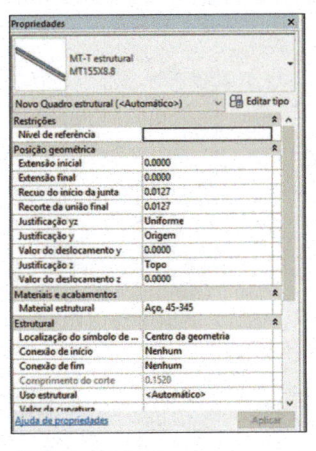

Figura 10.58 – Viga de ferro em T.

Nível de referência: pavimento no qual a viga foi inserida.

Plano de trabalho: plano em que a viga foi inserida.

Deslocamento do nível inicial: distância do ponto inicial da viga a partir de sua base.

Deslocamento do nível final: distância do ponto final da viga a partir de sua base.

Rotação de corte transversal: ângulo da viga em relação ao seu eixo.

Justificação yz: Independente ou Uniforme.

Justificação y: determina a posição da viga em relação ao eixo y: Esquerda, Centro, Direita e Origem.

Valor do deslocamento y: distância da viga em relação ao eixo y; se zero, ela fica no eixo.

Justificação z: posição da viga em relação ao eixo z. As opções são Topo, Inferior, Centro e Outro.

Valor do deslocamento z: determina a distância da viga no eixo z em relação à sua base.

Material estrutural: material da viga.

Comprimento do corte: comprimento físico da viga.

Uso estrutural: especifica o uso estrutural da seguinte forma:

- viga mestra;
- viga mão-francesa: horizontal;
- caibro;
- outro;
- terça.

Ativar o modelo analítico: inclui o elemento em análises de cálculo.

Recobrimento de vergalhão: cobertura de vergalhão nas faces superior, inferior e outras.

Comprimento: comprimento da viga.

Volume: volume da viga.

Elevação de topo: cota da viga na parte superior.

Elevação na parte inferior: cota da viga na parte inferior.

10.2.3 Propriedades de tipo da viga

As propriedades de tipo da viga limitam-se basicamente a suas dimensões, pois o material é uma propriedade de instância, uma vez que o concreto pode ter características diferentes em vigas de mesmo tamanho. Cada tipo de viga tem uma geometria, de forma que as dimensões variam conforme o tipo selecionado. As Figuras 10.61 e 10.62 se referem a uma viga de concreto e a uma viga metálica.

b: dimensão da base.

h: dimensão da altura.

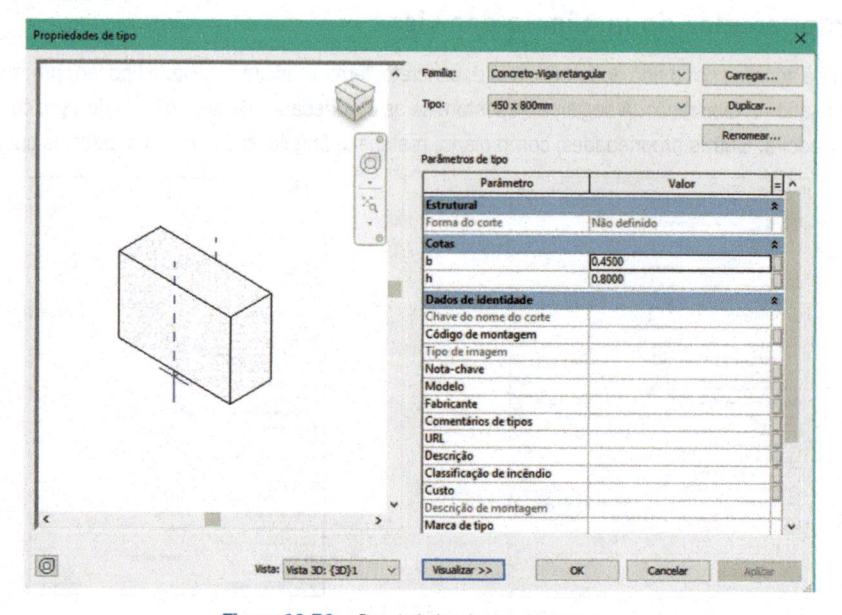

Figura 10.59 – Propriedades de viga de concreto.

Neste exemplo, a viga metálica tem ainda propriedades estruturais referentes às áreas e à secção do material.

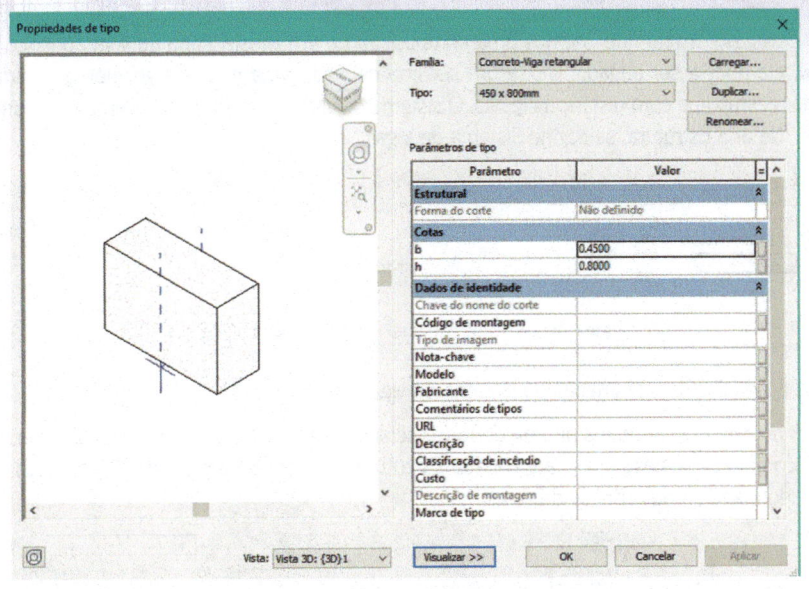

Figura 10.60 – Propriedades de viga metálica.

10.2.4 Vigas inclinadas

Para criar vigas inclinadas – por exemplo, tesouras de um telhado –, primeiramente criamos as vigas e depois mudamos as propriedades **Deslocamento do nível inicial** e **Deslocamento do nível final**. Dessa forma, podemos dar qualquer inclinação às vigas.

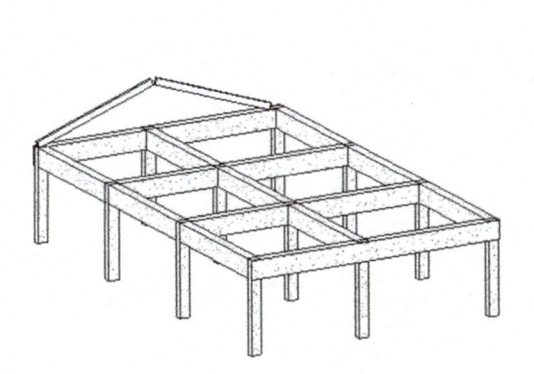

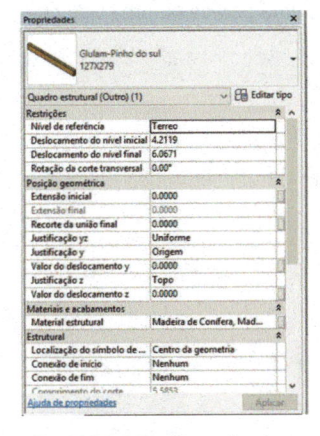

Figura 10.61 – Viga inclinada.　　　　　　**Figura 10.62 –** Alturas das vigas.

As propriedades que definem as alturas da viga no início e no fim, quando alteradas, determinam a inclinação dela. Assim, desenhamos em vista plana com precisão de posição para depois definir as alturas.

A altura também pode ser alterada selecionando-se a viga pela cota provisória (Figura 10.63).

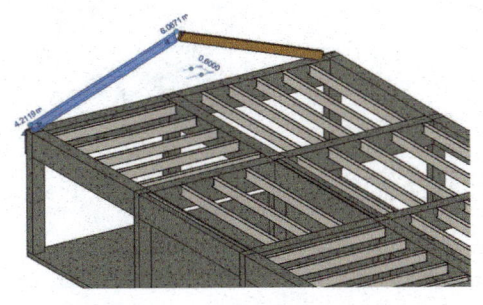

Figura 10.63 – Alteração das cotas da viga.

10.3 Sistemas de viga

Um sistema de vigas permite que criemos uma composição de um mesmo tipo de viga ao longo de um percurso. Depois de criado, ele poderá ser editado. Utilize um sistema de vigas para gerar pergolados ou outras estruturas que possuem vigas do mesmo tipo com distâncias iguais. O sistema de vigas deve ser criado sempre em uma vista de planta de um pavimento. Na aba **Estrutura**, selecione **Sistema de Vigas**.

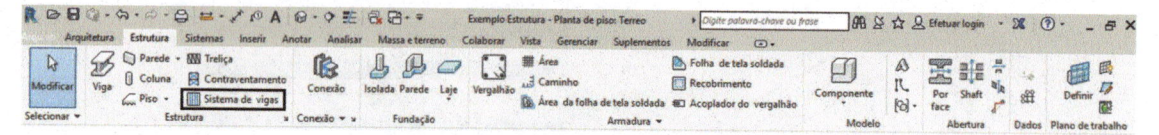

Figura 10.64 – Aba Estrutura – Viga > Sistema de Vigas.

Existem duas possibilidades de criação do sistema de vigas:

Automático: nessa opção, que é a padrão do Revit, selecionamos elementos como paredes ou vigas e o sistema é inserido com base nessa seleção. Na aba **Estrutura**, selecione **Sistema de Vigas** e, em seguida, veja que está ativado o sitema automático de vigas.

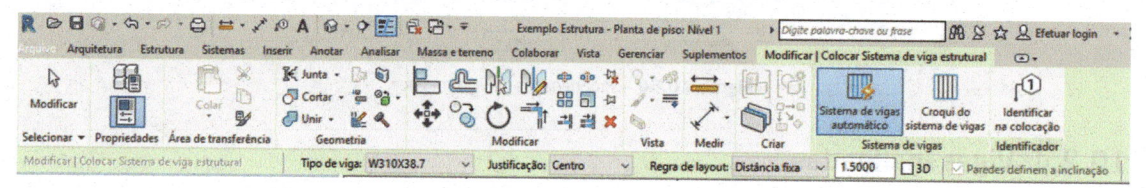

Figura 10.65 – Seleção de Sistema de vigas automático.

Em seguida, na barra de opções, escolha o tipo de viga e informe a distância entre elas em regra de layout. No projeto, selecione uma parede ou uma viga que já componha uma estrutura, como mostra a Figura 10.66.

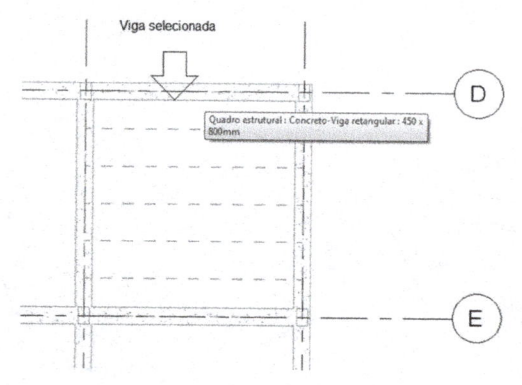

Figura 10.66 – Seleção de uma viga para alinhar o Sistema de Vigas.

- ⊙ **Tipo:** permite escolher o tipo de viga a ser utilizado nos sistemas. A família já deve estar previamente carregada.
- ⊙ **Justificação:** define como se alinha o sistema.
- ⊙ **Regra de layout:** define a distância entre as vigas ou número de itens.

O sistema de viga é alinhado na parede selecionada.

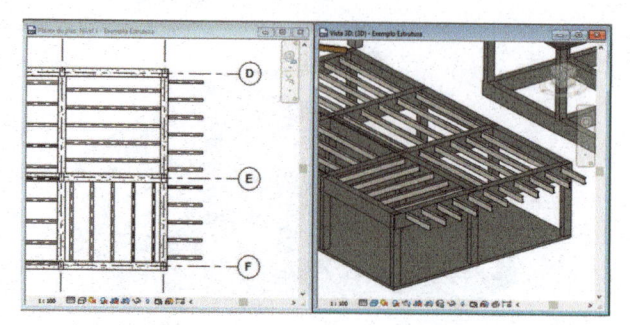

Figura 10.67 – Resultado da criação do Sistema de Vigas.

Depois de criado, o sistema poderá ser editado. Passe o cursor sobre as vigas e note que é selecionada uma linha tracejada que compõe o sistema. Clique sobre a linha e, em **Propriedades**, altere os parâmetros, como mostra a Figura 10.68.

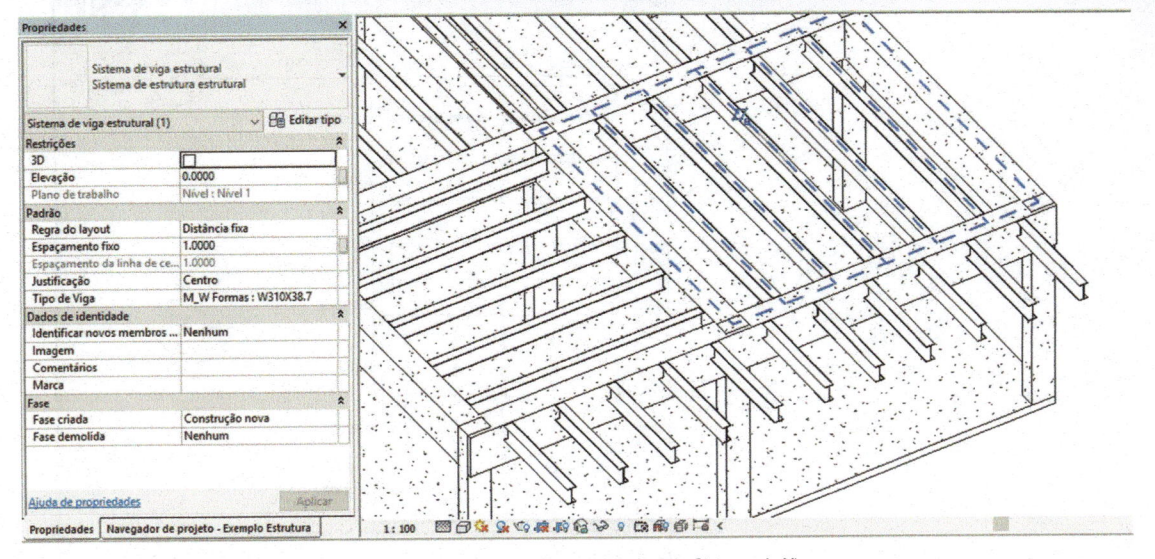

Figura 10.68 – Alteração dos parâmetros do Sistema de Vigas.

Pelo croqui do sistema de vigas: nessa opção, em vez de selecionarmos um limite preexistente, desenhamos o contorno do sistema. Na aba **Estrutura** selecione **Sistema de Vigas** e, em seguida, **Croqui do Sistema de Vigas**.

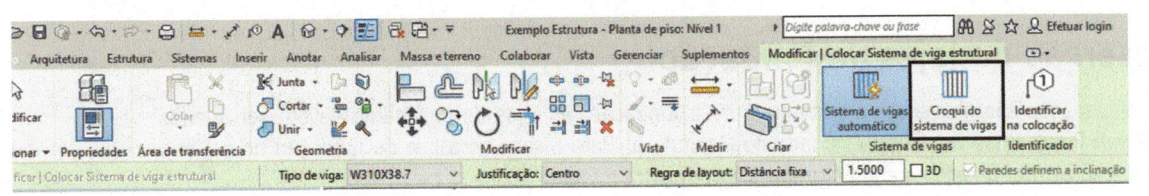

Figura 10.69 – Seleção de Croqui do Sistema de Vigas.

Depois, em **Propriedades**, selecione o tipo de viga em **Tipo de Viga** e em uma vista de planta desenhe uma poligonal. Defina o limite onde serão criados os sistemas, de vigas e clique em **Concluir modo de edição**. As vigas serão paralelas à primeira linha do contorno do croqui.

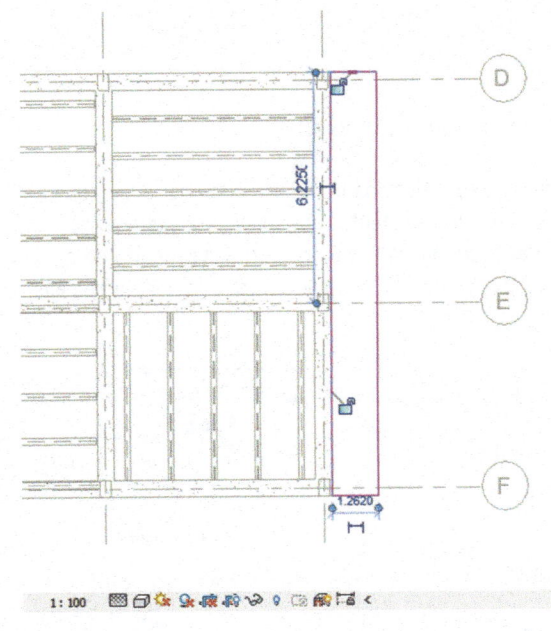

Figura 10.70 – Desenho do limite da área do Sistema de Vigas.

O resultado deve ser semelhante ao da Figura 10.71.

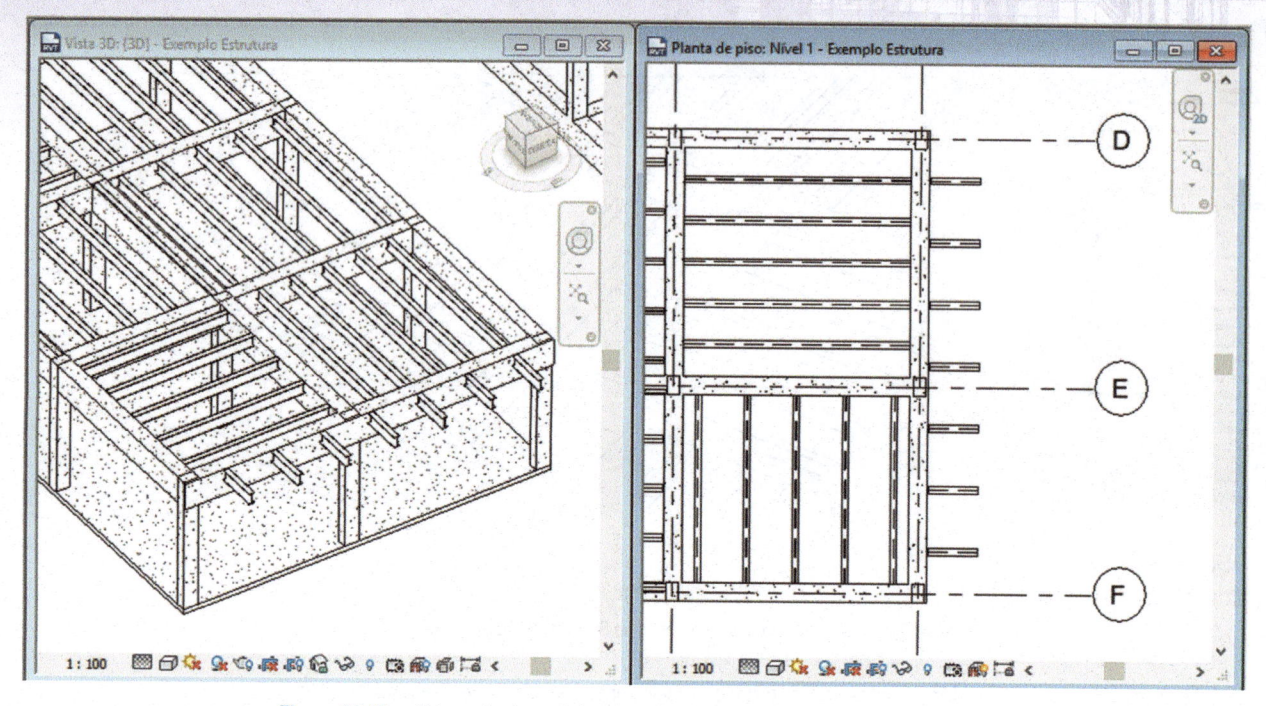

Figura 10.71 – Sistema de vigas criado pela definição do limite do contorno.

10.4 Inserção de lajes de fundação

As lajes de fundação são elementos estruturais para a fundação. As lajes de pavimento devem ser criadas com a ferramenta Piso – Piso estrutural estudada no Capítulo 9. Para inserir uma laje de fundação no projeto, selecione Fundação estrutural: laje na aba Estrutura, como mostra a Figura 10.72.

Aba Estrutura > Laje > Fundação estrutural: laje

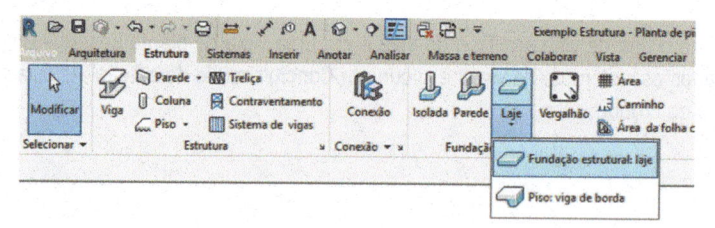

Figura 10.72 – Aba Estrutura – seleção de laje.

Em seguida, na aba Modificar | Criar limite do piso, selecione uma forma de criar a laje, que pode ser baseada em paredes existentes, como no caso do piso, ou em vigas existentes no projeto. Você também pode usar as possibilidades de desenho com as ferramentas do painel Desenhar. A laje é criada no nível abaixo do qual foi desenhada e não será visível na planta do pavimento corrente, apenas em 3D. Para visualizar a laje, devemos alterar a visibilidade da vista 2D em Faixa da vista.

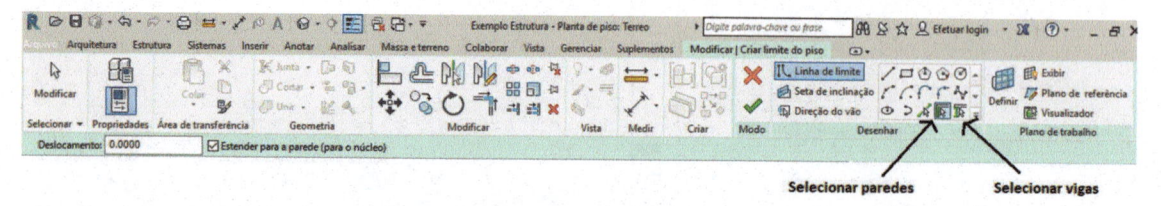

Figura 10.73 – Seleção do modo de criação da forma da laje.

Depois de definir a forma da laje, clique em Concluir. A laje é inserida no projeto, como mostra a Figura 10.74.

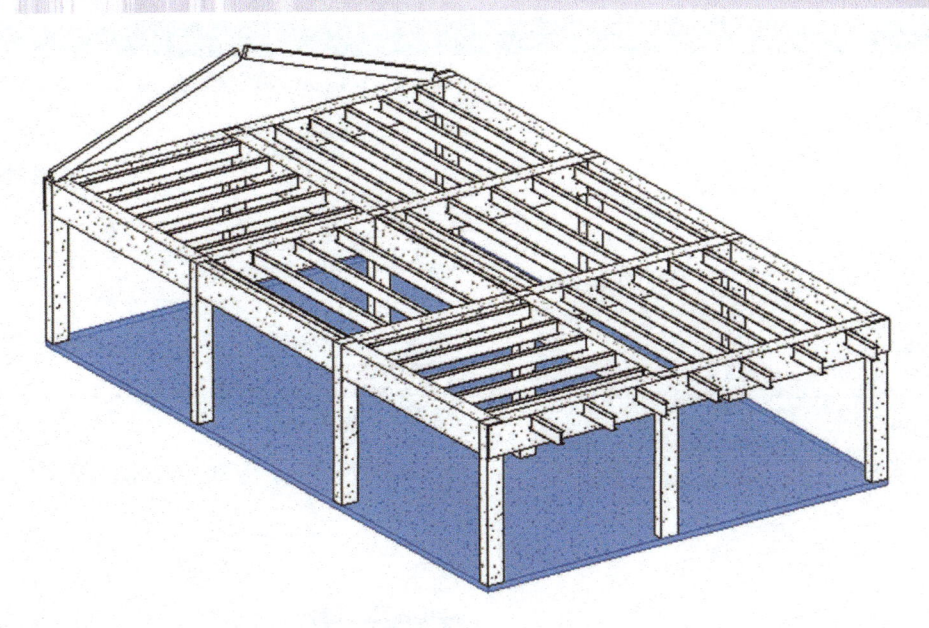

Figura 10.74 – Laje de fundação inserida.

A laje é um elemento muito parecido com o piso. Podemos editar sua forma depois de ela estar inserida, fazer furos e recortes para passagem de escadas e usar o **Shaft** da mesma maneira como fizemos com os pisos.

10.4.1 Propriedades de instância da laje de fundação

As propriedades de instância da laje são as que alteramos somente para o elemento selecionado, da mesma forma que outros objetos do Revit. Acompanhe a seguir:

Nível: pavimento.

Altura do deslocamento do nível: distância a partir da base.

Relativo à massa: indica que a laje veio de um estudo de massa.

Estrutural: ao habilitar essa opção, a laje pode ser usada por programas de análise.

Ativar o modelo analítico: inclui o elemento em análises de cálculo.

Recobrimento de vergalhão: cobertura de vergalhão nas faces superior, inferior e outras.

Inclinação: inclinação da laje.

Perímetro: perímetro da laje.

Área: área da laje.

Volume: volume da laje.

Largura: largura da laje.

Comprimento: comprimento da laje.

Elevação na base: indica a cota da parte inferior da laje.

Espessura: espessura da laje.

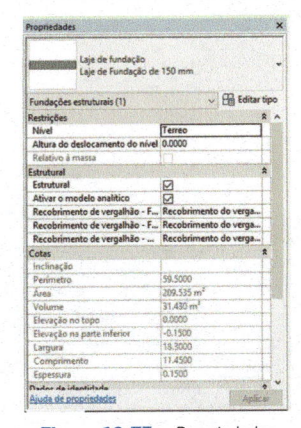

Figura 10.75 – Propriedades de instância da laje.

10.4.2 Propriedades de tipo da laje de fundação

As lajes pertencem a uma família do tipo **Sistema**. O Revit traz somente um tipo de laje criado.

Para criar outros tipos de laje, o procedimento é o mesmo que aplicamos aos outros objetos: duplicamos um tipo, o renomeamos e mudamos as suas propriedades.

Estrutura: define a estrutura da laje.

Espessura: espessura da laje.

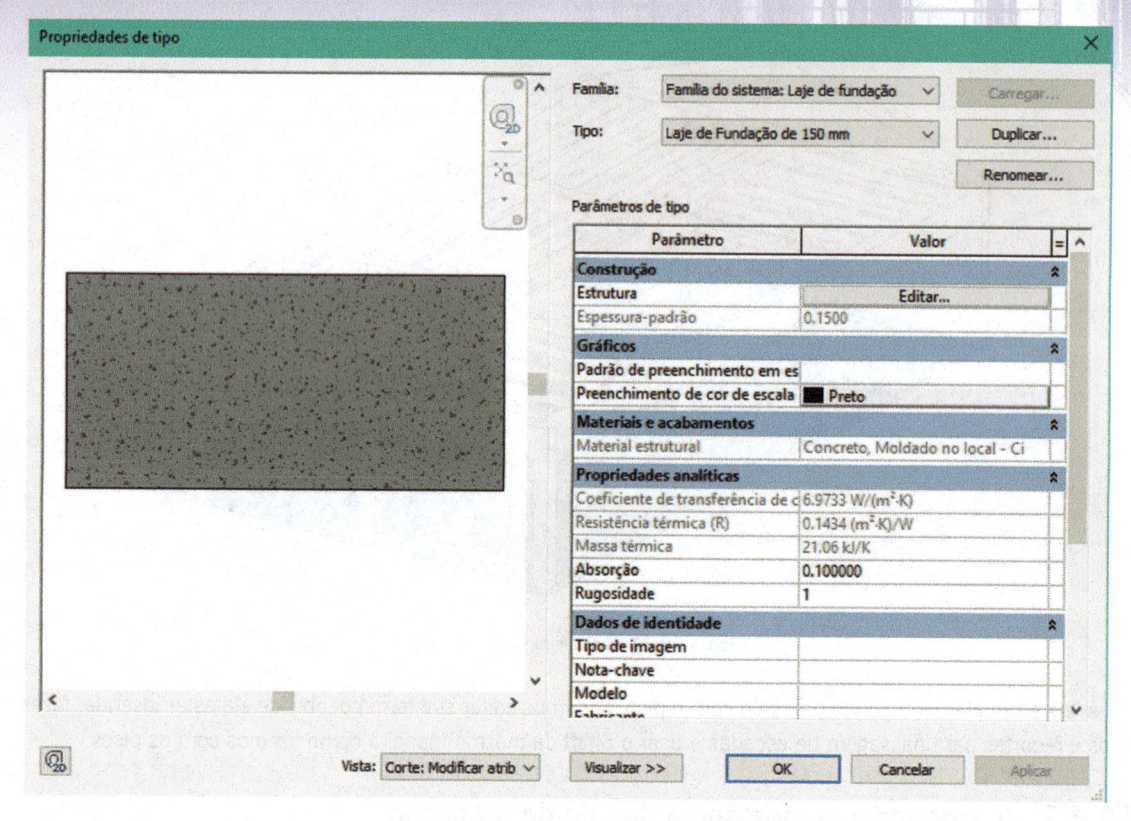

Figura 10.76 – Propriedades do tipo de laje.

Para definir a espessura da laje, clique em **Editar** no campo **Estrutura** e, na janela de diálogo **Editar montagem**, digite o valor da espessura no campo **Espessura**. Podemos criar uma laje com várias camadas, inserindo outras com o botão **Inserir**, da mesma forma como criamos as camadas dos pisos, definindo materiais diferentes para cada uma delas.

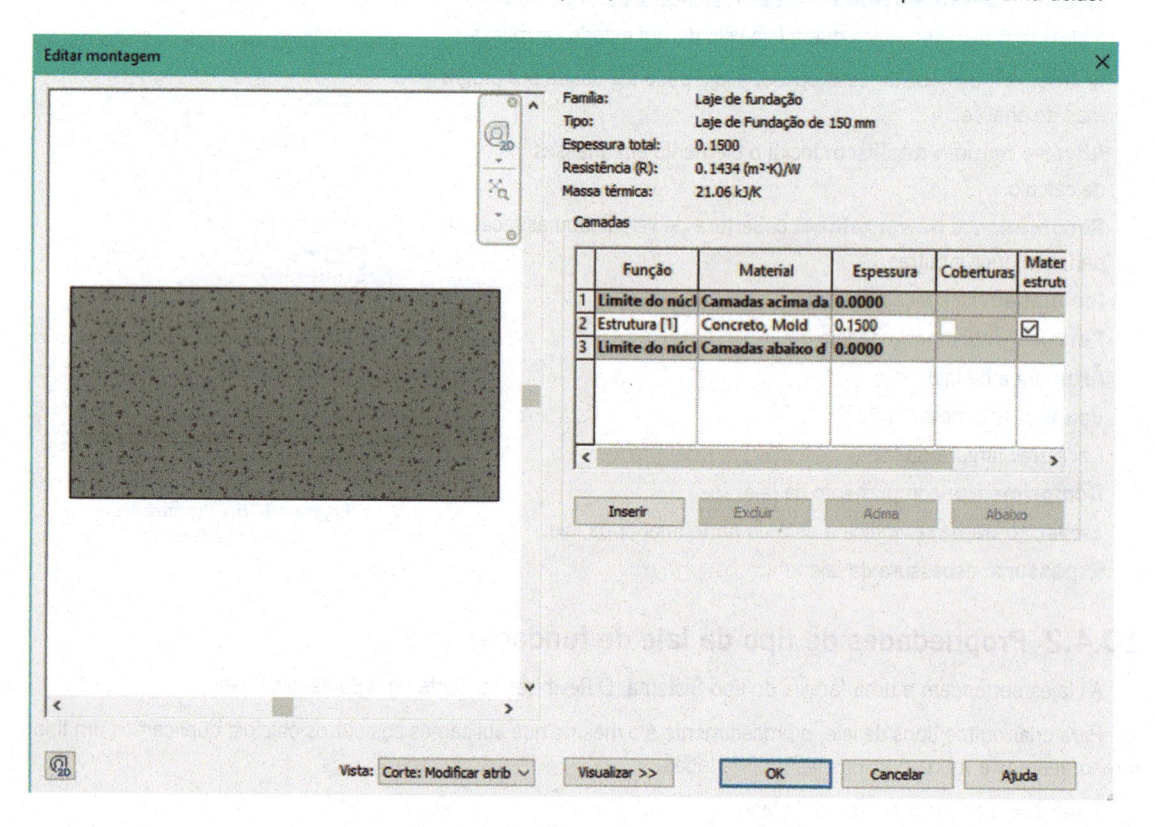

Figura 10.77 – Definição da estrutura da laje.

Em resumo, a estrutura de um edifício pode ser criada no Revit com os elementos estruturais descritos neste capítulo, e desse modo é possível gerar o esqueleto do edifício (Figura 10.78). Você pode iniciar o projeto pela estrutura e depois fazer o fechamento com as paredes ou **Paredes cortina**. No final, pode quantificar os elementos, vigas, pilares e lajes, e fazer um levantamento quantitativo de material, por exemplo, de concreto, para avaliar o volume consumido no projeto. As tabelas serão estudadas no Capítulo 16.

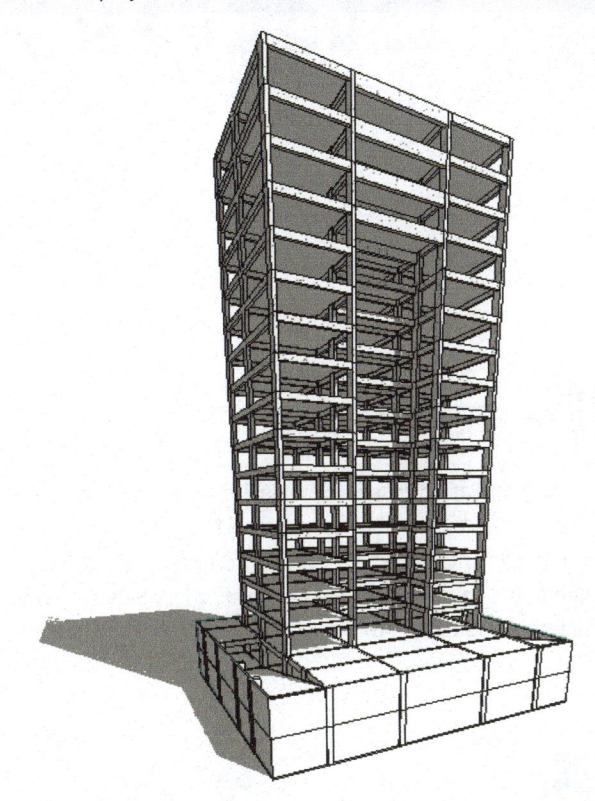

Figura 10.78 – Estrutura com pilares, vigas e lajes.

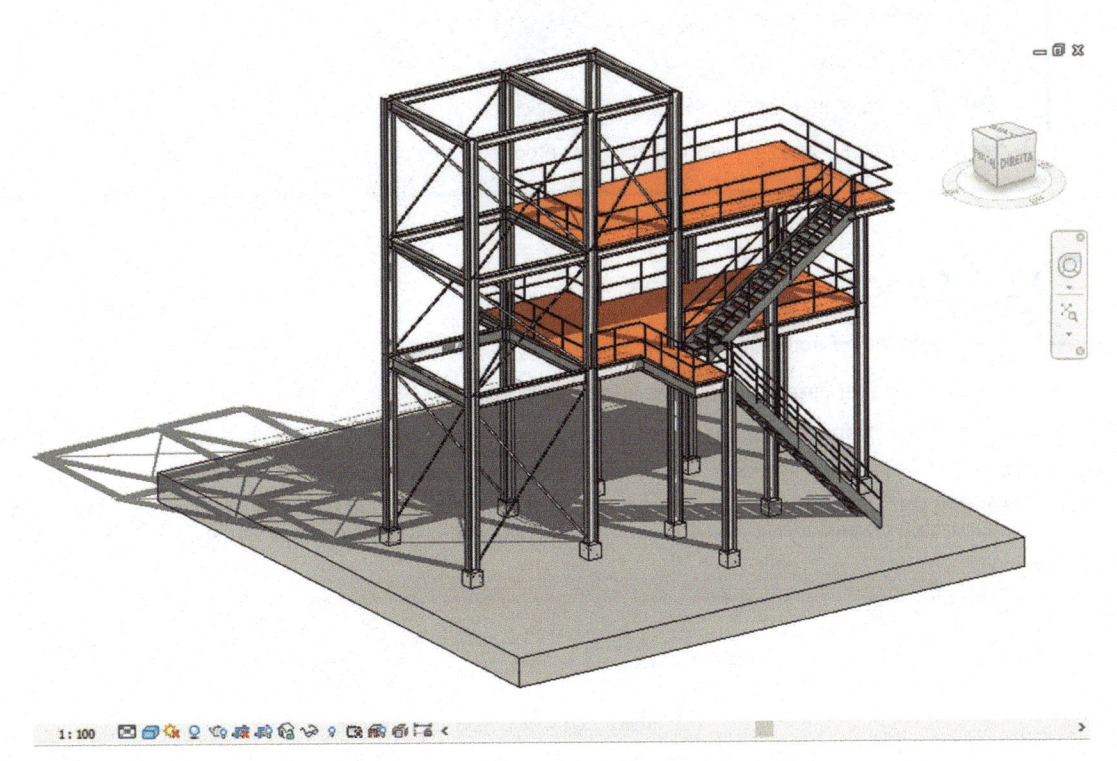

Figura 10.79 – Estrutura metálica.

Escadas e Guarda-corpos

Introdução

Neste capítulo veremos como inserir escadas (retas, em L e em U) e guarda-corpo no projeto. Também abordaremos como alterar as propriedades e modificar a geometria das escadas. O guarda-corpo é gerado automaticamente com elas, apesar de ser um elemento separado. Também é possível inseri-lo em pisos para gerar guarda-corpo. Depois de inseridos, a escada e o guarda-corpo podem ser modificados, pois são elementos paramétricos. As escadas em edifícios podem ser repetidas para todos os pavimentos com os mesmos parâmetros.

Objetivos

- Aprender a inserir diversos tipos de escada no projeto.
- Alterar a escada.
- Criar escadas em múltiplos pavimentos de edifícios.
- Inserir guarda-corpo em pisos e alterar suas propriedades e percurso.

11.1 Criação de escadas

Aba Arquitetura > Circulação > Escada

A escada pode ser desenhada de duas formas:

Escada por componente: as partes da escada são independentes umas das outras e podem ser editadas para alterar o número de degraus, plataforma ou largura.

Escada por croqui: a escada é criada a partir do desenho (croqui) do limite das bordas e degraus separadamente. Nesta forma, ao selecionar separadamente Escada na aba Arquitetura, temos as seguintes opções:

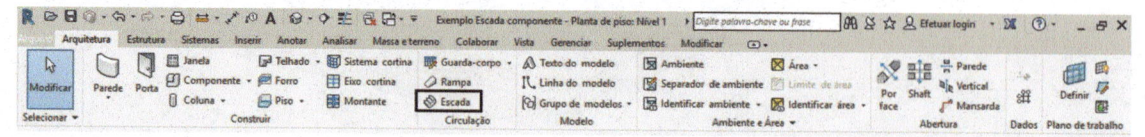

Figura 11.1 – Aba Arquitetura – Escadas.

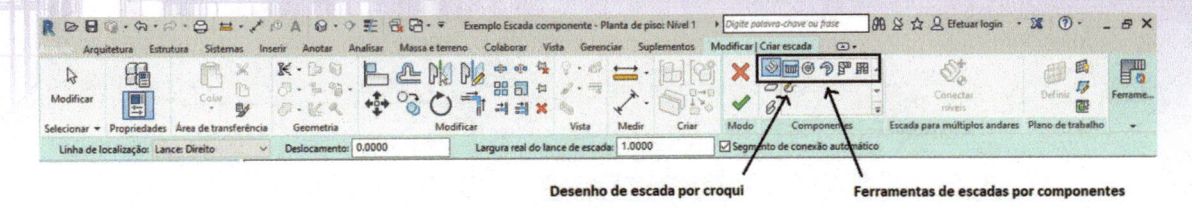

Desenho de escada por croqui   Ferramentas de escadas por componentes

Figura 11.2 – Opções de desenho de Escadas.

11.2 Escada por componente

Essa opção permite criar uma escada em partes independentes, como trechos, patamares, suportes e guarda--corpo. Apesar de independentes, esses componentes estão relacionados de forma que, se forem removidos degraus de um lado, eles serão acrescentados ao outro lado para manter a altura total da escada.

Ao entrar na ferramenta Escada entramos no modo de edição com as opções de desenho da escada. Depois de desenhar o percurso, deve-se selecionar Concluir para encerrar. O guarda-corpo só será inserido após sair do modo de edição.

Para desenhar os componentes, devemos selecionar uma das opções a seguir:

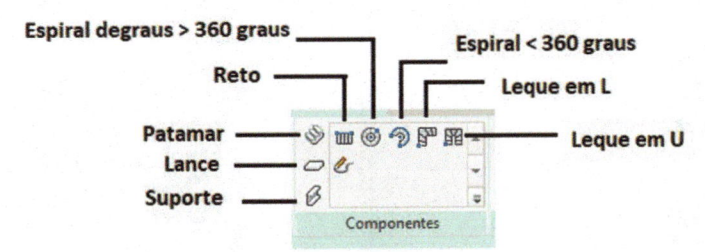

Figura 11.3 – Opções de Componentes.

Lance: entra no modo de desenho de trecho.

⊙ **Reto:** cria trechos retos de escada.

⊙ **Espiral com degraus completos:** cria escadas em espiral cujos degraus formam ângulos maiores que 360 graus, de acordo com a altura entre os pavimentos.

⊙ **Espiral por centro e extremidades:** cria escadas em espiral cujos degraus formam ângulos até 360 graus, conforme a altura entre os pavimentos.

⊙ **Leque em L:** cria escadas em L com degraus em leque.

⊙ **Leque em U:** cria escadas em U com degraus em leque.

Patamar: entra no modo de patamar e abre a opção de desenho de patamar por seleção de dois trechos ou croqui.

Suporte: entra no modo de desenho de suporte por seleção de arestas do patamar.

Ao selecionar Reto, podemos criar escadas retas, em L ou em U, como mostra a Figura 11.5. Na barra de opções é possível definir os seguintes parâmetros:

Linha de localização: é a linha pela qual se desenha a escada e pode ser: Lance – Centro Esquerdo, Direito. Suporte Externo Esquerdo e Direito.

Deslocamento: valor do deslocamento da linha de centro.

Largura real do lance de degrau: define a largura do degrau.

Segmento de conexão automático: se ligado, cria um patamar entre os trechos. Se desligado, não cria um patamar automático.

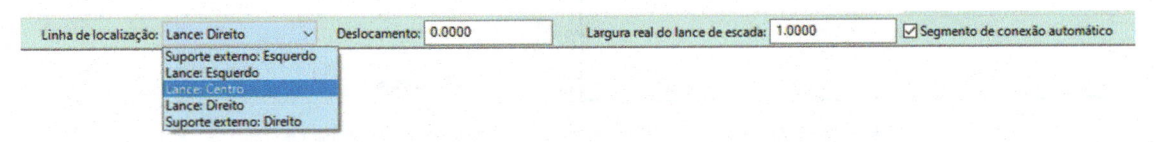

Figura 11.4 – Barra de opções de escadas reta e espiral.

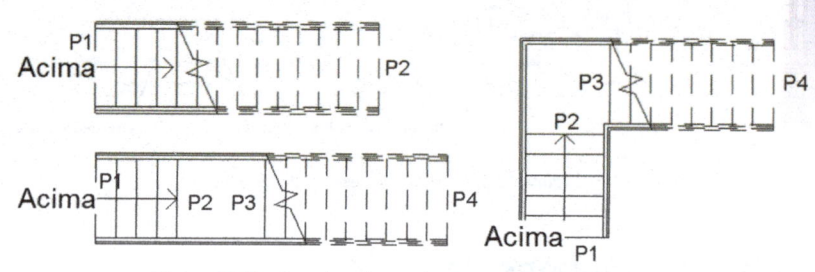

Figura 11.5 – Desenhos de escada com a opção Escada reta.

Clique nos pontos inicial e final da escada ou nos pontos exibidos na Figura 11.5 para gerar o patamar.

Ao selecionar **Espiral com degraus completos,** podemos criar escadas em espiral com degraus que ultrapassem o limite de 360 graus. Neste exemplo, a altura entre pavimentos é de 12 m, para mostrar que o espiral se forma acima dos 360 graus. Clique em um ponto no centro da escada (P1) e em outro para definir o raio (P2).

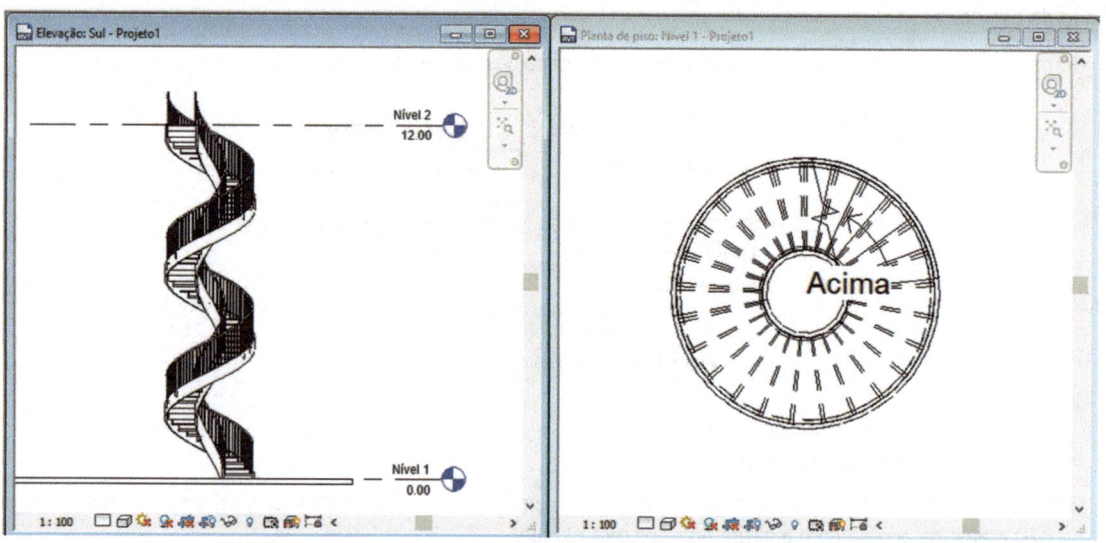

Figura 11.6 – Escada espiral com degraus em ângulo maior que 360 graus.

Ao selecionar **Espiral por centro e extremidades,** as escadas em espiral não ultrapassam o ângulo de 360 graus, por isso a opção deve ser utilizada para alturas menores que a do exemplo anterior. Clique em um ponto no centro da escada e em outro para definir o raio e o ponto final (Figura 11.7).

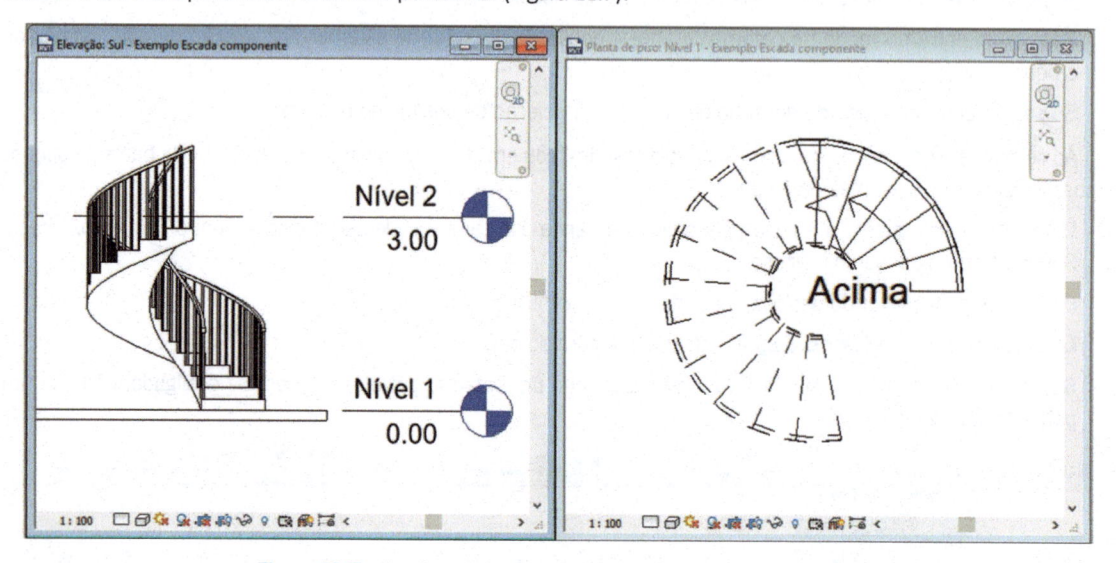

Figura 11.7 – Escada espiral com degraus em ângulo menor que 360 graus.

Ao selecionar **Leque em L** ou em **U**, podemos criar escadas com degraus em forma de leque, como mostra a Figura 11.9. Na barra de opções podemos definir a linha de localização do eixo da escada, a altura da escada em relação à base, a largura da escada e a visualização espelhada. O ponto de inserção da escada pode ser alterado se você pressionar a barra de espaço para que se ajuste ao projeto.

Linha de localização: Lance: Direito | Altura base relativa: 0.0000 | Largura real do lance de escada: 1.0000 | ☑ Segmento de conexão automático ☐ Espelhar visualização

Figura 11.8 – Barra de opções das escadas em leque.

Figura 11.9 – Escada com degraus em leque.

Figura 11.10 – Escada em leque – vista 3D.

11.2.1 Edição de escadas por componente

A vantagem da escada por componente é a flexibilidade de sua edição, por exemplo, para aumentar degraus e unir trechos. As escadas por componente podem ser editadas das formas numeradas a seguir:

1. Use os grips que são exibidos quando a escada para edição é selecionada. Primeiramente, selecione a escada. Na aba **Modificar | Escadas**, escolha **Editar escadas**. Assim, a escada entra no modo de edição e apresenta a numeração de degraus para cada trecho, conforme a Figura 11.11. Cada trecho tem uma função e pode ser editado separadamente com os grips (Figura 11.13), sendo possível alterar o número de degraus e a largura de cada trecho.

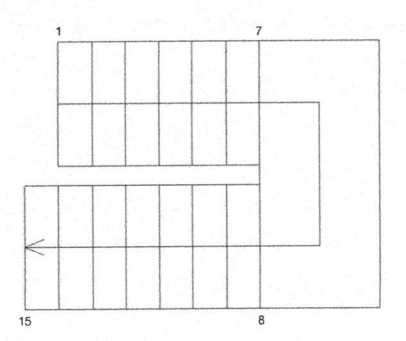

Figura 11.11 – Numeração dos degraus.

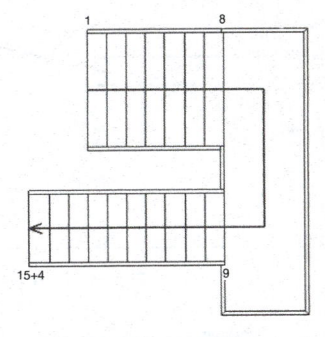

Figura 11.12 – Resultado após alteração com os grips.

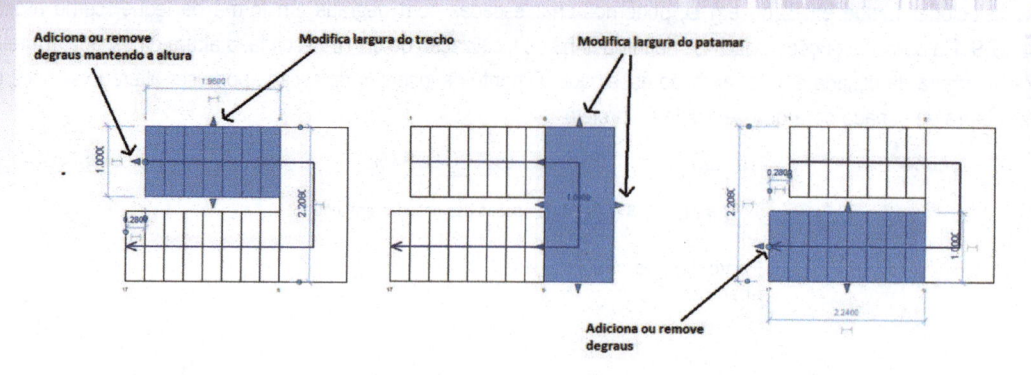

Figura 11.13 – Modificação dos componentes com grips.

2. Modifique as propriedades de tipo e instância. Uma escada em leque, por exemplo, pode ter o número de degraus paralelos alterado pelas propriedades de instância. Selecione a escada e, na aba **Modificar | Escadas**, escolha **Editar escadas**. Selecione a escada novamente e, na janela **Propriedades**, altere o número de degraus paralelos no início/final, conforme a Figura 11.14.

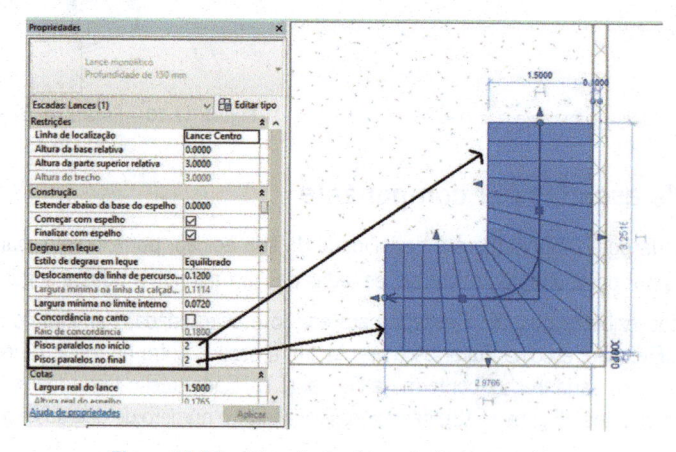

Figura 11.14 – Alteração do número de degraus paralelos.

3. É possível usar as ferramentas de edição **Mover, Copiar**.

4. Adicione ou exclua componentes. Pode-se criar uma escada em forma de T, adicionando-se componentes da seguinte maneira:

   - Crie uma escada em L, como na Figura 11.15.
   - Em seguida, selecione o trecho, como na Figura 11.16, e altere a largura para 1.5 e a linha de eixo para a direita.

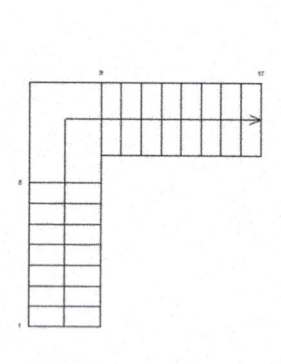

Figura 11.15 – Escada em L.

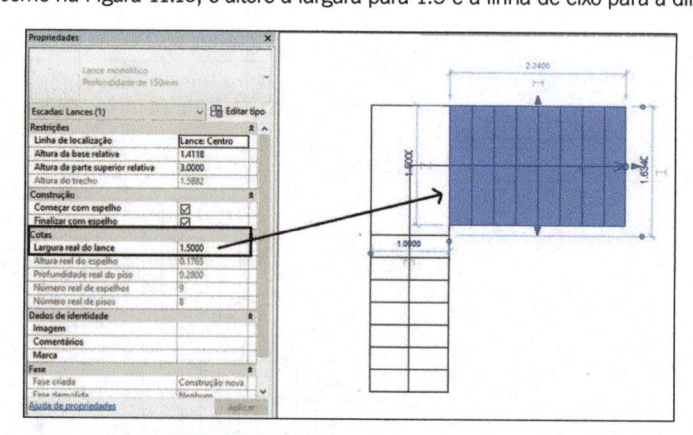

Figura 11.16 – Alteração da largura.

   - Selecione o outro trecho, então clique em **Espelhar/Desenhar eixo** na aba **Modificar | Criar escada** e trace uma linha de espelhamento pelos pontos 1 e 2, como na Figura 11.17.

Autodesk® Revit® Architecture 2018 – Conceitos e Aplicações

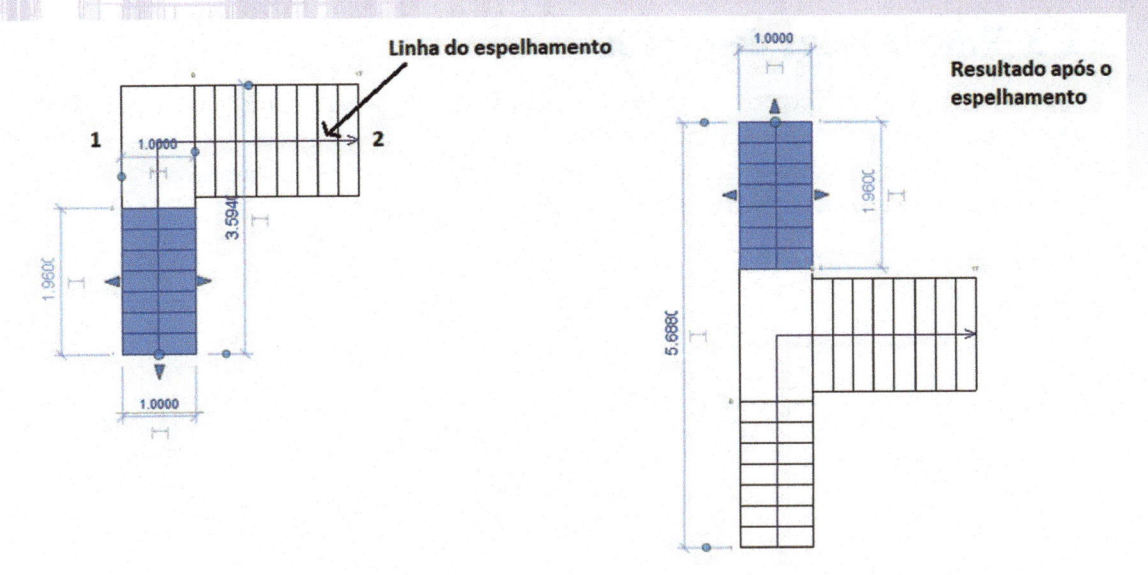

Figura 11.17 – Espelhamento de um trecho da escada.

● O próximo passo é converter o patamar em croqui. Selecione o patamar e clique em **Converter**. Apague o suporte entre o novo trecho e o patamar. Depois, selecione **Editar croqui** e altere a borda do patamar para que fique de acordo com o novo trecho.

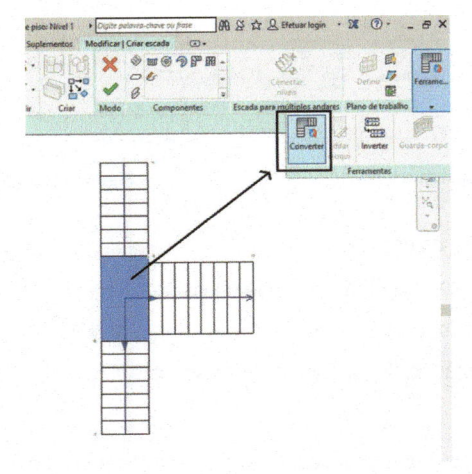

Figura 11.18 – Conversão do patamar em croqui.

● Para terminar, clique em **Finalizar** duas vezes; uma para o modo **Croqui** e outra para edição da escada. O resultado está na Figura 11.20.

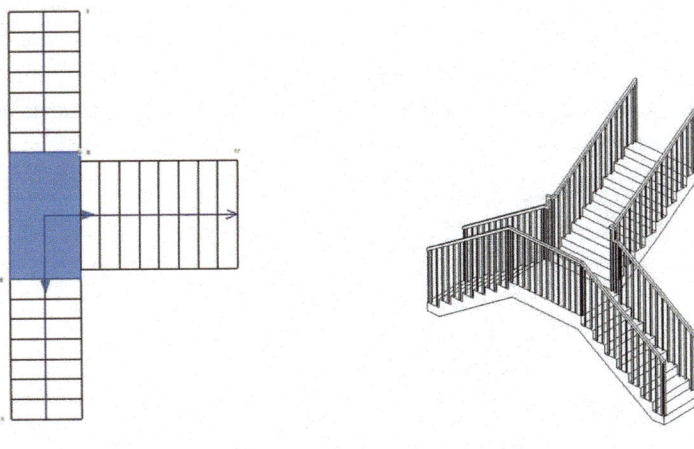

Figura 11.19 – Nova borda do patamar. | Figura 11.20 – Escada em T.

11.3 Propriedades da escada

Depois de criar a escada, podemos mudar algumas das suas propriedades ou o seu tipo. As escadas são do tipo **Família do sistema**, portanto não é possível carregar outros tipos, somente duplicar e modificar os existentes para criar outros. Selecione uma escada criada para que suas propriedades sejam exibidas na caixa **Propriedades** (Figuras 11.21), como a escada montada, que é um tipo com suportes laterais espelhos e pisos.

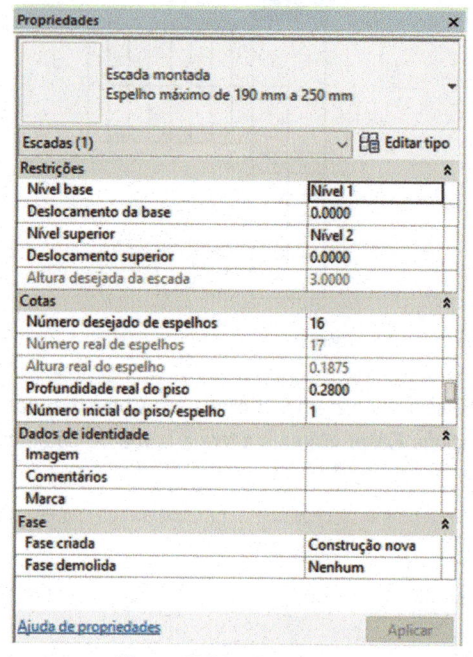

Figura 11.21 – Propriedades.

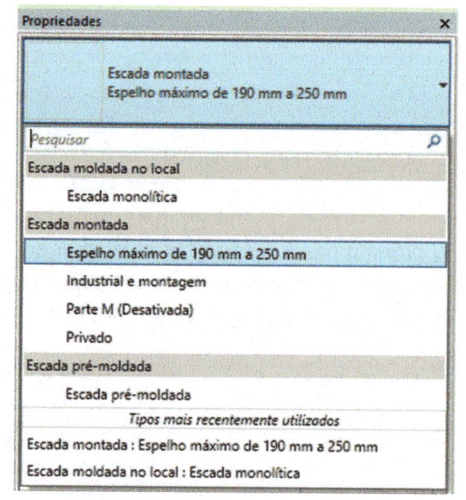

Figura 11.22 – Lista dos tipos de escada.

Nível base: pavimento da base da escada.

Deslocamento da base: distância da base ao início da escada.

Nível superior: pavimento do topo da escada.

Deslocamento superior: distância do topo ao final da escada.

Cotas

Número desejado de espelhos: o número de espelhos/degraus é calculado com base na altura.

Número real de espelhos: normalmente, esse número é igual ao anterior. Essa propriedade é somente de leitura.

Altura real do espelho: esse valor é igual ou menor que o de **Altura máxima dos degraus** na fórmula do cálculo da escada em **Propriedades de tipo**.

Profundidade real do piso: define a profundidade do degrau. Esse valor pode ser alterado sem a necessidade de se criar outro tipo de escada. A fórmula também pode mudar esse valor para se adequar ao cálculo. Então as propriedades do cálculo da escada, visualize a janela **Propriedades de tipo**. Então, clique no botão **Editar tipo** e, em seguida, em **Regras de cálculo**, conforme as Figuras 11.25 e 11.26.

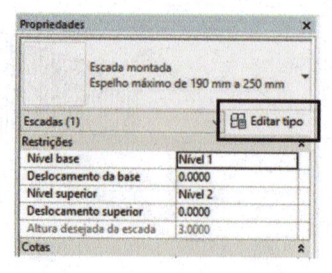

Figura 11.23 – Botão Editar tipo.

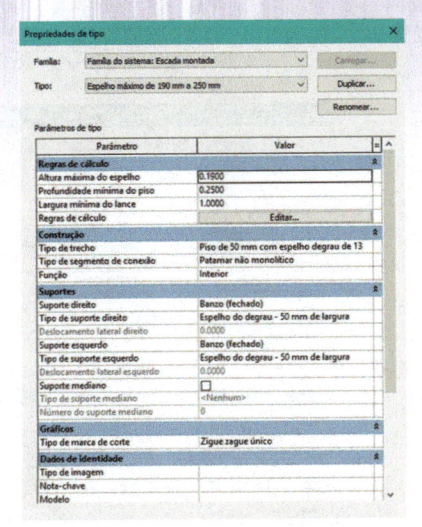
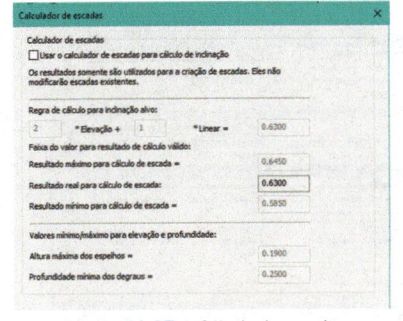

Figura 11.24 – Propriedades de tipo da escada.   **Figura 11.25 –** Cálculo da escada.

Calculador de escadas: nessa janela definimos a forma de cálculo da escada.

Usar o calculador de escadas para cálculo de inclinação: clique nesse botão para usar a fórmula de cálculo para a escada.

Com essa opção, os resultados somente são utilizados para a criação de escadas. Eles não modificarão escadas existentes.

Regra de cálculo para inclinação alvo: regra segundo a fórmula de cálculo de conforto da escada.

Faixa do valor para resultado de cálculo válido: valores para cálculo válido para a escada.

Resultado máximo para cálculo de escada: valor máximo para o cálculo.

Resultado real para cálculo de escada: valor do cálculo atual.

Resultado mínimo para cálculo de escada: valor mínimo para o cálculo.

Valores mínimo/máximo para elevação e profundidade:

- Altura máxima dos espelhos.
- Profundidade mínima dos espelhos.

> Você pode alterar as medidas do piso da escada e da altura do degrau nas propriedades de acordo com as suas necessidades. Garantem-se os valores mínimos e máximos para o conforto segundo a fórmula de Blondel utilizada mundialmente.

A Figura 11.26 exibe a nomenclatura das partes da escada de acordo com as propriedades para facilitar a compreensão:

Degrau: espelho.

Piso: parte horizontal do degrau.

Banzo: suporte lateral de acabamento da escada.

Perfil de bocel: saliência do degrau para fora da estrutura da escada. O valor pode ser zero e o degrau fica rente à estrutura.

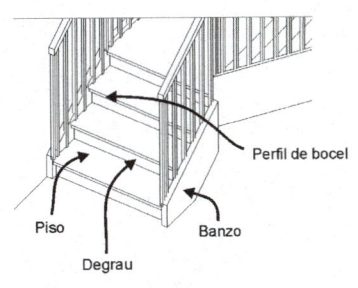

Figura 11.26 – Partes da escada.

Selecione uma escada e, em seguida, clique em **Editar tipo**. Com isso, surge a janela de diálogo **Propriedades de tipo.** Observe as Figuras 11.27 e 11.28.

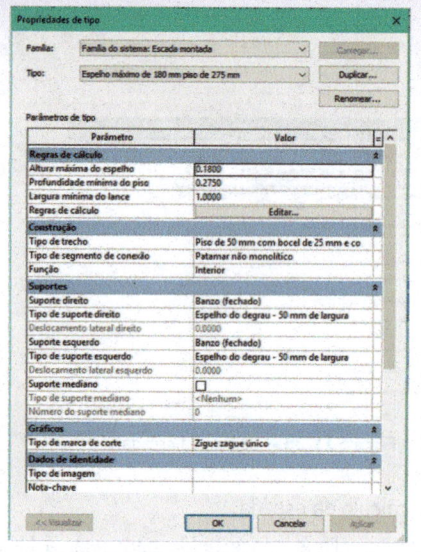

Figura 11.27 – Propriedades da escada.

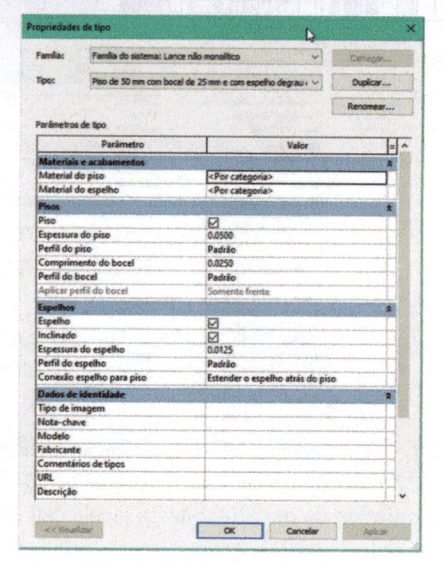

Figura 11.28 – Tipo de trecho.

Regras de Cálculo

Regras de cálculo: acessa a janela de diálogo em que se define a regra de cálculo vista no item anterior.

Profundidade mínima do piso: valor mínimo para o piso do degrau. Se esse valor for excedido, surge uma mensagem de alerta.

Altura máxima do espelho: define a altura máxima de cada espelho da escada.

Construção

Tipo de trecho: define os pisos e os espelhos para o trecho (Figura 11.29).

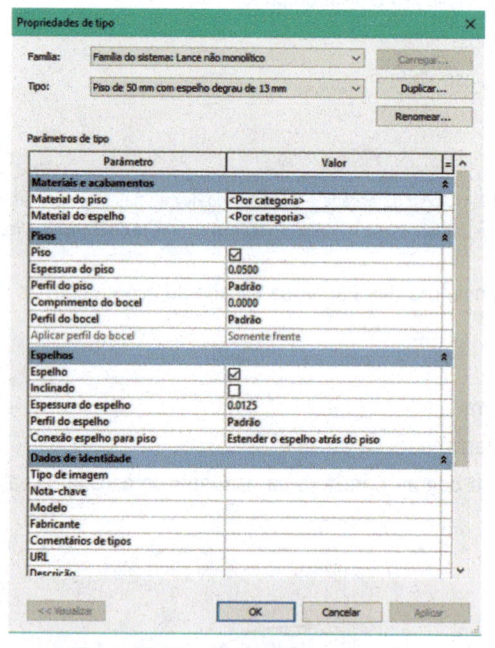

Figura 11.29 – Propriedade Tipo de trecho.

Tipo de segmento de conexão: define o tipo do patamar.

Função: função da escada, se interna ou externa.

Gráficos

Tipo de marca de corte: controla como será o símbolo de corte em planta.

Tamanho do texto: altura da letra do texto Acima/Abaixo.

Fonte do texto: fonte da letra do texto Acima/Abaixo.

Materiais e acabamentos

Material de piso: definição do material.

Material de espelhos: material do espelho.

Pisos

Profundidade mínima do piso: valor mínimo para o piso do degrau. Se esse valor for excedido, surge uma mensagem de alerta.

Espessura do piso: definição da espessura.

Comprimento do bocel: medida do degrau que excede a estrutura da escada.

Perfil de bocel: permite escolher um perfil arredondado com várias medidas.

Aplicar perfil de bocel: especifica onde o perfil será aplicado (frente, lado etc.).

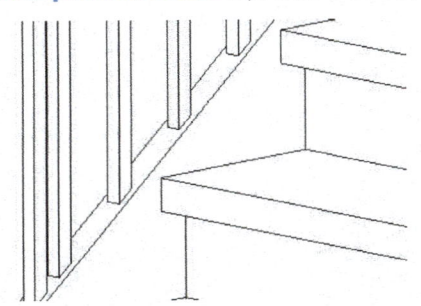
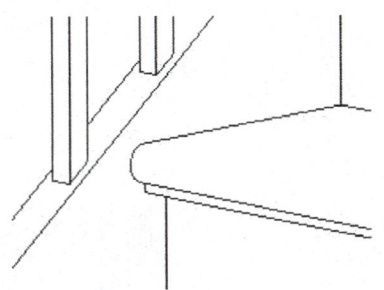

Figura 11.30 – Degrau sem perfil.

Figura 11.31 – Degrau com perfil de raio de 40 mm.

Espelhos

Espelho: liga/desliga inserção de espelho.

Inclinado: se ligado, faz o espelho inclinado.

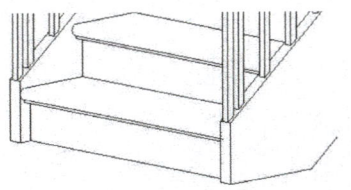
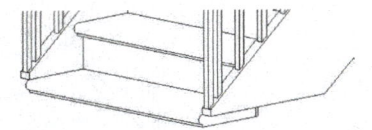

Figura 11.32 – Degrau com espelho no início.

Figura 11.33 – Degrau sem espelho no início.

Tipo de espelho: define o tipo do espelho (Reto, Inclinado ou Nenhum) ou desliga-o.

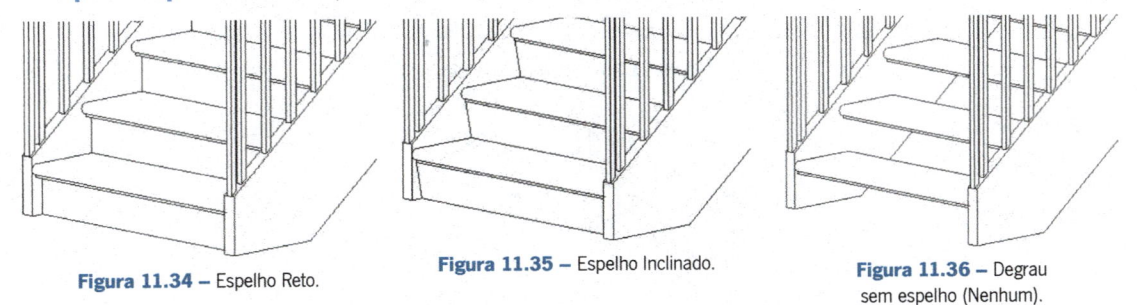

Figura 11.34 – Espelho Reto.

Figura 11.35 – Espelho Inclinado.

Figura 11.36 – Degrau sem espelho (Nenhum).

Espessura do espelho: é possível escolher a espessura do espelho.

Conexão de piso: define se o espelho ajusta-se atrás ou embaixo do piso.

Suportes

Suporte direito: define como será o suporte do lado direito da escada. As opções são **Fechado**, que encobre os degraus; **Abrir**, em que o suporte é cortado nos degraus; **Nenhum**, que desliga o suporte.

Suporte esquerdo: determina como será o suporte do lado esquerdo da escada.

Suporte mediano: define o número de suportes entre o direito e o esquerdo.

Tipo de suporte: define o tipo do banzo/suporte.

Deslocamento de banzo aberto: habilitado somente quando selecionamos **Banzo aberto**. Define a distância do suporte da lateral da escada para dentro. A Figura 11.40 mostra uma escada vista de baixo com suporte de 0,2 cm para dentro da escada.

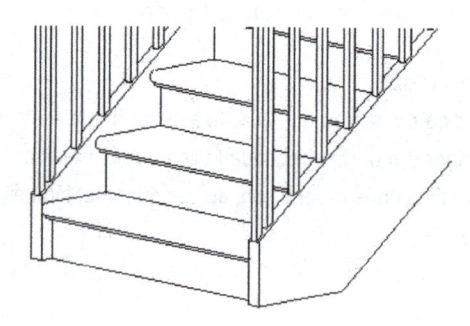

Figura 11.37 – Banzo – Fechado.

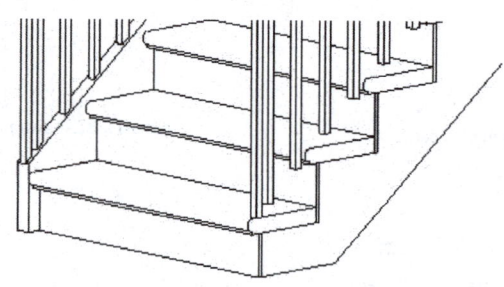

Figura 11.38 – Banzo – Abrir.

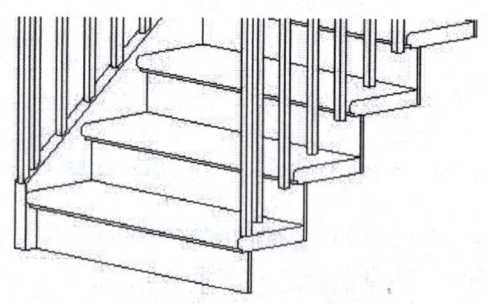

Figura 11.39 – Banzo – Nenhum.

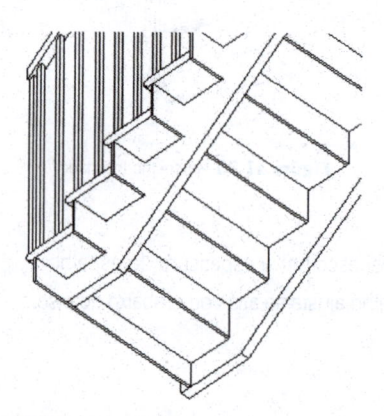

Figura 11.40 – Banzo direito – Movido para dentro da escada.

11.4. Escadas por Croqui

A criação de escada por croqui, ou seja, o desenho de degraus e limites, permite muita flexibilidade no desenho de escadas mais complexas e que tenham forma irregular, não convencional. Os passos são os seguintes: na aba **Arquitetura**, selecione **Escada** e, em seguida, clique em **Criar croqui por croqui** como mostra a Figura 11.41.

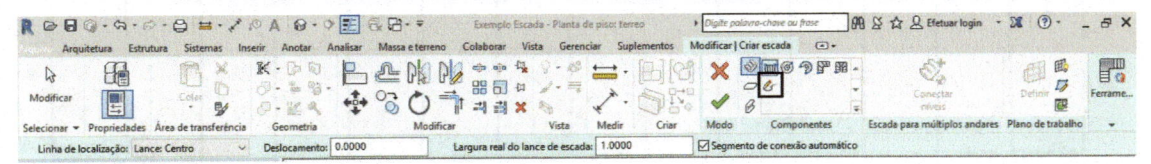

Figura 11.41 – Criação de escada por croqui.

Em seguida, na aba **Modificar | Criar escadas > Efetuar croqui do lance** devemos desenhar os degraus (espelhos), o limite (bordas da escada) e a linha da escada da seguinte forma:

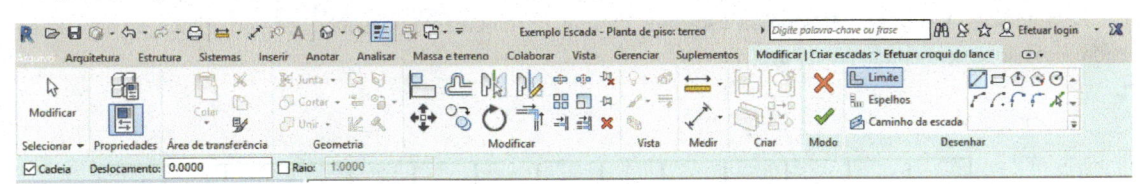

Figura 11.42 – Aba Modificar| Criar escadas > Efetuar croqui do lance.

1. **Espelhos:** desenhe os degraus.
2. **Limite:** desenhe o limite da escada (linhas externas).
3. **Caminho da escada:** desenhe a linha da escada em geral a linha de centro.

Selecione **Espelhos** e, com as ferramentas de desenho, crie uma linha com a largura de escada, por exemplo, 1.20 m. Essa linha será criada na cor preta. Digite o valor da largura do espelho em Deslocamento na barra de opções. Faça um Deslocamento/Offset da linha de acordo com a quantidade de degraus desejada como mostra a Figura 11.43.

Figura 11.43 – Desenho dos degraus da escada.

Em seguida, selecione **Limite** e, com as ferramentas de desenho, crie as bordas da escada. Essa linha será criada na cor verde. Note que, ao concluir o desenho do Limite, é informado quantos espelhos foram criados e quantos estão faltando de acordo com a altura entre os pavimentos.

Figura 11.44 – Desenho do limite da escada.

Para finalizar, selecione **Caminho da escada** e, com as ferramentas de desenho, crie uma linha no eixo da escada. Essa linha será criada na cor azul.

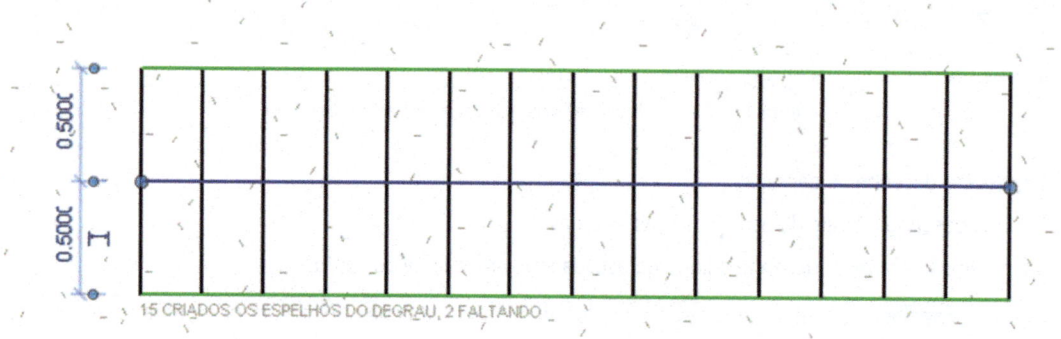

Figura 11.45 – Desenho do caminho da escada.

Para encerrar, selecione **Concluir modo de edição** duas vezes para finalizar o desenho da escada. O resultado pode ser visto na Figura 11.46.

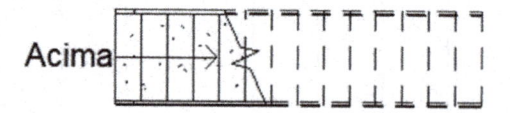

Figura 11.46 – Desenho de escada por croqui.

A escada por croqui poderá ter qualquer formato desde que repeite o desenho do degrau, limite e caminho da escada. A altura será determinada pelo número de espelhos criados. Assim, você poderá criar uma escada de poucos degraus que não tenha as laterais em linha reta ou outros formatos, como mostram as Figuras 11.49 e 11.50.

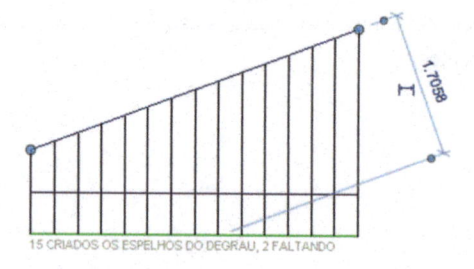

Figura 11.47 – Desenhos de escadas com limites desiguais.

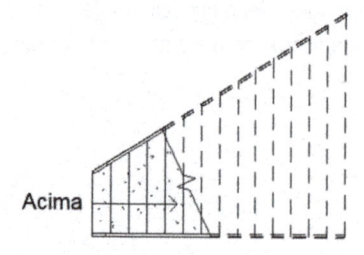

Figura 11.48 – Resultado em 3D.

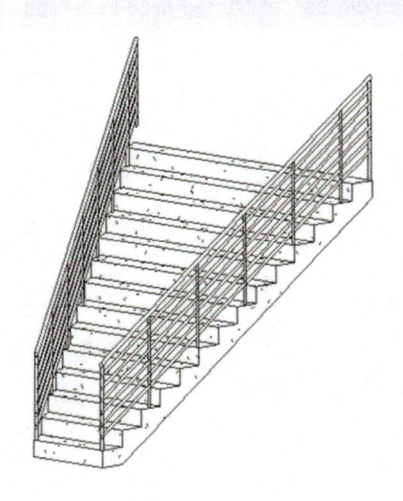

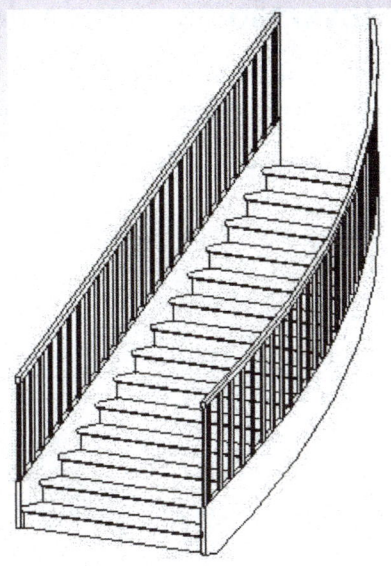

Figura 11.49 – Desenhos de escadas com limite em arco.

Figura 11.50 – Resultado em 3D.

11.5 Edição de escada por croqui

Podemos alterar a forma das escadas por croqui depois de criá-las da seguinte forma:

1. Selecione uma escada, como mostra a Figura 11.51, e na aba **Modificar Escadas**, selecione **Editar Escadas**.

2. No modo de edição, selecione novamente a escada e, em **Ferramentas**, selecione **Editar croqui**.

3. Em seguida, clique no grip do ponto final de uma das bordas da escada e arraste para o lado e ajuste a linha do espelho para estender até o limite.

4. Clique em **Concluir** na aba **Modificar | Escadas** e veja o resultado.

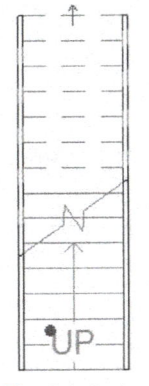

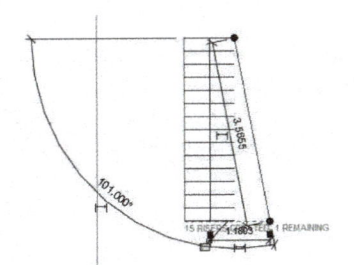

Figura 11.51 – Seleção da escada.

Figura 11.52 – Selecione o grip e arraste.

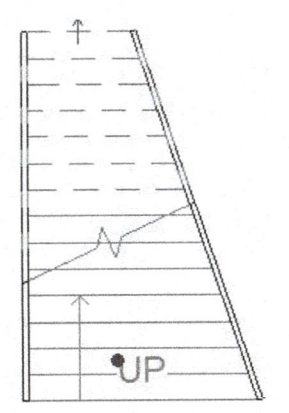

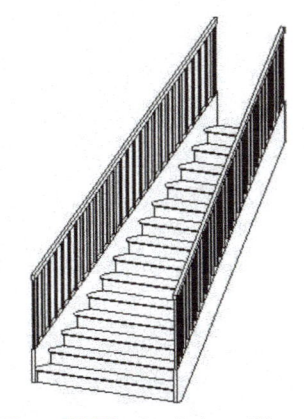

Figura 11.53 – Resultado depois de Concluir.

Figura 11.54 – Resultado em 3D.

11.6 Inversão do sentido de subida

Depois de criada, as escadas por componentes e as por croqui podem ter seu sentido de subida invertido. Selecione a escada em planta e clique na seta que surge ao selecionar a escada (Figura 11.55).

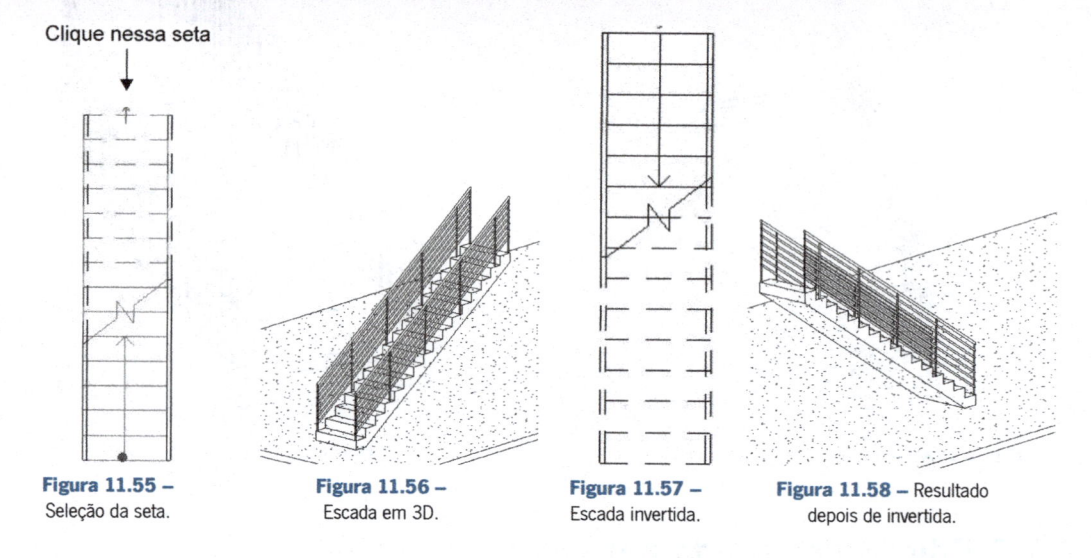

Figura 11.55 – Seleção da seta.

Figura 11.56 – Escada em 3D.

Figura 11.57 – Escada invertida.

Figura 11.58 – Resultado depois de invertida.

11.7 Escadas de múltiplos andares

Para criar uma escada que se repita em vários pavimentos, crie a escada e, em seguida, em uma vista de corte ou elevação, selecione-a e, na aba **Modificar escada**, clique **Selecionar níveis**, como mostra a Figura 11.59.

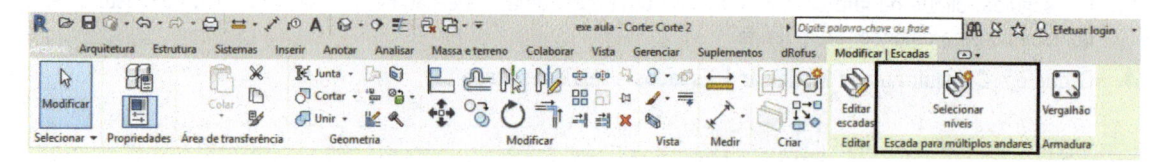

Figura 11.59 – Aba Modificar escada > Selecionar níveis.

Em seguida, use Ctrl ou o modo de seleção crossing e selecione todos os níveis em que a escada deve se repetir, como mostra a Figura 11.60.

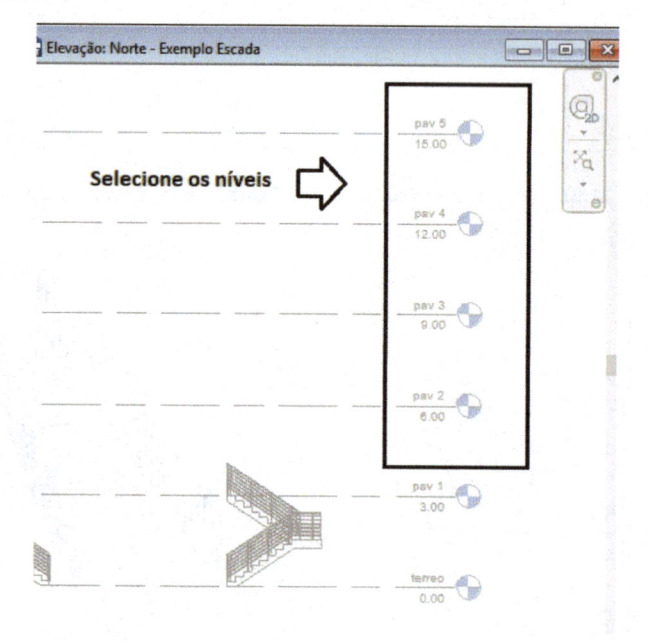

Figura 11.60 – Seleção dos níveis.

O resultado deve ser semelhante a Figura 11.61.

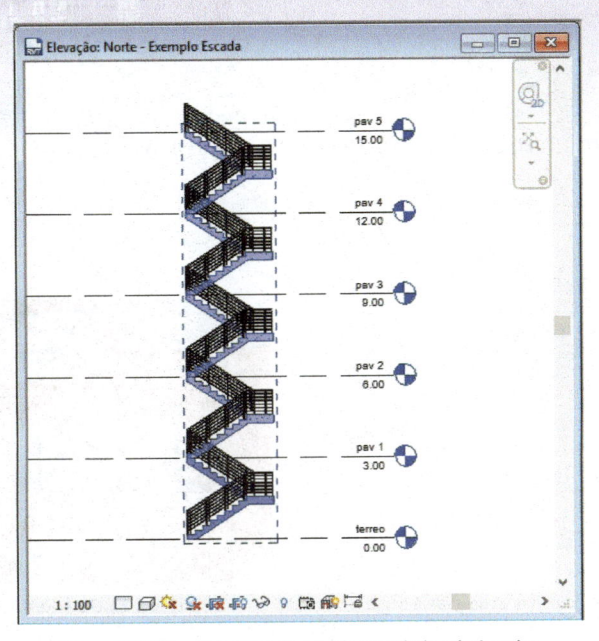

Figura 11.61 – Repetição da escada nos níveis selecionados.

Se você mudar a altura de um pavimento, a escada se adapta à nova altura.

11.8 Guarda-corpo

O guarda-corpo é inserido automaticamente com a escada e pode ser apagado, caso não seja necessário. Os dois lados são independentes, portanto, é possível eliminar um e manter o outro. Também se pode criar guarda-corpo em outros objetos, como pisos em varandas e mezaninos, entre outras aplicações.

Esse elemento pertence ao tipo **Família do sistema**, portanto não é possível carregar outros tipos, somente duplicar e modificar os existentes para criar outros. O Revit traz três tipos de guarda-corpo.

Para inserir um guarda-corpo independente da escada, selecione **Guarda-corpo** na aba **Arquitetura**.

Aba Arquitetura > Circulação > Guarda-corpo > Caminho do croqui

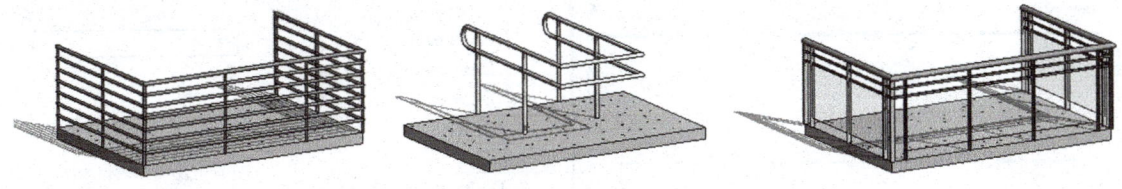

Figura 11.62 – Tipos de guarda-corpo.

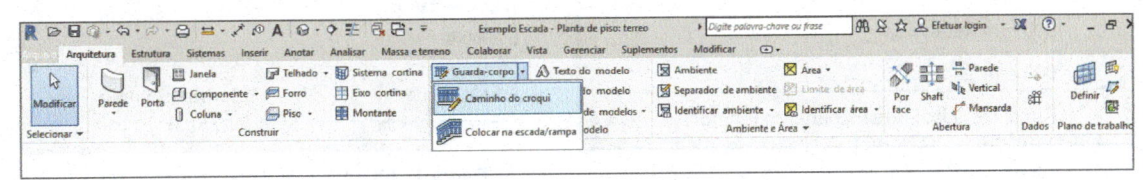

Figura 11.63 – Aba Arquitetura – seleção de Guarda-corpo.

A aba muda para **Modificar | Criar limite do guarda-corpo**. Com as ferramentas de desenho do painel **Desenhar**, faça o percurso do guarda-corpo no piso, como ilustra a Figura 11.64. Na barra de opções defina:

Cadeia: quando ligada, essa opção desenha as linhas do percurso em sequência.

Deslocamento: distância do guarda-corpo à linha criada.

Raio: raio de arredondamento.

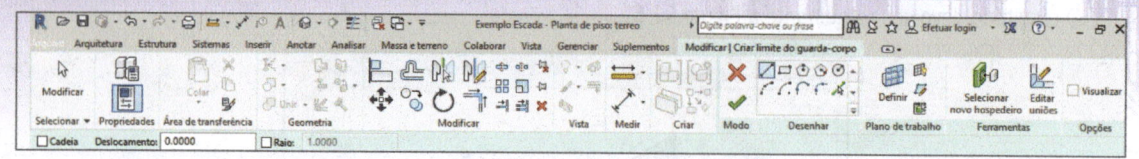

Figura 11.64 – Aba Modificar | Criar limite do guarda-corpo.

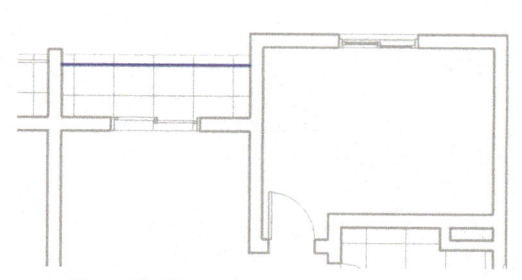

Figura 11.65 – Desenho do percurso do guarda-corpo.

Figura 11.66 – Resultado em 3D.

11.8.1 Propriedades do Tipo e de Instância do guarda-corpo

Depois de inserir o guarda-corpo, selecione-o e, na caixa **Propriedades**, escolha os tipos na lista; há somente três disponíveis. Clicando no botão **Editar tipo**, é possível duplicar um tipo e alterar as propriedades, criando-se outro tipo.

Nível base: pavimento da base.

Deslocamento da base: distância da base.

Deslocamento de piso banzo: distância do guarda-corpo ao banzo.

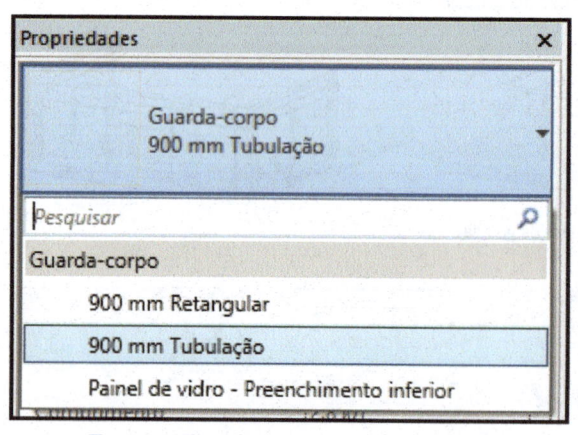

Figura 11.67 – Tipos do guarda-corpo selecionado.

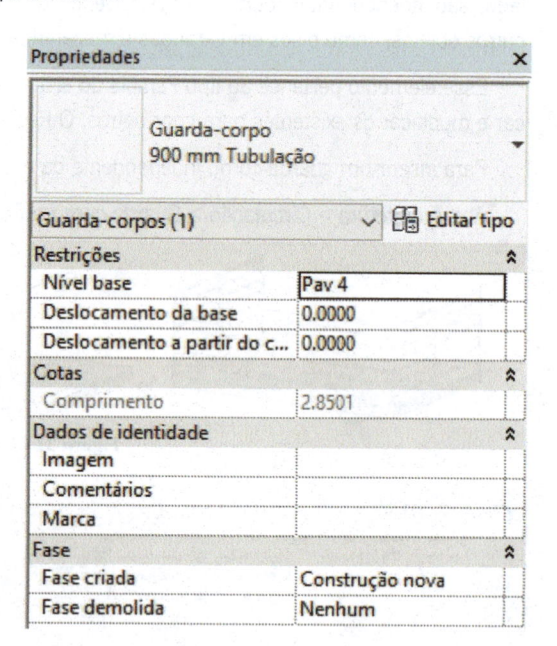

Figura 11.68 – Propriedades de instância.

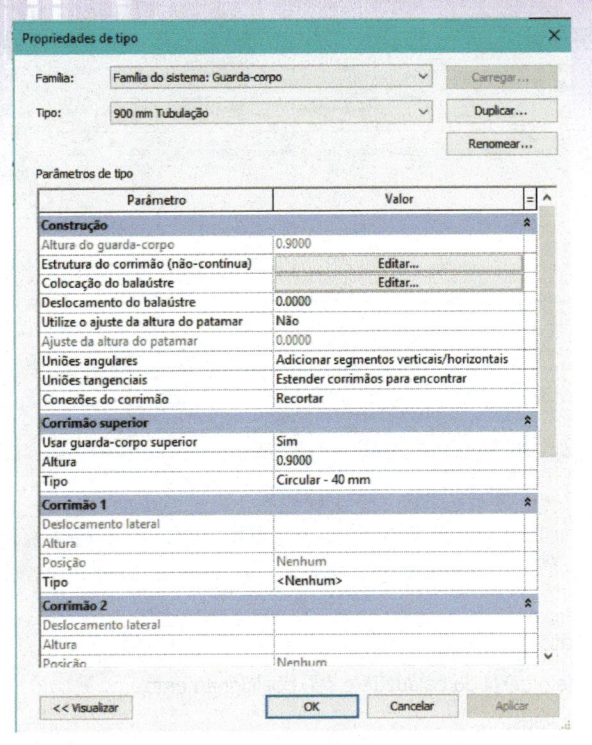

Figura 11.69 – Propriedades de tipo.

Construção

Altura do guarda-corpo: altura da parte mais alta do guarda-corpo.

Estrutura do corrimão: define os parâmetros da estrutura de barras horizontais do guarda-corpo, como perfil, alturas, material. Ao entrarmos nessa opção, a janela **Editar Corrimãos** é exibida, como mostra a Figura 11.70.

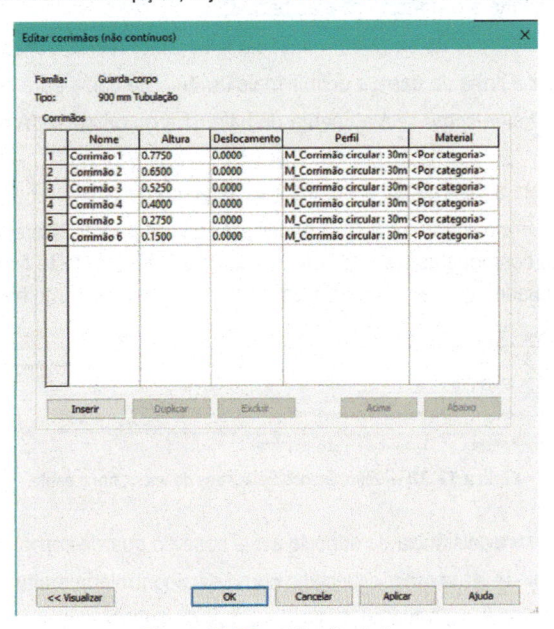

Figura 11.70 – Editar Corrimãos.

Nome: dá um nome à linha de corrimão.

Altura: altura do corrimão em relação ao piso.

Deslocamento: deslocamento do corrimão em relação à linha do percurso.

Perfil: perfil a ser utilizado; você pode criar uma família de perfil para o corrimão.

Material: material do perfil.

Colocação do balaústre: essa opção indica os parâmetros do suporte vertical do guarda-corpo; ao selecionarmos **Editar**, é exibida a janela Editar a Colocação do Balaústre, como mostra a Figura 11.71.

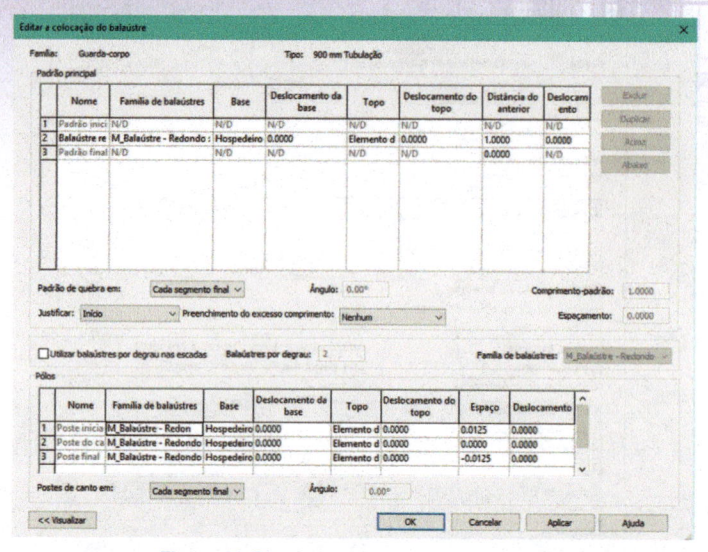

Figura 11.71 – Editar a Colocação do Balaústre.

Nesta janela as opções são:

Padrão principal: define o perfil do balaústre e seu posicionamento.

Nome: dá um nome ao balaústre.

Família de balaústres: define o perfil a ser utilizado.

Base: define onde ficará a base do balaústre, isto é, no hospedeiro/piso ou em outra barra horizontal.

Deslocamento da base: define em que altura a barra se inicia em relação à base.

Topo: define até que altura a barra se estende.

Deslocamento do topo: define em que altura a barra termina em relação ao topo.

Distância do anterior: define a distância entre as barras.

Deslocamento: define a distância da barra em relação à linha do percurso do guarda-corpo.

Duplicar: permite duplicar a linha da barra e definir mais um tipo de barra para o balaústre.

Padrão de quebra em: define como será a quebra do balaústre no percurso. A opção "nunca" não quebra em cantos.

Justificar: define como será a justificação das barras ao longo do percurso.

Polos: define as barras do início, canto e fim, que podem ser de um padrão diferente das outras. Escolha um tipo de perfil para cada posição conforme as linhas: Poste inicial, Poste canto e Poste final. As opções de alinhamento e altura são as mesmas do quadro anterior. Para usar uma barra diferente no canto habilite Poste em canto.

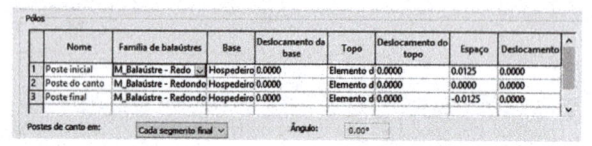

Figura 11.72 – Definição dos Balaústres de início, fim e canto.

Deslocamento do balaústre: distância do suporte até a base do guarda-corpo.

Utilize o ajuste da altura do patamar: especifica como será controlada a altura do guarda-corpo.

Ajuste da altura do patamar: aumenta ou diminui a altura do guarda-corpo.

Uniões angulares: define como será o encontro de duas partes do guarda-corpo em uma escada.

Uniões tangenciais: indica como será o encontro de duas partes do guarda-corpo em uma escada.

Conexões do corrimão: define a conexão de duas partes do guarda-corpo. Use Soldar para guarda-corpos em tubo e Recortar para os de perfil reto.

Corrimão superior

Altura: altura total do corrimão.

Tipo: define o perfil do corrimão superior, os outros podem ser diferentes.

Corrimão 1

Deslocamento lateral: deslocamento em relação ao corrimão principal.

Altura: altura do novo corrimão.

Posição/tipo: insere um novo corrimão com uma das opções listadas.

Corrimão 2

Deslocamento Lateral: deslocamento em relação ao corrimão principal.

Altura: altura do novo corrimão.

Posição/Tipo: insere um novo corrimão com uma das opções listadas.

11.8.2 Alteração do guarda-corpo

Para alterar o guarda-corpo já inserido no desenho, selecione-o. Em seguida, é possível alterar o seu lado em uma escada. No exemplo seguinte, a escada está com as propriedades Banzo direito e esquerdo ajustadas para Nenhum e o guarda-corpo não encosta nos degraus porque ele está afastado da borda (Figura 11.73). Pode-se ajustá-lo para que ele fique dentro da escada usando-se a seta que surge ao selecionar o guarda-corpo, como mostra a Figura 11.74.

Figura 11.73 – Guarda-corpo não encosta no degrau.

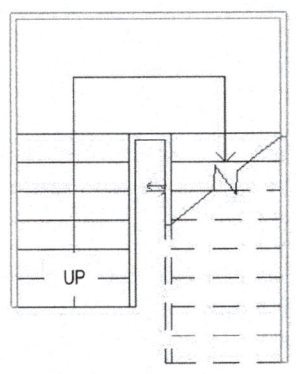

Figura 11.74 – Guarda-corpo selecionado e setas de inversão exibidas ao lado dele.

Selecione cada guarda-corpo separadamente e, então, clique nas setas para inverter o lado. Veja nas Figuras 11.75 e 11.76 os lados colocados dentro da escada e os suportes ajustando-se aos degraus.

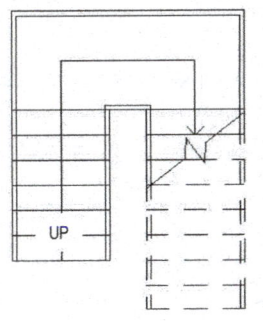

Figura 11.75 – Guarda-corpo invertido.

Figura 11.76 – Resultado com o ajuste.

Para alterar o percurso de um guarda-corpo já inserido, selecione-o e clique em Editar caminho na aba Modificar | Corrimãos, como mostra a Figura 11.77.

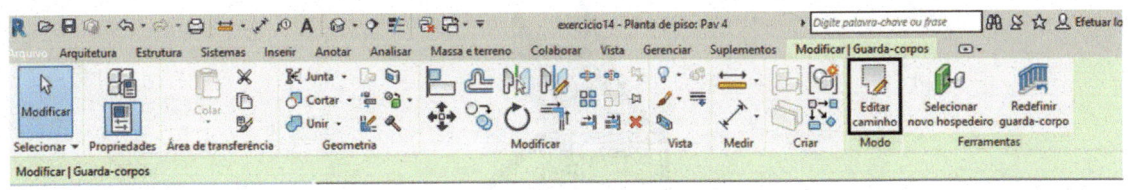

Figura 11.77 – Aba Modificar | Corrimãos.

Em seguida, na aba Modificar | Corrimãos > Caminho do croqui, selecione as ferramentas de edição (para apagar, mover etc.) do percurso do guarda-corpo e clique em Concluir no painel Modo para encerrar.

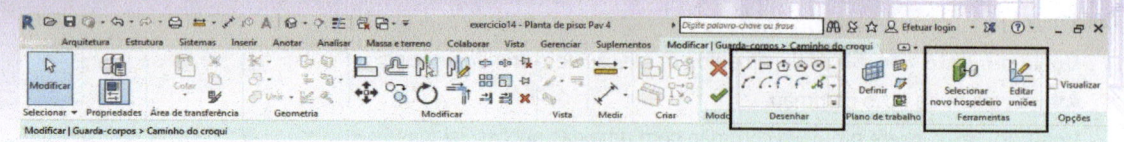

Figura 11.78 – Aba Modificar | Corrimãos > Caminho do croqui.

No exemplo a seguir, o percurso foi editado, diminuindo-se o guarda-corpo de um dos lados da escada.

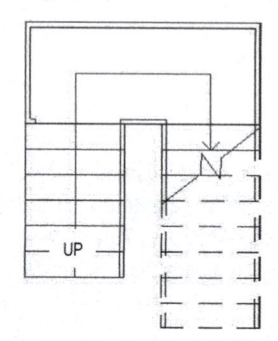

Figura 11.79 – Guarda-corpo reduzido.

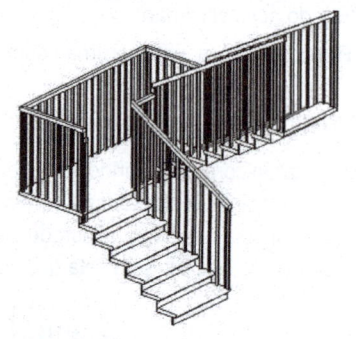

Figura 11.80 – Resultado em 3D.

11.8.3 Inserção de guarda-corpo em hospedeiros

Podemos inserir o guarda-corpo em paredes inclinadas ou com outra forma, lajes inclinadas ou escadas depois de criar a escada separadamente. Nem sempre você vai inserir o guarda-corpo junto com a escada.

Nestes casos temos duas opções disponíveis.

Inserção numa escada: clique na aba **Arquitetura > Guarda-corpo > Colocar na escada/rampa** como mostra a Figura 11.81.

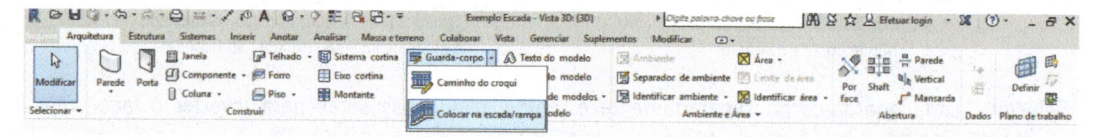

Figura 11.81 – Aba Arquitetura > Guarda-corpo > Colocar na escada/rampa.

Em seguida selecione **Pisos ou banzos** na aba **Modificar | Criar local de guarda-corpo na escada/rampa**, para inserir o guarda-corpo no piso ou no banzo da escada.

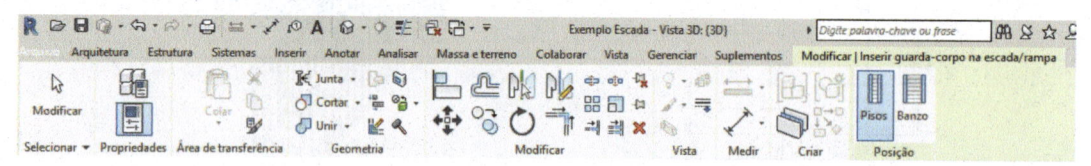

Figura 11.82 – Seleção de Pisos ou Banzo.

No projeto selecione o piso ou banzo da escada como mostra a Figura 11.83 e o guarda-corpo é inserido percorrendo o caminho da escada.

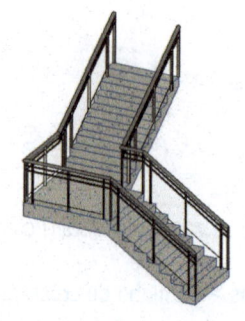

Figura 11.83 – Inserção do guarda-corpo na escada.

Autodesk® Revit® Architecture 2018 – Conceitos e Aplicações

Inserção numa parede piso inclinado: clique na aba **Arquitetura > Guarda-corpo > Caminho do croqui**, selecione na aba **Modificar | Criar limite do guarda-corpo**, para desenhar o caminho Linha; em seguida, clique em **Selecionar novo hospedeiro** e selecione a parede hospedeira, como mostra a Figura 11.84; clique no ponto inicial e final da linha e finalize em **Concluir modo de edição**.

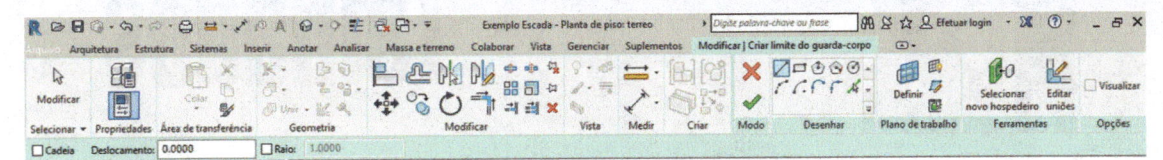

Figura 11.84 – Aba Modificar | Criar limite do guarda-corpo.

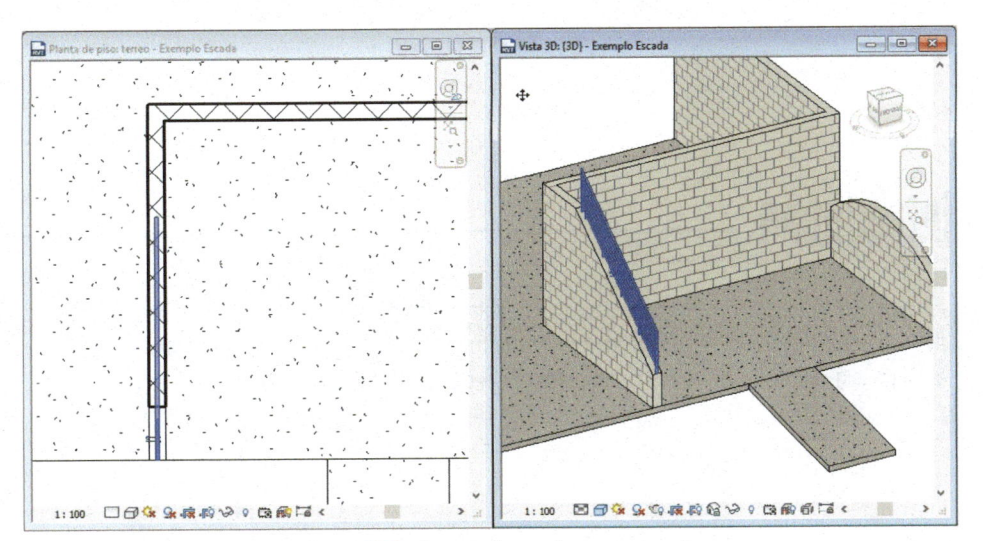

Figura 11.85 – Inserção do guarda-corpo na parede.

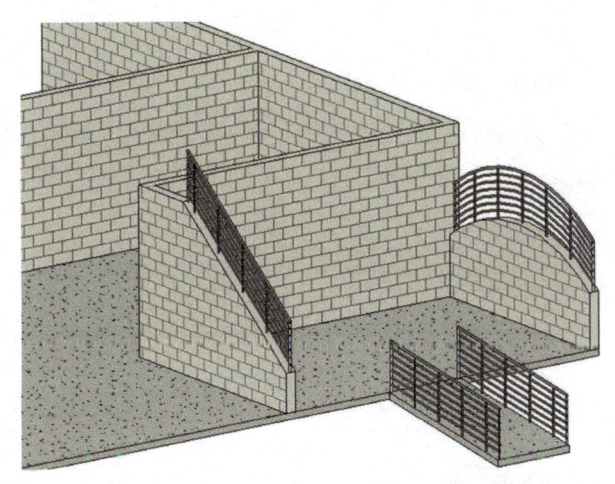

Figura 11.86 – Guarda-corpo inserido como hospedeiro.

12 Telhados

Introdução

Podemos criar telhados no Revit de três formas: pelo perímetro das águas do telhado, pela extrusão de um perfil ou por um estudo de massa, o que gera uma cobertura de forma mais orgânica. Com o telhado inserido, podemos modificar as propriedades da água do telhado, editar a sua inclinação, eliminar água etc.

Objetivos

- Inserir telhados pela definição da poligonal das águas.
- Inserir telhados pela extrusão de um perfil.
- Aprender a editar telhados.
- Criar aberturas em telhados.
- Aprender a criar mansardas.

12.1 Telhado

Aba Arquitetura > Construir > Telhado

Para inserir um telhado, selecione **Telhado** na aba **Arquitetura**, como mostra a Figura 12.1.

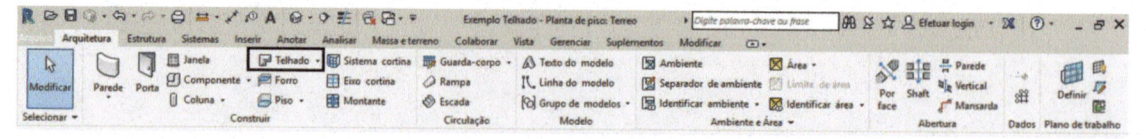

Figura 12.1 – Aba Arquitetura – seleção de Telhado.

Em **Telhado,** temos as seguintes opções de criação (Figura 12.2).

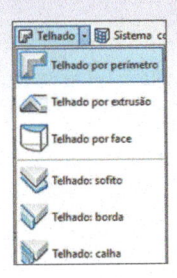

Figura 12.2 – Opções de criação de telhado.

12.1.1 Inserção de telhado por perímetro

Telhado por perímetro: essa opção cria o telhado pela definição do seu contorno, por meio de desenho com linhas ou pela seleção de paredes, definindo-se um perímetro fechado.

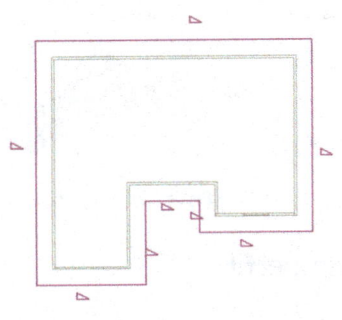

Figura 12.3 – Seleção das paredes.

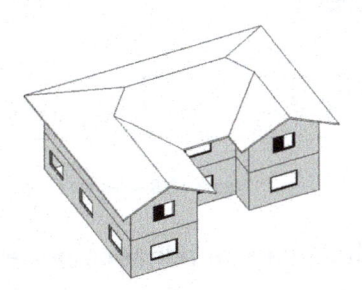

Figura 12.4 – Telhado em 3D.

Antes de criar um telhado, é interessante gerar um pavimento para ele, como a cobertura. Este exemplo cria o telhado com base em paredes existentes que definem seu contorno. Ative o pavimento no qual será criado o telhado – neste exemplo, uma cobertura – e clique em **Telhado por perímetro**. Note que a aba muda para **Modificar | Criar perímetro do telhado** e na linha de status surge a mensagem **Selecione paredes para criar linhas**.

Na barra de opções, temos o seguinte:

Define a inclinação: indica uma água; se desligado, faz o telhado plano.

Saliência: largura do beiral.

Estender para o núcleo da parede: estende até o meio da parede.

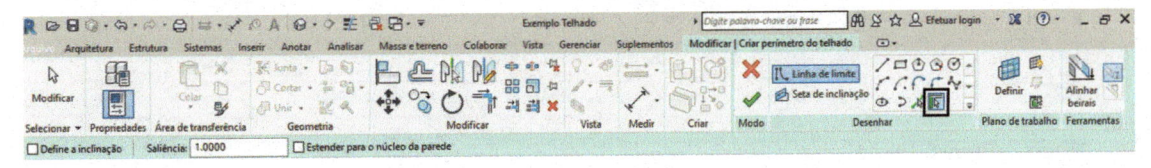

Figura 12.5 – Aba Modificar | Criar perímetro do telhado.

Defina o valor do beiral para 1 em **Saliência,** certifique-se de que a opção **Define a inclinação** está selecionada, então clique em uma das paredes. A primeira água é definida com inclinação de 30º. Vá clicando nas outras até completar o contorno, como mostra a Figura 12.7.

 **Observação**

Caso um pavimento para o telhado acima do pavimento ativo não estiver ativado quando o comando for selecionado, uma mensagem será exibida sugerindo que se ative outro pavimento para o telhado. Nesse momento, você poderá definir outro pavimento.

Para finalizar, clique no botão **Concluir** com um sinal de ✓ no painel **Modo,** que aparece na Figura 12.5. Veja o resultado a seguir.

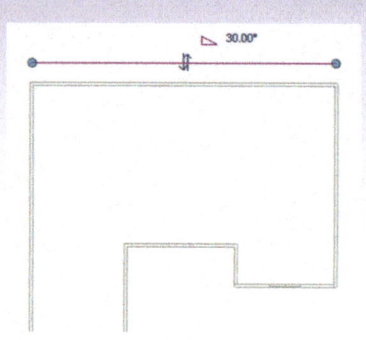
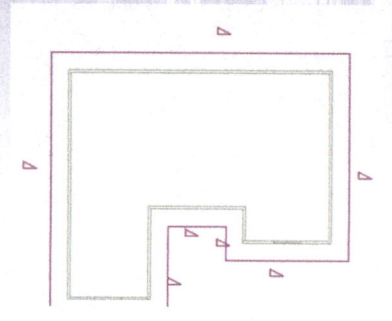

Figura 12.6 – Seleção das paredes.

Figura 12.7 – Todas as paredes selecionadas.

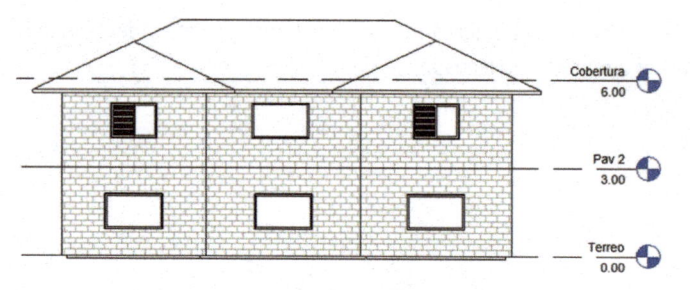
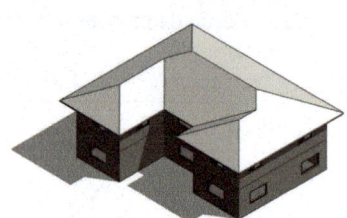

Figura 12.8 – Telhado em elevação.

Figura 12.9 – Telhado em 3D.

12.1.2 Inserção de telhados por extrusão de um perfil

Telhado por extrusão: cria uma cobertura pela extrusão de um perfil predefinido. A sequência é esta: criam-se as paredes, define-se o plano no qual será criado o perfil com **Plano de referência**, aciona-se o comando **Telhado por extrusão**, que permite mudar o plano de trabalho para aquele criado, então se desenha o perfil. Quando esse comando estiver finalizado, o telhado é criado.

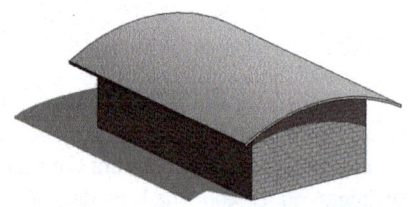

Para criar um telhado por extrusão, vamos partir de um desenho com paredes.

Figura 12.10 – Telhado por extrusão de um perfil.

Em seguida, cria-se um plano de referência para desenhar o perfil. Selecione **Plano de referência** no painel **Plano de Trabalho** na aba **Arquitetura** e clique nos dois pontos do lado direito, como mostra a Figura 12.11. Para finalizar, clique em **Esc** e depois acione a vista **Leste**.

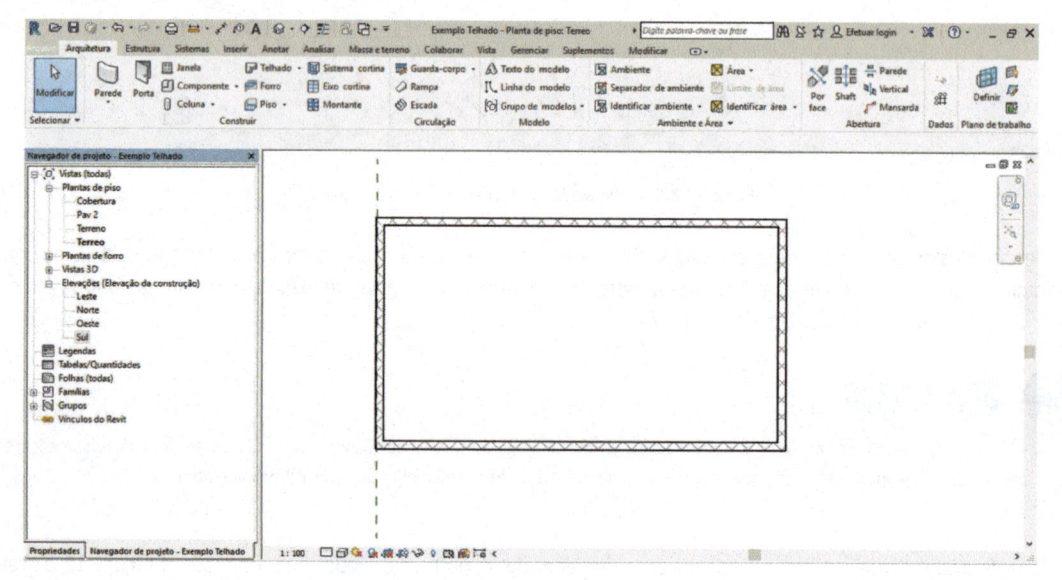

Figura 12.11 – Criação do plano de referência.

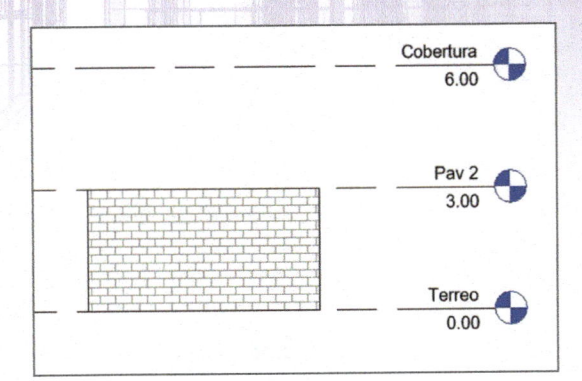

Figura 12.12 – Vista Leste.

Na vista da planta, selecione a linha do plano criado e, na caixa **Propriedades**, atribua a ele o nome **cobertura**. Por fim, clique em **Aplicar**, como na Figura 12.13.

Na aba **Arquitetura**, selecione **Telhado > Telhado por extrusão**. Na janela **Plano de trabalho** que se abre, em **Selecionar um plano**, escolha **telhado** e clique em **OK**.

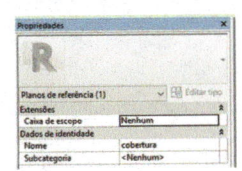

Figura 12.13 – Caixa Propriedades – nome do plano de referência.

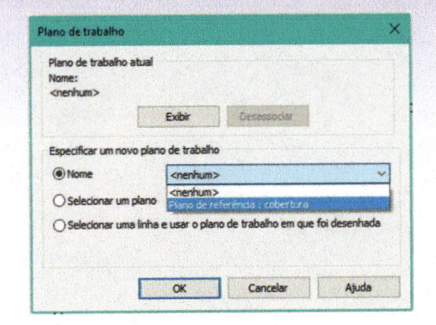

Figura 12.14 – Janela Plano de trabalho – selecione o plano telhado.

Se você não estiver na vista **Leste**, mas em uma vista plana, surge a janela **Ir para a vista**, na qual devemos indicar a vista em que será desenhado o perfil. Selecione **Leste** e clique em **Abrir vista**.

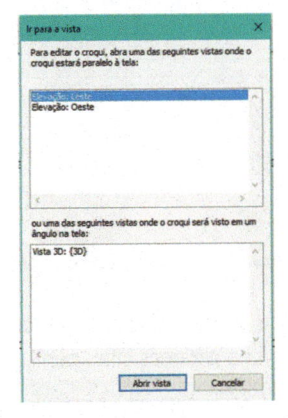

Figura 12.15 – Janela Ir para a vista – selecione Leste.

Em seguida, aparece a janela **Nível de referência e deslocamento do telhado** (Figura 12.16), para seleção do pavimento; selecione o pavimento da cobertura e clique em **OK**. Ele fica ativo para o desenho do perfil, como mostra a Figura 12.17.

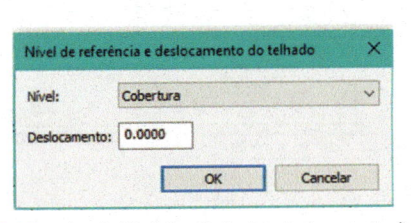

Figura 12.16 – Janela Nível de referência e deslocamento do telhado.

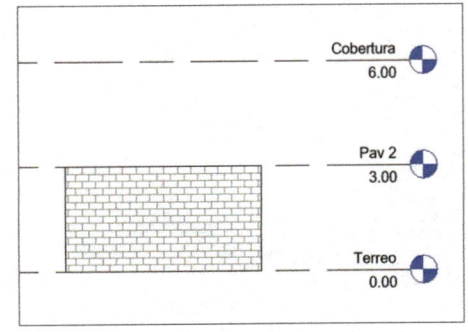

Figura 12.17 – Ativação do pavimento da cobertura.

Selecione o arco por três pontos na aba **Modificar | Criar perfil do telhado com extrusão** e desenhe o arco sobre as paredes, conforme a Figura 12.19, definindo os pontos inicial e final e a altura. Em seguida, desenhe o segundo arco, como na Figura 12.20.

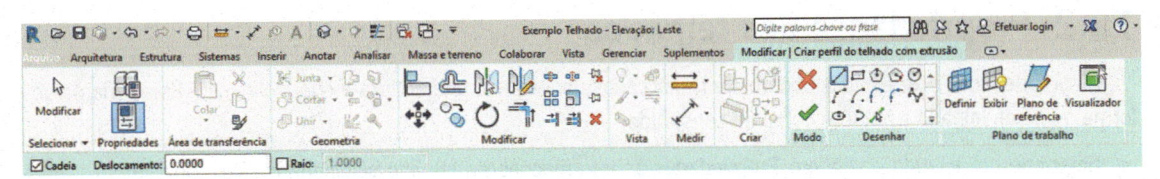

Figura 12.18 – Aba Modificar | Criar perfil do telhado com extrusão – seleção de arco por três pontos.

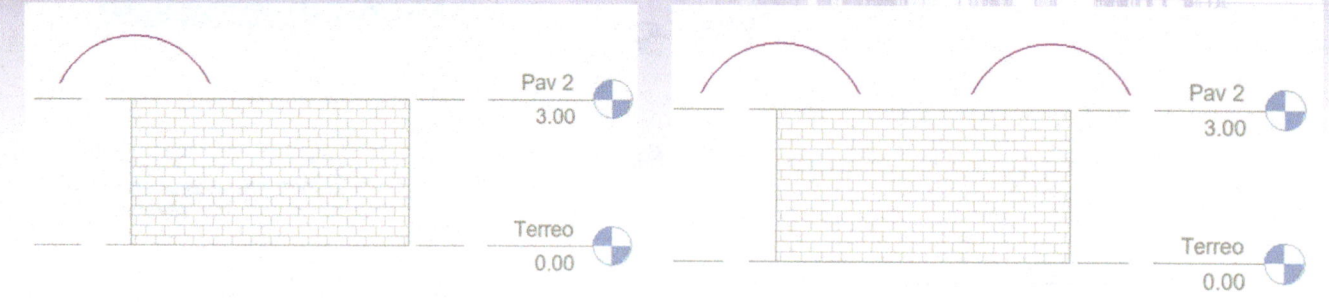

Figura 12.19 – Definição dos pontos do arco.

Figura 12.20 – Resultado com o perfil desenhado.

Para finalizar, desenhe o terceiro arco fazendo a concordância. Clique no botão **Concluir** do painel **Modo** e o telhado por extrusão é criado, conforme a Figura 12.21.

A altura da base do telhado é alterada em suas propriedades em **Deslocamento de nível**, caso seja necessário subir ou descer o telhado.

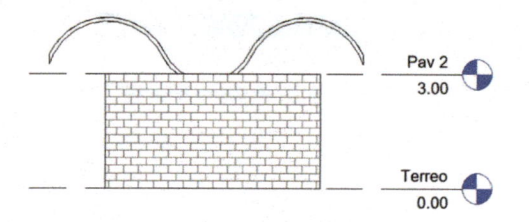

Figura 12.21 – Conclusão do desenho do perfil.

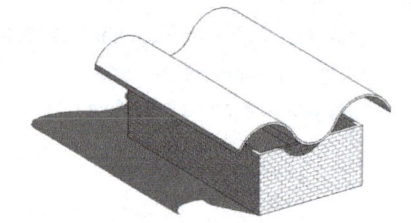

Figura 12.22 – Resultado final em 3D.

Por meio do desenho do perfil, qualquer forma pode ser criada para o telhado. No exemplo seguinte, apagamos o telhado anterior e geramos outro perfil.

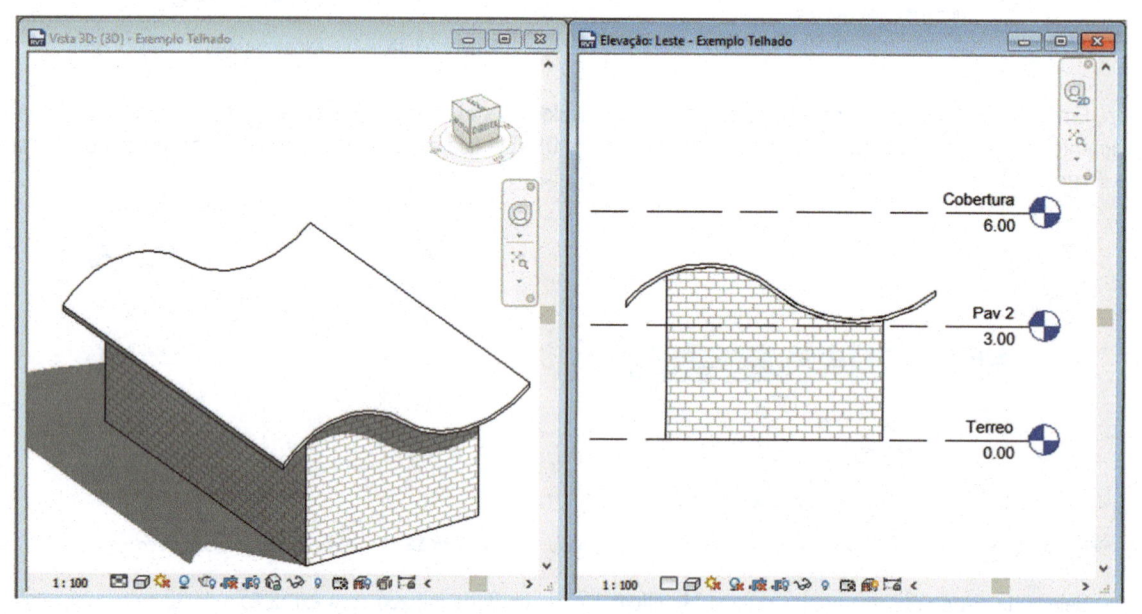

Figura 12.23 – Criação de um perfil para gerar a cobertura.

12.2 Propriedades dos telhados

As propriedades dos telhados podem ser modificadas, incluindo sua estrutura e sua inclinação. Elas variam conforme o tipo de telhado e a forma como foi construído.

Selecione um telhado e veja em **Propriedades** as informações do telhado selecionado. Quando alteradas, elas modificam **somente** o telhado selecionado.

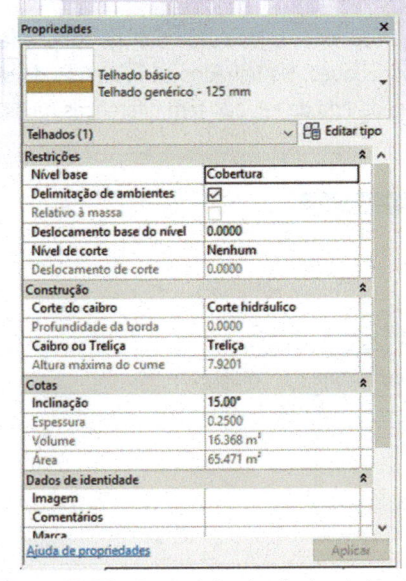

Figura 12.24 – Propriedades do telhado selecionado.

Restrições

Nível base: define o pavimento do telhado.

Delimitação de ambiente: se selecionado, define que o telhado é parte de uma delimitação.

Deslocamento base do nível: indica a altura do telhado em relação ao pavimento a que ele pertence; pode ser acima ou abaixo. Essa opção é habilitada em **Telhado por perímetro**.

Nível de corte: especifica o pavimento de corte do telhado acima do qual a geometria não é mostrada.

Deslocamento de corte: define a altura do corte acima ou abaixo do pavimento especificado em **Nível de corte**.

Início da extrusão: indica o ponto inicial da extrusão. Essa opção só é habilitada em telhados por extrusão.

Final da extrusão: define o ponto final da extrusão. Essa opção só é habilitada em telhados por extrusão.

Nível de referência: pavimento de referência do telhado; o padrão é o pavimento mais alto do projeto. Essa opção só é habilitada em telhados por extrusão.

Deslocamento de nível: altura do telhado em relação a **Nível de referência**. A opção só é habilitada em telhados por extrusão.

Construção

Corte do caibro: define a forma do corte no beiral (**Corte hidráulico**, **Hidráulica com 2 cortes** e **Quadrado com 2 cortes**). Para **Hidráulica com 2 cortes** e **Quadrado com 2 cortes** é preciso atribuir um valor em **Profundidade da borda**.

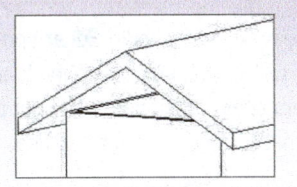

Figura 12.25 – Corte no prumo – Corte hidráulico.

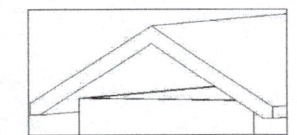

Figura 12.26 – Hidráulica com 2 cortes; Profundidade da borda de 0,3 m.

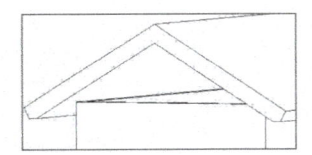

Figura 12.27 – Quadrado com 2 cortes.

Profundidade da borda: largura do espelho de beiral.

Caibro ou Treliça: essa propriedade só afeta telhados construídos pela seleção de paredes.

Altura máxima do cume: altura máxima do telhado em relação à base. Essa opção é habilitada ao se criar um **Telhado por perímetro**.

Cotas

Inclinação: define a inclinação da água do telhado.

Espessura: define a espessura do telhado.

Volume: volume gerado.

Área: área gerada.

A seguir, veremos as Propriedades de tipo. O Revit traz alguns tipos de telhado definidos, como é possível ver na caixa **Propriedades**. Vamos selecionar um telhado e clicar no botão que lista os tipos, conforme a Figura 12.28.

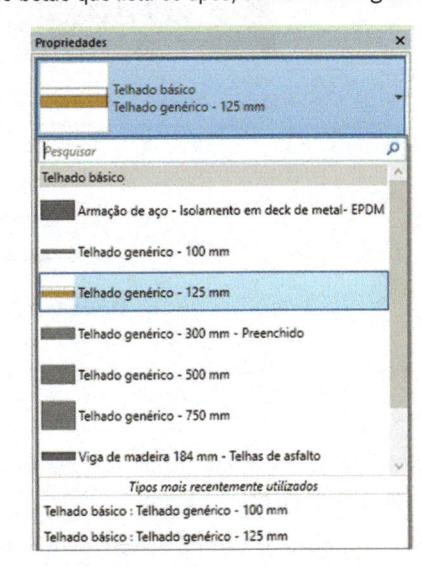

Figura 12.28 – Lista dos tipos de telhado.

A seguir, pressione o botão **Editar tipo** na caixa **Propriedades** para acionar a janela de diálogo **Propriedades de tipo** (Figura 12.29). Cada tipo de telhado selecionado tem suas propriedades. Os telhados são **Famílias do sistema**; portanto, para criar outros, duplicamos um existente. Basicamente, cada tipo de telhado tem diferenças na estrutura, como se vê nas propriedades em seguida.

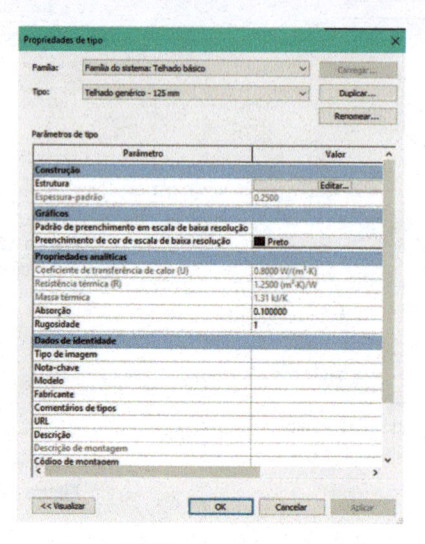

Figura 12.29 – Propriedades de tipo.

Construção

Estrutura: define a estrutura do telhado pela configuração de camadas. Clicando em **Editar**, surge a janela de diálogo da Figura 12.30, na qual podemos definir as camadas, como foi estudado em paredes. O botão **Inserir** permite incluir camadas e definir o tipo de cada uma delas. Por exemplo, podemos definir a camada do madeiramento e a das telhas.

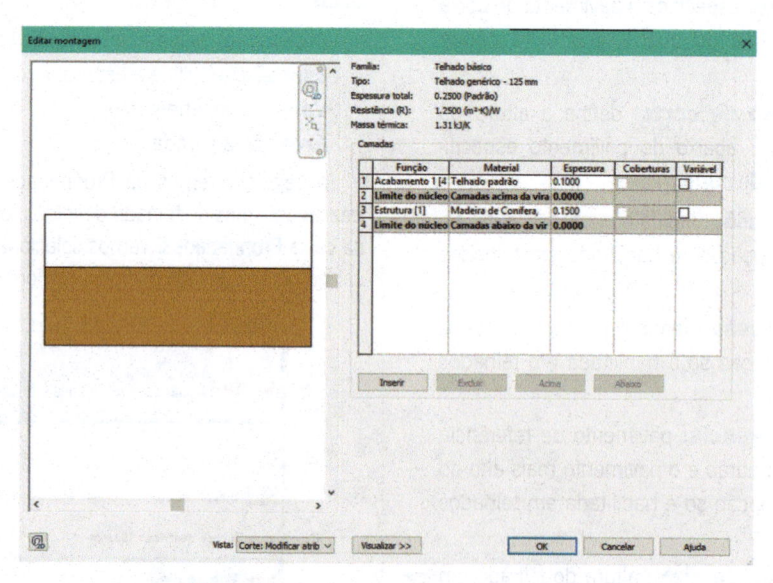

Figura 12.30 – Definição da estrutura do telhado.

Espessura-padrão: espessura do telhado definida no item anterior de acordo com as espessuras das camadas.

Gráficos

Padrão de preenchimento em escala de baixa resolução: hachura definida para o telhado, quando exibido no nível de detalhe **Baixo**.

Preenchimento de cor de escala de baixa resolução: cor da hachura definida para o telhado, quando exibido no nível de detalhe **Baixo**.

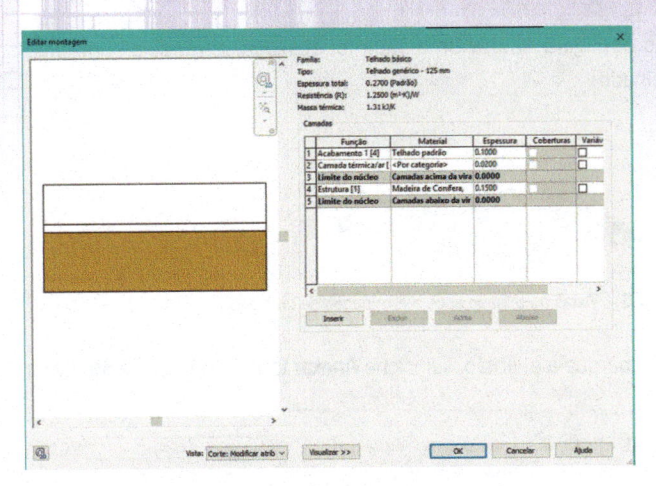

Figura 12.31 – Inserção de camadas na estrutura.

12.3 Edição de telhados

Depois de criado o telhado, podemos eliminar as águas desnecessárias e mudar as inclinações. No exemplo seguinte, vamos eliminar uma água para criar um oitão. Selecione o telhado criado no exemplo anterior e, na aba **Modificar | Telhados**, clique em **Editar perímetro** (Figura 12.32).

Ao selecionar essa opção, o telhado entra no modo de edição, como mostra a Figura 12.33. A aba **Modificar | Telhados > Editar perímetro** apresenta as ferramentas de edição.

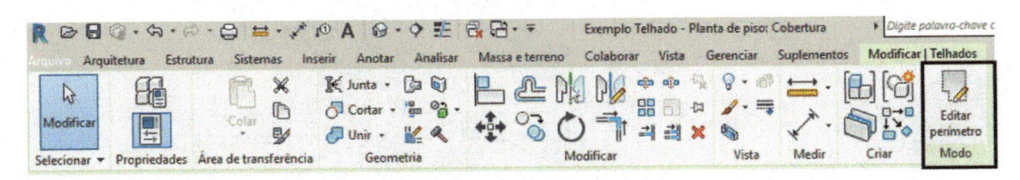

Figura 12.32 – Aba Modificar | Telhados.

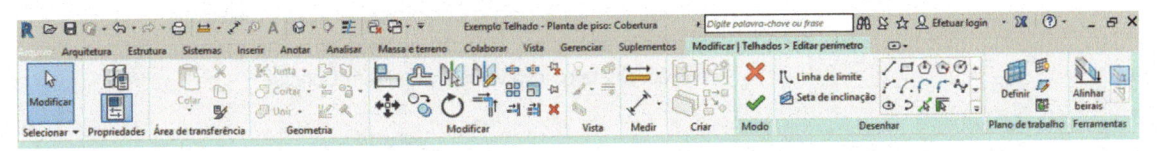

Figura 12.33 – Aba Modificar | Telhados > Editar perímetro. Exibida após seleção do telhado.

Selecione a linha que representa a água e clique em **Define a inclinação**, na barra de opções, para desmarcar essa opção; em seguida, clique no botão **Concluir** no painel.

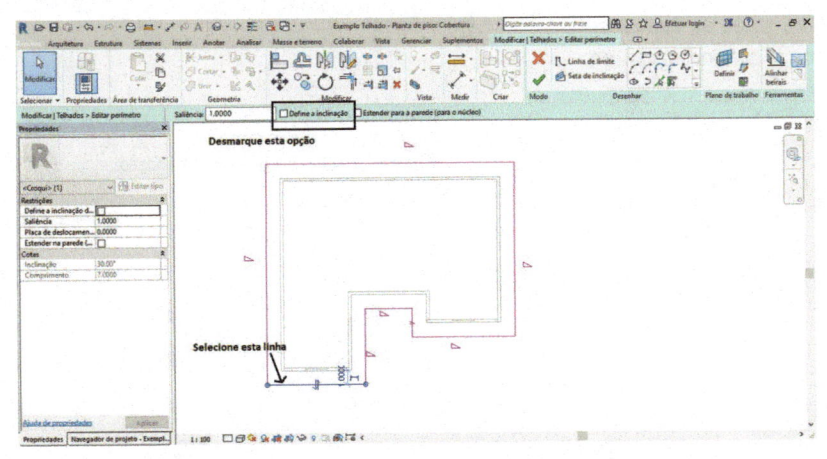

Figura 12.34 – Barra de opções – seleção de Define a inclinação.

O resultado deve ser semelhante ao da Figura 12.35. Uma água foi apagada, gerando-se um oitão na parede. Agora vamos estender a parede até o telhado.

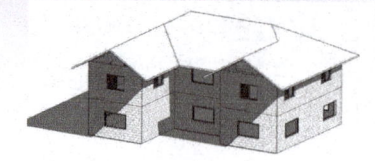

Figura 12.35 – Vistas do telhado após a eliminação de uma água.

Para estender a parede até o telhado, marque-a e, então, selecione **Anexar topo/base** na aba **Modificar | Paredes**, conforme a Figura 12.36.

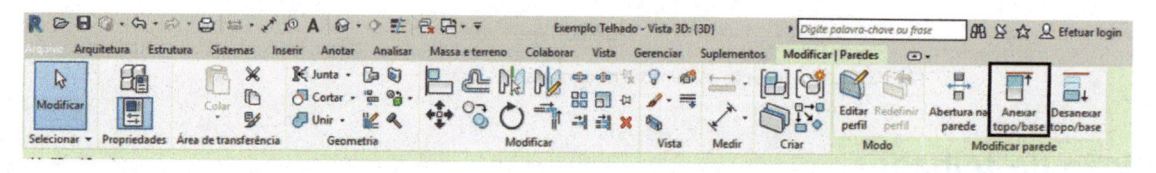

Figura 12.36 – Aba Modificar | Paredes – seleção de Anexar topo/base.

Em seguida, selecione o telhado, como solicitado na linha de status; a parede é erguida até o telhado.

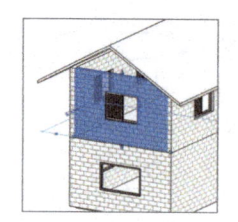

Figura 12.37 – Barra de status.

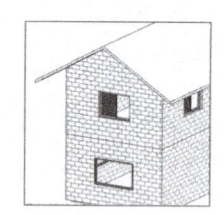

Figura 12.38 – Seleção da parede.

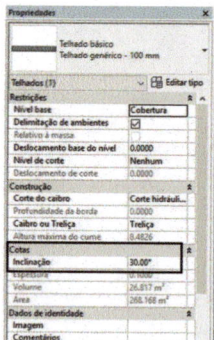

Figura 12.39 – Parede estendida.

Para modificar a inclinação de todas as águas, selecionamos o telhado e editamos a sua inclinação em **Propriedades**.

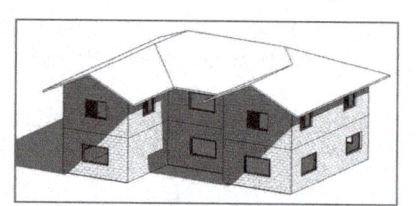

Figura 12.40 – Alteração da propriedade Inclinação.

Neste exemplo, modificamos a inclinação de todas as águas para 25°, conforme indica a Figura 12.41.

Figura 12.41 – Telhado com inclinação de 25°.

Para modificar a inclinação de uma única água, selecione o telhado e clique em **Editar perímetro**. A planta do telhado é exibida com o contorno das águas. Selecione a água a editar; a inclinação aparece em uma caixa de edição. Digite o novo valor e clique em **Concluir**.

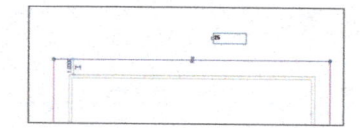

Figura 12.42 – Seleção da aresta.

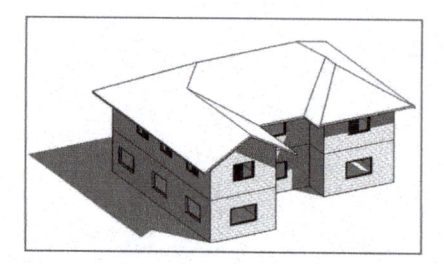

Figura 12.43 – Alteração da inclinação.

Figura 12.44 – Resultado.

12.4 Telhado de uma água

O telhado de uma única água é criado ao se definir um sentido de inclinação da água por meio de uma Seta de inclinação.

Para criar um telhado de uma única água, desenhe as paredes, clique em Telhado por perímetro e marque o valor 1.00 de Saliência (beiral) (Figura 12.46). Desmarque Define a inclinação e clique nas paredes. Após selecionar todas as paredes, clique em Seta de inclinação na aba Modificar | Criar perímetro do telhado. Marque um ponto inicial para a seta de inclinação e, em seguida, o ponto final (Figuras 12.47 e 12.48).

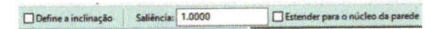

Figura 12.45 – Barra de opções de Telhado por perímetro.

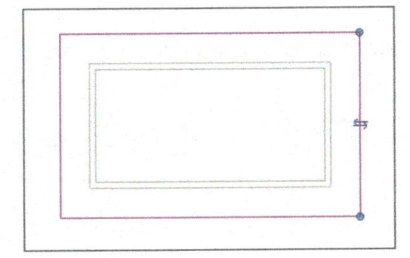

Figura 12.46 – Paredes selecionadas.

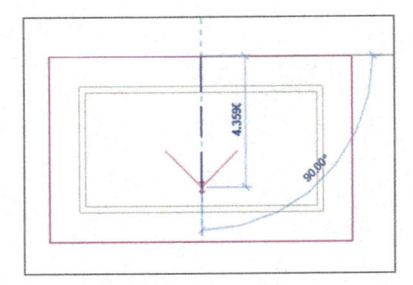

Figura 12.47 – Ponto inicial da seta.

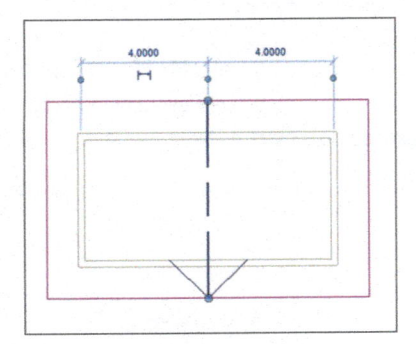

Figura 12.48 – Ponto final da seta.

Em seguida, vamos definir a inclinação em Propriedades, selecionando a seta e alterando as suas propriedades (Seta de inclinação) (Figura 12.49). Nessa janela, vamos alterar os valores de Nível na extremidade final e de Nível na extremidade inicial para os indicados na figura.

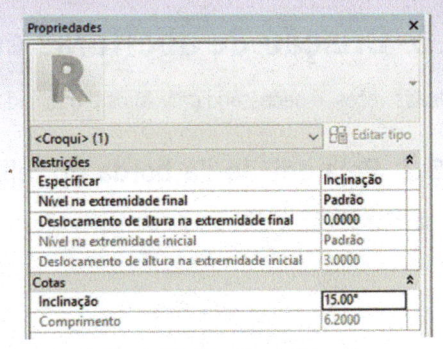

Figura 12.49 – Propriedades da seta de inclinação da água.

Nível na extremidade final: pavimento no início da seta.

Nível na extremidade inicial: pavimento na ponta da seta.

Deslocamento de altura na extremidade final: altura no início da seta.

Deslocamento de altura na extremidade inicial: altura na ponta da seta.

Inclinação: inclinação da água.

Comprimento: comprimento da seta.

Para finalizar, clique em Concluir modo de edição. O telhado deve ficar semelhante ao da Figura 12.50.

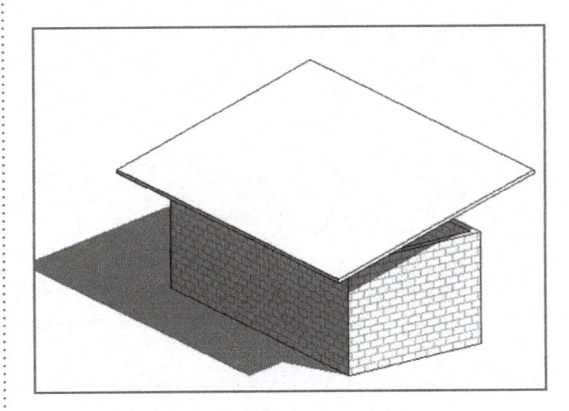

Figura 12.50 – Resultado do telhado de uma água.

Em seguida, é necessário associar as paredes ao telhado. O resultado final está na Figura 12.51.

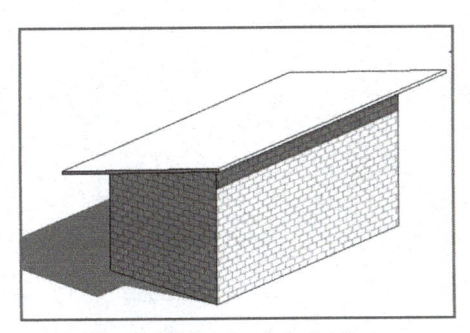

Figura 12.51 – Resultado do telhado com as paredes associadas a ele.

12.5 Criação de aberturas em telhados

Muitas vezes, é necessário criar furos em telhados para passagem de paredes, caixas-d'água, chaminés etc.

12.5.1 Pela edição da borda do telhado

Para criar um furo, abra a vista do pavimento do telhado e crie o telhado selecionando as paredes.

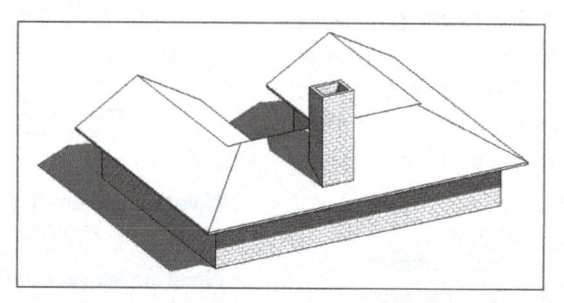

Figura 12.52 – Vista de um telhado com chaminé.

No telhado criado na Figura 12.53, as paredes da chaminé fazem intersecção com a água do telhado. É preciso criar um corte na água dessa intersecção.

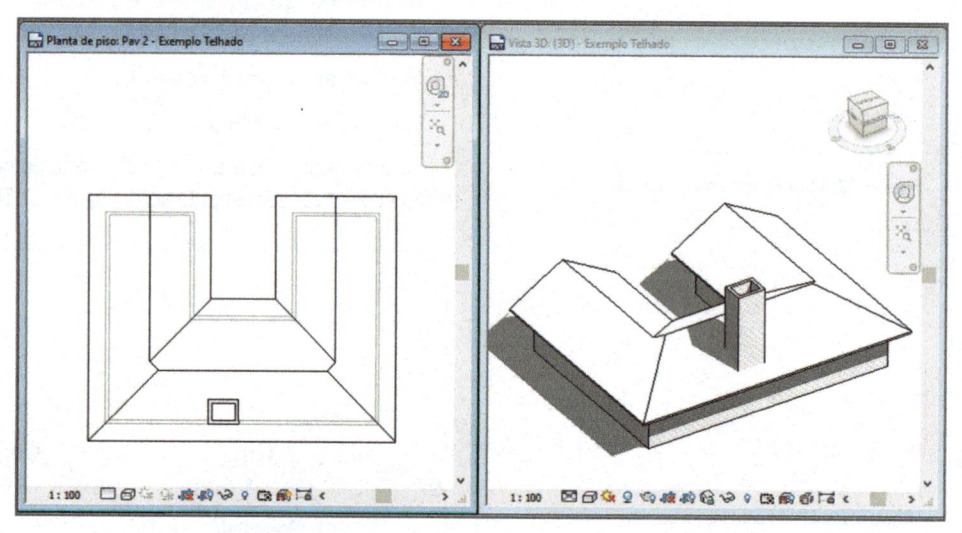

Figura 12.53 – Vista em planta e em 3D do telhado com a chaminé.

Para cortar a água, selecione o telhado na vista em planta e, em seguida, clique na aba Modificar | Telhados; selecione Editar perímetro. Na aba Modificar | Telhados > Editar perímetro, escolha, no painel Desenhar, a opção de retângulo e desenhe-o no perímetro da chaminé. Desligue Define a inclinação, como mostra a Figura 12.54.

Clique em Concluir modo de edição. Um corte é criado no contorno da parede da chaminé (Figura 12.55).

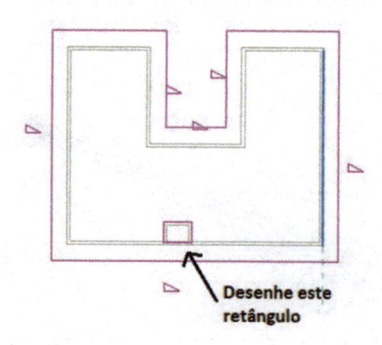

Figura 12.54 – Desenho do corte do telhado.

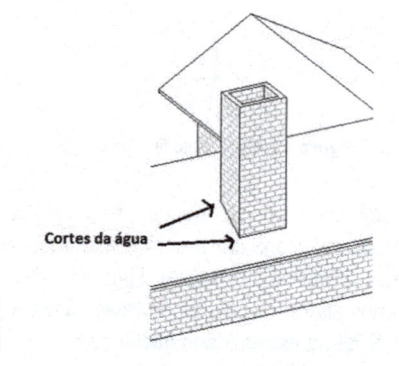

Figura 12.55 – Desenho do corte do telhado.

12.5.2 Abertura vertical

Aba Arquitetura > Abertura > Vertical

Podemos gerar aberturas em telhados pelo método **Abertura vertical**, acessado na aba **Arquitetura**. Essa opção faz um corte alinhado pela vertical na superfície do telhado e não perpendicular a ela (Figura 12.56).

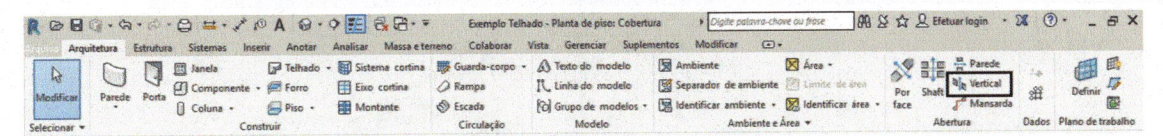

Figura 12.56 – Aba Arquitetura – Abertura vertical.

Ao se entrar no comando, na linha de status, uma mensagem solicita a seleção de um telhado, piso ou forro (Figura 12.57). Selecione a face do telhado e, em seguida, no modo **Croqui**, com as ferramentas de desenho, faça a forma da abertura e finalize em **Concluir modo de edição** (Figura 12.58).

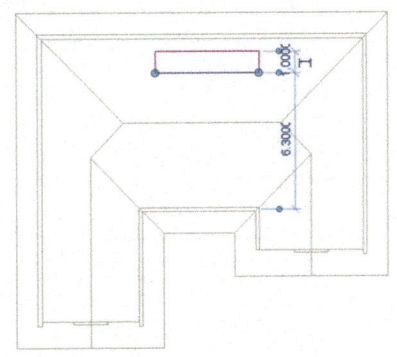

Selecione um piso, telhado, forro ou sofito para criar uma abertur

Figura 12.57 – Linha de status após a seleção de Abertura Vertical.

Figura 12.58 – Desenho da forma da abertura no telhado.

É criada a abertura na face do telhado. Você pode fazer o desenho da borda da abertura tanto na vista em planta como na vista 3D. Para apagar a abertura, clique em sua borda e tecle **Delete**.

Figura 12.59 – Resultado após a criação da abertura.

12.5.3 Abertura por face

Essa opção é semelhante à anterior, mas a abertura é perpendicular à face do telhado, como indica a Figura 12.61.

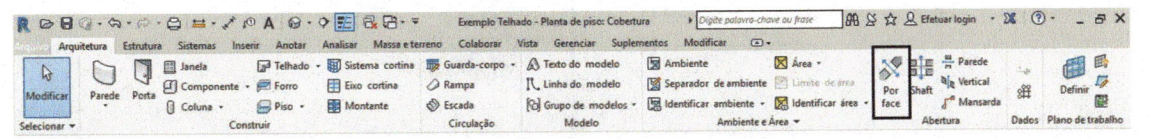

Figura 12.60 – Aba Arquitetura – Abertura por face.

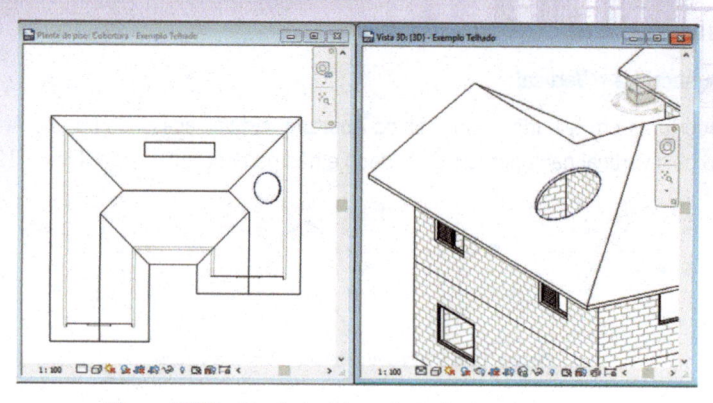

Figura 12.61 – Resultado após a criação da abertura pela face.

No pavimento da cobertura do telhado, a vista é cortada por padrão a 1.20. Para visualizar a planta de cobertura completa, é necessário mudar a altura do corte e o deslocamento do Topo, como mostra a Figura 12.62.

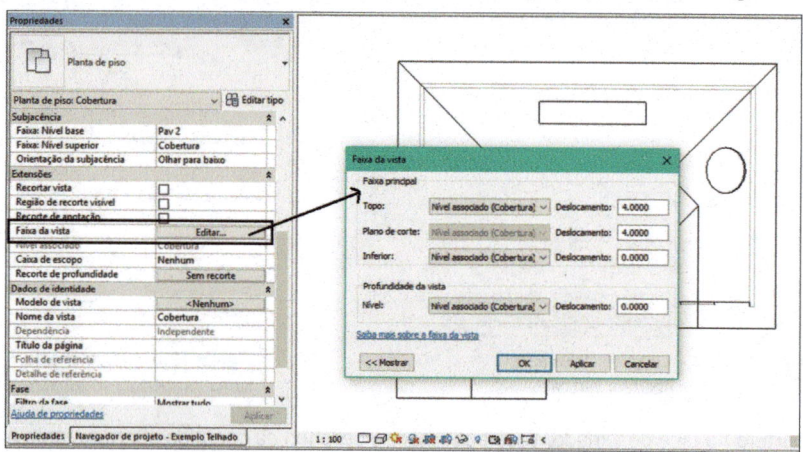

Figura 12.62 – Alteração da visibilidade do pavimento do telhado.

12.6 Modificação dos vértices das águas

É possível modificar a altura dos vértices das águas do telhado depois de ele ter sido criado. Vamos criar um telhado plano e fazer as alterações. Crie um pavimento térreo e outro de cobertura, defina a altura das paredes como **Não conectado** e a altura de 2,8 m. Crie um telhado plano com **Telhado > Telhado por perímetro**, desligando **Define a inclinação** nas quatro águas no pavimento cobertura (Figura 12.63).

Ao clicar em **Concluir modo de edição** para encerrar, como as paredes estão com altura **Não conectado**, surge a mensagem **Você gostaria de associar as paredes ao telhado?**. Responda **Sim** para permitir que as paredes se conectem ao telhado automaticamente.

Selecione o telhado e clique em **Modificar subelementos** na aba **Modificar | Telhados**.

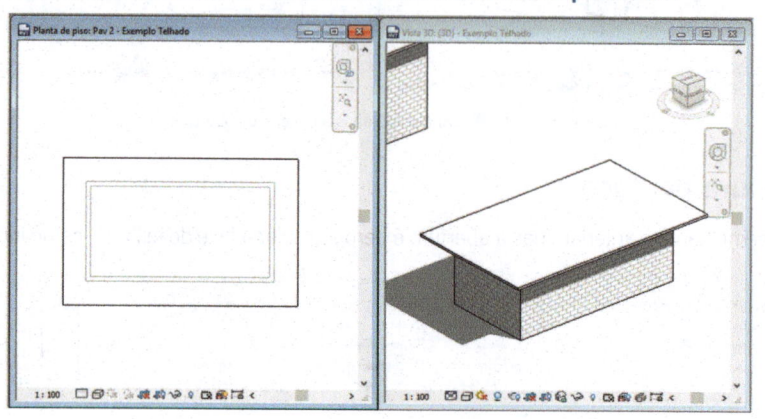

Figura 12.63 – Telhado plano.

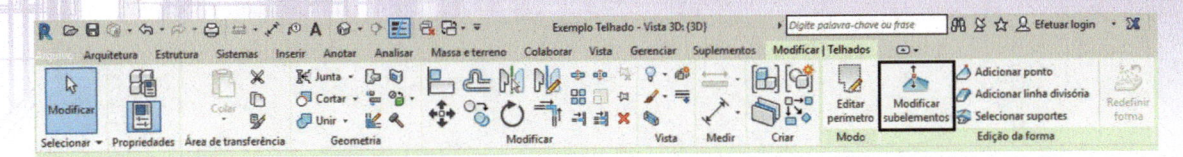

Figura 12.64 – Aba Modificar Telhados – seleção de Modificar subelementos.

Note que grips verdes aparecem nos vértices. Selecione um dos vértices e mova 1,5 m, digitando esse valor na caixa de edição do grip.

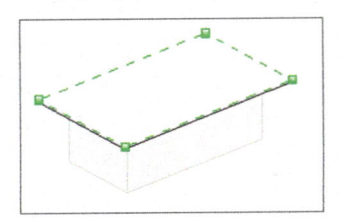

Figura 12.65 – Seleção do telhado e de Modificar subelementos.

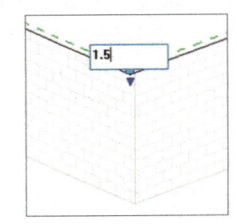

Figura 12.66 – Edição do grip da altura.

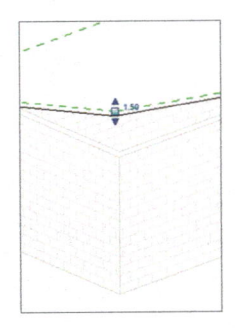

Figura 12.67 – Edição do grip da altura.

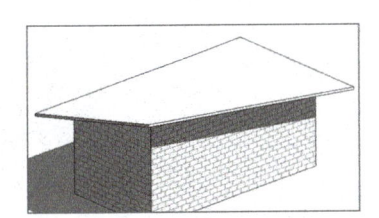

Figura 12.68 – Resultado.

Experimente mover outros vértices. Note que as paredes acompanham as mudanças, pois foi usada a opção Associar para associá-las ao telhado. Para voltar à forma original, selecione o telhado e clique em Redefinir forma na aba Modificar | Telhados (Figura 12.69).

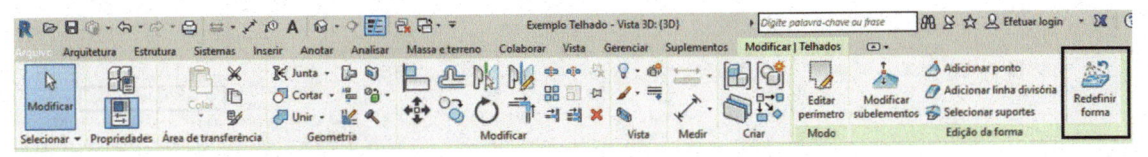

Figura 12.69 – Aba Modificar | Telhados – seleção de Redefinir forma.

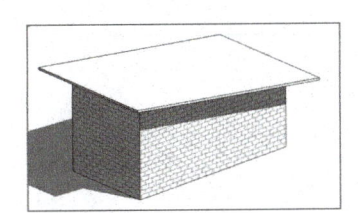

Figura 12.70 – Movimentação de outros vértices.

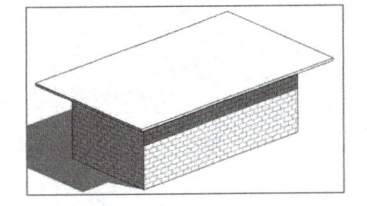

Figura 12.71 – Telhado voltando à forma original.

Agora, vamos adicionar novos vértices ao telhado. Selecione o telhado, clique em Adicionar ponto (Figura 12.72) e marque o ponto médio da água da esquerda. Clique em mais dois pontos na água da direita, como mostram as Figuras 12.73 e 12.74.

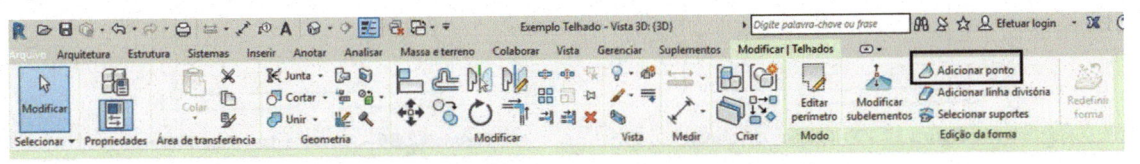

Figura 12.72 – Aba Modificar | Telhados – seleção de Adicionar ponto.

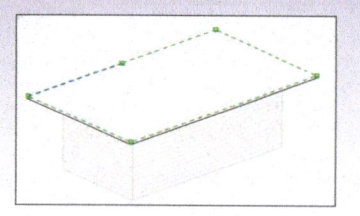
Figura 12.73 – Inserção de um novo vértice.

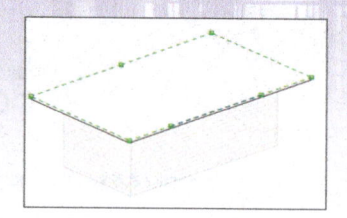
Figura 12.74 – Inserção de outros dois vértices.

Assim, podemos mover esses vértices por meio dos grips, com a opção **Modificar subelementos**, conforme as Figuras 12.75 a 12.77, criando outra forma para o telhado.

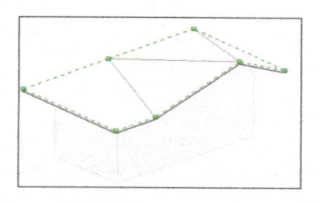
Figura 12.75 – Movimentação do vértice.

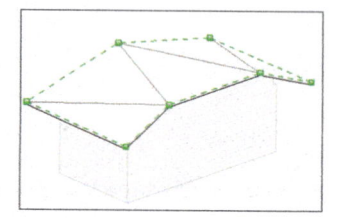
Figura 12.76 – Resultado dos grips após mover os vértices.

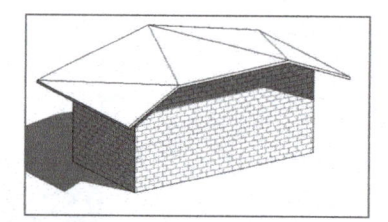
Figura 12.77 – Resultado final.

Vamos criar linhas de divisão de águas para o telhado plano. Repita o desenho do telhado plano do exemplo anterior. Com a vista em planta no pavimento do telhado, selecione **Adicionar linha divisória** e crie duas linhas entre as diagonais do telhado.

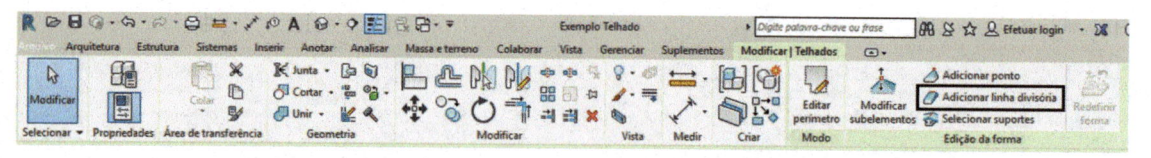
Figura 12.78 – Aba Modificar | Telhados – seleção de Adicionar linha divisória.

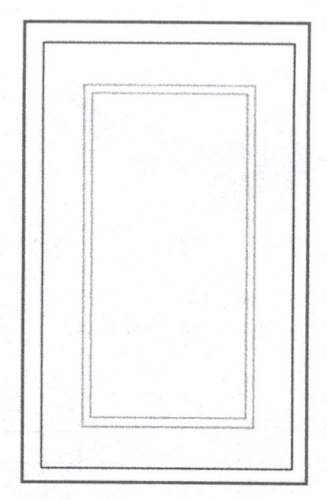
Figura 12.79 – Telhado em planta.

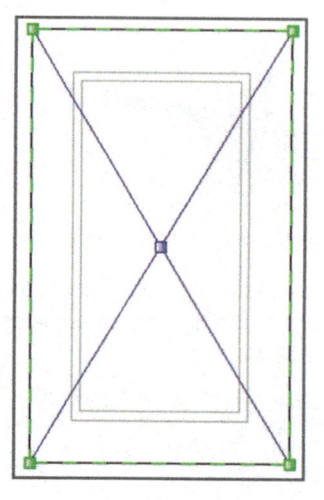
Figura 12.80 – Desenho das linhas divisórias.

Selecione o vértice do centro e, com **Modificar subelementos**, mova três unidades, como ilustra a Figura 12.81.

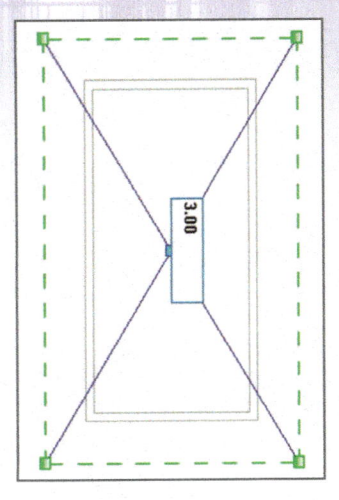

Figura 12.81 – Movimentação do vértice pelo grip.

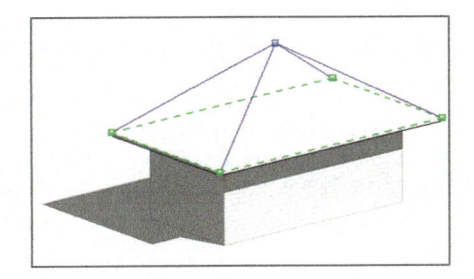

Figura 12.82 – Resultado final.

12.7 Criação de mansarda

Para criar uma mansarda, vamos começar por um telhado de quatro águas (Figura 12.83), com base em um projeto com pavimentos térreo, superior e cobertura; altura entre eles de 2,8 m. Faça as paredes com altura de 2,8 m nos pavimentos térreo e superior, assim teremos uma base para criar a mansarda acima do superior.

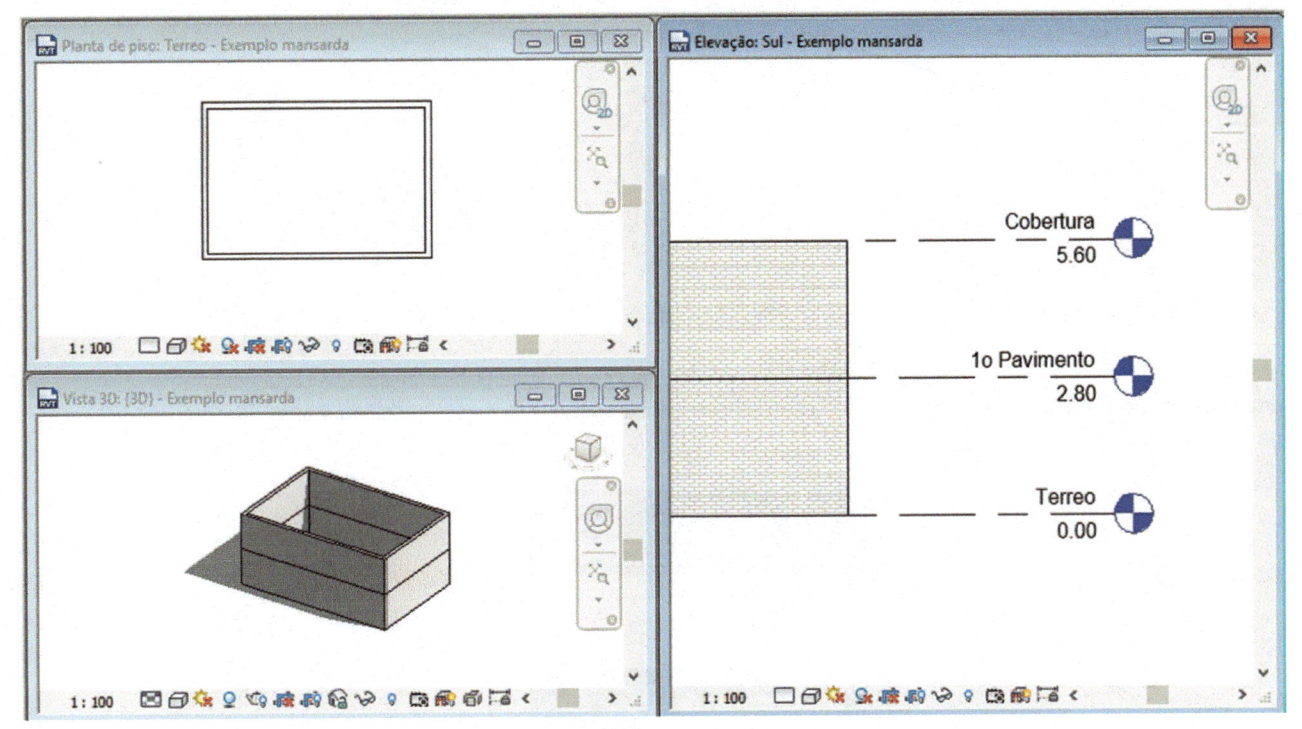

Figura 12.83 – Criação das paredes nos pavimentos térreo e superior.

Crie o telhado no pavimento da cobertura com as quatro águas, usando a opção **Telhado por perímetro** com **Saliência** de 1.00, e habilite **Define a inclinação** na barra de opções (Figura 12.84).

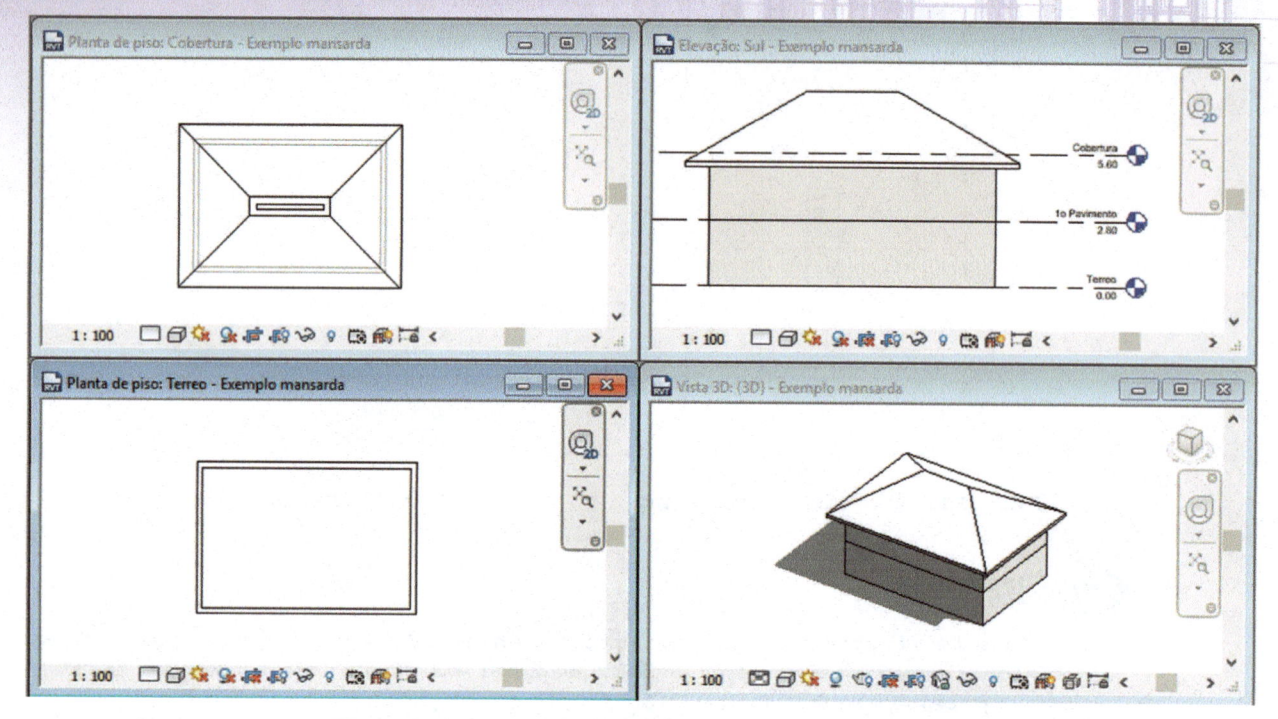

Figura 12.84 – Criação do telhado no pavimento da cobertura.

Agora, é preciso deixar o telhado com apenas duas águas. Vamos eliminar duas águas e modificar a altura das outras duas. Selecione o telhado, clique em **Editar perímetro** e desabilite **Define a inclinação** nos lados menores. Nos lados maiores defina ângulo de 45° para a inclinação (Figura 12.85).

Quando surgir a pergunta **Você gostaria de associar as paredes ao telhado?**, responda **Sim**.

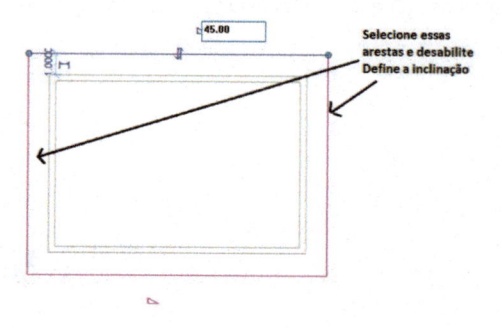

Figura 12.85 – Eliminação de águas e alteração da inclinação das outras.

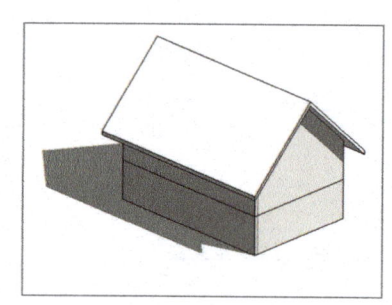

Figura 12.86 – Resultado em 3D.

Vamos criar as paredes de apoio da mansarda. No pavimento da cobertura, selecione o telhado e clique na barra de status em **Ocultar elemento** (Figura 12.87). Com o telhado desativado, desenhe as paredes da mansarda, como na Figura 12.88.

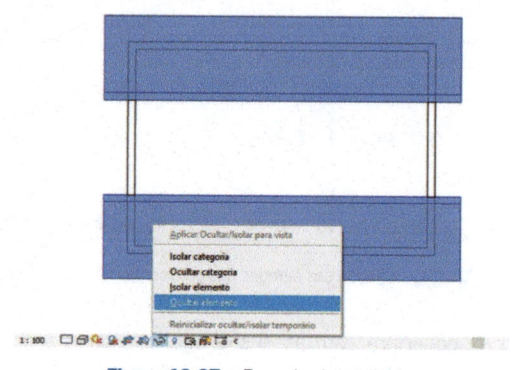

Figura 12.87 – Escondendo o telhado.

Autodesk® Revit® Architecture 2018 – Conceitos e Aplicações

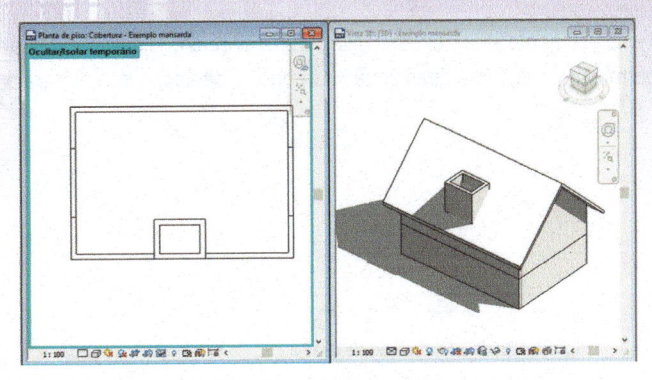

Figura 12.88 – Desenho das paredes da mansarda.

Para desativar o ocultamento do telhado no pavimento da cobertura, selecione na barra de visualização Ocultar isolar/temporário e, em seguida, selecione Reinicializar ocultar/isolar temporário. É preciso criar um pavimento para o telhado da mansarda.

Acione a vista de elevação Oeste para visualizar as paredes da mansarda, de forma que elas fiquem como na Figura 12.89. Inclua um pavimento com o comando Nível no topo da parede criada e dê a ele o nome Topo parede.

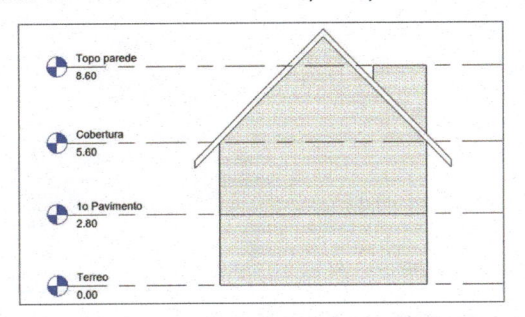

Figura 12.89 – Criação do pavimento Topo parede para o telhado da mansarda.

Acione a vista do pavimento criado para ela ficar corrente. Nesse pavimento, vamos criar o telhado da mansarda. Selecione Telhado > Telhado por perímetro, defina 0.5 para Saliência (beiral) e selecione as paredes da mansarda. O desenho deve ficar como o da Figura 12.90.

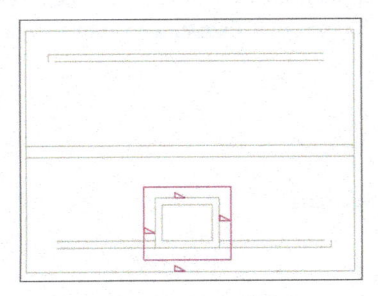

Figura 12.90 – Desenho das águas do telhado da mansarda.

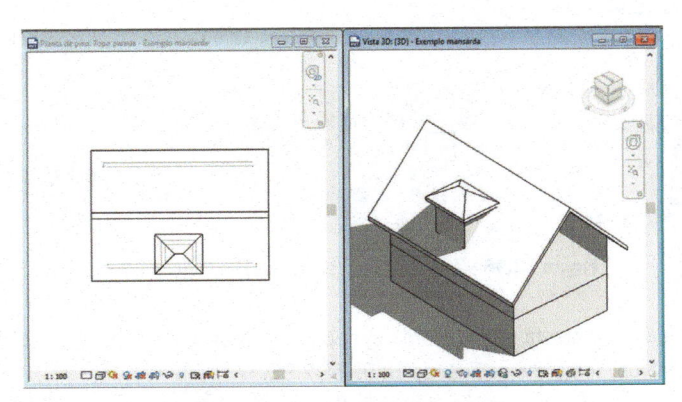

Figura 12.91 – Telhado da mansarda.

Em seguida, vamos criar somente duas águas. Selecione o telhado, clique em **Editar perímetro** e desmarque **Define a inclinação** na barra de opções, nas duas águas da frente e de trás, como mostra a Figura 12.92.

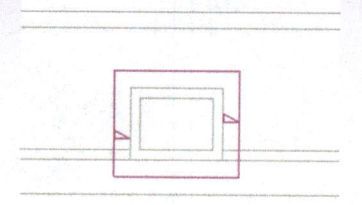

Figura 12.92 – Eliminação de duas águas do telhado da mansarda.

Para finalizar, clique em **Concluir** e acione a vista em 3D para visualizar a mansarda.

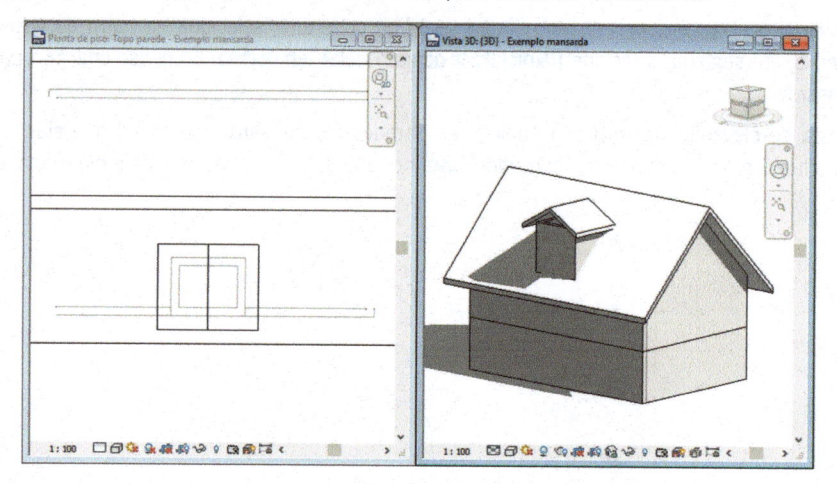

Figura 12.93 – Telhado da mansarda com duas águas.

Para visualizar o desenho em 3D com sombra, clique em **Sombras desativadas** na barra de visualização (Figura 12.94).

Agora, precisamos unir o telhado da mansarda ao telhado principal. Selecione a aba **Modificar > Unir/desunir telhado**. É necessário mudar a vista 3D para o modo **Estrutura de arame** na barra de visualização.

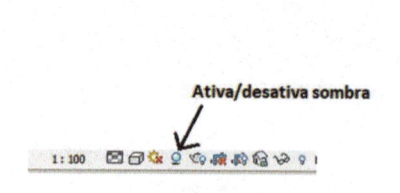

Figura 12.94 – Ligação da sombra em 3D.

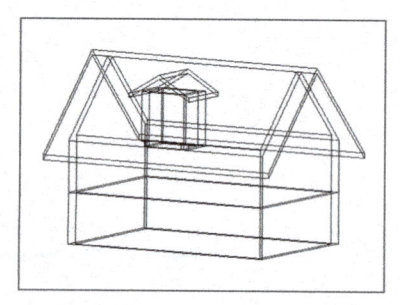

Figura 12.95 – Vista 3D no modo Estrutura de arame.

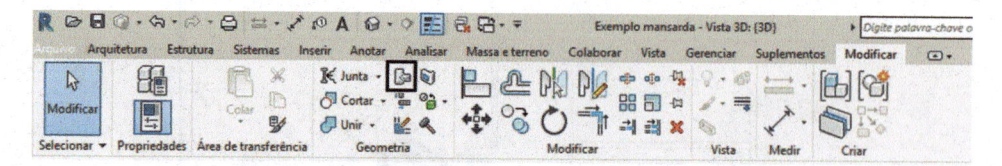

Figura 12.96 – Aba Modificar – seleção de Unir/desunir telhado.

Na vista em 3D, selecione a aresta da mansarda e, depois, a da água do telhado principal, seguindo os passos solicitados na barra de status, conforme as Figuras 12.97 e 12.98.

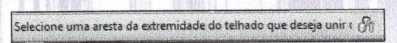

Figura 12.97 – Mensagem na barra de status para selecionar a aresta da mansarda.

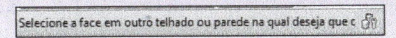

Figura 12.98 – Mensagem na barra de status para selecionar a aresta do telhado principal.

Figura 12.99 – Seleção das arestas.

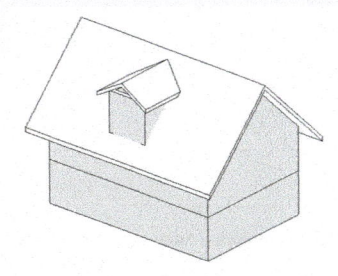

Figura 12.100 – Resultado após a união.

Mude para o modo **Estrutura de arame**, conforme a Figura 12.101, e selecione a aba **Arquitetura > Abertura > Mansarda** (Figura 12.102).

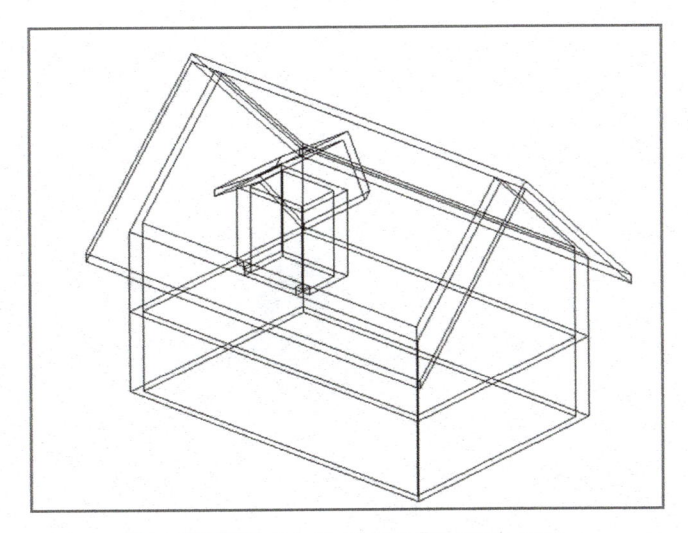

Figura 12.101 – Telhado em modo Estrutura de arame.

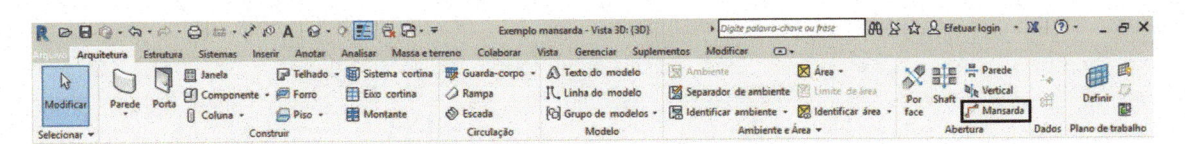

Figura 12.102 – Aba Arquitetura – seleção de Mansarda.

No desenho, selecione o telhado principal e as linhas que formam o seu contorno de corte, como exibem as Figuras 12.103 e 12.104. É necessário gerar o contorno do corte passando pela parede e pelo telhado.

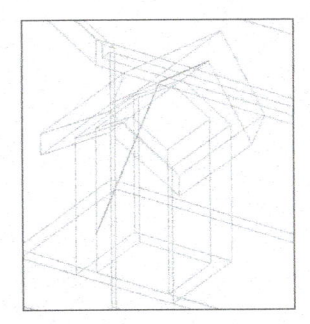

Figura 12.103 – Seleção da parede.

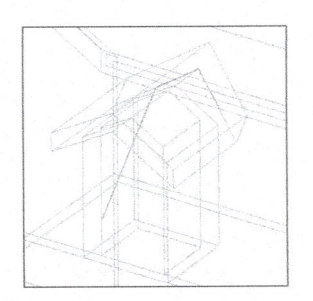

Figura 12.104 – Seleção do telhado.

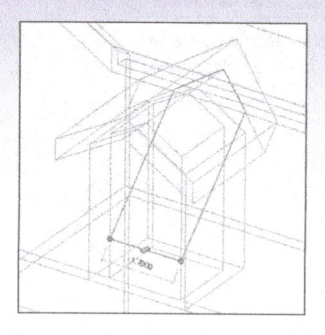

Figura 12.105 – Contorno da área a cortar.

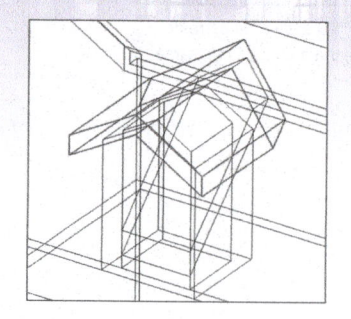

Figura 12.106 – Resultado depois do Concluir.

Para verificar o corte no telhado principal, selecione uma parede e clique em **Ocultar Categoria** na barra de controle da vista; com as paredes ocultas, veja o resultado (Figura 12.107). Antes de finalizar, é possível ainda inserir uma janela na parede externa da mansarda (Figura 12.108).

Figura 12.107 – Resultado do corte no telhado principal.

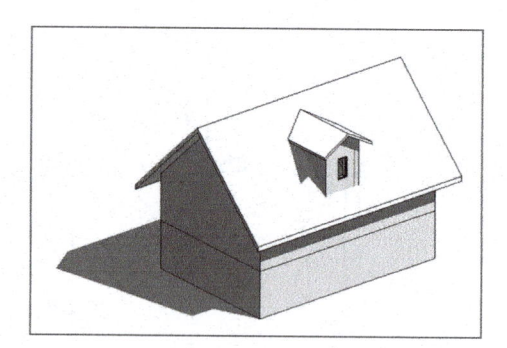

Figura 12.108 – Resultado final.

13 Paredes Cortina

Introdução

A criação de painéis de vidro em edifícios é feita no Revit por meio de dois sistemas: **Parede cortina** e **Sistema cortina**. As **Paredes cortina** são criadas da mesma maneira que as paredes comuns estudadas no Capítulo 5, sendo sempre verticais. O **Sistema cortina** é criado a partir das faces de uma geometria gerada com as ferramentas de massa.

Objetivos

- ⊙ Aprender a inserir paredes cortina com painéis predefinidos.
- ⊙ Inserir eixos, perfis e painéis separadamente em parede cortina.
- ⊙ Editar eixos, perfis e painéis.
- ⊙ Colocar portas nas paredes cortina.

13.1 Inserção de Parede cortina

Aba Arquitetura > Construir > Parede > Parede: Arquitetônica

A inserção de uma parede cortina é feita pela ferramenta **Parede**, ou seja, com o mesmo método usado nas paredes vistas anteriormente. A diferença é que o painel é mais fino que o das paredes convencionais e pode haver divisões e perfis metálicos nos encontros das divisões dos painéis. Os perfis podem ser customizados de acordo com o projeto pela criação de outros perfis. O Revit traz famílias de perfis, porém não cobre todas as possibilidades. Ao selecionar um dos tipos da família **Parede cortina**, do tipo **Sistema**, vemos que ela tem algumas propriedades diferentes das paredes comuns para definição das divisões (eixos) e dos perfis (montantes).

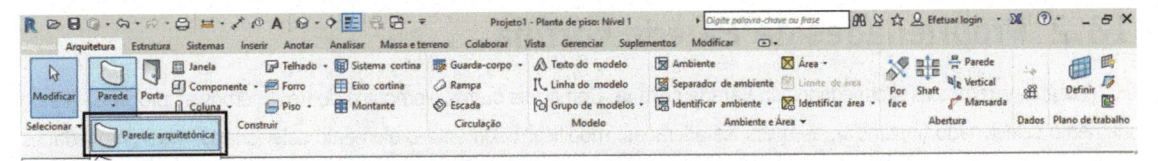

Figura 13.1 – Aba Arquitetura – seleção de Parede.

Vamos selecionar na lista os tipos de parede, como indica a Figura 13.2. O Revit traz três tipos de parede cortina predefinidos:

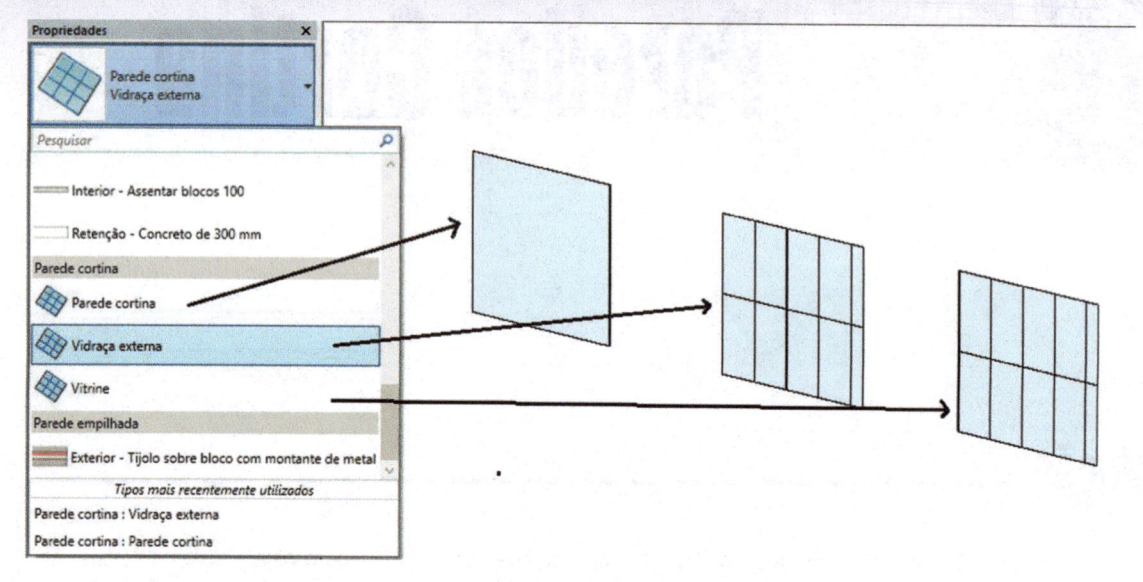

Figura 13.2 – Seleção de Parede cortina.

Parede cortina: não tem divisões (eixos) nem perfis (montantes). É o tipo mais simples, podendo ser modificado pelas propriedades de tipo.

Vidraça externa: possui divisões (eixos) predefinidas que podem ter seus espaçamentos alterados na vertical e na horizontal por meio das propriedades de tipo.

Vitrine: possui divisões (eixos) e perfis (montantes) já inseridos na vertical e na horizontal. Os perfis e as divisões podem ser modificados para criar outros tipos por meio das propriedades de tipo.

A inserção é feita com o mesmo procedimento que usamos para as paredes, isto é, por meio de pontos e retângulos. Neste exemplo, vamos inserir o painel entre os dois pilares, como mostra a Figura 13.3.

Depois de inseri-lo entre todos os pilares do edifício, o resultado é o da Figura 13.4.

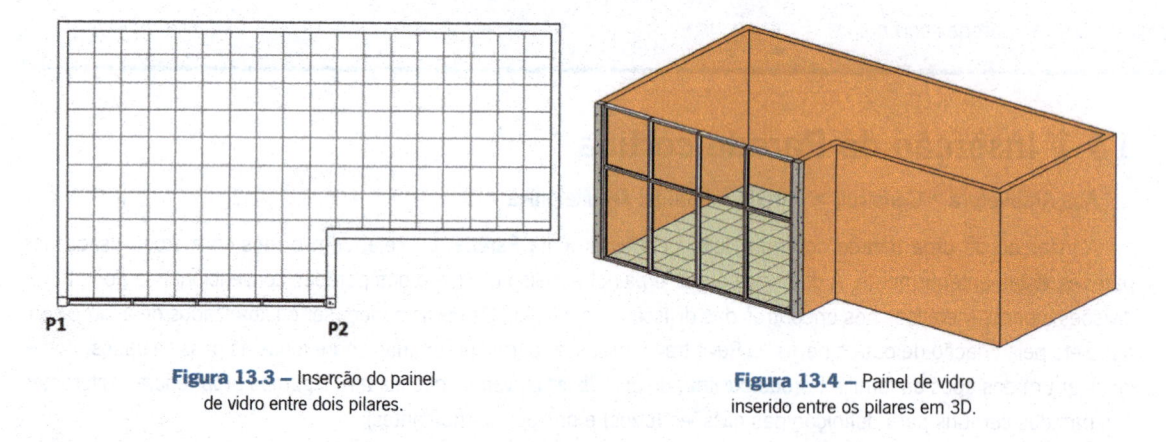

Figura 13.3 – Inserção do painel de vidro entre dois pilares.

Figura 13.4 – Painel de vidro inserido entre os pilares em 3D.

13.2 Propriedades da Parede cortina

A seguir, veremos as propriedades da Parede cortina. Como nos outros elementos do Revit, temos as propriedades do elemento selecionado (instância), as quais, se alteradas, modificam somente o elemento selecionado, e as propriedades de tipo, que, se alteradas, mudam todas as paredes do mesmo tipo inseridas no projeto. Apesar de serem inseridas como uma parede, as paredes cortina têm algumas propriedades diferentes das paredes comuns, como abordado no Capítulo 5.

13.2.1 Propriedades de instância

Indica os parâmetros específicos de uma parede a ser inserida ou selecionada para ser alterada. As principais propriedades que podem ser alteradas são indicadas a seguir.

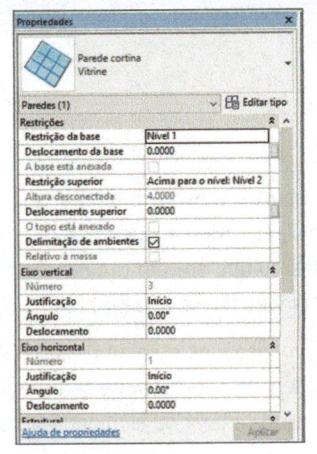

Figura 13.5 – Propriedades de uma Parede cortina selecionada.

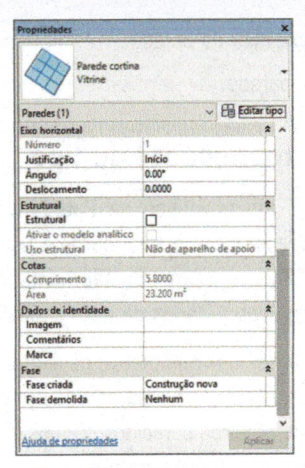

Figura 13.6 – Propriedades de uma Parede cortina selecionada.

Restrições

Restrição da base: posição da base.

Deslocamento da base: distância da base.

A base está anexada: indica se a base da parede está vinculada a outro elemento, por exemplo, piso (floor).

Restrição superior: posição do topo. Define que a altura da parede vai até o pavimento selecionado.

Altura desconectada: altura da parede. Essa opção só é habilitada se a altura não estiver fixada em um pavimento. Ver **Restrição superior**.

Deslocamento superior: distância da parte superior da parede acima do topo. Só é habilitada quando se ajusta **Restrição superior** para um pavimento.

O topo está anexado: indica que o topo da parede está vinculado a outro elemento, por exemplo, forro (ceiling) ou telhado (roof).

Delimitação de ambientes: essa opção, caso selecionada, faz com que a parede se torne parte do contorno do ambiente. Essa propriedade é utilizada com a ferramenta **Ambiente**, que identifica o ambiente, nomeando-o e extraindo as áreas.

Relativo à massa: mostra que a parede foi criada a partir de um estudo de massa.

Eixo vertical: define o comportamento do eixo na vertical.

Número: essa opção só é habilitada se o item **Layout** nas propriedades de tipo estiver com o **Número fixo**. Permite definir o número de eixos na vertical. O valor máximo é 200.

Justificação: define como serão ajustados os espaços quando o eixo não tiver espaços iguais ao longo de uma face (**Fim**, **Centro**, **Início**).

Ângulo: rotaciona o eixo. Os valores permitidos estão entre – 89° e 89°.

Deslocamento: distância do início do eixo a partir do ponto utilizado em **Justificação** (**Fim**, **Centro**, **Início**).

Eixo horizontal: define o comportamento do eixo na horizontal.

Número: essa opção só é habilitada se o item **Layout** nas propriedades de tipo estiver com o **Número fixo**. Permite definir o número de eixos na horizontal. O valor máximo é 200.

Justificação: determina como serão ajustados os espaços quando o eixo não tiver espaços iguais ao longo de uma face (**Fim**, **Centro**, **Início**).

Ângulo: rotaciona o eixo. Os valores permitidos estão entre – 89° e 89°.

Deslocamento: distância do início do eixo a partir do ponto usado em **Justificação** (**Fim**, **Centro**, **Início**).

Estrutural

Uso estrutural: define o uso da parede.

Cotas

Comprimento: da parede.

Área: da parede.

13.2.2 Propriedades de tipo

Para criar um novo tipo de **Parede cortina**, seleciona-se **Editar tipo** da mesma maneira que as paredes. Quando se acessa essa opção, surge a janela de diálogo da Figura 13.7, em que estão os parâmetros da parede selecionada. Esses parâmetros são comuns a todas as paredes do mesmo tipo em um projeto. Ao modificar um parâmetro em **Propriedades de tipo**, a alteração ocorre em todas as paredes desse tipo no projeto.

Para modificar um parâmetro, devemos criar outro tipo, mudar as propriedades e então gravá-lo. Dessa forma, não perdemos o tipo original da parede selecionada nem o alteramos acidentalmente. Sempre se deve partir de uma parede com parâmetros parecidos com os da que será criada para evitar ter de alterar ou eliminar muitos parâmetros que não farão parte da nova parede.

Construção

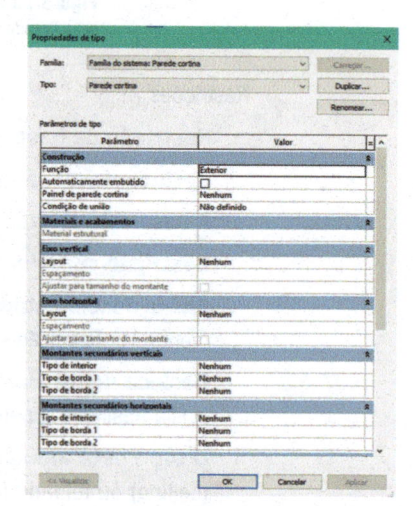

Função: define a função da parede.

Automaticamente embutido: se ativado, define que o painel está engastado na parede.

Painel de parede cortina: define o tipo de painel para a parede, o qual pode ser de vidro ou de outro material.

Condição de união: indica como será a intersecção dos perfis (montantes) nos encontros entre os verticais e horizontais.

Eixo vertical

Layout: define um eixo automático ao longo do painel na vertical, se ajustado para uma opção diferente de **Nenhum**; se ajustado para **Distância fixa**, o Revit usa o valor em **Espaçamento** para definir a distância entre os eixos. Se essa distância não permitir valores iguais para os painéis, o Revit usa o ajuste em **Justificação** para indicar de que lado será colocada a diferença. Escolhendo-se

Figura 13.7 – Propriedades de tipo Parede cortina.

Número fixo, é possível usar diferentes números de eixos para cada parede inserida; escolhendo-se **Espaçamento máximo**, define-se em **Espaçamento** um valor máximo para os espaços entre os eixos ao longo de um painel. O Revit coloca espaços iguais entre os eixos, não passando do valor máximo definido.

Espaçamento: indica o valor entre os eixos se em **Layout** estiver habilitado **Distância fixa** ou **Espaçamento máximo**.

Ajustar para tamanho do montante: permite ajustar as linhas do eixo para que os painéis fiquem com distâncias iguais, quando possível. Em alguns casos, definindo-se perfis (montantes) nas bordas dos painéis, eles modificam as distâncias entre os painéis.

Eixo horizontal

Layout: define um eixo automático ao longo do painel na horizontal, se ajustado para uma opção diferente de **Nenhum**; se ajustado para **Distância fixa**, o Revit usa o valor em **Espaçamento** para indicar a distância entre os eixos. Se a distância definida não permitir valores iguais para os painéis, o Revit usa o ajuste em **Justificação** para indicar de que lado será colocada a diferença. Escolhendo-se **Número fixo**, é possível usar diferentes números de eixos para cada parede inserida; escolhendo-se **Espaçamento máximo**, define-se em **Espaçamento** um valor máximo para os espaços entre os eixos ao longo de um painel. O Revit coloca espaços iguais entre os eixos, não passando do valor máximo definido.

Espaçamento: define o valor entre os eixos se em Layout estiver habilitado Distância fixa ou Espaçamento máximo.

Ajustar para tamanho do montante: permite ajustar as linhas do eixo para que os painéis fiquem com distâncias iguais, quando possível. Em alguns casos, definindo-se perfis (montantes) nas bordas superiores dos painéis, eles modificam as distâncias entre os painéis.

Montantes secundários verticais

Tipo de interior: especifica a família do perfil utilizado para os perfis verticais internos.

Tipo de borda 1: define a família do perfil vertical utilizado para os perfis verticais da borda 1.

Tipo de borda 2: indica a família do perfil vertical utilizado para os perfis verticais da borda 2.

Montantes secundários horizontais

Tipo de interior: especifica a família do perfil utilizado para os perfis horizontais internos.

Tipo de borda 1: estabelece a família do perfil utilizado para os perfis horizontais da borda 1.

Tipo de borda 2: define a família do perfil utilizado para os perfis horizontais da borda 2.

Como vimos nas propriedades de Parede cortina, esta pode ter um eixo na vertical e outro na horizontal, já definidos no tipo da parede, e perfis (montantes) já definidos na vertical e na horizontal para o tipo da parede.

A parede do tipo Parede cortina não tem o eixo nem o perfil definidos no tipo, sendo uma parede de vidro básica que, pode ser customizada para que, a partir dela, se crie outra parede do tipo painel de vidro. O tipo Vidraça externa já está definido com os eixos na vertical e na horizontal, como mostram as propriedades de tipo na Figura 13.8. Com base nele também podemos criar outros tipos já com eixo, duplicando e alterando as propriedades.

O terceiro tipo de Parede cortina já definido é Vitrine, o mais completo, pois já possui os eixos na horizontal e na vertical e os perfis (montantes), como mostra a Figura 13.9.

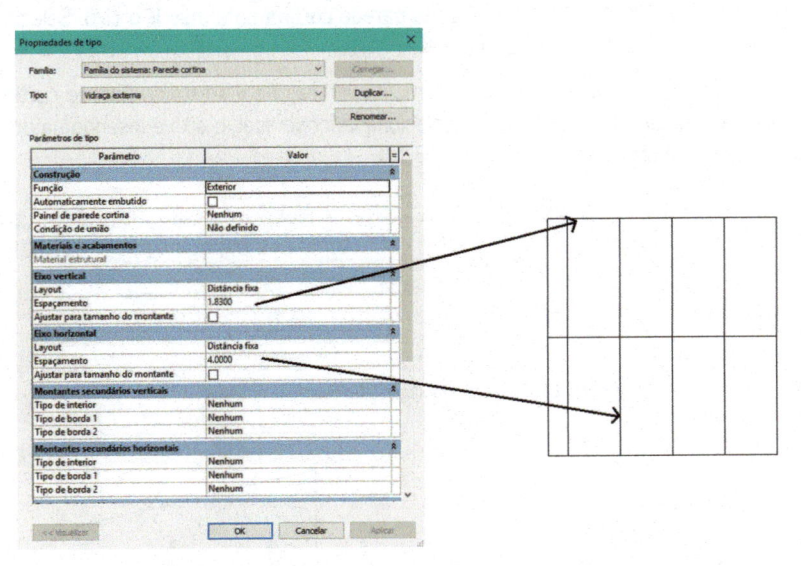

Figura 13.8 – Propriedades da parede Vidraça externa.

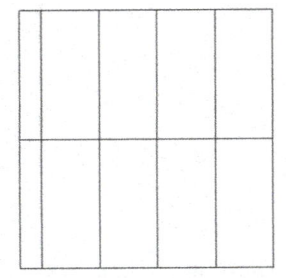

Figura 13.9 – Parede Vitrine.

Podemos criar os painéis de vidro a partir de uma Parede cortina que, como vimos, está definida sem os eixos e sem os perfis (montantes).

Também é possível definir eixos e perfis separadamente pelas ferramentas **Eixo cortina** e **Montante**, que inserem um eixo na horizontal e outro na vertical com medidas indicadas pelo usuário, as quais podem variar na altura e na largura. A seguir, vamos estudar essas duas ferramentas.

Importante

Se as paredes definidas com o eixo na vertical e na horizontal e com os perfis (montantes) pelas propriedades tiverem as medidas alteradas, o eixo, os perfis e os painéis acompanham a modificação de medida.

13.3 Eixo cortina

Aba Arquitetura > Construir > Eixo cortina

Após criar um painel de vidro com o tipo **Parede cortina**, podemos adicionar os eixos manualmente com a ferramenta **Eixo cortina**. Os eixos serão usados como uma malha para inserir os perfis (montantes).

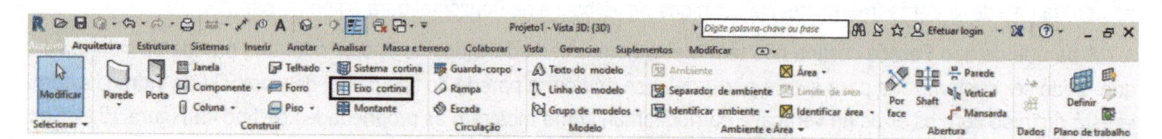

Figura 13.10 – Aba Arquitetura – seleção de Eixo cortina.

Depois de selecionar **Eixo cortina**, a aba muda para **Modificar | Colocar Eixo cortina**; na barra de status surge a mensagem **Selecione a linha do Eixo Cortina ou aresta da parede cortina para inserir o eixo**. Selecione uma **Parede cortina** para inserir o eixo pelas arestas (Figura 13.12).

Podemos selecionar uma aresta tanto na horizontal como na vertical. Se a aresta da **Parede cortina** for horizontal, o eixo é inserido na vertical (Figura 13.12). Se a aresta selecionada for vertical, o eixo é inserido na horizontal, ou seja, sempre perpendicularmente à aresta selecionada (Figura 13.13).

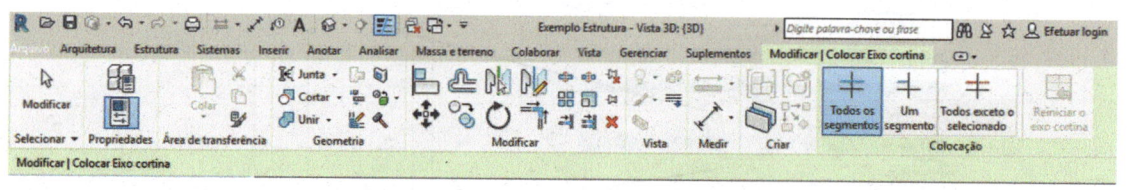

Figura 13.11 – Aba Modificar | Colocar Eixo cortina.

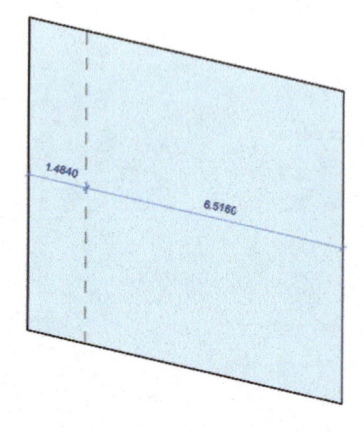

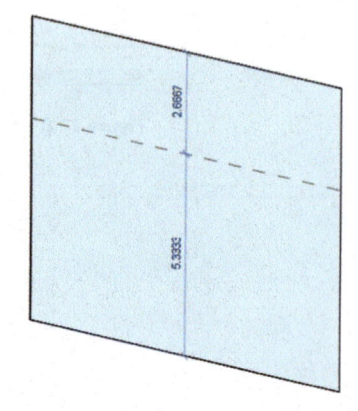

Figura 13.12 – Seleção pela aresta horizontal – Parede cortina. **Figura 13.13** – Seleção pela aresta vertical – Parede cortina.

Após clicar no primeiro ponto na vertical ou na horizontal, siga clicando em outros pontos para definir um eixo, por exemplo, vertical. Em seguida, repita o procedimento para a horizontal, conforme as Figuras 13.14 a 13.16. As cotas provisórias são exibidas para facilitar a inserção dos eixos com as distâncias desejadas.

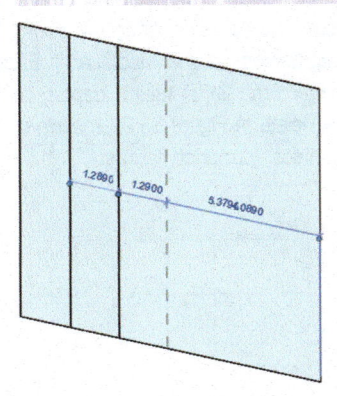

Figura 13.14 – Inserção de mais eixos na vertical.

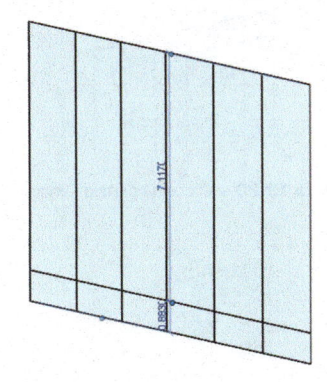

Figura 13.16 – Inserção de eixos na horizontal.

Figura 13.15 – Parede cortina – eixos inseridos na vertical.

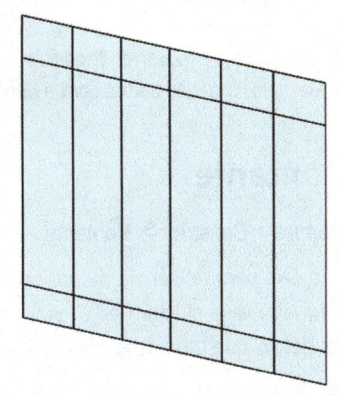

Figura 13.17 – Parede cortina – eixos inseridos na horizontal.

Dica

Ao passar o cursor sobre a parede, o Revit cria um snap em relação à metade da medida e um terço da medida da parede.

Com o eixo inserido, visualiza-se sua posição nos painéis com as cotas. Para posicionar o eixo, existem ainda outras opções de inserção na aba **Modificar | Colocar Eixo cortina**:

Todos os segmentos: insere o eixo em todos os painéis em que o preview aparece; é a opção default.

Um segmento: insere somente uma linha de eixo onde o preview aparece. Por exemplo, podemos subdividir painéis com essa opção, como mostra a Figura 13.18.

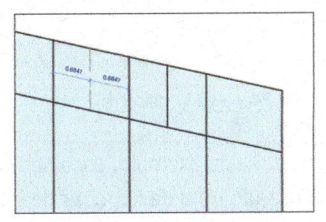

Figura 13.18 – Inserção de somente uma linha de eixo.

Todos exceto o selecionado: insere o eixo em todos os painéis, exceto onde foi selecionada a exclusão. Nessa opção, selecione a posição e faça um clique. Uma linha vermelha será, então, inserida. Retire a parte indesejada clicando sobre ela. Ela agora torna-se pontilhada. Para sair, tecle **Esc** e a parte é retirada.

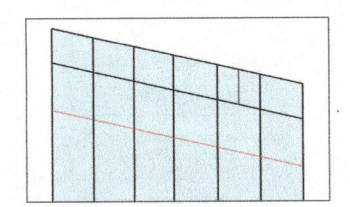

Figura 13.19 – Inserção da linha de eixo.

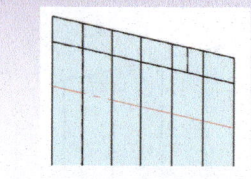

Figura 13.20 – Clique na parte a remover.

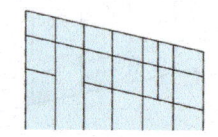

Figura 13.21 – Resultado.

Depois de inseridos, é possível modificar os eixos. Podemos, por exemplo, eliminar partes com a opção Todos

exceto o selecionado; selecionar os eixos e Adicionar/ Remover segmentos na aba Modificar | Eixos de parede cortina; apagar uma linha inteira, depois de selecionada, com a tecla Delete. A Figura 13.22 mostra um painel com elementos unidos, formando figuras.

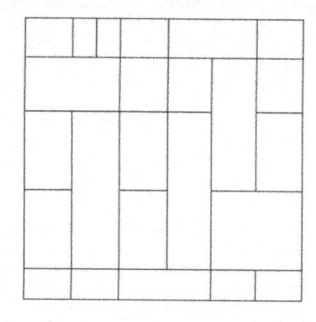

Figura 13.22 – Painel com eixos unidos, formando figuras.

13.4 Montante

Aba Arquitetura > Construir > Montante

Após criar o eixo para referência da posição dos perfis, vamos inserir os perfis com a ferramenta Montante. Eles são inseridos no eixo e se ajustam às suas linhas. No encontro de dois perfis, eles são automaticamente cortados, mas é possível definir que um passe por cima do outro pelas propriedades dos montantes.

No exemplo a seguir, partimos de uma Parede cortina que já possui o eixo e vamos inserir os perfis (montantes). Ao selecionar Montante, a aba muda para Modificar | Colocar Montante e, em Propriedades, devemos selecionar o tipo de perfil desejado na lista apresentada. O Revit traz alguns perfis e podemos criar outros de acordo com o projeto.

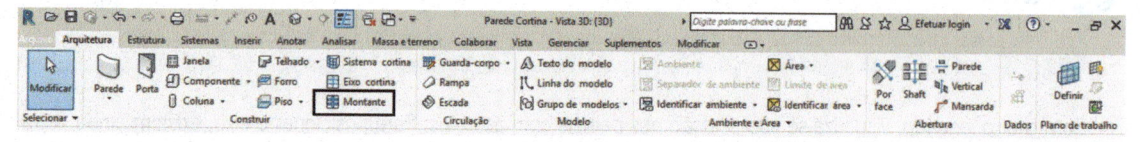

Figura 13.23 – Aba Arquitetura – seleção de Montante.

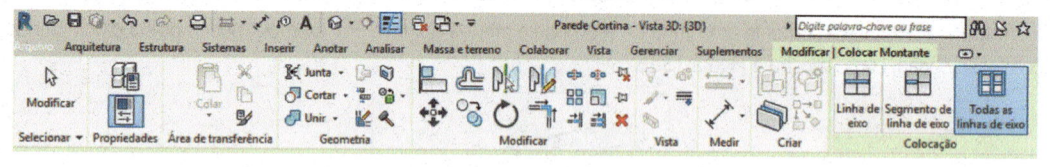

Figura 13.24 – Aba Modificar | Colocar Montante.

Selecione em Propriedades um dos perfis. Neste exemplo, escolhemos Montante retangular 30 mm Quadrado (Figura 13.26). É preciso selecionar o eixo usando uma das opções de inserção a seguir.

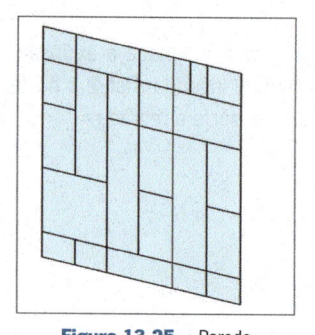

Figura 13.25 – Parede cortina com eixo.

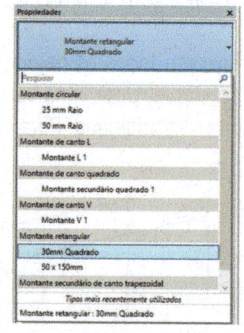

Figura 13.26 – Propriedades – lista de montantes disponíveis.

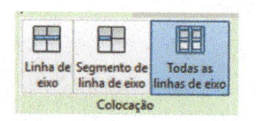

Figura 13.27 – Opções de inserção do montante.

Existem três opções na aba **Modificar | Colocar Montante** que permitem inserir os perfis de formas diferentes.

Linha de eixo: ao clicar em uma linha de eixo, os perfis são inseridos na linha selecionada.

Segmento de linha de eixo: insere o perfil somente na parte da linha de eixo selecionada. Se houver outras linhas fazendo intersecção com o perfil, a linha é inserida somente na parte selecionada.

Todas as linhas de eixo: ao se clicar em uma linha qualquer do eixo, os perfis são inseridos nele todo.

Selecionamos a opção **Todas as linhas de eixo** para inserir os perfis e escolhemos uma linha qualquer do eixo; o resultado pode ser visto na Figura 13.28. Os perfis são inseridos em todo o eixo. Note no detalhe o tipo do perfil retangular com 30 mm.

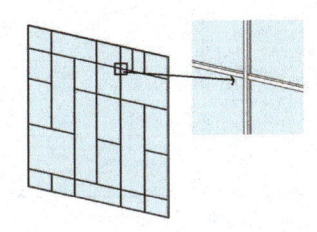

Figura 13.28 – Perfis inseridos no eixo.

Com os perfis inseridos, é possível fazer alterações de tipo e na forma como os perfis fazem intersecção, entre outras propriedades a seguir.

13.4.1 Propriedades de tipo dos montantes

As **Propriedades de tipo** dos montantes são as seguintes:

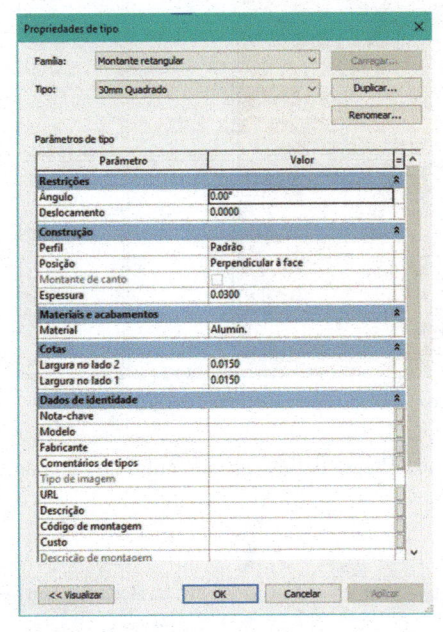

Figura 13.29 – Propriedades de tipo do montante.

Restrições

Ângulo: rotaciona o montante. Os ângulos permitidos são 90° a –90°.

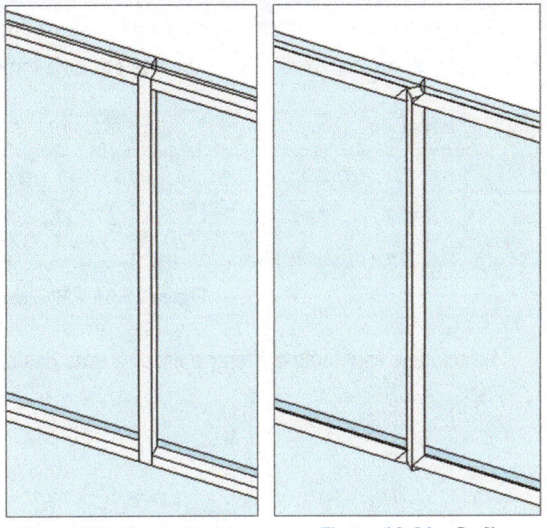

Figura 13.30 – Perfil sem rotação. **Figura 13.31 –** Perfil rotacionado a 45°.

Deslocamento: distância do perfil ao painel da parede que compõe a **Parede cortina**.

Construção

Perfil: perfil que compõe o montante. Podem ser criadas famílias de perfis para os montantes.

Posição: rotaciona o perfil. O normal é **Perpendicular à face**. Use **Paralelo ao chão** para paredes inclinadas.

Montante de canto: indica o tipo do montante como **Canto**, que tem outras propriedades.

Espessura: define a espessura.

Material: especifica o material na janela de diálogo **Materiais**.

Cotas

Largura no lado 2: especifica a largura do lado 1.

Largura no lado 1: estabelece a largura do lado 2.

Estas são as propriedades dos perfis retangulares comuns. Os montantes podem ainda ser de outros tipos, como **Circular** e **Canto**, que por sua vez inclui os tipos L, V, trapezoidais e canto quadrado, cada um com propriedades específicas para definir suas dimensões.

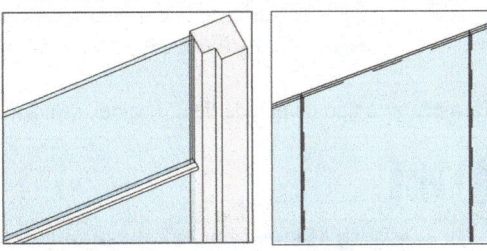

Figura 13.32 – Montante Canto L. **Figura 13.33 –** Montante trapezoide 1.

13.4.2 Controle da interseção de montantes

Depois de inseridos os montantes, é possível modificar sua intersecção. Selecione um perfil e na aba **Modificar | Montantes de parede cortina** surgem duas opções:

Tornar contínua: estende o montante até uma lateral, criando um montante contínuo.

Quebrar na união: corta o montante em uma interseção, criando montantes separados.

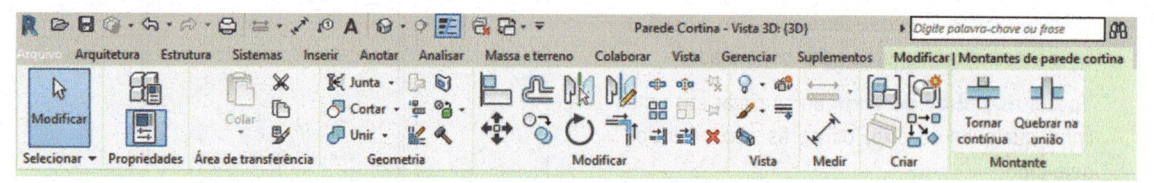

Figura 13.34 – Modificar | Montantes de parede cortina.

Selecione o montante a alterar e escolha uma das opções anteriores.

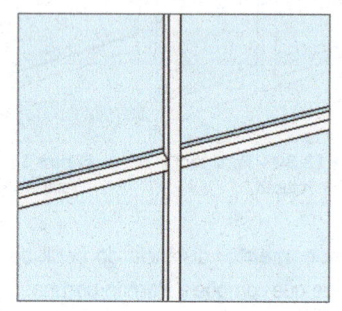

Figura 13.35 – Quebrar na união.

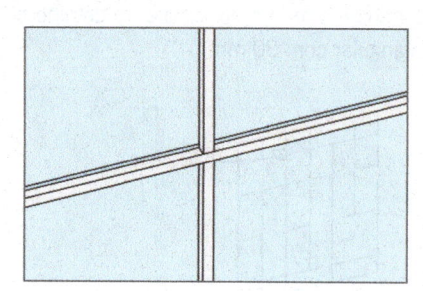

Figura 13.36 – Tornar contínua.

13.5 Painéis da Parede cortina

Os painéis da **Parede cortina** podem ser de qualquer tipo; não é necessário que sejam de vidro. As medidas do painel estão ligadas às medidas da parede e do eixo. Não podemos controlar a medida do painel independentemente do resto. Ao se mudar o eixo, a medida do painel também muda. É possível inserir portas e janelas nos painéis do tipo parede e a posição de inserção é relativa à parede inteira, não ao painel. Ao se mudar o eixo, a posição da janela ou porta permanece inalterada. É possível aplicar no painel uma **Parede cortina** e também um eixo e subdividi-lo.

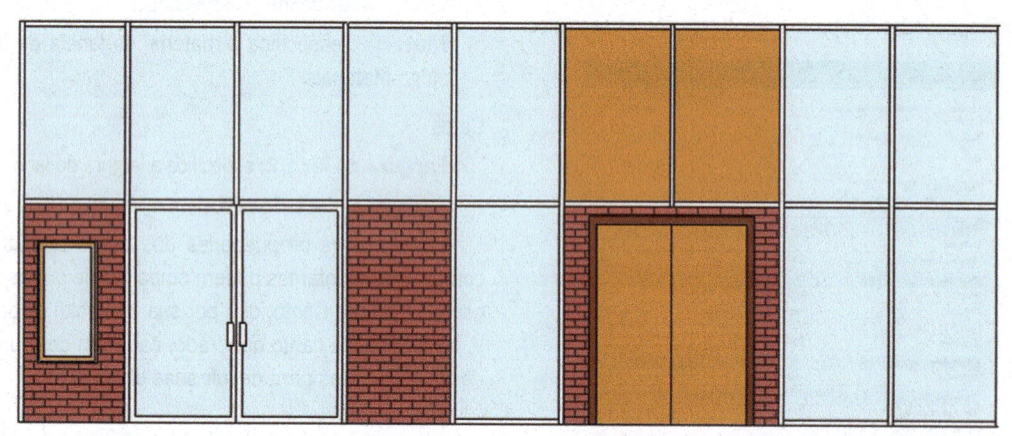

Figura 13.37 – Parede cortina com painéis do tipo parede de tijolos, com portas e janelas inseridas.

Para alterar o tipo de parede de um painel, selecione-o e, na caixa **Propriedades**, escolha outro tipo de parede.

 **Dica**

Ao se marcar a **Parede cortina**, ela é selecionada integralmente. Para selecionar um dos elementos, **Eixo** ou **Montante**, ou o painel separadamente, tecle **Tab** que a seleção alterna entre eles.

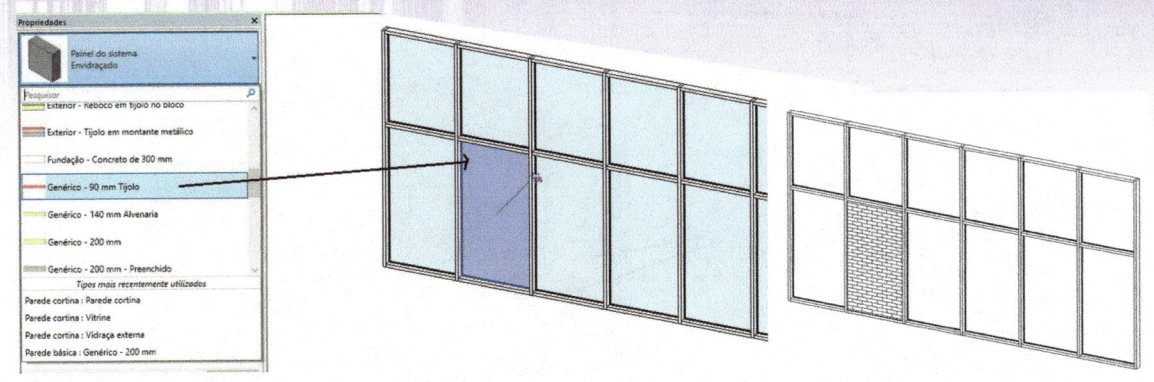

Figura 13.38 – Seleção do painel de Parede cortina e de um tipo de parede para o painel.

Figura 13.39 – Resultado da aplicação de uma parede de tijolos em um painel.

Temos ainda a possibilidade de criar um painel vazio ou sólido na **Parede cortina**. Selecionando a opção **Painel do sistema vazio** na lista em **Propriedades**, cria-se uma abertura entre os painéis.

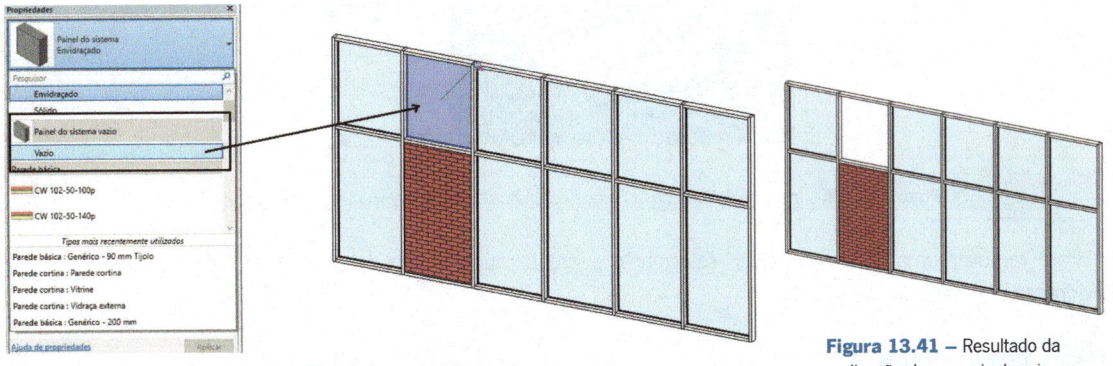

Figura 13.40 – Seleção de um painel vazio.

Figura 13.41 – Resultado da aplicação de um painel vazio.

13.6 Inserção de portas em Parede cortina

Podemos inserir portas nos painéis de vidro das paredes cortina. As portas inseridas nos painéis são do tipo **Parede cortina**, as quais devem ser primeiramente carregadas por meio de **Carregar família** na aba **Inserir**. Escolha **Portas** na janela de seleção de famílias, como mostra a Figura 13.42, e um dos tipos de família disponíveis.

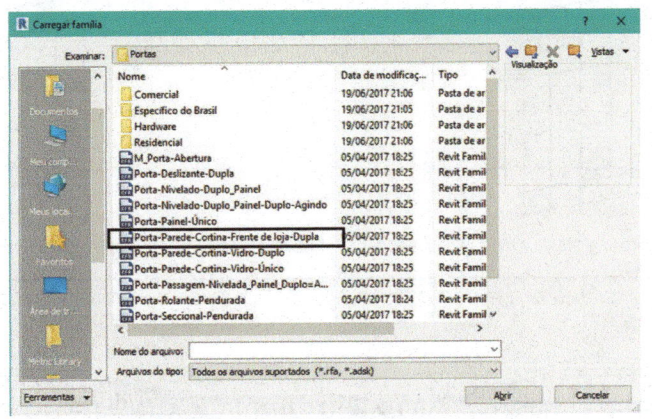

Figura 13.42 – Seleção de uma Porta-Parede cortina.

Neste exemplo, selecionamos **Parede cortina-Vitrine-Duplo** a fim de inseri-lo no painel da Figura 13.43. Selecione o painel (use **Tab**), em seguida o tipo da porta em **Propriedades**. Como o painel é substituído pela porta, as medidas dela são definidas pela distância entre os perfis, ou seja, pelo eixo. Portanto, o vão da porta deve ser criado pela união de painéis com as distâncias definidas pelo eixo; caso contrário, as medidas serão as do eixo, conforme a Figura 13.43, em que a mesma porta foi inserida em dois painéis com medidas diferentes.

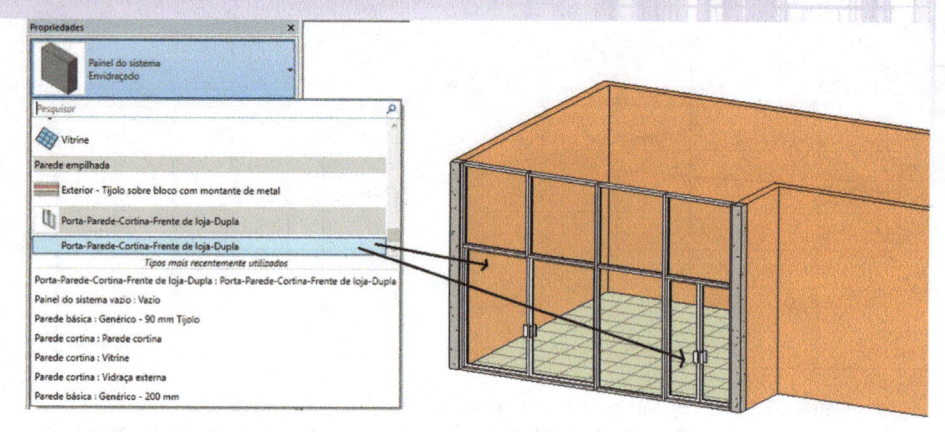

Figura 13.43 – Inserção de uma Porta-Parede cortina no painel.

No exemplo seguinte, a porta foi inserida em painéis definidos pelo eixo, com medidas de acordo com as da porta.

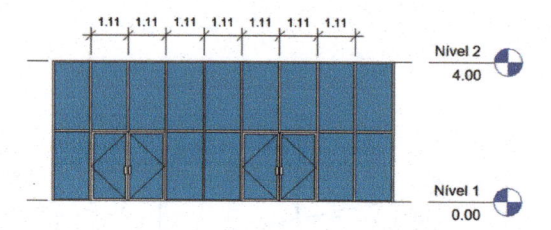

Figura 13.44 – Inserção de uma porta Parede cortina no painel com medidas definidas para ela.

Para remover uma porta do painel, selecione-o e então mude o tipo da parede do painel novamente para **Envidraçado** ou para qualquer outro.

> ## Observação
>
> Se houver modificação no comprimento das paredes cortina definidas com base em outra parede cortina sem o eixo ou modificação dos perfis definidos separadamente dos eixos, como vimos, **NÃO** haverá repetição dos padrões do eixo com os perfis da sua nova extensão. A parte estendida será apenas a da última divisão. Somente as paredes cortina criadas com estilos que possuam a definição de eixo e perfil nas propriedades têm repetição no padrão do eixo.

 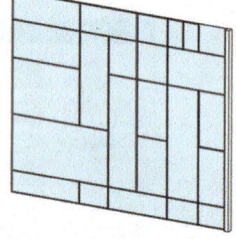

Figura 13.45 – Parede cortina antes da alteração das medidas.   **Figura 13.46 –** Após mudar o comprimento, a última divisão sofre alteração.

Figura 13.47 – Exemplo de edifício com painéis de vidro.

14 Terreno

Introdução

Existem basicamente três formas de se criar um terreno no Revit. A mais usual é pela importação de curvas de nível em 3D ou de uma malha de superfície de pontos de um arquivo do AutoCAD – DWG, DXF ou DGN. Podemos também usar o desenho de pontos no Revit, que gera uma malha entre eles, ou lançar mão da importação de um arquivo de pontos gerado por programas de topografia, que deve necessariamente possuir as coordenadas dos pontos em X, Y e Z. O arquivo de pontos deve estar no formato CSV ou TXT.

Objetivos

- ◉ Criar um terreno importando curvas do AutoCAD.
- ◉ Aprender a criar um terreno por pontos.
- ◉ Modificar o terreno.
- ◉ Planificar o terreno.

14.1 Criação de terreno pela importação de curvas do AutoCAD

Para inserir um arquivo do AutoCAD, inicie um novo desenho e deixe corrente o pavimento Terreno. Selecione **Vínculo de CAD** ou **Importar CAD** na aba **Inserir**, conforme a Figura 14.1.

A diferença entre as duas opções é que o **Vínculo de CAD** permite recarregar o arquivo de CAD caso ele tenha sofrido alguma alteração; o **Importar CAD** permite carregar o arquivo, ou seja, uma vez importado, ele não pode ser alterado.

Aba Inserir > Vínculo > Vínculo de CAD
Aba Inserir > Importar > Importar CAD

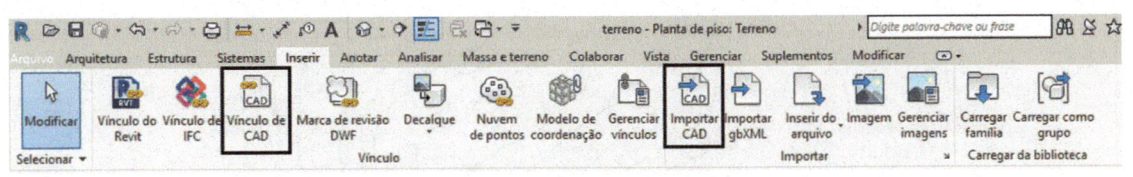

Figura 14.1 – Aba Inserir – seleção de Vínculo de CAD e Importar CAD.

Vamos usar neste exemplo a opção Vínculo de CAD e o arquivo do AutoCAD CURVAS_3D.DWG, que você pode baixar do site da Editora. Ao selecionar essa opção, surge a janela de diálogo da Figura 14.2. Nela, selecione o arquivo com as curvas em 3D, em Cores marque Preservar, em Camadas/Níveis marque Visível e em Posicionamento escolha Auto – Centro para Centro. Veja se Colocar em: está no pavimento Nível 1; em Unidades de importação, escolha metro e desmarque a opção Apenas a vista atual, se ela estiver marcada. Clique em Abrir.

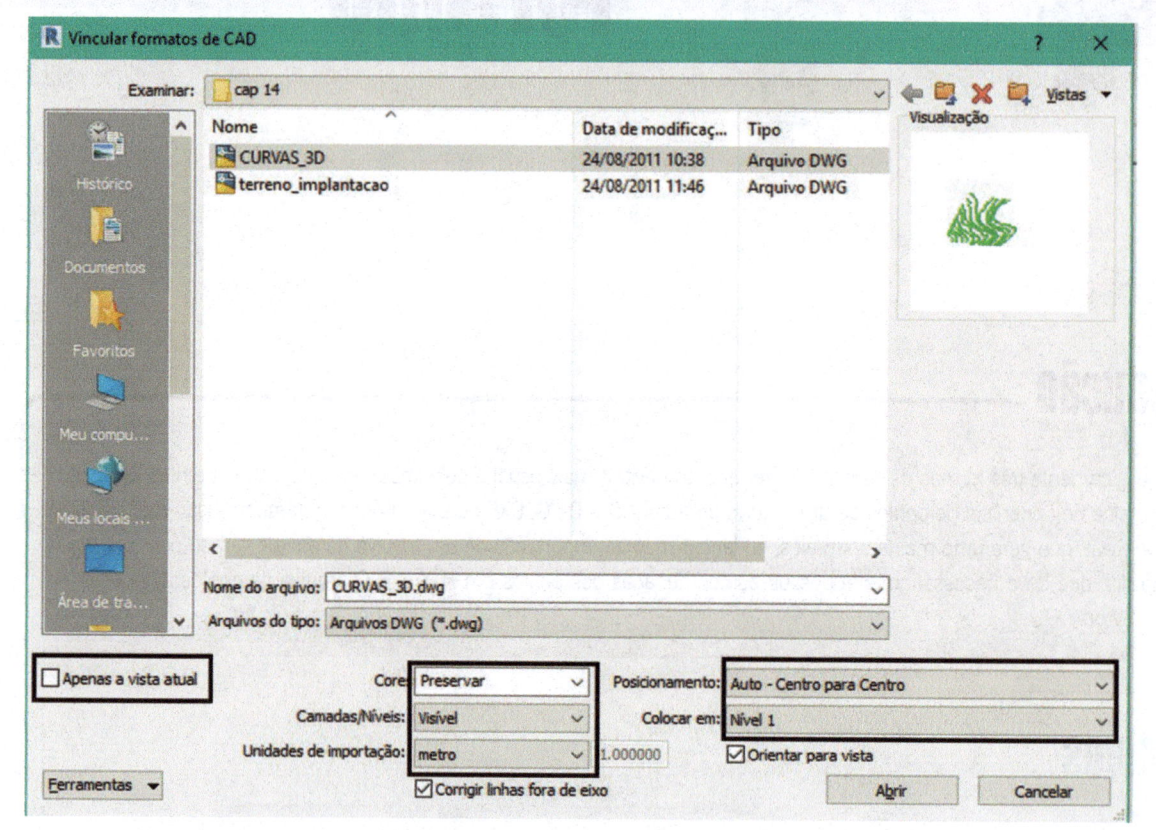

Figura 14.2 – Arquivos DWG inseridos.

Ao inserir as curvas de nível, o desenho deve ficar semelhante ao da Figura 14.3.

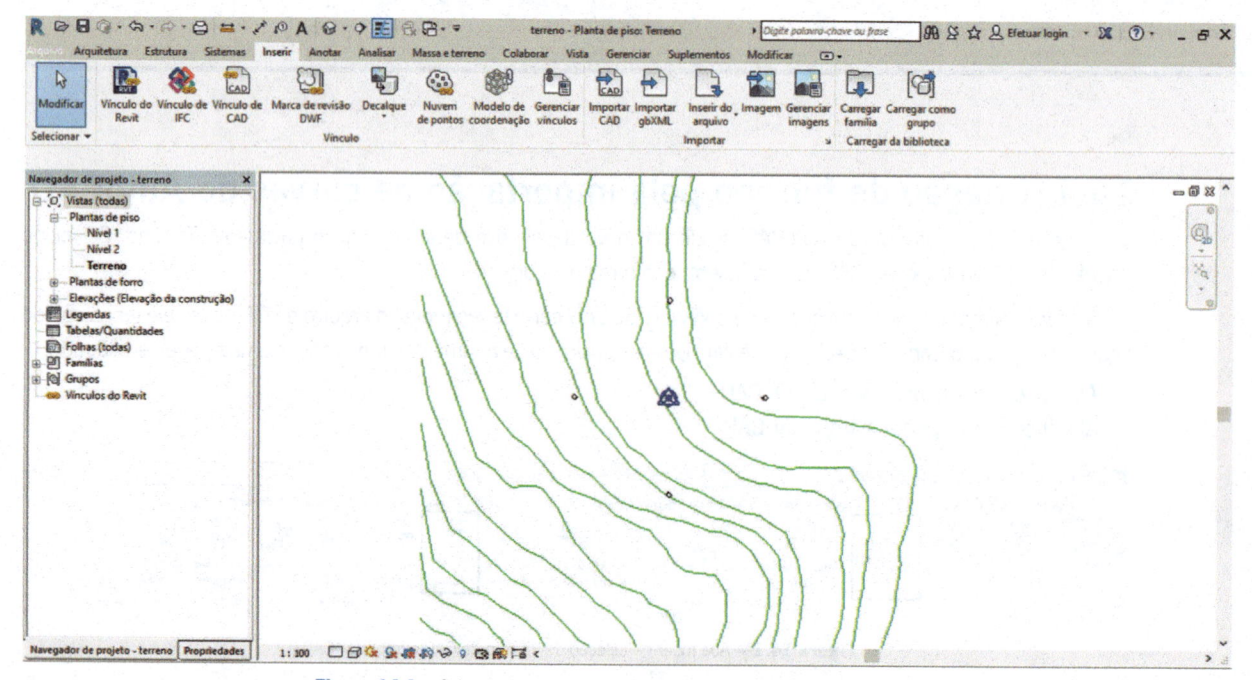

Figura 14.3 – Seleção do arquivo do AutoCAD com curvas de nível.

Mude para a aba **Massa e terreno** e selecione **Superfície topográfica**.

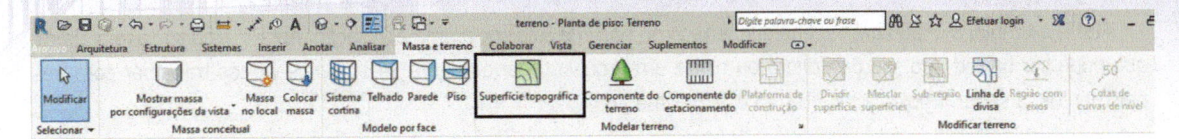

Figura 14.4 – Aba Massa e terreno – seleção de Superfície topográfica.

Na aba que se abre, **Modificar | Editar superfície**, vá até **Criar da importação** > **Selecionar instância da importação** e selecione o terreno inserido anteriormente.

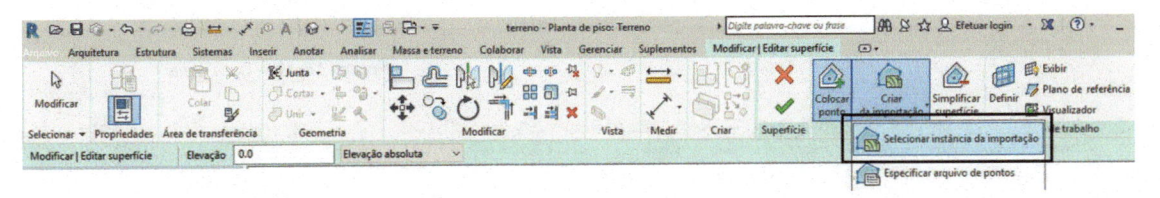

Figura 14.5 – Aba Modificar | Editar superfície.

Na janela de diálogo **Adicionar pontos de camadas selecionadas**, marque somente o layer C-TOPOMNM das curvas, conforme a Figura 14.6, e clique em **OK**. O resultado deve ser semelhante ao da Figura 14.7.

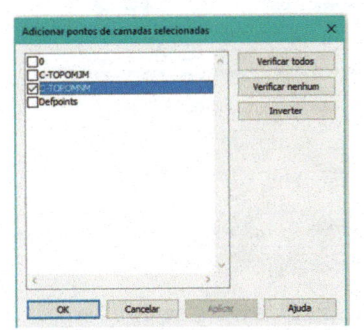

Figura 14.6 – Seleção dos layers das curvas.

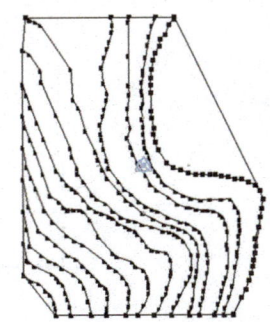

Figura 14.7 – Vista do pavimento do terreno criado.

Na aba **Modificar | Editar superfície** selecione no painel **Superfície** o botão ✓ para finalizar e a superfície do terreno é criada. Para melhor visualizá-la, selecione **Vista 3D padrão** na barra de acesso rápido e mude a visualização para **Sombreado**. O terreno deve ficar como o da Figura 14.8.

Mude para uma vista em elevação, por exemplo, **Leste**. Talvez seja necessário mudar a escala na barra de status para visualizar melhor os detalhes (Figura 14.9).

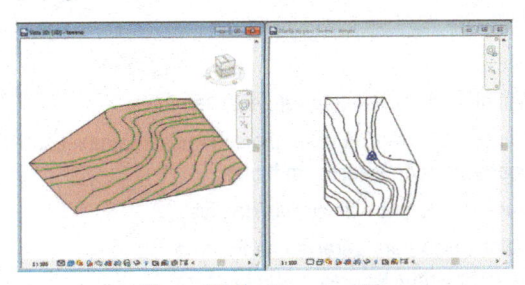

Figura 14.8 – Terreno em 3D.

Figura 14.9 – Vista Leste do terreno.

Com o terreno criado, podemos fazer as planificações e modificações abordadas a seguir.

14.2 Criação de terreno por pontos

Neste exemplo, é criado um terreno que tem como base de referência uma edificação. Abra o arquivo casa praia.rvt que pode ser baixado no site da Editora ou utilize um arquivo próprio (Figura 14.10), pois vamos trabalhar com três pavimentos, a saber: Implantação, Térreo e 1º Pavimento.

Antes de gerar os pontos, devemos configurar como serão desenhadas as curvas na aba **Massa e terreno** em **Configurações do terreno**. Clique na seta do painel **Modelar terreno**, como mostra a Figura 14.11, para acessar as configurações do terreno.

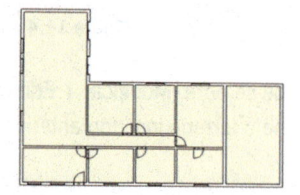

Figura 14.10 – Casa praia.

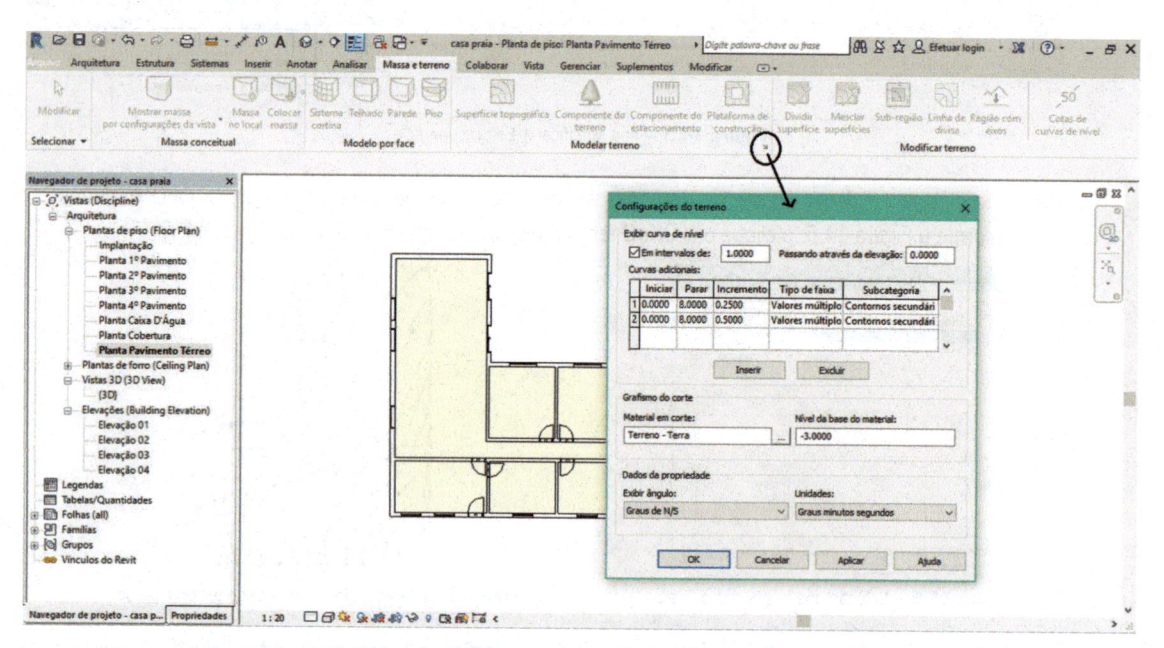

Figura 14.11 – Configurações do terreno – parâmetros da construção das curvas.

Configure os parâmetros conforme a Figura 14.11, cujos campos são os seguintes:

Exibir curva de nível

Em intervalos de: intervalos das linhas de curvas de nível.

Passando através da elevação: valor da elevação inicial.

Curvas adicionais

Iniciar: elevação em que as linhas de curva de nível se iniciam.

Parar: elevação em que as linhas de curva de nível não são mais exibidas. Esse campo só é habilitado se em **Tipo de faixa** estiver selecionada a opção **Valores múltiplos**.

Incremento: determina o incremento entre as curvas de nível.

Tipo de faixa: selecione **Valor único** para gerar somente uma linha de curva de nível adicional; marque **Valores múltiplos** para adicionar várias.

Subcategoria: especifica o tipo de linha para as linhas de curva de nível.

Neste exemplo, temos cotas a cada 1 m e cotas adicionais a cada 0,5 m, finalizando em 8 m, conforme o ajuste feito anteriormente em **Configurações do terreno**. Para visualizar as cotas da curva depois de criar o terreno, selecione **Cotas de curva de nível** na aba **Massa e terreno** e clique em dois pontos sobre as linhas da curva de nível.

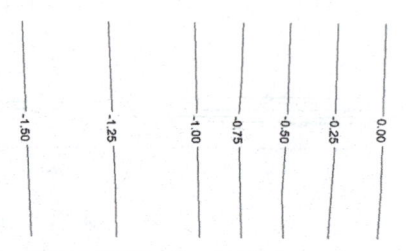

Figura 14.12 – Visualização das curvas e curvas adicionais.

No exemplo a seguir já foi inserida uma linha de cota adicional com intervalo de 0,25 m.

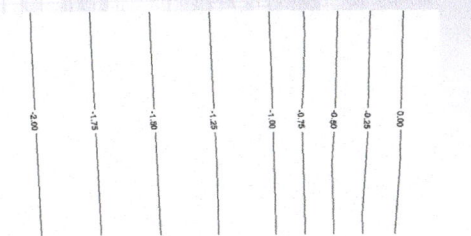

Figura 14.13 – Visualização das curvas e curvas adicionais.

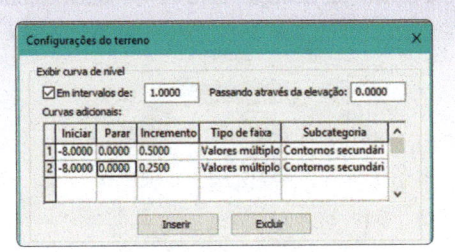

Figura 14.14 – Incremento das curvas adicionais de 0,25.

Grafismo de corte

Material em corte: seleciona o material a ser exibido quando o terreno estiver em corte.

Nível da base do material: determina a altura da profundidade do terreno em corte.

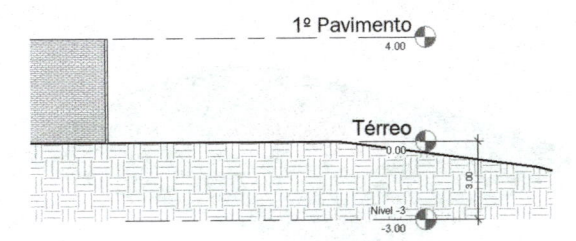

Figura 14.15 – Terreno visto em corte.

Dados da propriedade

Exibir ângulo: determina o formato de exibição dos ângulos.

Unidades: define o formato das unidades.

 **Dica**

Os resultados das modificações nessa janela de diálogo se refletem no terreno, mesmo que ele já tenha sido criado.

Depois de configurar os parâmetros, ative o pavimento **Implantação** para desenhar o terreno nesse pavimento. Depois, vá até a aba **Massa e terreno**, selecione **Superfície topográfica** e, em seguida, **Colocar ponto** na aba **Modificar | Editar superfície** (Figura 14.16). Na barra de opções, em **Elevação**, defina a altura dos pontos a serem criados. Nesse caso, use 0 (zero) para a primeira cota. Clique em pontos no desenho, conforme as Figuras 14.17 e 14.18.

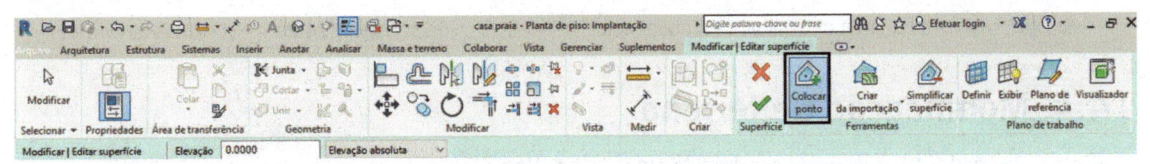

Figura 14.16 – Aba Modificar | Editar superfície – seleção de Colocar ponto.

Mude a **Elevação** para –1 e clique nos outros pontos. Note que novas linhas (curvas) surgem entre as linhas criadas, porque definimos em **Configurações do terreno** que entre cada curva haveria um incremento de 0,5 m.

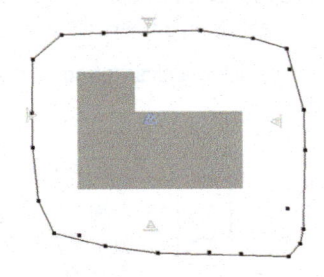

Figura 14.17 – Pontos com Elevação 0 (zero).

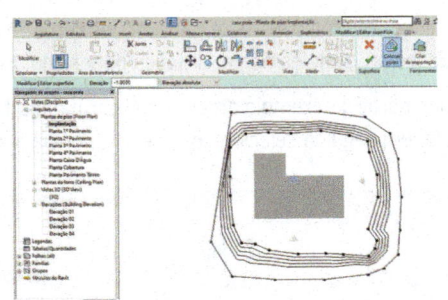

Figura 14.18 – Pontos com Elevação –1.

Altere o valor de **Elevação** para –2 e clique nos outros pontos, como nas Figuras 14.19 e 14.20.

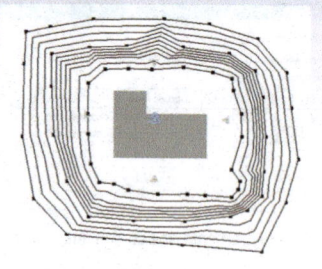 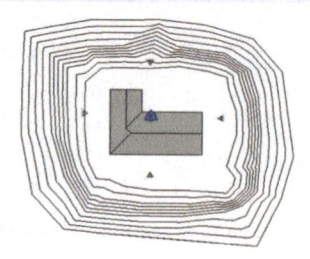

Figura 14.19 – Pontos com Elevação –2.   **Figura 14.20** – Resultado.

Clique no botão ✓ de **Concluir superfície** na aba **Modificar | Editar superfície** e ative uma vista em 3D. O desenho deve ser semelhante ao da Figura 14.21.

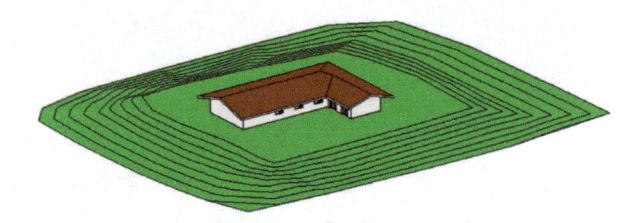

Figura 14.21 – Terreno em 3D.

14.3 Propriedades do terreno

O terreno tem as propriedades apresentadas na janela de diálogo **Propriedades** (Figura 14.22). Ele não possui **Propriedades de tipo** como os outros objetos do Revit. As diferentes possibilidades de apresentação das curvas de nível são criadas e alteradas em **Configurações do terreno**.

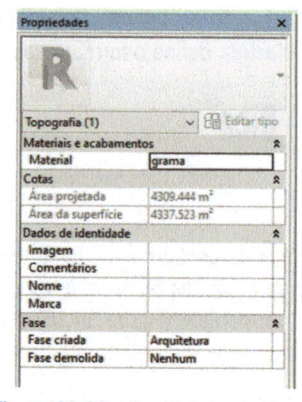

Materiais e acabamentos

Material: define o material.

Cotas

Área projetada: área em projeção.

Área da superfície: área da malha total do terreno.

Figura 14.22 – Propriedades do terreno.

14.4 Modificação de terreno

Depois de criado, o terreno pode ser dividido em outras partes e também unido a outras partes; ainda é possível criar sub-regiões do terreno. A seguir, veremos cada uma das opções.

14.4.1 Dividir superfície

Permite criar uma divisão de parte do terreno e alterar suas cotas, a fim de serem geradas áreas separadas para planificações ou, simplesmente, divisões no terreno. Se apagada, gera uma abertura, um furo no terreno.

Vamos partir do exemplo anterior e clicar na aba **Massa e terreno**. No painel **Modificar terreno**, selecione **Dividir superfície**, em seguida selecione o terreno e surgirá a aba **Dividir superfície**.

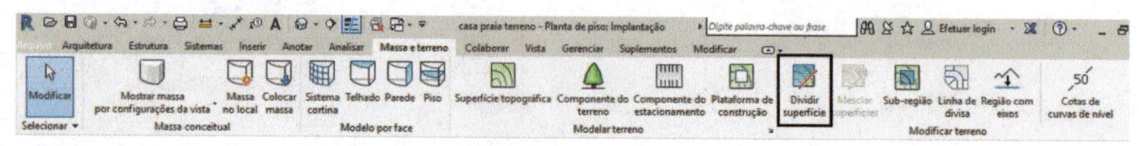

Figura 14.23 – Aba Massa e terreno – seleção de Dividir superfície.

Nessa aba de edição, selecione a ferramenta **Retângulo** e crie uma área retangular para representar uma quadra ao lado da construção (Figura 14.25).

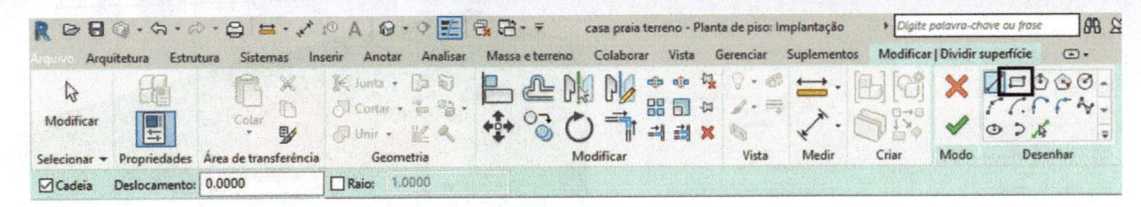

Figura 14.24 – Aba Modificar | Dividir superfície – seleção do retângulo.

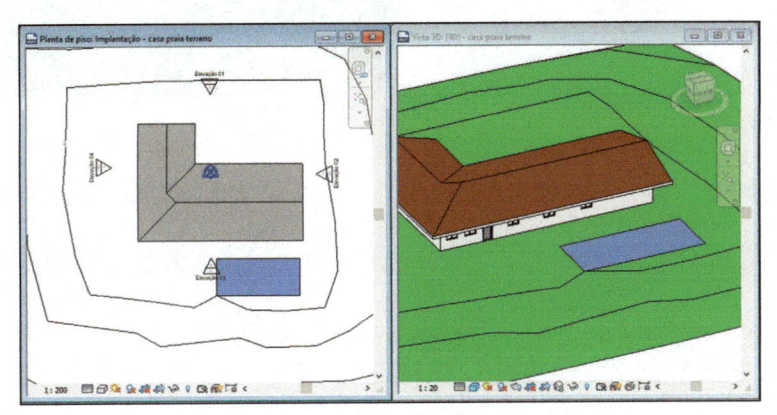

Figura 14.25 – Dividir terreno.

Para finalizar, clique em **Concluir modo de edição** e veja o resultado em 3D. Foi criada outra área no terreno anterior, mas nas mesmas cotas (Figura 14.26).

Em seguida, vamos alterar as cotas dos vértices da nova área para que ela fique em uma elevação de 0,30 m. Selecione a nova superfície e clique em **Material** na janela **Propriedades**, então mude o material para **Concreto** (Figura 14.27). Com isso, é possível diferenciar as superfícies na tela.

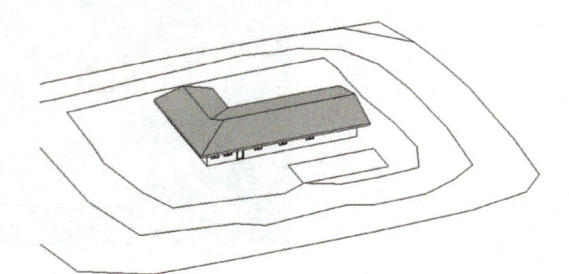

Figura 14.26 – Resultado da opção Dividir superfície no terreno em 3D.

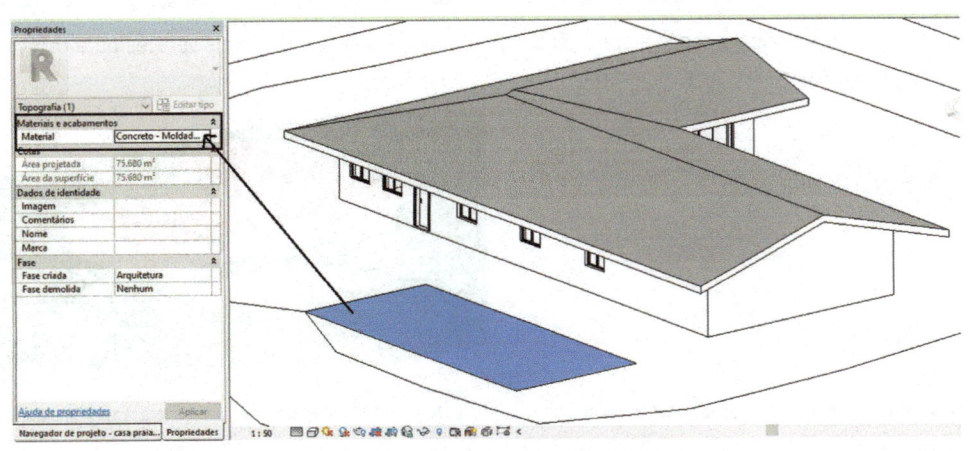

Figura 14.27 – Seleção da parte separada do terreno.

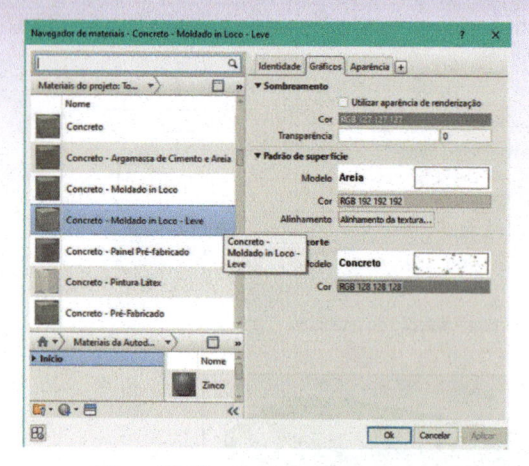

Figura 14.28 – Alteração do material do terreno.

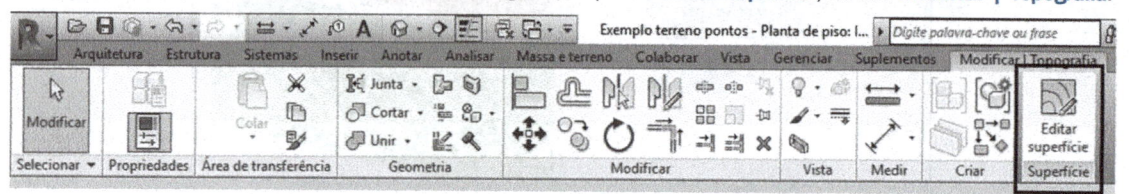

Figura 14.29 – Resultado com o novo material.

Selecione a superfície criada novamente e, em seguida, clique em **Editar superfície**, na aba **Modificar | Topografia**.

Figura 14.30 – Aba Modificar | Topografia – seleção de Editar superfície.

Mude a vista para **Estrutura de arame** e selecione os vértices da superfície usando **Ctrl**, como mostra a Figura 14.31.

Depois de selecionados, mude a elevação na barra de opções para 0.30 e clique em **Concluir superfície**. A nova divisão do terreno fica na cota 0.30 como um plano.

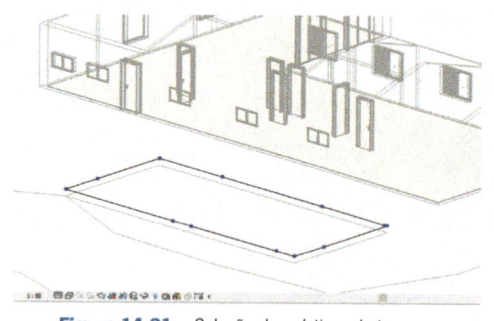

Figura 14.31 – Seleção dos vértices do terreno.

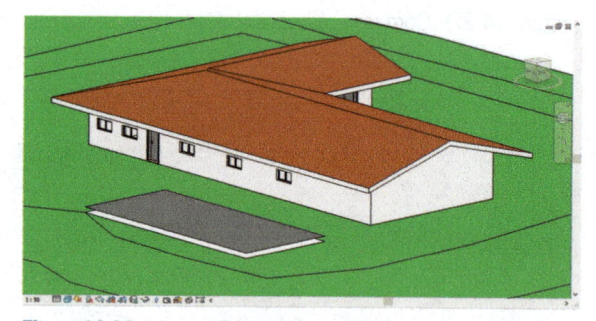

Figura 14.32 – Resultado depois de alteração da cota da parte separada.

Agora precisamos modificar a cota do contorno do terreno principal para que se feche o contorno com a área dividida.

Selecione o terreno principal e repita a operação anterior. Mude a elevação dos seus vértices para 0.30, de forma que se encontre com a parte dividida do terreno.

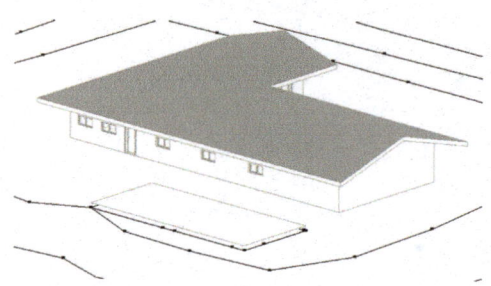

Figura 14.33 – Seleção dos pontos do terreno principal.

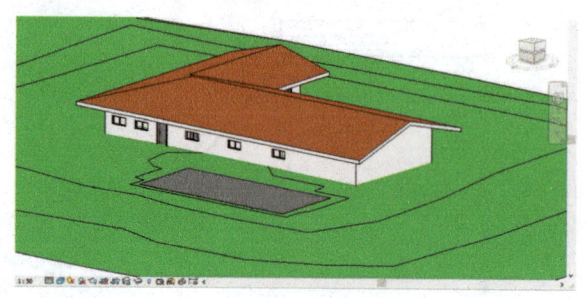

Figura 14.34 – Resultado após alteração da cota para 0.30.

Dessa forma, podemos criar divisões e planificações no terreno para gerar outras áreas.

14.4.2 Mesclar superfícies

Une duas superfícies que foram previamente divididas ou duas superfícies independentes, formando um único terreno.

Vamos partir do exemplo anterior e clicar na aba **Massa e terreno**. No painel **Modificar terreno**, selecione **Mesclar superfícies**, em seguida selecione o terreno principal e depois a parte que foi dividida; desse modo, as duas serão uma única superfície.

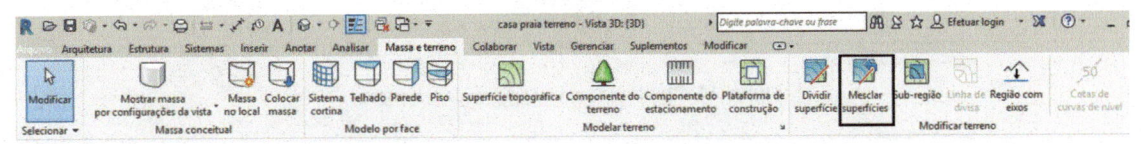

Figura 14.35 – Aba Massa e terreno – seleção de Mesclar superfícies.

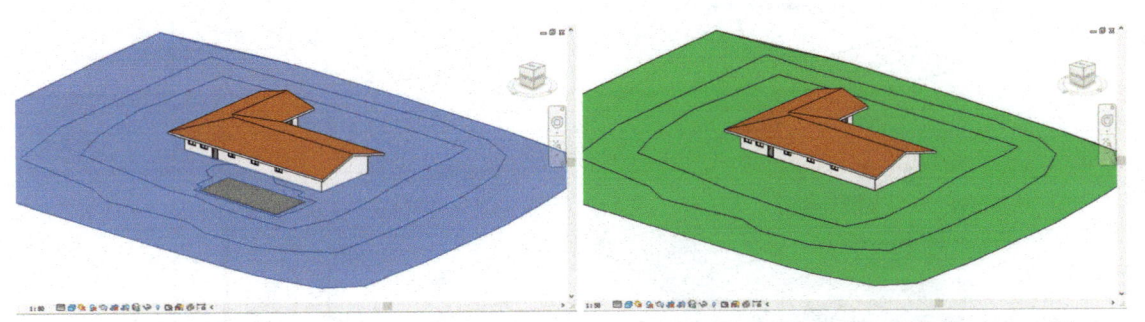

Figura 14.36 – Seleção do terreno principal. **Figura 14.37 –** Resultado após o uso de Mesclar superfícies.

Superfícies que não estiverem conectadas, como indica a Figura 14.38, não sofrerão a mescla. Elas precisam estar sobrepostas para que a mescla ocorra (Figura 14.39).

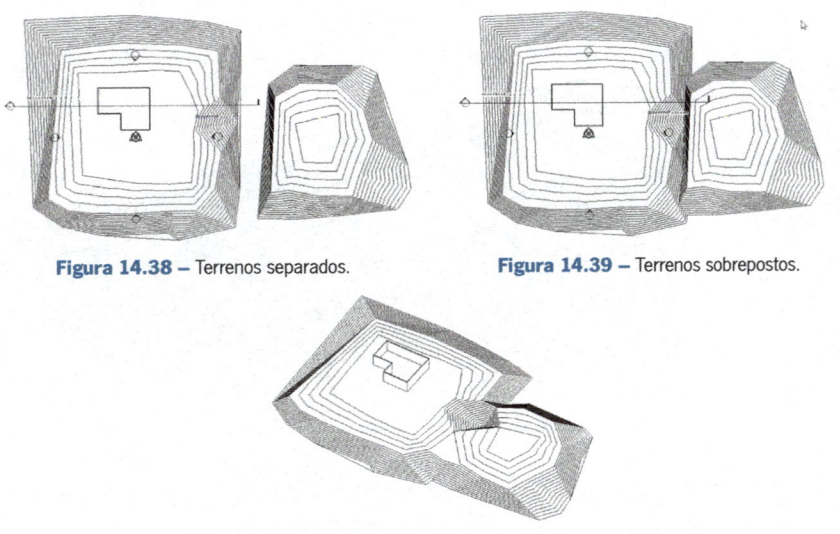

Figura 14.38 – Terrenos separados. **Figura 14.39 –** Terrenos sobrepostos.

Figura 14.40 – Resultado após o uso de Mesclar superfícies.

14.4.3 Sub-região

Cria uma sub-região do terreno sem dividi-lo. A sub-região, por sua vez, pode ser usada para definir outras áreas no terreno, como ruas, calçadas, estacionamentos, pátios etc. Neste exemplo, vamos usar o arquivo **terreno_ruas.rvt.** Você pode abri-lo para seguir os próximos passos ou trabalhar no seu arquivo. Para criar a sub-região, clique na aba **Massa e terreno** e, no painel **Modificar terreno,** clique em **Sub-região**.

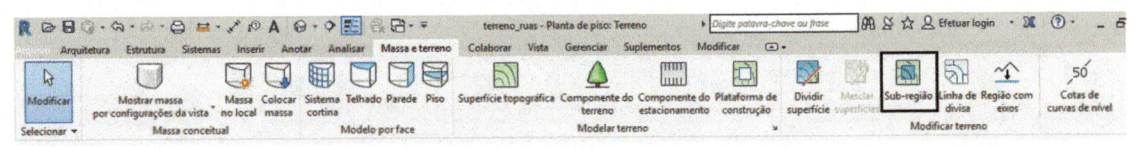

Figura 14.41 – Aba Massa e terreno – seleção de Sub-região.

Na aba Modificar | Criar limite da sub-região, escolha uma das ferramentas de desenho, faça o contorno da área da calçada, tomando o cuidado de fechar o contorno, marque Selecionar linhas no painel Desenhar para selecionar as linhas do arquivo do AutoCAD e clique no botão ✓ de Concluir modo de edição.

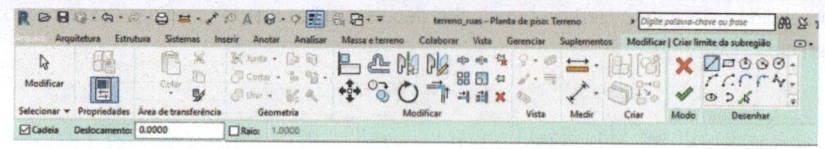

Figura 14.42 – Modificar | Criar limite da sub-região.

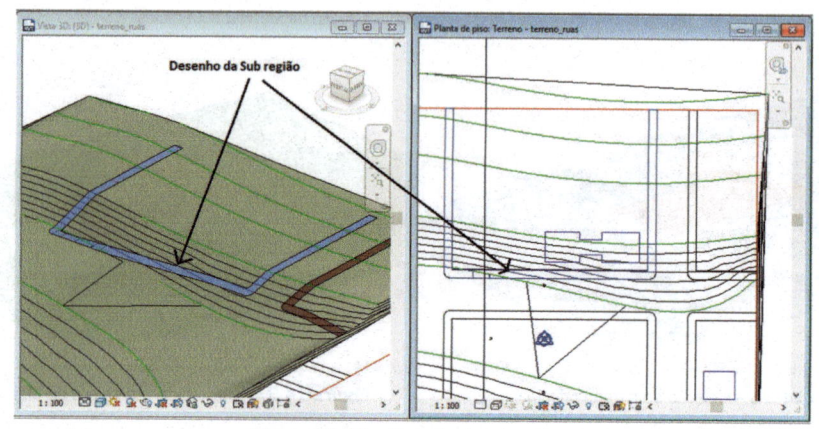

Figura 14.43 – Desenho da sub-região.

Depois de finalizar a sub-região, selecione a área gerada e mude o material para Concreto, como mostra a Figura 14.44.

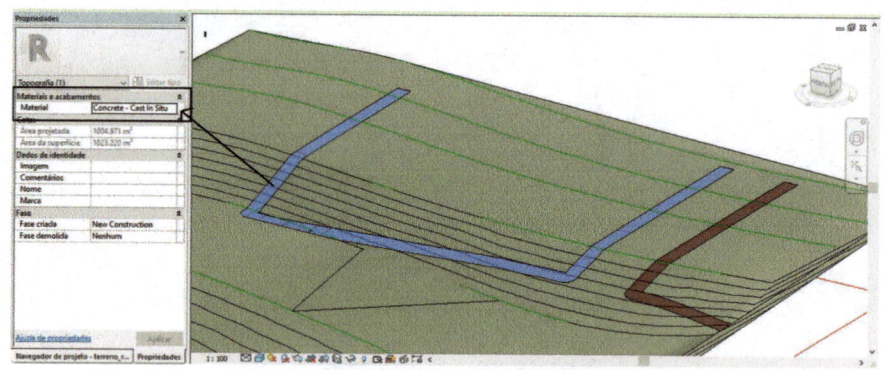

Figura 14.44 – Resultado após o desenho da sub-região.

Termine o exemplo repetindo os passos para cada sub-região separadamente e crie as ruas e calçadas. O arquivo completo você encontra no site da Editora, com o nome Terrenoruas_completo.rvt.

14.5 Planificação do terreno – Plataforma de construção

O Revit possui um recurso para planificar a superfície no terreno a fim de apoiar o projeto. As plataformas de construção são como uma laje para o projeto. Elas têm espessura e altura em relação ao pavimento, de forma a criar planificações no terreno. Só podem ser criadas em cima de um terreno; caso contrário, a ferramenta apresenta uma mensagem de erro. Elas podem ainda ter aberturas e inclinação. Depois de criar as plataformas de construção, é possível alterá-las a qualquer momento por meio de suas propriedades.

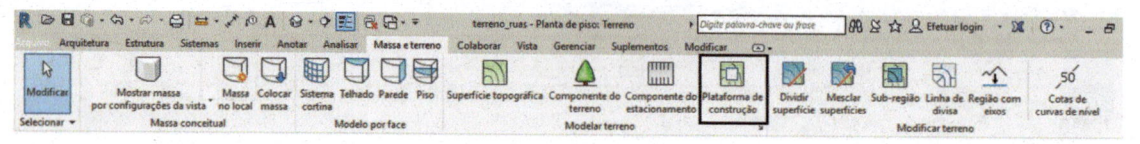

Figura 14.45 – Aba Massa e terreno – seleção de Plataforma de construção.

A Figura 14.46 apresenta exemplos de plataformas de construção para apoiar o projeto em diferentes pavimentos e representar escadas externas em jardins.

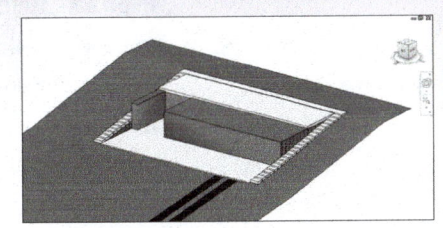

Figura 14.46 – Plataforma de construção.

Para criar uma plataforma de construção, clique na aba **Massa e terreno** e, no painel **Modelar terreno**, clique em **Plataforma de construção**. Em seguida, você entra no modo de desenho do contorno, então selecione uma das ferramentas de desenho e crie a poligonal ou escolha **Selecionar paredes**. Clique no botão ✓ em **Concluir modo de edição**.

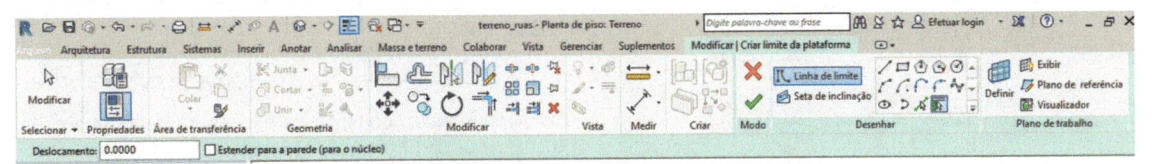

Figura 14.47 – Aba Modificar | Criar limite da plataforma.

Neste exemplo, fizemos uma plataforma com linhas para definir a base da construção, como se vê na Figura 14.48.

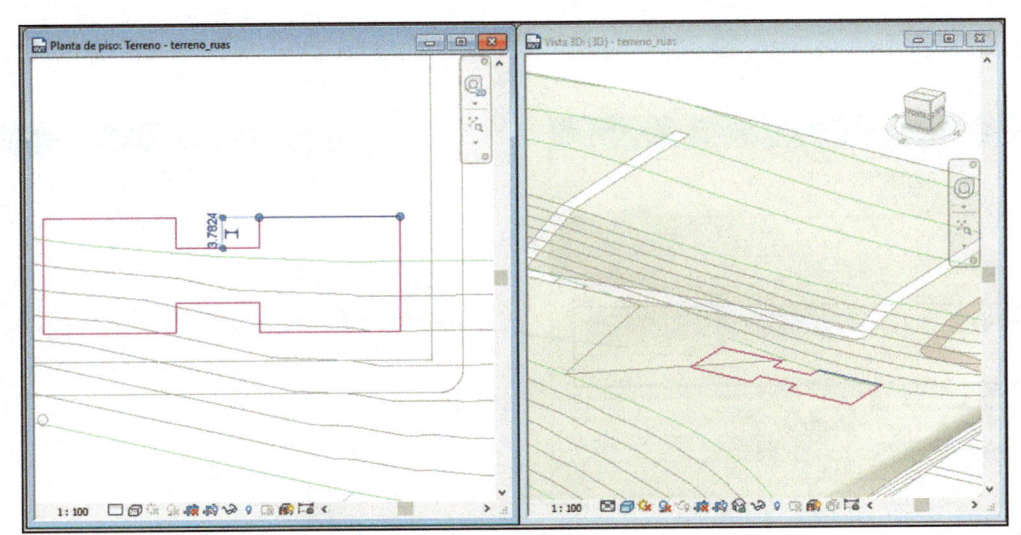

Figura 14.48 – Desenho do contorno da plataforma.

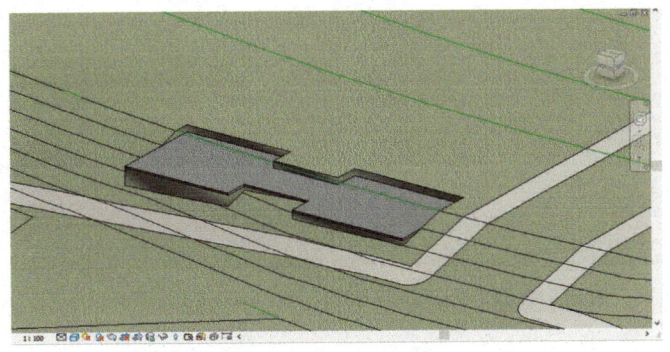

Figura 14.49 – Resultado da plataforma em 3D.

As plataformas têm espessura, como pode ser observado na vista em corte da Figura 14.50.

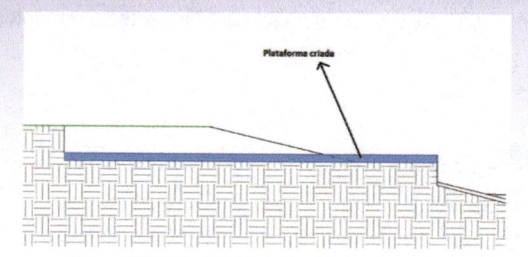

Figura 14.50 – Resultado da plataforma em corte.

Para alterar as propriedades da plataforma, selecione-a e observe a janela de diálogo **Propriedades**.

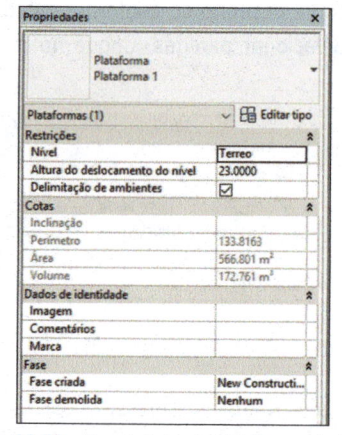

Figura 14.51 – Propriedades da plataforma selecionada.

Restrições

Nível: pavimento.

Altura do deslocamento do nível: distância da plataforma ao pavimento.

Delimitação de ambientes: indica se a plataforma define uma área de ambiente.

Cotas

Inclinação: ângulo de inclinação da plataforma.

Perímetro: perímetro da plataforma.

Área: área total da plataforma.

Volume: volume da plataforma.

Para visualizar as propriedades de tipo, clique em **Editar tipo**:

Estrutura: especifica a composição da plataforma.

Espessura: consiste na espessura definida em Estrutura.

Em **Estrutura**, clique em **Editar** e surgirá a janela **Editar montagem**, na qual podemos definir a estrutura de camadas da plataforma, caso necessário. Ela pode ter camadas – como uma parede, por exemplo –, definindo-se diferentes tipos de material (Figura 14.52).

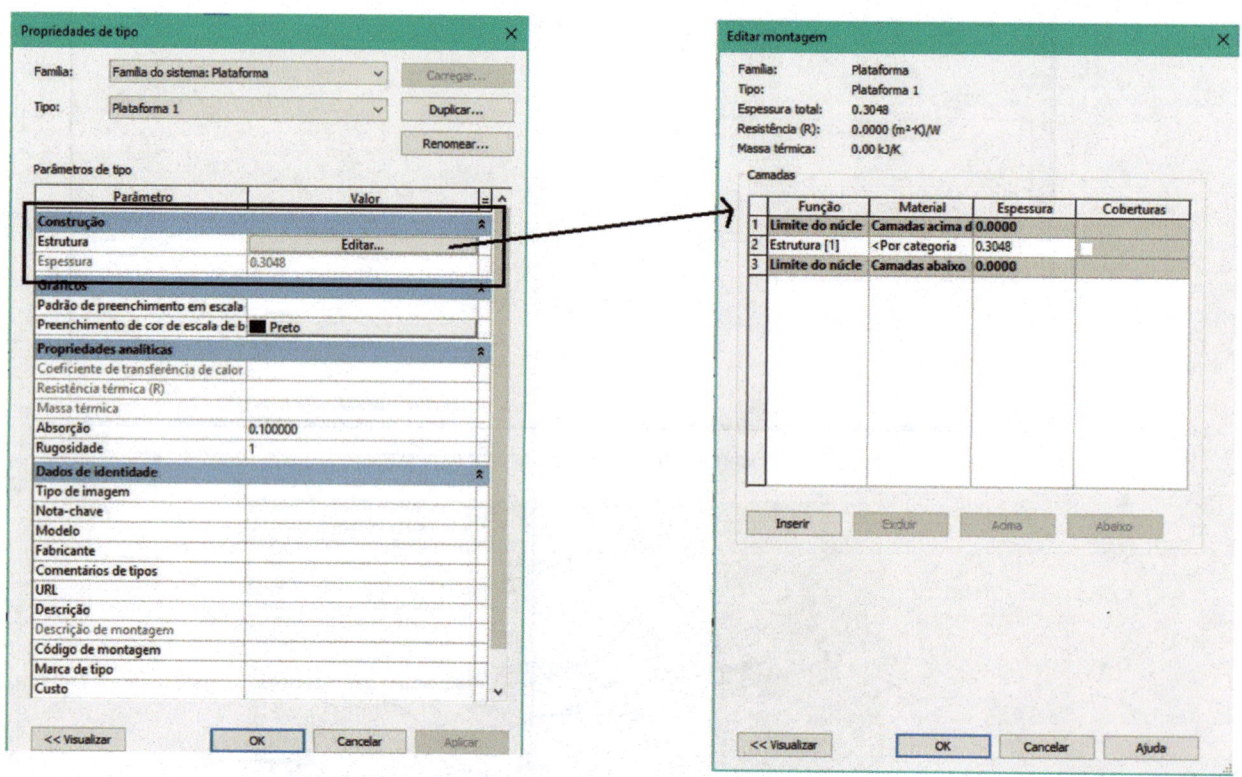

Figura 14.52 – Propriedades de tipo e seleção de Editar montagem.

Vamos mudar a altura da plataforma criada para 1.0 m acima do térreo; note a sua nova posição. Ao mudar a altura da plataforma em relação ao pavimento, uma planificação é gerada no terreno de acordo com o formato da plataforma, sendo a distância da base do pavimento indicada em **Altura do deslocamento do nível** (Figura 14.53).

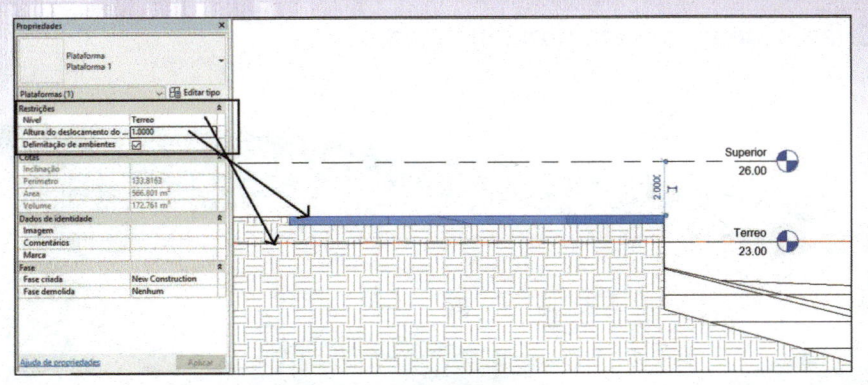

Figura 14.53 – Alteração da distância da plataforma ao pavimento térreo.

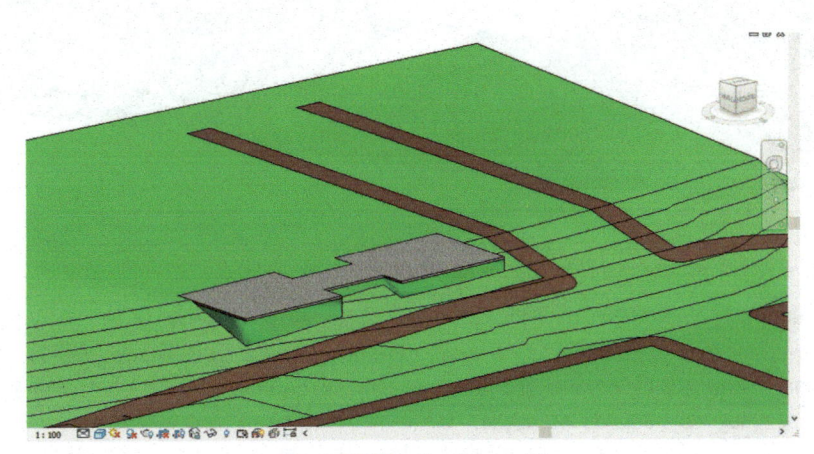

Figura 14.54 – Resultado em 3D.

Após mudar a altura da plataforma em relação a um pavimento, se neste já houver paredes criadas, as suas bases ainda ficam com distância 0.00 em relação ao pavimento. Nesse caso, é necessário mudar a distância para que a base fique apoiada no mesmo nível da plataforma.

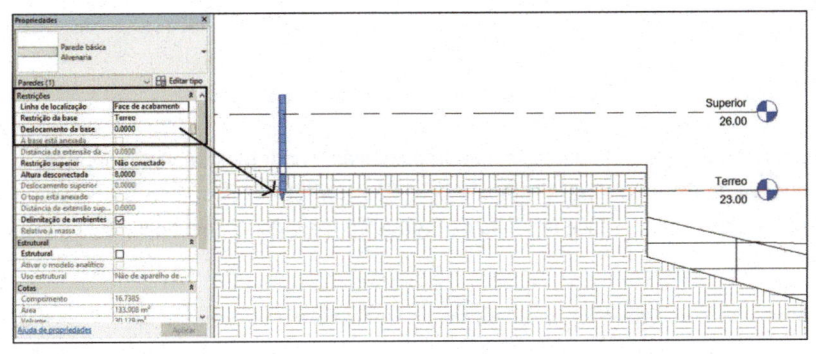

Figura 14.55 – Altura da base da parede diferente da base da plataforma.

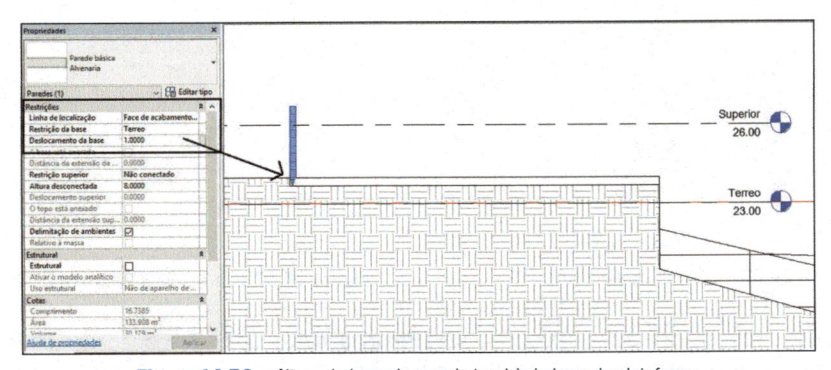

Figura 14.56 – Altura da base da parede igual à da base da plataforma.

14.5.1 Criação de uma plataforma inclinada

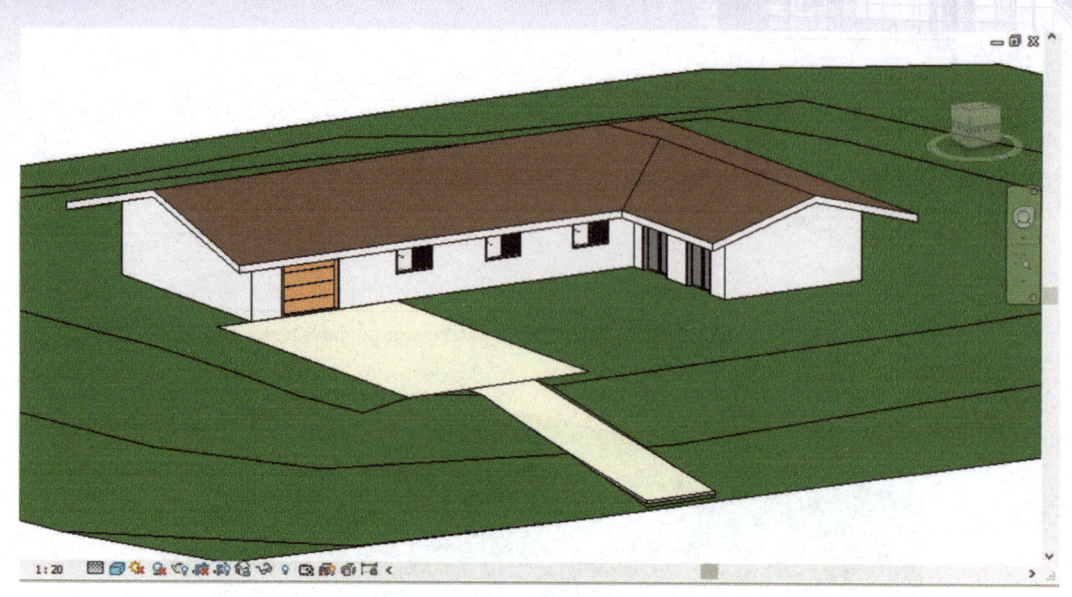

Figura 14.57 – Plataforma inclinada.

Vamos criar uma plataforma inclinada para fazer uma rampa de acesso a garagem, como mostra a Figura 14.58. Você pode acompanhar o exemplo com o arquivo **Exemplo Plataforma Inclinada**, que pode ser baixado no site da Editora. Para criar uma plataforma inclinada, o procedimento é semelhante ao de criação de lajes inclinadas. Define-se a forma, em seguida a **Seta de inclinação**.

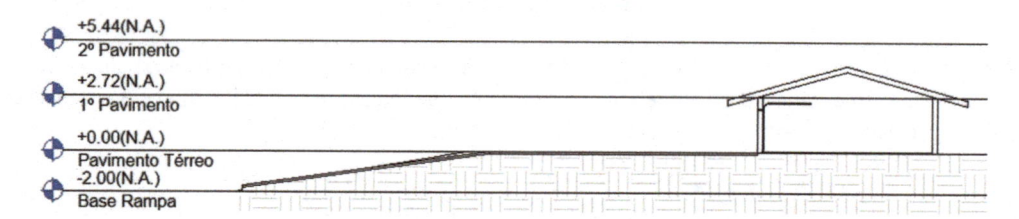

Figura 14.58 – Plataforma inclinada vista em corte.

Vamos iniciar com uma plataforma no pavimento **Implantação**, como mostra a Figura 14.59, e fazer uma plataforma inclinada que sai do pavimento **Base rampa** e chega ao **Pav térreo**. Com a vista no pavimento **Implantação**, desenhe a plataforma. Em seguida, clique em **Seta de inclinação** e em dois pontos para definir a posição da seta de inclinação (Figura 14.60).

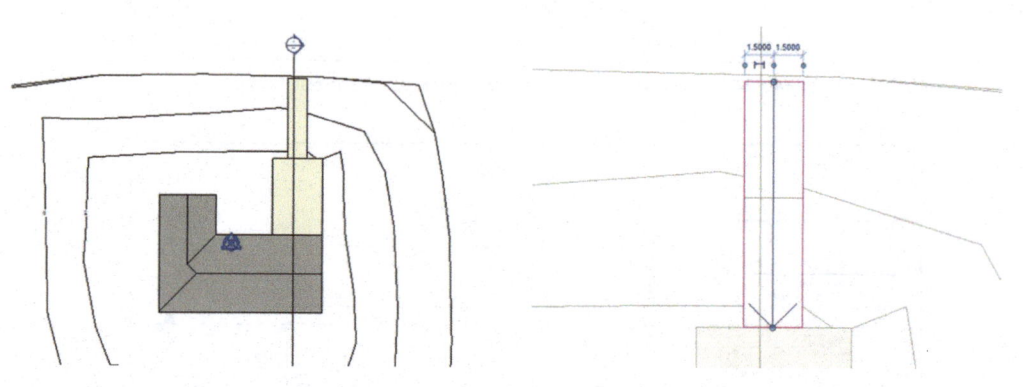

Figura 14.59 – Desenho da plataforma.　　　Figura 14.60 – Definição de Seta de inclinação.

Depois de criar a seta de inclinação, selecione-a. Em **Propriedades**, mude as propriedades de **Nível na extremidade final** para **Base rampa** e **Nível na extremidade inicial** para **Pav Térreo**, como ilustra a Figura 14.61.

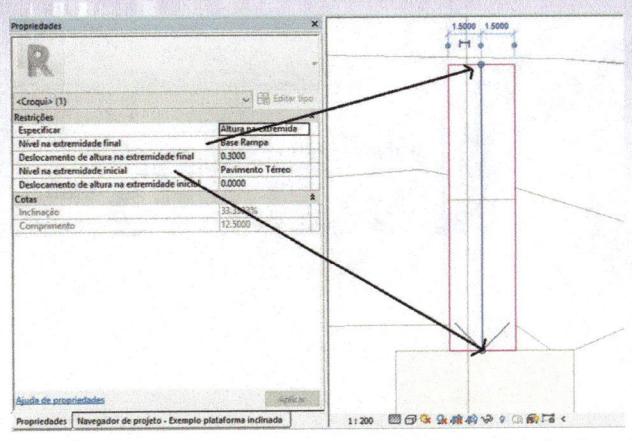

Figura 14.61 – Alteração dos pontos inicial e final da seta de inclinação.

O desenho deve assemelhar-se à Figura 14.62. Para completar, desenhe a plataforma superior, conforme a Figura 14.63.

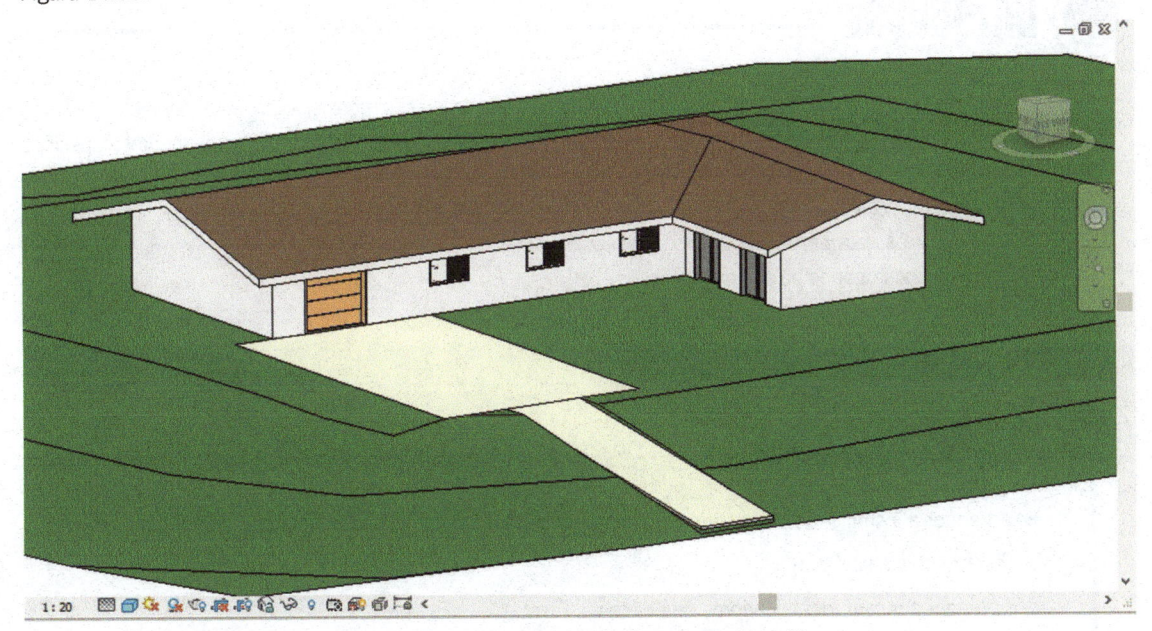

Figura 14.62 – Resultado da plataforma inclinada em 3D.

Para editar a forma ou a seta de inclinação da plataforma, selecione a plataforma e clique em **Editar limites** na aba **Modificar | Plataformas**, que surge ao selecionar-se a plataforma.

15 Anotações – Cotas e Texto

Introdução

Este capítulo aborda as ferramentas usadas para inserir texto, cotas, símbolos, identificadores e chamadas de vistas de detalhe no desenho. As categorias de anotação de texto, cotas, símbolos e identificadores são elementos específicos da vista na qual foram inseridos. Isso significa que eles só são exibidos na vista em que foram criados. Já os dados, símbolos de eixo, níveis e chamadas de detalhe aparecem em todas as vistas em que forem pertinentes. Os elementos anotativos são apresentados de acordo com a escala da vista. Quando se altera a escala de uma vista, esses elementos mudam de tamanho na tela, porém terão o mesmo tamanho ao serem impressos.

Objetivos

- Aprender a inserir texto no desenho.
- Inserir cotas e símbolos.
- Aprender a inserir identificadores de objetos – Tags.
- Inserir indicadores de ambientes.

As ferramentas de anotação se encontram na aba **Anotar** (Figura 15.1).

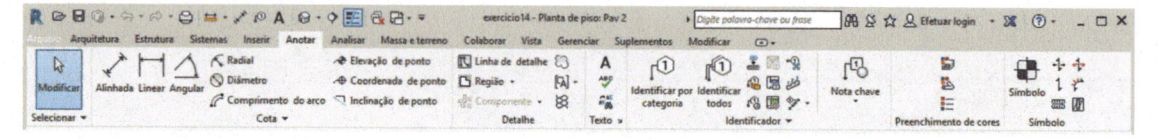

Figura 15.1 – Aba Anotar.

15.1 Texto

Aba Anotar > Texto > Texto

É muito simples inserir texto no Revit. A altura com que o texto será impresso está definida na família do texto. Basta escolher uma família com a altura impressa desejada e, mudando-se as escalas, o texto já se ajusta automaticamente às escalas escolhidas, mantendo-se sua altura. Para inserir um texto no desenho, selecione **Texto** na aba **Texto**, como mostra a Figura 15.2.

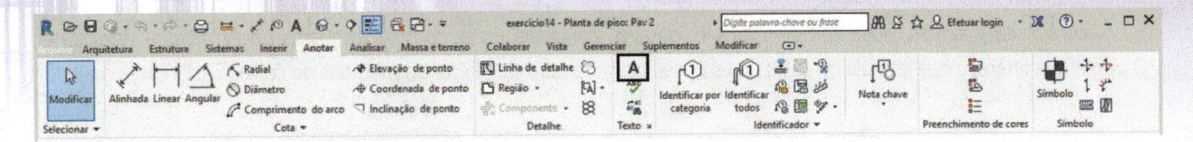

Figura 15.2 – Aba Anotar – seleção de Texto.

Em seguida, surgem a aba **Modificar | Colocar Texto** (Figura 15.3), na qual devemos escolher a forma de inserir o texto, e a janela **Propriedades**, para selecionar a família, conforme Figura 15.3.

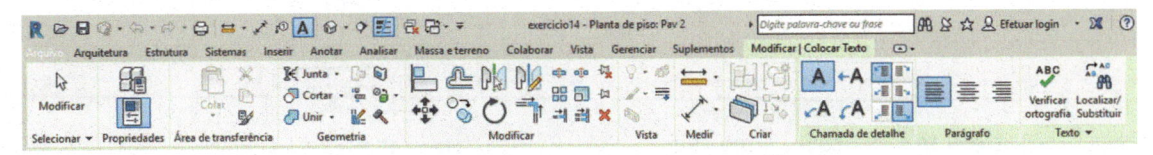

Figura 15.3 – Aba Modificar | Colocar Texto.

As famílias disponíveis são exibidas na lista de **Propriedades**; selecione aquela que desejar. As famílias de texto são **Famílias do sistema**, portanto, não são carregáveis a partir de um arquivo externo; elas estão no arquivo modelo/template. É possível criar outras clicando em **Editar tipo**, como nos outros objetos do Revit. A altura do texto do estilo corresponde à altura final impressa no papel, portanto crie um estilo para cada altura de texto usada.

Escolha o alinhamento entre as opções na aba **Modificar | Colocar Texto**, no painel **Chamada de detalhe** (Figura 15.5). Clique no desenho para inserir o texto. Ao clicar na tela surge a aba **Editar Texto** (Figura 15.6) que possui outras opções de formatação do texto como negrito/itálico/sublinhado, hifenação, utilização de simbologia de metro quadrado entre outras opções como num editor de texto. Você pode inclusive copiar um texto do MS-Word e colar na tela.

O texto fica na escala que estiver habilitada no momento na barra de status. A opção padrão é pelo ponto inicial. Depois de digitar o texto, tecle **Enter** para mudar de linha. Para encerrar, clique em qualquer ponto da tela e tecle **Esc**.

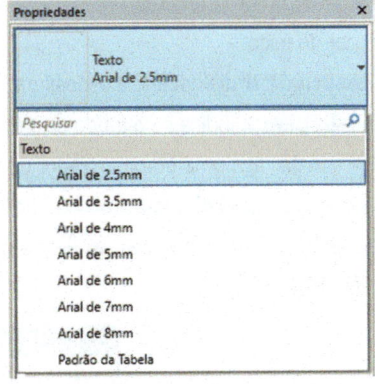

Figura 15.4 – Famílias de texto.

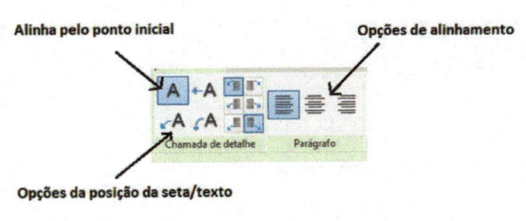

Figura 15.5 – Opções de alinhamento do texto.

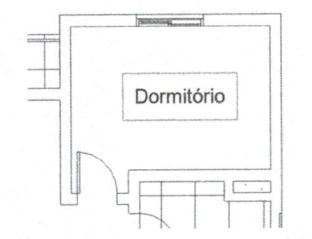

Figura 15.6 – Texto inserido no desenho.

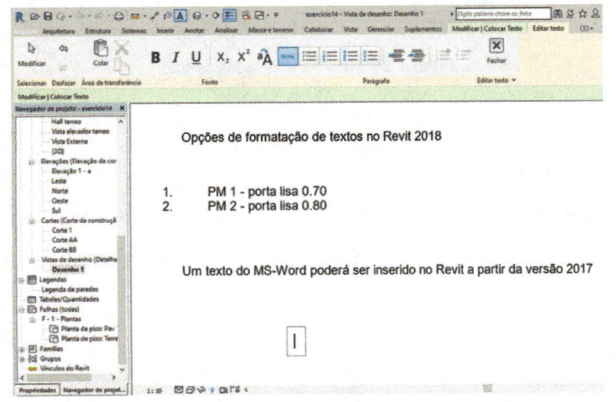

Figura 15.7 – Barra com opções de formatação de textos.

Com o texto inserido, podemos selecioná-lo; surgem controles azuis com os símbolos de **Arrastar** e **Rotacionar**. O ponto que aparece nas laterais da caixa do texto selecionado permite alterar as medidas da caixa. Basta clicar e alterar.

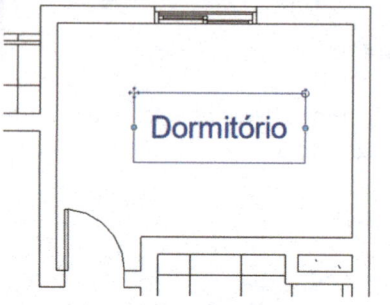

Figura 15.8 – Rotacionar e arrastar o texto.

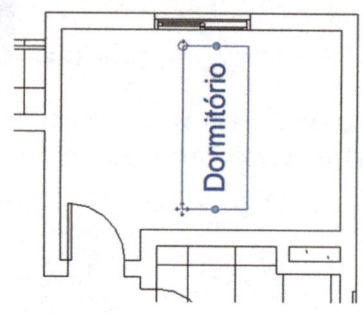

Figura 15.9 – Texto rotacionado.

15.1.1 Propriedades do texto

As propriedades do texto são acessadas por meio da aba **Propriedades > Propriedades de tipo** ou em **Editar tipo** na janela **Propriedades**. Para criar uma nova família com outra fonte de texto e características, duplique uma família e crie a nova alterando suas propriedades.

Gráficos

Cor: cor do texto.

Espessura da linha: define a espessura.

Segundo plano: indica se o fundo será transparente ou opaco.

Exibir borda: liga uma borda ao redor do texto.

Deslocamento da linha chamada de detalhe da borda: distância da linha de chamada da borda.

Seta da chamada de detalhe: define o tipo de seta ao usar texto com seta. Tem opções de seta, linha grossa, ponto etc.

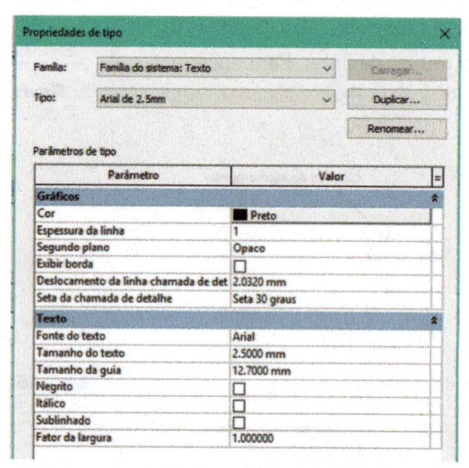

Figura 15.10 – Propriedades de tipo.

Texto

Fonte do texto: define o tipo de letra do texto.

Tamanho do texto: altura da letra.

Tamanho da guia: distância da tabulação do texto ao pressionar a tecla **Tab**.

Negrito: texto em negrito.

Itálico: texto em itálico.

Sublinhado: texto sublinhado.

Fator da largura: fator de expansão da letra.

Dica

Para corrigir o texto, clique duas vezes nele; para apagar, selecione e pressione **Del**.

15.2 Dimensionamento

O dimensionamento no Revit é automático, ou seja, as distâncias são medidas conforme o desenho. Por exemplo, podemos selecionar paredes com aberturas e elas são cotadas todas de uma única vez ou separadamente, ponto a ponto. Os comandos se encontram na aba **Anotar**.

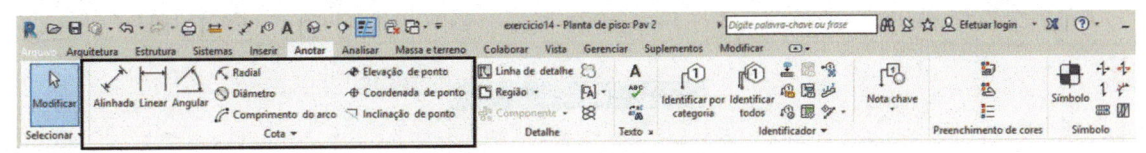

Figura 15.11 – Aba Anotar – painel Cota.

15.2.1 Cota Linear

Aba Anotar > Cota > Linear

Essa opção gera cotas lineares na horizontal ou na vertical, de forma similar ao AutoCAD, para usuários que já estejam habituados com a ferramenta. Ao selecionar **Linear**, você deve clicar nos pontos inicial e final, e na posição na linha de cota, conforme os pontos na Figura 15.12. Antes de selecionar os pontos, selecione a família de cota em **Propriedades**. As famílias de cota são como no texto, são famílias do sistema, e que podem ser modificadas veja no item 15.2.7 as propriedades da cota.

A opção **Linear** usa pontos e intersecções para definir os pontos inicial e final. A diferença entre horizontal e vertical se dá pela posição do cursor. Clicando-se em dois pontos na vertical, a cota se alinha na vertical.

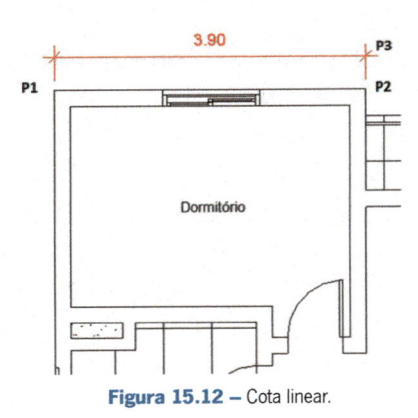

Figura 15.12 – Cota linear.

15.2.2 Cota Alinhada

Aba Anotar > Cota > Alinhada

Essa opção gera cotas lineares alinhadas aos elementos do desenho. Ao selecionar **Alinhada**, você deve clicar nos pontos inicial e final e, depois, na posição na linha de cota, como na opção anterior, da Figura 15.12. Na barra de opções surgem os seguintes ajustes. Você pode escolher entre:

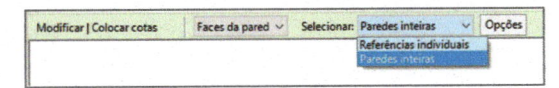

Figura 15.13 – Barra de opções da ferramenta Alinhada.

Modificar | Colocar cotas

Linhas centrais da parede: considera para cota a linha de centro da parede.

Faces da parede: considera para cota as faces da parede.

Centro do núcleo: considera para cota a linha de centro do miolo da parede.

Faces do núcleo: considera para cota as faces do miolo da parede.

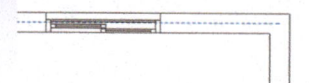

Figura 15.14 – Cota pelas linhas de centro da parede.

Selecionar

Referências individuais: seleção de pontos individuais.

Paredes inteiras: basta clicar na parede. Essa opção habilita **Opções** que podem ser usadas em conjunto, como descrito na Figura 15.15.

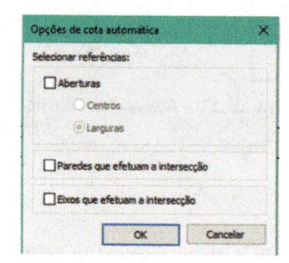

Figura 15.15 – Janela de diálogo Opções de cota automática.

Selecionar referências

Aberturas: se habilitado, considera aberturas em paredes, por exemplo, janelas e portas. Ao selecionar a parede inteira, as aberturas são cotadas.

Centros: a linha de cota será pelo centro das aberturas.

Larguras: a linha de cota será pelas paredes.

Paredes que efetuam a interseção: se habilitado, ao selecionar uma parede, as paredes que fazem interseção com ela também são cotadas nas interseções.

Eixos que efetuam a interseção: cota eixos que fazem interseção com as paredes.

Ao clicar no ponto inicial, você deve teclar **Tab** para que o Revit procure o ponto final, pois ele pode encontrar a linha de centro, a de fora e o ponto final. Clique até aparecer o ponto final da linha marcado com um quadradinho.

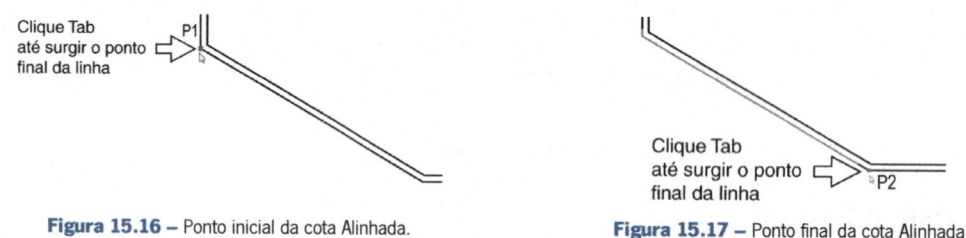

Figura 15.16 – Ponto inicial da cota Alinhada.

Figura 15.17 – Ponto final da cota Alinhada.

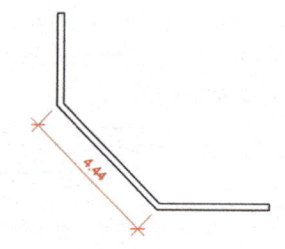

Figura 15.18 – Resultado final da cota alinhada com o desenho.

A seguir, encontra-se um exemplo com seleção da parede. Na barra de opções, em **Selecionar**, marque **Paredes inteiras** e, em **Opções**, marque **Aberturas** e **Centros** (Figuras 15.19 e 15.20).

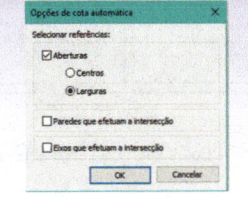

Figura 15.19 – Barra de opções da cota Alinhada.

Figura 15.20 – Seleção das opções de cotas para paredes inteiras.

Clique em uma parede que contenha janelas ou portas, como no exemplo da Figura 15.21. Você só precisa clicar uma vez na parede e ela é selecionada. Em seguida, marque o ponto da linha de cota. Note que todas as cotas são criadas de uma única vez.

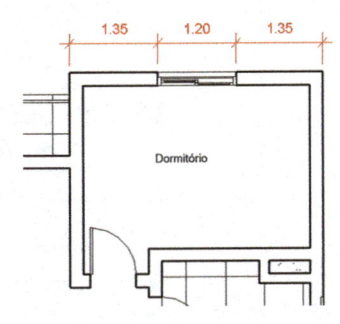

Figura 15.21 – Cotas alinhadas e na abertura da janela.

A opção **Centros** é muito útil quando se deseja igualar as distâncias de uma abertura dos dois lados. No exemplo a seguir, existe uma porta em uma parede. Se fazemos a cota dessa forma, note que um símbolo de EQ cortado surge ao lado da linha de cota. Se clicamos nesse símbolo, ele equaliza as dimensões dos dois lados. Para tornar a exibir o valor da cota no lugar de EQ com a cota selecionada, marque **Exibir igualdade - Valor** na janela **Propriedades**.

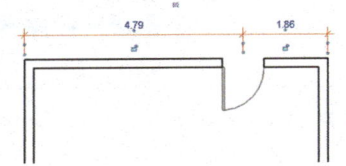

Figura 15.22 – Equalização de medidas.

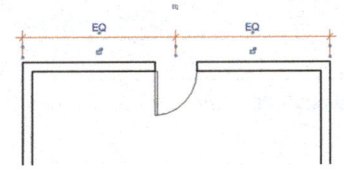

Figura 15.23 – Medidas equalizadas.

 **Dica**

Se clicarmos no cadeado, ele se fechará e não permitirá que a porta se mova, mantendo-a no meio das paredes.

Se utilizarmos o mesmo desenho, mas selecionarmos **Larguras**, como indica a Figura 15.25, como resultado são cotadas as aberturas.

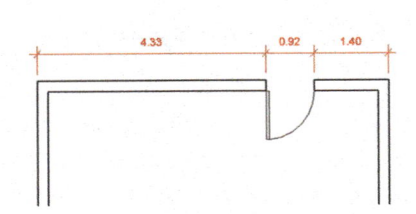

Figura 15.24 – Cotas alinhadas com aberturas.

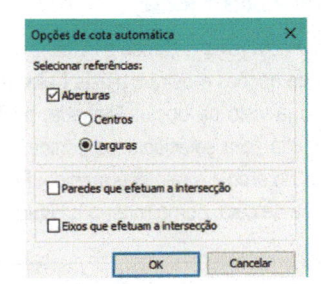

Figura 15.25 – Configuração para aberturas.

No exemplo das Figuras 15.26 e 15.27, foram selecionadas as opções **Larguras** e **Paredes que efetuam a interseção**.

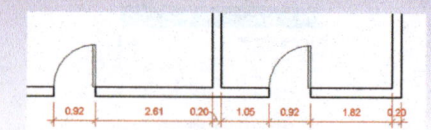

Figura 15.26 – Cotas alinhadas com aberturas e paredes.

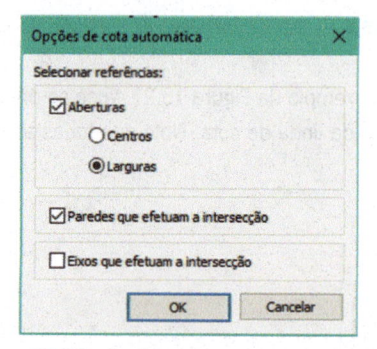

Figura 15.27 – Configuração para aberturas e paredes.

15.2.3 Cota Angular

Aba Anotar > Cota > Angular

Essa opção cota ângulos entre objetos. Quando acionada, a barra de opções mostra o ajuste Colocar cotas, que funciona como na opção Alinhada; basta escolher a mais apropriada para selecionar os pontos. Em seguida, devemos clicar nos três pontos (Figura 15.29). Caso o ponto desejado não seja definido, tecle Tab até que ele seja identificado.

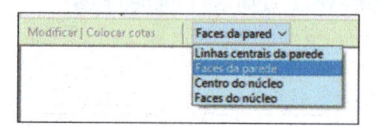

Figura 15.28 – Barra de opções da cota angular.

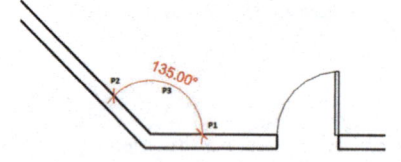

Figura 15.29 – Pontos da cota angular.

15.2.4 Cota Radial

Aba Anotar > Cota > Radial

Essa opção cota raios de arcos e círculos. Quando acionada, a barra de opções mostra o ajuste Colocar cotas, que funciona como já visto na opção Alinhada; basta escolher a mais apropriada para selecionar os pontos. Em seguida, devemos clicar no arco e o raio já é medido. Resta definir a posição da linha de cota, como mostra a Figura 15.30.

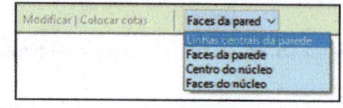

Figura 15.30 – Barra de opções da cota radial.

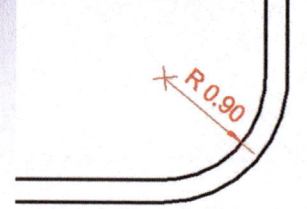

Figura 15.31 – Cota de raios.

 **Dica**

Pressionando Tab, você pode alternar entre Faces da parede e Linhas centrais da parede.

15.2.5 Cota de Comprimento de Arco

Aba Anotar > Cota > Comprimento de Arco

Ela mede o comprimento de arcos. Ao se entrar nessa opção, a barra de opções mostra o ajuste Colocar cotas, que funciona como já visto na opção Alinhada; basta escolher a mais apropriada para selecionar os pontos. Em seguida, devemos clicar no arco, depois nos dois pontos que definem o ponto final do arco e, por fim, definir a posição da linha de cota, como mostra a Figura 15.33.

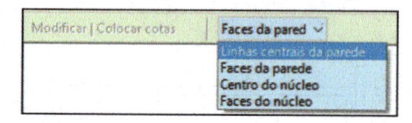

Figura 15.32 – Barra de opções de cota do comprimento de arco.

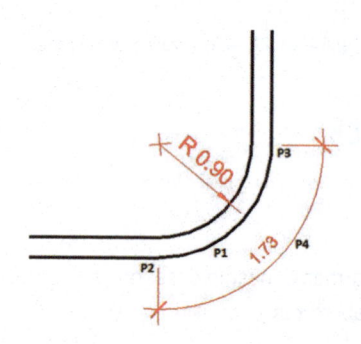

Figura 15.33 – Cota do comprimento do arco.

15.2.6 Cota com opções Linha base e Contínuo

Essas opções de dimensionamento encontradas no AutoCAD também estão disponíveis no Revit. Para criar a linha base, é preciso modificar uma propriedade das cotas.

Crie paredes semelhantes às apresentadas na Figura 15.34 e selecione Alinhada no painel Cota. Na janela Propriedades, selecione Editar tipo.

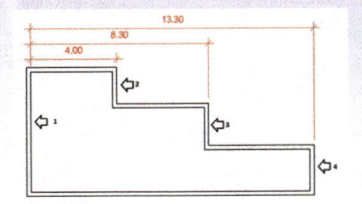

Figura 15.34 – Cota com Linha base.

É exibida a janela de diálogo **Propriedades de tipo** da cota selecionada. No campo **Tipo de sequência de cota**, clique e selecione **Linha base**, conforme a Figura 15.35. No Revit, **Linha base** é uma propriedade do estilo da cota e não um tipo de cota, como no AutoCAD. É preciso mudar essa propriedade para cada cota que se for utilizar. O padrão é **Contínuo**.

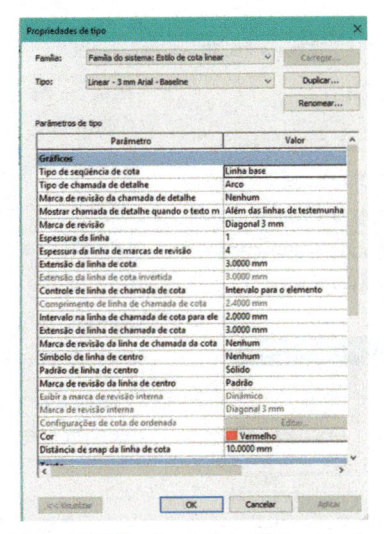

Figura 15.35 – Propriedades do tipo de cota.

A seguir, clique nos pontos nas faces das paredes (deixe as opções **Faces da parede** e **Referências individuais** selecionadas na barra de opções), como indicado na Figura 15.34, setas 1, 2, 3 e 4. A distância entre as cotas é determinada no campo **Deslocamento da linha base** na barra de opções – nesse caso, 7 mm. Esse valor pode ser modificado antes ou depois do desenho, selecionando-se as cotas e alterando-se o valor.

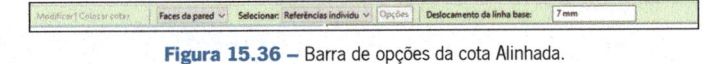

Figura 15.36 – Barra de opções da cota Alinhada.

Depois de se clicar no último ponto, posicionam-se as cotas.

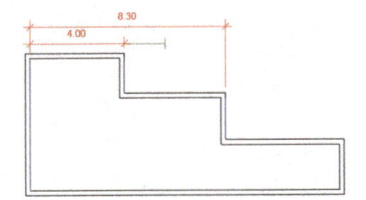

Figura 15.37 – Cota com Linha base.

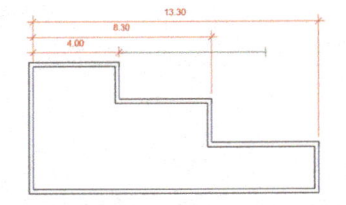

Figura 15.38 – Definição da posição das cotas.

 **Dica**

Se quiser mudar a posição das cotas, clique nelas e, quando aparecer o símbolo Arrastar, arraste para baixo até o ponto desejado.

A cota **Contínuo** funciona da mesma forma. Altere a propriedade para **Contínuo** e, com a opção **Alinhada**, clique nos pontos na ordem, como na Figura 15.39.

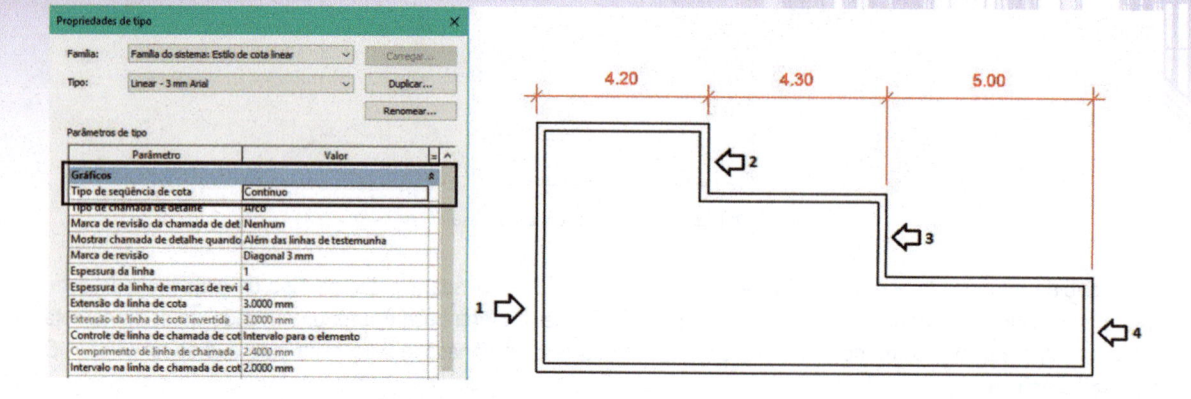

Figura 15.39 – Cota Contínuo.

15.2.7 Propriedades da cota

As propriedades das cotas podem ser modificadas, possibilitando-se a criação de várias famílias de acordo com as necessidades do escritório ou projeto. Uma família é criada com base em uma preexistente, que é duplicada, da mesma forma que nos outros elementos do Revit.

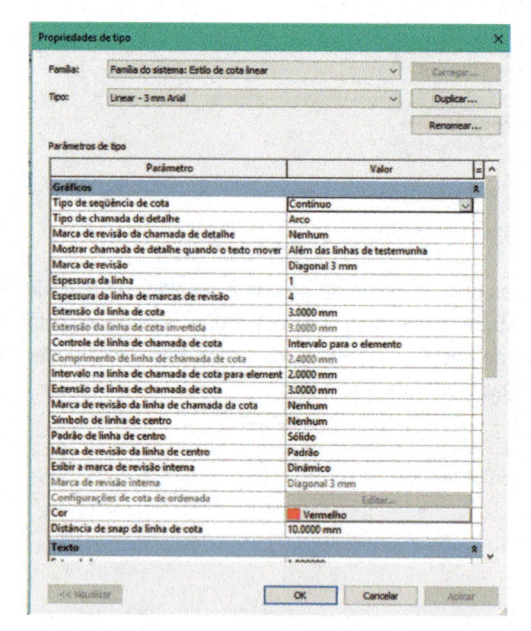

Figura 15.40 – Propriedades da família de cota.

Gráficos

Tipo de sequência de cota: é a forma como a cota é inserida, podendo ser **Contínuo, Linha base** e **Ordenada**.

Tipo de chamada de detalhe: tipo da linha da seta.

Marca de revisão da chamada de detalhe: tipo de marcador da seta.

Mostrar chamada de detalhe quando texto mover: onde posicionar o texto quando ele estiver fora.

Marca de revisão: tipo da marca da linha de cota (tique, seta, ponto).

Espessura da linha: trata-se da espessura da linha de cota.

Espessura da linha de marcas de revisão: espessura da seta, tique ou ponto.

Extensão da linha de cota: quanto a linha de cota ultrapassa a linha de chamada.

Extensão da linha de cota invertida: medida da linha de cota quando a seta é invertida.

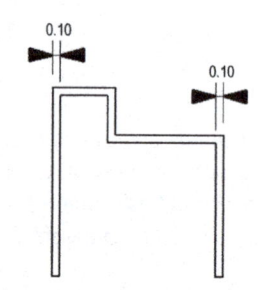

Figura 15.41 – Cota invertida – extensão da linha = 0.

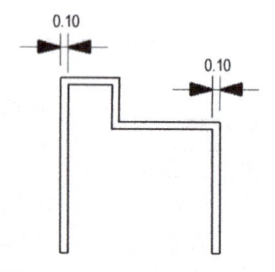

Figura 15.42 – Cota invertida – extensão da linha = 0.

Controle de linha de chamada de cota: define se a linha de chamada fica ligada ao elemento ou à linha de cota.

Comprimento da linha de chamada de cota: comprimento da linha de chamada.

Intervalo na linha de chamada de cota para elemento: distância entre o elemento cotado e a linha de chamada.

Extensão de linha de chamada de cota: medida de extensão da linha de chamada para fora da linha de cota.

Marca de revisão da linha de chamada de cota: controla como será a marca de revisão no fim da linha de chamada da cota.

Símbolo de linha de centro: símbolo usado ao se cotar com Linhas centrais da parede como referência.

Padrão de linha de centro: tipo de linha usado ao se cotar com Linhas centrais da parede como referência.

Marca de revisão da linha de centro: símbolo usado ao se cotar com Linhas centrais da parede como referência.

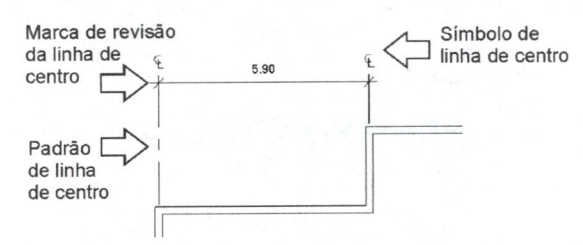

Figura 15.43 – Exemplo de símbolo de linha de centro, padrão e marca de revisão.

Marca de revisão interna: indica o tipo de marca para linhas de chamada quando o espaço é muito pequeno e elas são jogadas para fora.

Configurações de cota de ordenada: define os parâmetros para dimensionamento ordenado, partindo-se de um ponto e medindo-se distâncias a partir dessa referência. No dimensionamento ordenado, todas as distâncias são medidas a partir de uma referência 0 (zero).

Cor: indica a cor dos elementos da cota.

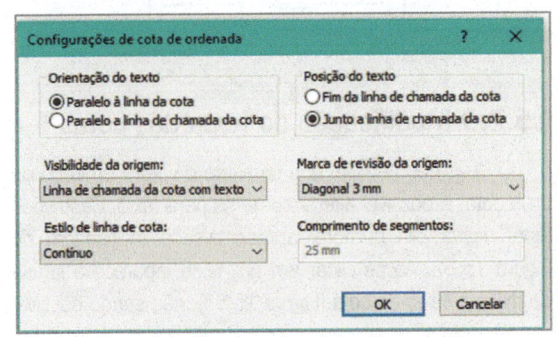

Figura 15.44 – Configurações de cota de ordenada.

Distância de snap da linha de cota: use em conjunto com o valor de Controle de linha de chamada de cota para Fixo. Com esse parâmetro definido, um snap adicional será criado e facilitará o alinhamento de cotas lineares em intervalos iguais. Esse valor deve ser maior do que a distância entre o texto e a linha de cota, mais a altura do texto.

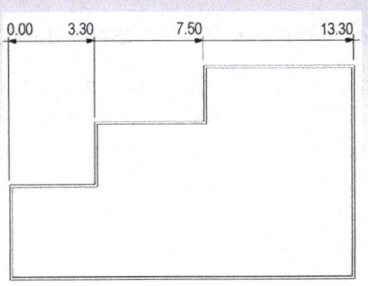

Figura 15.45 – Cota ordenada.

Texto

Fator da largura: o fator de expansão do texto. O valor 1 é o regular.

Sublinhado: texto sublinhado.

Itálico: texto em itálico.

Negrito: texto em negrito.

Tamanho do texto: altura da letra.

Deslocamento do texto: distância entre o texto e a linha de cota.

Convenção de leitura: define o alinhamento do texto.

Fonte do texto: indica o tipo de letra.

Texto do plano de fundo: determina o fundo do texto. Se opaco, esconde o que estiver atrás; se transparente, os objetos que estiverem atrás dele são exibidos.

Formato das unidades: esse parâmetro permite usar as unidades do projeto ou escolher outras unidades para as cotas.

Unidades alternativas: define a posição das unidades alternativas se ativadas na opção Formato das unidades alternativas.

Formato das unidades alternativas: é possível exibir unidades alternativas de cota com relação às unidades principais para todos os tipos de cota. Esse recurso permite exibir simultaneamente, por exemplo, cotas nos sistemas imperiais e métricos.

Prefixo de unidades alternativas: permite inserir um prefixo para as unidades alternativas.

Sufixo de unidades alternativas: permite inserir um sufixo para as unidades alternativas.

Exibir altura da abertura: se estiver habilitado quando cotarmos e selecionarmos as linhas de abertura (portas, janelas), a distância do peitoril será cotada como na Figura 15.46.

Suprimir espaços: suprime espaços entre as unidades de projeto e alternativas.

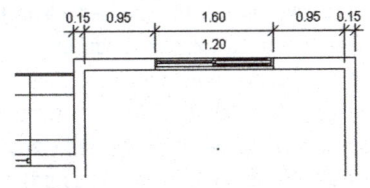

Figura 15.46 – Cota do peitoril da janela.

15.2.8 Criação de um estilo de cotas

Como exemplo, vamos criar uma família de cotas para arquitetura. Abra o estilo **Diagonal – 2,5 mm Arial**, clique em **Duplicar** e dê o nome **arquitetura metros 2 mm**. Modifique os valores conforme a Figura 15.48 e clique em **OK**.

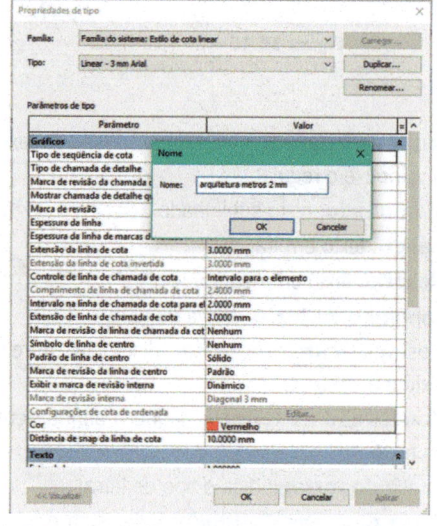

Figura 15.47 – Criação de um estilo de cota.

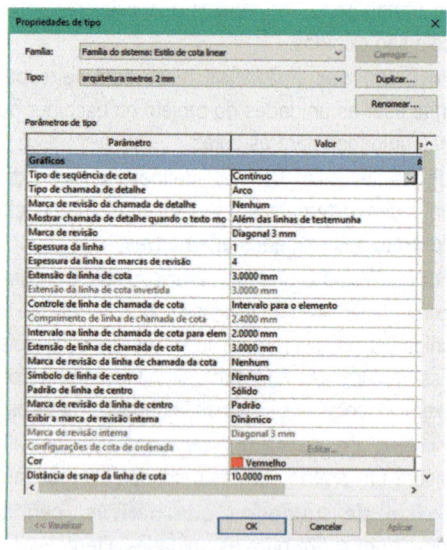

Figura 15.48 – Novo estilo de cota.

Repita a operação e mude somente o campo **Tipo de sequência de cota** para **Linha base**. Salve como **arquitetura – linha base metros 2 mm**.

Para criar uma família de cotas do tipo de prefeitura, em que eliminamos as linhas de chamada e de cota, devemos modificar o **Tipo de sequência de cota** para **Ordenada** e zerar o valor de **Extensão da linha de chamada de cota**, como mostra a Figura 15.49. Ao modificar o **Tipo de sequência de Cota** para **Ordenadas**, é ativada a opção **Configuração de cota ordenada**. Clique em **Editar** nessa opção e altere os valores dos campos, como mostra a Figura 15.50.

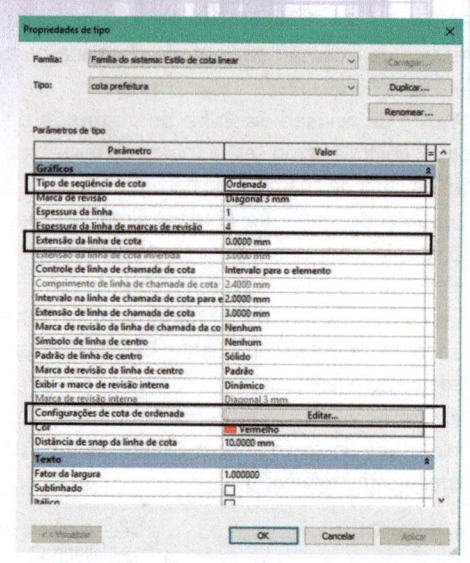

Figura 15.49 – Criação da cota de prefeitura.

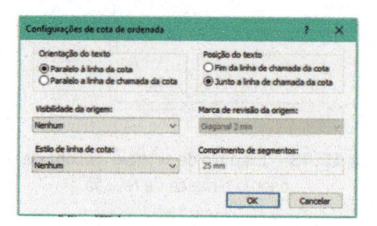

Figura 15.50 – Janela Configurações de cota ordenada.

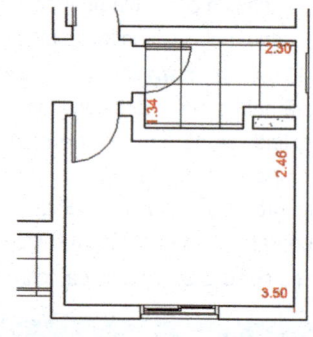

Figura 15.51 – Resultado da cota de prefeitura.

15.2.9 Modificação do texto das cotas

O Revit não permite que se altere o valor numérico de uma cota. É possível alterar somente para texto. Caso você tente digitar um número, apresenta-se a mensagem da Figura 15.52. Ao se clicar em um texto, aparece a janela de diálogo **Texto da cota** (Figura 15.53), não sendo possível digitar outro valor numérico, pois surge, como dito, a mensagem da Figura 15.52, alertando que só é possível alterar selecionando o elemento e clicando no seu valor.

 Observação

No sistema de unidades em que se usa a separação das casas decimais por vírgula em vez de ponto, é possível alterar o valor do texto da cota, porém a medida do elemento não é alterada.

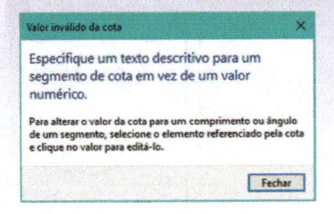

Figura 15.52 – Nota de alteração de valor de cota.

Para por um texto, clique no texto da cota. Será exibida a janela de diálogo da Figura 15.53. Selecionando-se **por texto**, é possível digitar um texto para o local do valor numérico da cota.

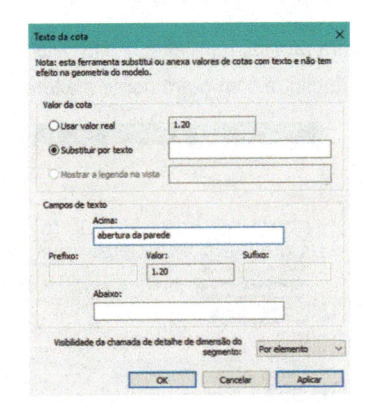

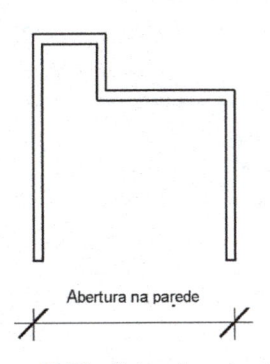

Abertura na parede

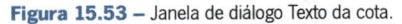

Figura 15.53 – Janela de diálogo Texto da cota.

Figura 15.54 – Texto no lugar da cota.

Em **Campos de texto**, podemos inserir um texto que vai ficar acima ou abaixo da cota e/ou um prefixo/sufixo para o valor da cota, como mostram as Figuras 15.55 e 15.56.

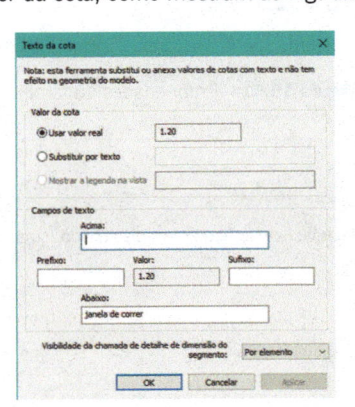

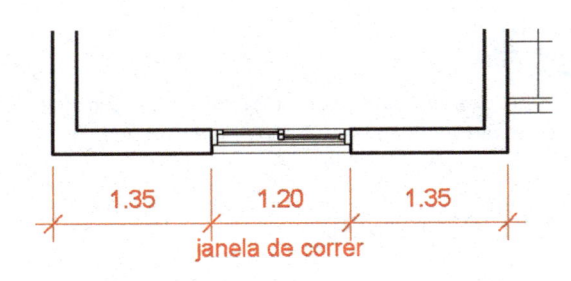

Figura 15.55 – Janela de diálogo Texto da cota.

Figura 15.56 – Texto em cima da cota.

15.2.10 Cota de nível

Para inserir o símbolo de nível com a cota em um corte, selecione **Elevação de ponto** na aba **Anotar**.

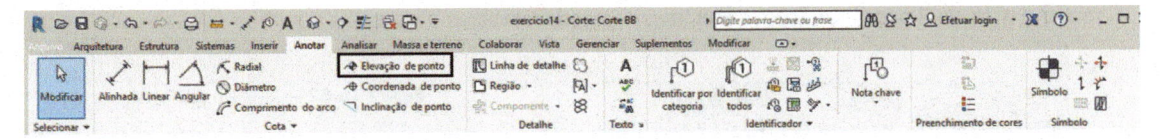

Figura 15.57 – Aba Anotar – seleção de Elevação de ponto.

Clique em um ponto do corte ou em planta e surgirá o desenho de uma linha. Clique em outro ponto para encerrar. Ao terminar, o pavimento é cotado de acordo com a cota do pavimento.

Se clicar em qualquer outro ponto – por exemplo, na face superior de uma porta ou janela –, a cota é apresentada conforme a Figura 15.59.

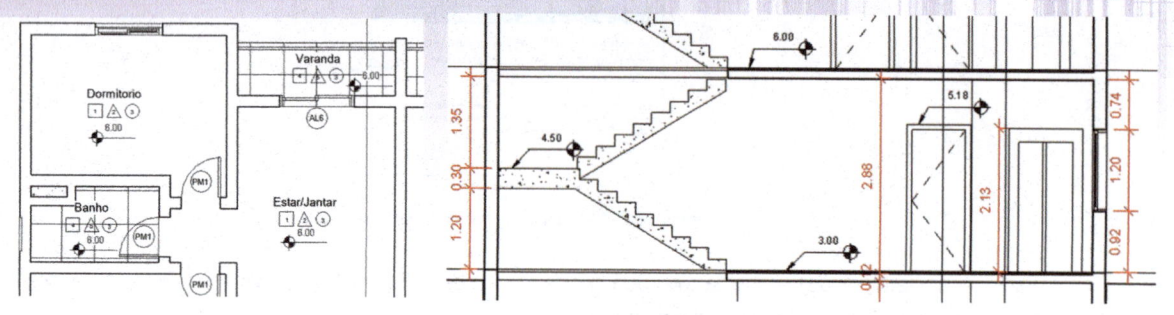

Figura 15.58 – Cota de nível de pavimento.   **Figura 15.59** – Cota de nível de pavimento.

Para usar outra simbologia, selecione em Propriedades de outra família. Para alterar a família ou criar outra com base nela, clique em Editar tipo; na janela Propriedades de tipo, duplique com outro nome e altere as propriedades.

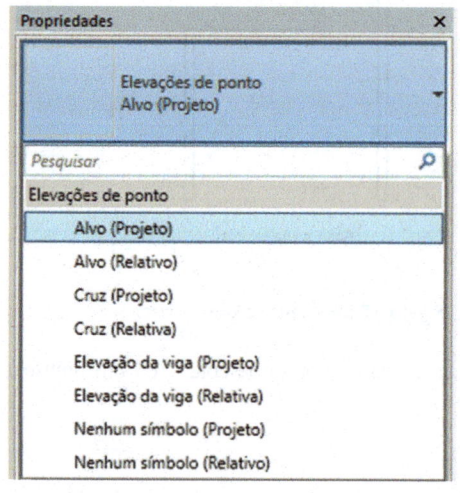

Figura 15.60 – Lista de famílias.

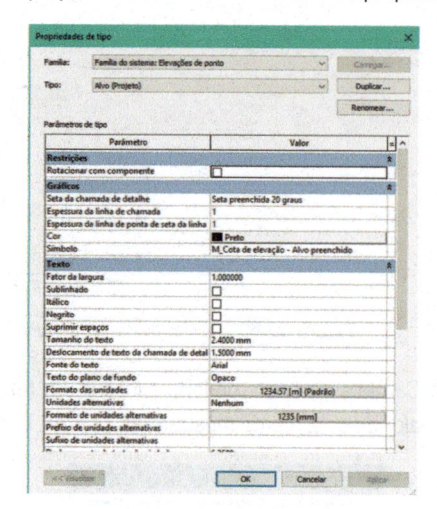

Figura 15.61 – Propriedades da família.

 **Dica**

> Se clicar em uma vista de planta de piso, a cota do piso do pavimento é inserida. Se não houver um piso criado, ou se a vista estiver em Modo de Arame, não é possível inserir o símbolo.

15.2.11 Cota em 3D

Podemos criar cotas em vista 3D isométrica, como mostra a Figura 15.62. Para gerar as cotas em 3D, devemos travar a vista 3D e usar um plano de referência para as cotas. Também podemos inserir identificadores na vista 3D. Os passos são os seguintes:

1. Abra uma vista isométrica do projeto.

2. Na barra de visualização, existe um botão (casa com cadeado) que permite travar a vista 3D. Clique nele. Ao travar a vista, você pode usar Zoom e Pan, mas não pode rotacionar a vista.

Figura 15.62 – Cotas em 3D.

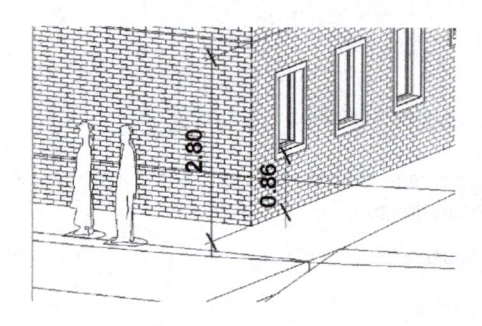

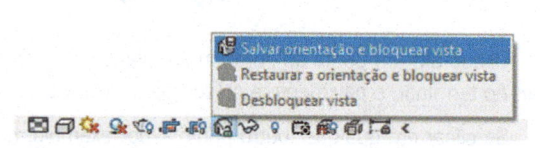

Figura 15.63 – Travamento da vista 3D.

3. Em seguida, precisamos definir um plano para as cotas por meio de **Definir plano de trabalho** na aba **Arquitetura**. Clique em **Definir** no painel **Plano de trabalho**, conforme a Figura 15.64. Na janela **Plano de trabalho**, para definir um plano, escolha **Selecionar um plano** e clique no plano da parede a ser cotada (Figura 15.65).

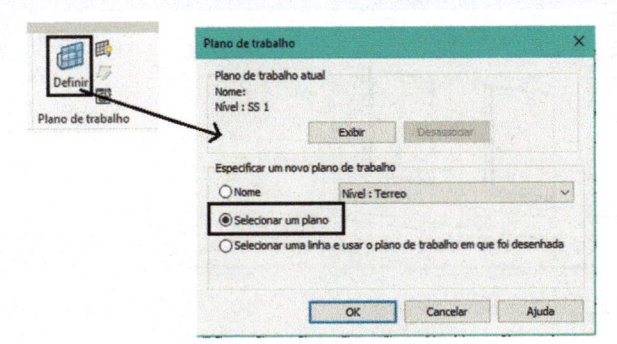

Figura 15.64 – Plano de trabalho.

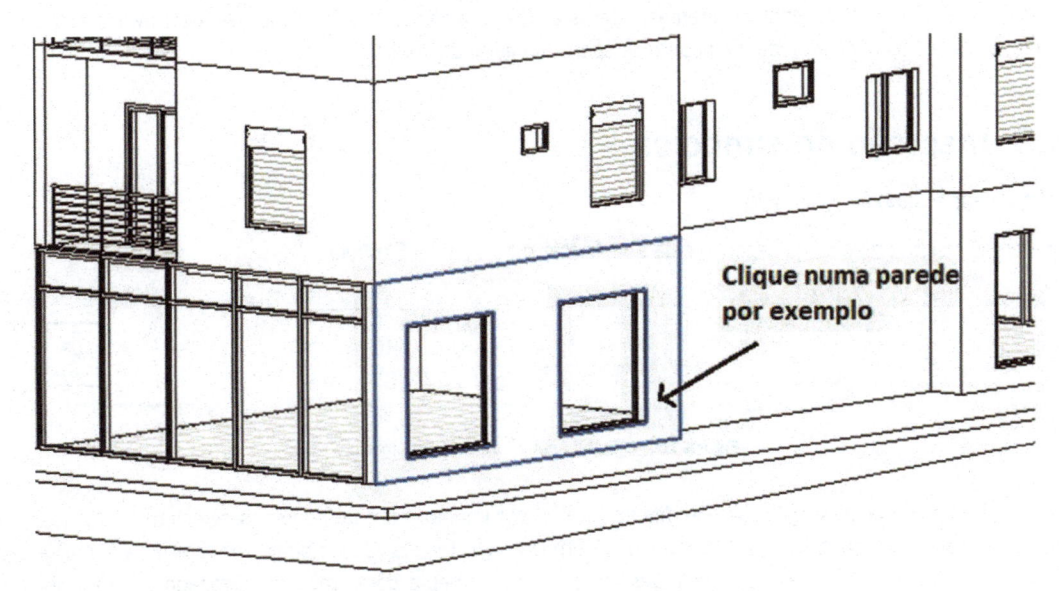

Figura 15.65 – Seleção da parede como plano.

4. O próximo passo é cotar o desenho com os comandos de cota vistos anteriormente.

5. Clique na aba **Anotar > Cota > Alinhada** e marque os pontos da cota, como na Figura 15.66.

6. Prossiga com as cotas desse plano.

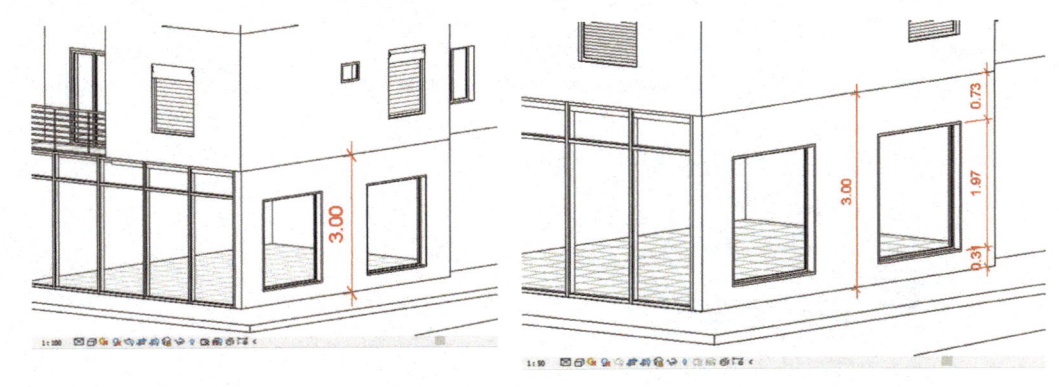

Figura 15.66 – Pontos de referência da cota.

Figura 15.67 – Resultado.

7. Para cotar em outro plano, você deve ajustar novamente o **Plano de trabalho** para outro plano de referência.

8. Ao terminar, para destravar a vista, use o mesmo botão na barra de visualização e selecione **Desbloquear vista**.

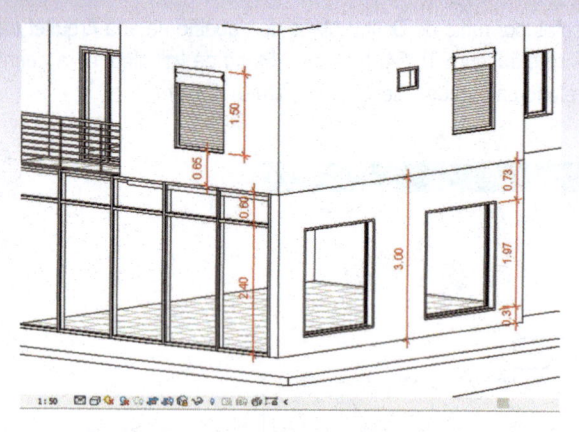

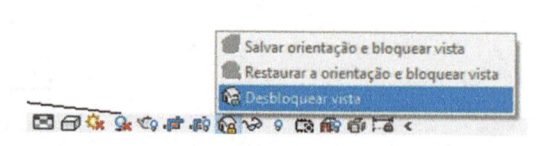

Figura 15.68 – Cotas em 3D em planos diferentes.

Figura 15.69 – Desbloquear vista.

É aconselhável criar uma vista 3D isométrica somente para as cotas 3D, assim as cotas não interferem na vista. Se utilizar cotas 3D em vários planos diferentes, crie vistas 3D para os respectivos planos. Ao destravar a vista e girar o projeto, as cotas 3D não se perdem e podem se sobrepor, gerando conflitos de cotas.

15.3 Inserção de símbolos

Aba Anotar > Símbolo > Símbolo

Podemos inserir símbolos no desenho pela aba **Anotar** e pelo painel **Símbolo**.

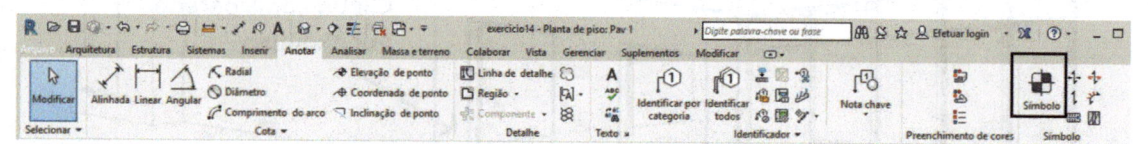

Figura 15.70 – Aba Anotar – seleção de Símbolo.

Ao selecionar **Símbolo**, surge a aba **Modificar | Colocar Símbolo**, na qual podemos selecionar um símbolo já carregado na lista em **Propriedades** ou carregar outro em **Carregar família**. Os símbolos são famílias externas e cada símbolo é um arquivo. Na lista em **Propriedades**, note que há somente dois símbolos carregados, norte e linha de centro. Veja os símbolos na Figura 15.72.

Figura 15.71 – Aba Modificar | Colocar Símbolo.

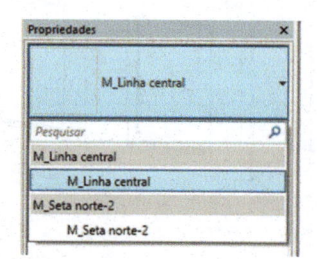

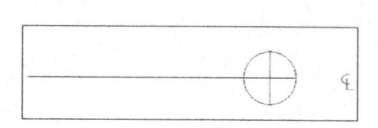

Figura 15.72 – Lista de tipos de símbolo.

Figura 15.73 – Símbolo de norte e de linha de centro.

Para carregar outros símbolos, clique em **Carregar família** e selecione a pasta **Anotações**, em seguida selecione o símbolo desejado ou acesse as pastas disponíveis para selecionar outros símbolos. Para criar um símbolo, é preciso criar uma família com base no template genérico de anotações – **Anotacao generica metrica.rft**.

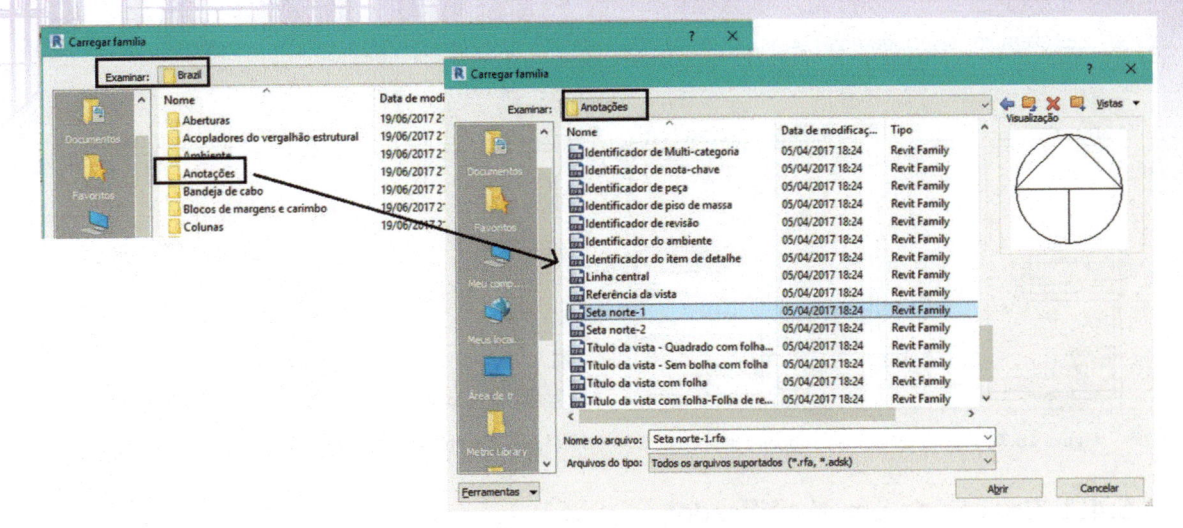

Figura 15.74 – Seleção de uma família de símbolos.

15.4 Identificadores

Aba Anotar > Identificador > Identificar todos ou Identificar por categoria

Identificadores são as etiquetas que indicam cada elemento do projeto – por exemplo, portas e janelas. Todas as categorias de família possuem seus respectivos identificadores. Alguns são carregados juntamente ao se iniciar o Revit, outros devem ser carregados conforme a necessidade. Podemos inserir os identificadores simultaneamente à inserção do elemento ou posteriormente. Se ele foi inserido e depois apagado com a ferramenta **Identificador**, podemos inseri-lo no elemento a qualquer momento do desenho. As propriedades dos identificadores são listadas nas tabelas.

Para inserir um identificador, existem duas opções: incluir um por vez ou todos em uma única operação. O identificador é acessado pela aba **Anotar**, painel **Identificador**.

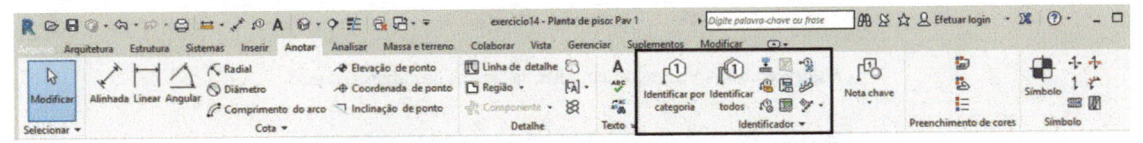

Figura 15.75 – Aba Anotar – seleção de Identificar por categoria.

Clique em **Identificar por categoria** e selecione o elemento no qual você deseja inserir os identificadores. Em seguida, o identificador é inserido somente no elemento selecionado. Os outros do mesmo tipo que não tiverem identificador carregado não terão um identificador inserido. Veja o exemplo a seguir, no qual selecionamos uma porta; o identificador foi inserido somente na porta selecionada.

Para inserir identificadores em vários elementos de uma só vez, clique em **Identificar todos**. Surge então a janela de diálogo da Figura 15.77. Nela você deve selecionar a(s) categoria(s) para inserir os identificadores.

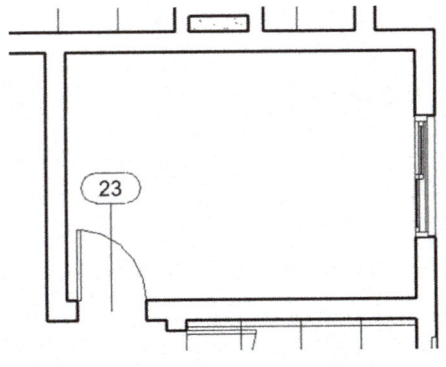

Figura 15.76 – Inserção de identificador em porta.

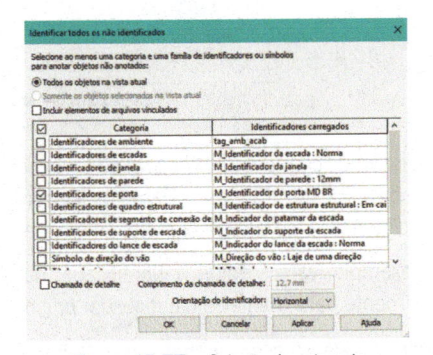

Figura 15.77 – Seleção de categoria para inserção de identificadores.

Neste exemplo, selecionamos portas. As portas de todos os tipos terão o identificador inserido em uma única operação, como mostram as Figuras 15.78 e 15.79.

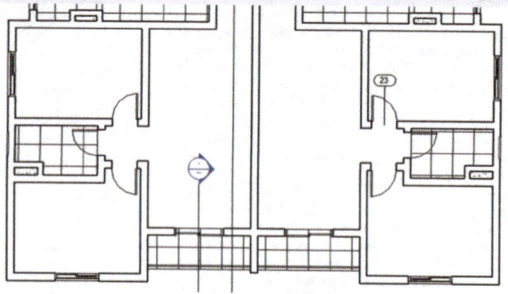
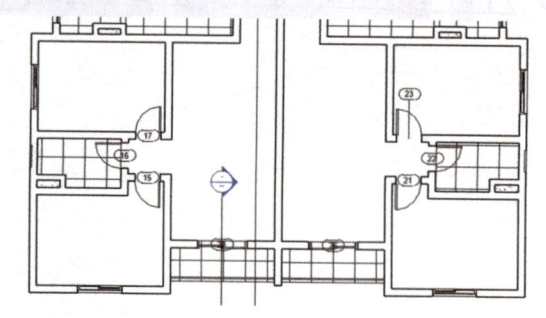

Figura 15.78 – Desenho sem identificadores das portas.

Figura 15.79 – Identificadores inseridos em todas as portas.

15.4.1 Criação de um identificador

Para criar um identificador, devemos editar a família de um identificador preexistente (arquivos .RFA) ou iniciar a criação de uma família de identificadores pelo template do elemento correspondente (arquivo .RFT). Por exemplo, cada elemento tem um tipo de identificador e para cada um existe um template (Figuras 15.80 e 15.81).

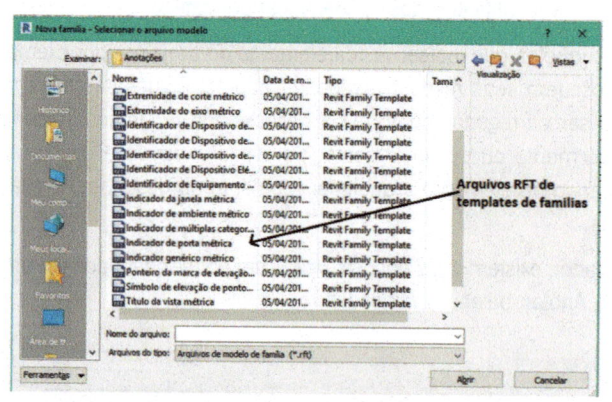

Figura 15.80 – Arquivos de templates de famílias de identificadores.

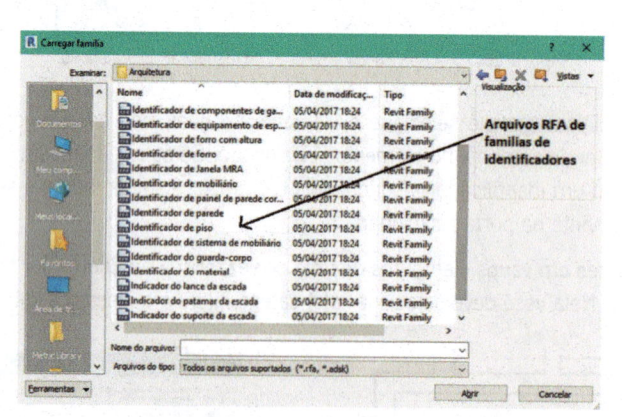

Figura 15.81 – Arquivos de famílias de identificadores.

A seguir, vamos criar um identificador de porta nos padrões mais utilizados no Brasil. Usamos uma numeração para as portas, como P1, P2, P3 etc. Os números indicam os diferentes tipos de porta em um projeto; em geral, existe uma legenda que identifica, para cada número, as propriedades correspondentes da porta, como largura, altura etc.

Neste exemplo, vamos editar o identificador da porta que já está inserido no projeto, alterar seus parâmetros e salvar novamente para manter o identificador original.

No projeto, selecione um identificador de porta e, na aba **Modificar | Identificadores de porta**, escolha **Editar família** para abrir o arquivo da família **M_Identificador da porta.rfa**.

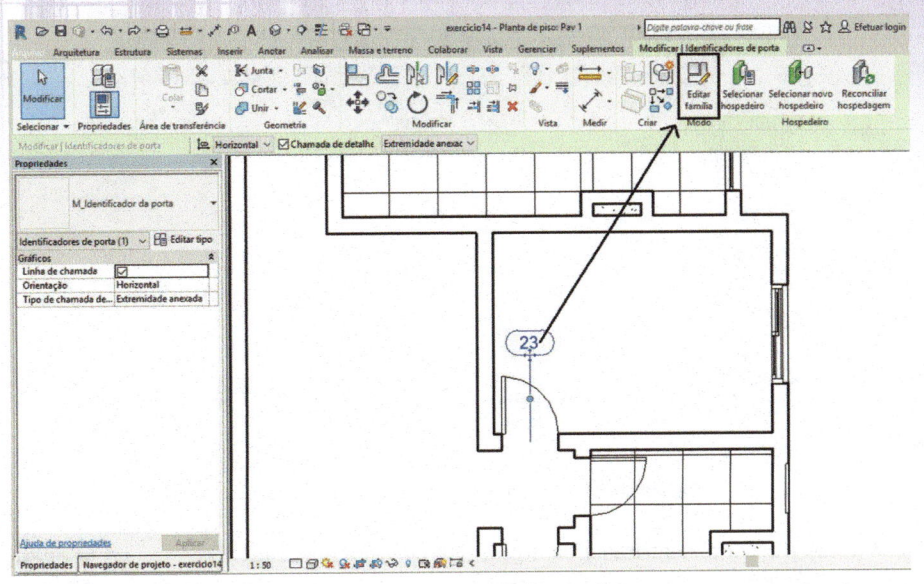

Figura 15.82 – Seleção do identificador da porta.

Com o arquivo **M_Identificador da porta.rfa** aberto (Figura 15.83), vamos editá-lo. Estamos no editor de famílias do Revit. O texto 101 refere-se ao parâmetro (legenda) que será inserido no identificador e a borda em volta é um desenho que pode ser alterado.

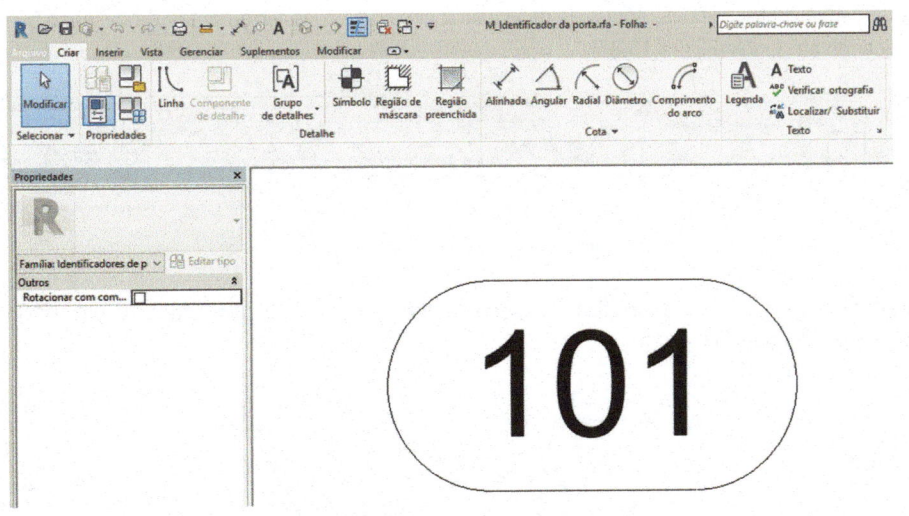

Figura 15.83 – M_Identificador da porta.rfa.

Antes de editar, salve o arquivo com o nome **M_Identificador_portaBR.rfa**, clicando em **Salvar como > Família**.

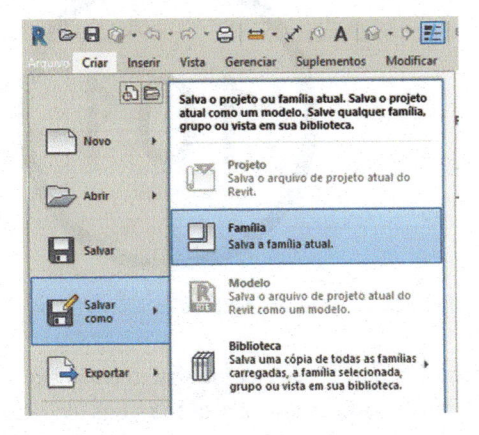

Figura 15.84 – Salve como família.

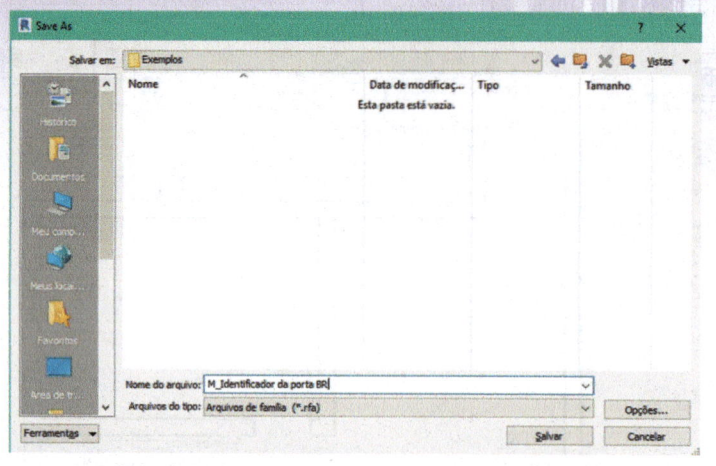

Figura 15.85 – Salve o arquivo como Identificador_portaBR.

O próximo passo é editar o identificador para gerar um círculo e a legenda P1, P2 etc., que será incluída quando inserirmos o identificador no projeto. Ao entrar em um editor de famílias, estamos em outra área do Revit, em que existem ferramentas de desenho, texto e criação de rótulos (legenda) para o identificador. Para criar o círculo, devemos apagar o desenho da elipse, selecionar as linhas e clicar em Delete, como nos outros objetos do Revit. A Figura 15.86 exibe algumas linhas já apagadas.

Figura 15.86 – Apagando linhas do identificador.

Depois de eliminar essas linhas, podemos desenhar o círculo com as ferramentas de desenho acessadas pela aba Criar, clicando em Linha (Figura 15.87).

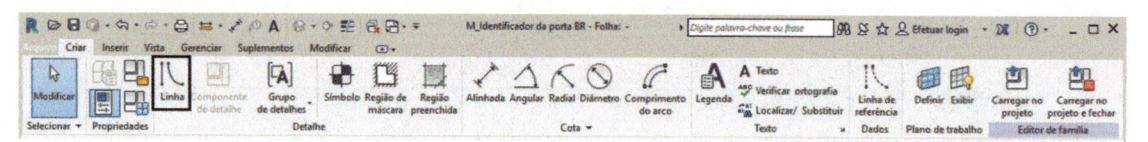

Figura 15.87 – Aba Criar – seleção de Linha.

Ao selecionar Linha, surge a aba Modificar | Colocar Linhas. Clique em Círculo e desenhe um círculo ao redor do texto 101, como mostra a Figura 15.88.

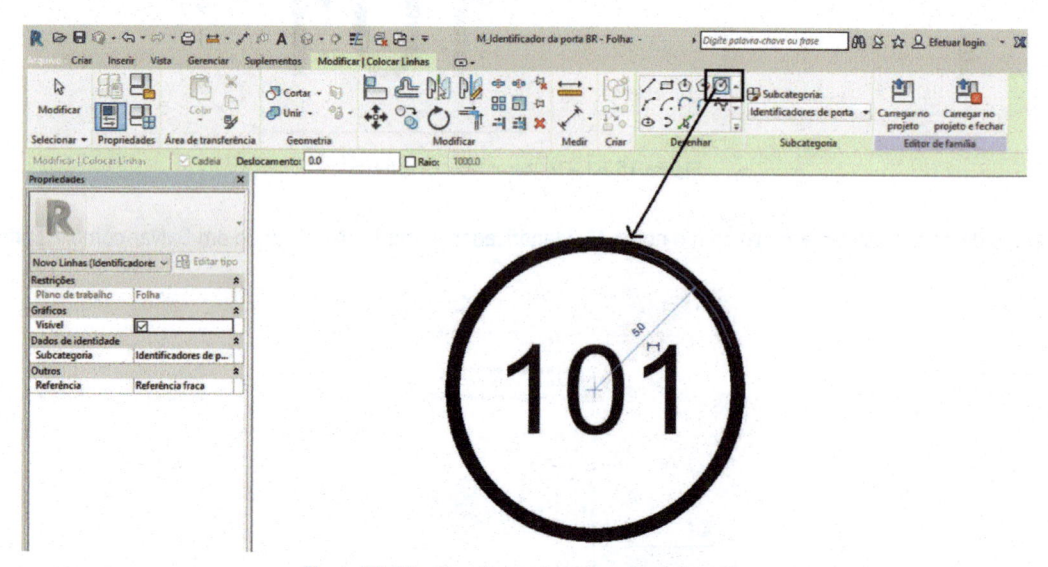

Figura 15.88 – Desenho do círculo ao redor da legenda.

O próximo passo é alterar o conteúdo do identificador, ou seja, o parâmetro a ser inserido nele. Vamos usar a ferramenta Editar legenda. Passe o mouse perto do texto e note que surge um retângulo ao redor do texto 101; clique nele para selecioná-lo. Em seguida, na aba Modificar | Legenda, selecione Editar legenda, conforme a Figura 15.89.

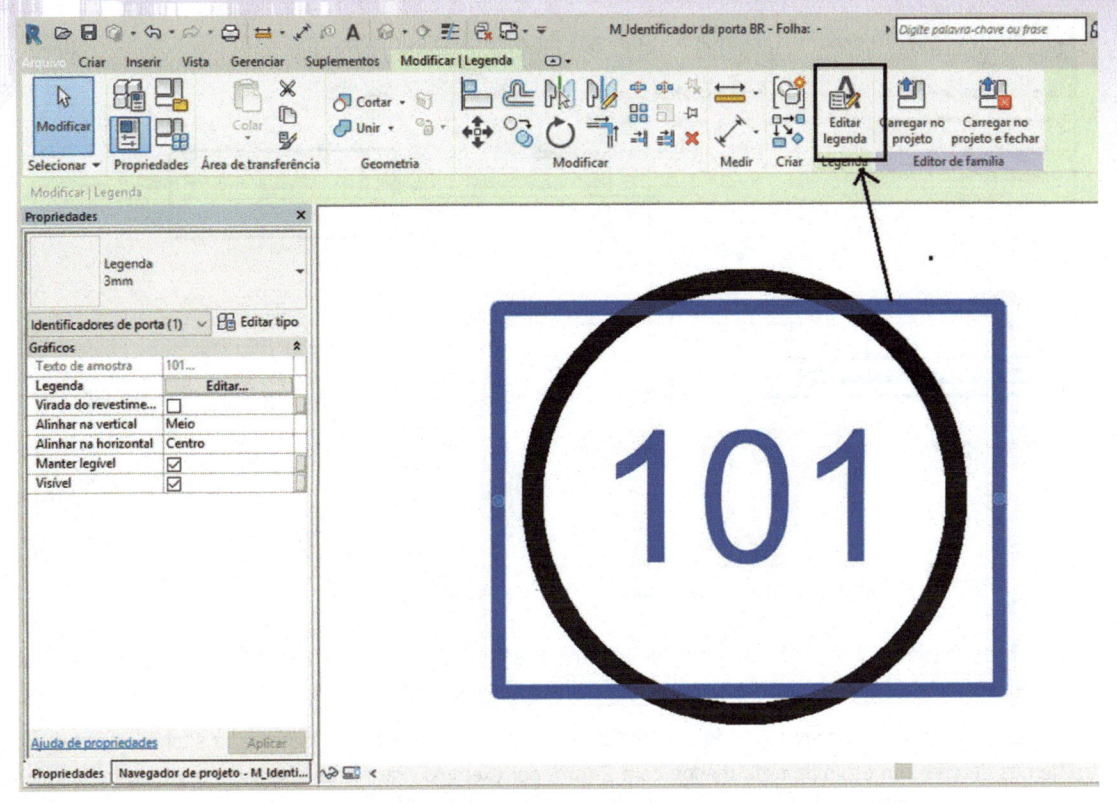

Figura 15.89 – Seleção da legenda.

Legenda é o conteúdo do identificador selecionado com base em um parâmetro do objeto em questão – no caso, as portas. Na janela de diálogo que surge, **Editar legenda**, do lado esquerdo, em **Parâmetros de categoria**, estão as categorias de parâmetros que podem ser inseridos no identificador. Do lado direito, em **Parâmetros da legenda**, ficam os parâmetros que foram selecionados para o identificador. Vamos remover o parâmetro **Marca**, selecionando e clicando no botão **Remover** (Figura 15.90).

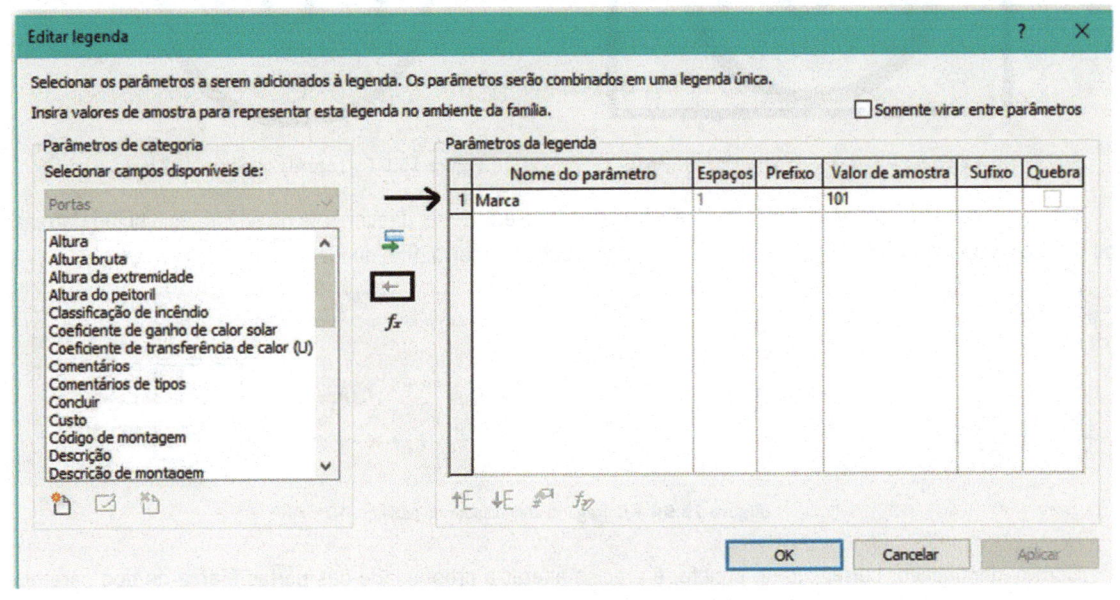

Figura 15.90 – Remoção do parâmetro Marca.

Vamos selecionar o parâmetro **Marca de tipo** (Figura 15.91), clicar em **Adicionar**, inserir um prefixo "**P**" para que tenhamos a letra P no identificador e, em **Valor de amostra**, digitaremos 01. Esse campo contém um exemplo do texto do identificador; pode ser qualquer valor. Clique em **OK** para fechar a janela.

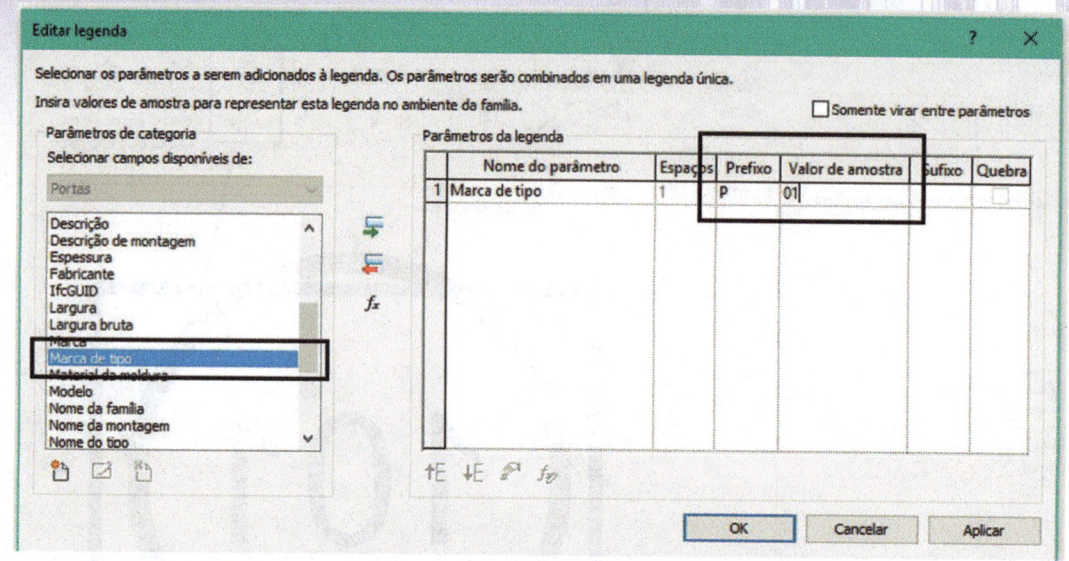

Figura 15.91 – Seleção do parâmetro Marca de tipo para o identificador da porta.

Ao fechar a janela, o identificador está pronto, porém precisamos diminuir o tamanho da legenda para que o texto fique encaixado nele. Clique nos grips para aumentar o retângulo, como mostra a Figura 15.92.

O texto da legenda está com altura de 3 mm e pode ser reduzido. Caso seja necessário alterar o tamanho da letra, temos de criar um estilo de texto menor, com 2 mm, por exemplo. Para isso, selecione **Legenda** (retângulo) e veja que na caixa **Propriedades** há um texto com 3 mm. Clique em **Editar tipo** e duplique, crie um estilo com 2 mm e aplique à legenda. A Figura 15.93 ilustra a legenda com um texto de 2 mm.

Figura 15.92 – Alteração do tamanho da legenda.

Figura 15.93 – Legenda com texto de 2 mm.

Em seguida, vamos salvar novamente o identificador criado e carregar diretamente no projeto pelo botão **Carregar no projeto** na aba **Modificar** (Figura 15.94). Em seguida, feche o arquivo .RFA do identificador.

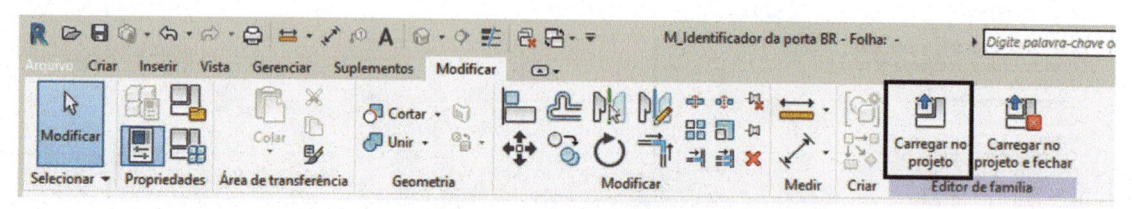

Figura 15.94 – Carregar o identificador no projeto.

Com o identificador carregado no projeto, é preciso alterar a propriedade das portas **Marca de tipo** para que fiquem de acordo com as necessidades do projeto, ou seja, tenham a numeração correta. Por exemplo, se criamos tipos de porta de 70 cm, 80 cm e 90 cm e vamos numerá-las de acordo com os tipos, temos de inserir a numeração em **Marca de tipo** para cada uma delas. A Figura 15.95 mostra o tipo **porta 80** com a propriedade **Marca de tipo** 01; podemos então ter a porta de 70 com 02, a de 90 com 03 e assim por diante. Então, devemos os identificadores pelo novo identificador.

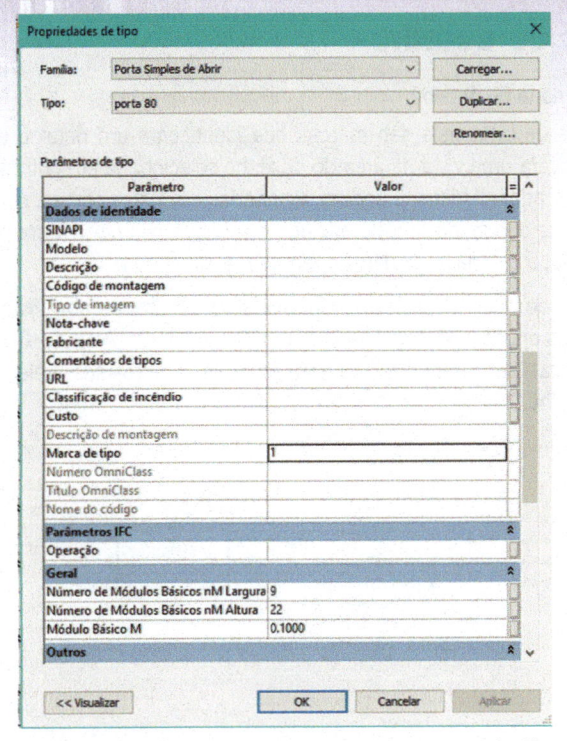

Figura 15.95 – Propriedade da porta Marca de tipo com valor 01.

Para o identificador, selecione-o e clique em **Propriedades** para exibir a lista dos identificadores. Selecione **Identificador_porta**, como indica a Figura 15.96.

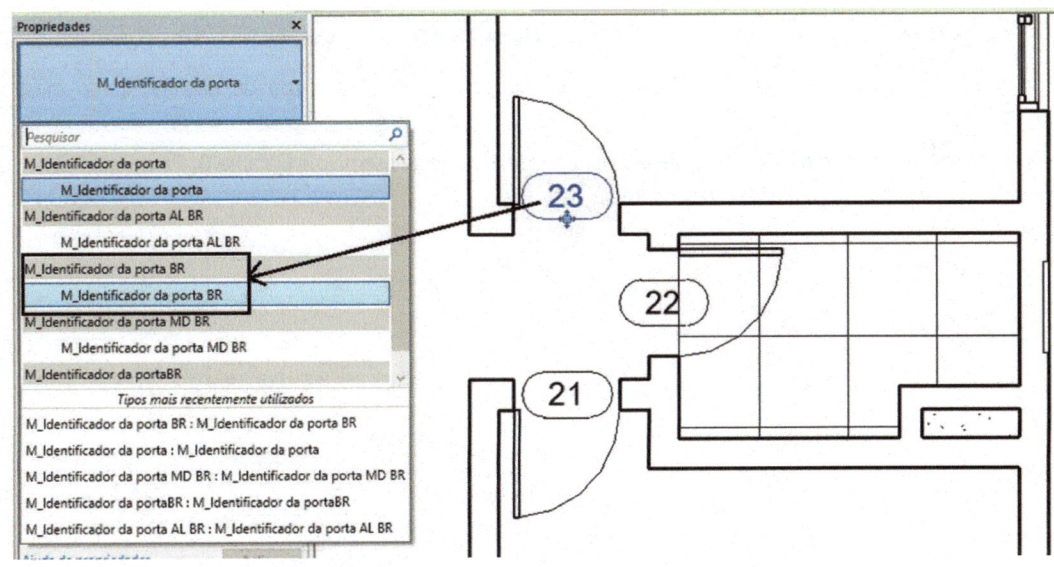

Figura 15.96 – Substituição do identificador por Identificador_porta.

Após a substituição, a porta de 80 já está com a nova apresentação P01, que é sua **Marca de tipo**, e a porta de 70 com P02.

A partir da alteração do identificador, todas as portas de 70 saem com a numeração 02 e as portas de 80, com a numeração 01.

Para alterar os identificadores de janelas, siga o mesmo procedimento.

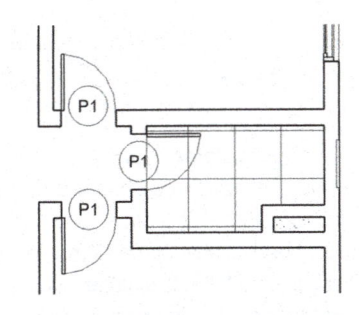

Figura 15.97 – Portas de 70 e 80 com os identificadores exibindo as respectivas numerações.

15.5 Chamadas de detalhe

Aba Vista > Criar > Chamada de detalhe

As chamadas de detalhe de uma vista são marcas que identificam um detalhe em outra vista. Ao criar uma chamada de detalhe, o Revit gera uma vista da área do desenho selecionada em outra escala para que sejam adicionados detalhes a ela. As chamadas de detalhe podem ser criadas em vistas planas, cortes ou elevações. A vista que originou a chamada de detalhe denomina-se Referenciada e a criada chama-se Vista de chamada de detalhe. Se a vista referenciada for apagada, a chamada de detalhe também é eliminada.

Para criar uma chamada de detalhe, selecione Chamada de detalhe na aba Vista (Figura 15.98). Para criar a região do detalhe, temos duas opções: Retângulo e Croqui (Figura 15.99). A opção Croqui permite criar uma região de detalhe com as ferramentas de desenho em outros formatos. Em seguida, selecione em Propriedades o tipo Chamada de detalhe ou Detalhe.

Defina a escala na barra de opções (Figura 15.100).

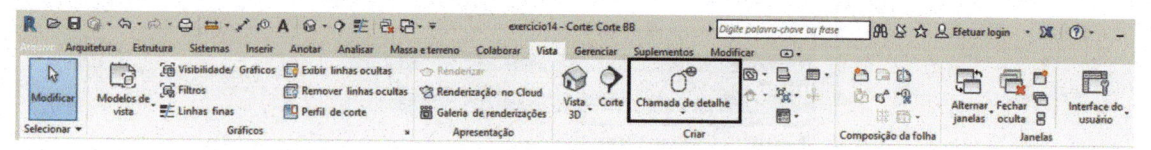

Figura 15.98 – Aba Vista – seleção de Chamada de detalhe.

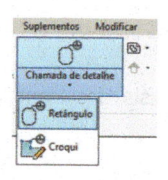

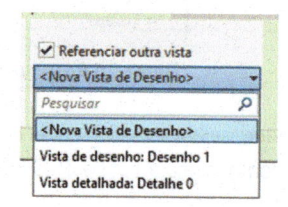

Figura 15.99 – Tipos de Chamada de detalhe.

Figura 15.100 – Barra de opções de Chamada de detalhe.

Em seguida, selecione no projeto a área do desenho para gerar a chamada de detalhe, como mostra a Figura 15.101.

Para finalizar, veja no Navegador de projeto a vista criada, que neste exemplo é Detalhe 0. Para renomear, clique com o botão direito do mouse e dê um novo nome à vista.

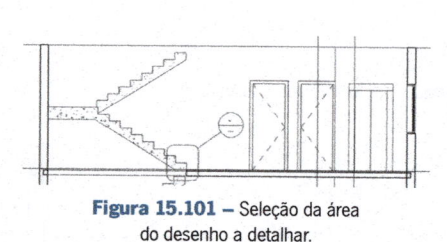

Figura 15.101 – Seleção da área do desenho a detalhar.

Figura 15.102 – Vista criada no Navegador de projeto.

Para abrir uma vista de detalhe, clique nela no Navegador de projeto ou, na vista em que ela foi criada, clique duas vezes no identificador de Chamada de detalhe. Quando inserimos a vista do detalhe em uma folha no retângulo da chamada de detalhe, identifica-se em qual folha a vista foi inserida e em que posição. Em seguida, é possível completar a vista desenhando os elementos do projeto que não estão nela com as ferramentas de desenho da aba Anotar, clicando em Linha de detalhe, como mostra a Figura 15.103. Os elementos desenhados com essas ferramentas só aparecem nessa vista do desenho.

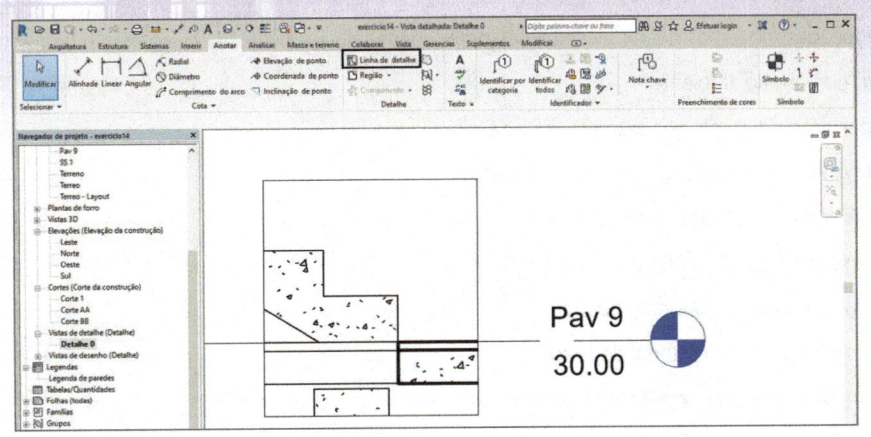

Figura 15.103 – Vista do detalhe.

15.6 Indicadores de ambiente

A ferramenta **Ambiente** permite definir uma propriedade para as áreas do projeto a fim de se indicar o seu uso e de se extrair a área dos ambientes criados. Ela é uma subdivisão do projeto, um ambiente definido por paredes, pisos ou forros. Com ela, podemos criar cores para indicar o uso das áreas – por exemplo, áreas comuns, escritório, para circulação etc. –, o que facilita muito a contabilidade das áreas e a visualização dos espaços criados em um projeto. Depois de criar os ambientes, podemos gerar uma tabela de áreas. Para inserir um ambiente, selecione **Ambiente** na aba **Arquitetura**, em seguida escolha uma área no projeto delimitada por paredes, por exemplo.

Aba Arquitetura > Ambiente

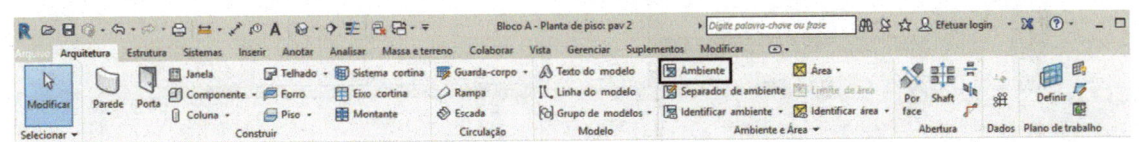

Figura 15.104 – Aba Arquitetura – seleção de Ambiente.

Na Figura 15.105, foi selecionado um sanitário. Ao se passar o cursor sobre ele, o Revit detecta automaticamente pelas paredes uma área e insere uma moldura e duas linhas que se cruzam. Ao se clicar para inserir o ambiente, então surge uma moldura na área e um identificador com número e texto. É possível alterar esse texto clicando-se nele ou usando-se as propriedades do ambiente. Para editar as propriedades do ambiente, clique nas linhas em "X" e veja a janela **Propriedades**. Clique para que na tabela o ambiente seja nomeado corretamente.

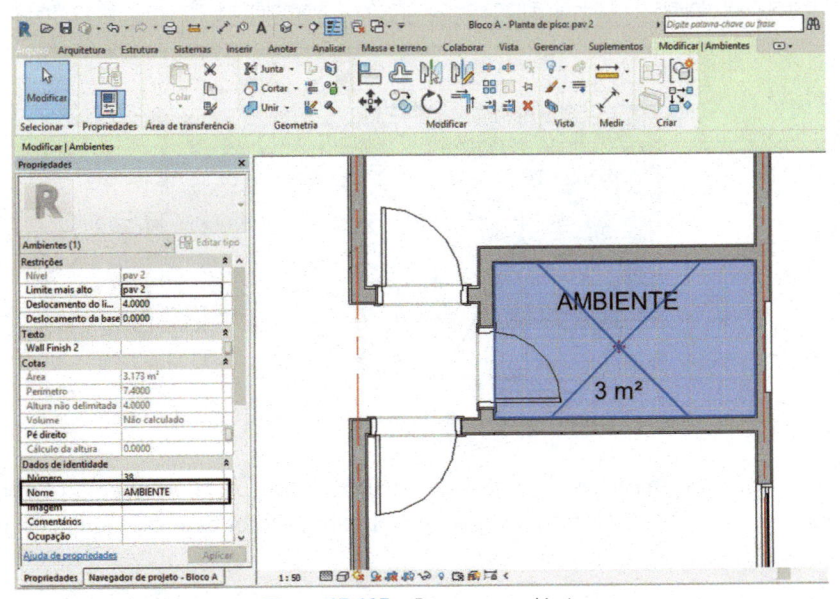

Figura 15.105 – Renomear o ambiente.

Em **Propriedades**, podemos definir as seguintes propriedades do ambiente, além da área e do perímetro:

Número: número do ambiente.

Nome: definição do nome; por exemplo, sala de reunião.

Comentários: insere comentário sobre o ambiente.

Ocupação: tipo de ocupação do ambiente.

Departamento: departamento a que pertence.

Acabamento base: acabamento básico.

Acabamento do forro: material do forro.

Acabamento da parede: material da parede.

Acabamento do piso: material do piso.

Ocupante: nome da pessoa que ocupa o ambiente.

Ao definir essas propriedades, é possível gerar legenda de cores de ambiente.

Em alguns casos, é possível que haja dois ambientes adjacentes, mas a ferramenta **Ambiente** não detecta essa separação, então usamos **Separador de ambiente** para criar uma linha de divisão entre os ambientes (Figura 15.108). Os dois ambientes, Serviço e Cozinha, são separados, mas não existe parede. Por isso, ao usar **Ambiente**, somente uma área é localizada.

Selecione **Separador de ambiente** na aba **Arquitetura**, que está em **Ambiente > Separador de ambiente**. É inserida uma linha entre as duas paredes para gerar a divisão.

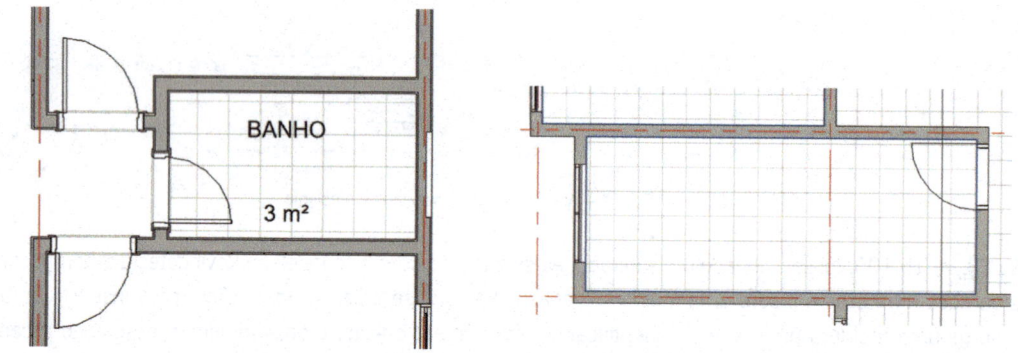

Figura 15.106 – Ambiente com nome definido em Propriedades. **Figura 15.107 –** Ambientes adjacentes e um ambiente.

Veja a seguir o resultado depois de inserida a linha de separação dos ambientes. Foram criadas duas áreas separadas.

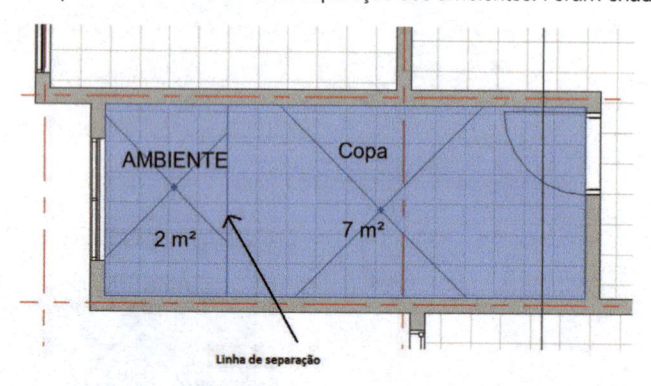

Figura 15.108 – Resultado da criação de dois ambientes separados.

Podemos inserir todos os **Ambientes** de uma vista de uma só vez utilizando a opção **Colocar Ambientes Automaticamente** selecionando na aba **Modificar | Colocar Ambiente**. Se todos os ambientes tiverem paredes delimitando suas áreas, eles são criados automaticamente.

A seguir, veremos como usar um identificador de ambientes com área e como criar uma tabela de áreas.

15.6.1 Criação da tabela de áreas

Depois de criar todos os ambientes, podemos extrair as áreas para uma tabela. O capítulo seguinte apresenta tabelas em detalhes. Neste, veremos de uma forma resumida como criar a tabela. Na aba Vista, selecione Tabela > Tabela/Quantidades. Na janela de diálogo da Figura 15.109, escolha a categoria Ambientes e clique em OK.

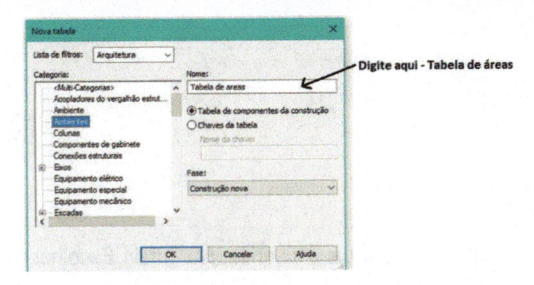

Figura 15.109 – Seleção da categoria da tabela.

Na janela seguinte, selecionam-se os campos da tabela. Selecione Nome e clique em Adicionar, depois escolha Área, clique em Adicionar e em OK.

No Navegador de projeto, é criada uma vista dessa tabela, conforme a Figura 15.111.

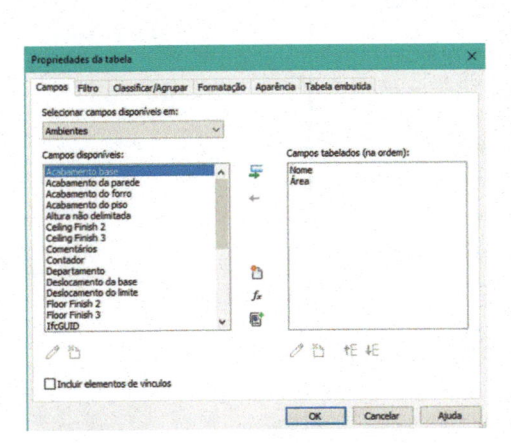

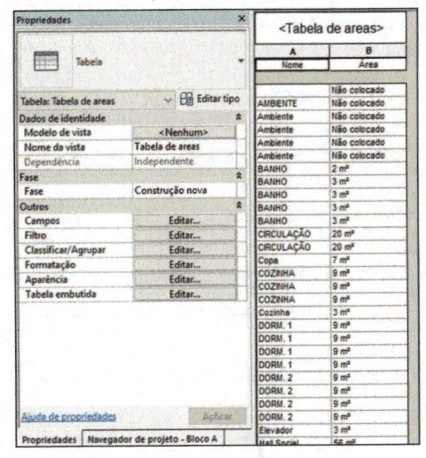

Figura 15.110 – Seleção dos campos da tabela.   Figura 15.111 – Tabela de áreas.

As tabelas podem ser editadas posteriormente e extraídas para um arquivo tipo .txt, que pode ser aberto em planilhas para posterior edição. A forma como a tabela é exibida pode ser modificada alterando-se suas propriedades em Propriedades, nos campos do grupo Outros. O Capítulo 16 mostra em detalhes como fazer isso.

Para visualizar as áreas dos ambientes diretamente no projeto, podemos o identificador por outro que já inclui as áreas. Para isso, clique no identificador de um ou mais ambientes e digite SA (atalho de teclado para selecionar todas as instâncias) para selecionar todos iguais a ele de uma única vez; depois, selecione em Propriedades o tipo Identificador de ambiente com área, como mostra a Figura 15.112.

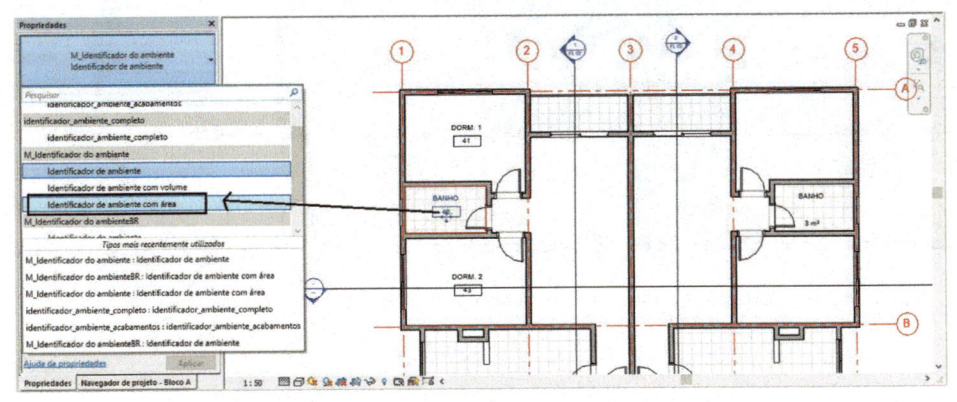

Figura 15.112 – Seleção de Identificador de ambiente com área.

15.6.2 Criação de legenda de uso

Com a definição das propriedades dos ambientes, podemos gerar uma legenda de cores para visualizar áreas definidas no projeto com ocupações semelhantes. Podemos também, pelos nomes dos ambientes, definir a legenda de preenchimento. Na aba **Anotar**, selecione **Legenda**.

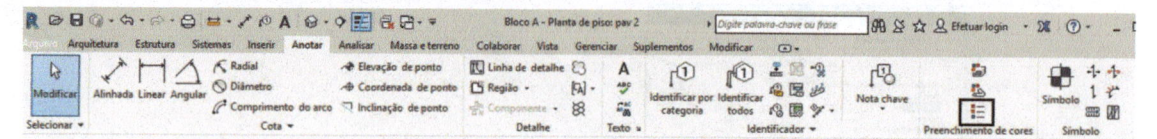

Figura 15.113 – Seleção de Legenda.

No cursor, surge uma legenda; clique em um ponto da tela para inseri-la. Na janela **Escolher tipo de espaço e esquema de cor**, uma mensagem indica que um esquema de cores ainda não foi definido e que você deve selecionar um; marque **Nome** para escolher o esquema por nome de ambiente e clique em **OK** (Figura 15.114).

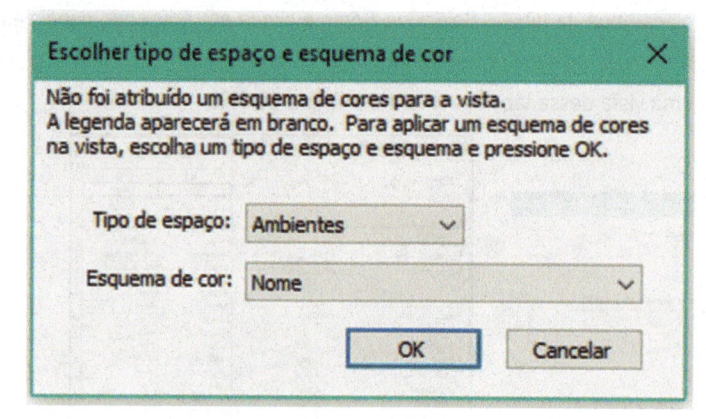

Figura 15.114 – Seleção do esquema de cores Nome.

Em seguida, o esquema é aplicado nos ambientes e a legenda, inserida na tela (Figuras 15.115 e 15.116).

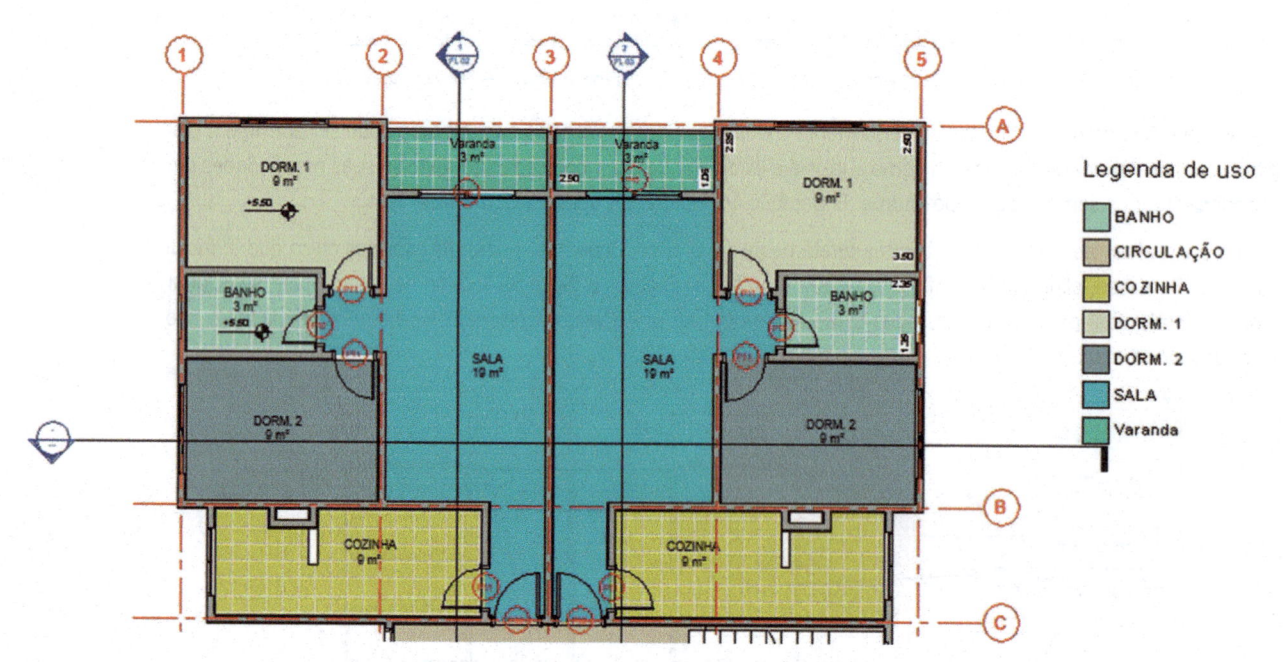

Figura 15.115 – Aplicação do esquema de cores nos ambientes do projeto.

Depois de criada a legenda, podemos editá-la para gerar outras ou modificar a existente. Para modificar uma legenda de cores, selecione em **Propriedades**, no campo **Esquema de cor**, o botão **Nome**. Na janela de diálogo **Editar esquema de cor**, altere os seguintes campos:

Figura 15.116 – Detalhe da legenda por nomes dos ambientes.

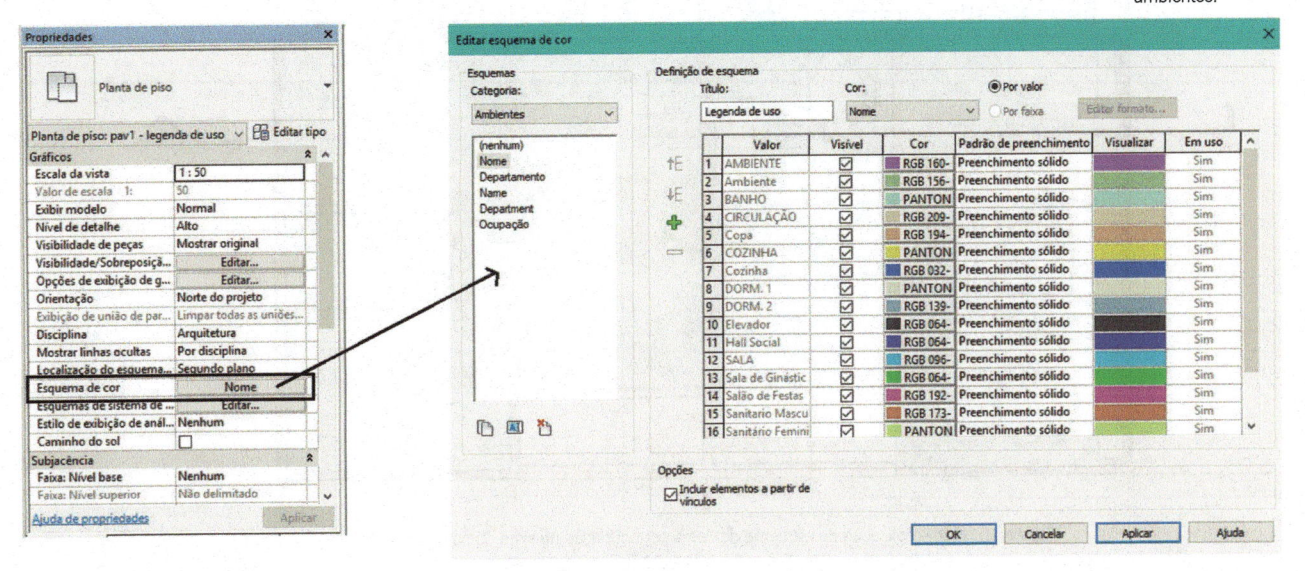

Figura 15.117 – Edição do esquema de cores da legenda.

Categoria: define a categoria do esquema.

Título: título da legenda.

Cor: define o identificador do ambiente que vai gerar a legenda; por exemplo, por nome, por ocupação etc.

Os botões abaixo de **Categoria** permitem criar outros nomes para as legendas, renomear ou apagar uma legenda. A Figura 15.118 mostra um exemplo da criação de legenda de ocupação para o mesmo pavimento usado anteriormente, com esquema de cores por nomes, em que podemos ver as áreas de circulação, escritório e sanitários do pavimento.

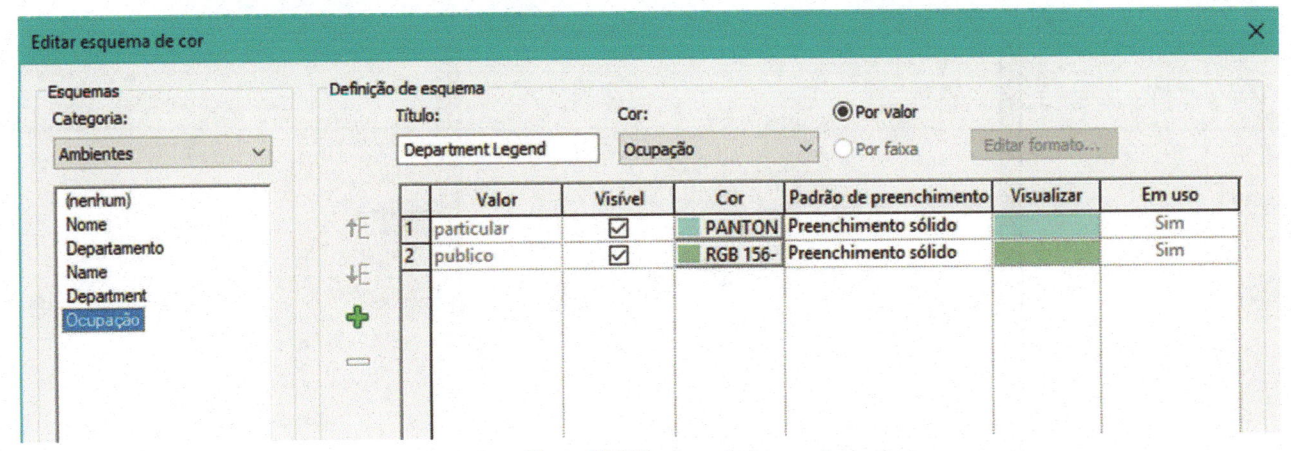

Figura 15.118 – Legenda de ocupação das áreas.

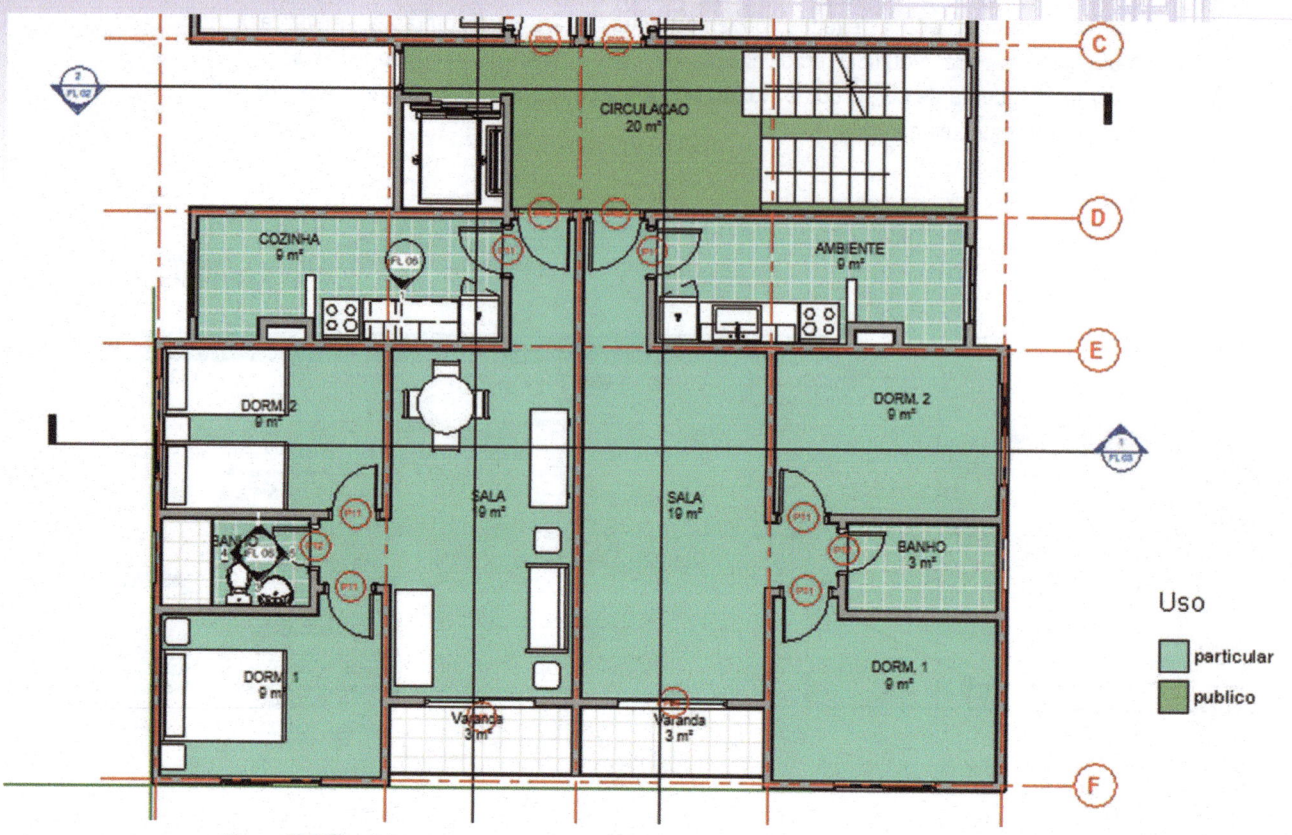

Figura 15.119 – Aplicação do esquema de cores por ocupação na vista do pavimento.

Estas são propriedades da vista, de forma que, após criarmos um esquema de cores para os ambientes, ele pode ser aplicado em outras vistas que estejam com os ambientes criados. O esquema pode, ainda, ser usado para todo o projeto. Também é possível criar um esquema diferente para outras vistas.

Para completar a utilização da ferramenta **Ambiente**, podemos criar o identificador com base no **Identificador_Ambiente** para indicar os acabamentos de pisos, paredes e forros. Da mesma forma como criamos um identificador para a porta, edite o **Identificador_Ambiente** e crie um identificador para mostrar os acabamentos. A Figura 15.120 apresenta o identificador modificado, exibindo os acabamentos. Você pode baixá-lo do site da Editora, arquivo **identificador_ambiente_acabamentos.RFA**.

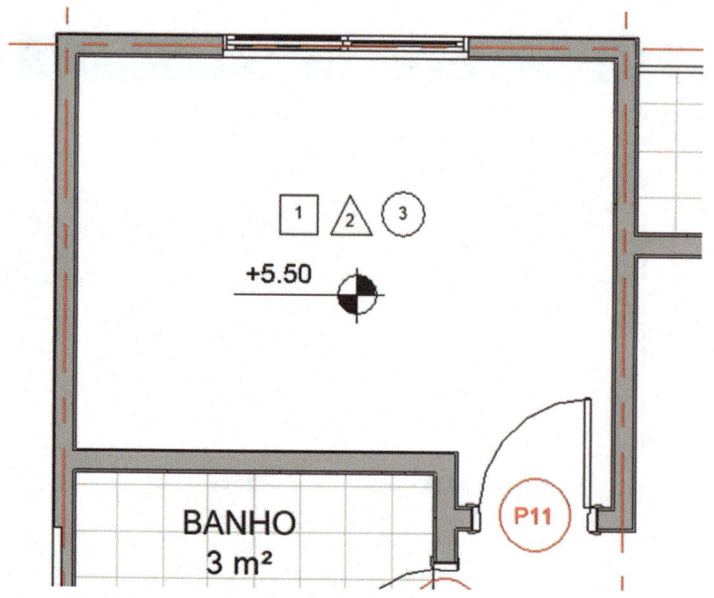

Figura 15.120 – Identificadores para indicação dos acabamentos – parede/piso/forro.

15.7 Identificador de degraus

Essa ferramenta insere automaticamente a numeração de degraus em escadas. Na aba **Anotar**, selecione **Piso da escada/Número de espelho do degrau**.

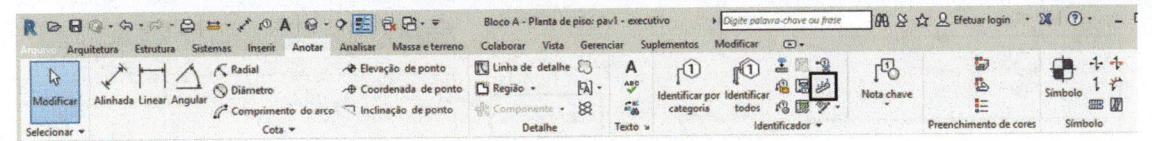

Figura 15.121 – Aba Anotar > Piso da escada/Número de espelho do degrau.

Selecione uma linha de eixo de escada (Figura 15.122). Após selecionar cada uma das linhas de eixo, a numeração dos degraus é inserida automaticamente. Depois de inserir, ao selecionar o eixo da escada nas **Propriedades**, você pode escolher em que lado a numeração é inserida em **Referência** (Centro, Direita, Esquerda).

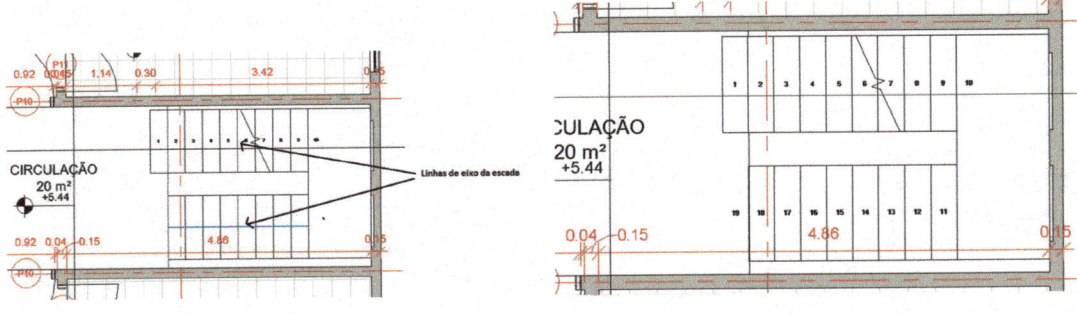

Figura 15.122 – Seleção da linha de eixo.

Figura 15.123 – Resultado.

15.8 Criação de Regiões

O Revit possui duas ferramentas para criar regiões: **Região preenchida**, que cria basicamente hachuras em 2D para os detalhes de projeto nas vistas de detalhe, e **Região de máscara**, que é utilizada para "esconder" elementos no projeto. A seguir, veremos como criar cada uma delas.

15.8.1 Região preenchida

A região preenchida é uma hachura para detalhes em 2D. Na aba **Anotar** selecione **Região > Região preenchida**.

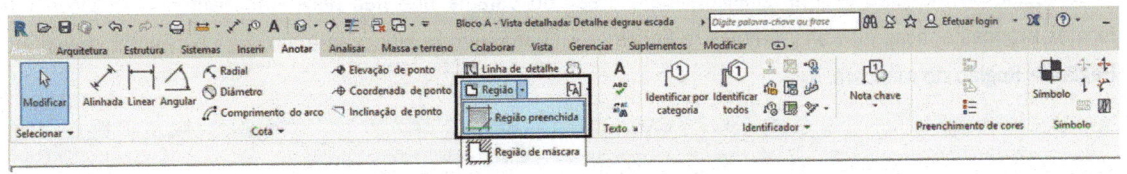

Figura 15.124 – Aba Anotar – Região preenchida.

Em seguida, na aba **Modificar/Criar limite da região preenchida**, selecione uma das ferramentas de desenho para criar o contorno da região a ser preenchida. O preenchimento será feito com a família que contém a hachura a ser selecionada na janela **Propriedades**.

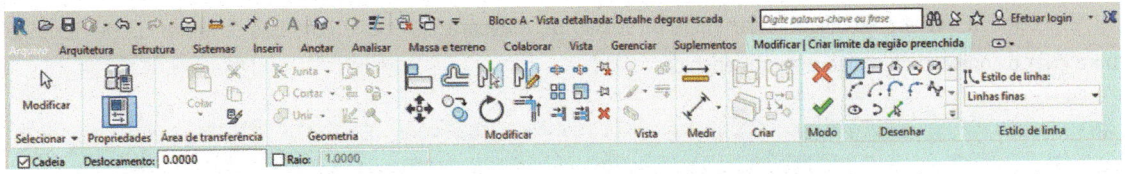

Figura 15.125 – Ferramentas de criação de borda de preenchimento.

As hachuras são criadas como famílias do sistema e podem ser alteradas editando-se o tipo.

 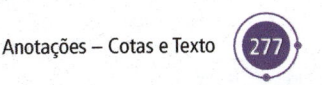

Para editar ou criar um novo tipo, selecione um tipo de região na janela **Propriedades** e clique em **Editar tipo**. Em seguida, na janela **Propriedades de tipo**, duplique o tipo para criar um novo e altere o padrão da hachura no campo **Padrão de preenchimento**. A cor da hachura também é definida no tipo no campo **Cor**.

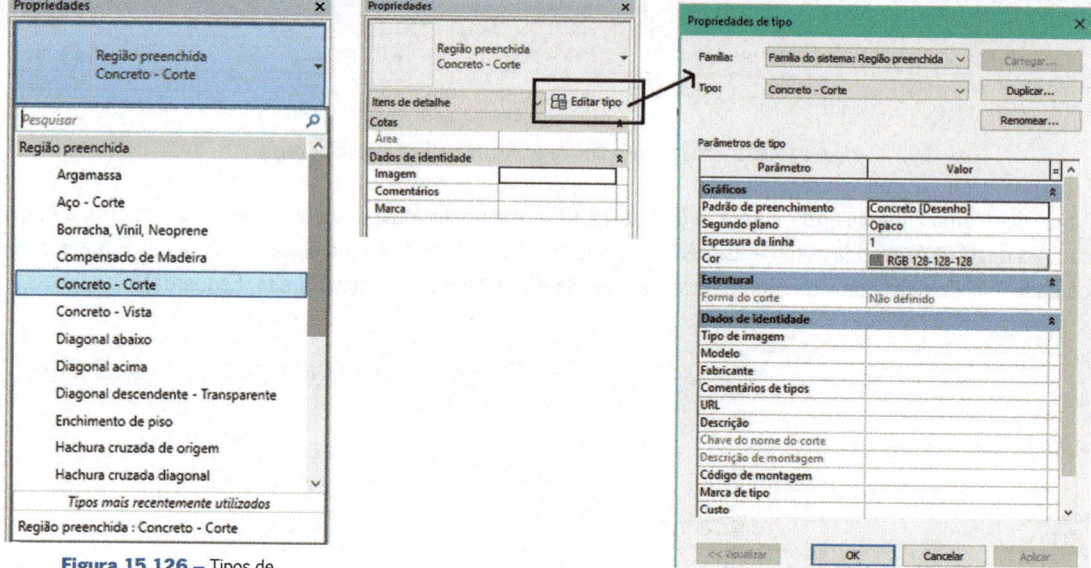

Figura 15.126 – Tipos de preenchimento existentes.

Figura 15.127 – Criação de novo tipo de Padrão de preenchimento.

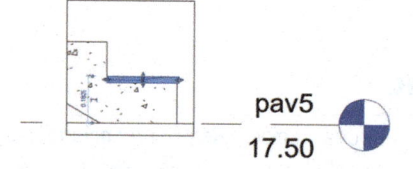

Figura 15.128 – Detalhe com hachura de madeira.

15.8.2 Região de máscara

A região de máscara é uma cobertura para áreas do detalhe que não desejamos exibir. Elas são como formas brancas opacas ou transparentes, e podem ser criadas em qualquer formato. Na aba **Anotar**, selecione **Região > Região de máscara**.

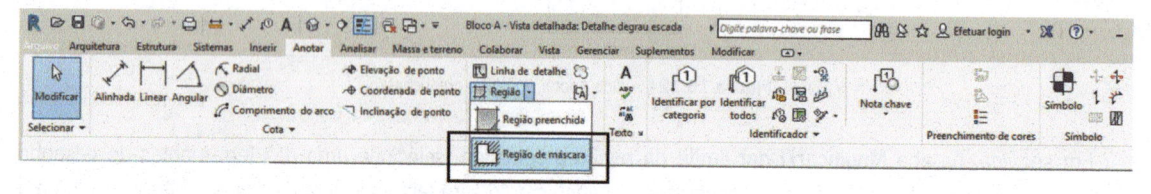

Figura 15.129 – Aba Anotar – Região de máscara.

Em seguida, na aba **Modificar/Criar limite da região de máscara**, selecione uma das ferramentas de desenho para criar o contorno da região a ser preenchida.

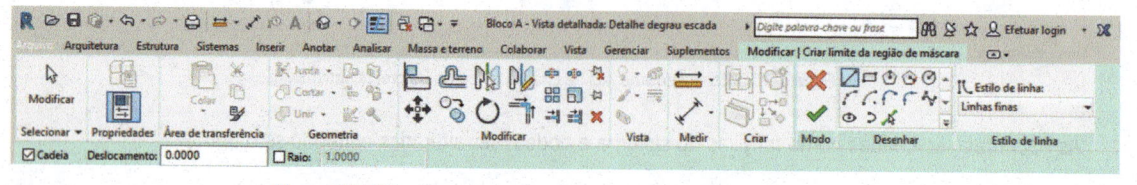

Figura 15.130 – Ferramentas de criação de borda de Região de máscara.

 Autodesk® Revit® Architecture 2018 – Conceitos e Aplicações

O preenchimento será feito com uma caixa branca sobre a moldura criada, como mostra a Figura 15.131.

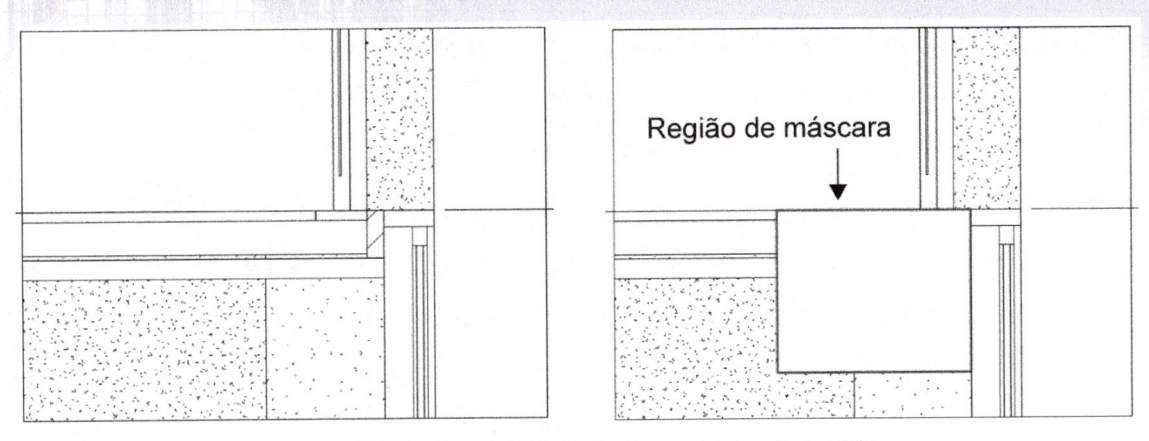

Figura 15.131 – Exemplo de Região de máscara cobrindo parte do detalhe.

15.9 Componentes de detalhe

Componentes de detalhe são elementos 2D ou coleções de detalhes em 2D, no caso de detalhe repetitivo. Você poderá usar componentes de detalhe para inserir detalhes de batentes de portas e janelas, encaixes de estruturas metálicas, repetição de blocos ou tijolões etc. Eles são famílias paramétricas do tipo RFA que podem ficar guardadas em sua biblioteca.

Os componentes de detalhe devem ser inseridos em uma vista de desenho 2D. Com uma vista 2D ativa, selecione a aba Anotar > Componente e, em seguida, escolha entre Componente de detalhe ou Componente de detalhe repetitivo.

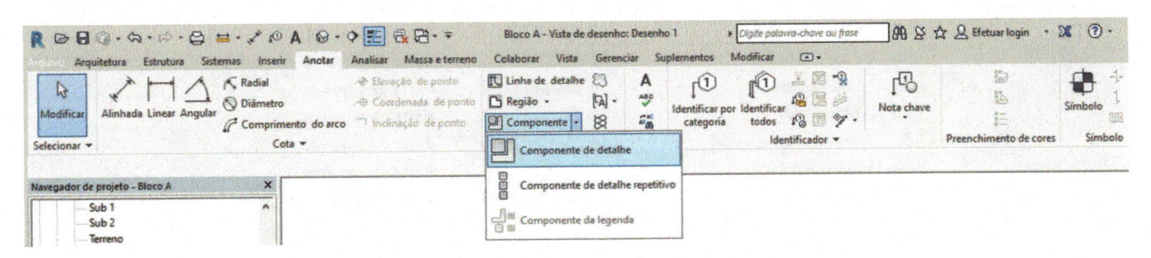

Figura 15.132 – Aba Anotar > Componente > Componente de detalhe.

Em seguida, na janela Propriedades, o Revit exibe os componentes já carregados no projeto. Selecione um dos componentes ou carregue outra família selecionando Carregar Família na aba Modificar|Colocar Componente de detalhe. As famílias estão na pasta C:\Program Data\Autodesk\RVT2018\Libraries\Brazil\Itens de detalhe.

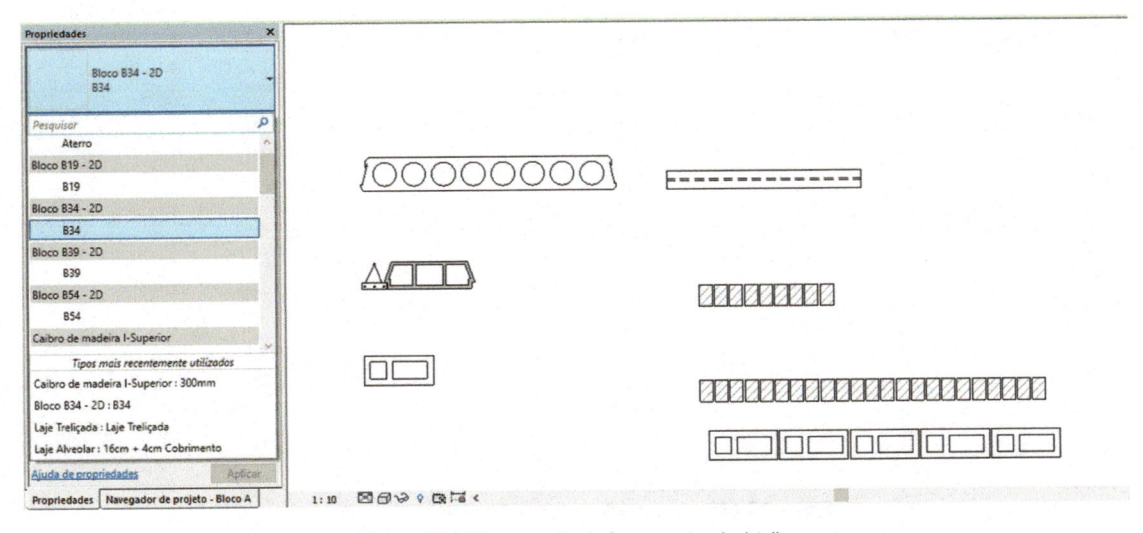

Figura 15.133 – Inserção de Componentes de detalhe.

Ao selecionarmos **Componente de detalhe repetitivo** na janela **Propriedades**, surgem os tipos de detalhe repetitivo carregados, como mostra a Figura 15.135. Clique em um ponto inicial; em seguida, em outro ponto, e o detalhe será inserido conforme estiver configurado no tipo. Depois de inseridos, os detalhes repetitivos podem ser editados. Se você clicar no detalhe, pode alterar a medida do comprimento em que ele será inserido.

Clique em **Editar tipo**. Neste exemplo foram inseridos componentes de detalhe de tijolos do tipo já carregados com espaçamento de 0.075, como mostram as **Propriedades de tipo**. Você poderá duplicar o tipo e criar novos **Componentes de detalhes repetitivo** com outros componentes de detalhes, selecionando outros detalhes no campo **Detalhe** e alterando o espaçamento entre eles em **Espaçamento**. Por exemplo, criamos o detalhe repetitivo de lajes treliçadas com 0,54 m de espaçamento entre elas (Figuras 15.136 e 137).

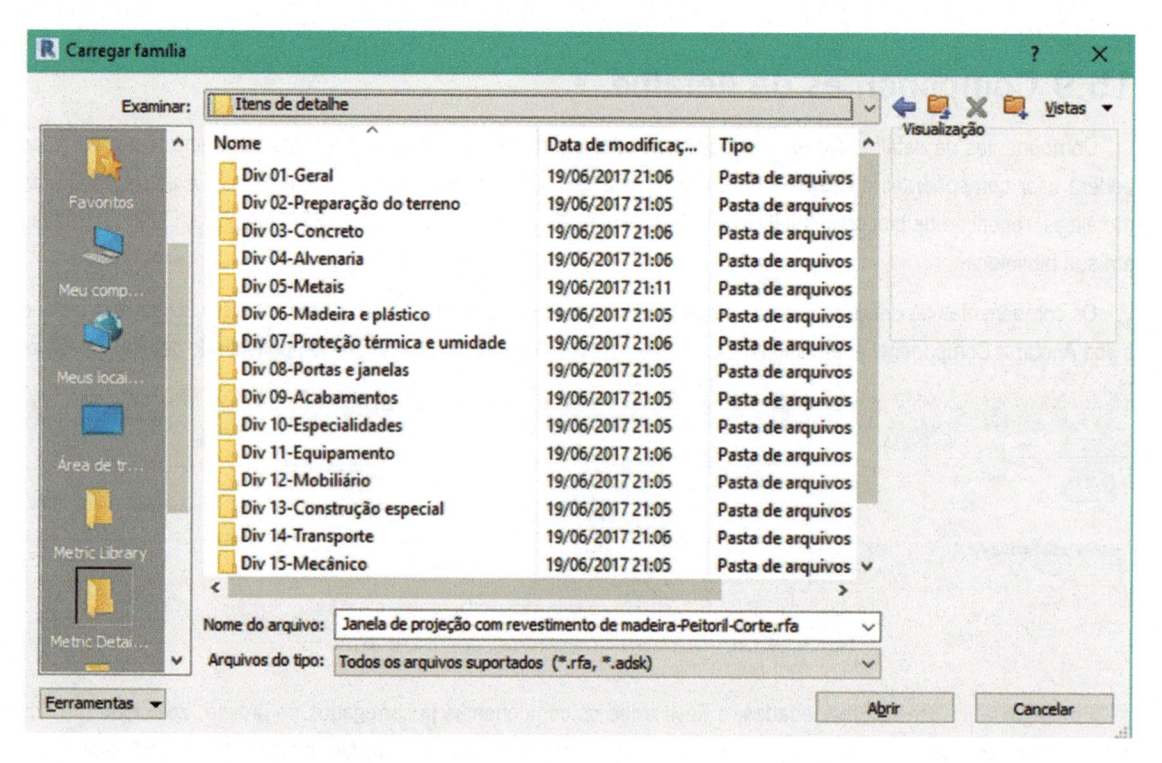

Figura 15.134 – Pasta Itens de detalhe com bibliotecas de detalhes instaladas com o Revit.

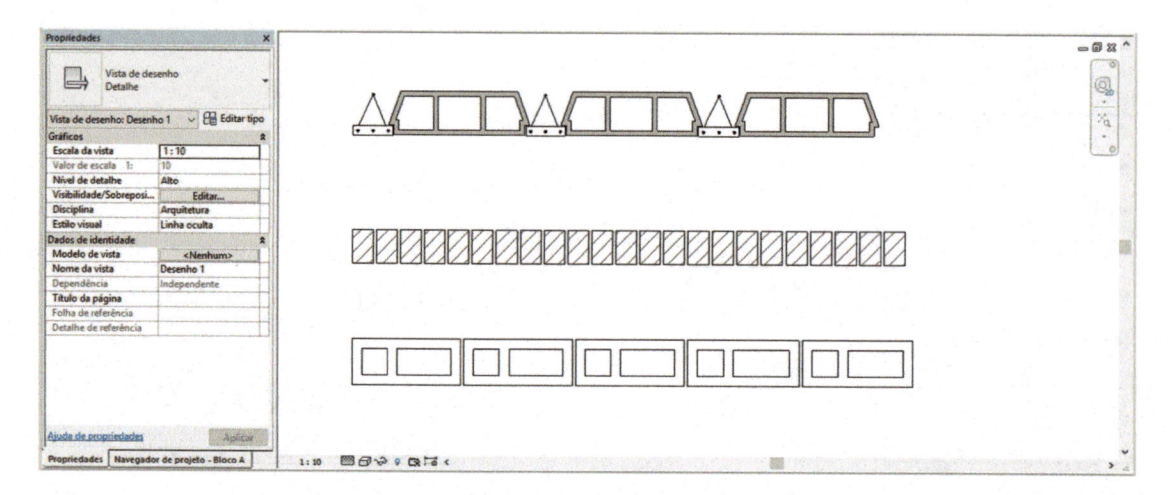

Figura 15.135 – Inserção de Componentes de detalhe repetitivo.

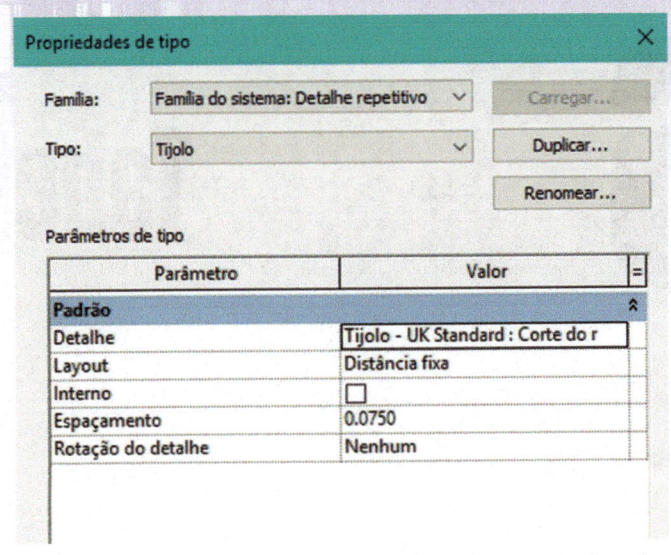

Figura 15.136 – Tipos de detalhe repetitivo.

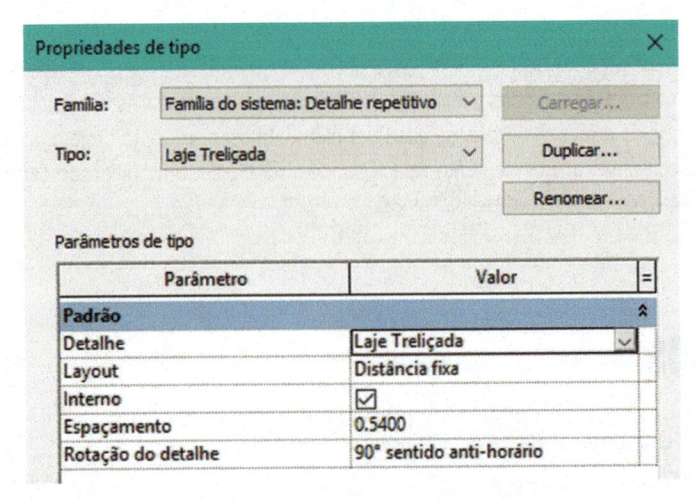

Figura 15.137 – Detalhe repetitivo de lajes.

16 Tabelas

Introdução

Este capítulo mostra como extrair informações do projeto em tabelas de quantitativos e de materiais. Uma das maiores qualidades de um software BIM e paramétrico é a extração de quantitativos. As tabelas são, na verdade, uma outra vista do projeto, só que em forma de dados. Ao alterar-se qualquer elemento construtivo no projeto, as tabelas são atualizadas automaticamente. Também é possível alterar um elemento selecionando-o na tabela; a modificação ocorre ao mesmo tempo no projeto em todas as vistas, plantas, cortes, elevações e vistas 3D.

Objetivos

- Aprender a criar uma tabela de quantitativos.
- Fazer uma tabela de materiais.
- Criar uma tabela de dados de corte e aterro de terrenos.
- Configurar a forma de apresentação da tabela com filtros e somas de totais.

16.1 Tabela/Quantidades

Aba Vista > Criar > Tabelas > Tabela/Quantidades

Cria uma vista com tabela de quantitativos de esquadrias, paredes, vigas, pilares etc. As tabelas no Revit são geradas como vistas e inseridas no **Navegador de projeto**. Depois, para inserir em uma folha para impressão, basta arrastar a tabela até a folha. Tudo que estiver no projeto pode ser listado. Neste exemplo, vamos gerar uma tabela de portas com o arquivo **Bloco A**, que pode ser baixado no site da Editora.

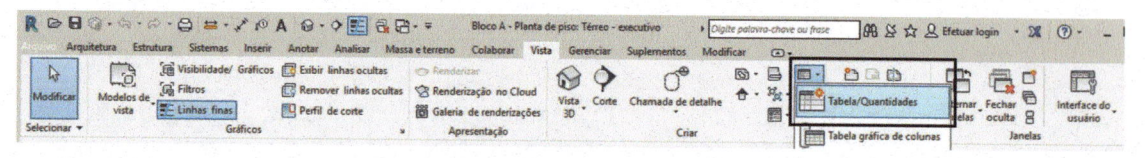

Figura 16.1 – Aba Vista – Tabelas.

Na janela **Nova tabela**, selecionamos a categoria da tabela, como mostra a Figura 16.2. Selecione **Portas** e clique em **OK**.

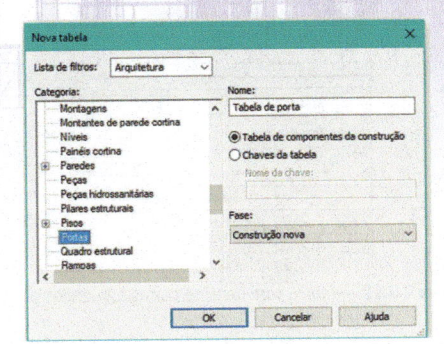

Figura 16.2 – Seleção da categoria da tabela – Portas.

O próximo passo é selecionar os itens que devem ser listados na tabela; por exemplo, tipo, largura e altura. Clique em **Altura**, em **Adicionar** e assim por diante para os campos que deseja inserir na tabela.

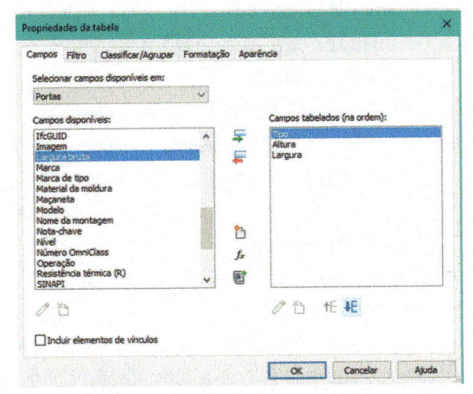

Figura 16.3 – Adição de campos à tabela.

Depois de adicionar os itens, você pode mudar a ordem clicando em **Mover para cima** e **Mover para baixo**.

Em seguida, clique em **OK** e a tabela é inserida na tela, conforme a Figura 16.4; então a vista **Tabela de porta** é criada.

Para alterar os campos e a forma de exibição de uma tabela já inserida, vamos editar as propriedades da vista da tabela em **Propriedades**, como indica a Figura 16.6.

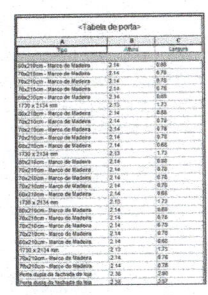

Figura 16.4 – Tabela gerada.

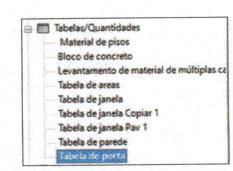

Figura 16.5 – Tabela criada no Navegador de projeto.

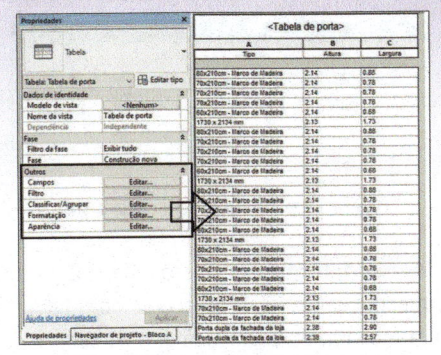

Figura 16.6 – Propriedades da tabela.

Ao selecionar **Editar** em cada uma das opções, surge a janela de diálogo **Propriedades da tabela** (Figura 16.7), e em cada aba é possível fazer um tipo de ajuste, como a seguir:

Campos: nessa aba, selecione os campos que vão compor a tabela em **Campos disponíveis**; em seguida, clique em **Adicionar** para inserir no quadro à direita.

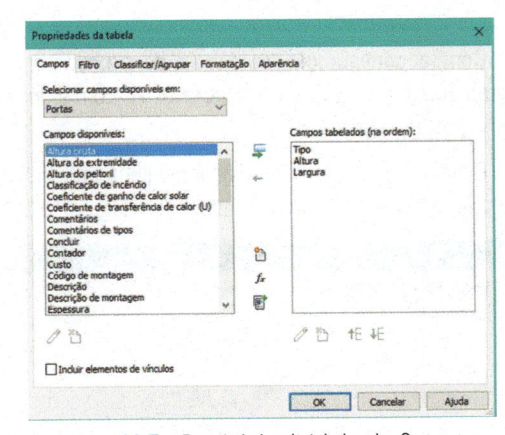

Figura 16.7 – Propriedades da tabela, aba Campos.

Filtro: nessa aba, você pode filtrar os campos da tabela para visualizar somente os selecionados. Neste exemplo, selecionamos os campos **Largura** e **Altura** das portas, mas também poderíamos visualizar apenas as portas de um pavimento ou aquelas com uma determinada largura, como mostra a Figura 16.9.

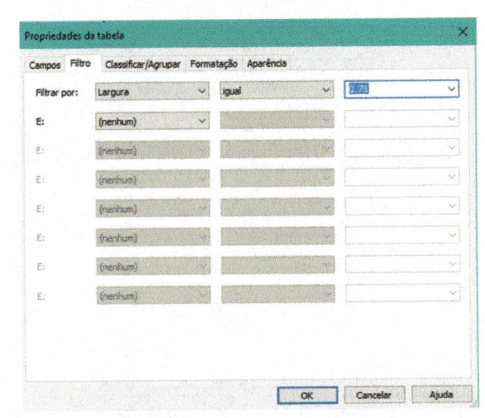

Figura 16.8 – Propriedades da tabela, aba Filtro.

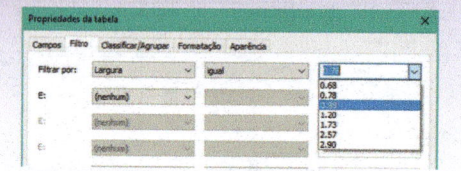

Figura 16.9 – Filtro de portas pela largura.

Classificar/Agrupar: nessa aba, fazemos o agrupamento de itens de acordo com tipo, largura e altura, ou seja, conforme os campos selecionados.

- **Cabeçalho:** liga um cabeçalho.
- **Rodapé:** liga um rodapé que insere o contador de itens.
- **Linha em branco:** deixa uma linha em branco entre os itens.
- **Total geral:** soma todos os itens. O título é o texto na folha
- **Itemizar cada instância:** exibe cada instância dos elementos.

Com a configuração da tabela de acordo com a Figura 16.10, ela é exibida na Figura 16.11, com todos os itens (portas) do projeto.

Devemos desmarcar **Classificar em itens cada instância** para agrupar os itens do mesmo tipo (Figura 16.12).

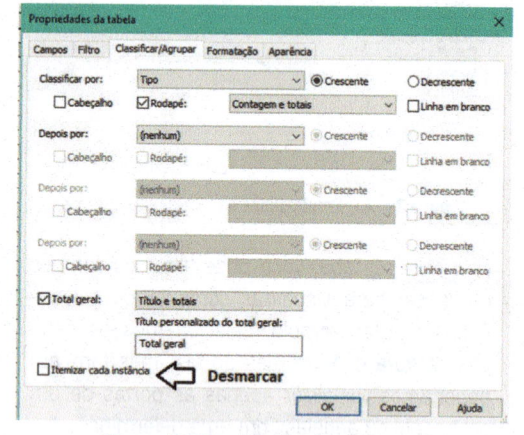

Figura 16.10 – Aba Classificar/Agrupar.

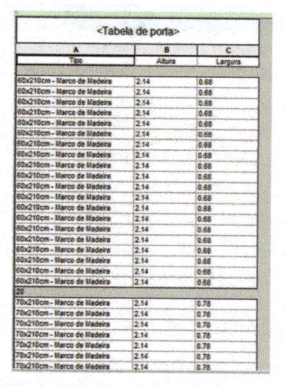

Figura 16.11 – Tabela exibe todas as instâncias de portas do projeto.

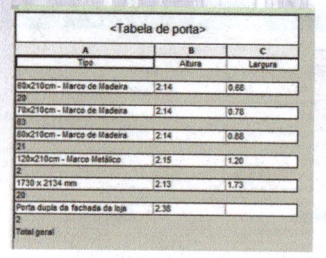

Figura 16.12 – Tabela com itens de portas agrupados por tipo.

Formatação: nessa aba, formatamos os campos selecionados no início e habilitamos a contagem total de itens de uma coluna. Por exemplo, em uma tabela de áreas, é preciso somar todas as áreas dos ambientes.

- **Cabeçalho:** nesse campo, digite o texto do cabeçalho de cada item.
- **Orientação do cabeçalho:** define o posicionamento do cabeçalho.
- **Alinhamento:** alinhamento do cabeçalho.
- **Formatação do campo:** formato dos itens, como unidades, casas decimais etc. Pode ser igual ao configurado em **Unidades de projeto** ou alterado na tabela.
- **Campo oculto:** esconde o campo na tabela temporariamente.
- **Mostrar formatação condicional em folhas:** exibe nas folhas a formatação condicional criada no botão **Formato Condicional**.
- **Cálculos:** nesse botão, define-se o tipo de cálculo por item. Por exemplo, calcula a soma de volumes ou áreas.

Deve-se selecionar cada campo separadamente e ajustar os valores para cada um deles.

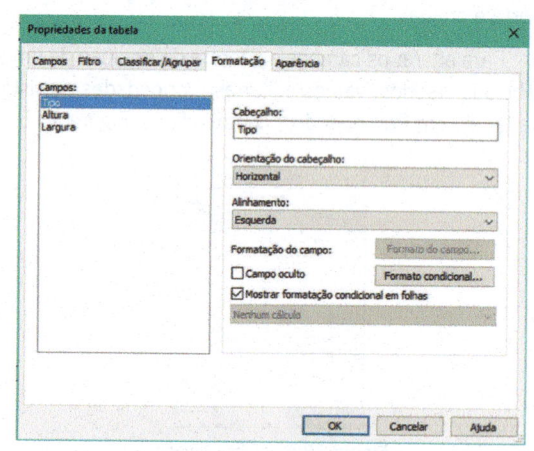

Figura 16.13 – Aba Formatação.

Aparência: nessa aba, configuramos como a tabela será exibida ao ser inserida em uma folha. É necessário configurar esses parâmetros para uma correta impressão da tabela. Os resultados da formatação da tabela só serão visíveis quando ela for inserida em uma folha.

- ⊙ **Construir tabela:** sentido dos itens na tabela.
- ⊙ **Linhas do eixo:** tipo de linha interna da tabela.
- ⊙ **Contorno:** tipo de linha externa da tabela.
- ⊙ **Exibir título:** o título da tabela é exibido.
- ⊙ **Exibir cabeçalhos:** os cabeçalhos são exibidos.
- ⊙ **Texto do título:** altura da letra do título.
- ⊙ **Texto do cabeçalho:** altura da letra do cabeçalho.
- ⊙ **Corpo do texto:** altura da letra do texto interno.

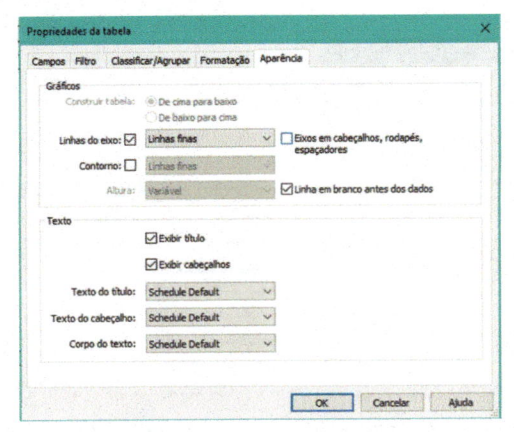

Figura 16.14 – Aba Aparência.

Na vista da tabela, a aba muda para Modificar Tabela/Quantidades e temos várias opções de edição da tabela.

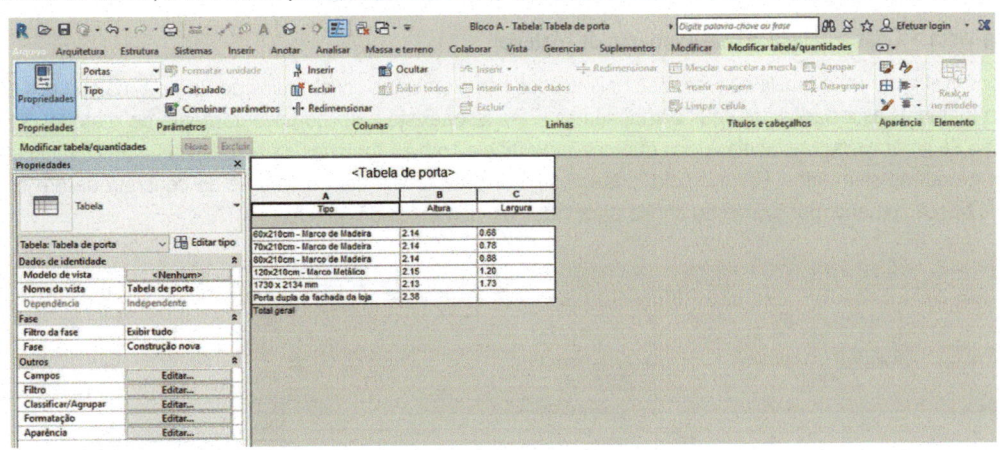

Figura 16.15 – Aba Modificar Tabela/Quantidades.

Parâmetros: essas configurações equivalem às configurações da aba Campo. Podemos alterar o campo de uma tabela por meio da seleção de um novo campo na caixa de seleção ou alterar as unidades de um campo.

Colunas: permite inserir ou ocultar uma coluna selecionada ou redimensionar a largura de uma coluna.

Linhas: permite inserir ou redimensionar uma linha. Ao excluir uma linha, estamos excluindo o item do projeto e não somente a linha.

Títulos e cabeçalhos: permite mesclar células de títulos, inserir uma imagem ou limpar uma célula.

Aparência: permite definir uma cor para a célula, as bordas, a cor do texto e o alinhamento do texto nas colunas.

16.2 Combinação de parâmetros em tabelas

As tabelas têm recurso que permite agrupar parâmetros em uma mesma coluna da tabela. Por exemplo, podemos agrupar os parâmetros das medidas de uma janela, largura, e altura com a medida do peitoril em uma coluna só. Essa coluna não pode ser usada como filtro nem como classificação para a tabela, seus valores não podem ser editados nem ser usados em outra tabela. Caso necessário, deve-se redefini-la, mas é muito útil em várias situações.

Vamos ver um exemplo. Para agrupar os valores ao criar ou editar uma tabela de janelas na aba **Campos** selecione **Combinar Parâmetros** como mostra a Figura 16.16.

Na janela **Combinar parâmetros** no campo **Nome do Parâmetro Combinado**, digite o nome que será o nome da Coluna; por exemplo **Medidas**. Em seguida, na coluna **Parâmetros da tabela**, selecione os parâmetros que deseja inserir na mesma coluna e clique na seta verde para adicionar na coluna da direita. Em seguida, você pode adicionar um prefixo ou sufixo no parâmetro e ainda um separador para os campos. Neste exemplo, vamos adicionar o separador **- x -** para as medidas e o sufixo m para metros. Clique em **OK** duas vezes para inserir a tabela. O resultado deve ser semelhante à Figura 16.17.

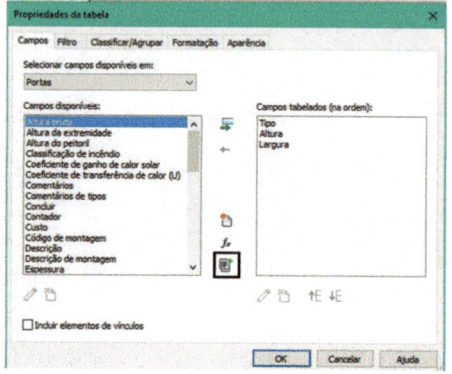

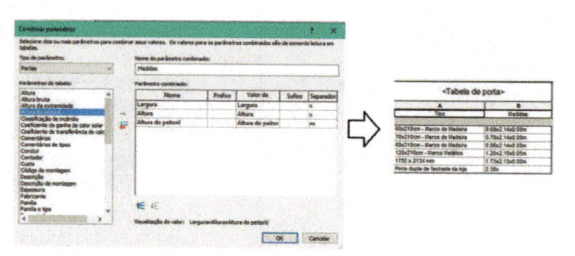

Figura 16.16 – Configurar uma combinação de parâmetros

Figura 16.17 – Tabela com parâmetros combinados.

16.3 Tabela para levantamento de materiais

Aba Vista > Criar > Tabela > Levantamento de material

É possível gerar uma tabela com os materiais usados nos elementos construtivos do Revit. A maioria dos elementos tem materiais associados aos seus componentes. Para isso, existe a opção **Levantamento de material**, separada da opção de gerar as outras tabelas, mas que cria uma tabela com as mesmas características e funcionalidades das tabelas de outros elementos. Por exemplo, podemos gerar uma tabela com o volume de concreto de um projeto e limitar a busca somente por pilares ou abri-la para todos os elementos do projeto.

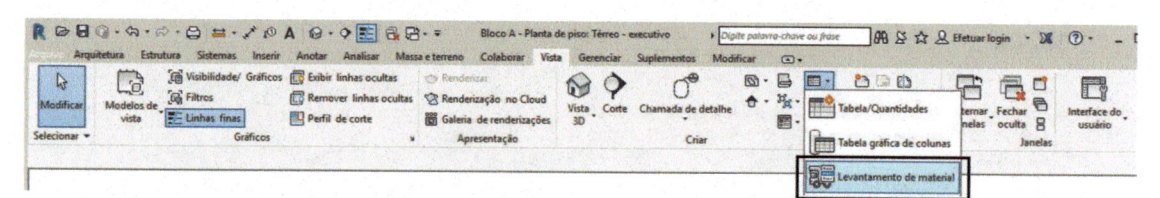

Figura 16.18 – Aba Vista – seleção de Levantamento de material.

Na janela de diálogo **Novo levantamento de material**, selecione a opção **<Multi-Categorias>**. Para o nome da tabela, digite **Bloco de concreto** e clique em **OK** (Figura 16.17).

A seguir, selecione as propriedades **Família e tipo**, **Material: Nome**, **Material: Volume** e **Material: Área** (Figura 16.18); clique em **OK** para gerar a tabela.

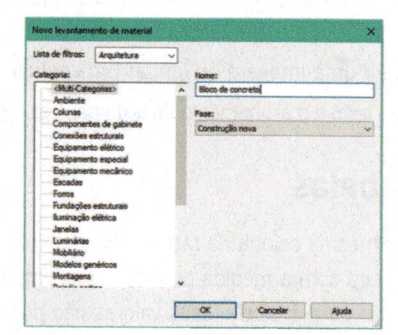

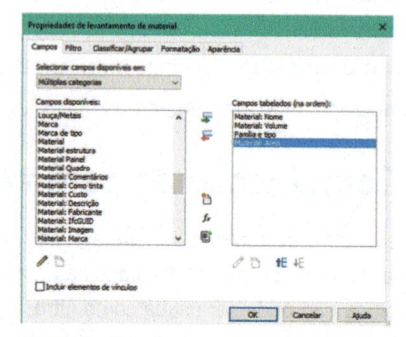

Figura 16.19 – Janela Novo levantamento de material.

Figura 16.20 – Seleção dos campos da tabela de volume.

A tabela é criada com uma longa lista de elementos e vários materiais, todos usados no projeto.

Em seguida, usamos os filtros para mostrar somente os elementos que têm concreto como material. Na janela **Propriedades da vista** da tabela, selecione **Editar** no campo **Filtro**. Na aba **Filtro**, selecione **Material: Nome**, selecione o campo **igual** e, ao lado, selecione **Bloco concreto 12**, como indica a Figura 16.20.

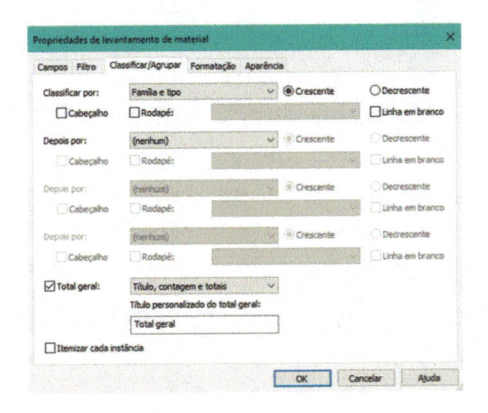

Figura 16.21 – Tabela gerada com todos os materiais do projeto.

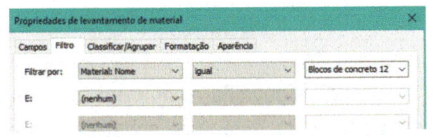

Figura 16.22 – Criação de filtro do material Bloco de concreto.

O resultado é uma tabela que lista apenas os elementos que contêm **Bloco concreto 12** como material. Você pode solicitar o cálculo de volume e da área total. Em **Classificar/Agrupar**, peça para agrupar por **Família e tipo** e habilite **Total geral**; na aba **Formatação**, habilite **Calcular os totais** para **Volume** e para **Área**.

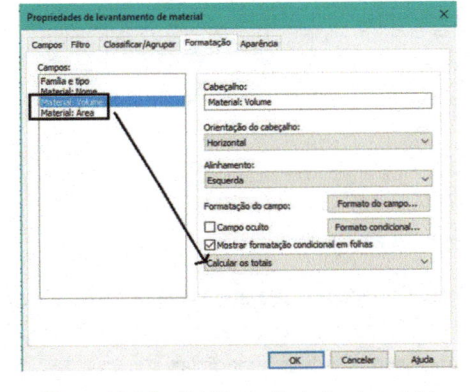

Figura 16.23 – Agrupar por volume.

Figura 16.24 – Habilitar o cálculo de volume total.

O resultado final é o volume e a área de blocos de concreto, apresentados na Figura 16.25.

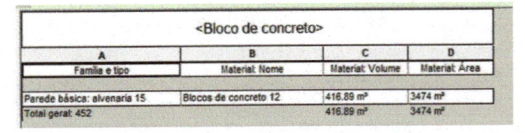

Figura 16.25 – Cálculo do volume total do material Bloco de concreto.

16.4 Tabela para volume de corte e aterro de terreno

Aba Vista > Criar > Tabela/Quantidades

A tabela para volume de corte e aterro de um terreno pode ser gerada com base na planificação em uma topografia com uma **Plataforma de construção**, conforme estudado no Capítulo 14. Neste exemplo, abra o arquivo **corte_aterro.rvt** para gerar a tabela. Esse projeto tem um terreno com uma plataforma de construção já criada. Vamos repetir o processo de uma tabela de quantitativos e selecionar **Topografia**.

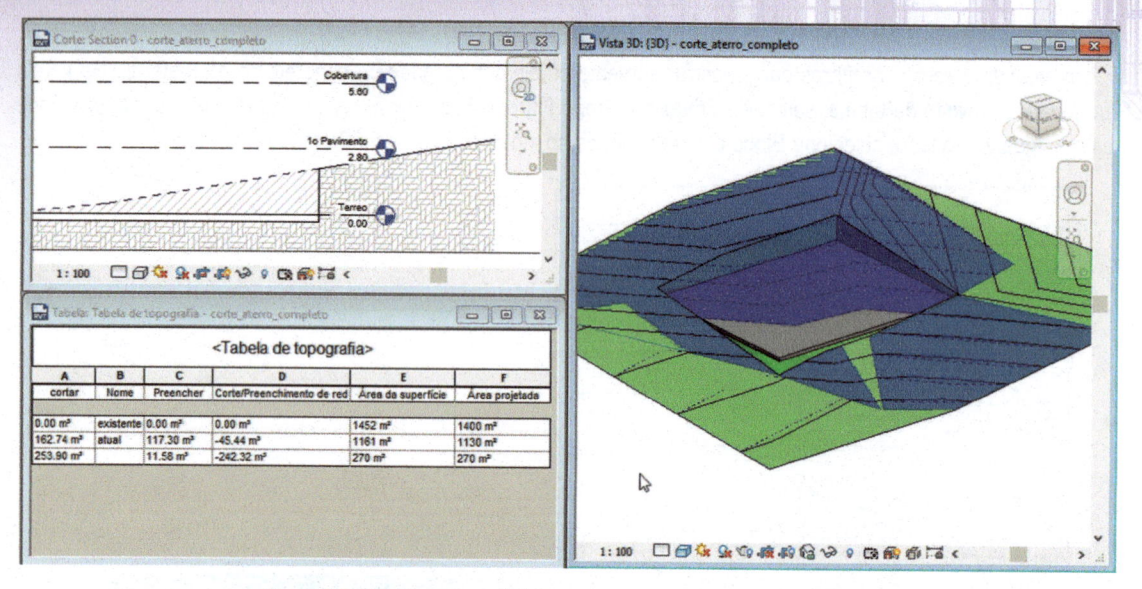

Figura 16.26 – Terreno com Plataforma de construção e tabela de corte/aterro.

Após selecionar Topografia, clique em OK. Na aba Campos, selecione os campos Cortar, Nome, Preencher, Corte/Preenchimento de rede, Área projetada e Área da superfície (Figura 16.28).

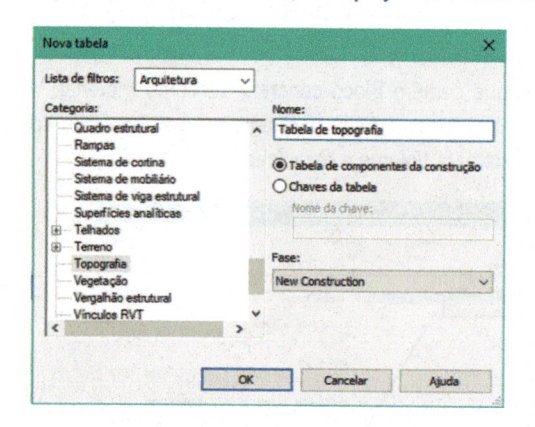

Figura 16.27 – Janela Nova tabela – Topografia.

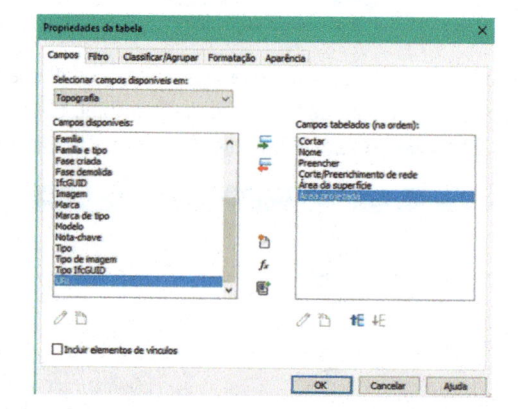

Figura 16.28 – Aba Campos – seleção dos campos da tabela.

Com isso, é criada a tabela apresentada na Figura 16.29. Note que os campos de Corte/Preenchimento de rede estão com valores zerados. Isso acontece porque ainda não geramos o que o Revit chama de superfície nivelada, que faz a diferença entre as duas superfícies.

A	B	C	D	E	F
Nome	Cortar	Preencher	Corte/Preenchimento de rede	Área da superfície	Área projetada
	0.00 m²	0.00 m²	0.00 m²	1146 m²	1115 m²
	0.00 m²	0.00 m²	0.00 m²	285 m²	285 m²

<Tabela de topografia >

Figura 16.29 – Tabela da topografia.

O próximo passo é gerar a superfície nivelada. Ative a vista do terreno. Na aba Massa e terreno, selecione Região com eixos.

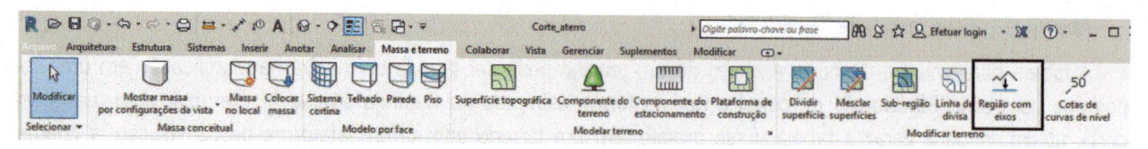

Figura 16.30 – Aba Massa e terreno – seleção de Região com eixos.

Na mensagem que se abre (Figura 16.29), escolha a opção **Criar uma nova superfície topográfica exatamente igual à existente** e selecione o terreno. Dessa forma, outra superfície será gerada em cima da anterior e a diferença entre elas poderá ser calculada.

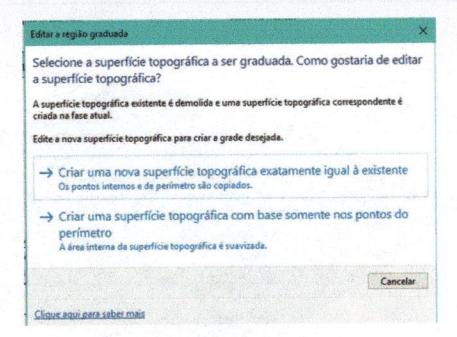

Figura 16.31 – Mensagem de alerta do tipo de superfície a ser criado.

A superfície é criada e a tabela é imediatamente preenchida com os valores de cálculo da diferença entre as duas. Como estamos no modo de edição, é necessário clicar em **Concluir superfície.**

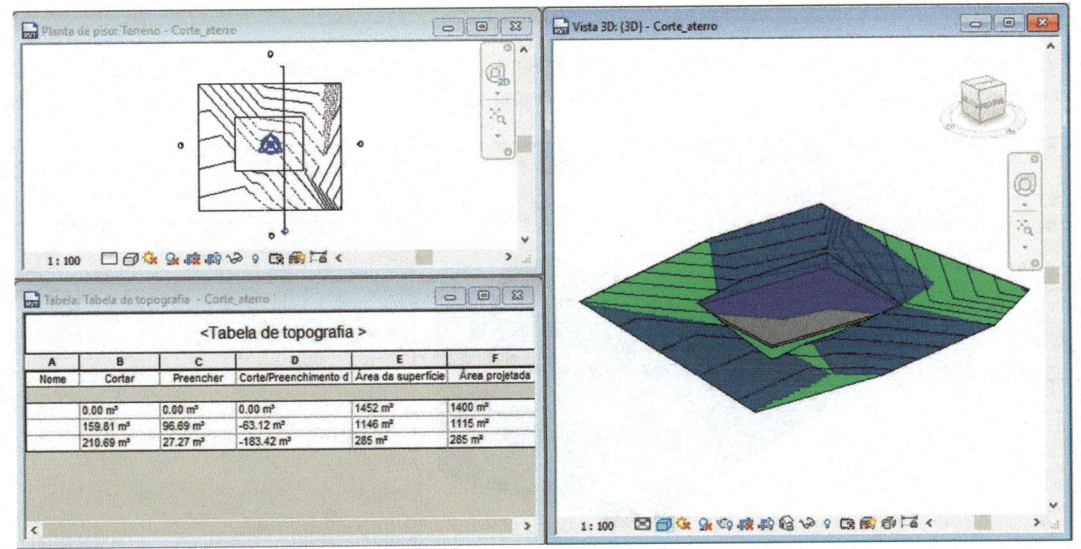

Figura 16.32 – Tabela criada com os volumes de corte e aterro.

Agora, temos duas superfícies de terreno, a existente e a atual. Para diferenciar as duas, podemos nomeá-las com base em suas propriedades. Selecione a superfície do terreno existente em uma vista 3D. Para isso, use a tecla **Tab**, que alterna entre vários elementos sobrepostos. Na janela **Propriedades**, mude seu nome para **existente**, como mostra a Figura 16.33.

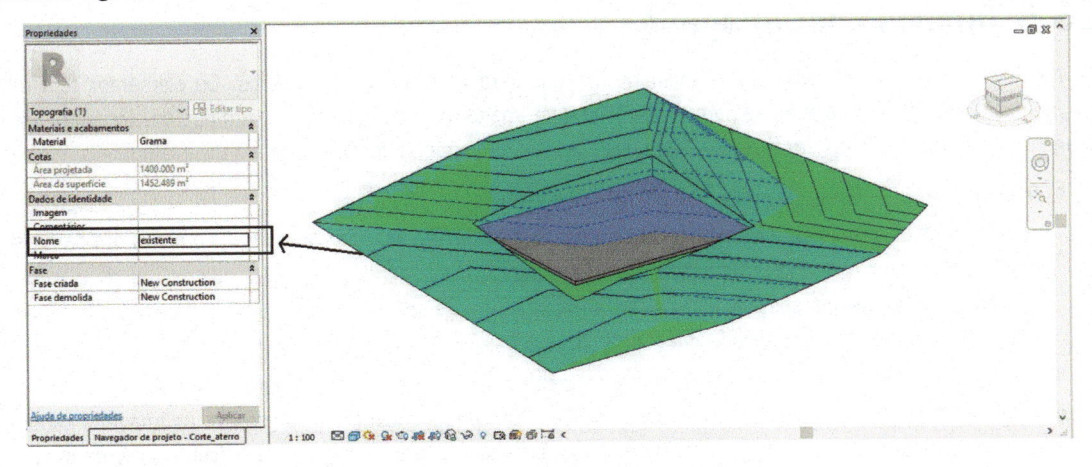

Figura 16.33 – Superfície existente.

Repita o processo para a superfície nivelada que acabamos de gerar. Selecione-a e mude seu nome para atual. Note que a superfície nivelada já tem as propriedades de corte/preenchimento, como indica a Figura 16.34.

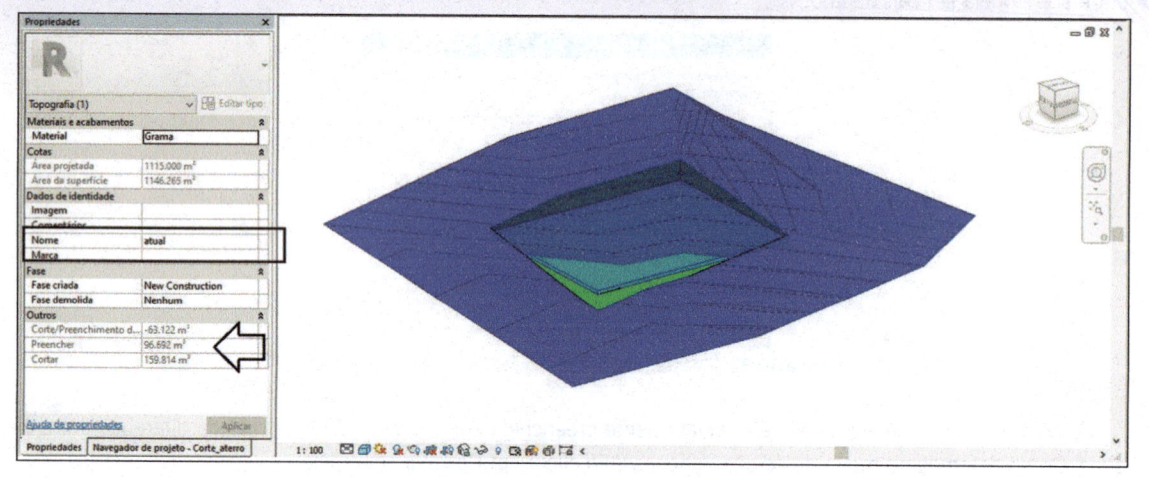

Figura 16.34 – Superfície atual.

Você pode mudar a altura da plataforma de construção e verificar que os valores da tabela se alteram. Pode, ainda, fazer outras alterações na plataforma para verificá-las na tabela.

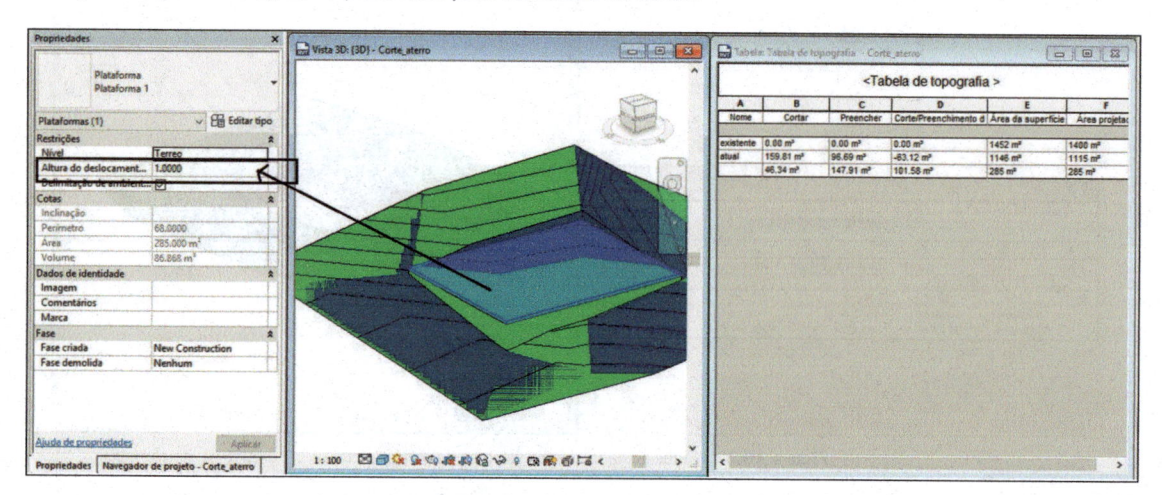

Figura 16.35 – Tabela alterada.

O resultado completo deste exemplo está no arquivo **corte_aterro_completo.rvt**, disponível no site da editora.

16.5 Tabelas com imagens

No Revit, podemos criar tabelas que incluam imagens para associar aos elementos. Os elementos têm uma propriedade de instância **Imagem** que permite associar uma imagem a uma instância ou um tipo de elemento. Essas imagens podem ser incluídas em tabelas e serão exibidas quando a tabela for colocada em uma folha.

Podemos associar imagens nos dois tipos de família a seguir:

- **Famílias do sistema**, como paredes, pisos e telhados; é possível associar uma imagem como um parâmetro de instância ou como uma propriedade do tipo na família.
- **Famílias carregáveis**, é possível especificar uma imagem para ser associada a uma instância da família carregável ao editar-se a propriedade **Imagem** no modelo.

As imagens que podemos associar ao elemento incluem as imagens importadas no modelo e as imagens criadas ao salvarmos vistas do modelo (como vistas 3D ou de renderização) para o projeto. As imagens somente serão exibidas na tabela quando ela for inserida na folha. Na vista da tabela, somente é visível o nome da imagem, mas não a imagem.

As imagens devem estar carregadas no projeto para serem associadas às famílias e podem ser carregadas todas de uma vez ou sob demanda. A ferramenta **Gerenciar imagens** facilita o seu gerenciamento.

A seguir, veremos como inserir imagens no projeto e como associá-las às famílias para gerar a tabela com imagens.

Aba Gerenciar > Gerenciar Imagens

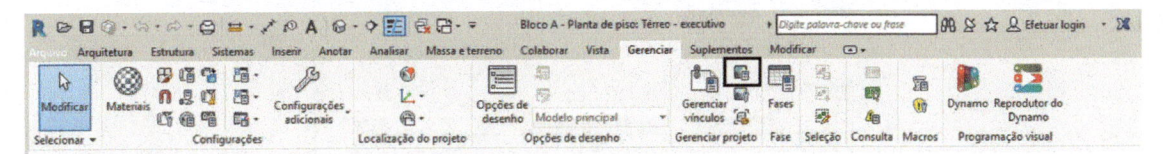

Figura 16.36 – Aba Gerenciar – opção Gerenciar imagens.

Ao acessar o comando, a janela de diálogo **Gerenciar imagens** é exibida e, se o projeto já possui imagens de vistas renderizadas, por exemplo, elas são listadas nessa janela.

Para inserir uma nova imagem, selecione **Adicionar** e escolha um arquivo de imagem, que será inserido na lista. Neste exemplo, inserimos a imagem da parede Alvenaria 15, como mostra a Figura 16.36. Com a imagem no projeto vamos inserir a imagem na família da parede.

Selecione a parede; em **Propriedades de tipo** clique no botão no final da linha em **Tipo de imagem** e selecione a imagem da parede como mostra a Figura 16.37.

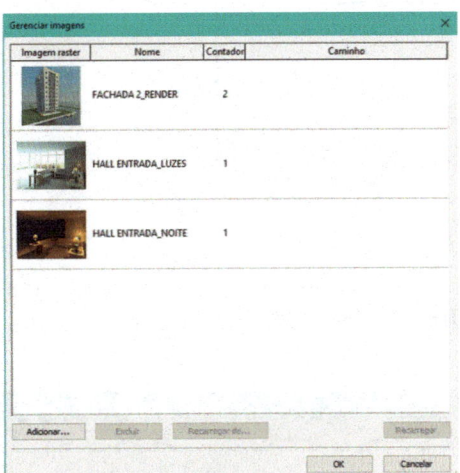

Figura 16.37 – Janela Gerenciar imagens.

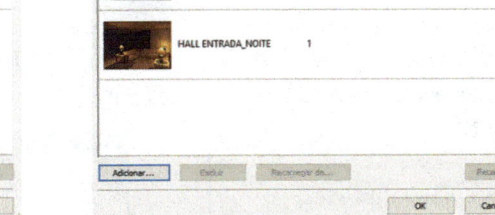

Figura 16.38 – Janela Gerenciar imagens.

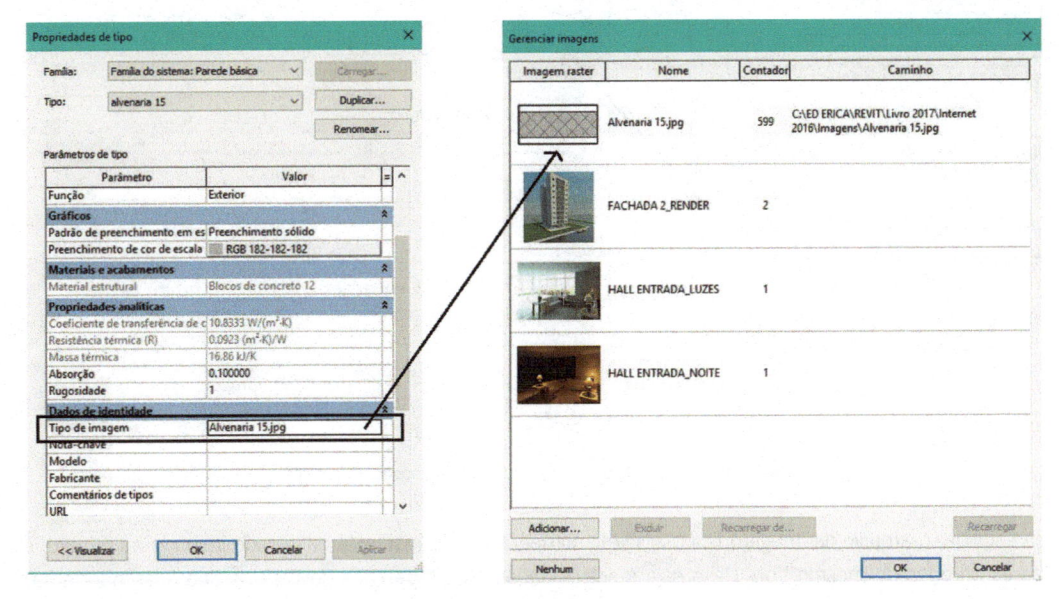

Figura 16.39 – Inserção da imagem nas Propriedades de tipo.

A imagem Alvenaria 15 é associada ao tipo da parede.

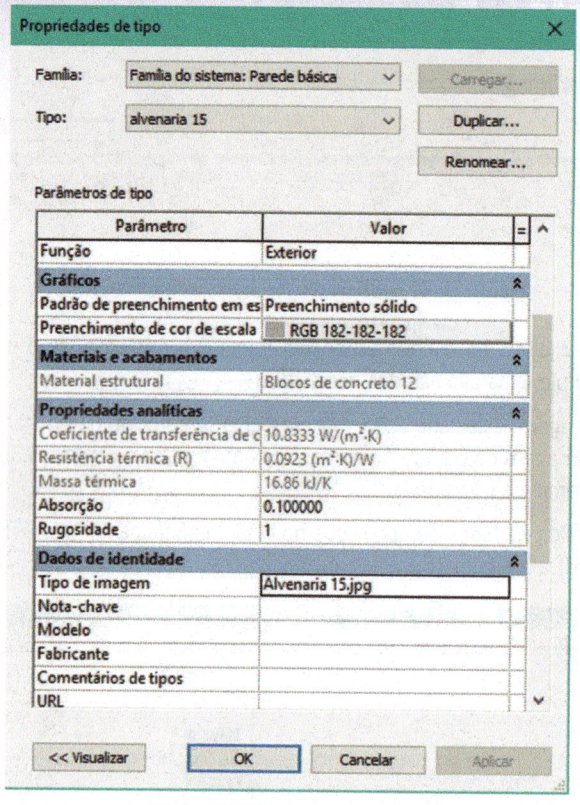

Figura 16.40 – Imagem associada.

Para inserir imagem em instância de elementos, quando há a necessidade de um mesmo elemento ser representado com imagens diferentes, selecione o elemento, e em **Propriedades**, selecione o botão no final da linha em **Imagem**. Por fim, na janela **Gerenciar imagens**, selecione a imagem.

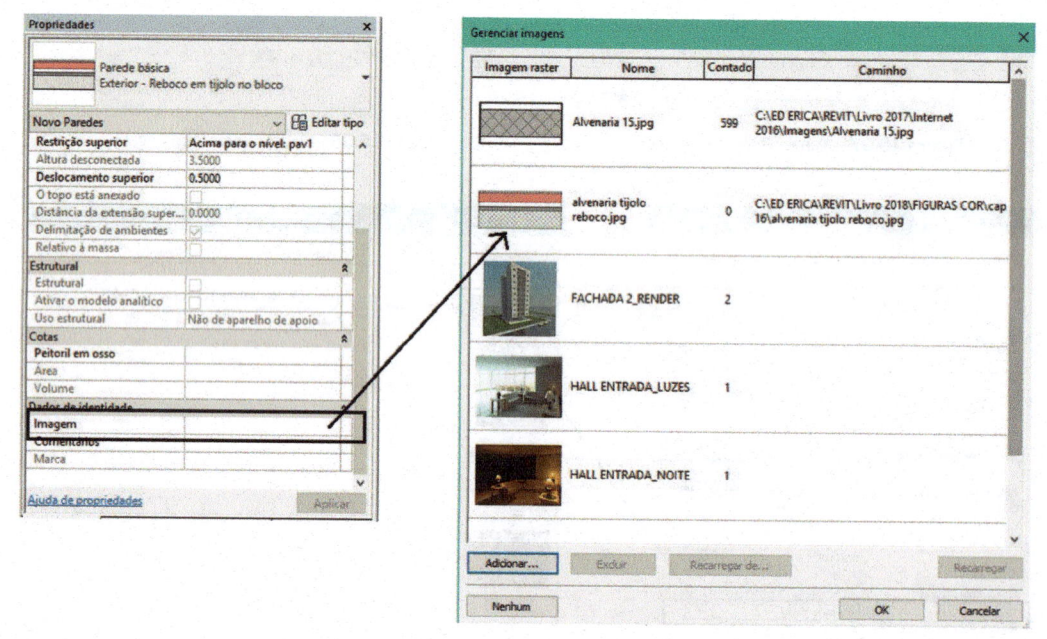

Figura 16.41 – Inserção da imagem nas Propriedades de instância.

Em seguida, o arquivo de imagem fica associado somente àquela instância da parede inserida no projeto, e não a todas as paredes do mesmo tipo. Caso sejam selecionadas outras paredes do mesmo tipo, elas não terão uma imagem associada.

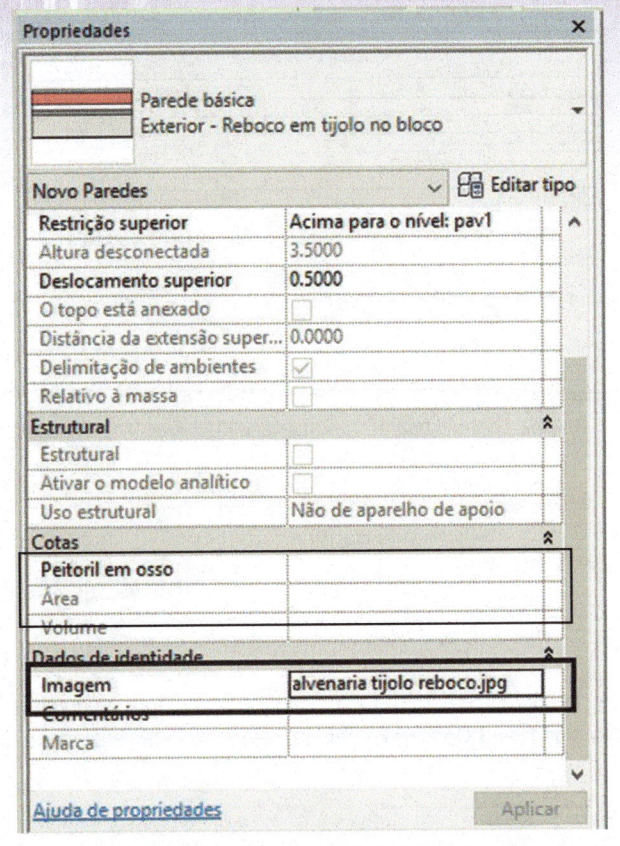

Figura 16.42 – Imagem associada à instância da parede.

Agora, as imagens estão associadas às famílias de paredes. Para criarmos a tabela do elemento, devemos adicionar a propriedade Imagem – se forem imagens inseridas nas Instâncias dos elementos – ou a propriedade Tipo de imagem – no caso de a imagem ter sido inserida nas Propriedades de tipo das famílias.

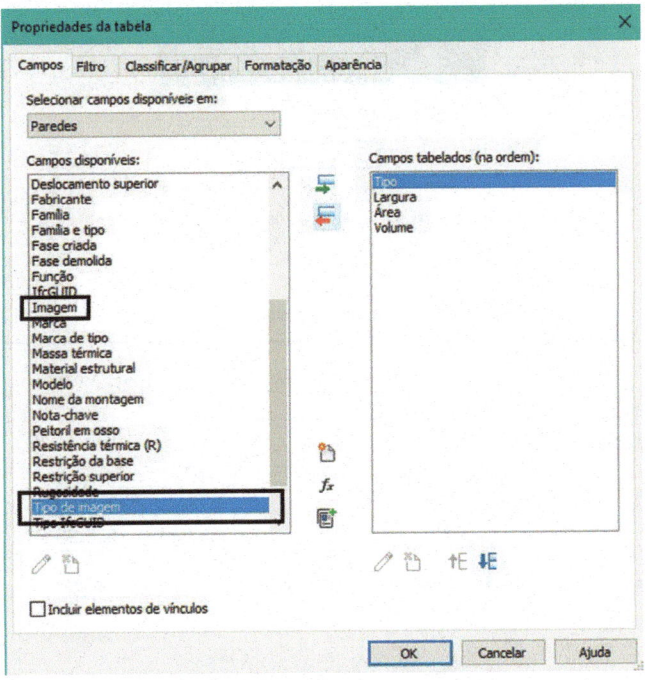

Figura 16.43 – Adição da propriedade na tabela.

Neste exemplo, criamos a tabela de paredes, na qual inserimos a imagem nas propriedades de tipo das paredes. Note que as imagens das paredes não são exibidas na vista da tabela.

<Tabela de parede>				
A	B	C	D	E
Tipo de imagem	Tipo	Largura	Área	Volume
Alvenaria 15.jpg	alvenaria 15	0.15	3474 m²	521.11 m³
	Divisória vidro box	0.04	4 m²	0.17 m³
	Vitrine		79 m²	0.00 m³
Total			3557 m²	521.28 m³

Figura 16.44 – Tabela de paredes com as imagens associadas.

Ao inserir a tabela em uma folha, as imagens são exibidas.

Tabela de parede				
Tipo de imagem	Tipo	Largura	Área	Volume
	alvenaria 15	0.15	3474 m²	521.11 m³
	Divisória vidro box	0.04	4 m²	0.17 m³
	Vitrine		79 m²	0.00 m³
Total			3557 m²	521.28 m³

Figura 16.45 – Tabela inserida na folha exibindo as imagens.

A altura das linhas pode ser alterada e a imagem se adapta à nova altura proporcionalmente. Selecione a tabela já inserida na folha e, na aba **Modificar | Gráficos da Tabela**, selecione **Redimensionar** e digite o valor em milímetros da altura da linha.

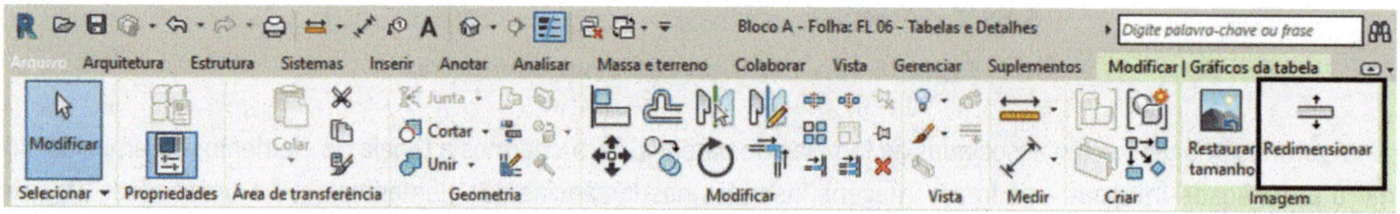

Figura 16.46 – Aba Modificar | Gráficos da Tabela – Redimensionar.

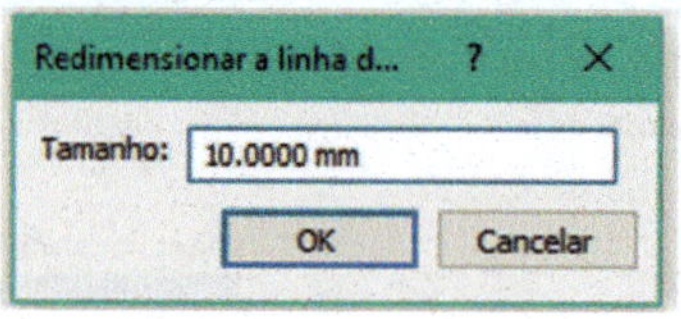

Figura 16.47 – Alteração da altura da linha.

Tabela de parede				
Tipo de imagem	Tipo	Largura	Área	Volume
	alvenaria 15	0.15	3474 m²	521.11 m³
	Divisória vidro box	0.04	4 m²	0.17 m³
	Vitrine		79 m²	0.00 m³
Total			3557 m²	521.28 m³

Figura 16.48 – Nova altura da linha com imagem redimensionada.

17 Montagem de Folhas e Impressão

Introdução

Neste capítulo, vamos preparar a documentação do projeto para impressão. Veremos como montar folhas com as plantas, os cortes, as vistas criadas no projeto e as tabelas dos elementos inseridos para impressão.

Objetivos

- Inserir uma folha com tamanho padrão.
- Aprender a inserir vistas do projeto na folha.
- Manipular as vistas na folha
- Imprimir a folha.

17.1 Geração de folhas de impressão

Aba Vista > Composição da folha > Folha

A criação de folhas para impressão é feita pela ferramenta Folhas. Não há um limite de folhas a serem inseridas no projeto. Uma folha pode conter somente vistas do desenho listadas no Navegador de projeto e/ou tabelas dos elementos inseridos no projeto. Depois de criar as folhas, inserimos as vistas do desenho já com a escala definida na vista criada. As folhas estão em escala 1:1, em milímetros, e as vistas podem ser inseridas nela em diferentes escalas.

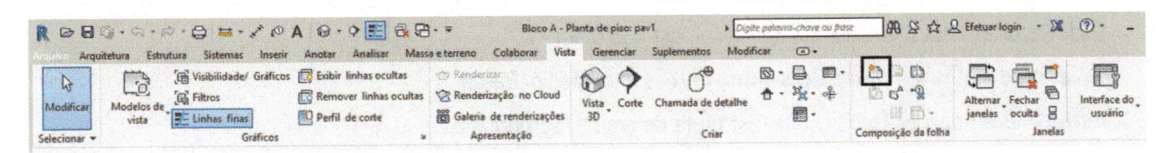

Figura 17.1 – Folha pela aba Vista.

Para inserir uma folha, na aba Vista, selecione Folha, como mostra a Figura 17.2. Também é possível, pelo Navegador de projeto, clicar com o botão direito do mouse em Folhas.

Figura 17.2 – Folha pelo Navegador de projeto.

Surge, então, a janela de diálogo **Nova folha**, que solicita a folha; a sugestão é o formato A1, mas, se desejar outro, clique em **Carregar** e o Revit traz famílias com os formatos mais utilizados na pasta **Blocos de margens e carimbo**. Selecione um deles e clique em **Abrir**. Neste exemplo, vamos usar o **A0 métrico**. Clique em **OK** na janela **Nova folha**.

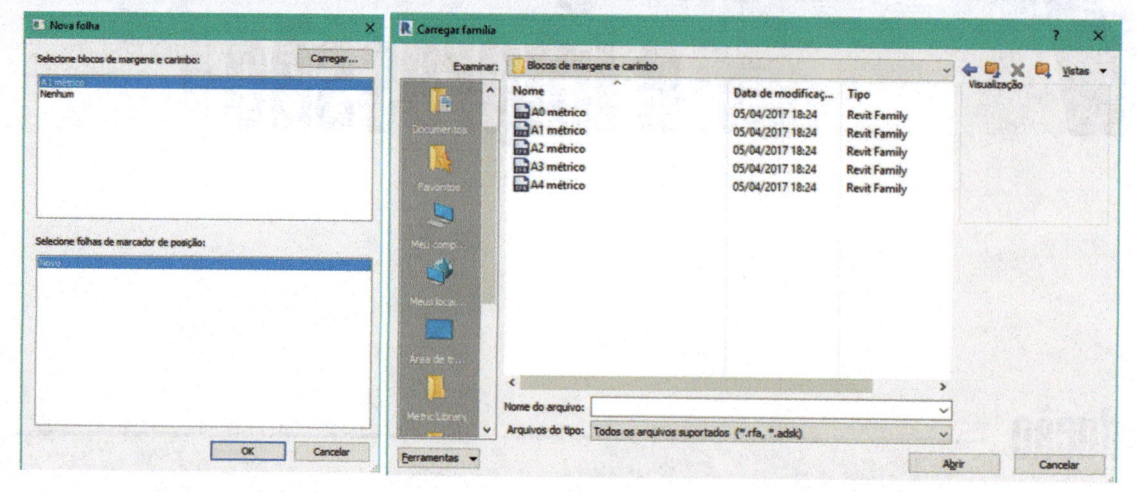

Figura 17.3 – Seleção da folha.   **Figura 17.4 –** Outras famílias de folhas.

Uma folha é inserida na tela. Em **Folhas (Todas)**, no **Navegador de projeto**, clique no sinal de **+** para abrir a lista de folhas, conforme a Figura 17.5.

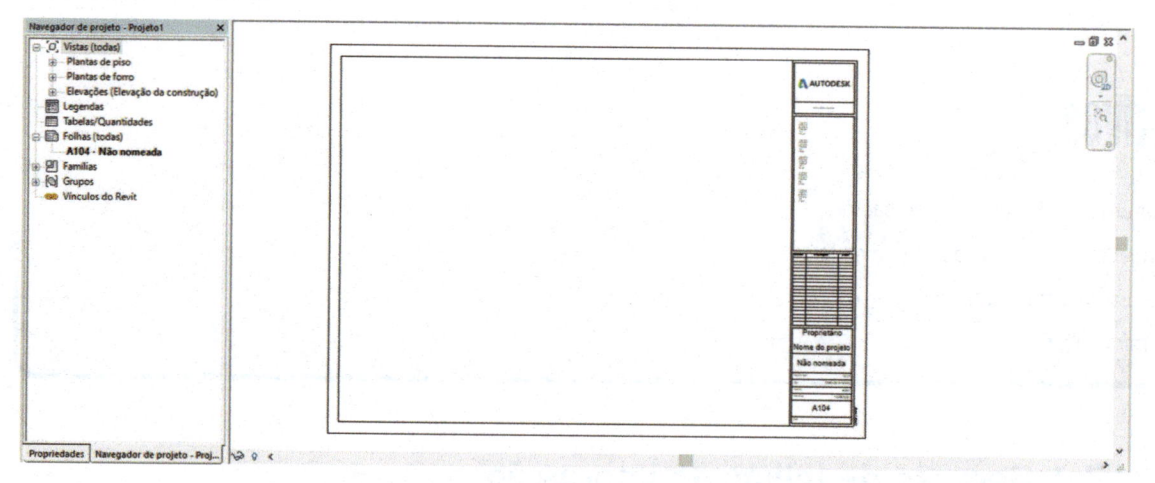

Figura 17.5 – Folha A0 inserida na tela.

A partir deste momento, vamos inserir vistas do desenho na folha clicando na vista no **Navegador de projeto** e arrastando-a para a folha. É importante preparar as vistas a serem inseridas em uma folha antes de arrastá-las. Verifique os seguintes itens:

Definir a escala na barra de status;

Visibilidade/Sobreposição de gráficos: definir o que será exibido/ocultado

Usar **Recortar vista** para definir o que será mostrado (item 17.2).

Nível de detalhe na barra de status: opções **Alto/Médio/Baixo.**

Estilo visual: opções **Linha oculta/Estrutura de arame/Sombreado.**

Sombras: opções **Ativadas/Desativadas.**

 **Dica**

Uma vista não pode ser inserida na folha mais de uma vez, nem em mais de uma folha. Para inserir uma vista em mais de uma folha, precisamos duplicá-la (conforme estudamos no Capítulo 7).

Para mudar o nome da folha, clique em **Não nomeada** no carimbo à direita e ele entrará no modo de edição (Figura 17.6). Renomeie a folha e note que o **Navegador de projeto** também é atualizado.

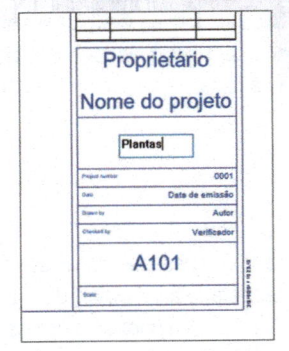

Figura 17.6 – Renomeando a folha.

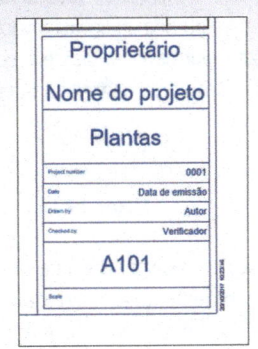

Figura 17.7 – Folha renomeada.

Clique no campo do número da folha e mude para **FL 01** (Figura 17.8). A partir de agora, ao criar uma folha, a numeração será sequencial. Crie mais uma ou duas folhas para verificar.

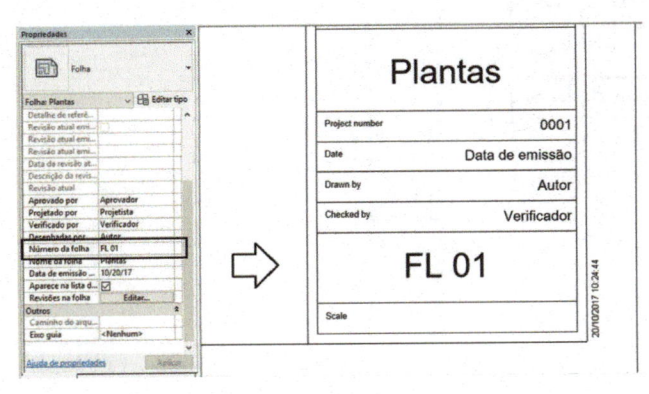

Figura 17.8 – Folhas criadas.

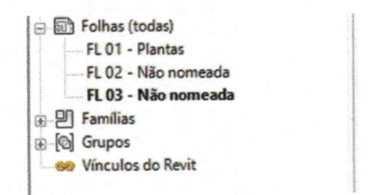

Figura 17.9 – Folha criada numerada na sequência.

Para criar sua própria folha e o carimbo, é preciso criar uma família com base em um dos modelos de **Blocos de margem e carimbo** do Revit. Os templates estão na pasta C:\Program Data\Autodesk\RVT2018\Family Templates\Portuguese\blocos de margens e carimbos\A0_Metric.rft.

Neste exemplo, vamos montar uma folha com o arquivo **Bloco A.rvt.** Se você quiser, pode usar o seu arquivo ou o arquivo **Bloco A.rvt.**, que está disponível no site da Editora. Verifique a escala; vamos usar 1:50 nas plantas e, para isso, vamos inserir a vista do térreo e pav1. Clique no pavimento térreo e arraste para a folha. Ao arrastar, somente a moldura da viewport é mostrada, até que você solte na folha. Em seguida, a vista é inserida, como indica a Figura 17.10.

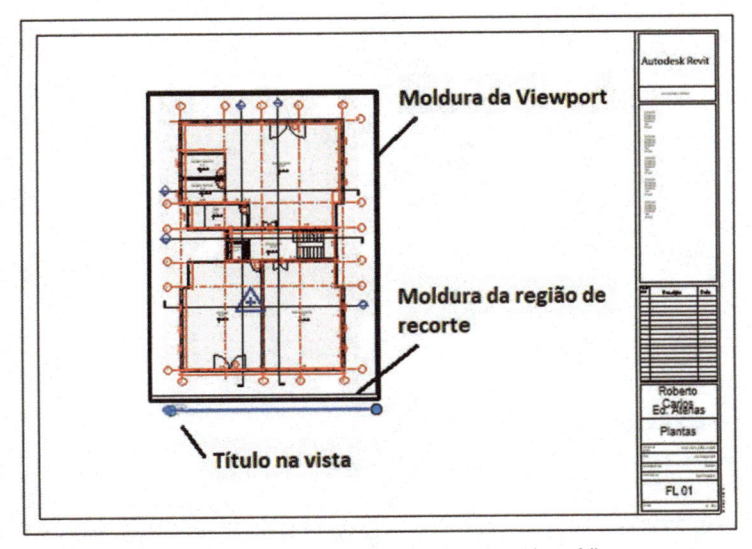

Figura 17.10 – Vista do pavimento térreo inserida na folha.

Você verá duas molduras ao redor da vista e uma linha com o título da vista; a da viewport (linha de fora) e a da região de recorte (linha de dentro), que é a linha de recorte da vista, a qual é visível, pois está ligada na vista (Figura 17.10). Dependendo de como estiver configurada a sua vista, você não verá a região de recorte. Clicando fora da viewport, ela some e a moldura da região de recorte permanece. Ela deve ser desativada na vista correspondente, selecionando-se o botão na barra de status (Figura 17.11). A moldura da viewport deve ser usada para mover a vista na folha.

Figura 17.11 – Botão Ocultar região de recorte.

Depois de desligar a região de recorte, acerte a posição da vista na folha. O resultado é o desenho da vista em escala na folha. A partir desse momento, tudo que for alterado na vista do pavimento será alterado na viewport da folha. A seguir, insira a planta do pav 1- executivo na folha em escala 1:50. O resultado é uma folha pronta para ser impressa.

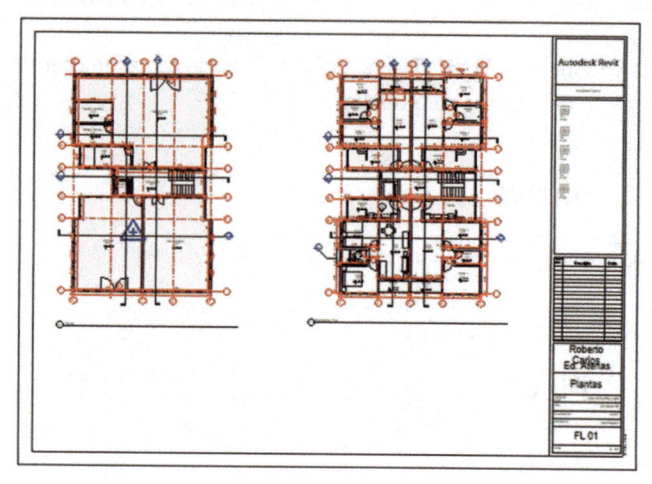

Figura 17.12 – Folha com plantas de dois pavimentos.

Após selecionar uma viewport, suas propriedades podem ser vistas em **Propriedades**. Você pode criar estilos de viewport de acordo com seus projetos.

A Figura 17.13 mostra as propriedades de instância de uma viewport.

Nome da vista: nome da vista apresentado no **Navegador de projeto**.

Título da página: título da folha, que pode ser diferente de **Nome da vista**.

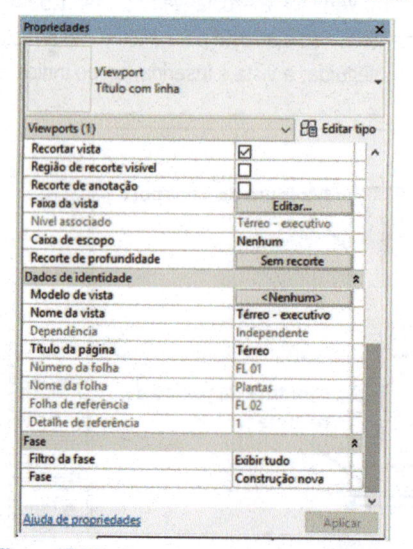

Figura 17.13 – Propriedades de instância da viewport.

Para alterar a posição do título da viewport, clique na sua margem. Ao surgirem os grips azuis no título, clique e arraste para diminuir o tamanho. Para mover o título, clique nele. Ao aparecer o símbolo de **Mover**, mova o título.

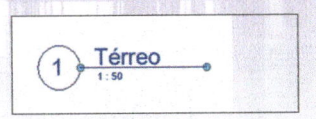

Figure 17.14 – Alteração da linha do título da viewport.

Para remover o título, selecione a viewport; em **Propriedades**, selecione **Editar tipo** e, nas propriedades, desligue **Exibir título**.

Para mover a viewport, selecione-a. Ao surgir o símbolo de **Mover**, mova com o cursor. Para alterar o tamanho da viewport, selecione-a. Na aba **Modificar | Viewport**, escolha **Tamanho do recorte**. Na janela **Tamanho da região de recorte**, altere as medidas.

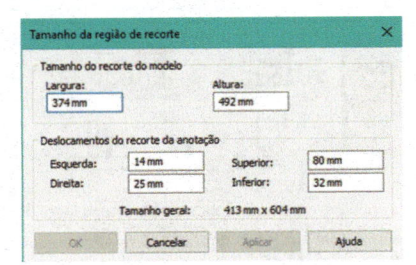

Figura 17.15 – Alteração das medidas da viewport.

17.2 Criação de região de recorte

A região de recorte corta a parte de uma vista que não deve ser exibida na tela ou na impressão. Às vezes, em um projeto muito grande, há necessidade de ocultar parte da vista para impressão ou mesmo para visualização somente. Como vimos, ao inserir uma vista de planta, corte, elevação ou perspectiva em uma folha, a viewport (borda da vista inserida na folha) pode ficar com sobras em relação à vista na folha. O ideal é que as vistas já sejam recortadas com **Recortar vista** antes de serem inseridas nas folhas, para não haver sobras e facilitar a sua movimentação. Depois de inserir as vistas nas folhas, você terá de movê-las para adequá-las ao espaço da folha e acertar a posição dos títulos.

A Figura 17.16 exibe a vista do pavimento terreno completa, com o pavimento térreo e o terreno.

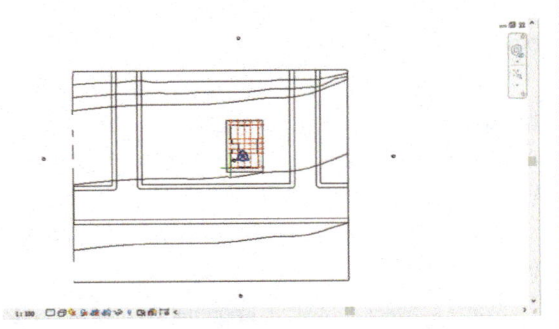

Figura 17.16 – Pavimento terreno.

Para ativar a região de recorte, clique no botão da barra de status **Exibir região de recorte** e uma moldura aparecerá na tela. Clique nela para ativar os grips, como indica a Figura 17.18.

Figura 17.17 – Botão Exibir região de recorte.

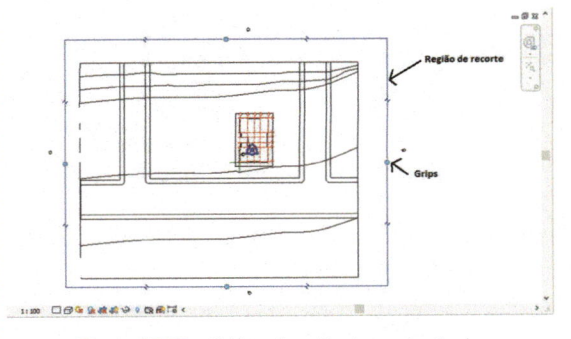

Figura 17.18 – Moldura da região de recorte ativada.

Em seguida, clique nos grips para diminuir a área a ser exibida (Figura 17.19). Depois, tecle **Esc** para retirar os grips.

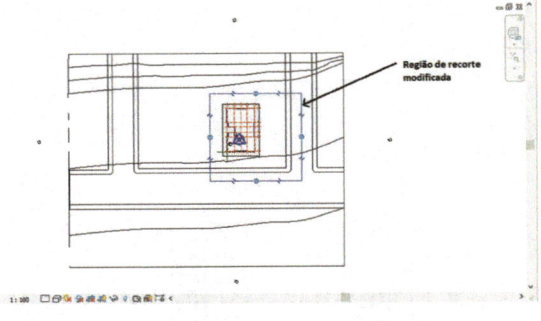

Figura 17.19 – Moldura diminuída.

É gerada uma linha de borda fina em volta da área selecionada. A borda na figura está com linha grossa para efeito de destaque somente. Clique em **Recortar vista** na barra de status para que a vista seja recortada (Figura 17.21).

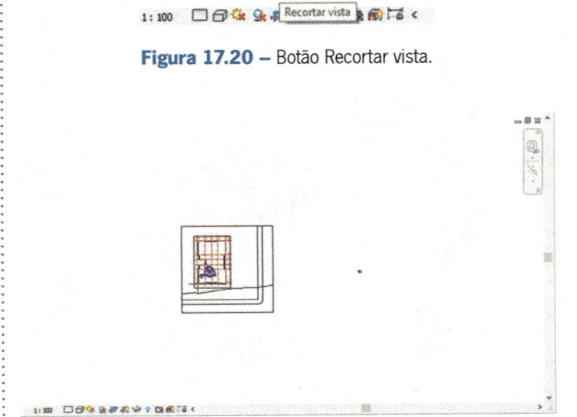

Figura 17.20 – Botão Recortar vista.

Figura 17.21 – Vista cortada pela região de recorte.

O botão **Ocultar região de recorte** desliga a moldura para que ela não apareça na viewport (Figura 17.22).

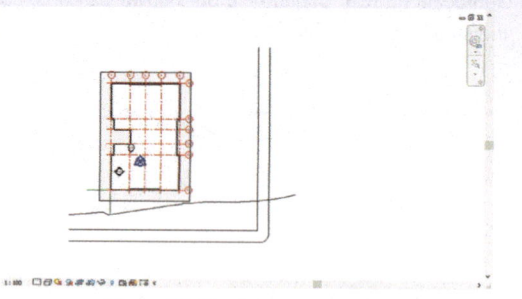

Figura 17.22 – Moldura desligada.

Figura 17.23 – Botão Ocultar região de recorte.

Para retornar à situação inicial, desligue os dois botões, conforme a Figura 17.24.

Figura 17.24 – Botões para desligar a região de recorte.

A Figura 17.26 ilustra uma folha A0 com várias viewports simultaneamente. Para praticar, você pode inserir outras folhas de vários tamanhos, com desenhos em escalas diversas.

As Figuras 17.27 e 17.28 exemplificam vários tipos de folha em que inserimos vistas 2D e 3D com perspectivas e renderizações.

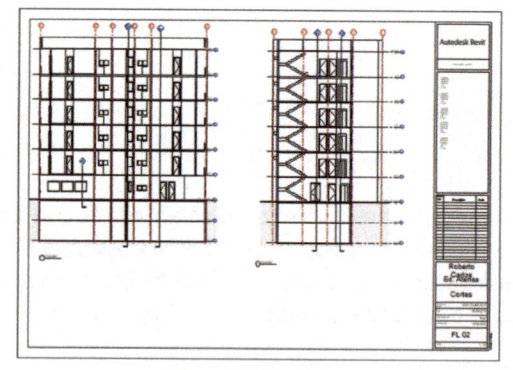

Figura 17.25 – Cortes.

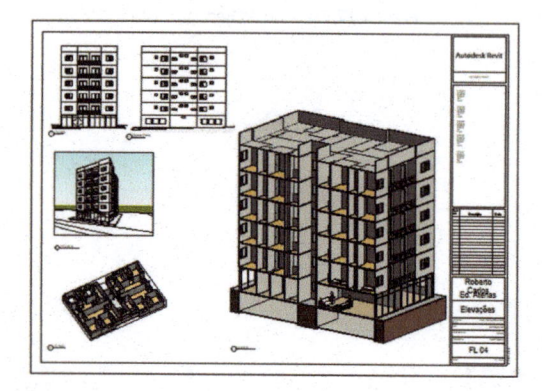

Figura 17.26 – Elevações

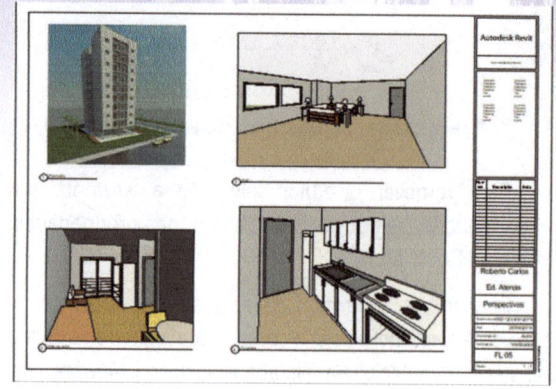

Figura 17.27 – Perspectivas

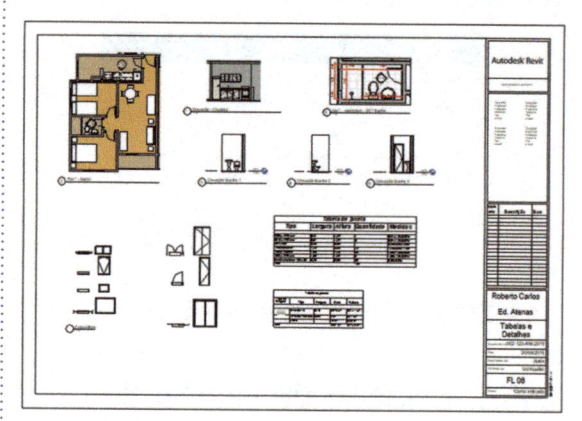

Figura 17.28 – Tabelas.

17.3 Impressão

Depois de montada, a folha pode ser impressa em uma impressora configurada no equipamento ou o projeto pode ser publicado em formato DWF (Design Web Format), PDF ou em sistemas de troca de arquivos pela web.

Para gerar um arquivo DWF, utilize a opção **Exportar** pelo menu de aplicação. O formato DWF pode ser usado também para gerar um modelo 3D a partir de uma vista 3D e ser lido pelo Autodesk Design Review ou pelo Autodesk Viewer diretamente na web (https://a360. autodesk.com/viewer). O arquivo 3D gerado é bem menor que o arquivo do Revit, e no Design Review ou no Autodesk Viewer você pode usar as ferramentas de visualização em 3D (Steering Wheel e ViewCube) para visualizar interior do projeto e caminhar nele.

Agora, selecione a folha a ser impressa pelo **Navegador de projeto** ou simplesmente uma vista do projeto. Não é somente a folha que pode ser impressa, uma vista qualquer na tela também pode.

Para imprimir, selecione **Imprimir** no menu **Arquivo** (Figura 17.29).

Surge a janela de diálogo **Imprimir**, na qual é preciso configurar os seguintes campos:

Impressora

Nome: seleção de impressora.

Propriedades: configuração das propriedades da impressora, que variam de acordo com o equipamento.

Imprimir para arquivo: imprime para um arquivo PRN ou PLT.

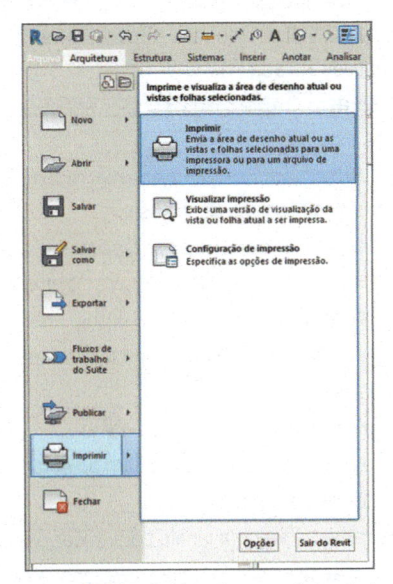

Figura 17.29 – Seleção do comando Imprimir.

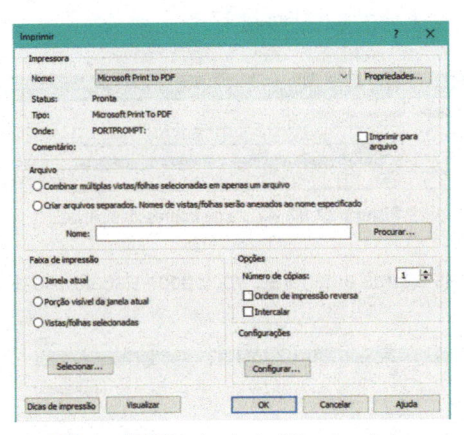

Figura 17.30 – Janela de diálogo Imprimir.

Arquivo

Combinar múltiplas vistas/folhas selecionadas em apenas um arquivo: imprime várias folhas em um mesmo arquivo.

Criar arquivos separados. Nomes de vistas/folhas serão anexados ao nome especificado: cria arquivos separados de impressão quando forem selecionadas várias folhas.

Nome: o nome do arquivo ao selecionar Imprimir para arquivo.

Procurar: permite selecionar a pasta na qual será gravado o arquivo.

Faixa de impressão

Janela atual: imprime a janela corrente.

Porção visível da janela atual: imprime somente a parte visível da janela.

Vistas/folhas selecionadas: essa opção imprime vistas/folhas selecionadas pelo botão Selecionar.

Opções

Número de cópias: número de cópias a imprimir.

Ordem de impressão reversa: inverte a ordem de impressão, desta forma a última folha é impressa primeiro.

Intercalar: se tiver selecionado várias cópias e quiser fazer uma cópia completa de todas as folhas antes de começar a segunda cópia, selecione Intercalar. Caso contrário, são feitas as cópias de todas as folhas em ordem.

Configurações

Configurar: abre uma janela de diálogo (Figura 17.31) com as seguintes opções:

- ⊙ **Nome:** o nome das configurações de impressão salvas anteriormente.

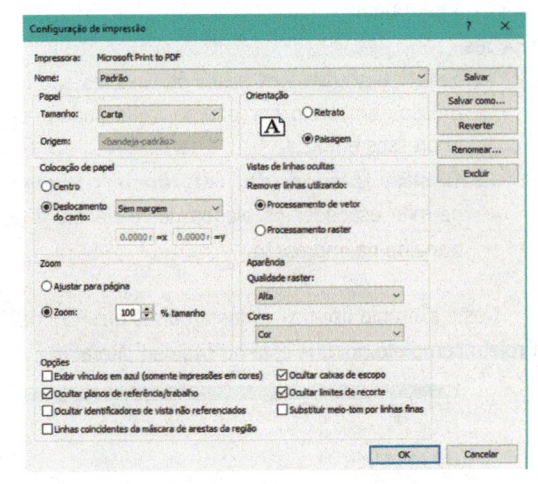

Figura 17.31 – Janela Configuração de impressão.

Papel

- ⊙ **Tamanho:** tamanho do papel.
- ⊙ **Origem:** fonte de alimentação de papel.

Orientação

- ⊙ **Retrato:** posição do desenho na folha da impressora.
- ⊙ **Paisagem:** posição do desenho na folha da impressora.

Colocação de papel

- ⊙ **Centro:** centraliza o desenho na folha.
- ⊙ **Deslocamento do canto:** distância da origem do desenho.

Vistas de linhas ocultas

Remover linhas utilizando:

- ⊚ **Processamento de vetor:** processamento vetorial; melhora o desempenho da impressão.
- ⊚ **Processamento raster:** processamento de impressão mais lento.

Zoom

- ⊚ **Ajustar para página:** ajusta o desenho ao tamanho da folha.
- ⊚ **Zoom:** faz um zoom da folha mediante atribuição de uma porcentagem.

Aparência

- ⊚ **Qualidade raster:** qualidade da imagem impressa. Aumentando a qualidade, aumenta o tempo de impressão.

Cores

- ⊚ **Linhas pretas:** imprime em preto todo o texto, linhas não brancas, hachuras e bordas. Imagem e cor sólida são impressas em tons de cinza (opção não disponível para DWF).
- ⊚ **Escala de cinza:** todas as cores, texto, imagens e linhas são impressos em tons de cinza.
- ⊚ **Cor:** todas as cores do projeto são mantidas de acordo com a disponibilidade da impressora selecionada.

Opções

- ⊚ **Exibir vínculos em azul:** os vínculos são impressos em preto por padrão, mas podem ser impressos em azul.
- ⊚ **Ocultar planos de referência/trabalho:** permite esconder os planos de referência e de trabalho na impressão.

- ⊚ **Ocultar identificadores de vista não referenciados:** esconde identificadores de corte, elevação e nuvem de revisão que estejam sem referência nas folhas.
- ⊚ **Linhas coincidentes da máscara de arestas da região:** as arestas de regiões de máscara e regiões preenchidas cobrem as linhas que coincidem com elas. Esta opção somente está disponível se a opção **Processamento de vetor** estiver ativada.
- ⊚ **Ocultar caixas de escopo:** esconde as caixas de escopo.
- ⊚ **Ocultar limites de recorte:** esconde as bordas dos recortes de vistas.
- ⊚ **Meio-tom por linhas finas:** se alguns elementos forem mostrados em meios-tons, eles podem ser impressos com linhas finas.

Salvar: salva as configurações feitas nessa tela para uso posterior.

Salvar como: salva com outro nome.

Reverter: as configurações voltam ao estado original antes de serem salvas.

Renomear: abre uma janela para trocar o nome.

Excluir: apaga a configuração selecionada na lista.

As configurações salvas vão para a lista em **Nome**, conforme vemos na Figura 17.32.

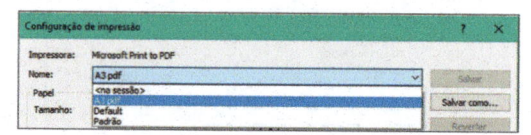

Figura 17.32 – Lista de impressões salvas.

Neste exemplo fizemos vários arquivos em PDF das folhas das figuras anteriores. Você pode visualizar o arquivo **Projeto completo.pdf** que está no site da Editora.

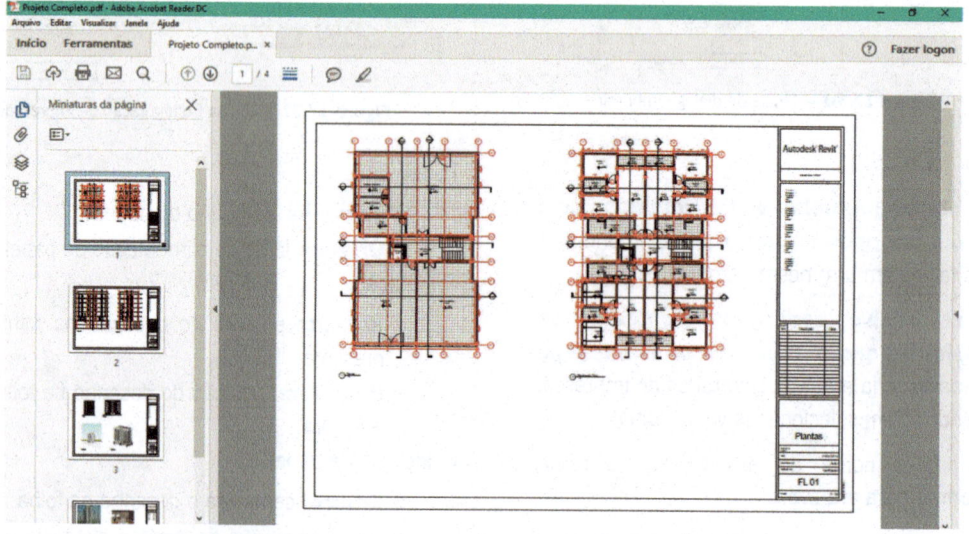

Figura 17.33 – Arquivo PDF com várias folhas.

18 Apresentação em 3D e Inserção de Componentes

Introdução

A visualização do projeto de arquitetura em 3D é muito importante tanto para o arquiteto como para o cliente, que, em geral, tem dificuldade de entender o projeto em 2D. Veremos como criar vistas em 3D com câmeras e gerar perspectivas realísticas com renderização. Neste capítulo, vamos aprender também a inserir elementos não construtivos para completar o projeto, como mobiliário, vegetação, equipamentos sanitários, entre outros componentes.

Objetivos

- Aprender a criar vistas 3D em perspectiva isométrica.
- Gerar perspectiva com a câmera.
- Usar o **Círculo de navegação** para visualizar de forma dinâmica o projeto.
- Aprender a inserir mobiliário, vegetação e outros componentes no modelo.
- Gerar o render com materiais, luz e sombra.

18.1 Comandos de visualização em 3D

Para trabalhar em 3D, precisamos ativar a vista em 3D do projeto. Abra o projeto do exercício tutorial, caso já o tenha terminado. Se ainda não completou o tutorial nem baixou os exemplos do livro, use o exemplo do arquivo que já vem instalado com o Revit, mesmo que vamos usar neste exemplo. Na barra de acesso rápido, podemos selecionar o ícone da casinha, em seguida **Vista 3D padrão** ou, na aba **Vista**, selecionar **Vista 3D** e **Vista 3D padrão**. O projeto é apresentado na tela em 3D, como mostra a Figura 18.3.

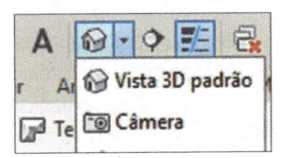

Figura 18.1 – Seleção pela barra de acesso rápido.

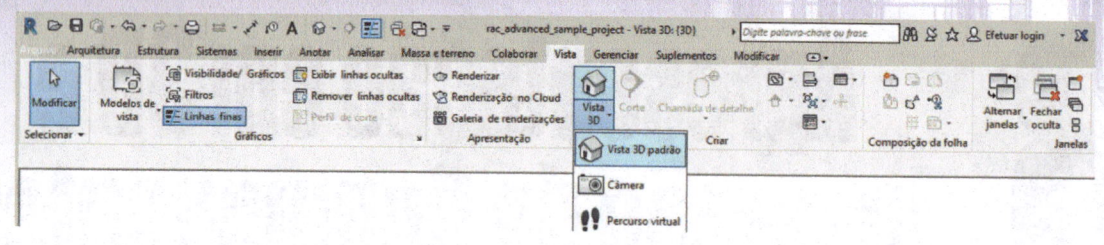

Figura 18.2 – Seleção pela aba Vista.

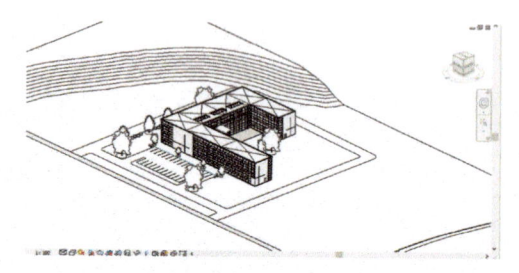

Figura 18.3 – Vista 3D do projeto.

Com a vista isométrica na tela, podemos girá-la rapidamente pressionando a tecla **Shift** e o botão scroll do mouse, com movimentos circulares deste.

Para visualizar o projeto em outras posições, existem mais três ferramentas básicas, descritas a seguir.

18.1.1 ViewCube

Está localizado no canto superior direito da tela em uma vista 3D. Se a barra não estiver visível na tela, clique na aba **Vista**, selecione **Interface do usuário** e clique em **ViewCube**.

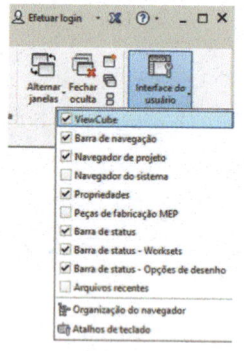

Figura 18.4 – Habilitar o ViewCube.

O **ViewCube** gera vistas isométricas. O cubo representa as seis possibilidades de visualização em elevação, clicando-se em suas faces. É possível clicar nas arestas e vértices para gerar vistas isométricas. Na parte inferior, a bússola permite girar o desenho; basta clicar nela e girar.

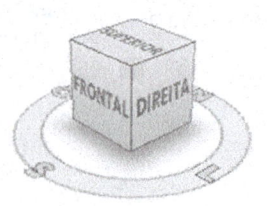

Figura 18.5 – ViewCube.

Clicando em **Superior**, temos uma vista superior, como mostram as Figuras 18.6 e 18.7. Com um clique, o ponto selecionado fica azul.

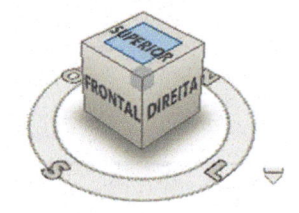

Figura 18.6 – ViewCube – Superior.

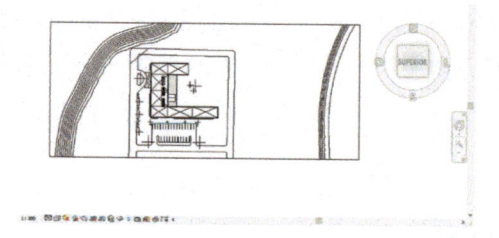

Figura 18.7 – Vista em planta.

Clicando em **Frontal**, obtém-se uma vista de elevação e assim por diante para cada lado (Figuras 18.8 e 18.9).

Figura 18.8 – ViewCube.

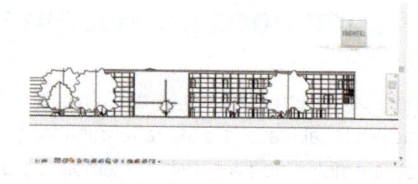

Figura 18.9 – Vista frontal.

Clicando em um vértice, temos uma vista isométrica.

Figura 18.10 – ViewCube.

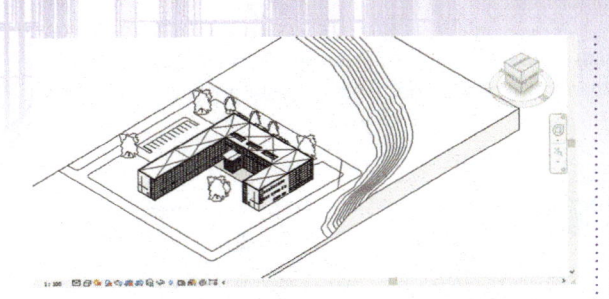

Figura 18.11 – Vista isométrica.

18.1.2 Câmera

Aba Vista > Criar > Vista 3D > Câmera

A câmera permite visualizar o projeto em perspectiva. Para ativar a câmera, é interessante partir de uma vista em planta do pavimento correspondente, dessa forma a altura do observador já fica correta. É possível também partir de uma vista 3D de topo, porém deve-se alterar a altura do observador em **Propriedades**.

Em uma vista plana, clique em **Câmera** na aba **Vista**.

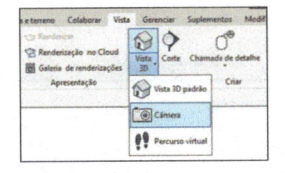

Figura 18.12 – Seleção de Câmera.

Em seguida, devemos clicar em um ponto para definir a posição do **observador** e em outro para definir a posição do **alvo**, como mostra a Figura 18.13.

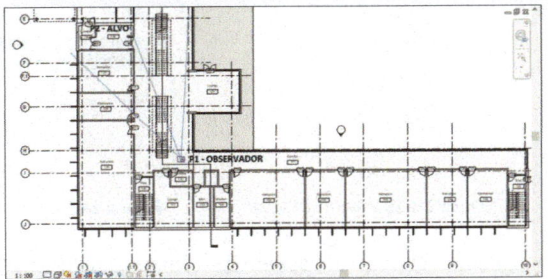

Figura 18.13 – Informação dos pontos da câmera.

O resultado é apresentado na tela conforme a Figura 18.14.

Figura 18.14 – Perspectiva criada pela câmera.

A vista se apresenta em uma borda que pode ser aumentada ou diminuída, clicando-se nela e editando-se com os grips e rolando-se o scroll do mouse para usar o **Zoom**.

Em seguida, é possível mudar o modo de visualização na barra de controle da vista e ligar a sombra, como mostram as Figuras 18.15 a 18.18.

Figura 18.15 – Vista em perspectiva.

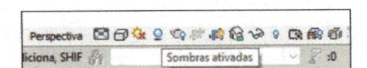

Figura 18.17 – Ligando a sombra.

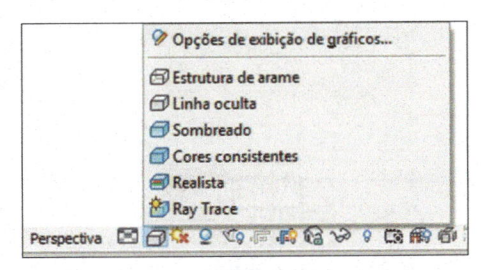

Figura 18.16 – Seleção do modo de visualização.

Figura 18.18 – Vista 3D com Sombreado e sombras ligadas.

As vistas 3D criadas por diferentes posições da câmera recebem os nomes **Vista 3D 1, Vista 3D 2** e assim por diante, sendo necessário renomeá-las para facilitar a organização. Clique no nome da vista e no botão direito do mouse, então selecione **Renomear** e renomeie as vistas.

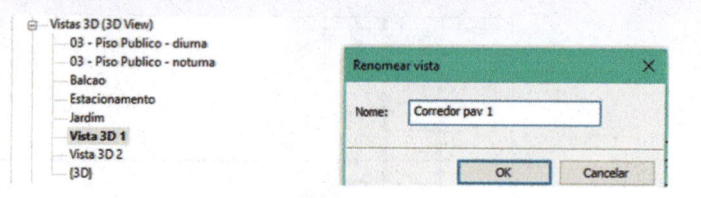 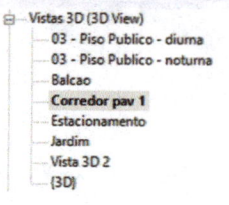

Figura 18.19 – Nome da vista.   **Figura 18.20 –** Renomeando a vista.   **Figura 18.21 –** Resultado.

Para modificar a posição da câmera, usam-se as vistas em planta e 3D, portanto ative as duas na tela (Figura 18.22).

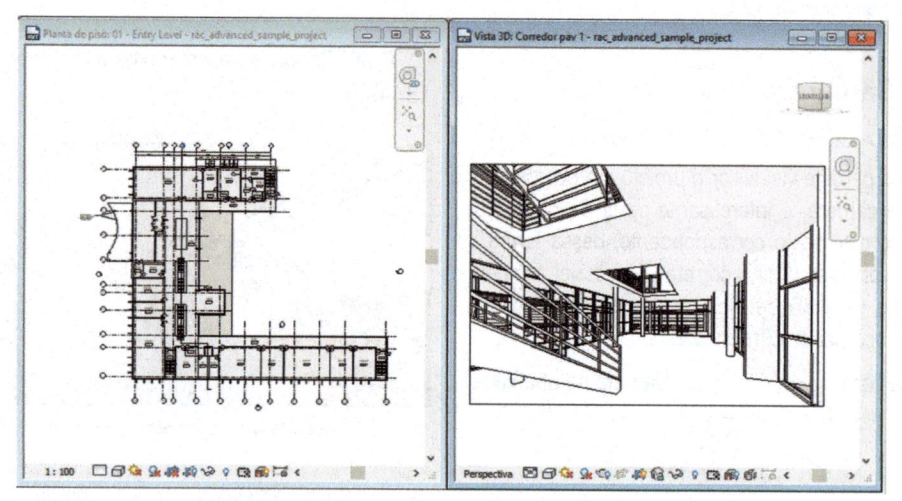

Figura 18.22 – Vista em planta e 3D simultâneas na tela.

 **Dica**

Para organizá-las lado a lado, utilize a ferramanta **Janelas Lado a Lado** na aba **Vista** ou simplesmente digite WT.

Em seguida, selecione a **Região de recorte** na vista em 3D e note que na vista da planta surge o ícone da câmera.

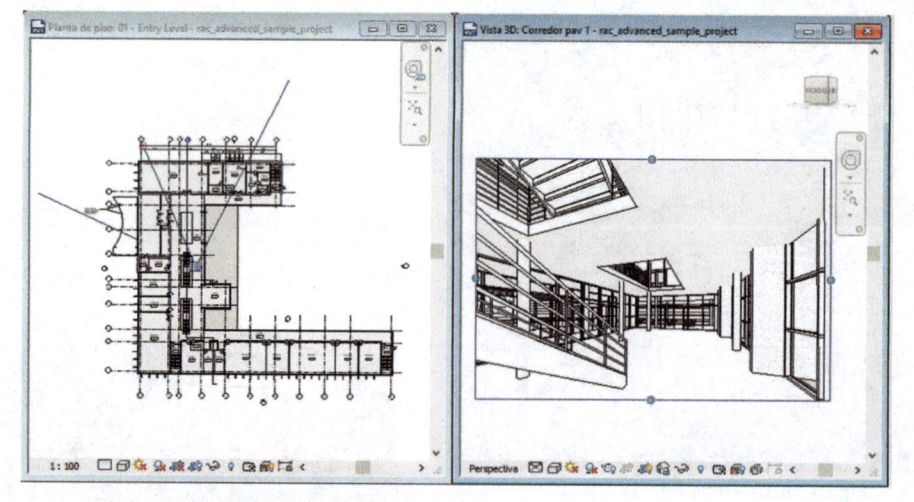

Figura 18.23 – Seleção de Região de recorte na vista 3D.

Na vista da planta, selecione a câmera e mova-a. A vista em 3D vai se modificar conforme a nova posição da câmera. O alvo também pode ser movido dessa forma.

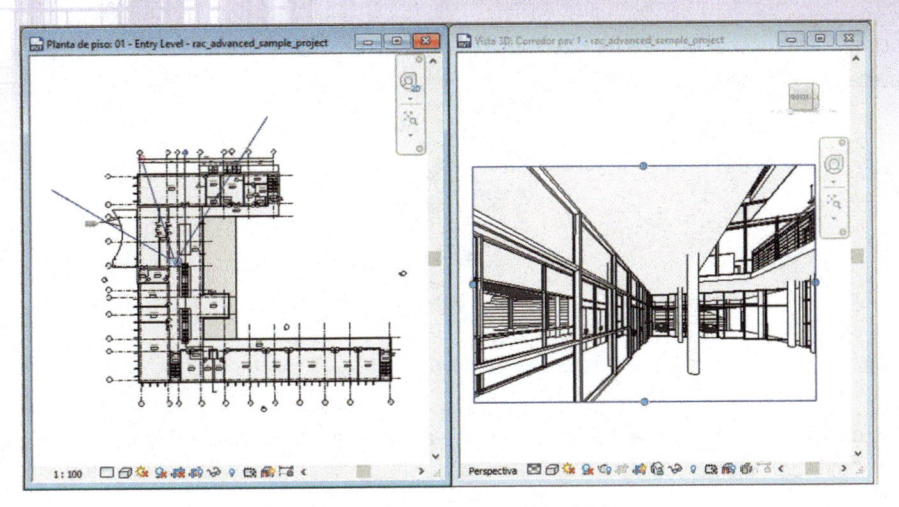

Figura 18.24 – Modificação da posição da câmera.

Mude para a vista em 3D e posicione o cursor na região de recorte; pressione a tecla Shift e o botão scroll do mouse, movendo-o. A câmera muda de posição de acordo com o movimento do mouse. Dessa forma, podemos fazer alguns ajustes na vista.

Para gerar uma perspectiva externa, ative a vista em planta do pavimento térreo desejado e proceda da mesma maneira, informando os pontos (Figura 18.25). Neste exemplo, visualizamos o térreo externo.

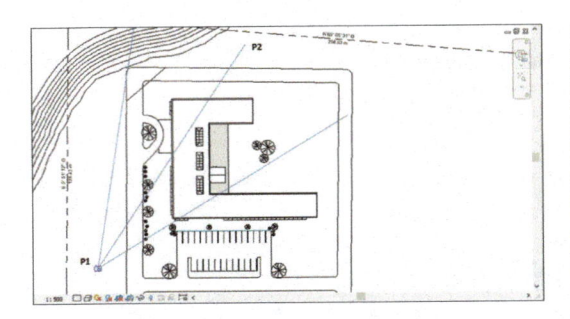

Figura 18.25 – Posição da câmera externamente.

18.1.3 Círculo de navegação

Essa ferramenta permite acessar os comandos Zoom, Pan e Órbita, mudar o centro de visualização e caminhar em um projeto 3D. Para acessá-la, selecione, na tela, em uma vista 3D, o ícone da Figura 18.28.

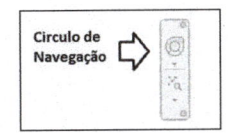

Figura 18.28 – Seleção do Círculo de navegação.

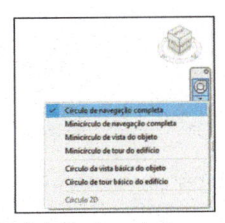

Figura 18.29 – Seleção do modo de navegação completo.

Figura 18.26 – Perspectiva externa resultante.

Se a barra não estiver visível na tela, clique na aba Vista, selecione Interface do usuário e clique em Barra de navegação.

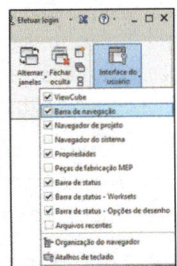

Figura 18.27– Perspectiva externa na visualização Realista.

Figura 18.30 – Habilitar a barra do Círculo de navegação.

Ao primeiro contato, é exibida a tela da Figura 18.31 com o ícone de uma chapa circular, em que podemos usar o modo de navegação completo ou resumido.

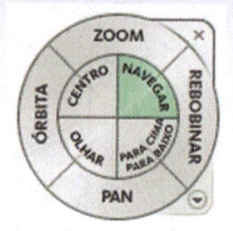

Figura 18.31 – Círculo de navegação.

Apertando o botão direito do mouse, abre-se o menu de contexto, e também será possível escolher outro modo de visualização do ícone com menos opções.

As opções do **Círculo de navegação** são:

Zoom: aperte o botão esquerdo do mouse com o cursor em **Zoom** para acioná-lo.

Pan: aperte o botão esquerdo do mouse com o cursor em **Pan** para acioná-lo.

Órbita: aperte o botão esquerdo do mouse com o cursor em **Órbita** para acioná-lo e gire o cursor.

Centro: permite mudar o centro do foco. Aperte o botão esquerdo do mouse com o cursor em **Centro** e clique em um ponto do desenho que deseja usar como novo centro.

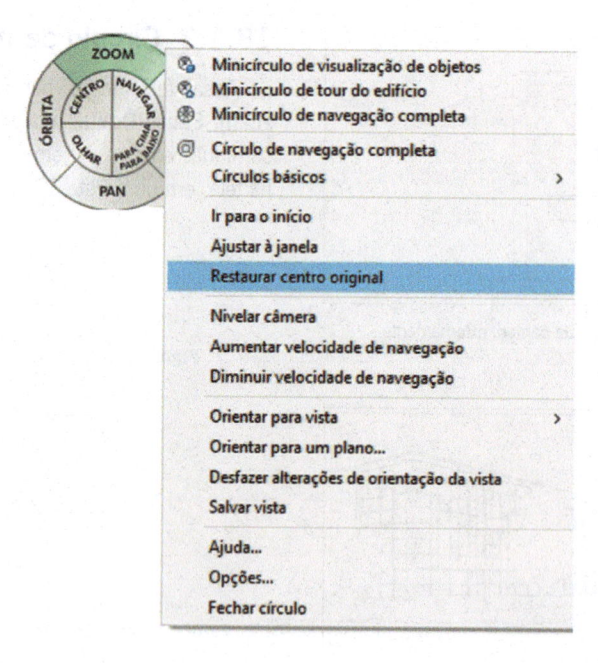

Figura 18.32 – Resultado quando pressionamos o botão direito do mouse.

Olhar: aperte o botão esquerdo do mouse com o cursor em **Olhar** para acionar os ícones que permitem virar para a esquerda/direita do desenho.

Para cima/Para baixo: reposicionam o observador em relação ao desenho por meio de um ícone que permite subir/descer o ponto de vista. Aperte o botão esquerdo do mouse com o cursor em **Para cima/Para baixo** e movimente para cima/baixo.

Navegar: simula uma caminhada no desenho. Quando acionamos essa opção, clicando em **Navegar**, surge um ícone com setas em todas as direções; movimente o cursor na direção desejada. Movimente devagar para que a "caminhada" seja lenta; caso contrário, o movimento será rápido demais. Para voltar, movimente para baixo.

Rebobinar: permite ver todos os quadros criados com a opção **Navegar**. Você pode voltar uns passos e recomeçar com **Navegar**.

18.2 Vista 3D cortada

A vista 3D poderá ser cortada de forma a visualizarmos o modelo internamente em corte. Para criar uma vista 3D recortada, ative a **Vista 3D padrão** com a ferramenta da "casinha".

Em seguida, com a vista isométrica na tela, na janela **Propriedades**, ative o botão **Caixa de corte**, como mostra a Figura 18.33.

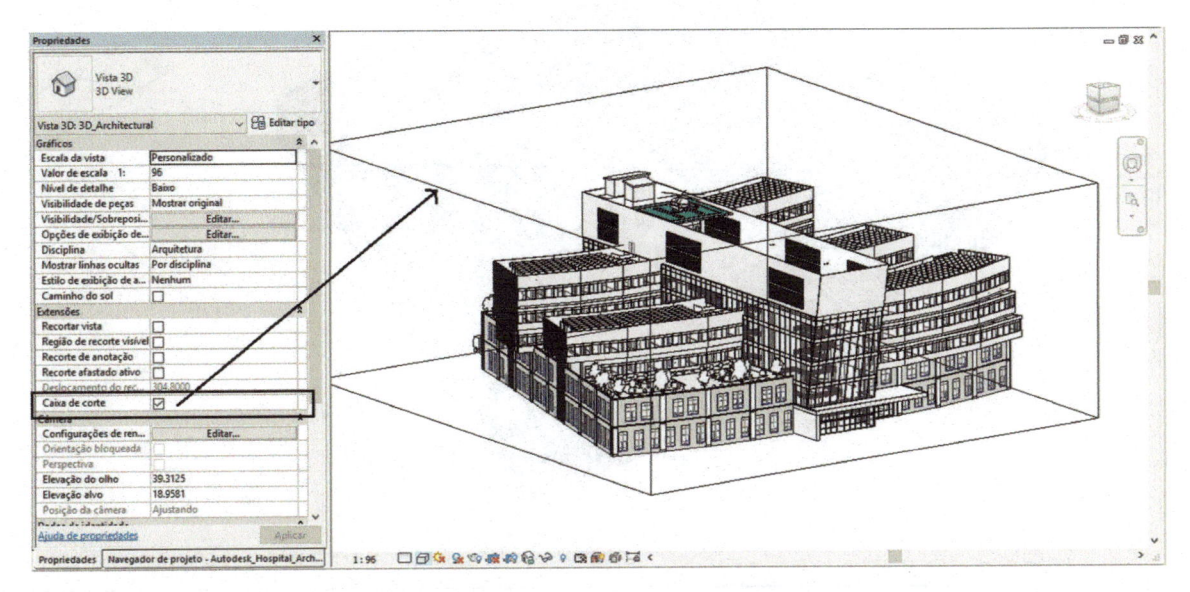

Figura 18.33 – Ativação da Caixa de corte.

Ao ativar essa opção, a **Caixa de corte** é exibida na tela ao redor do modelo. Essa caixa fará o corte em 3D no modelo. Antes de fazer o corte, mude a vista para o modo **Sombreado**, caso ainda não esteja nele, pois a visualização fica melhor em **Sombreado**.

Em seguida, clique na **Caixa de corte** e veja que em cada face surge um **Grip**. Para fazer o recorte, arraste o **Grip** de uma das faces em direção ao modelo e veja o resultado.

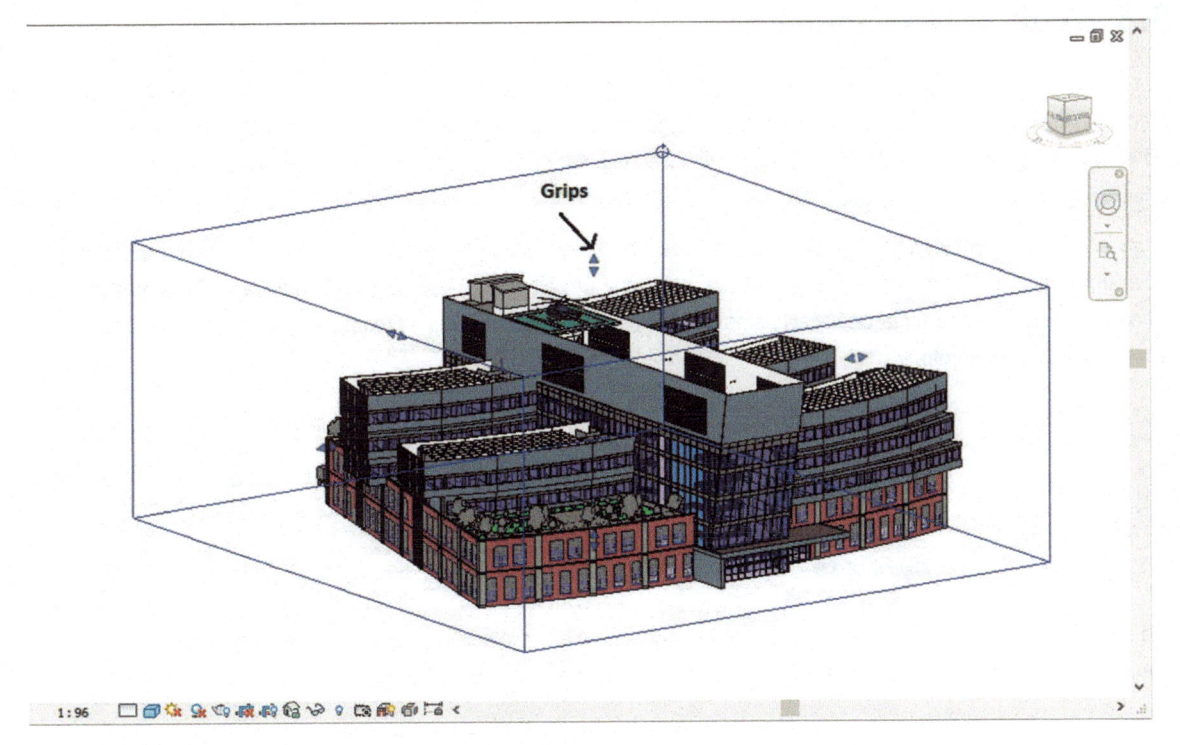

Figura 18.34 – Recorte do modelo em 3D.

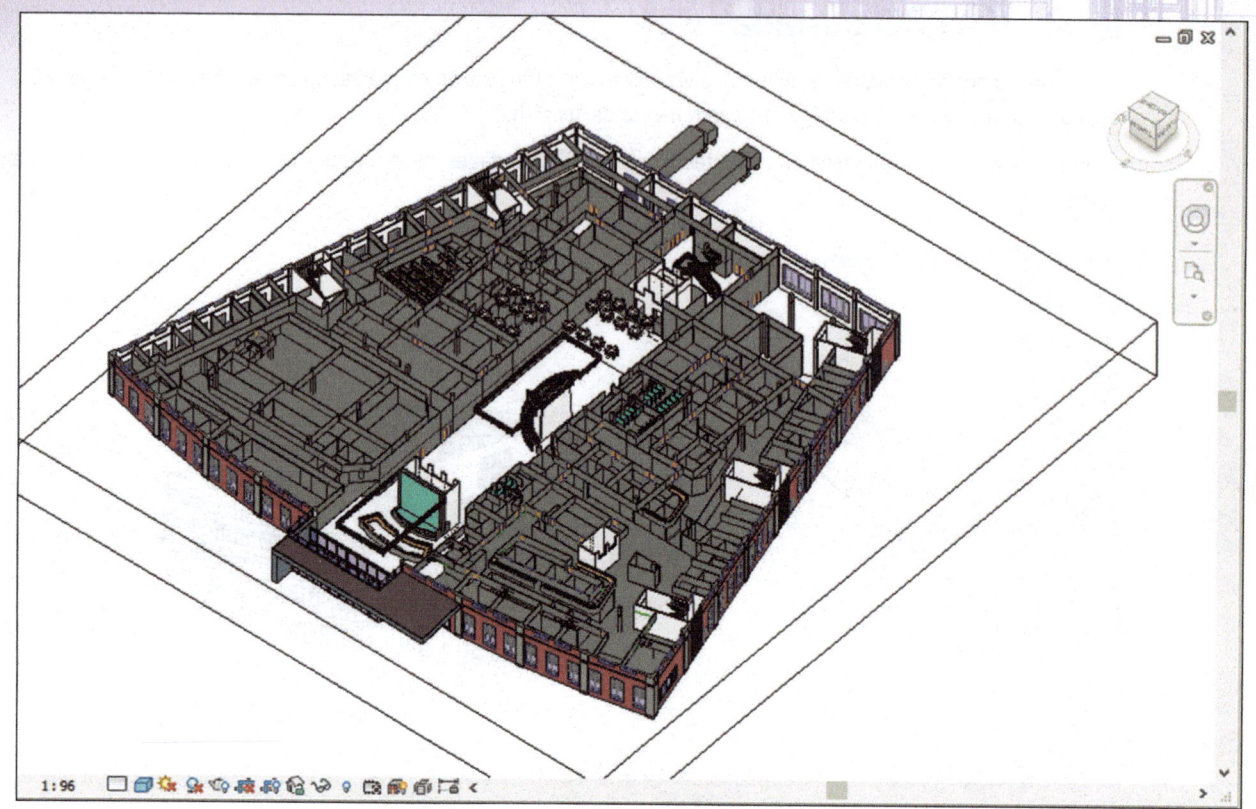

Figura 18.35 – Detalhe do recorte em 3D.

Para preservar essa vista com o recorte, o ideal é renomeá-la. A vista ficará na lista de vistas 3D, no **Navegador de projeto**. Para remover o recorte, basta desativar o botão **Caixa de corte** na janela **Propriedades**.

A vista de recorte em 3D poderá ser renderizada ou exibida em uma das formas de visualização da vista.

18.3 Vista 3D explodida

A partir de uma vista 3D do modelo, podemos criar a vista 3D explodida. Essa vista é criada mediante a movimentação de elementos construtivos nos eixos X, Y e Z, de forma a deslocar um elemento da sua posição original, fazendo com que a vista fique "explodida". A finalidade é representar de forma diferenciada os elementos construtivos para facilitar a compreensão da construção.

Abra o arquivo **exemplo_projeto_residencial.rvt**, que pode ser baixado no site da Editora ou utilize um projeto seu. Em uma vista 3D Isométrica ou de Perspectiva, selecione um elemento – por exemplo, o telhado. Note na aba **Modificar | Telhado** a ferramenta **Deslocar Elementos** (Figura 18.36). Para cada elemento selecionado, será exibida a barra **Modificar | Elemento**.

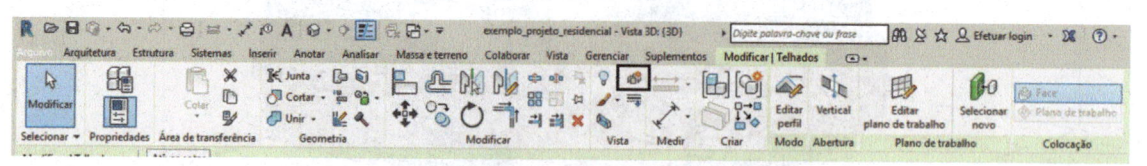

Figura 18.36 – Aba Modificar Janelas – seleção de Deslocar Elementos.

Ao se selecionar a ferramenta **Deslocar Elementos**, surge no elemento selecionado um ícone com os eixos X, Y e Z; selecione o eixo do sentido que deseja mover e arraste o ícone para mover o elemento, como mostra a Figura 18.37.

Repita o procedimento para os outros elementos construtivos do modelo e o resultado ficará semelhante ao da Figura 18.38, que está com vários elementos deslocados.

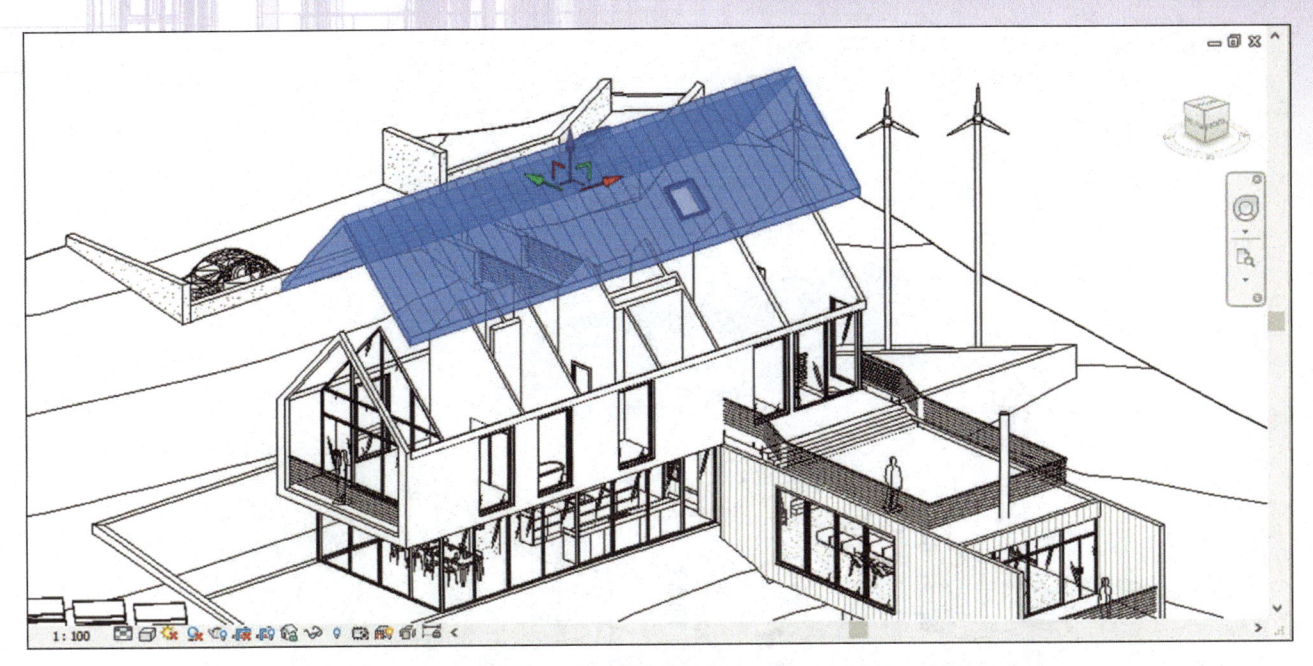

Figura 18.37 – Deslocamento do telhado.

Figura 18.38 – Deslocamento de vários elementos.

Depois que um elemento foi deslocado uma vez, o ícone dos eixos será exibido quando o mesmo elemento for selecionado novamente, não havendo necessidade de selecionar a ferramenta outra vez. Para desfazer o deslocamento de uma única vez para um elemento, selecione o elemento e, na aba **Modificar | Conjunto de deslocamentos**, selecione **Redefinir**. O elemento voltará à posição original do projeto, como mostra a Figura 18.39.

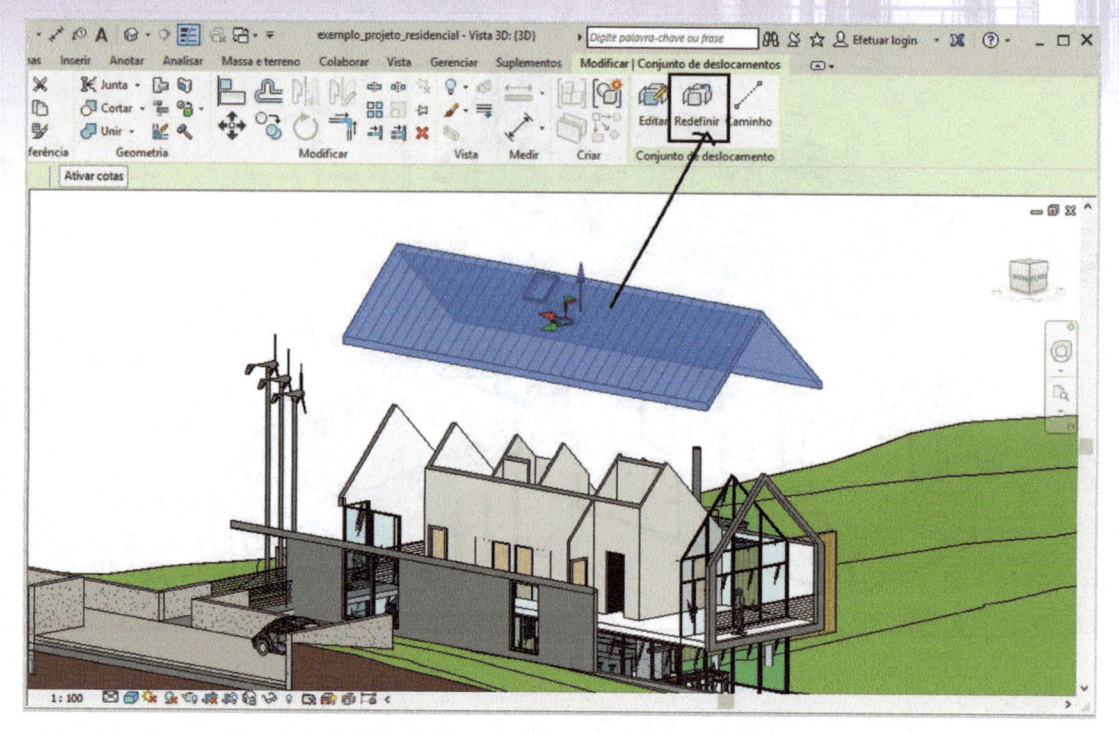

Figura 18.39 – Redefinindo a posição do elemento.

Para uma melhor compreensão do deslocamento de elementos, podemos definir o percurso do deslocamento para cada elemento por meio de uma linha tracejada. Selecione um elemento e, na aba **Modificar | Conjunto de deslocamentos**, selecione **Caminho**. Em seguida, selecione os elementos. Uma linha tracejada será inserida do ponto do elemento deslocado, até sua posição original no modelo, como mostra a Figura 18.40.

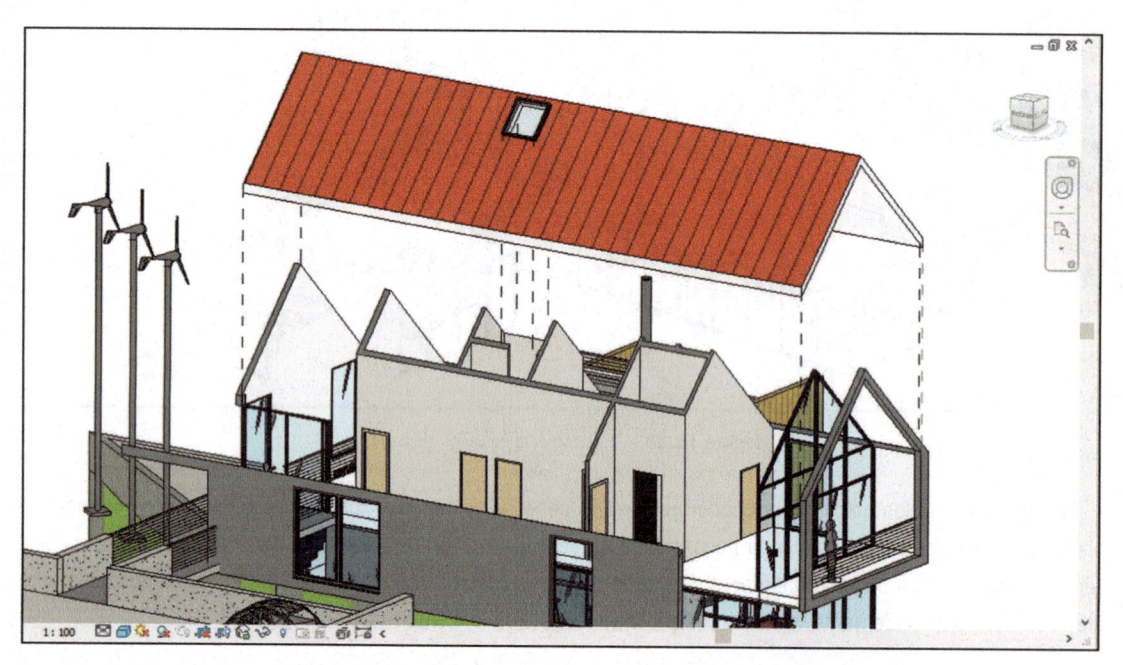

Figura 18.40 – Criação do caminho de deslocamento do elemento.

Para visualizar todos os deslocamentos de uma vista, clique em **Realçar os conjuntos de deslocamento** na barra de controle da vista. Serão exibidos em destaque os elementos deslocados. Nesse momento, é possível retorná-los à posição original por meio da seleção de um ou de todos elementos usando a tecla Ctrl, que adiciona elementos à seleção de objetos. Em seguida, na aba **Modificar| Conjuntos de deslocamentos**, selecione **Redefinir**.

Figura 18.41 – Visualização dos elementos deslocados.

18.4 Controle de estilo visual pela barra de opções

Como vimos no Capítulo 7, item 7.4.1, a barra de controle da vista nos permite mudar o modo de visualização do modelo.

Essas opções nos permitem visualizar o modelo de várias formas tanto em 2D como nas vistas 3D isométrica ou em perspectiva (Câmera). A seguir, veremos como configurar as Opções de exibição gráfica da vista.

Na barra de controle da vista, selecione Opções de exibição de gráficos.

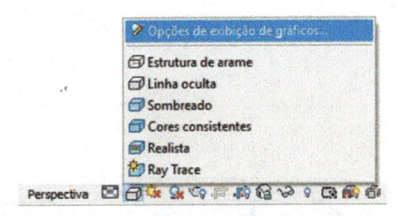

Figura 18.42 – Barra de controle da vista.

Em seguida, na janela Opções de exibição de gráficos, temos várias configurações de exibição do modelo na vista. Podemos configurar de diversas formas e salvar as configurações para um Modelo de vista conforme visto no Capítulo 7, item 7.5, e aplicar as mesmas configurações em outras vistas.

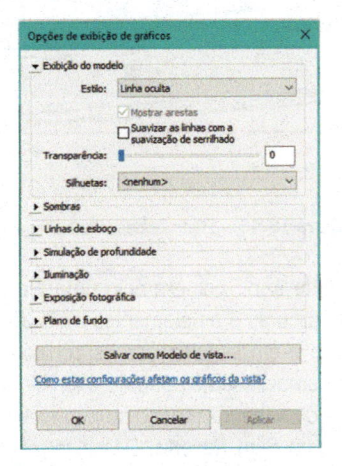

Figura 18.43 – Opções de exibição de gráficos.

Estilo: escolha entre:

Estrutura de arame: exibe o modelo com todas as arestas e as linhas desenhadas sem exibir superfícies.

Linha oculta: exibe o modelo com linhas e arestas ocultando linhas posteriores ao ponto da vista dando a ideia de volume.

Sombreado: similar à opção anterior, mas com efeito de sombreamento.

Cores Consistentes: exibe o modelo com efeito de sombreamento usando as cores do material aplicado.

Realista: exibe o modelo com aplicação das texturas do material aplicado nos elementos.

Transparências: barra para controlar o efeito de transparência na vista.

Silhuetas: permite escolher o estilo de linha utilizado na definição das silhuetas.

Sombras: controla a exibição de sombras no modelo.

Figura 18.44 – Exibição de sombras no modelo.

Linhas de esboço: permite gerar um efeito de desenho a mão livre no modelo por meio da ativação de linhas de esboço. Em seguida, define-se a Tremulação e a Extensão que determina quanto as linhas se ultrapassam ao se cruzarem.

Figura 18.45 – Efeito de desenho a mão livre.

Simulação de profundidade: permite exibir por exemplo uma elevação que mostre os elementos mais perto do observador com linhas mais escuras e os elementos mais afastados com linhas mais claras. Ative a caixa de Simulação de profundidade e em seguida use os controles de Perto e Afastado para definir o afastamento. O controle de Limite de esmaecimento controla a tonalidade das linhas para mais claro/escuro em relação à distância de visibilidade da linha. Certifique se nas elevações em propriedade da vista que o Recorte Afastado esteja configurado para Sem Recorte. Dessa forma, a vista está exibindo o modelo sem recortar a vista.

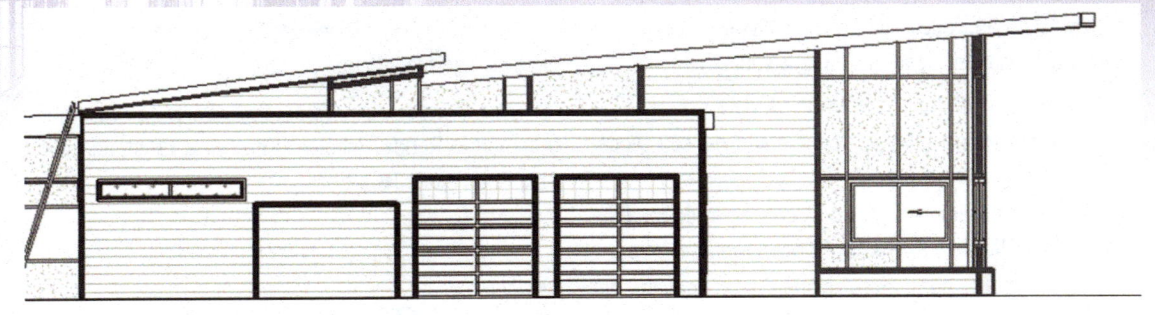

Figura 18.46 – Simulação de profundidade na vista.

Iluminação: a iluminação é definida pela configuração do sol e de luzes internas de luminárias inseridas no projeto. Em **esquema**, escolha entre **Sol** apenas ou **Sol e artificial**. Em configuração do **Sol** defina o local geográfico do projeto e a posição do sol – os detalhes dessa configuração estão no item 18.5 Renderização. As luzes artificiais só serão habilitadas se o projeto tiver luminárias, e você deve selecionar as luzes que farão parte da cena.

Em seguida, nas barras de controle de intensidade, controle o **Sol**, a **Luz ambiente** e as **Sombras**.

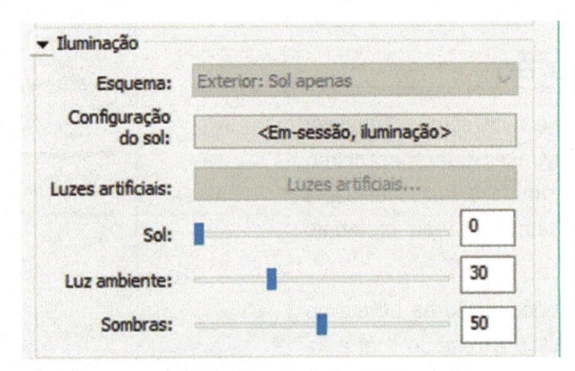

Figura 18.47 – Controle da iluminação na vista.

Exposição fotográfica: essa opção só é habilitada se for escolhido o modo de visualização **Realista**. Nesse caso, depois de configurar a visualização, você poderá fazer alguns ajustes na vista para melhorar a visualização. Os ajustes são: **Exposição** – ao selecionar **Manual**, deslize a barra do valor para acertar o ajuste de cores manualmente. Em **Imagem**, você poderá controlar as cores conforme a Figura 18.48, na qual é possível visualizar dinamicamente as alterações das propriedades dos realces, sombras, saturação e ponto branco. À medida que desliza as barras, selecione **Aplicar** e veja o resultado.

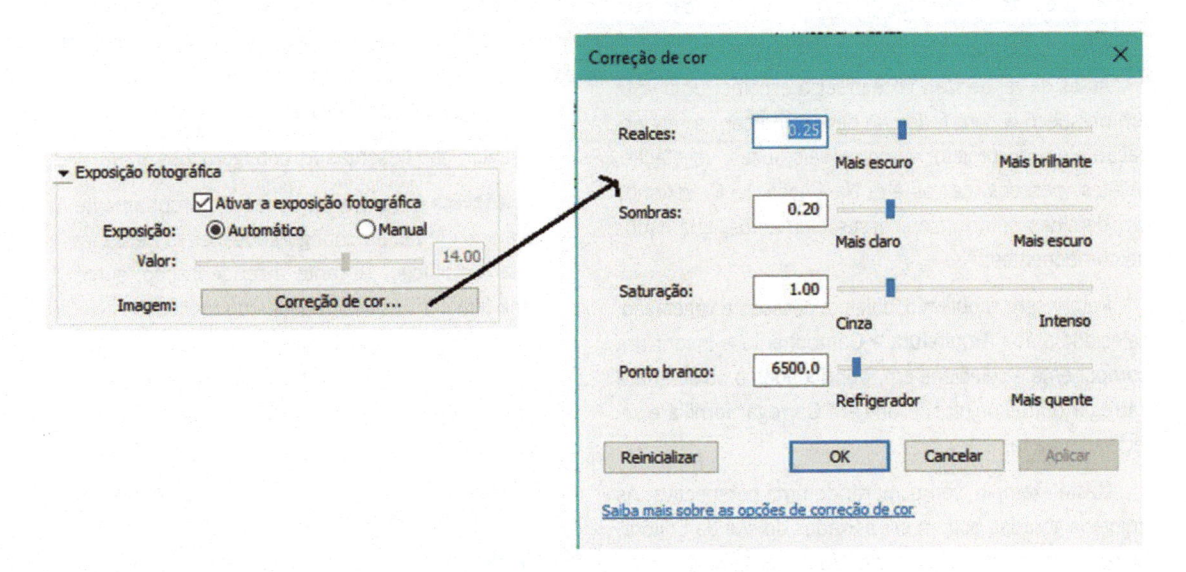

Figura 18.48 – Controle Exposição fotográfica.

Plano de fundo: configura o fundo da vista. Poderá ser um fundo liso, gradiente ou uma imagem.

- **Nenhum:** não insere fundo na vista.
- **Céu:** insere uma cor com efeito de céu. Você poderá alterar a cor.
- **Gradiente:** insere três cores com efeito de linha do horizonte para a vista. Você poderá alterar as cores.
- **Imagem:** permite selecionar uma imagem de fundo para a vista. Nesse caso, o mais indicado é uma foto do local do projeto na mesma perspectiva da vista, dando efeito de realismo a ela. Ao usar essa opção, selecione o botão **Personalizar imagem** para selecionar a imagem.

Salvar como Modelo de Vista: permite salvar as configurações criadas para um modelo de vista que poderá ser aplicado em outras vistas.

18.5 Renderização

A renderização no Revit é feita com o **Autodesk Raytracer**. A renderização Raytracer é um mecanismo de renderização físico que simula o fluxo de luz, o sombreamento e a iluminação, aplicando materiais nos elementos.

O Revit permite ainda a renderização na nuvem no A360, sendo, para isso, necessários conexão com a internet e créditos de nuvem, uma espécie de moeda que a Autodesk criou para controlar o número de renderizações disponíveis por um certo período. Os "cloud credits", como são chamados, são recebidos na contratação da Assinatura Autodesk.

Os resultados das renderizações no Revit são muito bons, porém, se desejar mais, você pode exportar o projeto para o 3Ds® Max e aperfeiçoar a apresentação sem limites.

Antes de renderizar, você precisa escolher uma vista em perspectiva com tudo que deve aparecer na renderização além do projeto, como móveis, luzes, vegetação, objetos, pessoas, carros etc. Na Seção 18.6, veremos em detalhes como inserir esses elementos, chamados de componentes.

Para inserir mobiliário, objetos, pessoas e vegetação, selecione a aba **Arquitetura > Componente > Inserir um componente** e selecione em **Propriedades** o objeto. Para carregar outros objetos, clique em **Carregar família** e selecione uma família.

Neste exemplo, vamos partir de uma perspectiva. As imagens geradas podem ser baixadas do site da Editora. Se você não baixou os arquivos, abra o arquivo de exemplo que é instalado com o Revit. Você também poderá

renderizar uma vista de elevação ou planta, mas as perspectivas são mais usuais.

Com a vista em perspectiva aberta, selecionamos o comando **Render** (chaleira) na barra de status, como mostra a Figura 18.49.

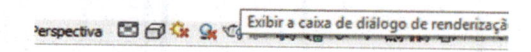

Figura 18.49 – Seleção de Render.

A janela de diálogo **Renderização** é aberta.

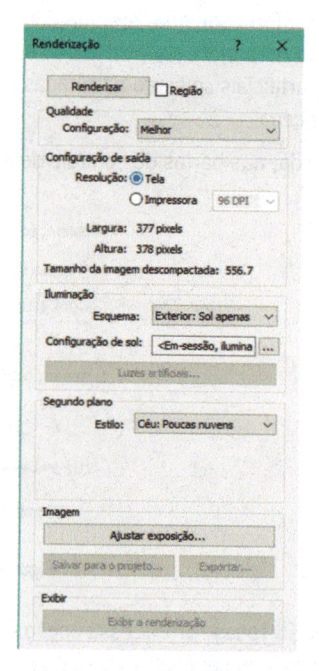

Figura 18.50 – Janela de diálogo Renderização.

Nessa janela, fazemos todas as configurações do render, clicamos no botão **Renderizar** e a cena é renderizada. Depois disso, podemos salvar a vista ou descartá-la. A renderização pode ser rápida ou demorar algum tempo, o que depende do projeto, da qualidade da imagem escolhida, de materiais, sombras, reflexão da luz etc.

A seguir, são descritas as configurações:

Renderizar: gera a renderização propriamente dita após todas as configurações feitas nessa janela de diálogo. Durante a renderização, surge uma tela com as informações do processo.

Região: ao ativar esse botão, podemos criar uma moldura na vista 3D para definir uma região a renderizar em vez de gerar o render na tela toda. É muito útil para testar luz, material e outros efeitos antes de fazer o render total, pois, por ser uma região menor, leva menos tempo.

Qualidade: nesse campo, se define a qualidade da imagem.

Configuração

Rascunho: gera um render rápido para fornecer uma ideia da imagem, sem muita qualidade; os materiais ficam imperfeitos. O exemplo da Figura 18.51 levou cerca de 1 minuto.

Figura 18.51 – Imagem gerada com a qualidade Rascunho.

Baixa: o render é rápido, com um pouco mais de qualidade de imagem.

Média: em uma velocidade mais lenta, gera o render com qualidade razoável para uma apresentação. O exemplo da Figura 18.52 levou pouco mais de 2 minutos.

Figura 18.52 – Imagem gerada com a qualidade Média.

Alta: o render é lento e com alta qualidade da imagem. Os materiais têm uma ótima resolução. O exemplo da Figura 18.53 levou cerca de 7:30 minutos.

Figura 18.53 – Imagem gerada com a qualidade Alta.

Melhor: bastante lento, mas a qualidade é bem superior, com materiais e brilho muito reais.

Personalizado: usa as configurações da janela de diálogo **Configuração da qualidade do render**, a serem definidas pelo usuário. A velocidade e a qualidade dependem das configurações do usuário.

Editar: exibe a janela **Configuração de qualidade de renderização**, na qual é possível configurar a qualidade do material e das sombras.

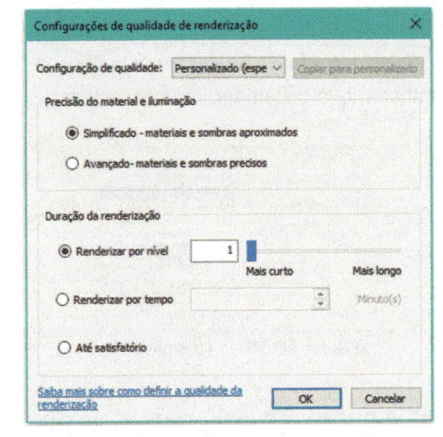

Figura 18.54 – Configuração da qualidade de renderização.

Precisão do material e iluminação:

Simplificado: a iluminação e o material são aproximados sem detalhes para as sombras. Use essa opção para testes e rascunhos.

Avançado: a iluminação e o material são precisos. As sombras são renderizadas com alta qualidade. Use essa opção para renderizações finais de apresentação.

Duração da renderização:

Renderizar por nível: a barra deslizante permite ir do nível 1 ao 40. Quanto maior o nível mais demorada será a renderização.

Renderizar por tempo: especifique o tempo disponível para renderizar a imagem e o render será realizado nesse tempo.

Até satisfatório: a cena será renderizada até você clicar em parar. É exibida uma janela durante a renderização.

Configuração de saída: nesse campo, se define a saída da imagem, se para tela ou impressão.

Resolução

Tela: gera imagem na tela e, se for satisfatória, pode ser salva. A qualidade de saída em pixels é definida pelo fator de **Zoom** aplicado à tela.

Note que, ao dar zoom, o número de pixels em **Largura** e **Altura** se altera.

Impressora: define a qualidade da imagem para impressão. Deve-se escolher a definição em DPI na lista disponível ao lado.

Iluminação: nesse campo, indica-se como será tratada a iluminação da cena.

Esquema: escolha um esquema de iluminação de acordo com a vista 3D. **Sol** define a luz do sol; **Artificial** determina se há luz artificial na vista. O Revit permite a inserção de componentes do tipo luminária, que podem ter luzes associadas.

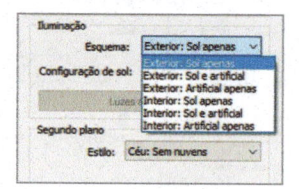

Figura 18.55 – Esquemas de luz.

Configuração de sol: permite escolher a posição do sol, no topo, pela direita ou pela esquerda, entre outras, ou definir um local geográfico, dia e hora para simular a insolação da cena. Para definir o local geográfico, clique em **Dia único**.

Ao clicar em **Dia único**, as configurações mudam para a tela da Figura 18.56, em que podemos definir data, hora e local selecionando o botão com três pontinhos em **Localização**.

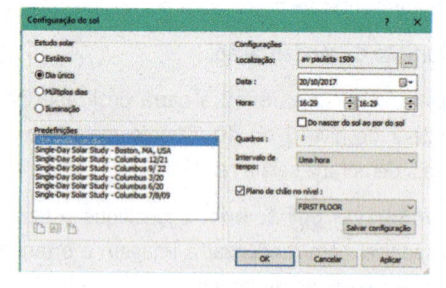

Figura 18.56 – Janela Configuração do sol para ajuste do sol.

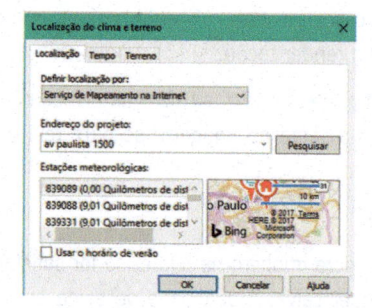

Figura 18.57 – Janela de ajuste da localização.

Na janela, **Localização do clima e terreno**, você pode definir o local na lista de cidades ou pelo Serviço de mapeamento da internet.

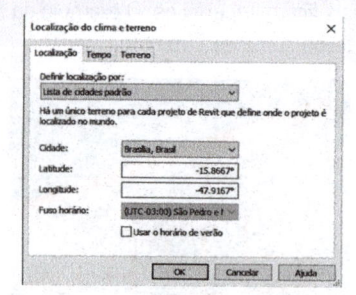

Figura 18.58 – Seleção de Brasília.

Luzes artificiais: esse campo é habilitado se for escolhido um esquema com luz artificial – por exemplo, abajur no projeto. É possível ligá-las/desligá-las clicando-se nelas.

Segundo plano: nesse campo, definimos o fundo da imagem.

Estilo: o fundo pode ser uma cor sólida ou um céu com nuvens.

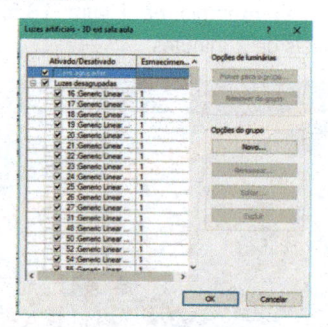

Figura 18.59 – Configuração das luzes artificiais.

Cor: define uma cor para o fundo.

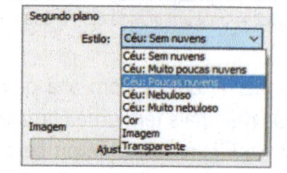

Figura 18.60 – Seleção da imagem do fundo.

Imagem: permite selecionar uma foto do local do projeto. No caso, a perspectiva do projeto deve estar na mesma posição da foto para um ajuste mais real.

 **Dica**

Ao criar uma imagem interna que inclua luz natural, o fundo e as nuvens influenciam a qualidade da luz na renderização. Para obter luz mais natural, use **Céu com muitas nuvens**.

Imagem

Ajustar exposição: essa opção trabalha com as definições da imagem depois que ela foi gerada. Ao ajustar os controles da janela de diálogo **Controle de exposição** e clicar em **OK**, a imagem na tela se modifica. É possível fazer várias alterações antes de salvar a imagem.

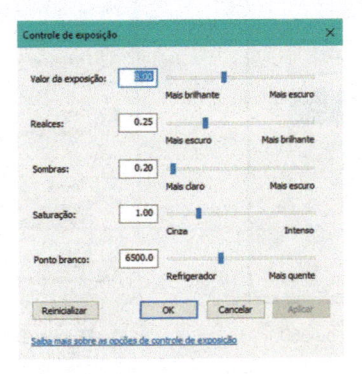

Figura 18.61 – Controles da imagem.

- ⊙ **Valor de exposição:** controla o brilho geral da imagem.
- ⊙ **Realces:** controla o nível de luz para as áreas brilhantes.
- ⊙ **Sombras:** controla o nível de "escuridão" das sombras.
- ⊙ **Saturação:** intensidade das cores na imagem renderizada.
- ⊙ **Ponto branco:** cor da temperatura dos pontos de luz mostrados na imagem. Se a imagem renderizada ficar muito alaranjada, reduza esse valor. Se ficar muito azulada, aumente.
- ⊙ **Reinicializar:** volta à imagem inicial.

Salvar para o projeto: salva a imagem no projeto, a qual pode ser visualizada a qualquer momento, pois fica armazenada em uma lista no **Navegador de projeto**.

Exportar: exporta a imagem para um arquivo em um dos seguintes formatos: JPG, GIF, TIF, PNG e BMP.

Exibir

Exibir a renderização: exibe a última renderização na tela.

Exibir o modelo: exibe o modelo na tela.

Essas duas opções se alternam conforme o que estiver na tela.

18.5.1 Renderização na nuvem

A renderização na nuvem (Autodesk 360) é um benefício da Assinatura Autodesk. Para usar a renderização na nuvem da Autodesk são necessários:

- ⊙ Ter uma assinatura de produtos Autodesk.
- ⊙ Possuir créditos de renderização na nuvem ("cloud credits").
- ⊙ Possuir uma conta na Autodesk.
- ⊙ Conexão com internet.

A vantagem de se renderizar na nuvem é a qualidade alta em pouco tempo, e você ainda pode continuar trabalhando no projeto enquanto a imagem é gerada. No Revit, na aba **Vista**, selecione **Renderização no Cloud**, como mostra a Figura 18.62.

Figura 18.62 – Aba Vista – Renderização no Cloud.

Em seguida, será pedido para você se conectar à sua conta da Autodesk para acessar o A360.

Ao acessar o A360, surge a janela da Figura 18.63, na qual verificamos três etapas.

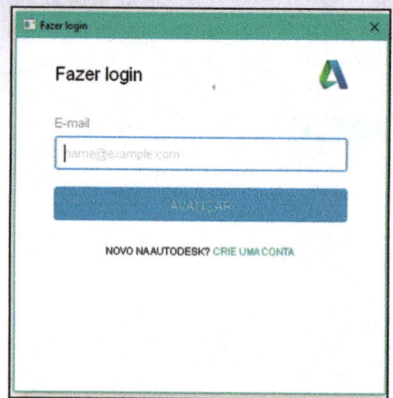 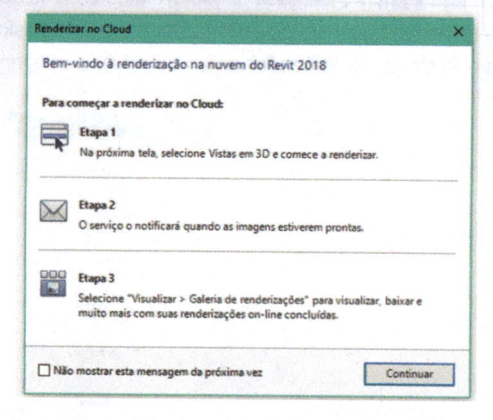

Figura 18.63 – Acesso à conta no A360.   **Figura 18.64 –** Janela Renderizar no Cloud.

1. Selecionar a vista a renderizar.
2. O serviço notificará quando as imagens estiverem prontas; você receberá um e-mail avisando que as imagens estão prontas para baixar do A360.
3. Você poderá visualizar sua imagem renderizada na galeria de imagens.

Na próxima tela, você deve configurar todos os campos de acordo com sua necessidade de apresentação da imagem. Veja que você poderá escolher mais de uma vista para renderizar de uma só vez e, na parte inferior, poderá controlar seus gastos de "cloud credits", além de ter uma estimativa de tempo de espera da renderização.

Em seguida, clique em Iniciar a Renderização e aguarde até que a imagem seja renderizada; você receberá um e-mail notificando que ela está pronta para ser baixada ou visualizada na galeria do A360 da sua conta.

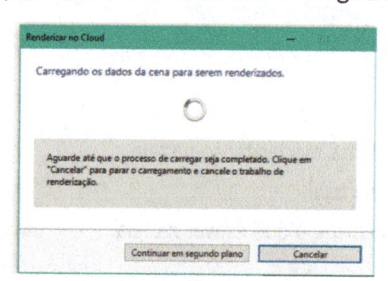

Figura 18.65 – Janela de informação do início da renderização.

Para visualizar suas renderizações, você deve acessar o A360 em <https://360.autodesk.com> e, em seguida, acessar Renderings. Será aberta a galeria de imagens já renderizadas, como mostra a Figura 18.66.

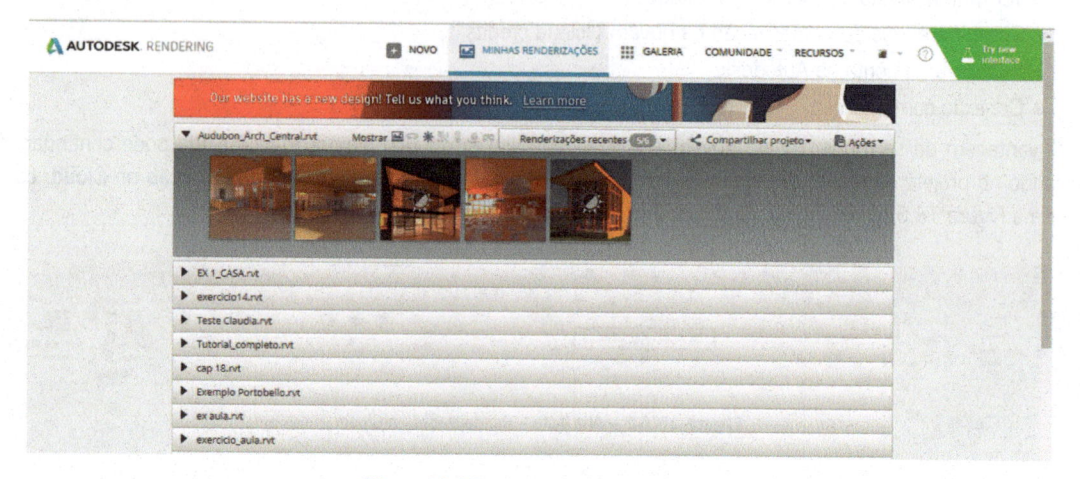

Figura 18.66 – Tela do A360 – Renderings.

Em seguida, clique na imagem e selecione Download para baixar. Na Figura 18.67, temos uma imagem renderizada na nuvem com a máxima resolução.

Figura 18.67 – Imagem renderizada na nuvem do A360.

18.6 Inserção de componentes

Aba Arquitetura > Componente > Inserir Componente

Para completar o modelo, o Revit traz famílias de mobiliário, luminárias com lâmpadas de potências definidas que permitem a iluminação real do ambiente, equipamento sanitário, carros, pessoas, vegetação, elevadores etc. Você pode encontrar outros equipamentos para o seu modelo no site BIM Object <http://bimobject.com> ou criá-los em famílias, conforme sua necessidade.

Figura 18.68 – Visualização de componentes.

Para inserir esses componentes, ative a vista da planta do pavimento desejado e, na aba Arquitetura, selecione Componente > Inserir um componente.

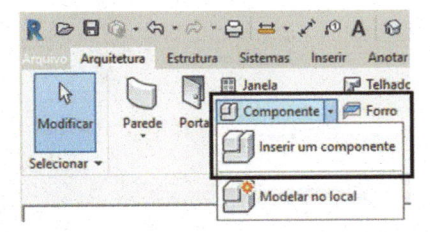

Figura 18.69 – Aba Arquitetura – Inserção de componente.

Em seguida, na janela Propriedades, os componentes carregados no projeto serão listados. O Revit traz somente alguns componentes carregados nos arquivos de modelo (templates) para não carregar muito o arquivo no início. Você deve carregar somente os componentes necessários ao projeto.

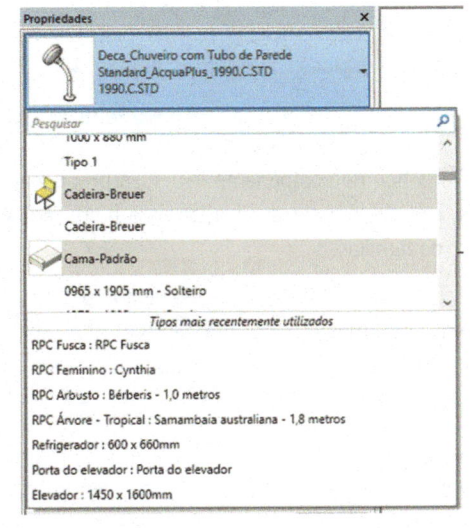

Figura 18.70 – Janela Propriedades – lista de componentes.

Selecione o componente na lista e, com o cursor, posicione o componente no projeto. Alguns componentes podem ser rotacionados no momento da inserção pressionando-se a barra de espaço – como uma poltrona.

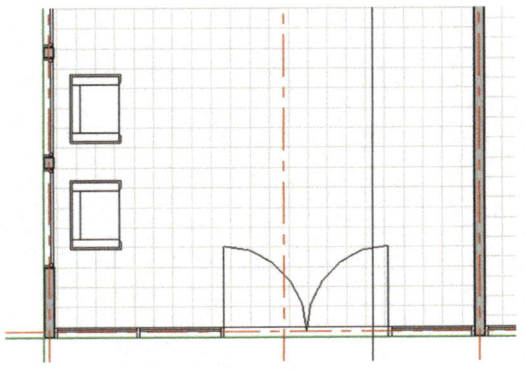

Figura 18.71 – Inserção de uma poltrona.

Figura 18.72– Resultado em 3D.

Para inserir outros componentes, clique em Carregar família, na aba Modificar | Colocar Componente, e selecione uma família de Componente.

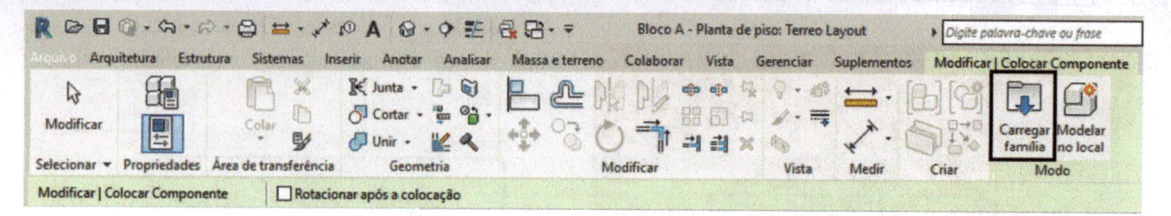

Figura 18.73 – Aba Modificar | Colocar Componente.

Cada tipo de componente terá suas propriedades de tipo e de instância de acordo com o tipo de objeto. Em geral, eles podem ser duplicados para a criação de um novo tipo e as famílias podem ser editadas por meio do editor de famílias.

Para inserir outros tipos de elemento no projeto que você não tenha encontrado nas bibliotecas instaladas com o Revit, sugerimos o portal BIM Object <http://bimobject.com>. Alguns fabricantes de móveis e outros elementos disponibilizam famílias em seus sites.

19 Trabalho em Equipe e Dados do Projeto

Introdução

Este capítulo explica como tirar o máximo proveito do Revit em trabalhos em equipe, por meio do uso de worksets e vínculos. Os worksets permitem que uma equipe divida o projeto entre seus membros de forma que todos trabalhem no mesmo arquivo central. Essa é uma das principais vantagens do Revit, pois, ao definir uma boa estratégia de projeto, o coordenador pode aumentar a produtividade de toda a equipe.

Objetivos

- Determinar as informações de projeto.
- Criar parâmetros de projeto.
- Aprender a criar um vínculo entre arquivos do Revit.
- Localizar a origem do projeto.
- Criar fases de projeto.
- Aprender a criar worksets – conjuntos de elementos do projeto.

19.1 Informações de projeto

Quando trabalhamos com um software BIM, as informações do projeto, como nome, cliente, endereço, data e autor – e outras que você poderá criar conforme sua necessidade com parâmetros de projeto novos –, são muito importantes. Elas são armazenadas pelo Revit de forma que, sempre que forem necessárias, possam ser utilizadas em folhas de impressão, tabelas etc. Para inserir as informações do projeto, selecione Informações do projeto na aba Gerenciar.

Aba Gerenciar > Informações do projeto

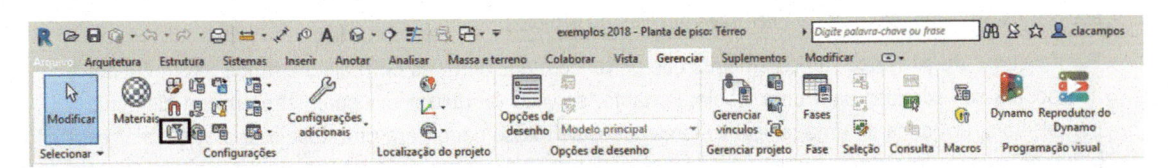

Figura 19.1 – Aba Gerenciar > Informações do projeto.

Em seguida, surge a janela **Propriedades do projeto**, na qual inserimos as informações em cada campo. Algumas dessas informações podem ser utilizadas nas folhas de impressão; então, ao alterarmos o nome do projeto, ele já se modifica em todas as folhas. As informações de **Configuração de energia** podem ser utilizadas para que façamos análises de energia de acordo com o projeto.

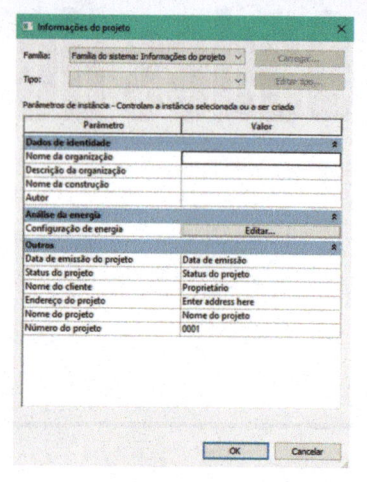

Figura 19.2 – Janela Propriedades do projeto.

A Figura 19.3 exibe o carimbo da folha da família **A1_metrico.rfa** com as propriedades do projeto. Os dados são inseridos em todas as folhas, de forma que, se houver alteração de uma informação, basta alterá-la nos parâmetros de projeto e ela será alterada em todas as folhas. A família da folha pode ser alterada para que fique de acordo com os padrões de seu escritório. Se forem necessárias mais informações do projeto, com parâmetros que não se encontram aqui, você poderá criar os parâmetros necessários. A seguir, veremos como criar novos parâmetros de projeto.

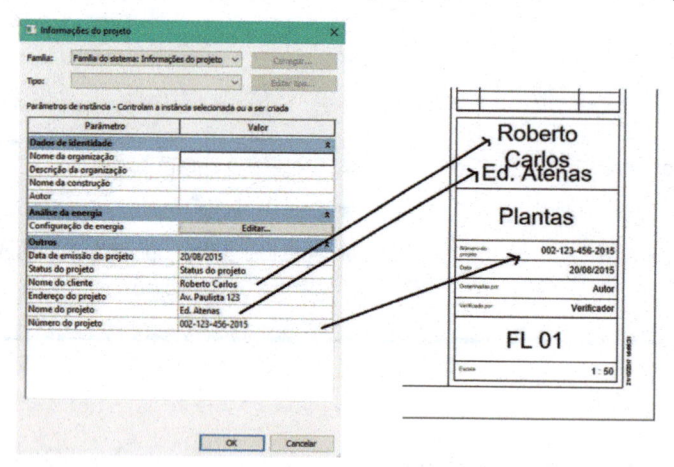

Figura 19.3 – Propriedades do projeto no carimbo.

19.2 Criação de um parâmetro de projeto

Podemos criar novos parâmetros no Revit para representar informações dos objetos. São três parâmetros:

Parâmetros compartilhados: são parâmetros que podem ser usados em várias famílias e projetos, assim como ser extraídos para uma tabela de quantitativos e inseridos em identificadores (Tags) utilizados em vários projetos. Os **parâmetros compartilhados** são armazenados em arquivos .TXT, e dessa forma é possível acessar os arquivos referentes a diferentes famílias ou projetos.

Parâmetros de projeto: são parâmetros que pertencem aos arquivos do projeto em que foram criados e não podem ser extraídos para uma tabela. Portanto, se você vai utilizar um parâmetro em um elemento – por exemplo, um dado de uma janela – e pretende extrair esse dado para uma tabela, é preciso criar essa informação como parâmetro compartilhado e depois transferi-lo para o parâmetro de projeto. Um mesmo parâmetro compartilhado pode ser inserido em vários elementos.

Parâmetros globais: os parâmetros globais são específicos de um único arquivo de projeto, mas não são atribuídos às categorias. Os parâmetros globais podem ser valores simples, valores derivados de equações ou valores obtidos do modelo usando outros parâmetros globais. Utilize os parâmetros globais para conduzir e reportar valores.

Além das informações de projeto que já constam no programa, pode ser que necessitemos criar outros parâmetros para os elementos construtivos ou para o projeto. Isso é possível porque trabalhamos com um programa paramétrico, que permite criar parâmetros conforme a necessidade de cada usuário.

Imaginemos, por exemplo, uma folha com dados relacionados à prefeitura, que traz informações do cliente, como IPTU, CADLOG, categoria de uso, entre outros. Se esses dados estiverem inseridos entre as informações do projeto, sua manipulação e extração serão muito mais eficientes.

Você poderá, ainda, precisar de parâmetros novos em uma parede ou janela solicitados pelo contratante, como um código específico de precificação ou de produto. Todo tipo de informação nova nos elementos é chamada de parâmetro e poderá ser criada para cada projeto ou para vários projetos, ficando gravada no arquivo modelo/template.

Vamos criar um parâmetro para os dados de cliente, por exemplo CADLOG, a ser inserido em **Informações do projeto**. No arquivo do projeto (RVT), selecione **Parâmetros compartilhados** na aba **Gerenciar**.

Aba Gerenciar > Parâmetros compartilhados

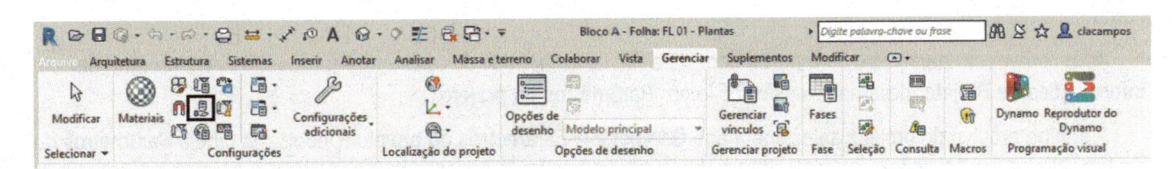

Figura 19.4 – Aba Gerenciar > Parâmetros compartilhados.

Em seguida, na janela **Editar parâmetros compartilhados**, clique em **Criar** para gerar um arquivo .TXT com todos os parâmetros compartilhados do projeto.

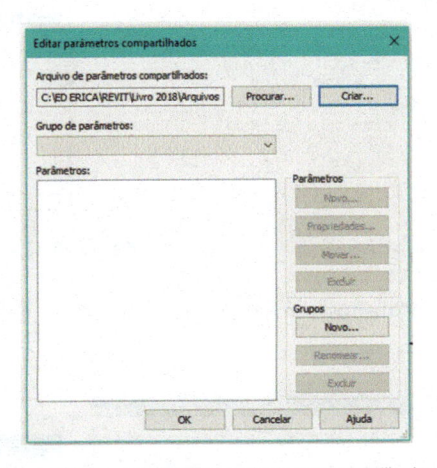

Figura 19.5 – Janela Editar parâmetros compartilhados.

Clicando-se em **Criar**, surge uma janela para criar e salvar o arquivo .TXT. Atribua a ele o nome **parametros.txt** e clique em **Salvar**. Esse arquivo está disponível para download no site da Editora. Após o arquivo ser criado, clique em **Grupo > Novo** e entre com o nome do grupo de parâmetros, por exemplo, **Dados cliente**.

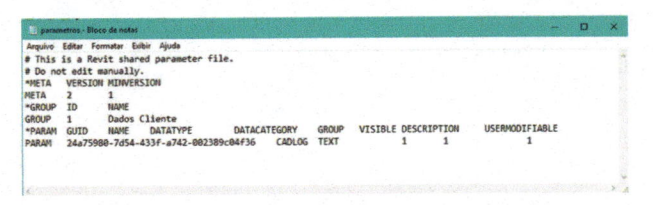

Figura 19.6 – Arquivo .TXT criado.

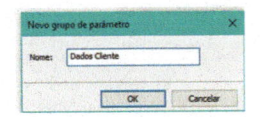

Figura 19.7 – Nome do grupo de parâmetros.

Com o grupo definido, vamos criar o parâmetro, clicando em **Parâmetros > Novo** (Figura 19.8). Na janela **Propriedades de parâmetros**, no campo **Nomes**, insira **CADLOG**, defina **Disciplina** como **Comum** e **Tipo de parâmetro** como **Texto**. Clique em **OK** (Figura 19.9).

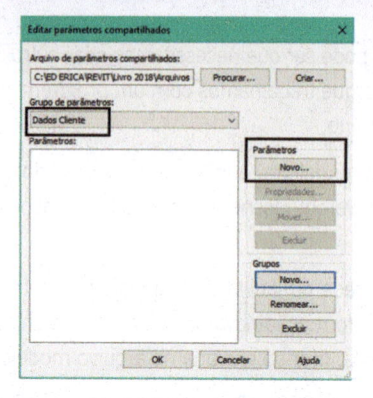
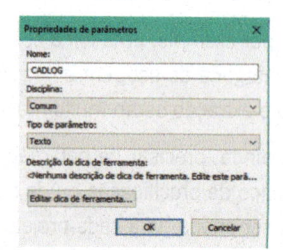

Figura 19.8 – Grupo de parâmetros criado.   **Figura 19.9** – Criação do parâmetro CADLOG.

Em seguida, o parâmetro é criado e fica em uma lista no campo **Parâmetros**, como mostra a Figura 19.10. Clique em **OK** para finalizar. Você pode criar outros parâmetros com dados do cliente para esse grupo da mesma forma, como IPTU, CPF etc.

Após criar um parâmetro compartilhado para incluí-lo no devido elemento (parede, porta, janela) ou em **Informações de Projeto,** devemos transformá-lo em **Parâmetros do projeto**.

Ainda no arquivo do projeto, selecione a aba **Gerenciar > Parâmetros do projeto**. Depois, na janela **Parâmetros do projeto**, clique em **Adicionar**.

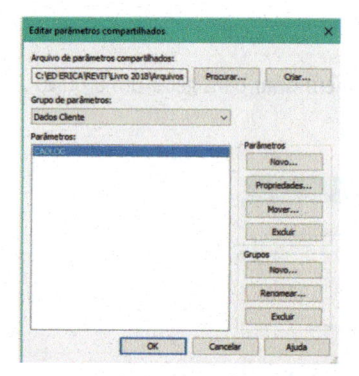
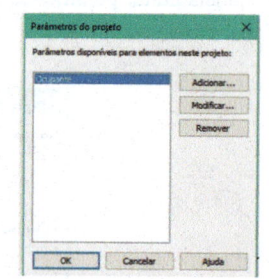

Figura 19.10 – Parâmetro criado.   **Figura 19.11** – Janela Parâmetros do projeto.

Na janela seguinte, selecione **Parâmetros compartilhados** e clique em **Selecionar** para escolher o parâmetro CADLOG, como mostra a Figura 19.12.

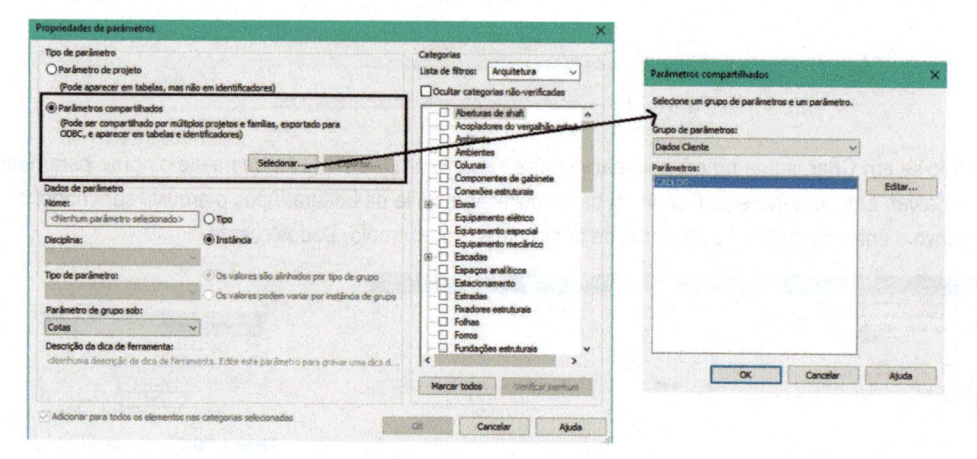

Figura 19.12 – Seleção do parâmetro criado.

O campo

No campo **Parâmetro de grupo sob**, selecione **Outros**, em **Categorias** marque **Informação do projeto** e clique em **OK** para finalizar (Figura 19.13).

O campo Categoria

O campo **Parâmetro de grupo sob** vai determinar em que grupo – ou seja, em qual parte das propriedades de um elemento – o parâmetro será inserido. Note que os elementos têm propriedades de **Tipo** e propriedades de **Instância**, e então aqui escolhemos onde o parâmetro será inserido. As propriedades variam de elemento para elemento. Se o parâmetro compartilhado fornece informações da folha, selecione a categoria **Folha**. O parâmetro é então listado nas propriedades da vista da folha. Se você adicionar um parâmetro compartilhado às categorias **Folhas** ou **Informações do projeto**, poderá adicionar o parâmetro a uma família de bloco de margens e carimbo, para que possa ter parâmetros personalizados em margens e carimbo.

O campo **Categoria** vai determinar em qual elemento o parâmetro será inserido. Nesse campo, você poderá selecionar várias **Categorias** para o mesmo parâmetro. Vamos supor que você criou um parâmetro para esquadrias, então selecionará **Portas** e **Janelas**. Neste exemplo, estamos inserindo o parâmetro em **Informações do Projeto**.

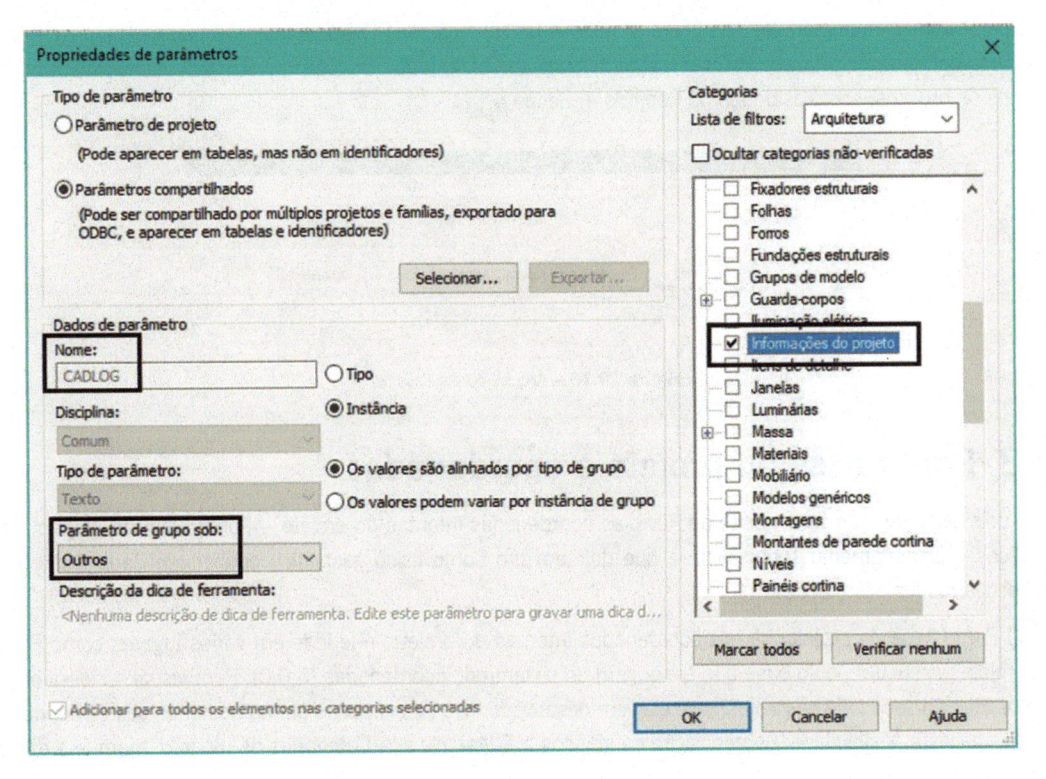

Figura 19.13 – Definição de grupo e categoria do parâmetro.

O parâmetro foi adicionado ao projeto. Clique em **OK** para encerrar.

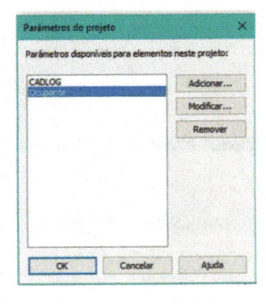

Figura 19.14 – Parâmetro adicionado ao projeto.

Para visualizar o parâmetro em **Informações do projeto**, selecione a aba **Gerenciar > Informações do projeto** e veja na janela de diálogo o parâmetro criado.

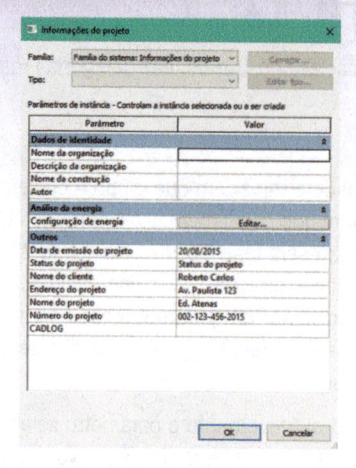

Figura 19.15 – Novo parâmetro inserido em Informações do projeto.

Os parâmetros compartilhados que ficam armazenados no arquivo .TXT podem ser inseridos em outros projetos, desde que você tenha o arquivo .TXT que os contém. Esses parâmetros também podem ser usados na criação de templates de projetos, como estudado no Capítulo 4, Seção 4.1.1.

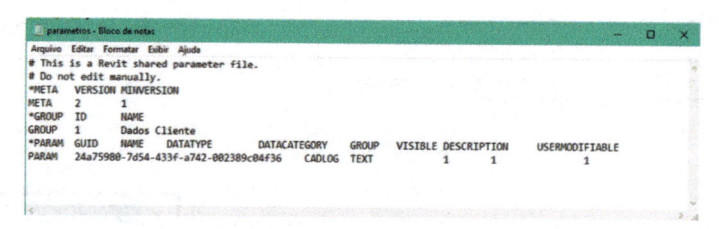

Figura 19.16 – Arquivo parametros.txt.

19.3 Ponto base do projeto e coordenadas

Há dois sistemas de coordenadas no Revit: as coordenadas internas do projeto – **Ponto base do projeto** – e as geográficas – **Levantamento Topográfico** –, que definem um ponto físico geográfico conhecido. Cada sistema tem suas peculiaridades e limitações.

⊗ **Ponto base do projeto**: são as coordenadas internas do projeto; referidas em vários lugares como **Projeto**. Cada projeto possui um ponto base que é a origem do sistema de coordenadas (0,0,0). Para visualizar essa origem, devemos ativar o seu ícone nas vistas, pois ele vem desativado. Em uma vista de planta qualquer, selecione, nas propriedades da vista, **Visibilidade/Sobreposição de gráficos > Editar**. Na aba **Categorias de modelo**, marque e expanda o campo **Terreno** (Figura 19.17).

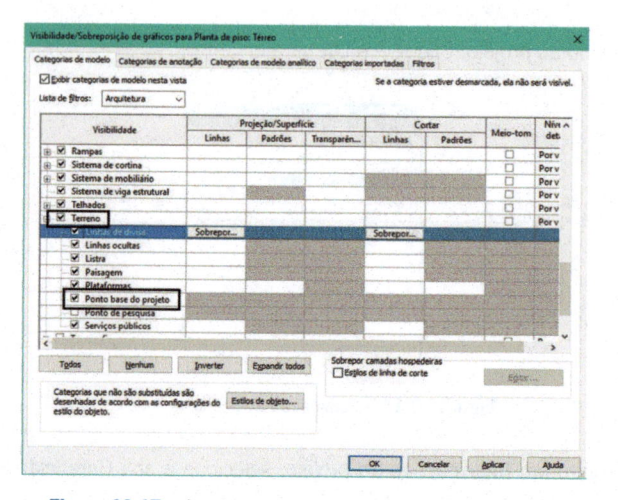

Figura 19.17 – Ativação da visibilidade do Ponto base do projeto.

Na vista da planta, um ícone do ponto base do projeto é exibido. Selecione-o e verifique as coordenadas.

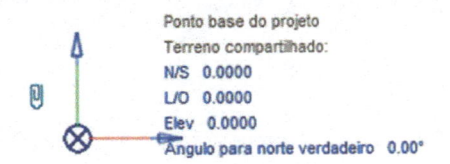

Ponto base do projeto
Terreno compartilhado:
N/S 0.0000
L/O 0.0000
Elev 0.0000
Ângulo para norte verdadeiro 0.00°

Figura 19.18 – Ponto base do projeto ativado.

A Figura 19.19 mostra paredes de 0,20 m de espessura formando um retângulo de 4 × 3 m. Com a ferramenta **Coordenada de ponto**, que permite visualizar as coordenadas de um ponto da aba **Anotar**, podemos clicar nos vértices das paredes e verificar suas coordenadas em relação ao ponto base do projeto, que se localiza na intersecção das linhas de centro das paredes no canto superior esquerdo.

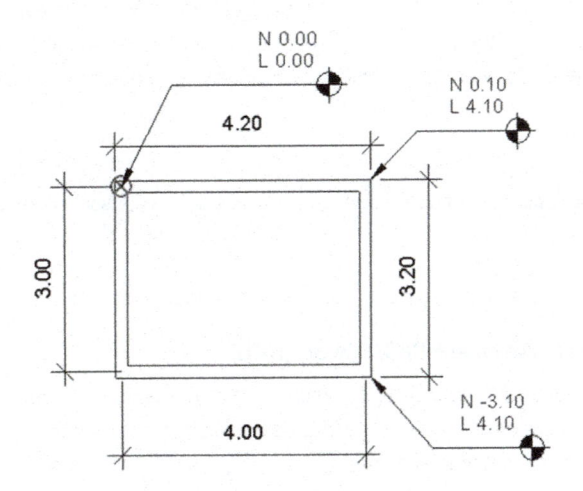

Figura 19.19 – Ponto base do projeto.

⚠ **Ponto pesquisa**: além do ponto base do projeto, o Revit tem o **Ponto de levantamento topográfico** (survey point), que funciona como um marcador geodésico e é utilizado para orientar a geometria do projeto em relação a um sistema de coordenadas usado em engenharia civil. Ou seja, na prática, associamos esse ponto a uma coordenada física conhecida a partir do levantamento topográfico e, então, temos a localização exata do ponto na topografia. Esse ponto, por padrão, também está visível somente na vista **Terreno**. Você pode abrir a vista **Terreno** e verificar. Para ativar a visibilidade do ponto de levantamento topográfico em outra vista, proceda tal como foi feito anteriormente para ativar o ícone do ponto base do projeto. Na propriedade da vista **Visibilidade/Sobreposição de gráficos**, expanda **Terreno** e ative **Ponto de pesquisa**.

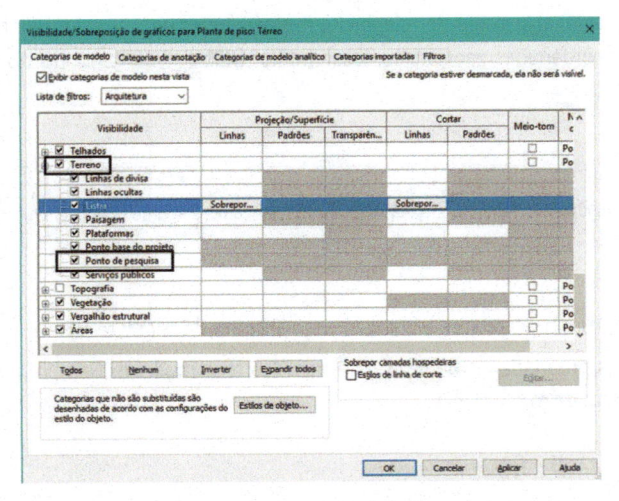

Figura 19.20 – Ativação da visibilidade do Ponto de pesquisa.

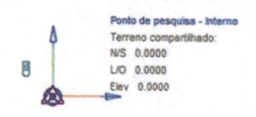

Figura 19.21 – Ponto de levantamento topográfico (Ponto de pesquisa) visível.

O ponto base do projeto e o ponto de levantamento topográfico são coincidentes. Veja que, ao selecionar os pontos, temos a informação de **Terreno compartilhado**, por padrão, mas eles podem ser modificados, ou seja, movidos.

Esses pontos são importantes porque vão nos permitir compartilhar coordenadas de projeto e posicionar dois projetos – por exemplo, arquitetura e instalações – no mesmo ponto, sobrepondo esses projetos para que o projeto de instalações use como base a arquitetura.

O ícone do clipe assegura a movimentação dos pontos base de projeto e de levantamento topográfico. Ao clicarmos no clipe, ele fica com uma linha vermelha, sendo liberado para movimentação. É preciso ter muito critério ao mover esses pontos, pois eles vão alterar as referências no projeto e, também, nos projetos vinculados.

 **Dica**

Para não mover acidentalmente os pontos, selecione-os individualmente e, na aba **Modificar**, selecione a ferramenta **Fixar**.

A seguir, acompanhe o passo a passo para posicionar um projeto em relação a um ponto geográfico conhecido.

Dados necessários no arquivo do AutoCAD/Civil 3D (DWG)

- O arquivo da topografia do AutoCAD deverá estar necessariamente de acordo com as coordenadas geográficas de topografia (latitude/longitude) em forma de posicionamento geográfico plano, utilizando as coordenadas do AutoCAD como coordenadas planas.
- O ponto de referência de coordenada geográfica poderá ser escolhido no AutoCAD por meio da identificação de um ponto com o comando ID para ser o Marcador de Coordenadas, que aqui fica designado pela sigla MC. Faça essa alteração no DWG. Por exemplo, este valor do MC pode ser:
- X = 339974.4587 e Y = 7402140.8305 (latitude/longitude)
- X = East/West
- Y = North/South
- Z = Elevation
- Ponto de referência da posição do edifício em relação à rua, linha de divisa etc.
- Projeto no Revit – Marcador do Edifício – vamos estabelecer aqui a sigla ME.

Passo 1: analisar o desenho do levantamento topográfico do arquivo DWG no AutoCAD para entender as unidades, pontos de referência; levantar o ponto de referência, marcá-lo com um marcador (linha, símbolo) que possa ser visível no Revit; anotar as coordenadas geográficas desse ponto. Utilizar o comando ID no AutoCAD para exibir essas coordenadas.

 **Observação**

O levantamento topográfico no AutoCAD deverá estar de acordo com as coordenadas geográficas em relação à origem do AutoCAD.

Passo 2: no Revit, inicie um novo projeto e ajuste a vista **Terreno** da seguinte forma:

1. É necessário ajustar as propriedades da vista para usar **Norte verdadeiro**. Nas propriedades da vista, selecione **Orientação > Norte verdadeiro**.

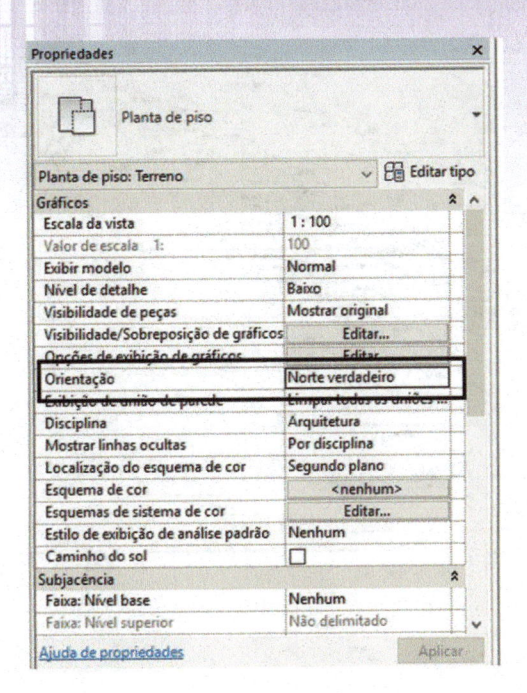

Figura 19.22 – Ajuste do Norte verdadeiro.

2. É necessário também alterar a **Faixa da vista** porque o terreno pode estar muito alto em relação ao nível do mar. Por exemplo, a cidade de São Paulo situa-se em uma faixa entre 750 e 850 m acima do nível do mar, por isso, precisamos definir a sua elevação real, já que o edifício pode ficar invisível e, nesse caso, o plano de corte da vista pode acabar não interceptando o edifício. O valor padrão para o Revit é 100 m para a vista **Terreno**, o que pode ser muito baixo para algumas cidades e alto para outras. Considere a elevação do terreno do projeto e a altura do edifício para entrar com o **Topo**, que deve ser maior do que o nível mais alto que você espera ter. Insira o mesmo valor do **Plano de corte** ou um valor um pouco abaixo do **Inferior**. Se esses valores não foram inseridos, poderá ocorrer um erro ao importar o levantamento topográfico do AutoCAD.

Passo 3: importação do arquivo do levantamento topográfico. Com a vista **Terreno** ativa, selecione **Aba Inserir > Importar CAD** e, na janela de diálogo **Importar formatos de CAD**, selecione os seguintes parâmetros:

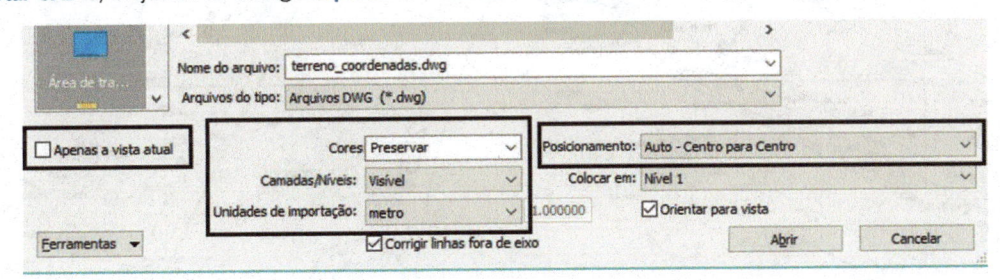

Figura 19.23 – Inserção da topografia.

Sempre que for fazer uma importação de arquivos para criar uma superfície topográfica, desmarque a opção **Apenas a vista atual**; se ela for marcada, não será possível gerar a superfície. Os parâmetros anteriores são uma sugestão de forma; se o terreno ficar muito grande ou muito pequeno, mude as opções de inserção e verifique a escala no AutoCAD.

Ao fazer a importação do arquivo da topografia, ele deve ficar centralizado em relação ao **Ponto base do projeto**.

Passo 4: rotação da topografia em relação ao norte do projeto. Com a topografia inserida no projeto, o próximo passo é rotacionar a topografia de acordo com a posição do edifício no terreno. O processo deve ser sempre rotacionar a topografia e nunca o edifício, dessa forma, teremos o norte do projeto preservado em relação às vistas de folhas de impressão. Para rotacionar o projeto, é necessário termos no arquivo da topografia (AutoCAD/Civil 3D) um ponto de marcação do edifício, como no terreno, e uma linha de alinhamento do edifício, por exemplo, o limite de propriedade ou rua.

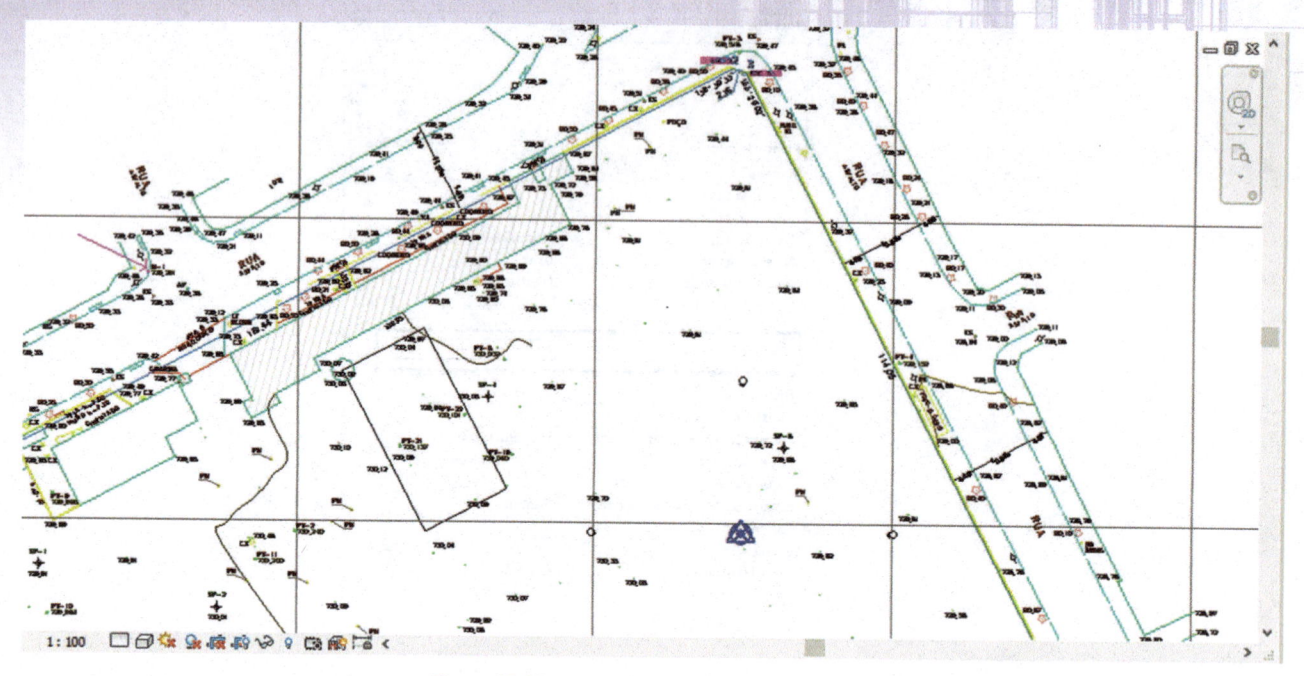

Figura 19.24 – Topografia inserida.

Rotacione a topografia (DWG) de acordo com o ângulo entre, por exemplo, o alinhamento da rua e a base do projeto. Nesse caso, você pode utilizar como referência uma linha de base da laje do projeto e o ângulo entre ela e a rua. O ponto base da rotação nesse momento não é importante porque depois vamos mover a topografia. Neste exemplo, a rotação foi de 27.59°.

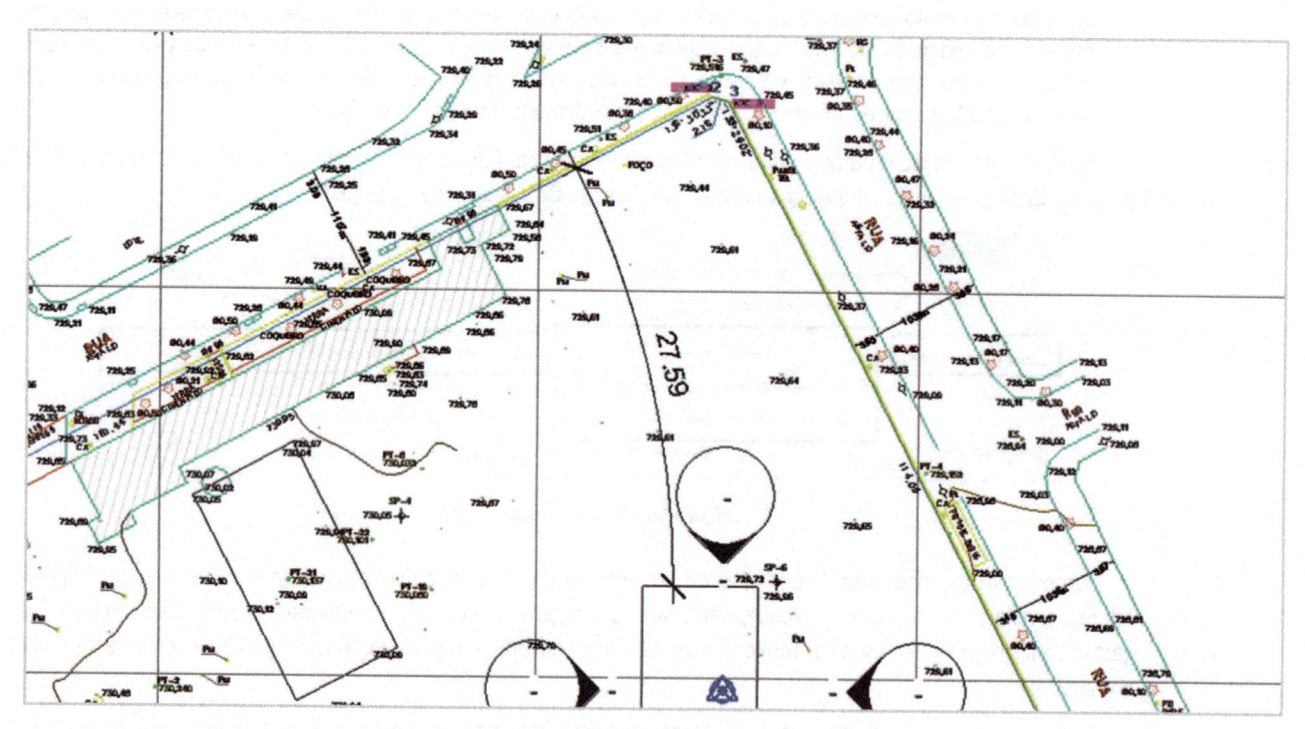

Figura 19.25 – Ângulo de rotação.

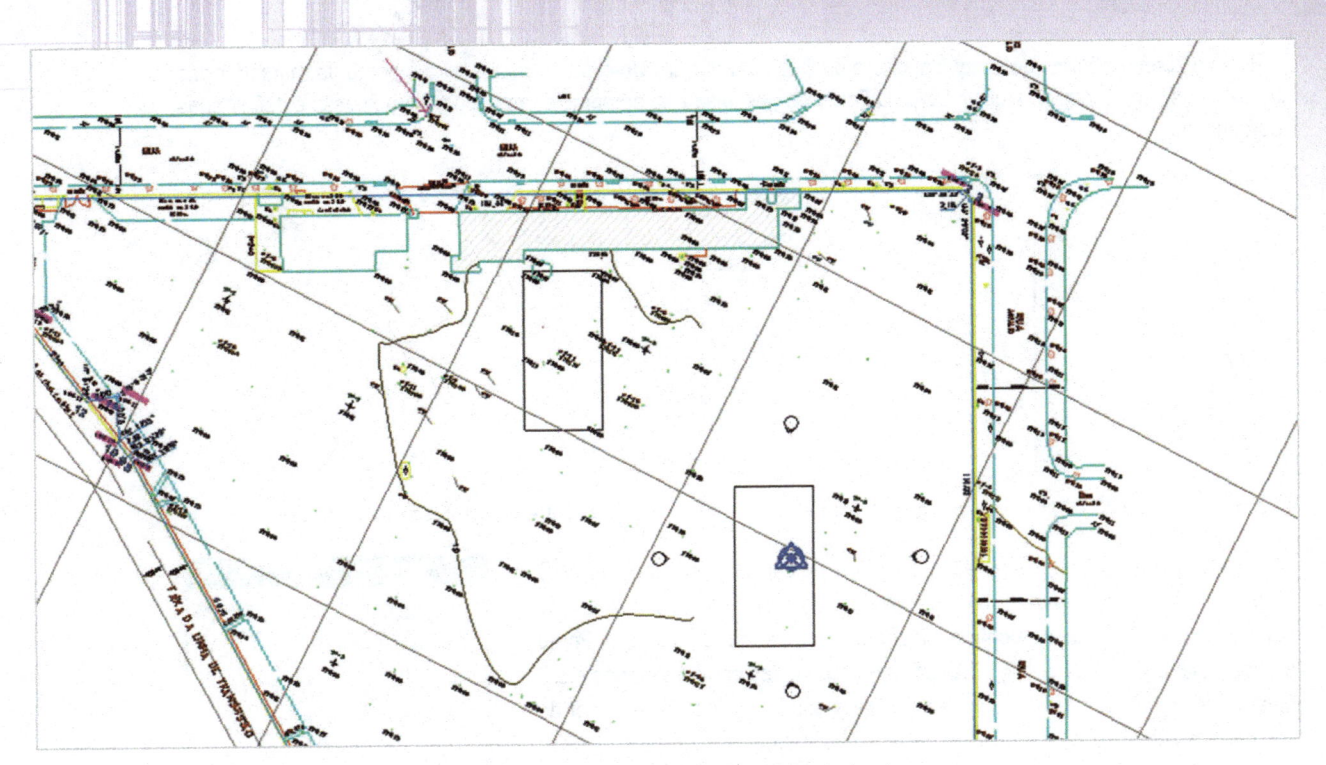

Figura 19.26 – Topografia rotacionada.

Mova a topografia (DWG) utilizando como ponto base o ponto de referência de posicionamento do edifício no terreno no DWG para um ponto de referência do edifício no Revit no RVT. É interessante que haja no Revit uma linha para ser a referência, por exemplo, criar um **plano de referência**.

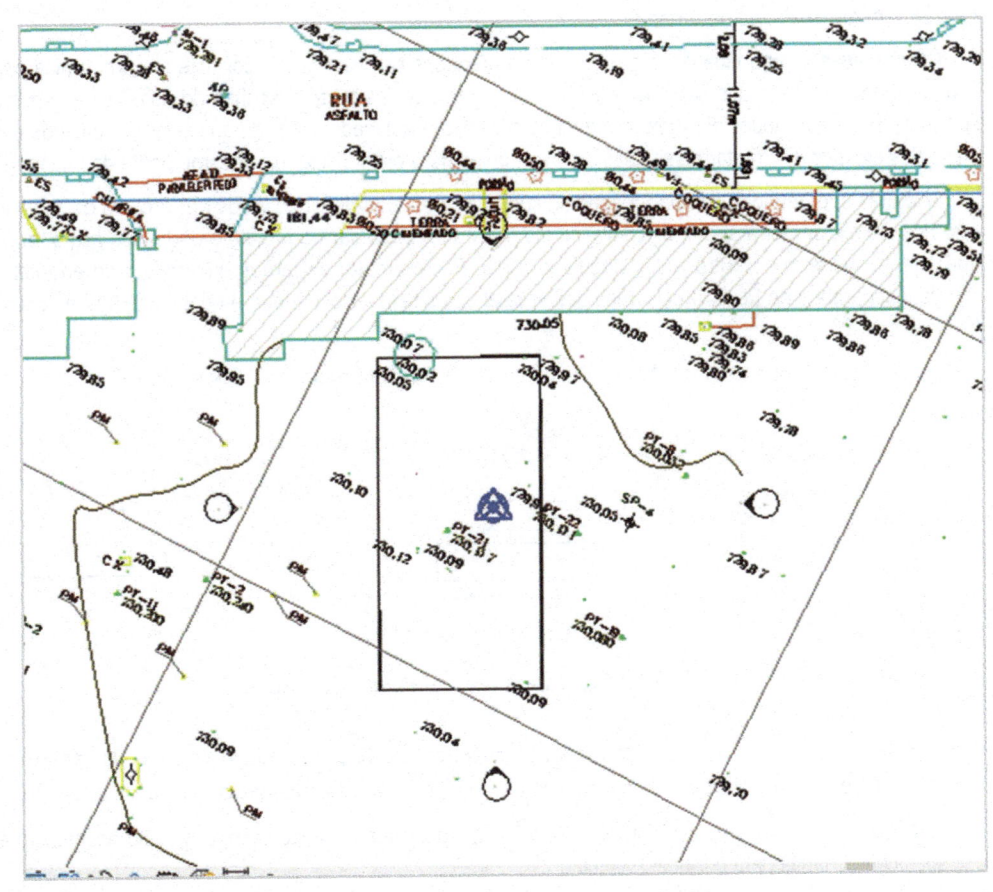

Figura 19.27 – Topografia movida.

Dê um **Zoom** no **Ponto de pesquisa**, clique no **Clip** para dar um **Un-clip** e arraste-o para o ponto do marcador das coordenadas geográficas do arquivo DWG. O **Ponto de pesquisa** está no ponto correto e o próximo passo é definir suas coordenadas.

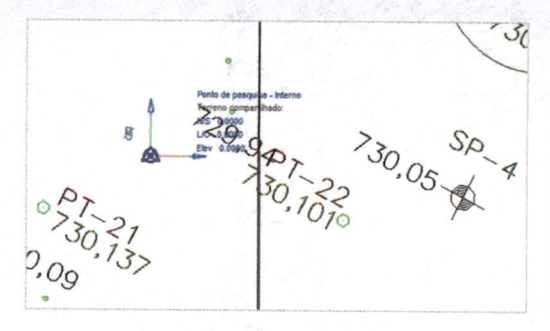

Figura 19.28 – Ponto de pesquisa desprendido.

Figura 19.29 – Ponto de pesquisa na coordenada.

Passo 5: definição das coordenadas. Para definir as coordenadas, NÃO clique no ícone para entrar com os valores. Na aba **Gerenciar**, selecione **Especificar coordenadas no ponto** e clique no ponto central do ícone do **Ponto de pesquisa**; a janela de diálogo **Especificar coordenadas compartilhadas** é exibida. Entre com os valores das coordenadas geográficas obtidas do marcador de coordenadas do arquivo da topografia do AutoCAD (DWG):

X = Leste/Oeste = 339974.4587

Y = Norte/Sul = 7402140.8305

Ângulo = 27.59°

Em seguida, pode acontecer de o projeto parecer desaparecer; dê um **Zoom Fit – ZF –** para visualizá-lo novamente.

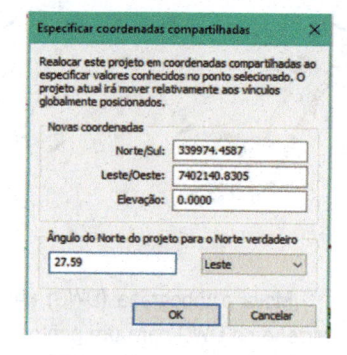

Figura 19.30 – Definição das coordenadas.

Coordenadas compartilhadas: o sistema de coordenadas compartilhadas consiste em uma única origem e orientação de norte verdadeiro que pode ser sincronizado entre modelos e até desenhos do AutoCAD. Cada modelo pode ter seu ponto base, mas todos possuem um mesmo ponto compartilhado, a fim de que sejam vinculados e partilhados por diferentes equipes. É uma forma simples de uma equipe de projeto utilizar um mesmo ponto de origem de trabalho.

Como as coordenadas compartilhadas só são utilizadas quando vinculamos um arquivo de modelo a outro, precisamos definir, primeiramente, as coordenadas mais relevantes para o projeto e onde elas estão, ou seja, o arquivo que será hospedeiro do outro a ser vinculado a ele. Por exemplo, se temos um projeto de arquitetura e outro de instalações, ambos no Revit, precisamos definir qual deles será o hospedeiro e qual vai definir as coordenadas significativas do projeto.

As ferramentas para compartilhar coordenadas estão na aba **Gerenciar > Coordenadas**.

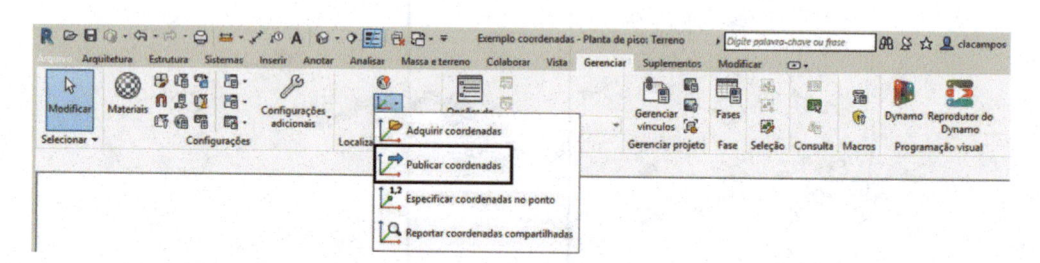

Figura 19.31 – Aba Gerenciar > Coordenadas.

Adquirir coordenadas: traz as coordenadas de um projeto vinculado ao projeto atual, utilizando-as no projeto atual. O arquivo do modelo que hospeda o arquivo vinculado tem as mesmas coordenadas do modelo vinculado.

Publicar coordenadas: esse processo é o inverso do anterior. Neste caso, o modelo hospedeiro exporta as suas coordenadas para o modelo vinculado.

Especificar coordenadas no ponto: essa opção move o projeto em relação às coordenadas compartilhadas.

Reportar coordenadas compartilhadas: permite visualizar as coordenadas compartilhadas de um modelo vinculado ao modelo hospedeiro.

19.4 Links – Vínculos

Existem várias formas de trabalhar em equipe no Revit. A organização de um projeto pode ser feita pelo vínculo de diversos arquivos, de forma a se obter uma visão completa do trabalho. Por exemplo, é possível vincular o projeto de arquitetura ao arquivo do projeto de instalações do Revit, para que a arquitetura sirva de base para as instalações. Outro exemplo é fazer o link de um pavimento tipo em um projeto de edifício, tornando o pavimento tipo um arquivo separado para que um membro da equipe trabalhe somente com ele, deixando o arquivo do projeto mais leve. Em um projeto de um condomínio de vários edifícios ou residências, pode ser produtivo criar um arquivo para a implantação, deixando-o separado das edificações e apenas vinculá-las ao arquivo de implantação. O Revit permite a inserção de vínculos de arquivos do Revit (RVT) e de arquivos nos formatos IFC, DWG e, a partir dessas versões, arquivos de cooordenação do Navisworks e formatos NWC e NWD.

Aba Inserir > Vínculo do Revit

A primeira regra que se deve observar ao trabalhar com modelos vinculados é a versão do Revit a ser utilizada. Dessa forma, é fundamental que todas as equipes de projeto estejam informadas das versões e de acordo. Outro ponto importante é o compartilhamento de coordenadas para que os arquivos fiquem com a mesma referência.

Os vínculos de modelos no Revit assemelham-se aos arquivos de referência no AutoCAD; portanto, ao alterar a base, as modificações refletem-se no modelo vinculado e vice-versa.

No Revit, arquivos com modelos vinculados referenciam com total fidelidade visual o conteúdo, exibindo todos os dados dos modelos vinculados. Para vincular um arquivo a um modelo do Revit, usamos a ferramenta **Vínculo do Revit** da aba **Inserir**.

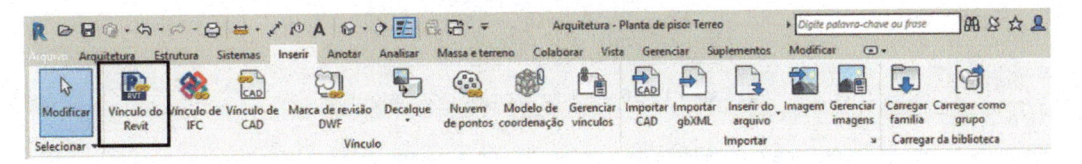

Figura 19.32 – Aba Inserir > Vínculo do Revit.

Em seguida, surge a janela para seleção de arquivos, na qual é preciso escolher um arquivo .RVT. Na parte inferior da janela, veja as opções de posicionamento em relação ao arquivo que hospeda o arquivo inserido.

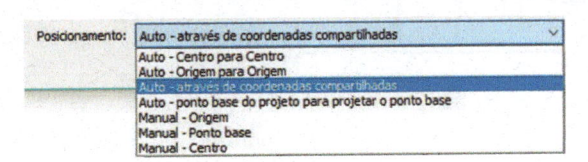

Figura 19.33 – Opções de posicionamento do arquivo vinculado.

A Figura 19.34 traz o exemplo de um arquivo de arquitetura vinculado a um projeto de instalações criado no Revit. Nesse projeto, a arquitetura serviu de base para o projeto de instalações.

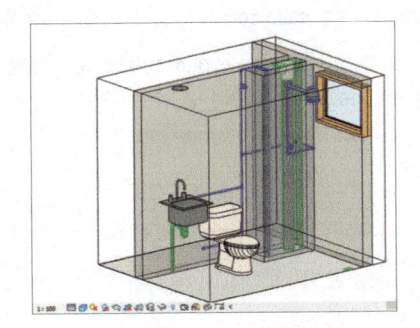

Figura 19.34 – Exemplo de projeto de instalações vinculado à arquitetura.

Para entender melhor como vincular arquivos, vamos demonstrar os passos para vincular o projeto de instalações ao de arquitetura do edifício da Figura 19.34.

Os projetos estão em arquivos separados para este exemplo. Você precisará dos arquivos **arquitetura.rvt** e **instalacoes.rvt**, disponíveis no site da editora.

3. Abra o arquivo **arquitetura.rvt**.

4. O projeto é aberto na vista do pavimento térreo.

5. Acesse a aba **Inserir > Vínculo do Revit** e o arquivo **instalacoes.rvt**. No campo **Posicionamento**, selecione a opção **Auto – através de coordenadas compartilhadas** e clique em **Abrir**.

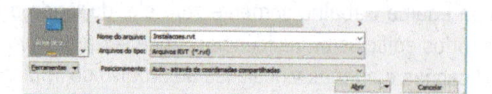

Figura 19.35 – Seleção do arquivo a ser vinculado.

6. Mude para uma vista 3D. Nas propriedades da vista, em **Visibilidade/Sobreposição de gráficos**, altere a visibilidade das paredes para **Transparente**.

7. Abra a vista **3D Banho**, na qual criamos uma perspectiva do banheiro que mostra as tubulações de água e esgoto.

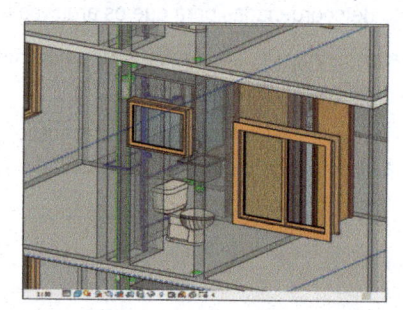

Figura 19.36 – Vínculo do projeto de instalações.

8. Visualize também a elétrica em uma vista de topo ou crie uma perspectiva.

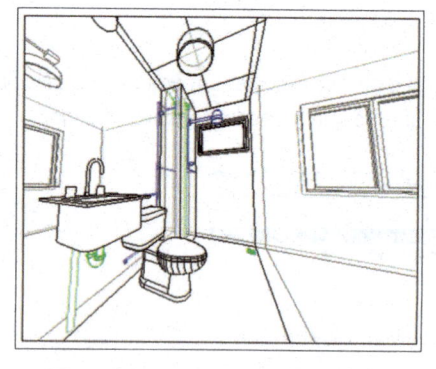

Figura 19.37 – Perspectiva do banheiro.

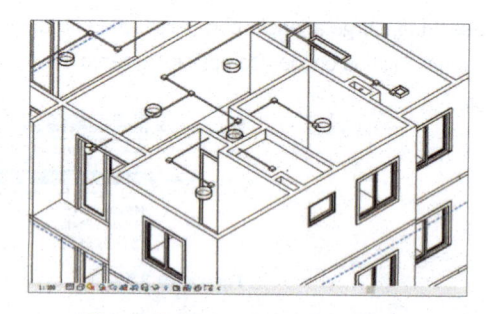

Figura 19.38 – Visualização da elétrica.

Navegue pelo projeto para visualizar os detalhes da hidráulica e elétrica. Os tubos só são visíveis com o **Nível de detalhe** na barra de visualização em modo **Alto**, caso contrário será visualizado em unifilar.

Nesse processo, conforme o projeto de instalações evolui e estár vinculado ao projeto de arquitetura, as alterações nas instalações são refletidas na arquitetura.

 **Dica**

Quando se trabalha com vínculos, os dois arquivos não podem estar abertos ao mesmo tempo. O arquivo a ser vinculado deve estar fechado para ser vinculado no arquivo principal.

19.4.1 Coordenação multidisciplinar

Ao trabalhar com vínculos de outras disciplinas no Revit, a coordenação do projeto é feita pelas ferramentas a seguir, da aba **Coordenar**.

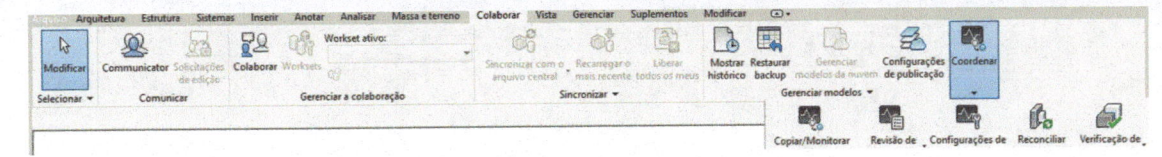

Figura 19.39 – Aba Colaborar > Coordenar.

Copiar/Monitorar: permite monitorar/copiar elementos do projeto vinculado no projeto hospedeiro. Se um elemento monitorado for movido ou alterado, os outros usuários da equipe são notificados.

Por exemplo, ao se vincular um arquivo, ele possui seus próprios níveis, mas o arquivo vinculado também possui seus próprios níveis. Devemos usar os mesmos níveis da arquitetura em um projeto de instalações para padronizar o projeto.

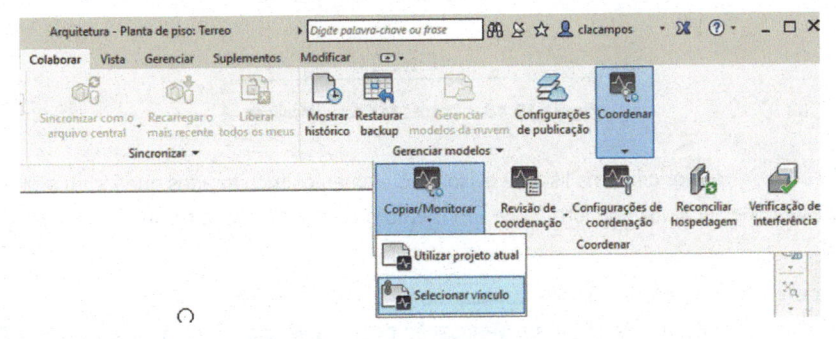

Figura 19.40 – Seleção do vínculo.

Na opção **Selecionar vínculo**, selecione o arquivo vinculado; em seguida, na aba **Copiar/Monitorar**, selecione **Copiar**; na barra de opções, selecione **Múltiplo** e escolha qualquer método de seleção dos níveis do arquivo vinculado. Clique em **Concluir** para terminar.

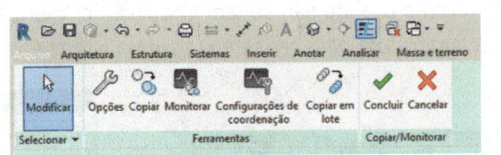

Figura 19.41 – Seleção de Copiar.

Os níveis copiados são exibidos no arquivo hospedeiro com um ícone para diferenciá-lo. Se os níveis forem modificados ou removidos, você será notificado no arquivo vinculado. Os avisos são exibidos pela ferramenta **Revisão de coordenação**.

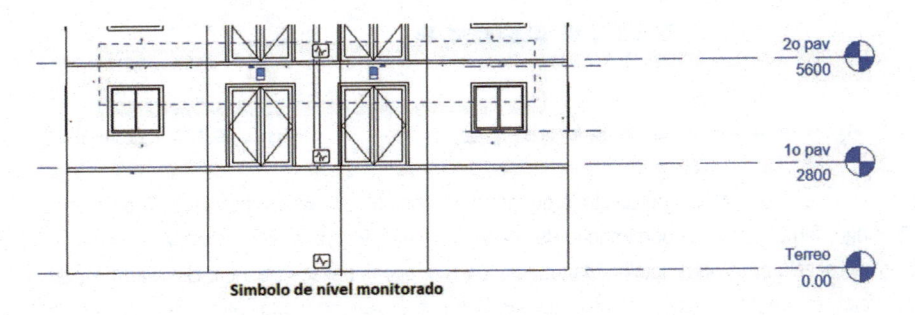

Figura 19.42 – Monitoramento de níveis.

Após **Copiar/Monitorar**, também podemos escolher **Opções** e selecionar na janela **Opções de Copiar/Monitorar** os tipos de elementos nas abas **Níveis**, **Eixos**, **Colunas**, **Paredes** e **Pisos**.

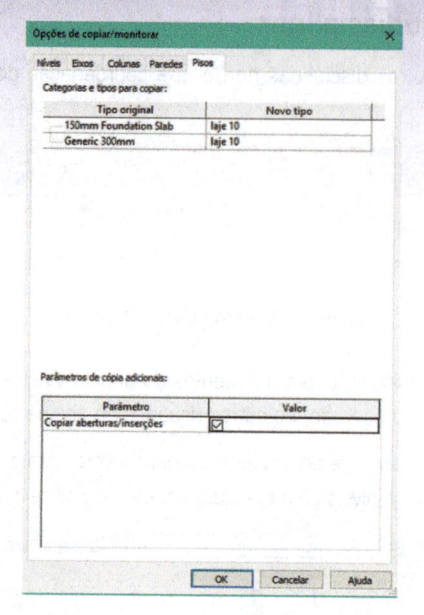

Figura 19.43 – Opções de Copiar/Monitorar.

Revisão de coordenação: cria uma lista de avisos dos elementos monitorados que foram alterados ou movidos. Essa lista pode ser revista de forma que um membro da equipe possa rejeitar uma alteração e inserir comentários.

Verificação de interferências: permite verificar se há alguma interferência entre os projetos – por exemplo, de hidráulica e arquitetura. Ao clicar em **Verificação de interferência**, surge a janela **Verificação de interferência**, na qual temos duas colunas: do lado esquerdo, o arquivo vinculado; do lado direito, o projeto atual. Selecione os itens a verificar, como mostra a Figura 19.44, e clique em **OK**.

Em seguida, é rodada a verificação e a janela **Resultado de interferência** exibe o resultado, como mostra a Figura 19.45. Nessa janela, você pode clicar em **Exibir** para visualizar o resultado no projeto. Essa verificação de interferência pode ser usada até mesmo quando não se tem vínculos. Por exemplo, você pode pedir a verificação de interferência em um projeto de arquitetura para ver se não há uma interferência entre um forro e uma laje.

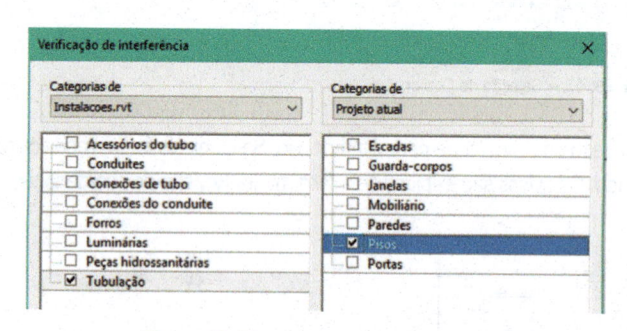

Figura 19.44 – Verificação de interferência.

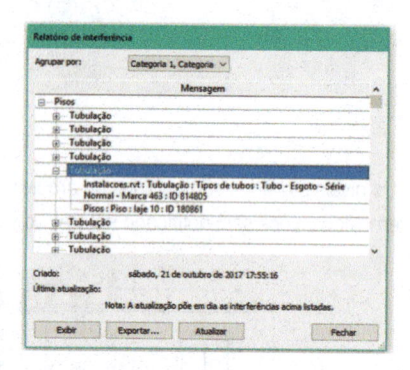

Figura 19.45 – Relatório de interferência.

Outra possibilidade para fazer a coordenação quando se trabalha com várias disciplinas é a utilização do **Autodesk Navisworks Manage**, ferramenta de coordenação da Autodesk. No Navisworks, é possível fazer "clashes" (detecção de interferências) e gerar relatórios bem detalhados, que incluam imagens desses clashes. Os relatórios, então, podem ser enviados aos projetistas responsáveis para uma revisão. Com o projeto revisado, basta repetir o clash. O Navisworks também tem uma ferramenta que, ao detectar o clash, abre o Revit na mesma vista do clash para a correção do problema. Essas ferramentas do Revit permitem que você verifique algumas interferências com sua equipe, mas, para um trabalho interdisciplinar mais complexo, sugerimos a utilização do Navisworks, que permite uma coordenação maior do projeto com criação de nuvens de revisão em 3D comentadas e simulação da construção por meio do vínculo do projeto em 3D, com as etapas do planejamento a partir de um arquivo do MS Project, por exemplo.

19.4.2 Gerenciamento de vínculos

Os vínculos devem ser guardados em pastas com critérios bem definidos para não gerar conflitos quando se abre um arquivo que tem um vínculo. Por exemplo, se você mudar os arquivos vinculados de pasta, o Revit já não encontra o arquivo e gera um aviso (Figura 19.46) para que você gerencie os vínculos e corrija o problema, recarregando o arquivo de outra pasta. Sempre que enviar um arquivo que possui um vínculo com outros, não se esqueça de enviar os arquivos vinculados para que o vínculo seja refeito na outra máquina.

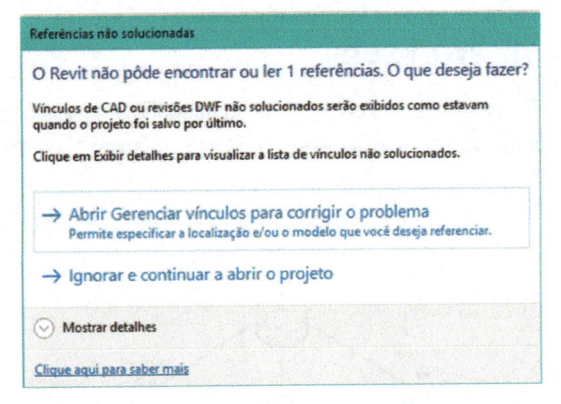

Figura 19.46 – Mensagem de aviso de vínculo não encontrado.

Podemos gerenciar os vínculos pela ferramenta Gerenciar vínculos, na aba Inserir.

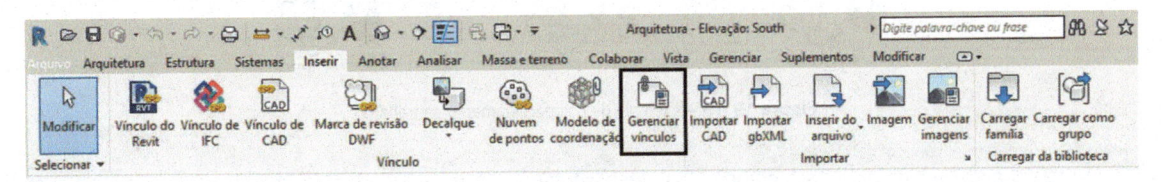

Figura 19.47 – Aba Inserir > Gerenciar vínculos.

Na janela Gerenciar vínculos, encontramos as opções:

Recarregar: recarrega o arquivo do mesmo local.

Recarregar de: permite selecionar outra pasta para carregar o arquivo.

Descarregar: descarrega o arquivo, mas guarda a localização dele, o que permite recarregá-lo depois.

Remover: elimina completamente o vínculo.

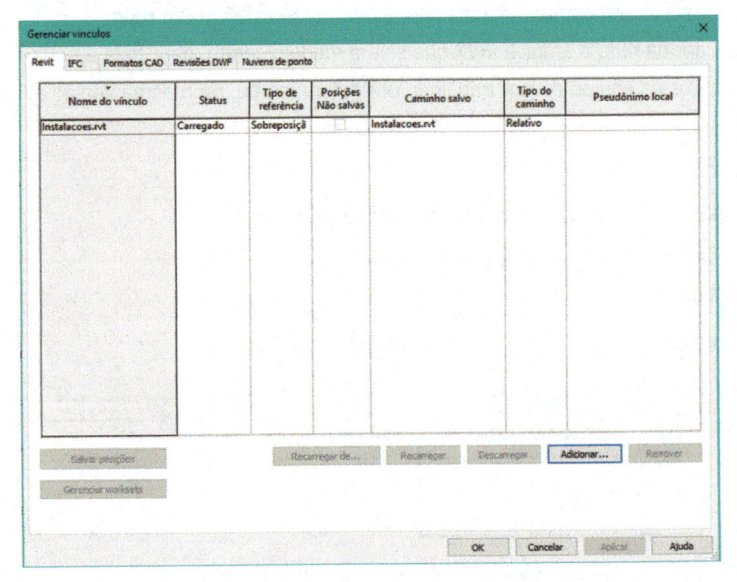

Figura 19.48 – Janela Gerenciar vínculos.

Na coluna **Tipo de referência**, há duas possibilidades de vínculo para exibição do arquivo quando este é vinculado em um terceiro arquivo:

Sobreposição: o arquivo vinculado não fica visível quando o seu arquivo hospedeiro é vinculado em outro arquivo.

Anexo: o arquivo vinculado fica visível quando o modelo a que ele está vinculado é vinculado em outro arquivo.

19.5 Trabalho com Worksets

Com o recurso **Worksets**, o Revit permite que uma equipe compartilhe um projeto para que cada usuário trabalhe em partes do projeto ou disciplinas (worksets) localmente. O projeto completo fica armazenado na rede em que está o modelo central.

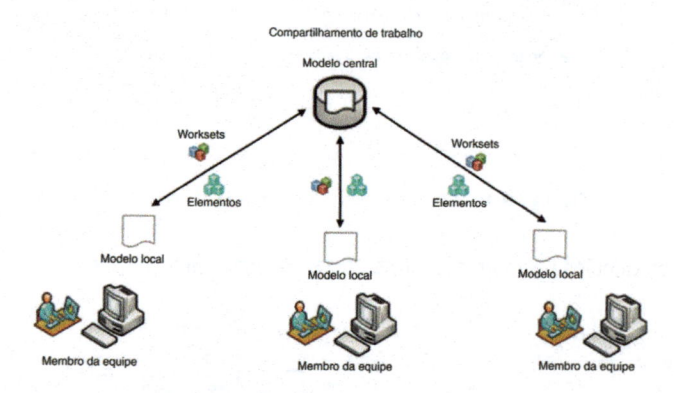

Figura 19.49 – Exemplo de compartilhamento de trabalho.

O projeto pode ser dividido para compartilhamento conforme as necessidades de organização da equipe. Por exemplo, é possível dividir as disciplinas de um projeto, mas isso nem sempre é desenvolvido no mesmo escritório. Outra possibilidade seria dividir a arquitetura de um projeto mais complexo (como um hotel de grande porte) em bloco central, bloco A, bloco B, bloco C etc., para que cada equipe ou usuário assuma um edifício do projeto. É possível até dividir um edifício em fachada, interiores, layout etc. Não há uma regra específica, isso fica a cargo da estratégia de projeto que o coordenador vê como mais produtiva.

Para isso, é necessário:

- Definir as disciplinas ou a estrutura de divisão da equipe que vai compartilhar o projeto.
- Que as máquinas a serem compartilhadas obrigatoriamente estejam em **rede.**
- Gravar no servidor da rede o arquivo .RVT que será o modelo central para toda a equipe.
- Todos os membros da equipe devem trabalhar, **obrigatoriamente**, na mesma versão do Revit.

Fluxo de trabalho:

1. Seleção do projeto.
2. Ativação do compartilhamento por intermédio da criação de worksets.
   - Configuração das disciplinas de cada usuário **(worksets)**.
3. Início do compartilhamento.

Todas as ferramentas de trabalho com worksets estão na aba **Colaborar.**

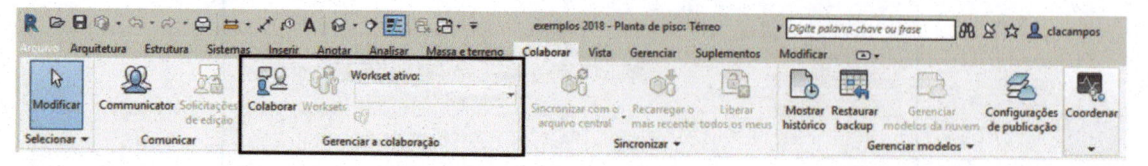

Figura 19.50 – Aba Colaborar – Worksets.

Roteiro para ativação do compartilhamento e criação das disciplinas – Worksets

1. Crie um arquivo novo ou utilize um projeto existente e reparta os elementos do projeto entre a equipe. Por exemplo, podemos deixar um pavimento térreo com um membro da equipe e o pavimento tipo com outro membro. Esse arquivo novo será a base do projeto, ou seja, a parte comum a todos os membros da equipe. Esse arquivo deve ter os níveis do projeto e, de preferência, eixos que serão compartilhados por todos como referência no projeto. Os outros elementos construtivos e famílias já devem estar nesse arquivo; alguns exemplos são o terreno e a estrutura do edifício.

2. Em seguida, vamos iniciar a colaboração pela aba Colaborar > Colaborar. Ao selecionarmos Colaborar, surge a janela de diálogo da Figura 19.51 que nos indica duas opções de Colaboração:

   Colaborar em sua rede: o compartilhamento do arquivo central é feito atraves de uma rede WAN ou LAN.

   Colaborar usando a nuvem: o compartilhamento de arquivos Central é feito atraves da nuvem da Autodesk no A360.

3. Neste exemplo, veremos como fazer o compartilhamento pela rede por meio de um servidor local. Selecione Colaborar em sua rede e clique em OK. Em seguida, na aba Colaborar, temos habilitado o botão Worksets, como mostra a Figura 19.52. Clique em Worksets.

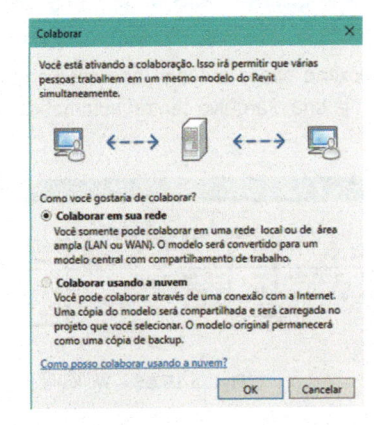

Figura 19.51 – Janela Colaborar.

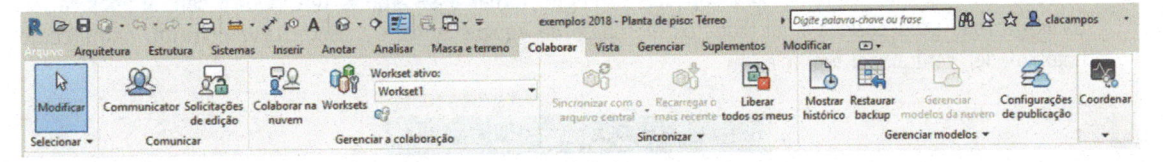

Figura 19.52 – Aba Colaborar > Worksets.

4. Surge a janela Worksets, na qual vemos as configurações dos worksets criados com dois worksets básicos e automáticos. Níveis e eixos compartilhados e Workset 1.

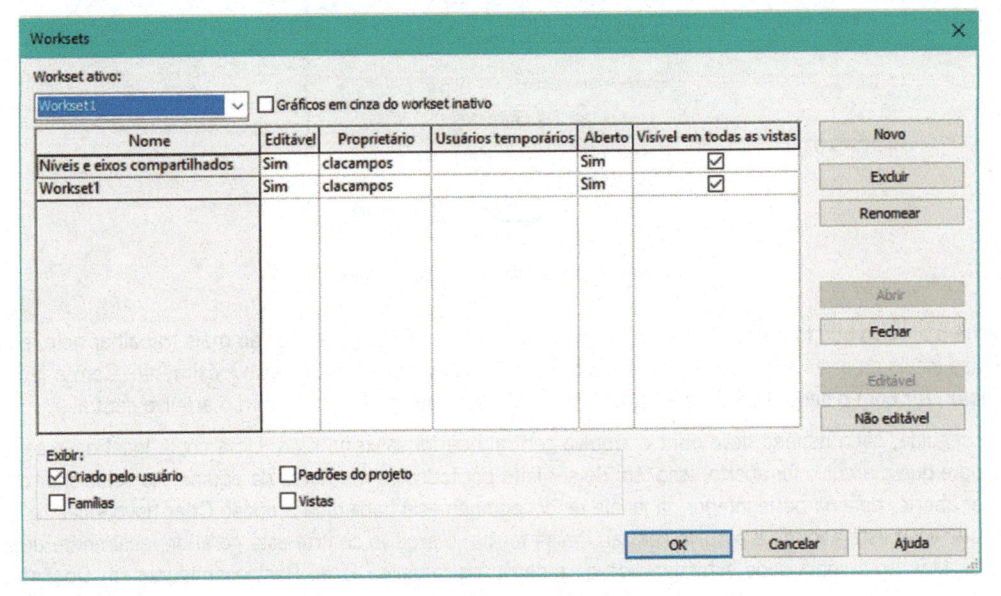

Figura 19.53 – Janela Worksets.

5. Crie outros worksets clicando no botão Novo e atribuindo um nome ao novo workset. Outra opção é criar um workset para cada membro da equipe.

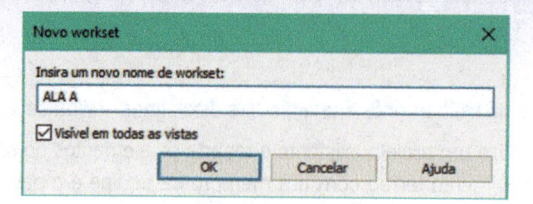

Figura 19.54 – Criação de um workset.

Depois de criados, os worksets são inseridos na lista (Figura 19.55). Ao se criar um workset, ele entra no arquivo central como Editável e Aberto. Clique em Ok para sair. Ao sair, surge uma janela perguntando se deseja deixar um dos Worksets ativos. Responda Sim, mas depois você poderá definir outro workset como ativo.

6. O próximo passo é definir que esse arquivo será o central. Ao ativar os worksets e usar o comando Salvar, o Revit já cria o arquivo central automaticamente na pasta local.

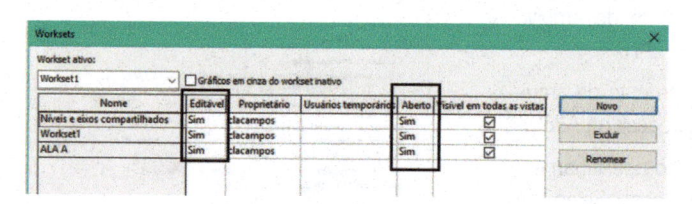

Figura 19.55 – Worksets criados.

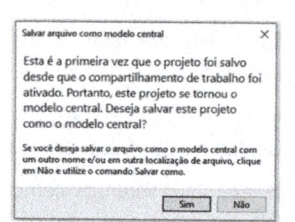

Figura 19.56 – Aviso de criação do arquivo central.

7. Para salvar o arquivo em outra pasta na rede, devemos usar o comando Salvar como, e selecionar uma pasta na rede. Em seguida, clique no botão Opções e marque Tornar esse arquivo um modelo central após salvar. Salve na rede uma pasta à qual todos os membros da equipe tenham acesso. Salve com um nome como hotel_model_central, por exemplo.

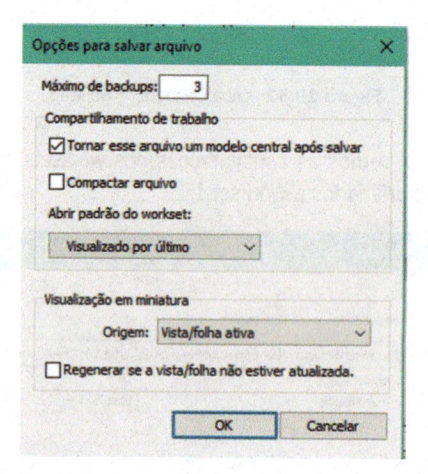

Figura 19.57 – Criação do arquivo central.

8. Feche o arquivo que foi salvo. O arquivo central está criado e os usuários não vão mais trabalhar nele, e sim em cópias locais do arquivo central. Conforme o trabalho é desenvolvido, ele é salvo localmente. Com a ferramenta Sincronizar com o central é feita a sincronização dos dados de cada usuário com o arquivo central.

9. Em seguida, cada usuário deve abrir o arquivo central que foi salvo na rede. Uma cópia local deve ser gerada sempre que o arquivo for aberto. Isso tem de ser feito por todos os membros da equipe. Ao selecionar o arquivo a ser aberto, note na parte inferior da janela de diálogo que está habilitada a opção Criar novo local. Isso significa que você está abrindo o arquivo central. Dessa forma, o arquivo central está gerando localmente uma cópia de si. Mas essa cópia pode estar gravada na rede ou na máquina local. Basta configurar em Opções onde o Revit deve gravar os arquivos locais.

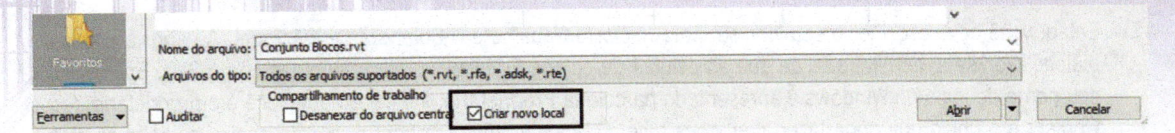

O arquivo aberto tem, por padrão, o mesmo nome do central, com o acréscimo de seu nome de usuário no Revit. Por padrão, ele fica gravado na pasta **Documentos** do Windows. Você pode mudar de pasta posteriormente em **Opções**, pelo menu de Aplicações.

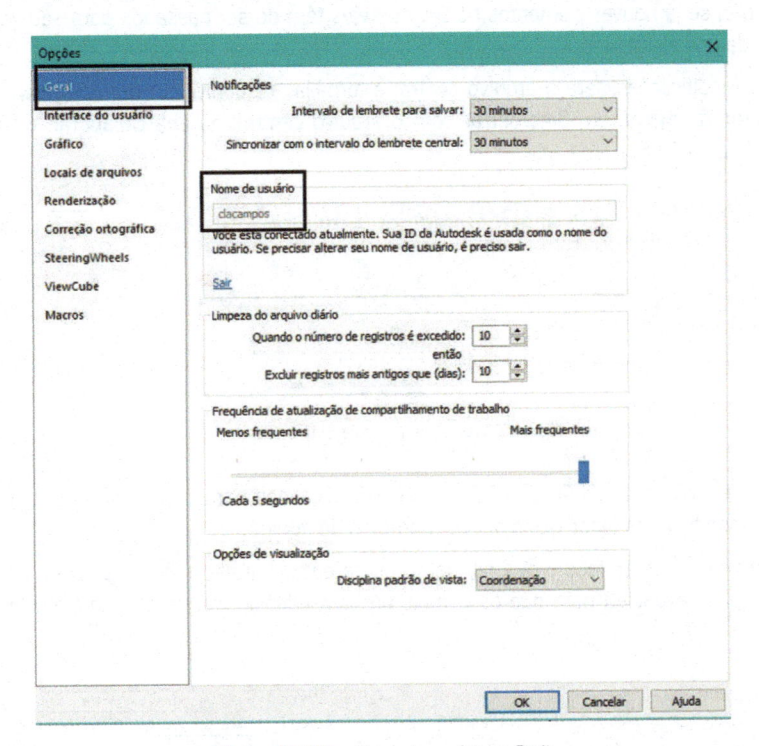

Figura 19.59 – Nome de usuário no Revit.

A pasta na qual o Revit salva automaticamente os arquivos é configurada em **Locais de arquivos**, como mostra a Figura 19.60.

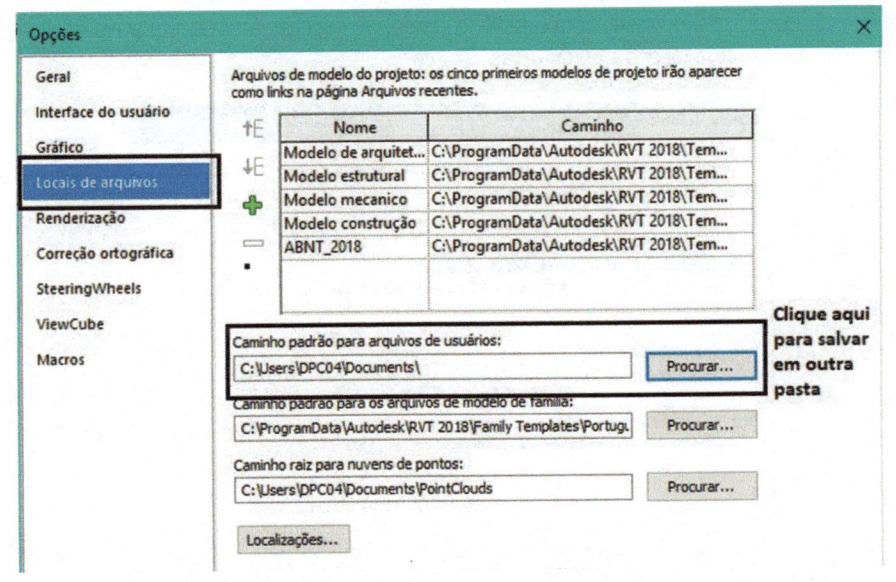

Figura 19.60 – Sufixo do nome ao arquivo local.

10. Então, você deve escolher o seu workset para iniciar o trabalho em **Colaborar > Worksets**. Ao abrir a janela de diálogo **Worksets**, certifique-se de que as células da coluna **Editável** estejam definidas como **Sim**. Em seguida, seu nome de login do Windows é apresentado na coluna **Proprietário**, indicando que você é o proprietário desse workset e o único que pode fazer alterações nele. O Workset ativo também é exibido abaixo da linha se status do Revit e você também pode alterar o workset ativo clicando na caixa de edição desse botão.

11. Para dar início ao projeto, cada membro da equipe deve selecionar os elementos de seu workset – se já houver elementos no projeto – e desenvolver seu trabalho no workset criado. Ao salvar o projeto, ele é atualizado somente no computador local no qual é gravado. Veja na Seção 19.4.2 como mudar elementos do projeto de workset. Na prática, é como se cada membro fosse proprietário de elementos (paredes, pisos, forros janelas etc.) no projeto e, se já houver elementos no projeto, eles têm de ser passados para seu workset. O workset é uma propriedade dos elementos.

12. Para enviar as modificações para o arquivo central e torná-las disponíveis a outros usuários, devemos usar o comando **Sincronizar agora**, em **Sincronizar com o arquivo central**, na aba **Colaborar**, ou acessar a barra de acesso rápido (Figura 19.61).

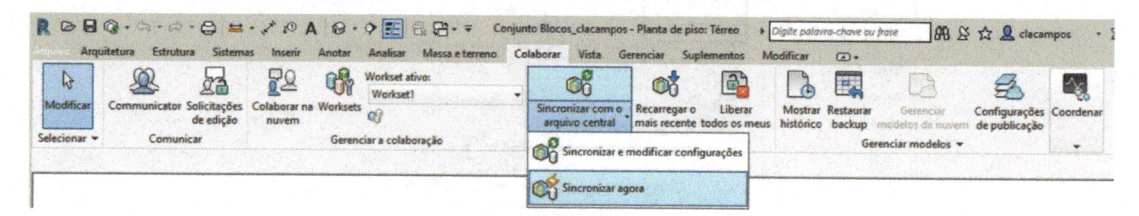

Figura 19.61 – Ferramenta Sincronizar agora.

13. Esse comando de sincronização tanto envia as suas modificações para o arquivo central como carrega para o seu arquivo as modificações feitas pelos outros membros da equipe.

14. Outro procedimento recomendado é que os membros da equipe, ao terminar sua tarefa diária de edição, liberem a sua disciplina (workset) para que os demais possam editá-la. Isso é feito pela ferramenta **Liberar todos os meus**.

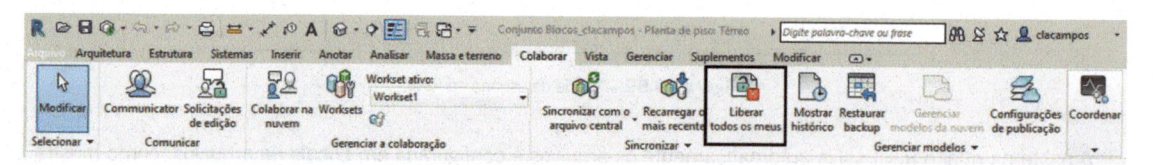

Figura 19.62 – Ferramenta Liberar todos os meus.

15. Se você se esquecer da sincronização com o modelo central ao encerrar a sessão, o programa abre uma mensagem informando que deve fazer a sincronização.

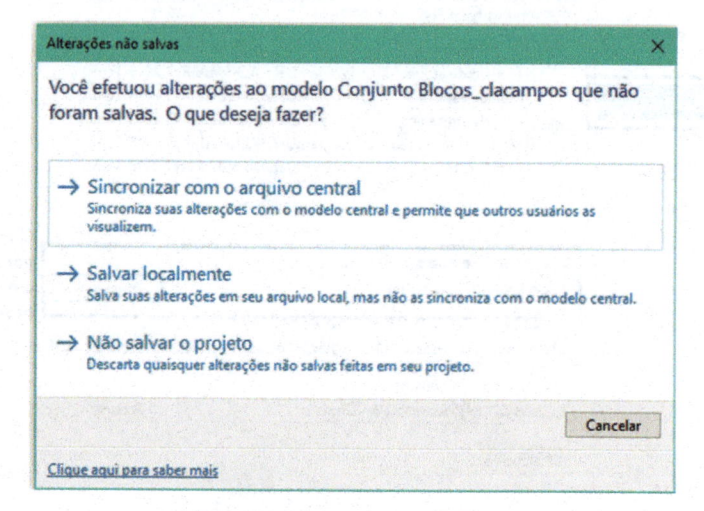

Figura 19.63 – Alerta de sincronização.

16. Se você salvar o seu arquivo localmente e sincronizar com o arquivo central ao encerrar a sessão, sem liberar todos os seus worksets, uma caixa de mensagem aparece, na qual você pode optar por liberar seus elementos e worksets ou preservar as propriedades. É recomendável liberar para outros editarem.

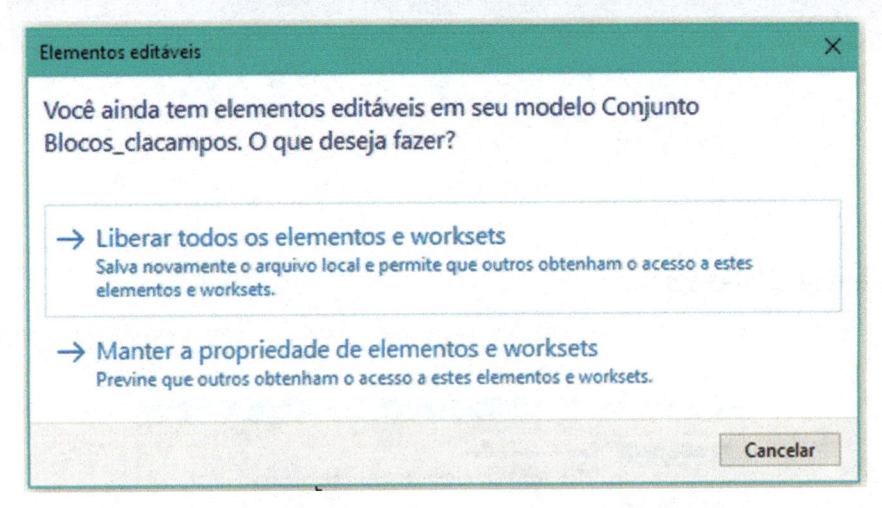

Figura 19.64 – Alerta de liberação de worksets.

17. A partir da ativação do compartilhamento por meio da criação dos worksets, cada usuário, ao abrir o modelo central, deve salvar o arquivo localmente sempre em cima do anterior na mesma pasta. Note que, ao abrir o arquivo central na próxima vez, surge uma mensagem de que o arquivo já existe e um questionamento sobre se você deseja **Substituir o arquivo o existente**. Grave sempre em cima e no mesmo local. Se precisar criar uma nova versão do arquivo, selecione a opção **Anexar uma marcação de tempo ao nome do arquivo existente** e será criada uma extensão para o nome do arquivo com uma data.

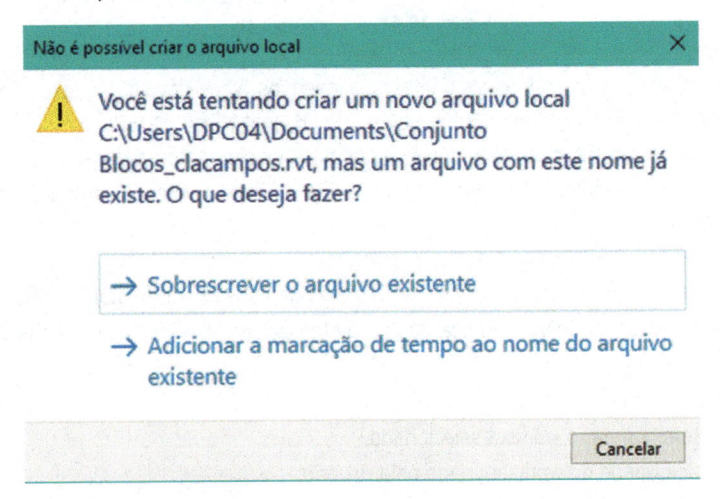

Figura 19.65 – Alerta de criação de novo arquivo local sobrepondo o anterior.

18. Em seguida, cada membro da equipe deve abrir a janela de **Worksets** e "pegar" seu workset, ou seja, habilitar o status de cada para **Editável**, porque eles se abrem todos no modo **Não editável**. Esse workset passa a ser o workset ativo, exibido no painel worksets e na linha de status. (Figura 19.66).

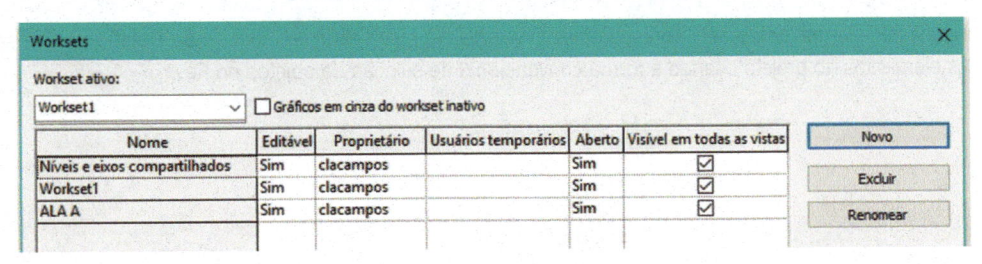

Figura 19.66 – Janela Worksets.

19. A partir desse momento, trabalhe normalmente no seu workset e salve e sincronize com o arquivo central conforme a necessidade do projeto.

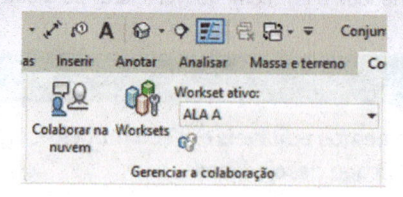

Figura 19.67 – Janela Worksets.

19.5.1 Janela Worksets

Nesta janela, conforme a Figura 19.68, criamos os Worksets; para cada uma das disciplinas ou usuários. Os campos são:

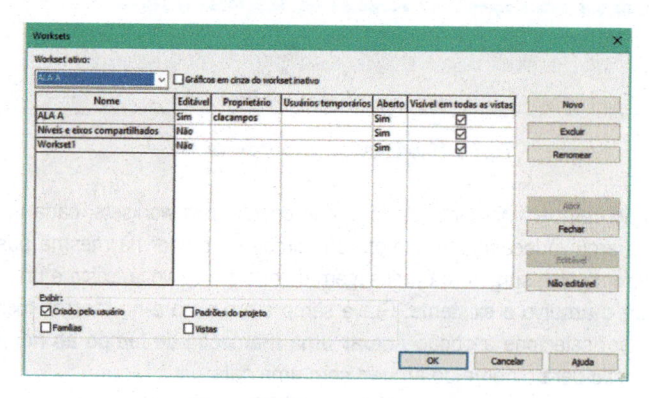

Figura 19.68 – Janela Worksets.

Workset ativo: é o workset no qual os elementos são inseridos. Você deve ficar atento ao workset ativo ao desenvolver seu projeto para que os elementos sejam criados no workset correto.

Gráficos em cinza do workset inativo: deixa na cor cinza os elementos que não são do workset ativo.

Editável: indica que o workset é editável pelo usuário. Ele só pode ser modificado depois de sincronizado com o modelo central.

Proprietário: nome do usuário a quem pertence o workset.

Usuários temporários: nomes dos usuários temporários que estejam emprestando algum workset.

Aberto: se um workset estiver aberto, ele fica visível no projeto; se estiver fechado, não fica visível.

Novo: cria um workset.

Excluir: apaga o workset selecionado.

Renomear: permite renomear o workset selecionado.

Exibir: controla a visibilidade do workset criado pelo usuário.

Se o administrador da equipe cria o compartilhamento de trabalho e os worksets, cada membro da equipe deve abrir uma cópia do modelo central, clicar no seu workset e deixá-lo editável. A partir de então, ele se torna proprietário do workset.

19.5.2 Adição de elementos do projeto ao seu Workset

Para adicionar elementos ao seu workset, ative o workset na barra **Workset ativo:**, aba **Colaborar**. Em seguida, escolha os elementos no projeto usando a forma convencional de seleção de objetos no Revit.

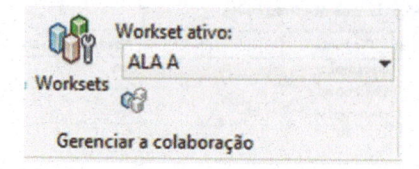

Figura 19.69 – Ativação de um workset.

Como o workset é uma propriedade à qual um elemento pertence, ele pode ser alterado na janela **Propriedades**. Com os elementos selecionados no projeto, altere seu workset em **Propriedades**, como mostra a Figura 19.70.

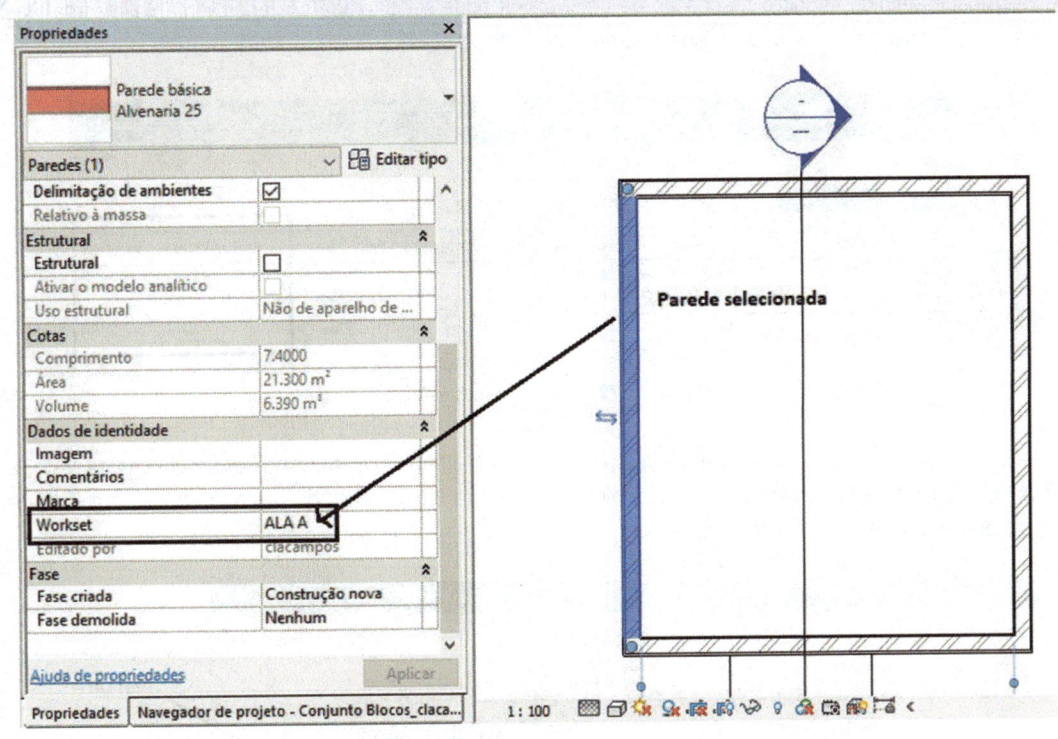

Figura 19.70 – Seleção de workset para elemento.

19.4.3 Sincronizar e modificar configurações

Além da opção **Sincronizar agora**, existe a opção **Sincronizar e modificar configurações**, a qual permite definir o seguinte:

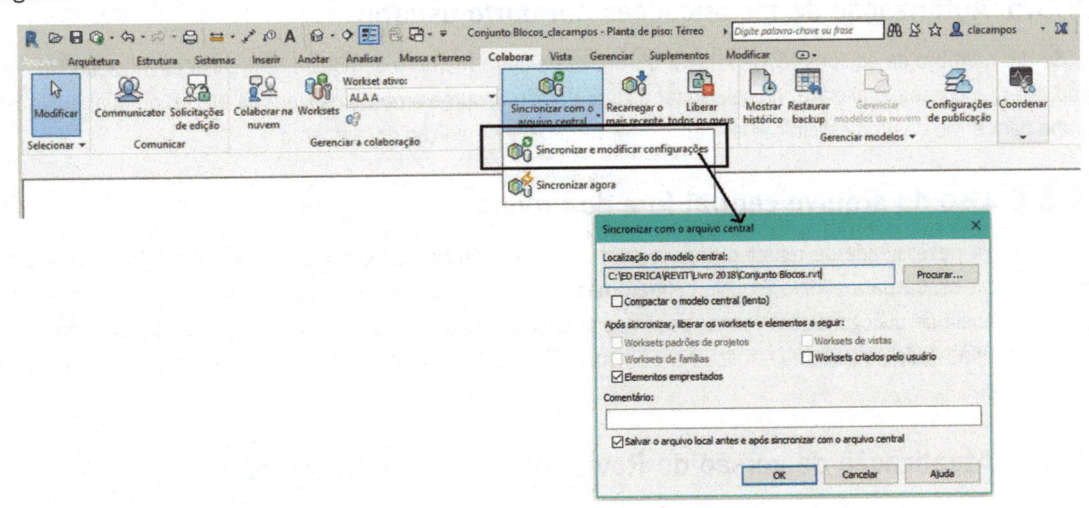

Figura 19.71 – Sincronização com configurações.

Compactar o modelo central: compacta o arquivo para otimizar o tamanho.

Após sincronizar, liberar os worksets e elementos a seguir: selecione os itens que deseja liberar para edição por outros usuários da equipe. O item **Worksets criados pelo usuário** fica habilitado por padrão. Se você não habilitar esse item, seus worksets ficarão travados para edição pelos outros membros da equipe.

Salvar o arquivo local antes e após sincronizar com o central: essa opção é habilitada por padrão e garante que seu arquivo seja salvo localmente antes e após sincronizar com o central.

19.5.4 Visibilidade dos objetos no Workset

A visibilidade definida no início da criação de um workset pode ser alterada posteriormente na mesma janela, clicando-se em Workset e alterando-se a janela de diálogo Worksets.

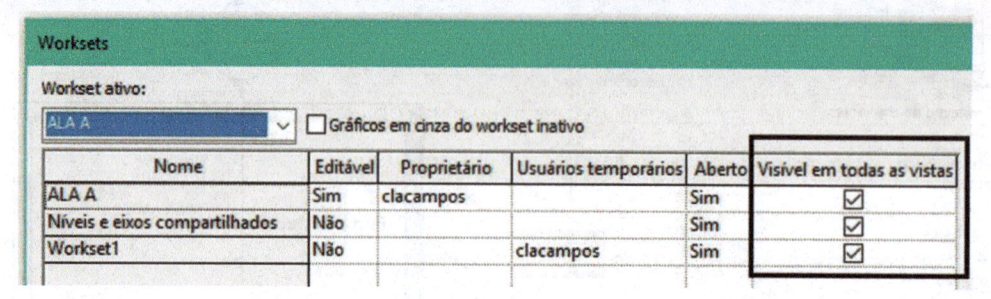

Figura 19.72 – Visibilidade dos worksets.

Essa configuração é padrão para a disciplina, mas pode ser alterada também nas propriedades da vista, em Visibilidade/Sobreposição de gráficos, com a disciplina ativa (Figura 19.73). Note que uma nova aba surge na janela de diálogo Sobreposição de Visibilidade/Gráfico.

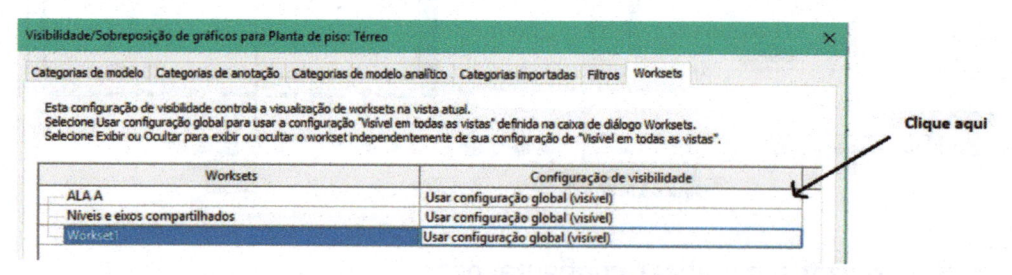

Figura 19.73 – Controle da visibilidade por vista.

19.5.5 Autorização de modificações por outro usuário

Se um membro da equipe precisar alterar o workset de outro membro da equipe, é preciso autorização; do contrário, ele não consegue alterá-lo. Ao selecionar algum elemento, surge uma mensagem de alerta, na qual existe um campo para envio de uma solicitação de permissão, via rede, para edição do elemento.

19.5.6 Uso do arquivo central fora do projeto

Caso haja necessidade de retirar o arquivo central da rede ou desconectá-lo dos outros usuários, proceda da mesma forma usada para abrir o arquivo central, mas marque Desanexar do arquivo central no canto inferior esquerdo da janela de diálogo. Dessa forma, podemos abrir uma cópia do arquivo central, desassociando-a, sem prejudicar a continuidade do trabalho em equipe. É importante saber que a cópia não pode mais ser vinculada a ele de modo nenhum.

19.5.7 Atualização de versão do Revit com o uso de Worksets

O Revit é um software paramétrico que não permite a abertura de arquivos em versões anteriores àquela em que o projeto foi criado, portanto devemos ter muito critério ao mudar de versão. Um projeto só pode ser aberto na versão do Revit em que foi criado ou em versões superiores. Ao se abrir um arquivo RVT (ou arquivo de família RFA, ou modelo RTE) em uma nova versão, é feita uma atualização, processo que pode ser demorado dependendo do tamanho do arquivo.

Portanto, ao trabalhar em equipe, seja internamente ou com parceiros de empresas terceirizadas, deve-se planejar a atualização do software para que não ocorram problemas no fluxo de trabalho.

Ao se trabalhar com worksets, o cuidado deve ser ainda maior. A seguir, veremos o processo de atualização do modelo central, de seus links e arquivos locais da equipe.

Para atualizar a versão do Revit, por exemplo, da versão 2017 para a 2018, primeiramente crie uma cópia de backup do arquivo central para sua segurança ao abri-lo na nova versão.

Para fazer o backup do modelo central, verifique os seguintes passos:

1. Todos os usuários da equipe devem estar sincronizados com o modelo central, liberar (usar **Liberar todos os meus**) todos os seus elementos e fechar as cópias locais do modelo central.

2. Depois que **todos** os membros da equipe estiverem sincronizados, faça uma cópia de backup do modelo central em uma pasta local ou na rede.

3. Os arquivos de link que estiverem associados ao modelo central devem ser atualizados, ou seja, abertos na nova versão, antes do arquivo do modelo central. Abra os arquivos de link na nova versão e salve.

4. Abra o modelo central na nova versão e, ao fazer isso, marque a opção **Auditar**, clicando no canto inferior esquerdo da janela **Abrir**. O processo pode ser demorado, como alerta a mensagem, mas é necessário para prevenir problemas.

5. Depois de abrir o modelo, salve na nova versão com **Salvar como**, clicando em **Opções** na janela **Salvar como**. Selecione **Tornar esse arquivo um modelo central após salvar**. Clique em **Salvar** e salve na pasta da rede.

6. No próximo passo, os membros da equipe devem abrir o modelo central e fazer uma cópia local do modelo usando **Salvar como > Projeto**.

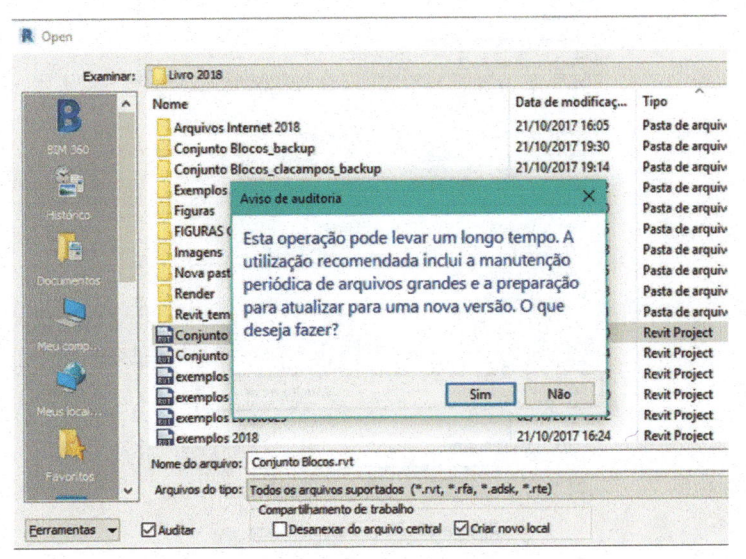

Figura 19.74 – Opção Auditar ao salvar.

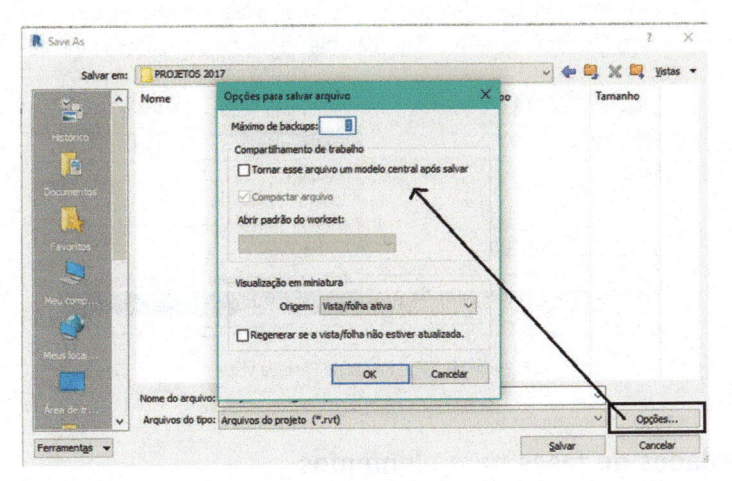

Figura 19.75 – Salvando o modelo central.

7. A partir desse ponto, o trabalho da equipe pode seguir o fluxo normalmente, com **todos** os membros trabalhando na mesma versão do Revit.

19.6 Fases de projeto

Em projetos grandes, é possível criar fases para representar os elementos de cada fase de forma distinta, aplicando-se fases aos elementos, tais como criados ou demolidos. O Revit permite usar filtros de fases para controlar a visibilidade dos elementos em cada fase em vistas e tabelas.

Podemos criar quantas fases sejam necessárias e criar cópias de vistas para exibir diferentes elementos em cada fase.

19.6.1 Propriedades de fases para vistas

Propriedade Fase: é o nome da fase da vista. Ao criar ou abrir uma vista, ela automaticamente tem uma fase aplicada. Ao se iniciar um projeto, a fase aparece como **Construção nova** (Figura 19.76).

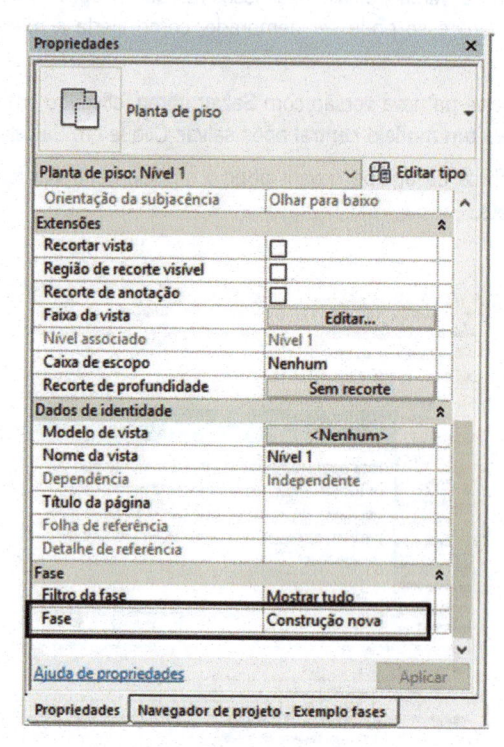

Figura 19.76 – Fases da vista.

Propriedade Filtro da fase: permite controlar os elementos na vista (Figura 16.77). Por exemplo, as paredes a ser demolidas podem ser representadas com linhas tracejadas em vermelho, e as paredes existentes com linhas contínuas pretas. Os filtros podem exibir diferentes tipos de combinação de fases.

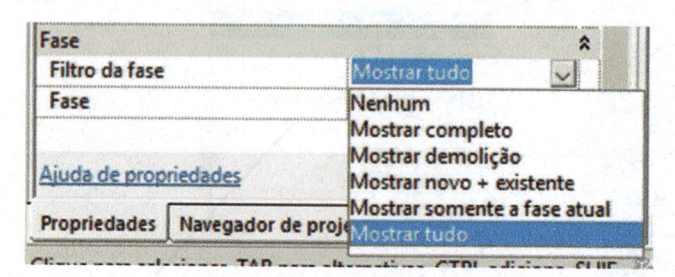

Figura 19.77 – Filtros de Fase da vista.

19.6.2 Propriedades de fases para elementos

Todos os elementos criados no Revit têm uma propriedade **Fase criada** e **Fase demolida**, como mostra a Figura 19.79.

Fase criada: identifica a fase em que o elemento foi adicionado ao projeto. O valor padrão para essa propriedade é a mesma fase da vista corrente, mas podemos especificar outro valor.

Fase demolida: identifica a fase em que o elemento foi demolido, e o valor padrão é Nenhum. Ao se demolir um elemento, essa propriedade se atualiza para a fase corrente da vista na qual o elemento foi demolido. Podemos também demolir um elemento ajustando a propriedade Fase demolida para um valor diferente.

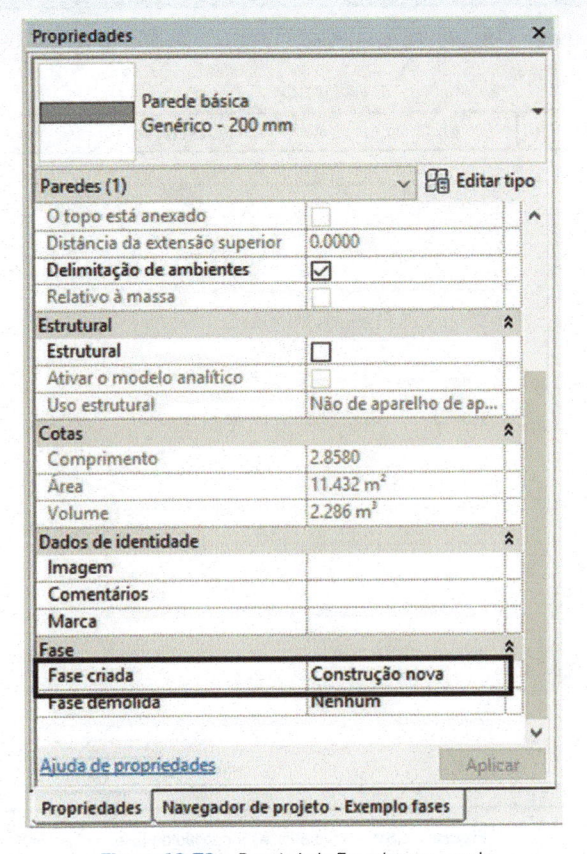

Figura 19.78 – Propriedade Fase de uma parede.

19.6.3 Fluxo de trabalho com fases

1. Determinação das fases do projeto que serão monitoradas e criação de uma fase para cada uma.

2. Criação de uma ou mais cópias de cada vista para cada fase e renomeação de vistas de acordo com as fases.

3. Para cada vista na janela Propriedades:

   ⊙ ajustar a propriedade Fase para indicar a fase do projeto correspondente;

   ⊙ ajustar a propriedade Filtro de fase para controlar a exibição dos elementos para a vista.

4. Especificação dos padrões gráficos para os elementos que são existentes, novos, temporários e demolidos.

5. Especificação da propriedade Fase para cada elemento.

6. Criação de tabelas de Fase para o projeto.

19.6.4 Criação de fases

Para criar as fases do projetos, siga os seguintes passos.

1. Selecione a Aba Gerenciar > Fase. Em seguida, surgirá a janela Fases.

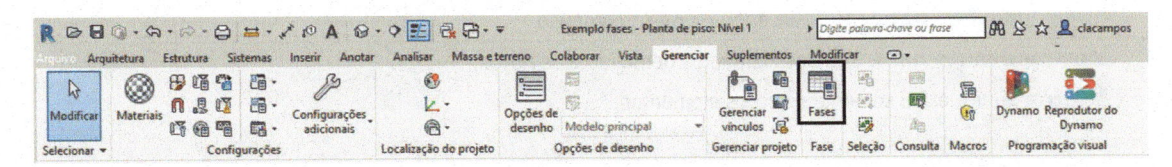

Figura 19.79 – Aba Gerenciar > Fase.

2. Na janela **Fases,** selecione o número da fase.

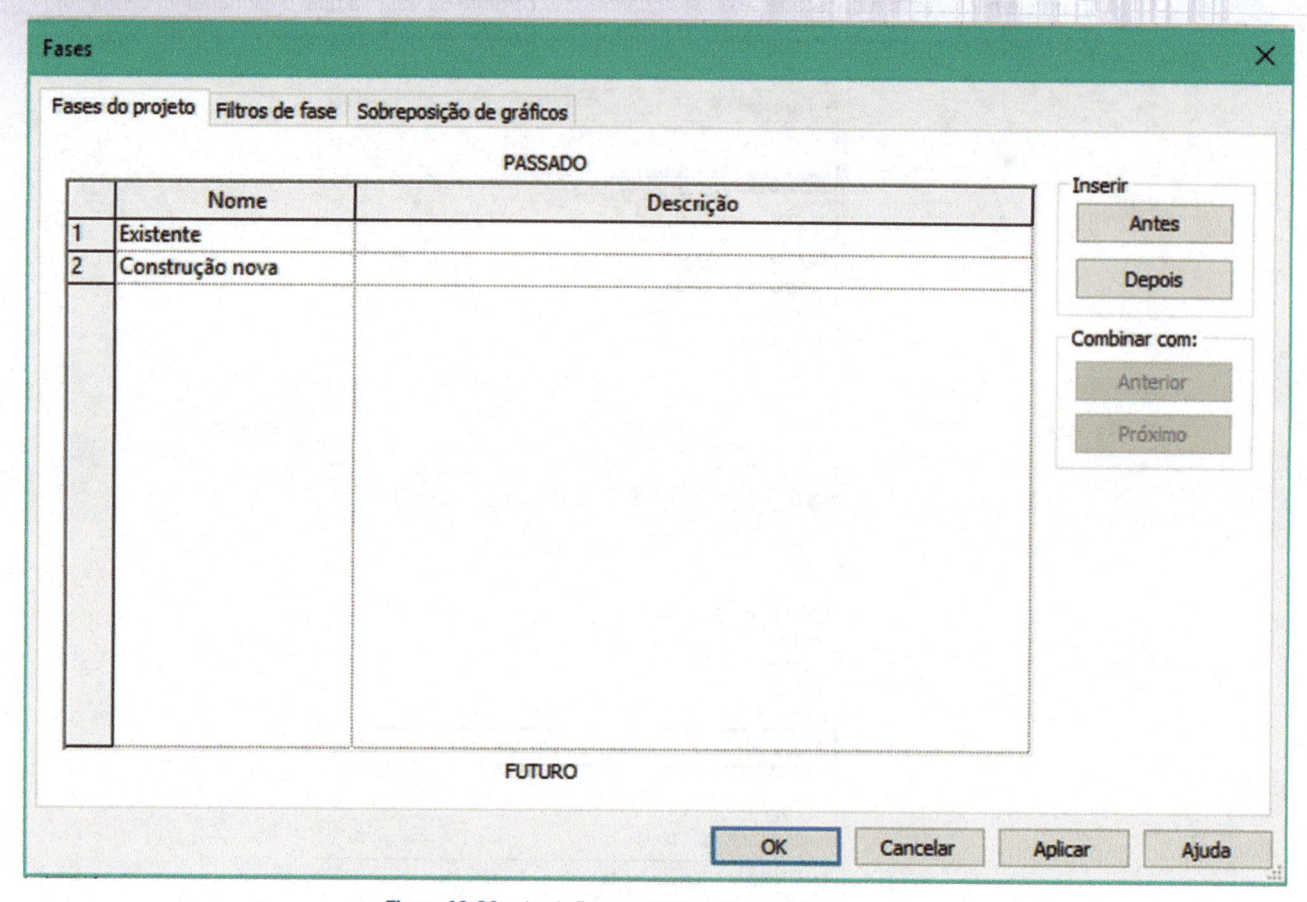

Figura 19.80 – Janela Fases – criação de fases.

3. Insira uma nova fase. As fases devem ser inseridas na ordem em que serão realizadas. Não podemos rearranjar as fases.

Para inserir uma fase antes da fase selecionada, clique em **Antes**; para inserir depois da fase selecionada, clique em **Depois**. O Revit vai gerar fases com os nomes **Fase 1, Fase 2** etc.

Para alterar o nome ou a descrição da fase, clique nos campos **Nome** e **Descrição**.

4. Clique em **OK** para encerrar.

A opção **Combinar com** permite combinar fases, ou seja, ao combinar duas fases, uma delas é excluída.

19.5.5 Filtros de fases

O filtro controla os elementos que são exibidos em uma vista. O Revit possui os seguintes filtros de fases já criados:

Exibir anterior + demo: exibe os elementos existentes e os demolidos.

Exibir anterior + novo: exibe os elementos originais que não foram demolidos e todos os novos adicionados ao modelo.

Exibir fase anterior: exibe todos os elementos da fase anterior.

Exibir tudo: Mostrar completo: exibe o projeto completo

Mostrar demo + novo: exibe os elementos demolido e os novos.

Mostrar novo: exibe somente os novos elementos.

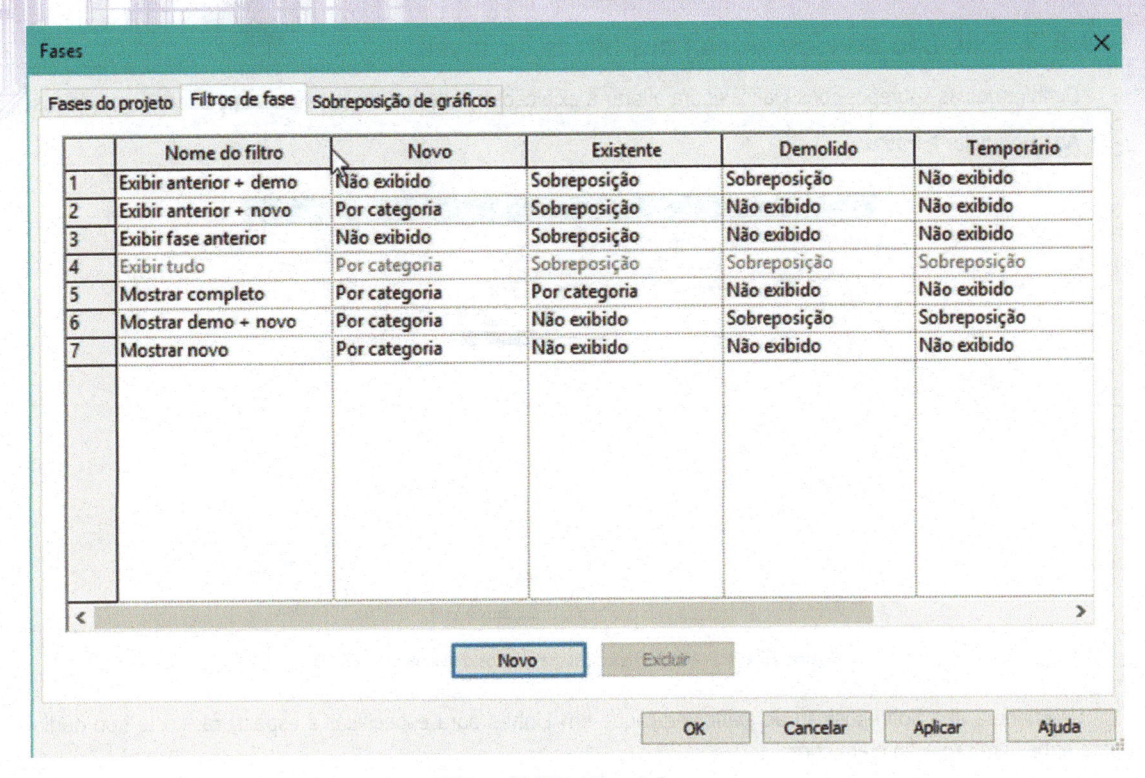

Figura 19.81 – Filtros de fase.

Para criar um novo filtro, clique em **Novo**. Por padrão, será criado o filtro **Filtro 1,** porém você poderá renomear o filtro.

Para cada coluna de status de fase (**Novo**, **Existente**, **Demolido**, **Temporário**), podemos especificar como os elementos serão exibidos (Figura 19.83).

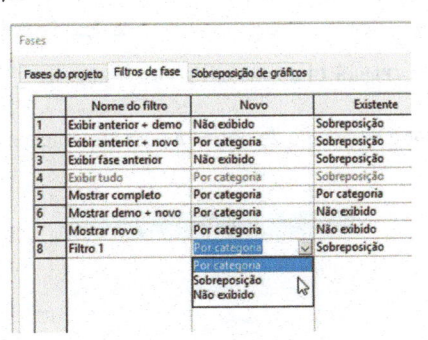

Figura 19.82 – Tipos de filtro.

Por categoria: exibe os elementos como foram definidos em **Estilos de objetos.**

Sobreposição: exibe os elementos como definidos na aba **Sobreposição de gráficos**, na janela de diálogo **Fases**.

Não exibido: não exibe os elementos.

Para aplicar os filtros de fase em uma vista, selecione nas **Propriedades da vista** a opção **Filtro da fase** e selecione o filtro desejado.

19.6.6 Status de fase

Cada vista exibe uma ou mais fases de uma construção. Podemos especificar diferentes sobreposições gráficas de visibilidade para cada **Status de fase**.

Novo: o elemento foi criado na fase da vista corrente.

Existente: o elemento foi criado em uma fase recente e continua a existir na fase corrente.

Demolido: o elemento foi criado em uma fase recente e demolido na fase corrente.

Temporário: o elemento foi criado e demolido durante a fase corrente.

19.6.7 Exibição de elementos para filtros de fases

Definiremos as sobreposições gráficas para alterar a exibição dos elementos em vistas que usem filtros de fase.

Aba Gerenciar > Fases

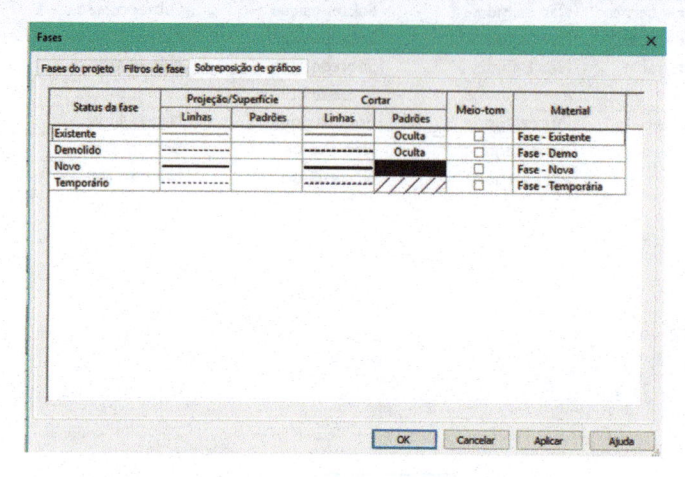

Figura 19.83 – Aba Sobreposição de gráficos de elementos em filtros.

Selecione a aba **Sobreposição de gráficos** e clique em **Linhas** para especificar a espessura, cor e tipo de linha para linhas em projeção e em corte.

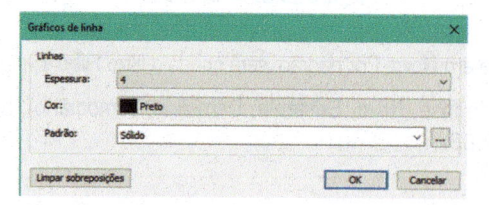

Figura 19.84 – Modos de exibição de Linhas.

Selecione **Padrão** para especificar a cor, o tipo de hachura para superfície e corte; depois, ligue/desligue a visibilidade das hachuras (Figura 19.85).

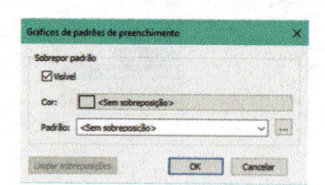

Figura 19.85 – Modos de exibição de hachuras.

Para não exibir hachuras para o status da fase, desmarque a caixa **Visível**.

Para que os elementos sejam exibidos de acordo com os **Estilos de objetos**, selecione **Sem sobreposição**.

Meio-tom: mescla a cor da linha com a cor do segundo plano da vista.

Material: especifica o sombreamento nas vistas sombreadas e a aparência de renderização.

19.6.8 Passo a passo para criação e visualização de fases

1. Criar as paredes e aplicar as propriedades de **Fases** selecionando as paredes como indicado na Figura 19.86. Este exemplo está nos arquivos Exemplos: fases.rvt, diposíveis no site da Editora. Veja que estamos aplicando três tipos de fases às paredes:

   - Existente.
   - Demolir (na nova construção).
   - Novas (na nova construção).

Com esses três tipos de fases, podemos simular várias visualizações dos elementos nas vistas.

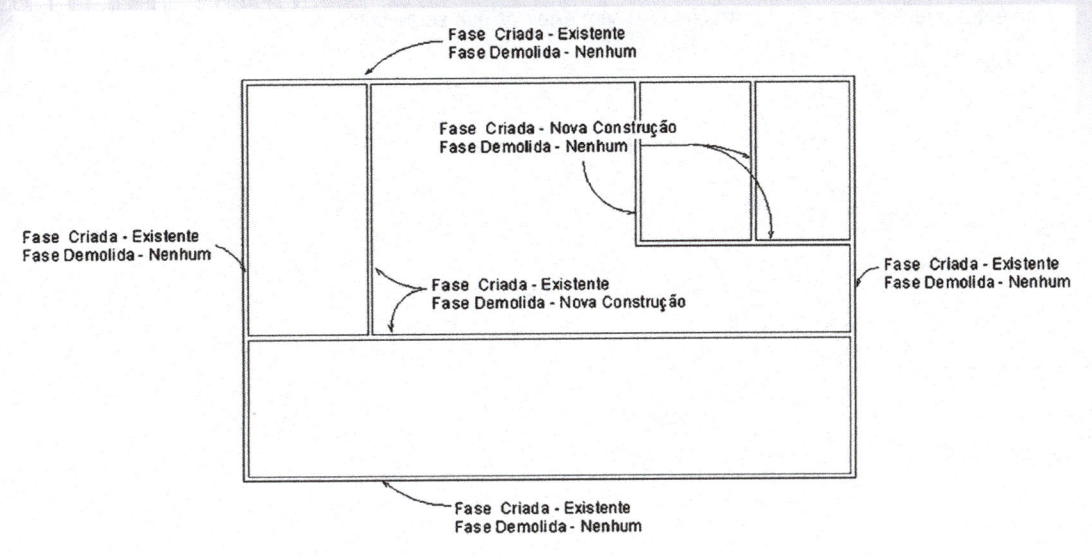

Figura 19.86 – Fases atribuídas às paredes.

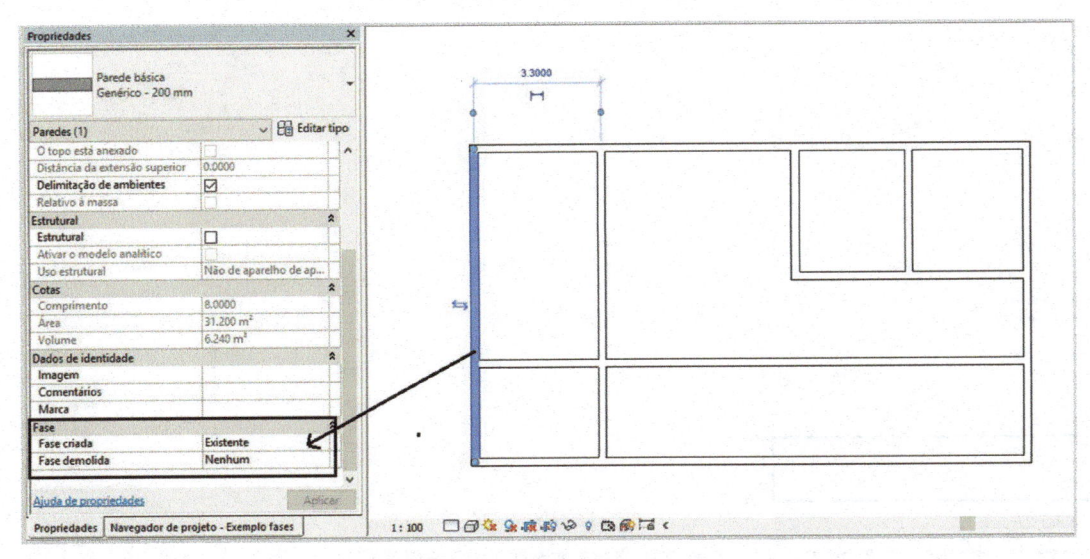

Figura 19.87 – Aplicação de fase na parede.

2. Ativar uma vista 3D e, na propriedade de **Filtro de Fases da vista**, ajustar para **Nenhum**. O modelo deve ser exibido sem nenhuma alteração de visibilidade.

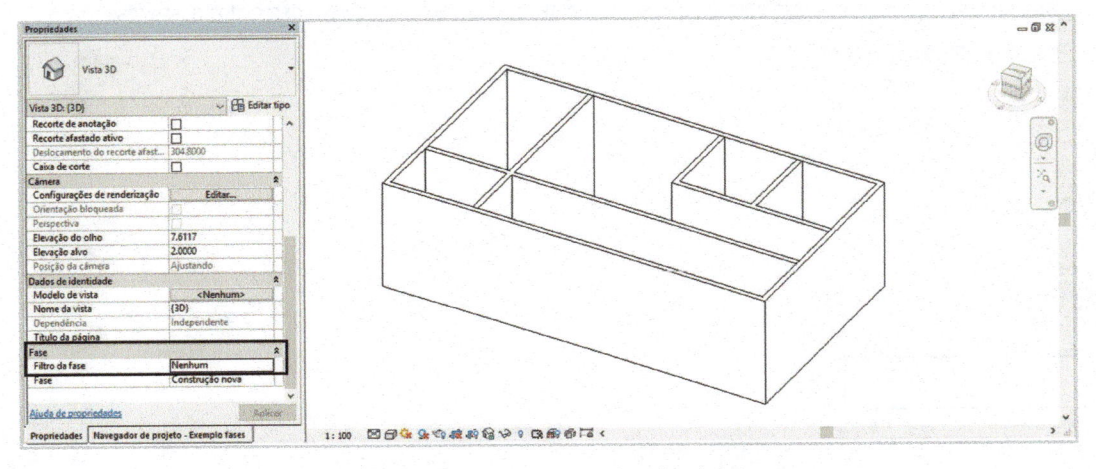

Figura 19.88 – Modelo sem nenhum filtro de fase.

3. Ativar a **Fase** para **Construção Nova** e o **Filtro da fase** para **Mostrar completo**; dessa forma serão exibidos os elementos que constarão da construção final sem exibir os que serão demolidos.

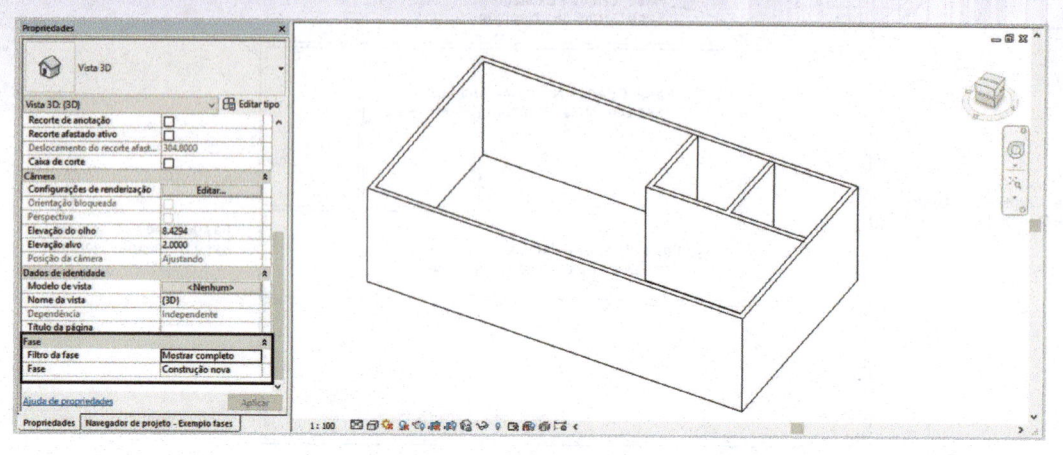

Figura 19.89 – Modelo com filtro de fase Construção Nova.

4. A seguir, ativar a **Fase** para **Construção nova** e o **Filtro da fase** para **Mostrar somente fase atual**; dessa forma, serão exibidos somente os elementos que serão construídos nessa fase.

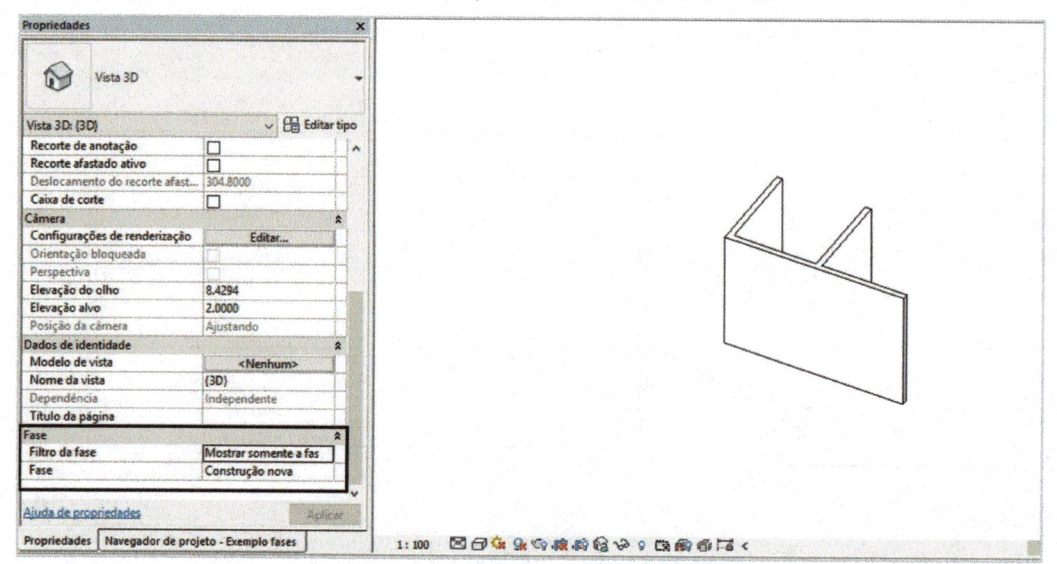

Figura 19.90 – Modelo com filtro de elementos a serem construídos.

5. Ativar a **Fase** para **Construção nova** e o **Filtro da fase** para **Mostrar demolição**; dessa forma serão exibidos somente os elementos que eram da fase anterior, que é a existente, e os elementos a serem demolidos nessa fase.

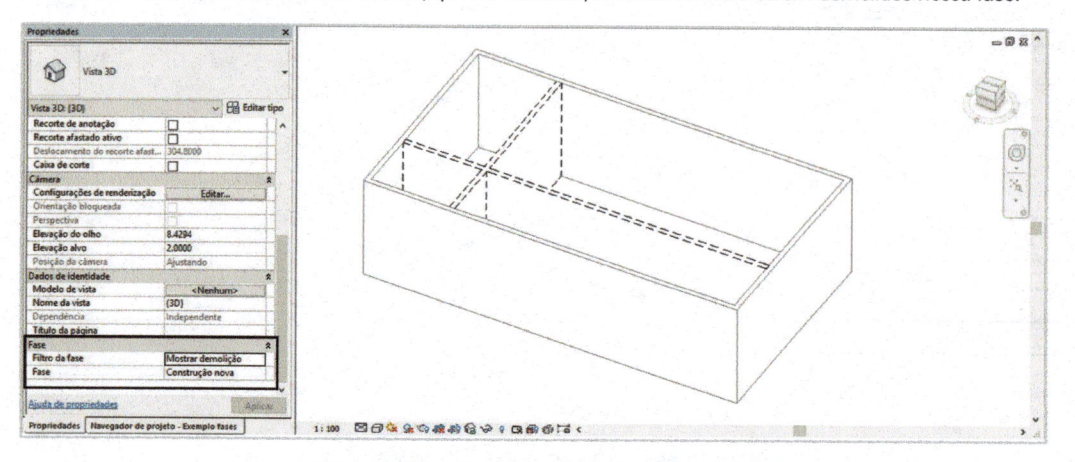

Figura 19.91 – Modelo com filtro de fase Mostrar demolição.

6. Ativar a **Fase** para **Construção nova** e o **Filtro da fase** para **Mostrar novo + existente**; dessa forma serão exibidos somente os elementos existentes e aqueles a serem construídos nessa fase.

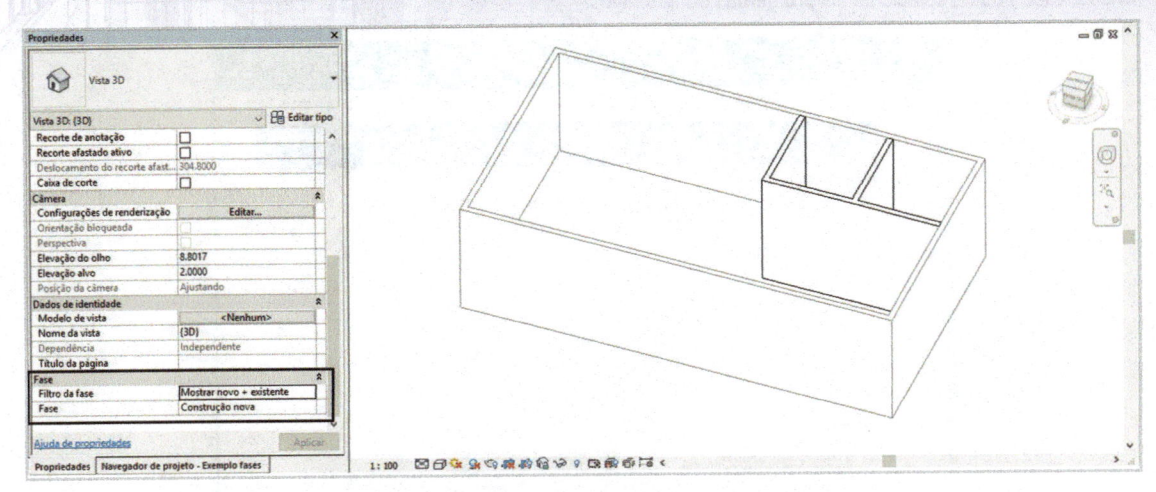

Figura 19.92 – Modelo com filtro de fase novo mais existente.

7. Se alterarmos a **Fase** para **Existente** e o **Filtro** para **Mostrar tudo**, serão exibidos os elementos originais do edifício, tanto os que serão mantidos quanto os que serão demolidos na próxima **Fase**.

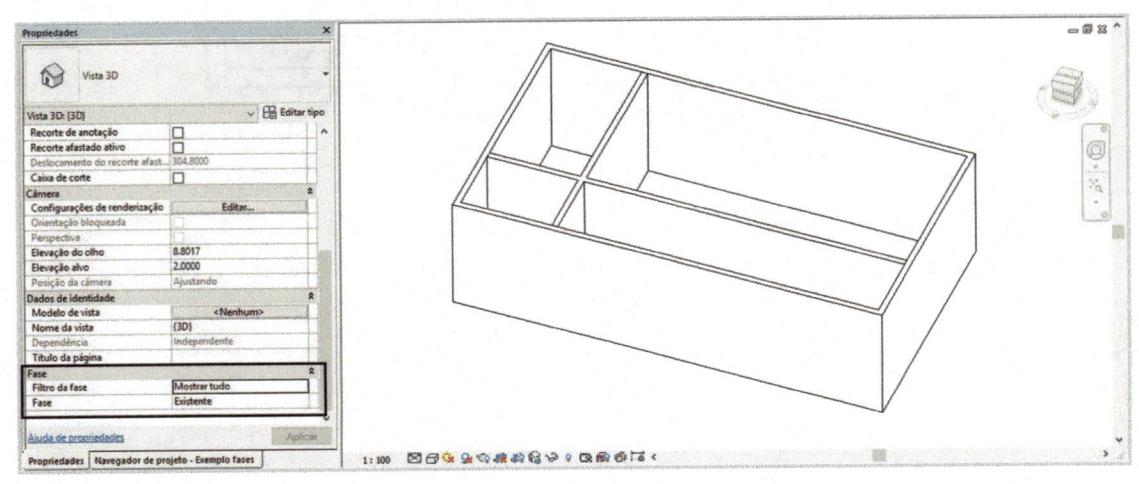

Figura 19.93 – Modelo com filtro de fase existente.

19.7 Gerenciamento de avisos – Rever Avisos

No Revit, sempre que houver, por exemplo, uma sobreposição de elementos, problemas de inserção de elementos ou qualquer questão de projeto que não possa ser criada ou mesmo que, se criada, apresente alguma possibilidade de problema no projeto, ele dará um aviso. Os avisos ficam guardados no projeto e podem ser revistos a qualquer momento.

Para visualizar avisos de projeto clique na **aba Gerenciar > Consulta** e selecione o ícone, como mostra a Figura 19.94.

Se o projeto não tiver nenhum aviso, a ferramenta é desabilitada.

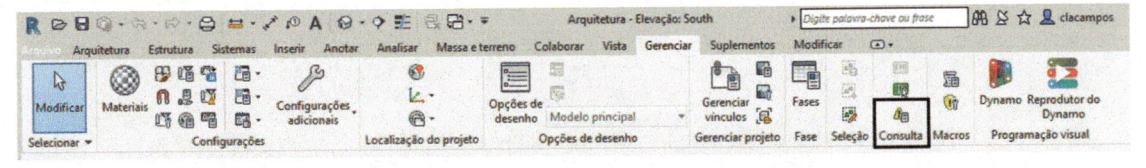

Figura 19.94 – Aba Gerenciar > Consulta > Rever Avisos.

Em seguida, todos os avisos do projeto são exibidos na janela Avisos, como mostra a Figura 19.95. Revendo os avisos, você poderá solucionar os problemas ou ignorá-los.

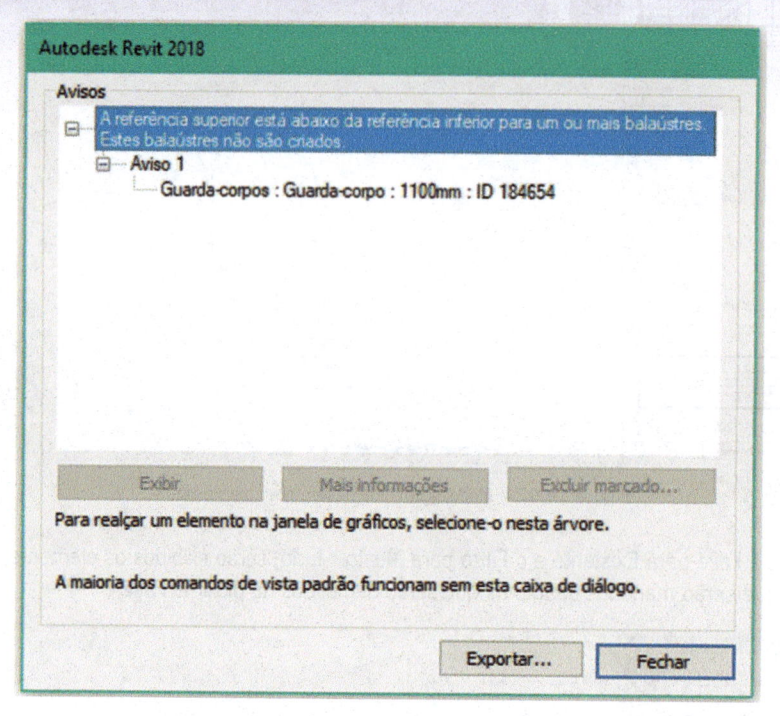

Figura 19.95 – Janela de revisão de avisos.

20 Exportação de Arquivos

Introdução

O Revit permite a exportação do projeto em vários formatos de arquivo, conforme a relação a seguir:

- DWG: AutoCAD.
- DGN: Microstation.
- DXF: CAD em geral.
- SKP: SketchUp.
- SAT: arquivo de sólidos ACIS.
- IFC: formato de intercâmbio entre softwares BIM.
- JPG, BMP, PGN, TGA e TIF: imagens.
- AVI: arquivo de vídeo.
- FBX: formato de intercâmbio de modelos em 3D entre softwares da Autodesk.
- ADSK: extensão universal para todos os produtos Autodesk.
- gbXML: formato de exportação para ser lido pelo LEED.

Este capítulo aborda as formas mais utilizadas de exportação de arquivos dos tipos: DWG, formato de CAD mais usado e padrão do AutoCAD; DWF (Design Web Format), semelhante a um PDF, mas muito mais eficaz para desenhos, pois pode ser aberto em um dos visualizadores gratuitos criados pela Autodesk; o A360 Viewer <https://a360.autodesk.com/viewer/> – visualizador no qual basta arrastar o modelo para a web e o Autodesk Design Review – dotado de muitos recursos para visualizar em 2D e 3D, imprimir, fazer anotações, medir distâncias e áreas, entre outras ferramentas; IFC, ideal para fazer o intercâmbio entre softwares da plataforma BIM, por exemplo, exportar um arquivo do Revit para ser lido por um programa de estrutura, análise energética, simulação 4D, entre outros.

Objetivos

- Aprender a exportar arquivos nos formatos DWG, DWF e IFC.

20.1 Exportação de arquivos em DWG

Podemos exportar o modelo nos formatos DWG, DXF, DWF, ADSK, SAT, DGN, entre outros. Para isso, selecione **Exportar** no menu de aplicação, como mostra a Figura 20.1. São várias as opções. A seguir, veremos as opções de formatos **CAD** e **DWF**.

Abra o arquivo **Bloco A** ou outro arquivo de sua escolha e abra uma planta de piso. Passando-se o cursor em **Formatos CAD**, surgem as opções de formatos de arquivo. Selecione DWG, o formato do AutoCAD.

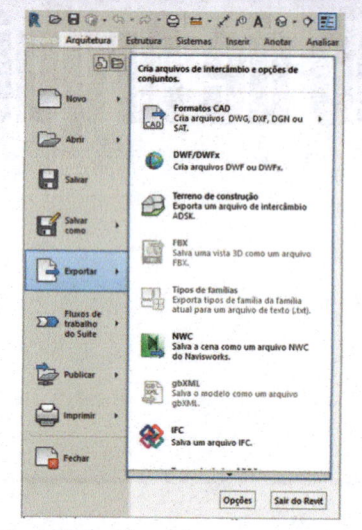

Figura 20.1 – Menu de exportação de arquivos.

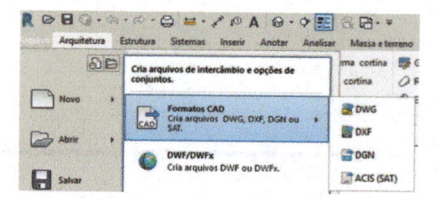

Figura 20.2 – Seleção do formato DWG.

Em seguida, aparece a janela de diálogo da Figura 20.3, em que podemos definir o que será exportado. É possível exportar a vista corrente, nesse caso, **Pav 1 executivo**, todas as vistas, vistas selecionadas, todas as folhas ou folhas selecionadas, inclusive o modelo em 3D e vistas em 3D. Tudo será definido na janela **Exportação DWG**.

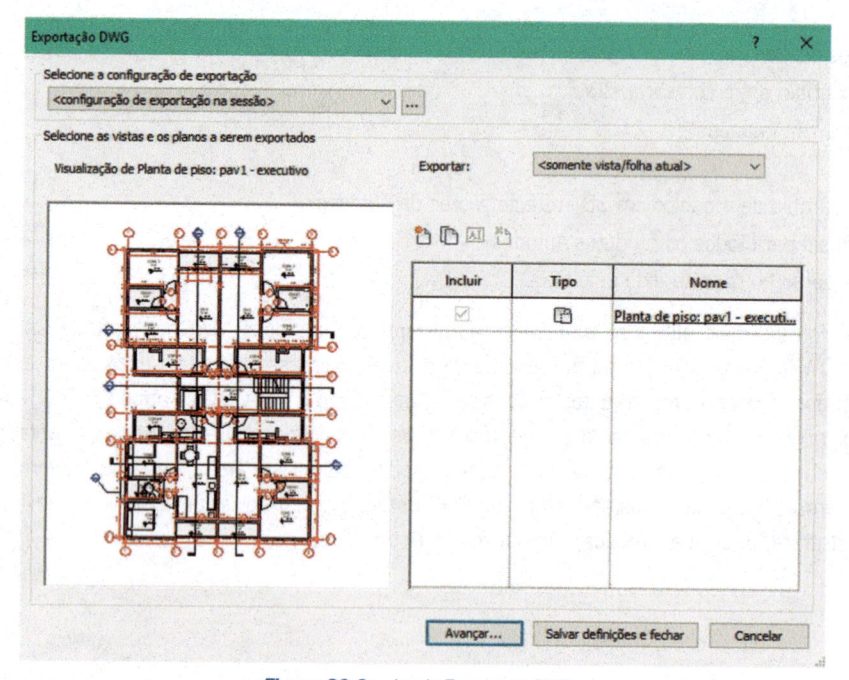

Figura 20.3 – Janela Exportação DWG.

No quadro **Selecione as vistas e os planos a serem exportados**, escolhem-se vistas ou folhas a exportar da seguinte forma:

Exportar

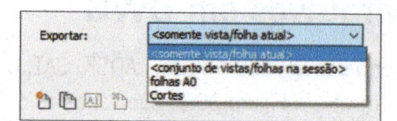

Figura 20.4 – Seleção do tipo de vista/folha.

\<Somente vista/folha atual\>: seleciona somente a vista exibida na lista da parte inferior da tela – nesse caso, **Pav1 executivo**. Em geral, é a vista corrente na tela quando se entra no comando.

\<Conjunto de vistas/folhas na sessão\>: abre uma lista que permite selecionar qualquer vista/folha do desenho corrente, conforme a Figura 20.5.

Quando selecionamos **Vistas no modelo**, todas as vistas do modelo são exibidas na Figura 20.6 e, nesse caso, basta clicar nelas e exportar. Os botões **Verificar todos** e **Marcar nenhum** permitem selecionar todas de uma vez ou desmarcar todas de uma vez.

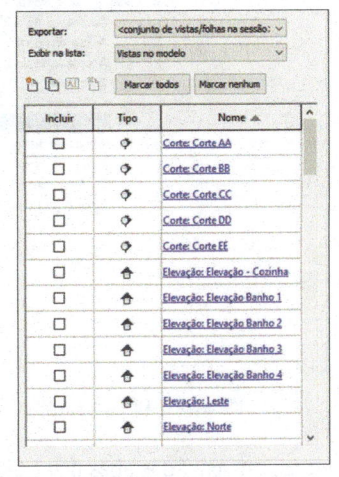

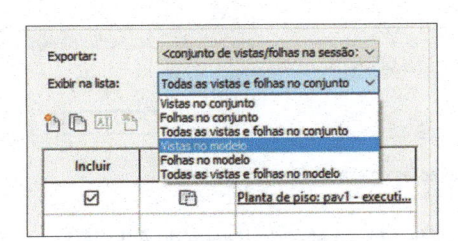

Figura 20.5 – Seleção de vistas/folhas.   **Figura 20.6 –** Lista de vistas do projeto.

As vistas selecionadas podem ser gravadas como um conjunto para posterior exportação. Se você clicar no botão da coluna **Tipo**, pode filtrar as vistas para facilitar a seleção. Os botões da Figura 20.7 são usados para criar, duplicar, renomear e apagar o conjunto.

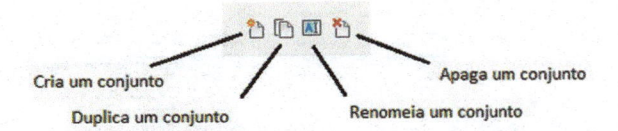

Figura 20.7 – Botões para manipular o conjunto.

Ao selecionar algumas vistas, clique em **Novo conjunto**. O conjunto será gravado com o nome **Conjunto 1**; você pode escolher outro nome, como na Figura 20.8. Depois de gravado, ele vai para uma lista em **Exportar**.

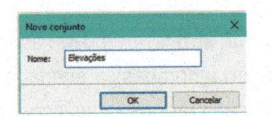   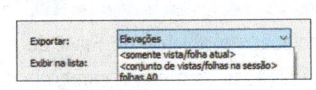

Figura 20.8 – Nome de um conjunto.   **Figura 20.9 –** Lista de conjuntos criados.

Definidas as vistas/folhas a serem exportadas, indicamos como serão as camadas e outras configurações na exportação, clicando no botão com três pontinhos em **Selecione a configuração de exportação**, como mostra a Figura 20.10.

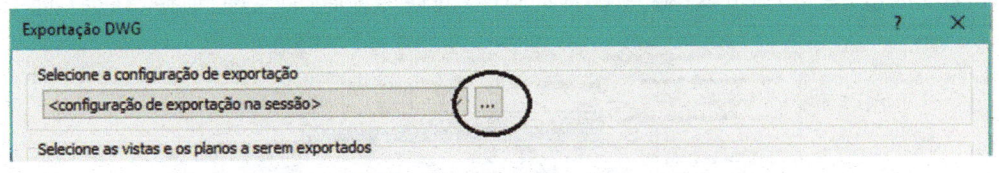

Figura 20.10 – Seleção da configuração de exportação.

Surge a janela de diálogo **Modificar as configurações de exportação para DWG/DXF**, na qual se configura como serão exportados os objetos. Você pode aceitar as opções padrão, que são baseadas no AIA (Instituto Americano de Arquitetos [American Institute of Architects]), e seguir com a exportação, ou reconfigurar e gravar suas configurações. No quadro à direita estão listadas as configurações de exportação. Neste exemplo, temos a DWG -01.

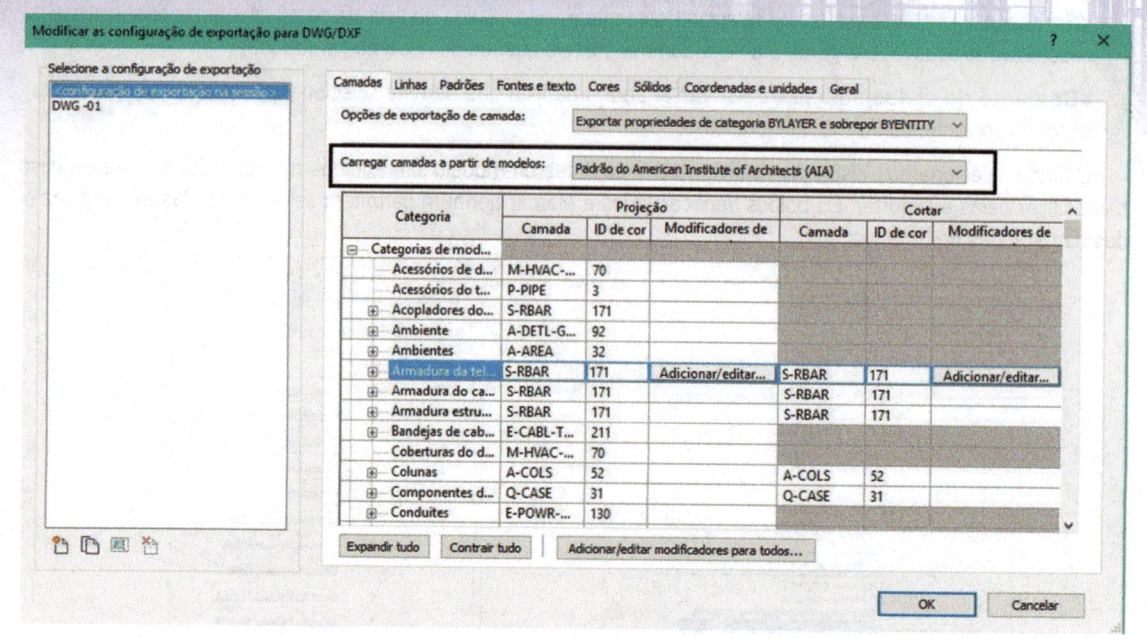

Figura 20.11 – Janela Modificar as configurações de exportação para DWG/DXF.

A seguir, veremos cada uma das abas que configuram os diversos objetos do Revit e do AutoCAD.

Camadas: define como se comportam as entidades do Revit que possuem características gráficas diferentes das outras entidades de mesma categoria ao serem exportadas. Primeiramente, definimos em **Opções de exportação de camada (layers)** a forma de exportação das camadas entre as opções mostradas na Figura 20.12.

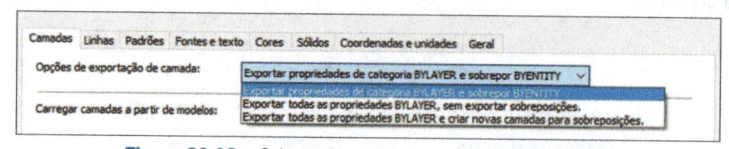

Figura 20.12 – Seleção do comportamento das propriedades.

- **Exportar propriedades de categoria BYLAYER e sobrepor BYENTITY:** os objetos do Revit são exportados para o AutoCAD de acordo com as configurações da tabela de exportação de camada. As propriedades específicas de uma entidade são aplicadas a cada entidade, mas as entidades com mesma categoria no Revit ficam nos mesmos layers do AutoCAD.

- **Exportar todas as propriedades BYLAYER, sem exportar sobreposições:** as entidades com propriedades específicas de objetos do Revit de mesma categoria são ignoradas; a entidade é inserida nos layers das outras entidades de mesma categoria no Revit, perdendo suas propriedades específicas.

- **Exportar todas as propriedades BYLAYER e criar novas camadas para sobreposições:** as entidades com propriedades específicas são colocadas em um layer determinado, preservando identidade idêntica à dos objetos no Revit essa opção gera mais layers no AutoCAD.

Em **Carregar camadas a partir de modelos**, podemos escolher uma tabela de layers de um padrão, conforme a lista da Figura 20.13, em que já existem os padrões do Instituto de Arquitetos Americanos, da Inglaterra e de Cingapura.

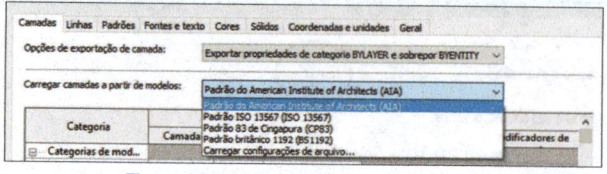

Figura 20.13 – Seleção do padrão de layers.

Na prática, devemos verificar os nomes dos layers que devem ser configurados para cada entidade na aba **Camadas**. Por exemplo, se analisarmos a categoria **Paredes**, temos a coluna **Projeção** que especifica as paredes em vista e a coluna **Corte**. Veja que o nome do layer será A-WALL e a cor 113 tanto para linhas em projeção como em corte.

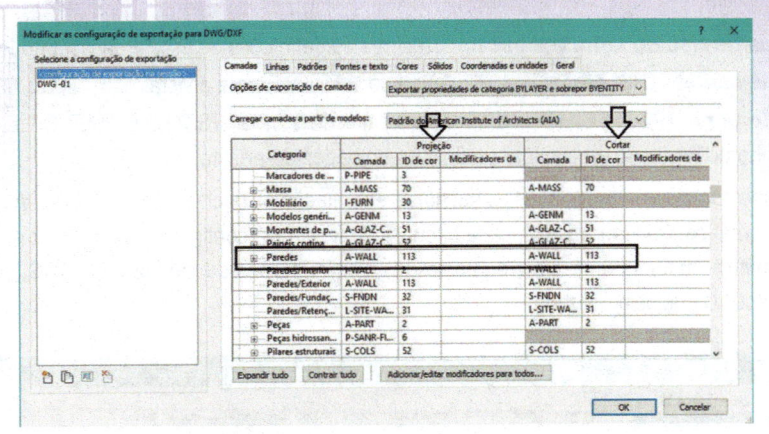

Figura 20.14 – Camadas da categoria Paredes.

Para alterar, basta substituir o nome do layer, como mostra a Figura 20.15. Prossiga alterando os nomes das camadas conforme sua necessidade. Uma boa prática é fazer uma primeira exportação e verificar o resultado e, em seguida, alterar somente o que não está no seu padrão. Para que o Revit gere mais layers para todas as sobreposições de elementos, utilize a opção **Exportar todas as propriedades BYLAYER e criar novas camadas para sobreposições**; neste caso são gerados novos layers, que podem ser renomeados no AutoCAD. Você provavelmente terá ainda alguns ajustes a fazer, como renomear layers no AutoCAD e usar o layer Translator do AutoCAD para fazer correções para nomes de layers que não sejam feitos diretamente no Revit.

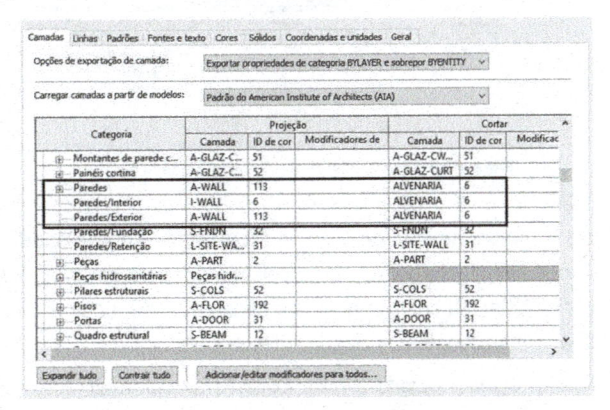

Figura 20.15 – Camadas da categoria Paredes alterada.

Linhas: indica como serão exportadas as linhas do Revit. No Revit, elas são definidas pelos estilos de objetos por categorias; no AutoCAD, pelas variáveis LTSCALE e PSLTSCALE. A opção padrão é exportação automática. Veja na Figura 20.16 que cada linha do Revit está configurada para gerar no AutoCAD uma linha automática, mas, se você clicar no botão da coluna **Tipos de linha em DWG**, pode escolher a linha do AutoCAD que será utilizada.

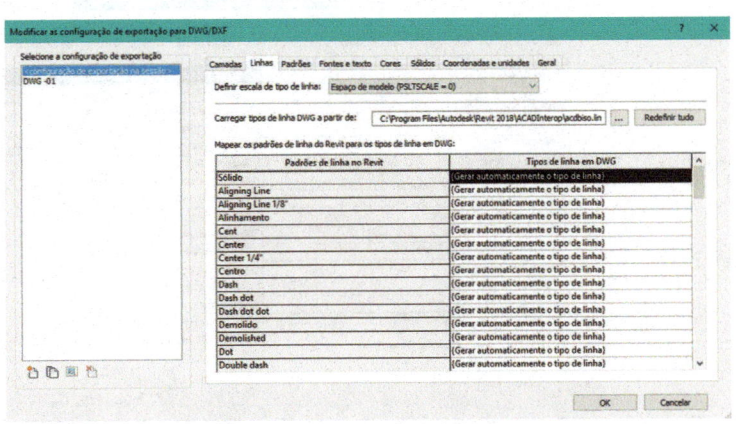

Figura 20.16 – Configuração do estilo das linhas.

- **Definições de tipo de linha em escala:** preserva as definições de escala da vista no Revit.
- **Espaço de modelo (PSLTSCALE = 0):** define um LTSCALE para a vista.
- **Espaço do papel (PSLTSCALE = 1):** indica o valor de 1 para LTSCALE E PSLTSCALE, ou seja, as definições de linha do Revit são escalas para refletir as unidades do projeto.

Padrões: define como serão exportadas as hachuras em relação às hachuras do AutoCAD. A opção padrão é exportação automática. Na Figura 20.17, cada hachura do Revit está configurada para gerar no AutoCAD uma hachura automática, mas, se você clicar no botão da coluna **Padrões de hachura em DWG**, pode escolher a hachura do AutoCAD que será utilizada.

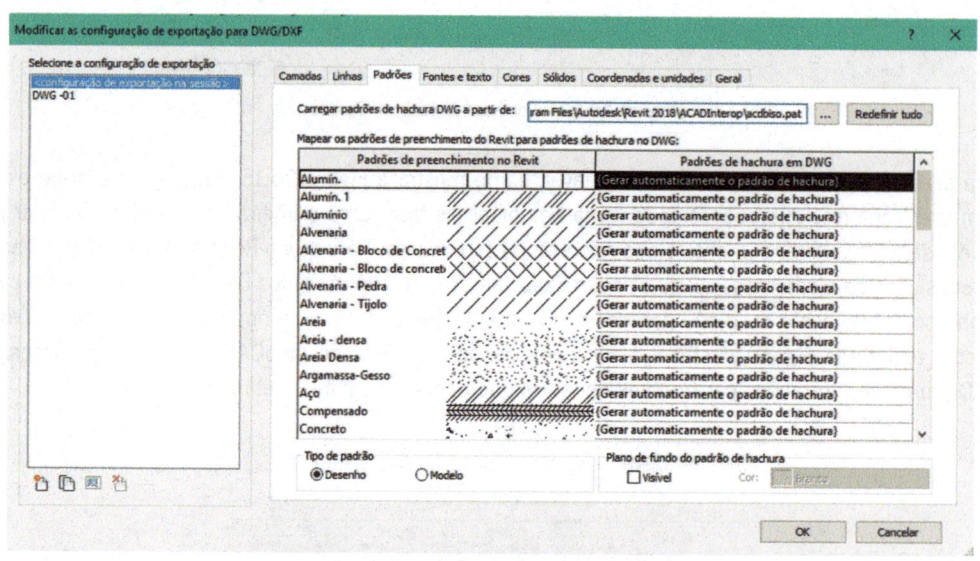

Figura 20.17 – Configuração do padrão da hachura.

Fontes de texto: controla o comportamento do texto na exportação. A opção padrão é exportação automática. Veja na Figura 20.18 que cada fonte do Revit está configurada para gerar no AutoCAD uma fonte automática, mas, se você clicar no botão da coluna **Fontes de texto em DWG**, pode escolher a fonte do AutoCAD que será utilizada. Quanto à formatação, temos as seguintes opções:

- **Preservar a fidelidade visual:** exporta o texto exatamente como ele está no Revit; porém, se for uma lista numerada ou com bullets, ele perde as características de numeração.
- **Preservar o grau de edição:** ao exportar os parágrafos, mantém a funcionalidade de listas e bullets, porém a aparência pode variar. A formatação de texto, como quebras de parágrafo e linhas, é mantida.

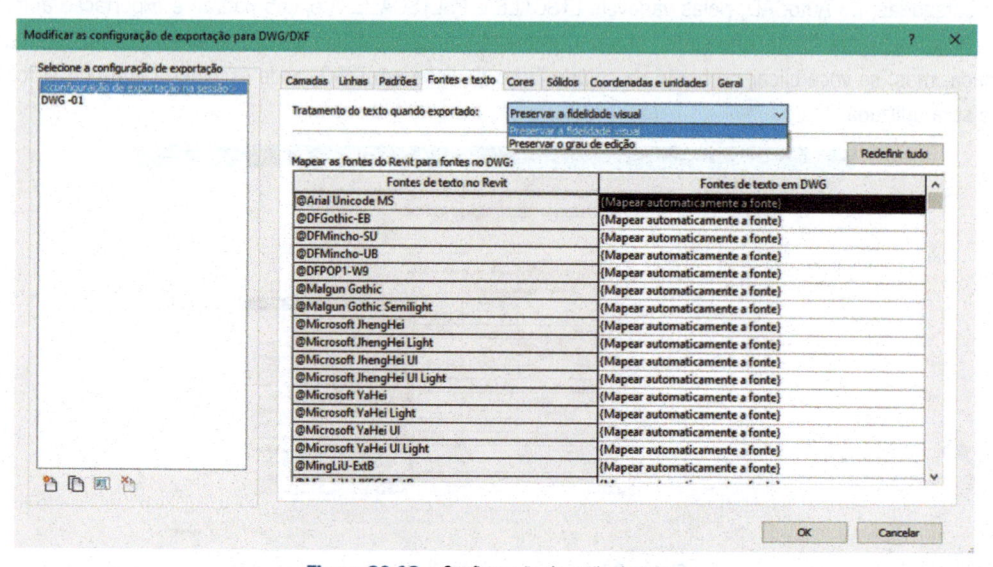

Figura 20.18 – Configuração do estilo do texto.

Cores: define o comportamento das cores dos objetos na exportação.

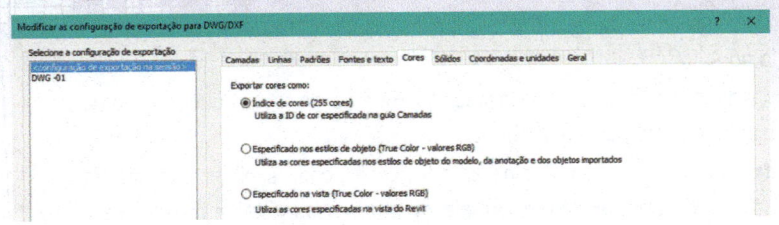

Figura 20.19 – Configuração de cores.

- ⊚ **Índice de cores:** utiliza o índice de cores e as espessuras de penas especificados na guia **Exportar camadas**.
- ⊚ **True color:** usa os valores RGB do Revit para os parâmetros BYLAYER e BYENTITY, procurando manter fidelidades nas cores.

Sólidos: define como será exportado o modelo em 3D, se em **Polimalha** ou **Sólidos ACIS**.

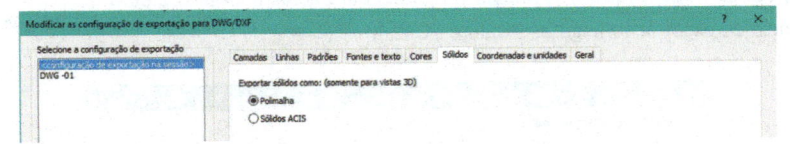

Figura 20.20 – Configuração de sólidos.

Coordenadas de unidades: indica como será a origem do sistema de coordenadas e as unidades ao exportar.

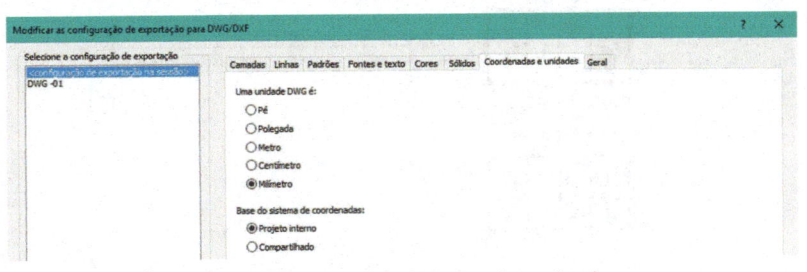

Figura 20.21 – Definição do sistema de coordenadas.

- ⊚ **Uma unidade DWG é:** define a unidade de medida que será exportada. Se usar metros no Revit, selecione a mesma unidade para o AutoCAD.
- ⊚ **Base do sistema de coordenadas:** pode ser **Projeto interno**, que usa a mesma origem de coordenadas do projeto no Revit para exportar para o AutoCAD. Use essa opção quando o projeto do Revit não estiver associado a nenhum outro arquivo ou quando a origem for irrelevante. Também pode ser **Compartilhado**, que usa a origem das coordenadas dos arquivos associados; tudo é exportado de acordo com as configurações de arquivos compartilhados.

Geral: determina a versão do arquivo a ser gerada e se serão criados arquivos de referência a partir dos links.

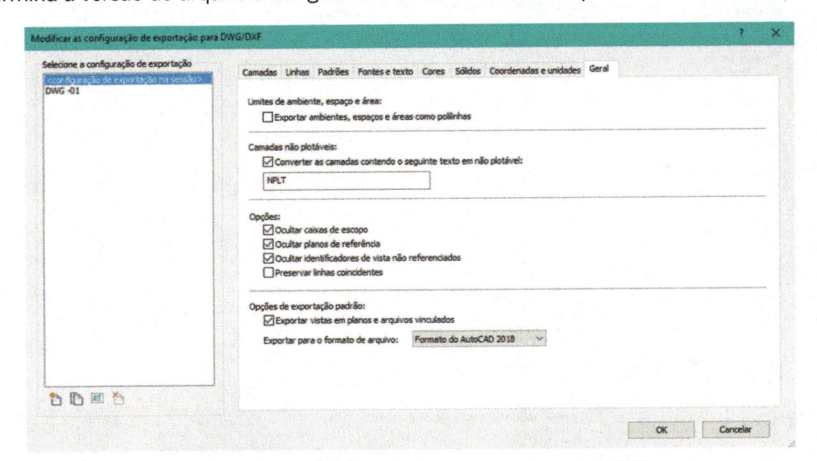

Figura 20.22 – Definições gerais e versão do arquivo DWG.

- ⦿ **Limites de área e ambiente:** define se os elementos **Ambiente do Revit** serão convertidos em polilinhas no AutoCAD. As polilinhas vão para um layer específico e desligado no AutoCAD.

- ⦿ **Camadas não plotáveis:** permite especificar nomes de layers que não serão plotados usando o campo que vem abaixo.

- ⦿ **Opções de exportação padrão:** nessa tela, você pode escolher a versão do AutoCAD no campo **Exportar para o formato de arquivo**, as vistas e os links para arquivos de referência (XREF).

Toda configuração definida anteriormente pode ser gravada para posterior reutilização, clicando-se no botão da parte inferior esquerda da janela, como mostra a Figura 20.23. Neste exemplo, gravamos a configuração **DWG 01**. Em seguida, deve-se clicar em **OK** para finalizar e gerar a exportação.

Depois de especificar tudo, clique em **Avançar** na janela para gerar o arquivo e dê um nome a ele na janela de exportação (Figuras 20.24 e 20.25).

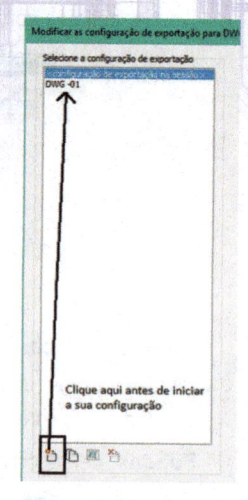

Figura 20.23 – Gravação de uma configuração.

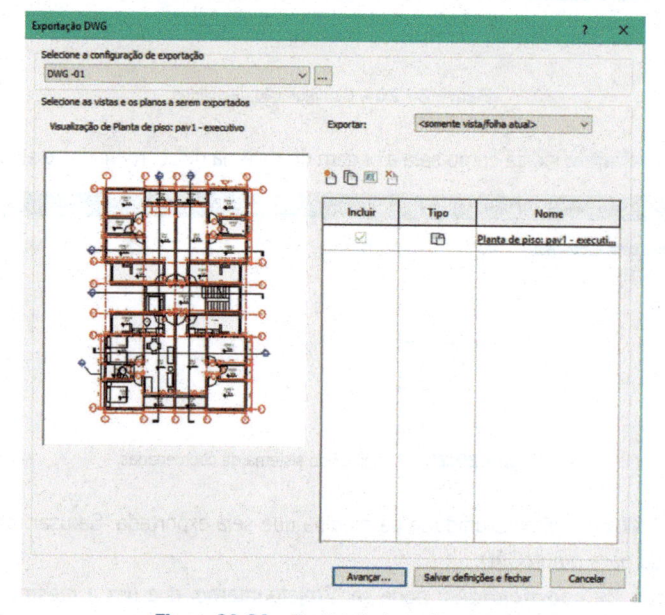

Figura 20.24 – Finalização da configuração.

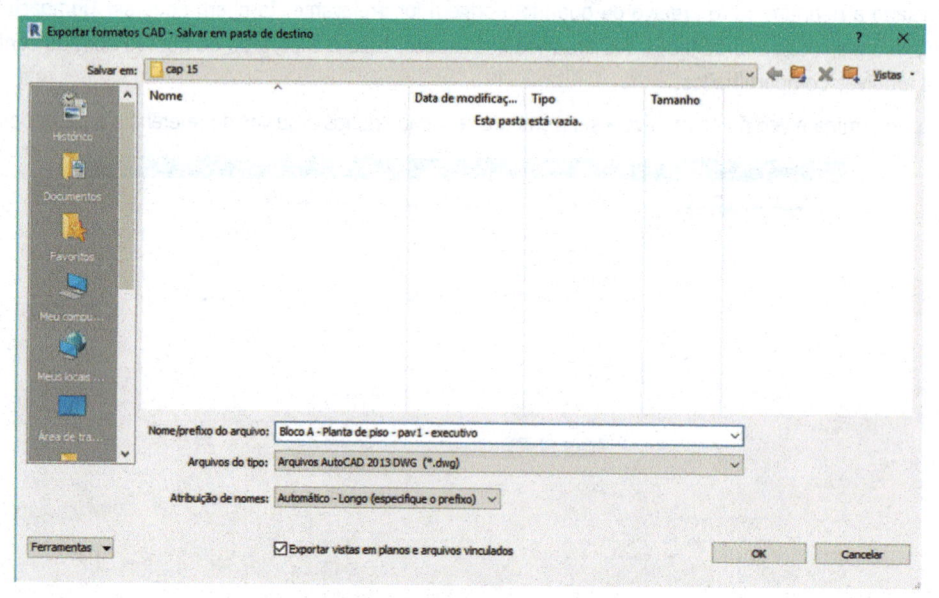

Figura 20.25 – Geração do arquivo.

 Autodesk® Revit® Architecture 2018 – Conceitos e Aplicações

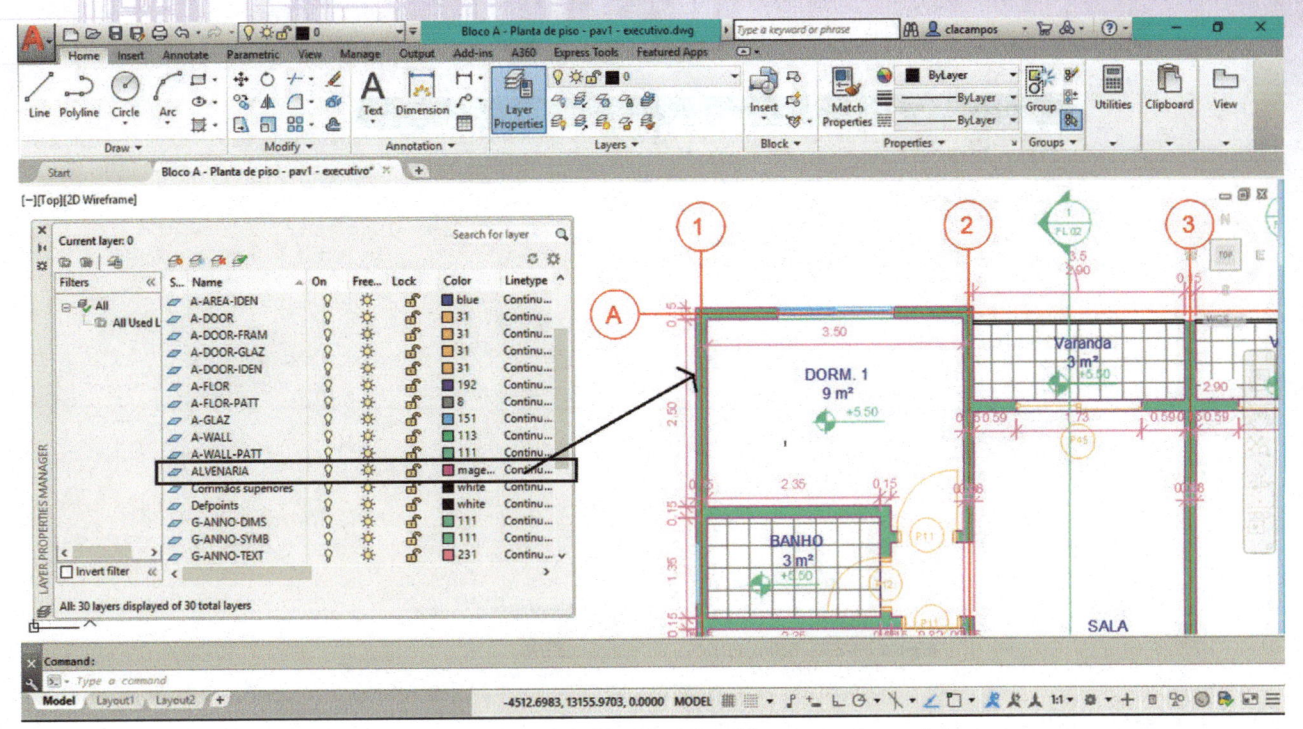

Figura 20.26 – Tela do AutoCAD com o arquivo exportado.

20.2 Exportação de arquivos em DWF

A exportação para o formato DWF é semelhante à exportação para DWG, uma vez que o DWF é um formato da própria Autodesk.

Para exportar, selecione Exportar no menu Arquivo (Figura 20.27) e a opção DWF/DWFx.

Ao selecionar DWF, surge a janela de diálogo Configurações de exportação DWF. Na aba Vistas/Folhas definimos a vista ou folha que será exportada, exatamente como na opção do DWG.

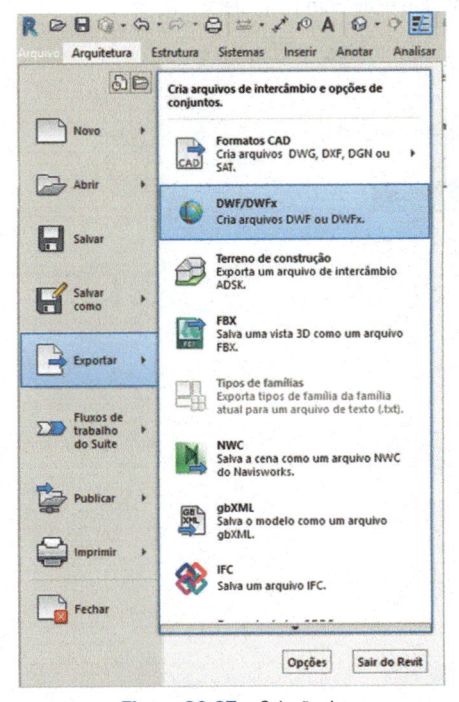

Figura 20.27 – Seleção da exportação para DWF

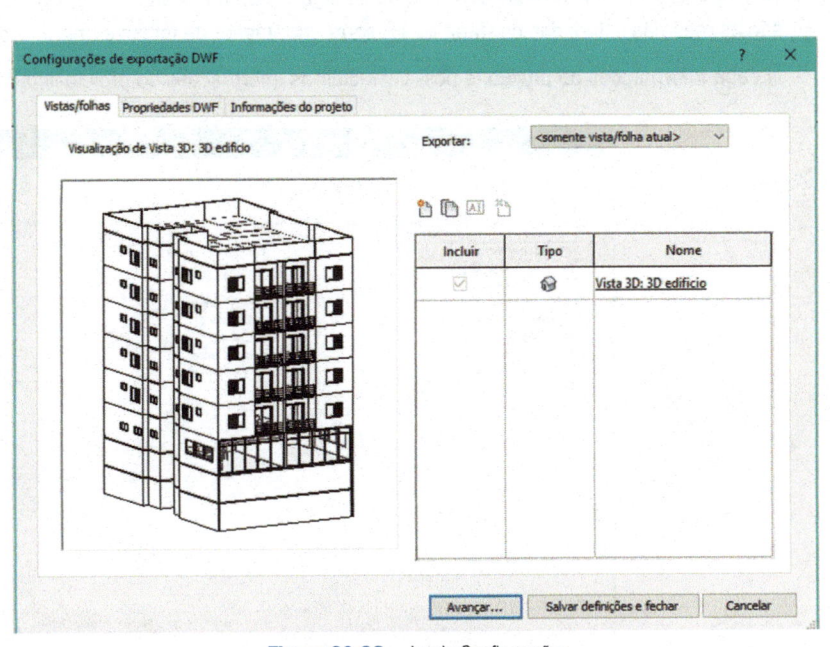

Figura 20.28 – Janela Configurações de exportação DWF.

Na aba **Propriedades DWF**, indicamos as características do arquivo DWF a seguir:

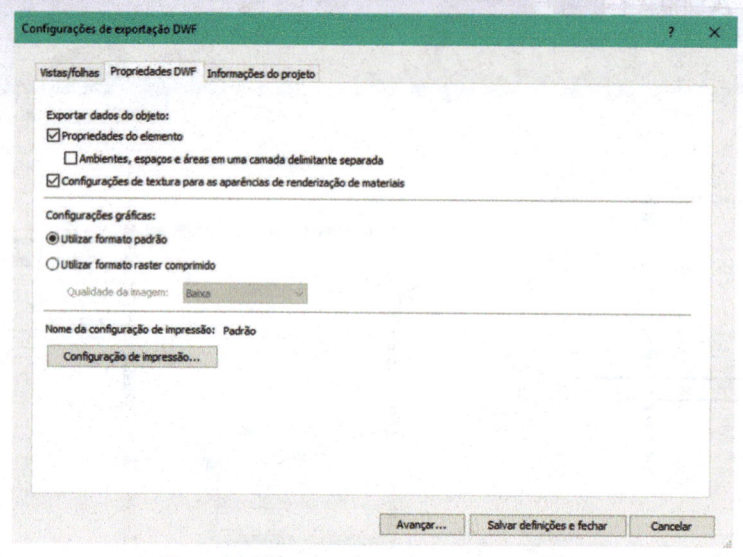

Figura 20.29 – Definição das características do DWF.

Exportar dados do objeto

Propriedades do elemento: exporta as propriedades do tipo e da instância dos elementos do Revit.

Ambientes e áreas em uma camada delimitante separada: exporta as propriedades de ambiente e área para uma camada separada da geometria. Dessa forma, é possível visualizar os dados de ambiente e de área separadamente.

Configurações de textura para as aparências de renderização de materiais: inclui as informações da imagem na exportação.

Configurações gráficas

Utilizar formato padrão: usa o formato PGN para exportar imagens que estiverem no projeto.

Utilizar formato raster comprimido: usa o formato JPG para exportar as imagens que estiverem no projeto.

Configuração de impressão: define as configurações da impressão do arquivo. Clique para mudar. Elas são as mesmas estudadas no Capítulo 17, sobre montagem de folhas e impressão.

Na aba **Informações do projeto**, é possível incluir as informações do projeto listadas em seguida.

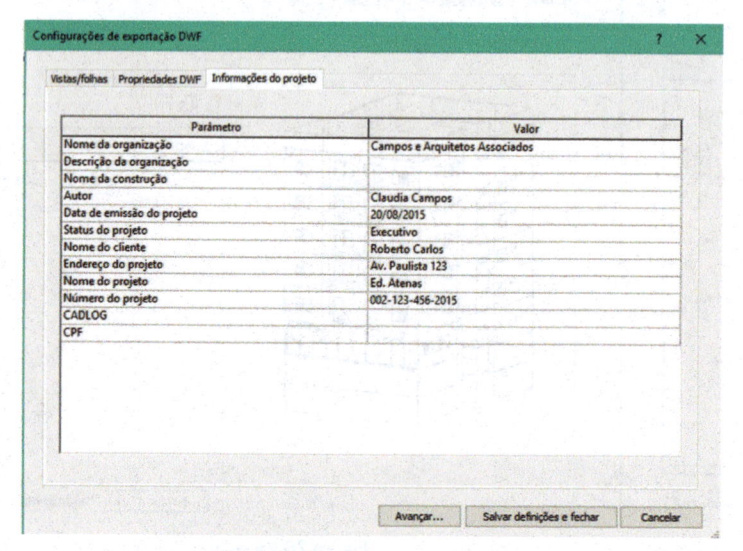

Figura 20.30 – Informações do projeto.

Depois de tudo definido, clique no botão **Avançar**. Surgirá a janela da Figura 20.31, na qual você deve inserir o nome do arquivo DWF a ser gerado.

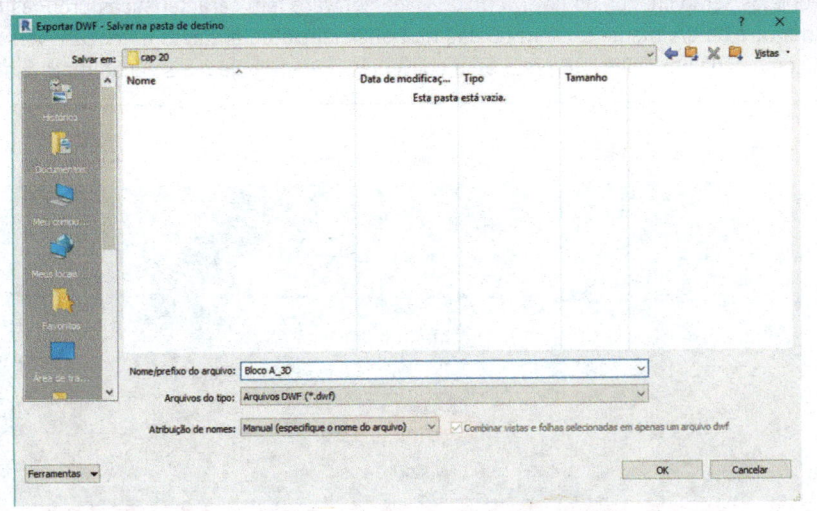

Figura 20.31 – Janela de exportação do arquivo DWF.

O arquivo no formato **DWF (Design Web Format™)** pode ser visto e impresso com o auxílio dos visualizadores **Autodesk Viewer** <https://viewer.autodesk.com> e do **Autodesk Design Review**, um visualizador de desenhos disponível gratuitamente para download no site da Autodesk, no link <www.autodesk.com.br>.

Com o **Autodesk Design Review**, é possível abrir, visualizar e imprimir arquivos nos formatos DWF ou DWFx, que também podem ser visualizados com o Microsoft XPS Viewer.

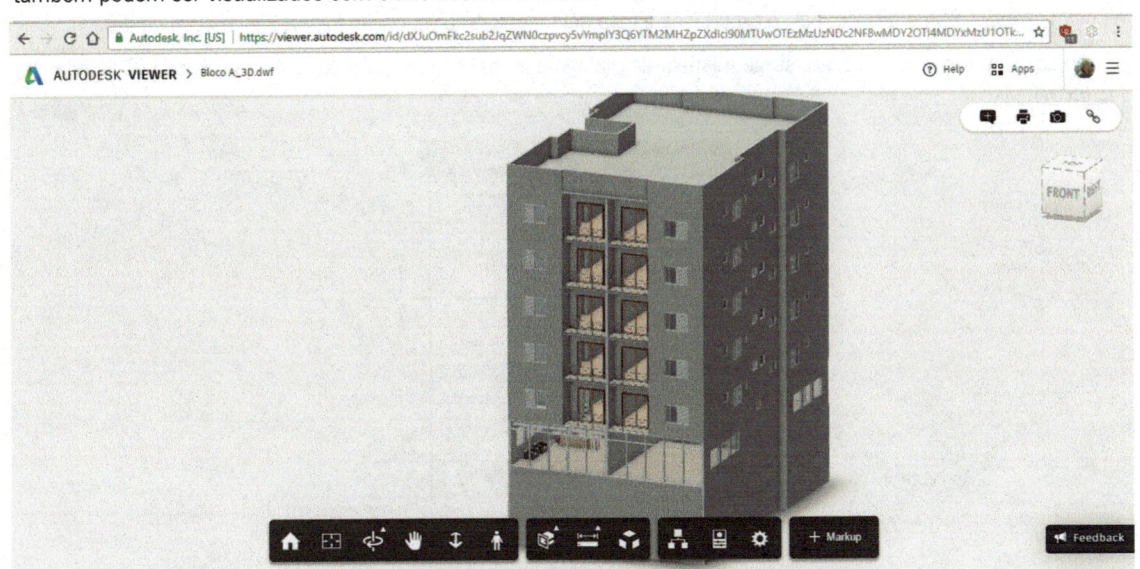

Figura 20.32 – Visualização do modelo em DWF no Autodesk Viewer.

Com o Autodesk Viewer você também pode ver arquivos .RVT e .DWG sem a necessidade de exportar em .DWF.

20.3 Exportação de arquivos em IFC

IFC (Industry Foundation Classes) é o formato padrão internacional usado por todos os softwares da plataforma BIM para intercâmbio de arquivos entre si. Ele foi criado por um grupo chamado **International Alliance of Interoperability (IAI)** e hoje é representado pela **Building Smart**. No link <www.buildingsmart.org>, você pode ter mais informações. O formato estabelece padrões internacionais para importar e exportar objetos de construção e suas propriedades. Revit fornece a importação e a exportação IFC totalmente certificada com base nas normas de intercâmbio de dados IFC do buildingSMART®.

É um arquivo de texto que consiste em um banco de dados de objetos e definições de propriedades, usados para representar um projeto e possibilitar a troca entre diferentes softwares que utilizem o formato IFC. Ele indica como todos os objetos serão criados ao fazer a troca. Cada software tem características próprias de geração e de recebimento em IFC, e naturalmente existem perdas na transferência de arquivos entre os diversos softwares em razão da forma como cada um deles interpreta essa conversão. Porém, hoje é a solução mais usada.

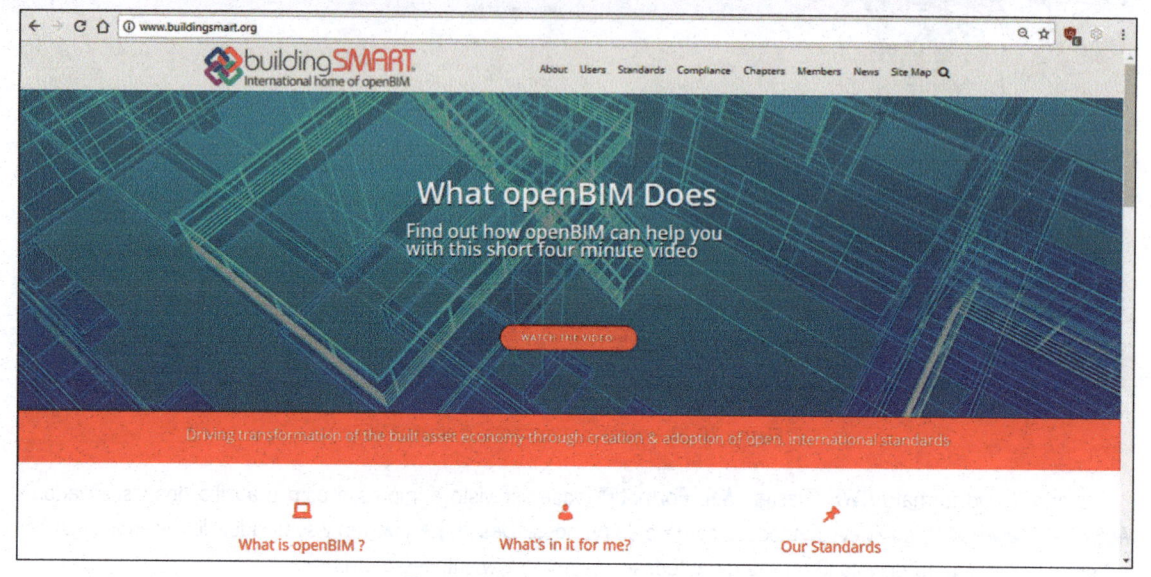

Figura 20.33 – Página do Building Smart.

O Revit está habilitado e certificado para permitir tanto a exportação como a importação de arquivos em formato IFC na última versão IFC4 e IFC 2x3 AIA. A exportação é feita pelo menu Arquivo, opção **Exportar** e seleção de **IFC**.

Ao selecionarmos essa opção, surge a janela de diálogo para salvar o arquivo com as opções de IFC listadas na Figura 20.34.

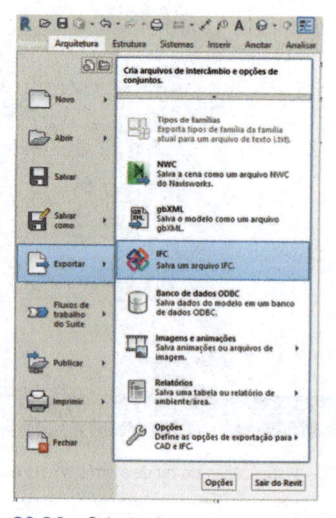

Figura 20.34 – Seleção de exportação no formato IFC.

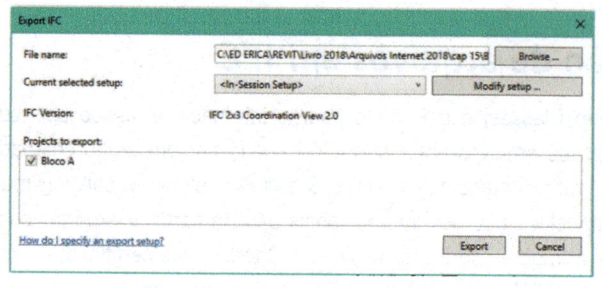

Figura 20.35 – Seleção do padrão IFC.

Na janela **Export IFC** os campos são:

File name: clique em Browse para selecionar a pasta e especificar o nome do arquivo IFC a ser criado.

Current Selected Setup: permite selecionar ou modificar a configuração de exportação. Se você optar pela opção **In-Session Setup** poderá alterar seus parâmetros para a sessão atual, mas elas não são salvas. As outras opções que o Revit traz se referem a padrões internacionais e não podem ser modificados ou apagados. Para salvar, deverá criar uma nova configuração ao clicar em **Modify Setup** e, na janela seguinte, clicar no botão na parte de baixo do quadro **Create a new Setup IFC version:** exibe a configuração de IFC selecionada.

Export: gera o arquivo IFC com a configuração selecionada.

Modify Setup: exibe a janela de configuração do IFC (Figura 20.36) que permite as seguintes opções:

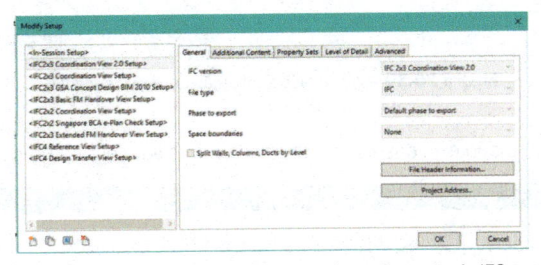

Figura 20.36 – Seleção das opções de configuração do IFC.

No quadro à esquerda estão as configurações de padrões internacionais, que não podem ser apagadas nem modificadas. Você poderá duplicá-las e, então, criar uma nova a partir dela e alterar alguns parâmetros. Para duplicar, clique no botão de **Duplicar** como mostra a Figura 20.37. Você também poderá **Renomear** ou **Apagar** uma configuração que criou. Para criar uma nova configuração, clique no botão **Criar uma nova configuração**.

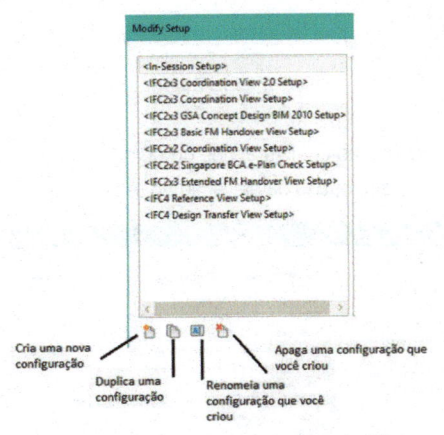

Figura 20.37 – Classes de exportação de IFC.

Aba General: nesta aba são exibidas as configurações gerais do formato IFC selecionado no quadro da esquerda. Neste quadro já estão configurados os formatos de alguns países como Estados Unidos, Singapura, entre outros.

Aba Additional Content: nesta aba são exibidas configurações de como serão exportados elementos de uma vista 2D, de vínculos e de ambientes.

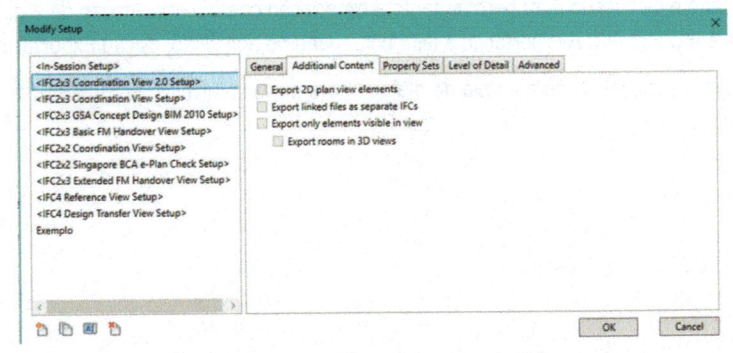

Figura 20.38 – Abertura de um arquivo IFC.

Aba Property Sets: nesta aba são exibidas as configurações de como serão exportadas as propriedades dos elementos.

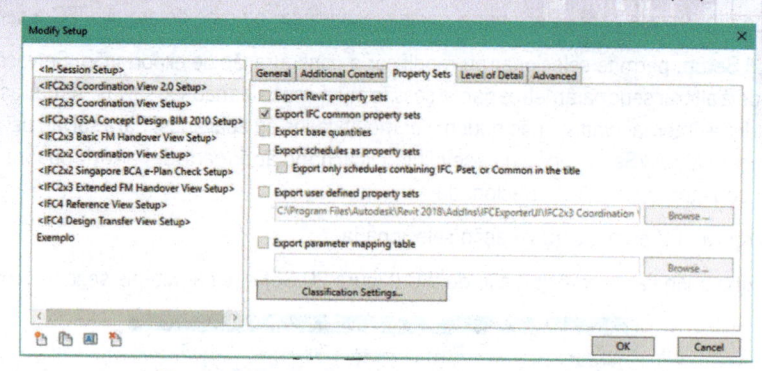

Figura 20.39 – Mapa de classificação de abertura de IFC.

Aba Level of Detail: nesta aba são exibidas as configurações do nível de detalhe do modelo.

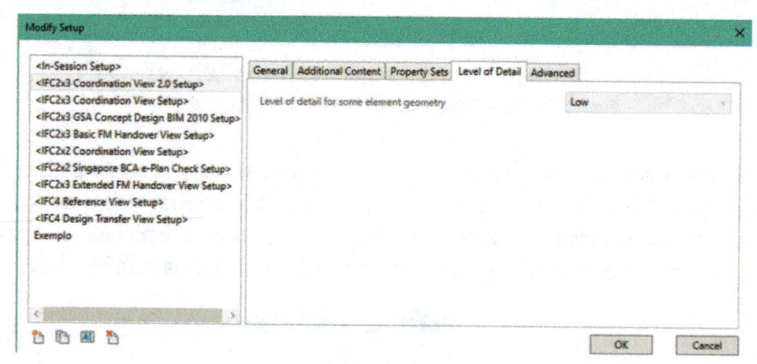

Figura 20.40

Aba Advanced: nesta aba são exibidas as configurações de como serão exportadas as Parts, se a exportação será pela vista ativa, uso de nome de família e tipo, uso da elevação do terreno entre outras como mostra a Figura 20.41.

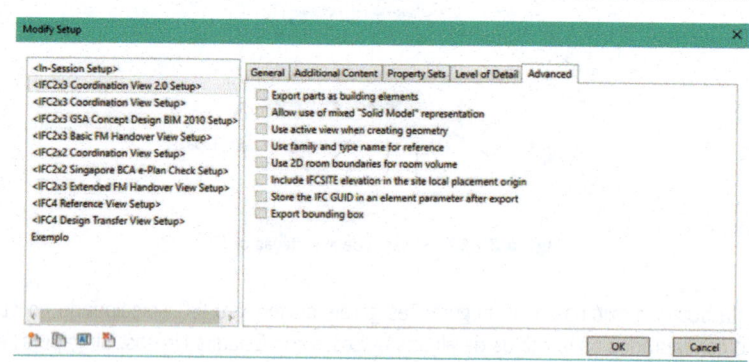

Figura 20.41

O Revit está habilitado e certificado para permitir tanto a exportação como a importação de arquivos em formato IFC na última versão IFC4 e IFC 2x3 AIA. A exportação é feita pelo menu de aplicação, opção **Exportar** e seleção de **IFC**.

Ao selecionarmos essa opção, surge a janela de diálogo para salvar o arquivo com as opções de IFC listadas na Figura 20.34.

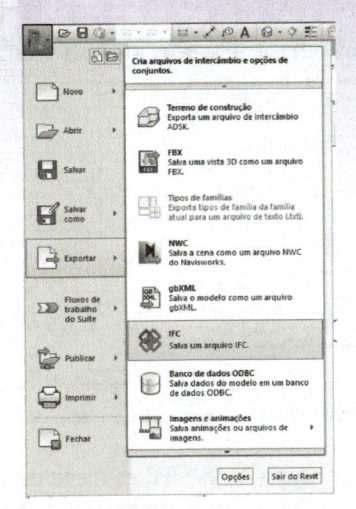

Figura 20.42 – Seleção de exportação no formato IFC.

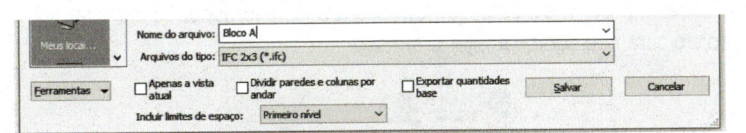

Figura 20.43 – Seleção do padrão IFC.

IFC 2x2: padrão IFC.

IFC 2x3: versão padrão de exportação, geralmente a última suportada por outros sistemas.

Verificação ePlan IFC BCA: uma variante da versão certificada do IFC 2x2, usada para submeter arqui vos para Singapore BCA ePlan Check Server. Ao exportar nessa versão, certifique-se de que todos os elementos que definem o ambiente estão selecionados.

IFC GSA 2010: trata-se do formato da Agência de Serviços Gerais dos Estados Unidos (General Services Administration).

Antes de exportar um arquivo do Revit para o IFC, você deve rever o mapa de categorias do IFC no menu de aplicação **Exportar > Opções > Opções IFC**.

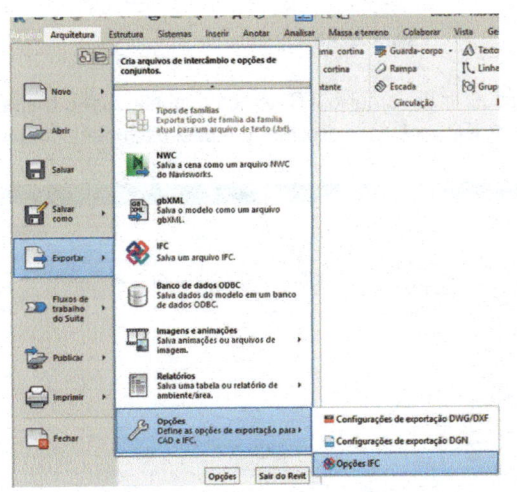

Figura 20.44 – Seleção das opções de configuração do IFC.

Na janela de diálogo **Exportar classes IFC**, temos as categorias dos objetos do Revit e a categoria do IFC que ele vai gerar na coluna **Nome da classe IFC**. Para criar um IFC baseado nos padrões do AIA, selecione **Padrão**. Para carregar outro mapa de classificação IFC, selecione **Carregar** e o arquivo correspondente ao padrão de sejado.

Cada categoria de elemento no Revit é listada na coluna **Categoria** e a cada elemento construtivo padrão é as sociada uma classe de IFC na coluna **Nome da classe IFC**. Para elementos construtivos que não têm a classe de IFC mapeada automaticamente é apresentada a opção **Não Exportada**.

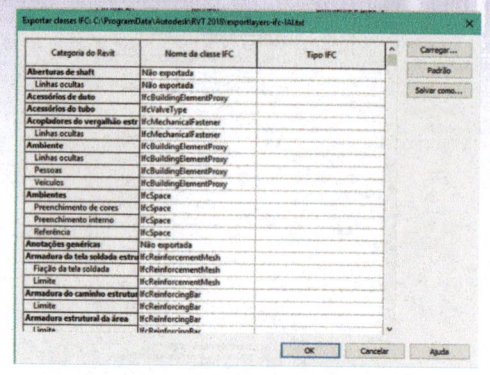

Figura 20.45 – Classes de exportação de IFC.

Para abrir um arquivo IFC no Revit, selecione **Abrir > IFC** no menu de aplicação. Ele é aberto com base no formato IFC da última versão IFC2x3 AIA. Se o arquivo a ser aberto for de uma versão anterior a essa (IFC 2x2), o Revit o abrirá corretamente. Ele usa um template para arquivos IFC e o arquivo é criado a partir dele. Você pode utilizar outro mapa de classificação IFC por meio da opção **Opções IFC**. É recomendado carregar somente as entidades que serão utilizadas no projeto para não sobrecarregar o arquivo.

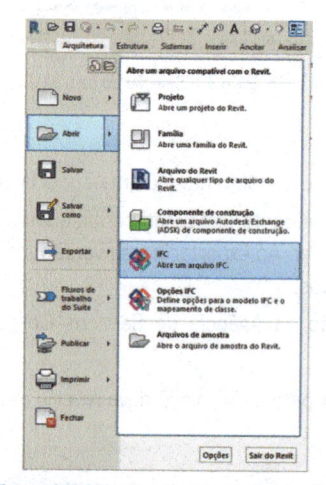

Figura 20.46 – Abertura de um arquivo IFC.

Ao selecionar **Opções IFC** ao abrir um arquivo IFC, temos a tabela com o mapa de classificações IFC para RVT. Em **Modelo Padrão para importar IFC** você pode escolher o modelo/template (arquivo.RTE) do Revit a ser utilizado.

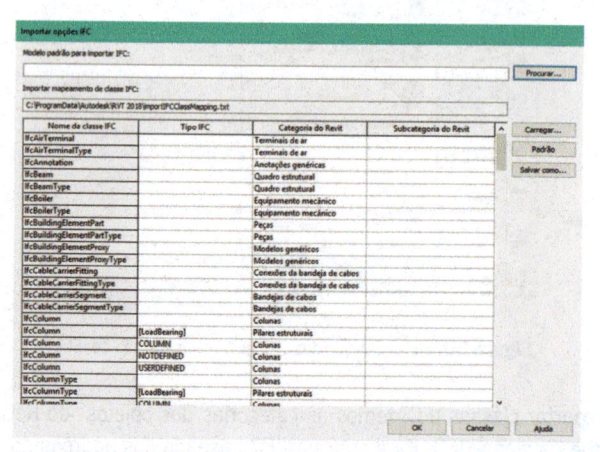

Figura 20.47 – Mapa de classificação de abertura de IFC.

Depois de abrir um arquivo IFC, você pode salvá-lo como um projeto .RVT e continuar a trabalhar com os elementos do Revit.

Bibliografia

AUTODESK. **Ajuda do Revit Architecture 2018**. Autodesk Inc., 2017.

EASTMAN, C.; SACKS, R. **BIM handbook**: a guide to building information modeling for owners, managers, engineers and contractors. Hoboken, NJ: John Wiley and Sons Inc., 2011.

KRYGIEL, E.; READ, P.; VANDEZANDE, J. **Mastering Autodesk Revit Architecture 2016**. Indianápolis: Sybex-Wiley Publishing Inc, 2015.

LIMA, C. C. **Revit Architecture 2017**: conceitos e aplicações. São Paulo: Érica, 2015.

Sites consultados

AECBYTES. **AECbytes**. Disponível em: <www.aecbytes.com/>. Acesso em: 13 out. 2017.

_____. **Autodesk**. Disponível em: <www.autodesk.com.br>. Acesso em: 13 out. 2017.

_____. **Autodesk Community**. Disponível em: <http://communities.autodesk.com/brazil>. Acesso em: 13 out. 2017.

_____. **Autodesk Seek**. Disponível em: <http://seek.autodesk.com>. Acesso em: 13 out. 2017.

BRUMM, H. et al. **Revit Clinic**. Disponível em: <http://revitclinic.typepad.com>. Acesso em: 13 out. 2017.

BUILDINGSMART. **Building SMART alliance**. Disponível em: <www.buildingsmart.org/>. Acesso em: 13 out. 2017.

_____. **Autodesk A360 Viewer**. Disponível em: <https://a360.autodesk.com/viewer/#> Acesso em: 13 out. 2017.

Marcas registradas

A. Tutorial Projeto Completo

Introdução

Neste exercício, vamos realizar o projeto de um edifício desde o início, usando como base o que foi abordado nos capítulos anteriores. Você pode seguir esse tutorial conforme estuda os capítulos, pois ele tem uma sequência lógica, sendo possível aplicar os conhecimentos em cada etapa do projeto. Mas, se preferir, pode deixar para elaborá-lo após a leitura do livro. Todos os arquivos utilizados e gerados neste tutorial estão disponíveis no site da editora e no blog <http://claudiacampos.blog.br> para que você possa conferir seu exercício ou tirar dúvidas.

Objetivos

- Guiar o leitor em um projeto que use as ferramentas, as técnicas e os conceitos estudados ao longo dos capítulos.
- Sugerir uma ordem lógica de projeto, tendo em vista o melhor aproveitamento das ferramentas e dos conceitos paramétricos.

Exercício 1 – Criação de um modelo/template

1. Para começar o projeto, vamos criar um modelo de arquitetura de acordo com padrões inicialmente definidos, como as unidades e os nomes iniciais dos pavimentos mais usados em projetos. Para facilitar a tarefa, você pode criar vários modelos/templates de acordo com as características mais comuns de cada tipo de projeto, incluindo nele as famílias mais usadas.

2. No menu de Arquivo, selecione Novo > Projeto. Na janela Novo projeto, selecione Modelo de arquitetura e clique em OK.

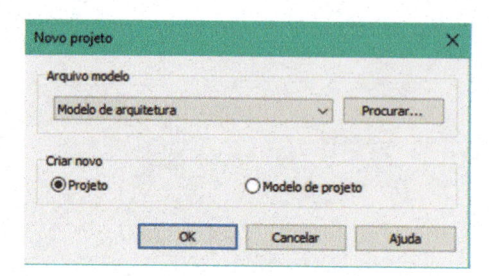

Figura A.1 – Seleção de um modelo.

3. O próximo passo é definir o sistema de unidades. Digite **UN** e, na janela **Unidades de projeto**, selecione metros com duas casas decimais em **Linear**. Clique em **OK**.

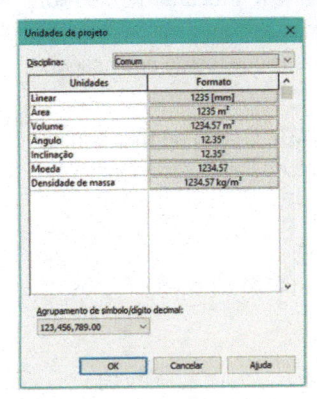

Figura A.2 – Seleção das unidades de trabalho.

4. A seguir, vamos criar os pavimentos do projeto: **Térreo**, **Pav 1 a Pav 9**, **Cobertura e SS1**. Os pavimentos são criados somente em uma vista de elevação. No **Navegador de projeto**, selecione **Elevações > Sul**, e o desenho deve ficar como na Figura A.3.

5. Primeiramente, vamos renomear os níveis existentes e mudar as cotas. Clique no nome do nível e altere. Ao ser questionado sobre a mudança dos nomes das vistas correspondentes, clique em **Sim**. Seu desenho deve ficar como no da Figura A.4.

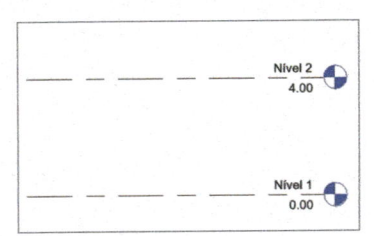

Figura A.3 – Níveis existentes.

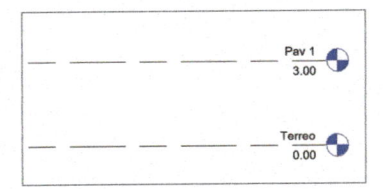

Figura A.4 – Níveis renomeados.

6. Selecione a aba **Arquitetura > Nível** e comece clicando em um ponto à esquerda, alinhado à linha de nível, e em outro ponto à direita, acima do Pav 1, para criar o Pav 2. Antes de clicar na cota provisória em azul digite 3. A cota não precisa ser exata porque, depois de criar o pavimento, podemos digitar a cota correta; mas neste exemplo podemos já inserir o valor 3 m acima do Pav 1. Em seguida, veja que o nome do pavimento já está na sequência como **Pav2**. Isso porque renomeamos o pavimento antes. Veja as vistas criadas no **Navegador de projeto**.

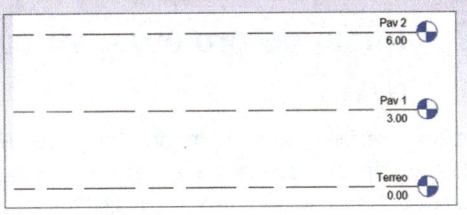

Figura A.5 – Criação de um nível.

7. Prossiga criando os outros níveis até **Cobertura** e o subsolo – **SS1** – como mostra a Figura A.6. Renomeie os níveis para termos o resultado abaixo de SS 1 a Cobertura. Todos os pavimento, com altura de 3 m.

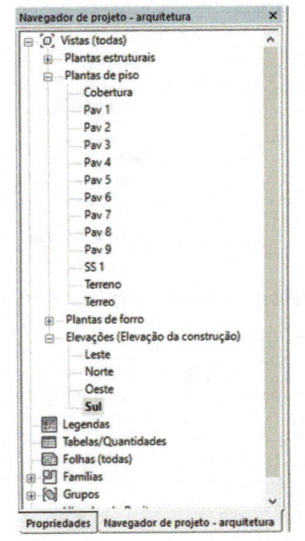

Figura A.6 – Vistas/níveis criados.

8. Com essas pequenas modificações, já podemos salvar o arquivo como um template, no qual é possível incluir famílias de elementos do tipo **Famílias do sistema**, as quais ficam gravadas nele – por exemplo, paredes, telhados, escadas. As famílias do tipo RFA carregadas ao longo do projeto, se forem carregadas no arquivo do modelo/template, já ficam disponíveis sempre que você iniciar um projeto com esse modelo/template, mas você não deve carregar muitas famílias, somente as que sabe que vai utilizar. Esse modelo/template será a base do nosso projeto, um edifício de nove andares e um subsolo.

9. Pelo menu de aplicação, selecione **Salvar como > Modelo** e, na janela **Salvar como**, dê o nome **arquitetura**. O Revit salva automaticamente o arquivo com o nome **arquitetura.rte** com os outros modelos/templates do programa. Naturalmente, você pode salvar em qualquer pasta; sempre que iniciar um projeto, deve selecionar o modelo/template nessa pasta.

10. Para finalizar, vamos fechar o arquivo. Pelo menu de aplicação selecione **Fechar**. O arquivo criado – **arquitetura.rte** – está disponível no site da Editora para que você possa conferir seu exercício ou tirar dúvidas.

Exercício 2 – Início do projeto – vínculo de arquivo do AutoCAD (DWG)

1. No menu Arquivo selecione **Novo > Projeto**. Na janela **Novo projeto**, escolha em **Procurar** o modelo/template criado anteriormente, **arquitetura**, e clique em **OK**. Agora, ao iniciar, já temos as configurações básicas definidas. Estamos trabalhando com metros e os nomes dos pavimentos já estão definidos, como pode ser visto no **Navegador de projeto**.

2. Vamos utilizar como base da planta do pavimento tipo um desenho do AutoCAD (.DWG). O Revit permite a inserção de um arquivo DWG para servir de base com uso de snaps de pontos adquiridos do DWG. Iniciaremos com a planta do pavimento tipo inserida no Pav 1.

3. Ative a vista Pav 1 clicando nela no **Navegador de projeto**.

4. Na aba **Inserir**, selecione **Vínculo de CAD**. Selecione o arquivo **ED_pav_tipo.dwg** e utilize as configurações da Figura A.7 e clique em **Abrir**.

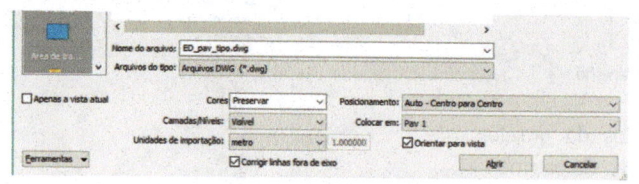

Figura A.7 – Vinculando arquivo DWG.

5. O desenho deve se posicionar no centro da tela, como mostra a Figura A.8 entre as quatro vistas representadas pelos ícones de elevação.

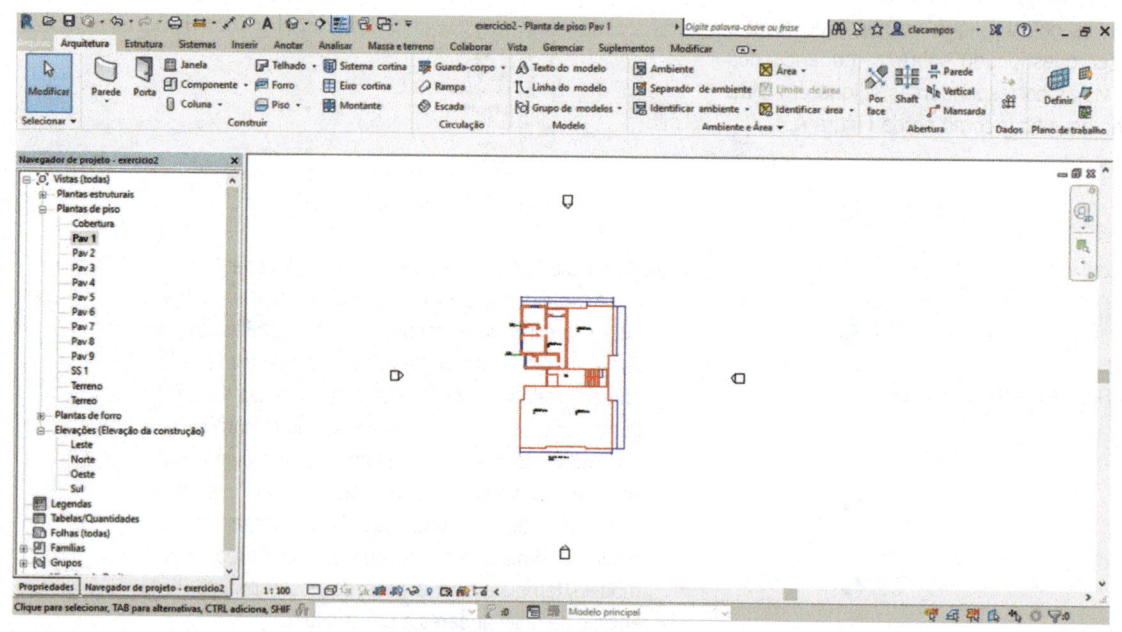

Figura A.8 – Vinculando arquivo DWG.

Salve o arquivo. Você pode permanecer com ele para o próximo exercício. Ele tem o nome de Exercicio02.rvt.

Exercício 3 – Inserção de paredes no Pav Tipo

1. Abra o arquivo do último exercício, deixe corrente a vista do pavimento **Pav 1** em **Navegador de projeto > Plantas de piso > Pav 1**. A escala da vista pode ser 1:100.

2. Vamos criar um estilo de parede para esse projeto, na aba **Arquitetura**. Selecione **Arquitetura > Parede > Parede: Arquitetônica**, o tipo **Genérico 200 mm** e clique em **Editar tipo**. Em seguida, clique em **Duplicar** e dê o nome **Alvenaria 20**. Na janela **Propriedades de tipo**, clique em **Estrutura > Editar**, depois clique duas vezes em **Inserir** para incluir duas camadas na parede, como mostra a Figura A.9.

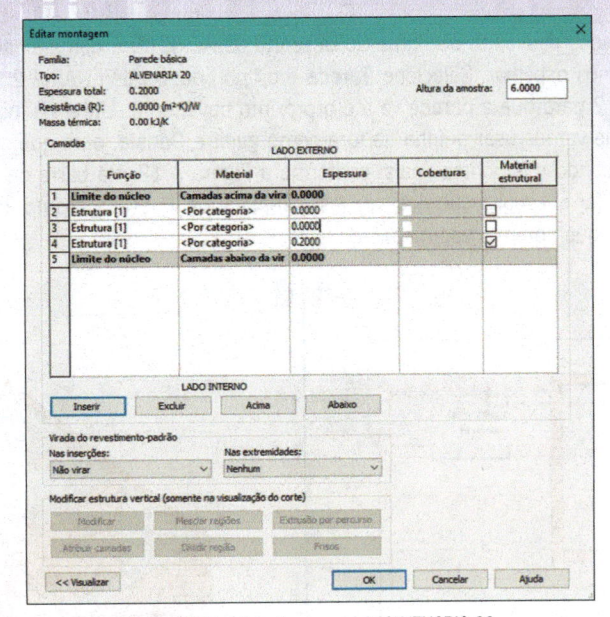

Figura A.9 – Criação de parede ALVENARIA 20.

3. Mova as camadas de acabamento para fora da camada **Núcleo**, usando **Acima** e **Abaixo**. Edite os campos **Estrutura**, trocando para **Acabamento 1** e **2**, com as medidas da Figura A.10.

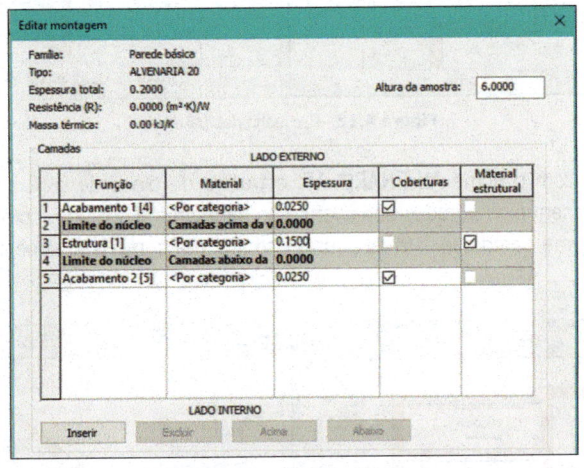

Figura A.10 – Camadas da parede.

4. O próximo passo é definir o material de cada acabamento. Clique em **Acabamento 1**. Na coluna **Material**, selecione **Material predefinido de parede** e clique em **OK**. Para **Acabamento 2**, selecione **Placa de gesso de parede**. Para **Estrutura**, selecione **Unidades de alvenaria concreto**. Clique em **OK** nas duas janelas para encerrar.

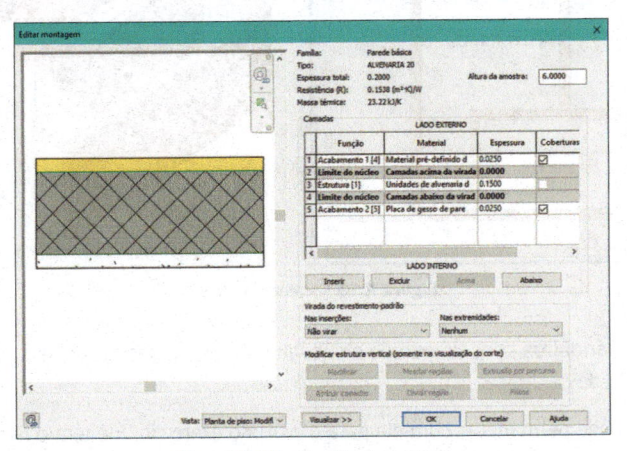

Figura A.11 – Escolha do material.

5. Vamos inserir as paredes passando por cima do desenho do AutoCAD e completando o desenho de um apartamento e depois vamos espelhar. Selecione **Parede** e o tipo criado (ALVENARIA 20). Na barra de opções, selecione: **Altura > Pav 2** para que a parede vá até o próximo pavimento; **Linha de localização > Face de acabamento externa**, porque vamos usar a linha de fora como guia; e **Cadeia**, para que o Revit desenhe as paredes em sequência. Vá clicando nos pontos finais, conforme a Figura A.12. Na barra de visualização, ligue o modo **Sombreado** para facilitar a visualização dos trechos completados. Passe por cima das portas e janelas que serão inseridas depois e que abrem o vão na parede.

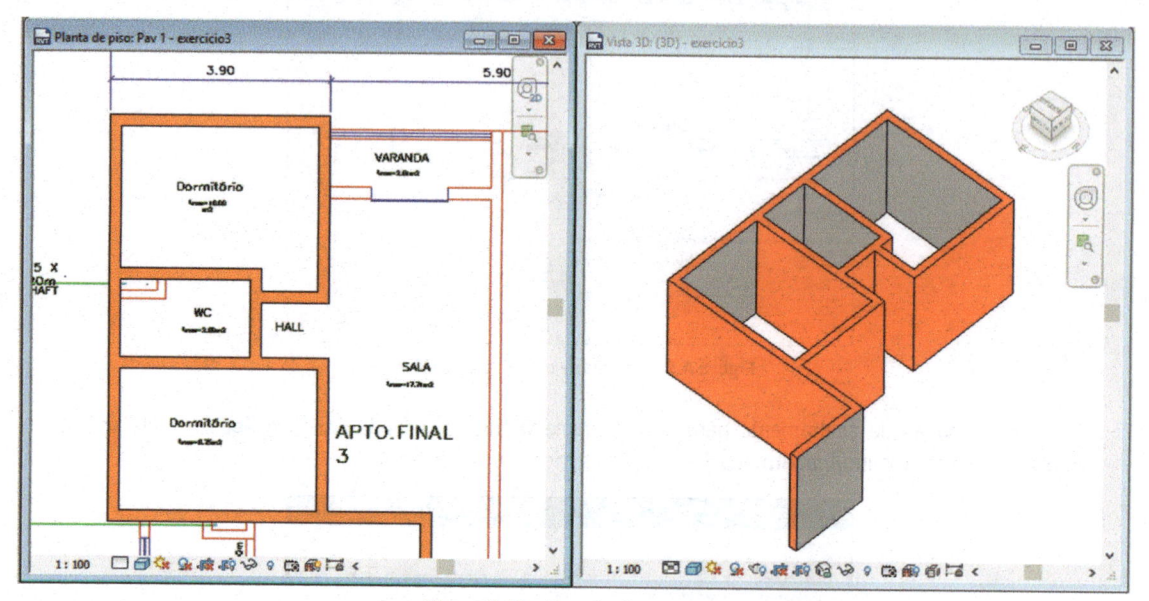

Figura A.12 – Desenho das paredes.

6. Crie mais uma parede com o nome **ALVENARIA 15**, estrutura de bloco de 0,12 e pintura dos dois lados com 0,015 de espessura. Desenhe as paredes dos shafts nos banheiros e cozinha, como indica a Figura A.13. Note que na cozinha temos uma parede de 1 m de altura. Use a altura como **Não conectado** e o valor de 1 na **Barra de opções**.

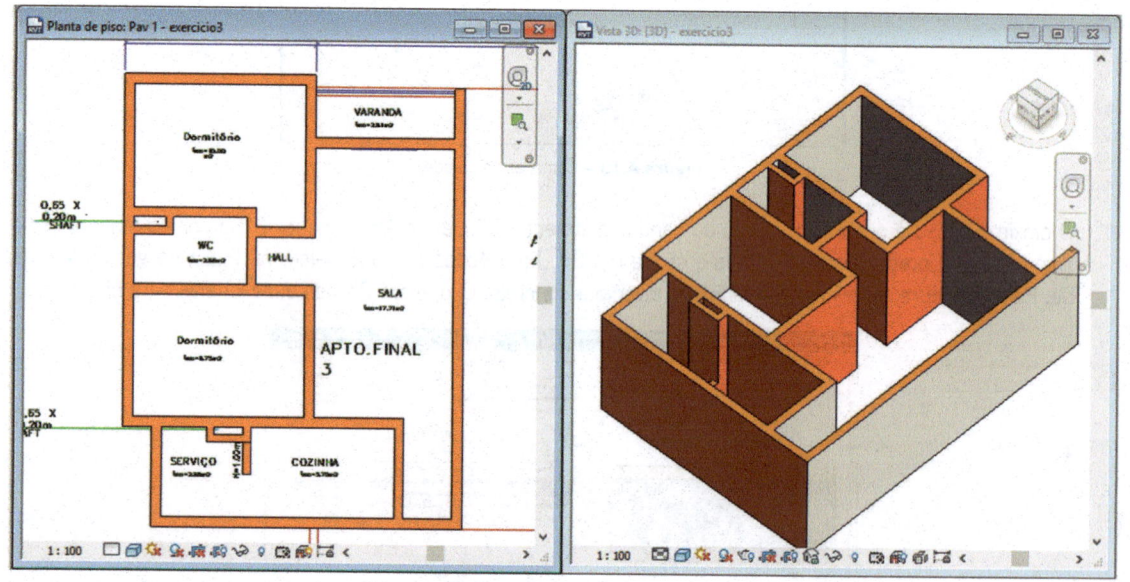

Figura A.13 – Paredes criadas.

7. Depois você poderá criar outros tipos de parede e substituir as existentes no projeto. Por exemplo, paredes para o banheiro e a cozinha de cerâmica.

Salve o arquivo. Você pode permanecer com ele para o próximo exercício. Ele tem o nome de **Exercicio03.rvt**.

Exercício 4 – Inserção de portas e janelas

1. Para inserir as portas, vamos criar uma porta lisa de 80 cm e uma de 70 cm. Na aba **Arquitetura**, selecione **Porta**, em **Propriedades**, selecione uma das portas **M_Folha única** e clique em **Editar tipo**. Na janela que se abre, selecione **Duplicar** e dê o nome **porta lisa 80**. Em seguida, mude as propriedades conforme a Figura A.14 para criar a porta. Clique em **OK** para finalizar. Repita o processo e crie uma porta de 70.

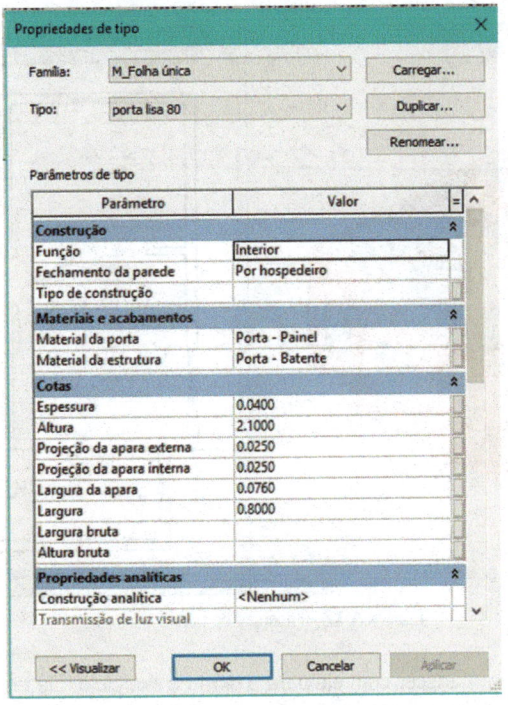

Figura A.14 – Criação da porta de 80 cm.

2. Criadas as portas, podemos inseri-las no projeto. Use a porta de 0,70 em todos os ambientes e a porta de 0,80 na entrada. Deixe a distância das portas até parede com 0,10, conforme a Figura A.15.

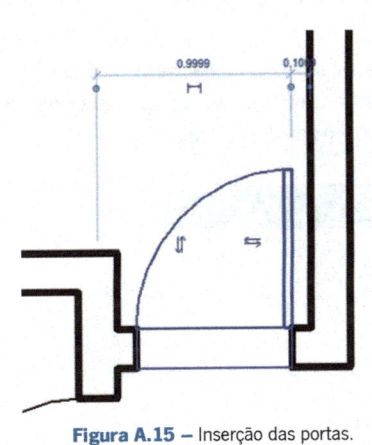

Figura A.15 – Inserção das portas.

Figura A.16 – Inserção das portas.

 **Dica**

Se a cota provisória não estiver na linha da porta e da face da parede, clique no grip da cota e ela alternará a posição entre eixo da parede, face da parede e meio da porta.

3. Na varanda, temos uma porta de correr. Vamos carregar uma porta de correr. Selecione **Porta** e em seguida **Carregar família**; depois, na pasta **Portas**, escolha **Porta de correr dupla**, duplique e crie uma porta de 1,35 × 2,10 e insira na parede da varanda.

4. O próximo passo é inserir as janelas. Vamos carregar os seguintes tipos:

- ⦿ Veneziana de enrolar janela envidraçada – criar o tipo 1,35 × 1,20 – inserir nos dormitórios.
- ⦿ Maximar 1 painel – criar o tipo 0,40 × 0,60 – inserir no banheiro com peitoril de 1.6.
- ⦿ Correr 2 painéis – criar o tipo 1,20 × 1,20 – inserir na cozinha.

5. Na aba **Arquitetura,** selecione **Janelas** e insira as janelas criadas. O projeto deve estar semelhante à Figura A.17.

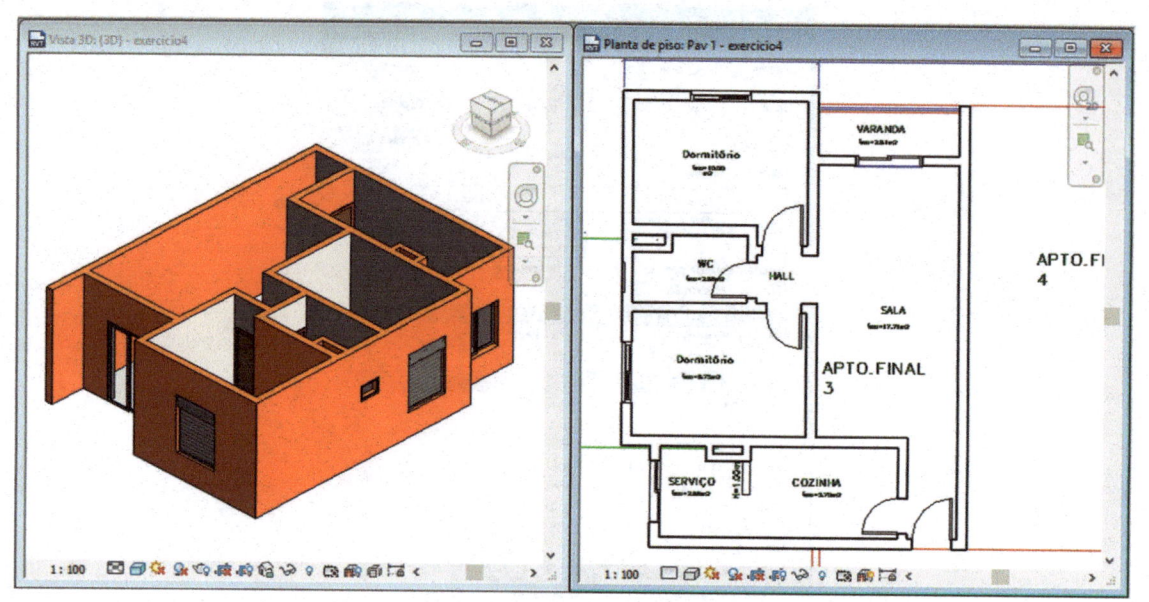

Figura A.17 – Inserção de portas e janelas.

Salve o arquivo. Você pode permanecer com ele para o próximo exercício. Ele tem o nome de **Exercicio04.rvt.**

Exercício 5 – Inserção de laje e pisos

1. Neste exercício, vamos inserir uma laje e os pisos do pavimento tipo **Pav 1.** Vamos primeiro inserir uma laje e em seguida os pisos acima da laje.

2. Ative a vista do pavimento **Pav 1.** Vamos inserir uma laje que, para facilitar nossa modelagem, será única para todo o apartamento. Selecione **Piso > Piso: arquitetura** na aba **Arquitetura** e clique em **Editar tipo** para criar uma laje. Duplique e dê o nome **laje 12** com espessura 0,12 e material **Concreto moldado no local**.

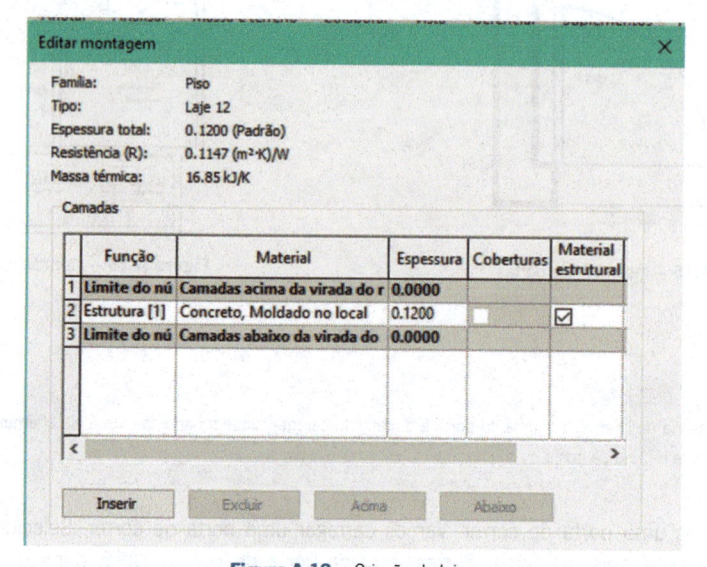

Figura A.18 – Criação da laje.

3. Em seguida, no modo Croqui, com a opção Linha, clique no eixo da parede. O programa identifica o eixo automaticamente. Desenhe a poligonal da laje e encerre com Concluir; não esqueça que ela deve ser totalmente fechada, como mostra a Figura A.20.

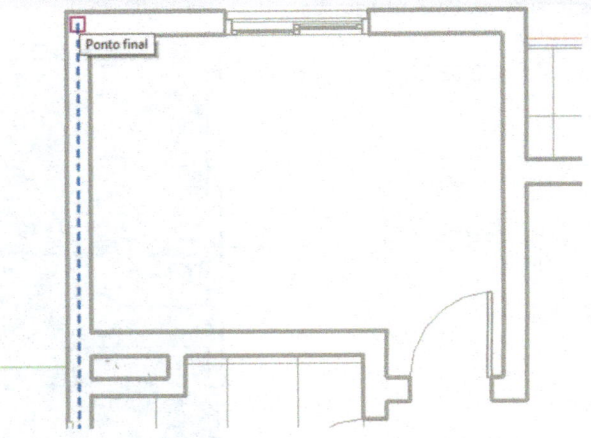

Figura A.19 – Seleção do eixo da parede.

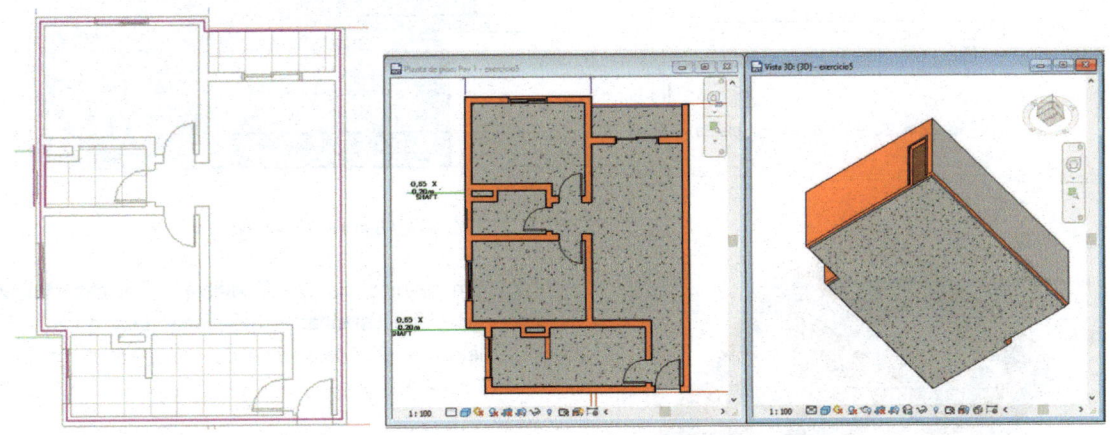

Figura A.20 – Contorno da laje.

Figura A.21 – Resultado.

4. Ao criar o piso/laje, sua espessura é projetada para baixo. Ainda temos de considerar a altura do piso que vai acima da laje. Se o piso tiver 3 cm, devemos descer a laje a essa medida para que o piso acabado fique no nível do pavimento. Abra a vista de elevação Norte (ou outra qualquer) e veja que a laje está no nível do pavimento; selecione e altere a Altura de deslocamento do nível para –0,03 (Figura A.22).

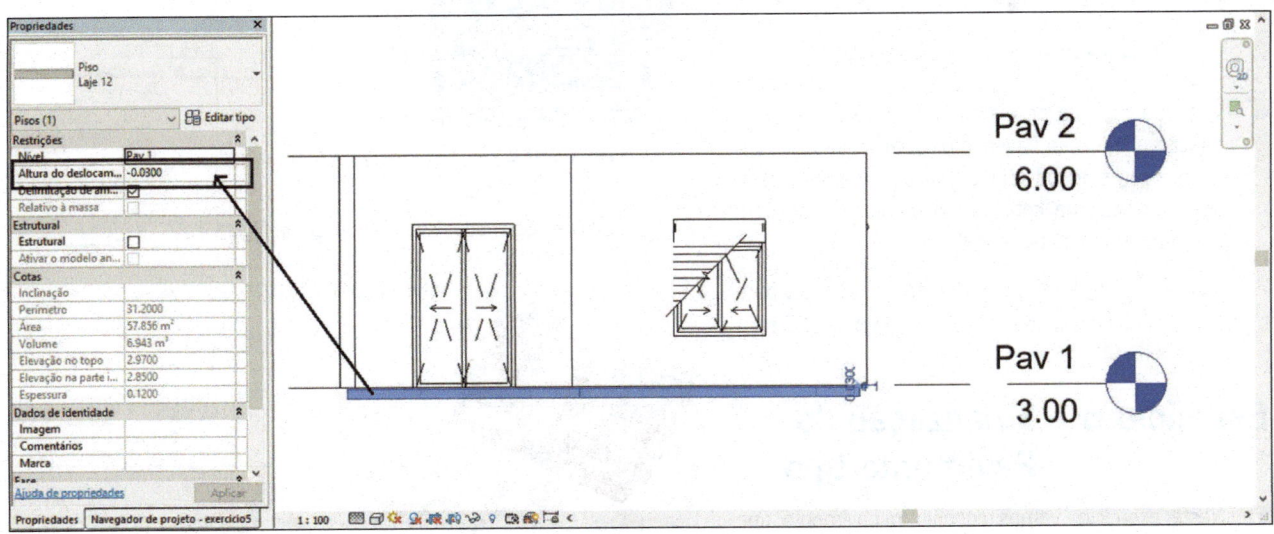

Figura 21.22 – Resultado.

5. O próximo passo é criar os pisos da sala, dormitórios, banho e cozinha. Repita o processo e crie os seguintes tipos de piso:

- Cerâmica: com espessura de 0,03 m para banheiro, cozinha e varanda.
- Madeira: com espessura de 0,03 m para sala e dormitórios.

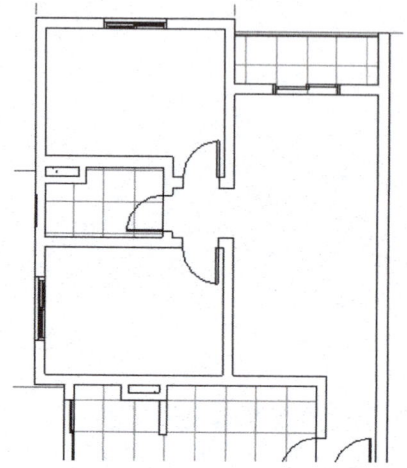

Figura A.23 – Resultado em planta.

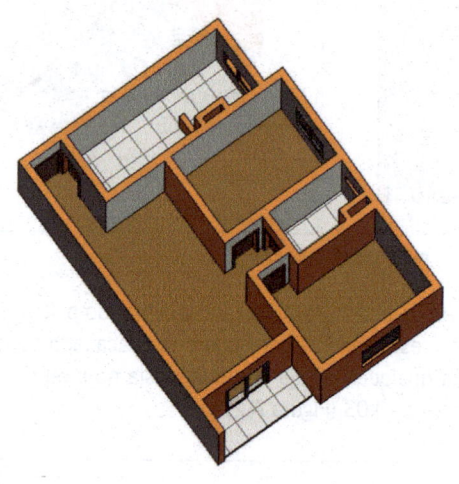

Figura A.24 – Resultado em isométrica.

6. Verifique na vista de elevação a altura do piso em relação à laje e ao pavimento. Com altura de 3 cm e deslocamento da laje 3 cm para baixo, o piso acabado ficou na cota do pavimento. No próximo exercício, faremos um corte.

Salve o arquivo. Você pode permanecer com ele para o próximo exercício. Ele tem o nome de Exercicio05.rvt.

Exercício 6 – Finalização do Pavimento tipo

1. Neste exercício, vamos concluir o pavimento tipo e fazer a cópia para os outros pavimentos. Vamos

espelhar o apartamento para concluir o **Pav 1**. Selecione todo o modelo e remova a parede central (que é comum aos dois apartamentos) da seleção com a tecla Shift.

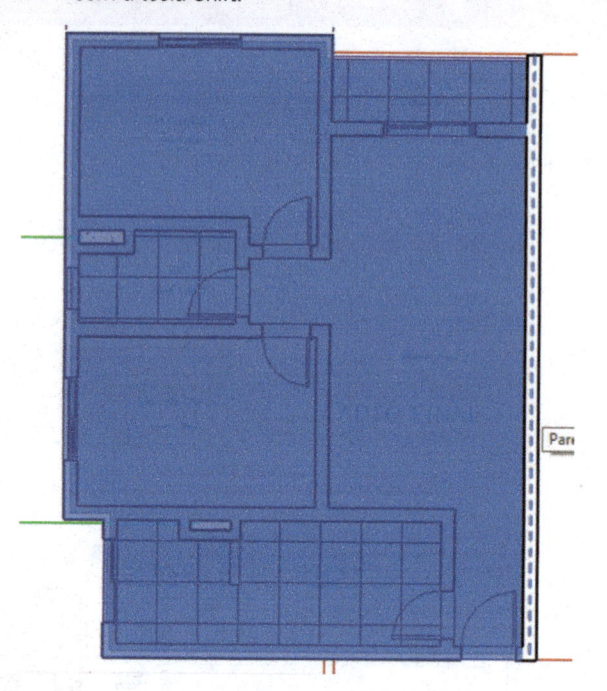

Figura A.25 – Seleção do modelo.

2. Em seguida, na aba **Modificar | Seleção Múltipla** selecione **Espelhar – Selecionar Eixo** e clique na linha de eixo da parede do meio, como mostra a Figura A.26.

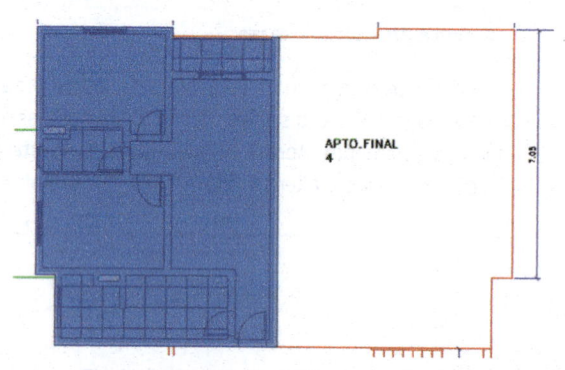

Figura A.26 – Seleção da linha de eixo da parede.

3. O modelo é espelhado. Veja o resultado na Figura A.27.

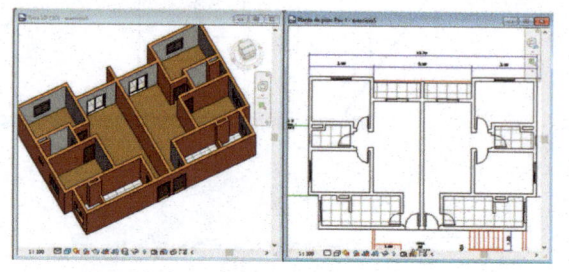

Figura A.27 – Resultado do espelhamento.

4. Em seguida, vamos espelhar esse conjunto para o outro lado. Selecione o conjunto e na aba **Modificar** selecione **Espelhar – Desenhar Eixo** e clique no ponto médio da linha da parede ao lado do elevador, como mostra a figura e clique num ponto ortogonal a ele para a direita.

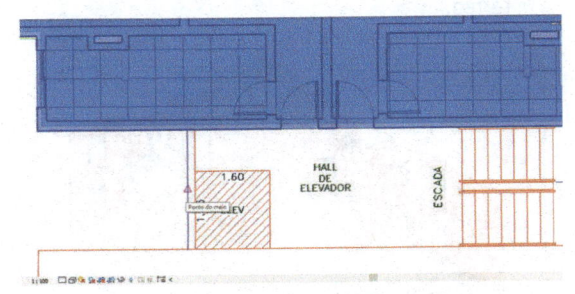

Figura A.28 – Seleção do ponto médio da linha.

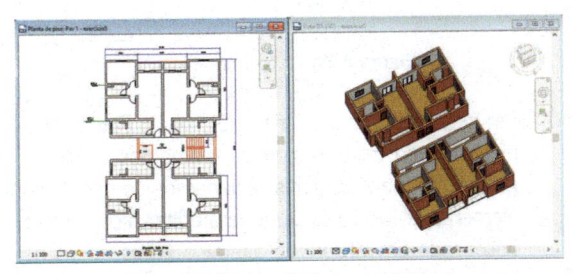

Figura A.29 – Resultado do espelhamento.

5. Para finalizar o **Pav 1** crie uma laje entre os apartamentos com o contorno pelo eixo das paredes e complete as paredes laterais. Em cima da laje, insira um piso de cerâmica. Não se esqueça de rebaixar a laje 3 cm, que é altura do piso.

6. Insira uma janela ao lado do elevador do tipo Fixo 0,40 × 1,20 e outra do lado da escada com 0,90 × 0,60 peitoril de 1,60. O resultado deve ser semelhante à Figura A.30.

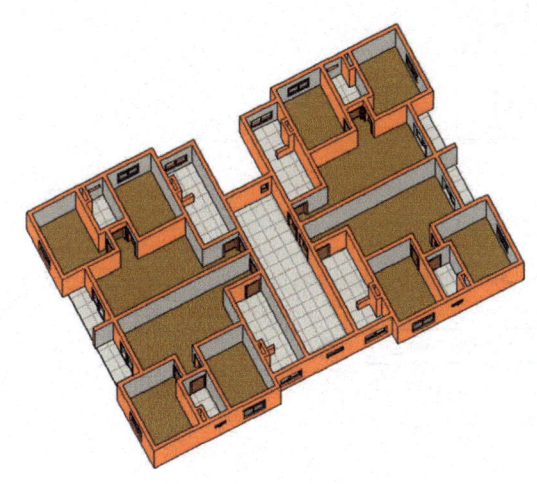

Figura A.30 – Resultado final do Pav 1.

Salve o arquivo. Você pode permanecer com ele para o próximo exercício. Ele tem o nome de Exercicio06.rvt.

Exercício 7 – Cópia do Pavimento Tipo e Térreo

1. Nesta etapa, vamos copiar o pavimento tipo e criar o pavimento térreo. O pavimento térreo é uma projeção do pav tipo. Podemos proceder de várias formas para criá-lo.

- Inserir o DWG no térreo como fizemos no tipo e criar as paredes baseadas no DWG (**arquivo ED_térreo.dwg**).
- Copiar as paredes comuns do Pav 1 para o térreo
- Criar as paredes no térreo livremente.

2. Vamos usar a opção de copiar as paredes do Pav 1 que são comuns ao térreo e depois completar as outras paredes de acordo om o arquivo da planta do AutoCAD (DWG). Ative a vista do Pav 1. Copie as paredes externas e as comuns ao térreo; paredes do hall da escada e paredes que dividem os apartamentos. Para selecionar todas ao mesmo tempo selecione a primeira e tecle **Ctrl** e note o sinal de + no cursor. Prossiga selecionando as outras até completar como mostra a Figura A.31.

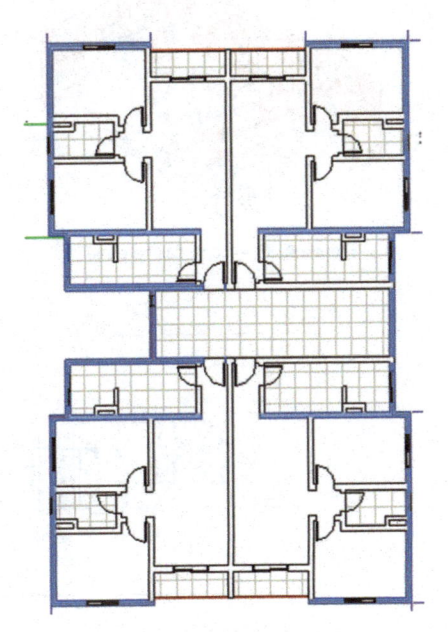

Figura A.31 – Seleção das paredes do Pav 1.

3. Em seguida, na aba **Modificar**, selecione **Copiar** no painel **Área de Transferência**. Depois, clique em **Colar > Alinhado com níveis selecionados** e, na janela **Selecionar níveis**, selecione o **Térreo**.

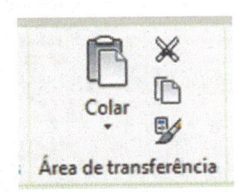

Figura A.32 – Seleção de Copiar.

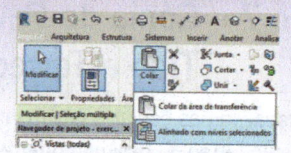

Figura A.33 – Seleção de Colar.

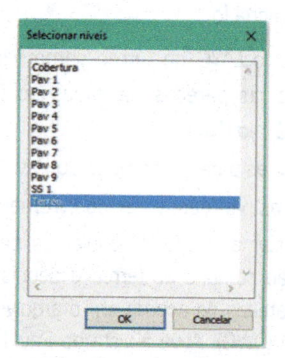

Figura A.34 – Seleção do pavimento da cópia.

4. O resultado deve ser semelhante à Figura A.35. Repita o procedimento e copie as lajes.

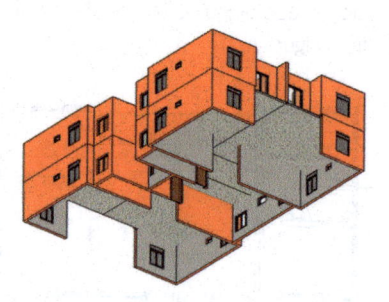

Figura A.35 – Cópia das paredes.

5. Para facilitar a seleção das lajes, como todas têm o mesmo tipo, podemos usar o atalho SA (selecionar todas as instâncias). Na vista 3D, selecione uma das lajes e digite SA e todas são selecionadas. Clique em Copiar na aba Modificar e em Colar > alinhado com níveis selecionados, e selecione Térreo.

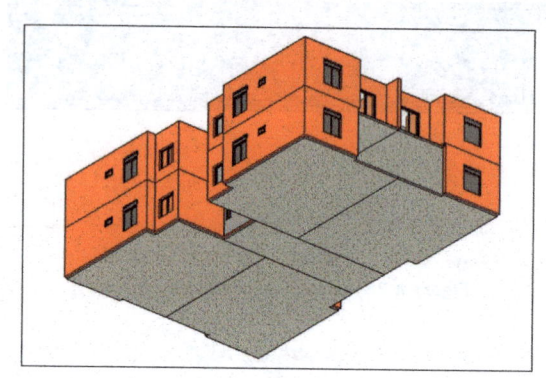

Figura A.36 – Cópia das lajes.

6. Em seguida, vamos criar um Grupo do Pav 1 e copiar o grupo para os outros pavimentos. A vantagem é que para copiar selecionamos somente um elemento, evitando erros, e para editar o pavimento tipo sendo um Grupo, ao alterar o grupo, todos os outros pavimentos são alterados.

7. Abra a vista de elevação Sul para facilitar a seleção do pavimento inteiro. Com a vista da elevação, selecione o Pav 1 com Window clicando nos dois pontos, como mostra a Figura A.37. Note que só os elementos do Pav 1 são selecionados.

Figura A.37 – Seleção dos elementos do Pav 1.

8. Em seguida, na aba Modificar | Seleção múltipla, selecione Criar Grupo e dê o nome de Tipo na janela que se abre.

Figura A.38 – Comando Criar Grupo.

9. O pavimento agora pertence a um grupo, note que ele é exibido com uma linha tracejada em volta. Agora, é só copiar o grupo da mesma forma que já utilizamos com **Copiar e Colar > Alinhado com níveis selecionados** e selecionar os níveis **Pav 2** a **Pav 9**.

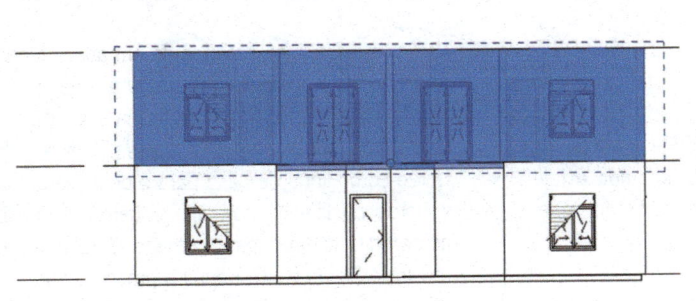

Figura A.39 – Grupo do Pav 1.

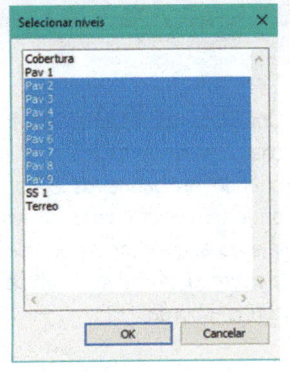

Figura A.40 – Seleção dos níveis.

 **Dica**

Em um grupo em qualquer vista, sempre que você passar o cursor sobre o grupo, ele pode ser selecionado por qualquer ponto.

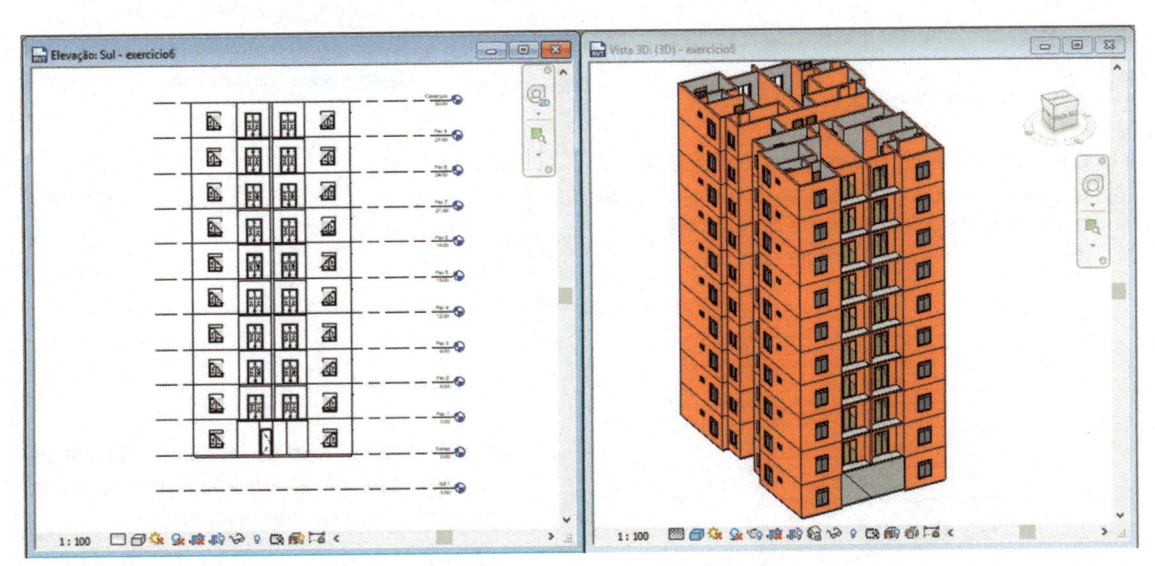

Figura 21.41 – Resultado após a cópia.

10. O próximo passo é completar o pavimento térreo. Ative a vista **Térreo.** Apague as janelas e portas que foram copiadas do **Pav 1**. Para facilitar a seleção de todas as janelas e portas, selecione todos os elementos do térreo e clique em **Filtro** na aba **Modificar | Seleção múltipla**. Desmarque todos e marque somente **Portas** e **Janelas** e clique em **OK**. Com as portas e janelas selecionadas, apague usando a tecla **DELETE** ou a ferramenta **Excluir** na aba **Modificar | Seleção múltipla**.

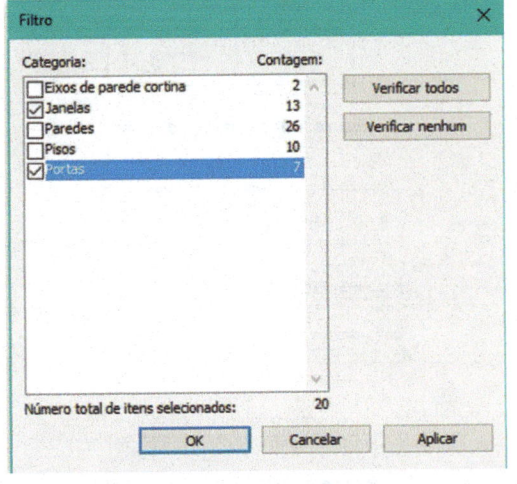

Figura 21.42 – Filtro de elementos.

11. Complete as paredes conforme o arquivo DWG (visualize no AutoCAD ou insira na vista) do térreo criando os banheiros e copa na parte do fundo onde temos um salão de festas. Edite a borda da laje para adequar as paredes, selecionando a laje e clicando em **Editar Limite** e no modo croqui redesenhe a borda.

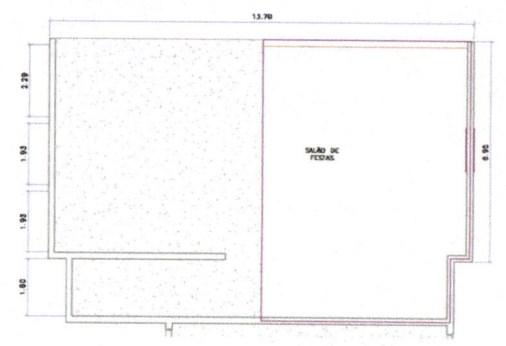

Figura A.43 – Edição da borda da laje.

12. Crie pisos no térreo com o tipo cerâmica já utilizado, ou se preferir crie um novo tipo. Em seguida insira as portas. Foi utilizada a família porta_vidro duplo e a porta lisa de 70 neste exemplo.

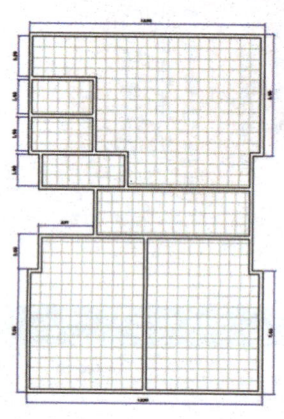

Figura A.44 – Inserção de pisos.

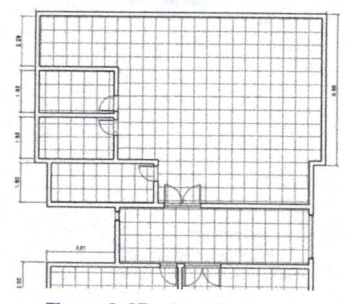

Figura A.45 – Inserção de portas.

13. Vamos substituir as paredes da entrada e fundos no salão de festas para **Parede Cortina** e gerar uma fachada mais aberta. A melhor forma é apagar a parede de ALVENARIA e inserir a **Parede Cortina – Vitrine**. Utilize como linha de base para o desenho da parede a borda da laje. Depois alinhe (ferramenta **Alinhar**) as paredes cortina com a parede ALVENARIA, como mostra a Figura A.46. Repita o processo para a parede dos fundos do salão de festas.

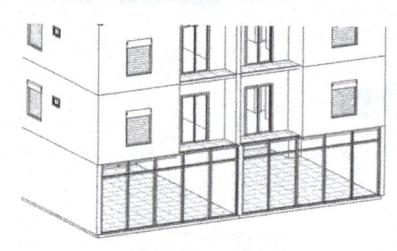

Figura A.46 – Parede Cortina.

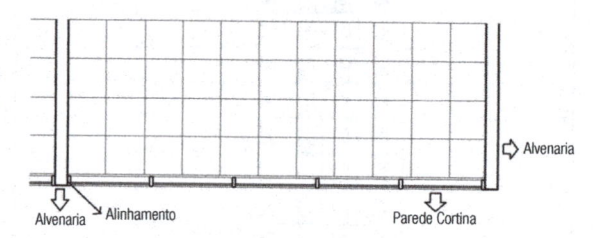

Figura A.47 – Alinhamento das paredes.

14. Complete o térreo com as janelas dos banheiros, copa, hall, sala de ginástica e salão de festas. Foram usadas as seguintes famílias:

- Maximar – 1 painel – 0,60 × 0,40 – banheiros.
- Janela de Correr 2 painéis – 1,20 × 1,20 – copa.
- M_Fixo – 2,00 × 2,00 – salas.

15. O modelo deverá estar semelhante à Figura A.48.

Figura A.48 – Conclusão do Pav Tipo e Pavimento térreo.

16. Para terminar o térreo, precisamos inserir uma porta na **Parede Cortina**. Para isso, precisamos selecionar um painel da parede e substituí-lo pela porta. As portas das **paredes cortina** não são portas inseridas pela ferramenta de **Porta**. Posicione o desenho em uma vista 3D para facilitar a seleção, como mostra a Figura A.49.

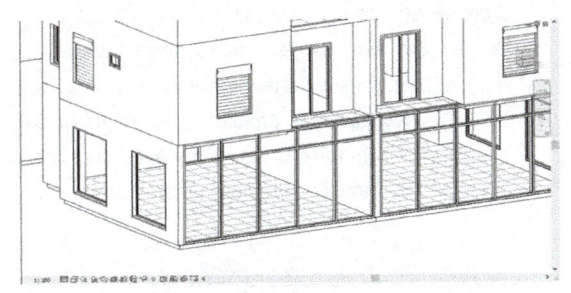

Figura A.49 – Vista 3D da entrada principal do edifício.

17. Vamos eliminar os montantes e deixar somente os painéis para serem substituídos pela porta. Selecione o montante (use **Tab** para alternar entre as partes **Eixo/Montante/Painel**) e clique no pino que surge para liberar o montante. Ao liberar, apague com a tecla **Delete** ou com o botão com **X** na aba **Modificar | Montantes de parede cortina**. As Figuras A.50, A.51 e A.52 apresentam os passos.

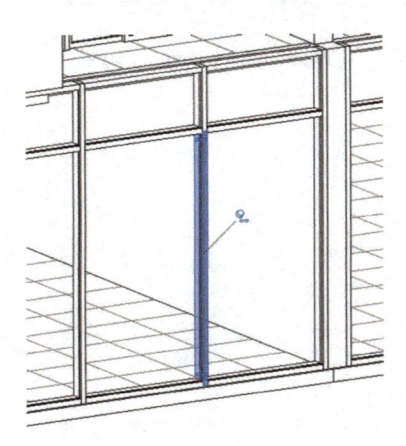

Figura A.50 – Montante com pino.

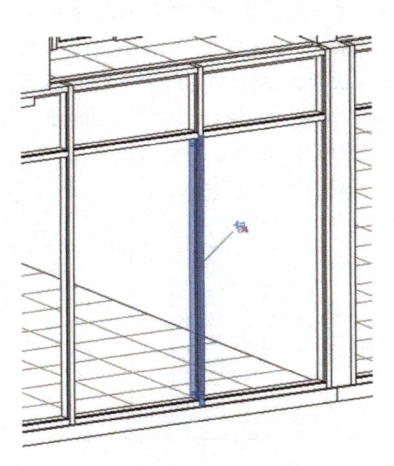

Figura A.51 – Pino liberado.

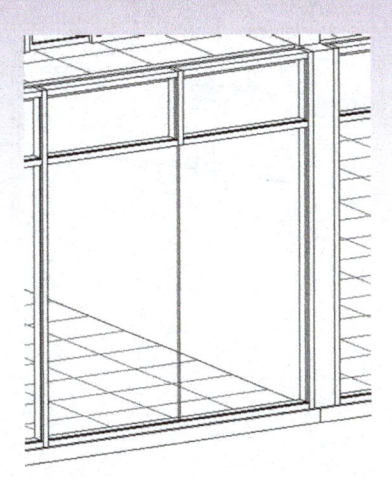

Figura A.52 – Montante apagado.

18. Repita o processo para os montantes da parte de baixo.

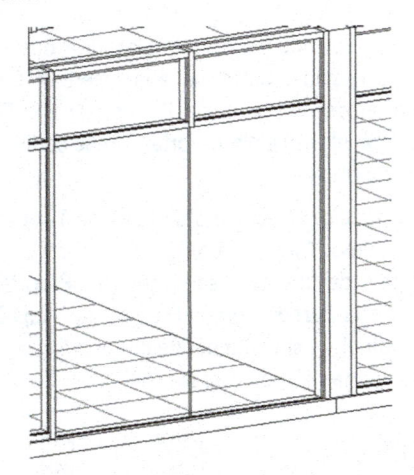

Figura A.53 – Painel da entrada sem os montantes.

19. Agora, vamos unir os painéis para criar uma porta do tamanho de dois painéis. Selecione a linha que divide os painéis, clique no pino para liberar e na aba **Modificar | Eixos de Parede Cortina** selecione **Adicionar/Remover segmentos** e selecione a linha para remover o segmento.

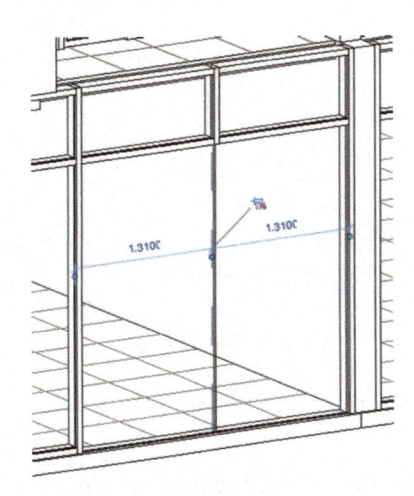

Figura A.54 – Seleção do segmento/grid.

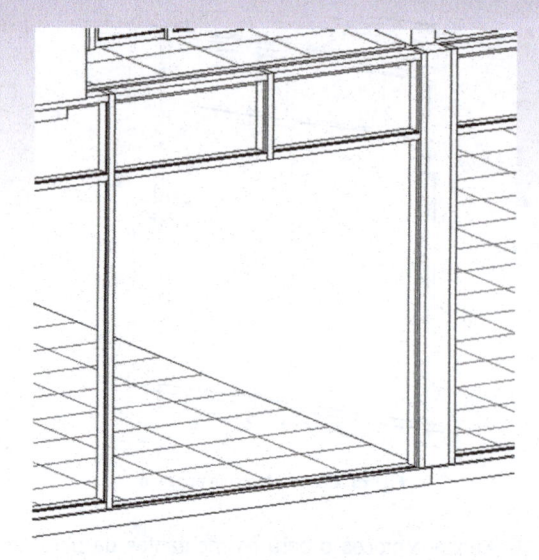

Figura A.55 – Remoção do segmento/grid.

20. Vamos substituir o painel pela porta que precisa ser carregada. Selecione aba **Inserir > Carregar família**; depois, na pasta **Portas**, escolha **Parede-Cortina-Vitrine-Duplo** e **Porta Parede-cortina-frente de loja-Dupla**.

21. No modelo, selecione o painel (use **Tab**) até surgir o pino. Clique no pino para liberar o painel. Depois de liberado, selecione em **Propriedades** a **Porta-Parede-Cortina-Frente de loja-Dupla**. O painel é substituído pela porta, que terá o mesmo tamanho do vão.

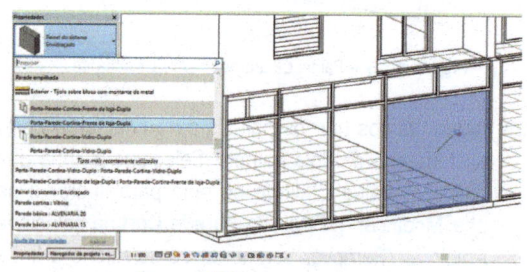

Figura A.56 – Seleção do painel.

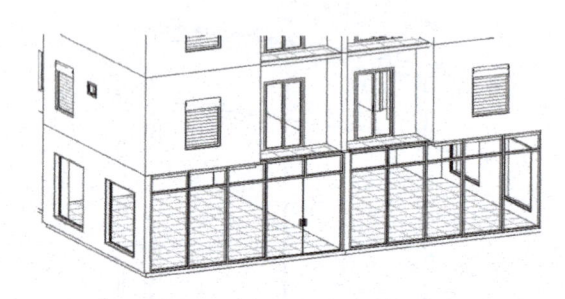

Figura A.57 – Porta inserida.

22. Repita o procedimento para inserir uma porta no salão de festas.

Salve o arquivo. Você pode permanecer com ele para o próximo exercício. Ele tem o nome de **Exercicio07.rvt**.

Exercício 8 – Corte e Elevações e Modelos de Vista

1. Nessa etapa, vamos gerar algumas vistas do modelo e um modelo de vista.

2. Ative a vista do **Pav 1**. Na aba **Vista**, selecione **Corte** e clique em dois pontos para gerar o corte longitudinal, Em seguida gere outro corte transversal. Procure passar esse corte na região onde será a escada. No **Navegador de projeto**, renomeie os Cortes 1 e 2 para Corte AA e Corte BB clicando com o botão direito do mouse sobre com o nome dos cortes.

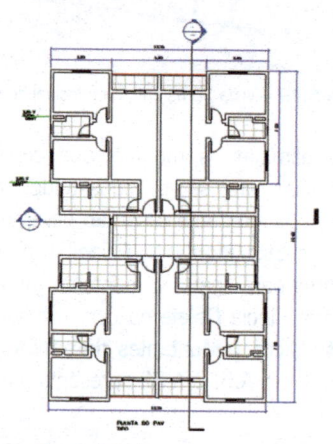

Figura A.58 – Cortes na planta.

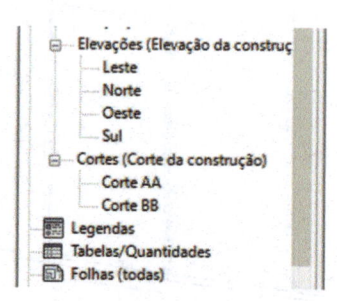

Figura A.59 – Cortes no Navegador de projetos.

3. Abra os cortes para visualizar. Aproveite para verificar se os pisos e as lajes estão na altura correta. Mude os modos de visualização na **Barra de controle da vista** para as várias opções e veja o resultado. Mude também o nível de detalhe e entenda as opções.

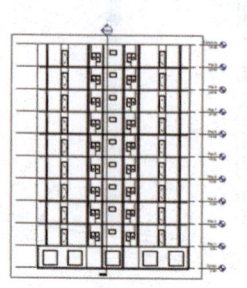

Figura A.60 – Corte AA.

4. Elevações – Abra a elevação **Sul** e a **Leste**. Na vista **Sul**, desligue os níveis e o corte. Na janela **Propriedades**, selecione **Visibilidade/Sobreposição gráficos** ou digite VV e veja o resultado, uma vista de fachada limpa.

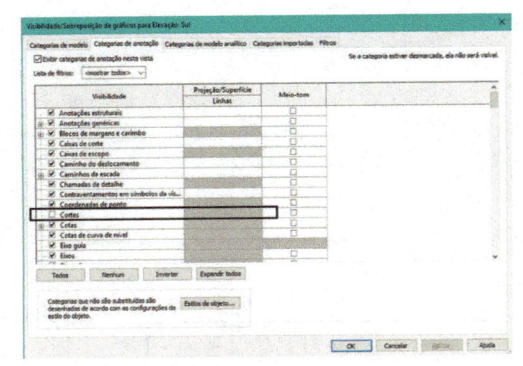

Figura A.61 – Janela de Sobreposição gráfica.

Figura A.62 – Elevação Sul.

5. Escolha um modo de visualização e, em seguida, gere um modelo de vista de **Elevação**. Na aba **Vista**, selecione **Modelos de Vista > Criar o modelo de vista a partir da vista atual** e dê o nome de **Elevações**. Veja que o modelo foi criado. Agora, ele precisa ser aplicado a essa vista e às outras elevações, de forma que fiquem todas iguais. Na janela **Propriedade**, selecione **Modelo de Vistas**, veja que está como **Nenhum**. Selecione o modelo criado e clique em **OK**.

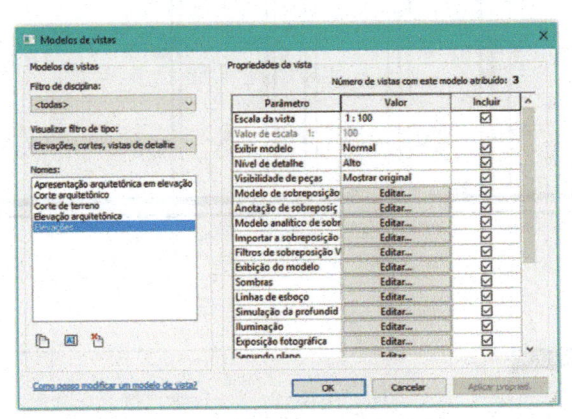

Figura A.63 – Criação do modelo de vista.

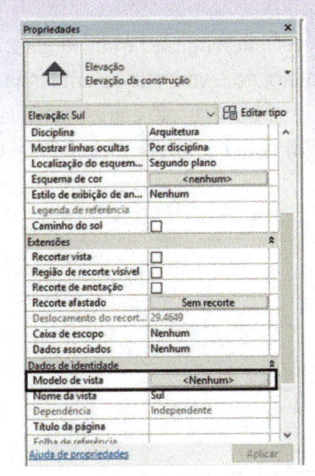

Figura A.64 – Seleção do modelo de vista.

6. Em seguida, abra todas as elevações e aplique esse modelo de vista.

7. Crie um modelo de vista para representar os cortes.

8. Procure gerar outras vistas do modelo de acordo com as opções descritas nos Capítulos 7 e 18.

Salve o arquivo. Você pode permanecer com ele para o próximo exercício. Ele tem o nome de **Exercicio08.rvt**.

Exercício 9 – Escada e Elevador

1. A escada está desenhada no arquivo **DWG – ED_térreo**, ele precisa estar inserido na vista **pavimento Térreo**. Se você ainda não vinculou o DWG do térreo à vista do térreo, repita o procedimento do exercício 2 para inserir a planta do térreo na vista no **Térreo**. Para posicionar corretamente, utilize a opção **Manual ponto base** e, depois de inserir o DWG na vista, mova o canto da parede do DWG para o canto da parede do modelo.

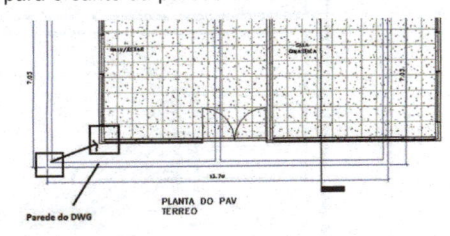

Figura 21.65 – Parede do DWG e parede do modelo.

2. Para inserir a escada do térreo, ative a vista do pavimento **Térreo**. Para visualizar a escada do DWG temos de mudar o modo de visualização para **Estrutura de Arame** na **Barra de controle da vista**. Na aba **Arquitetura**, selecione **Escadas > Escada por Componente**. Na janela **Propriedades**, selecione **Escada monolítica**. Ajuste os parâmetros da escada na janela **Propriedades**, conforme a Figura

A.66. A escada tem 1,20 m de largura, vai do **Térreo** ao **Pav 1**. Use a opção **Reto**, na barra de opções, digite o valor da largura e verifique se em **Linha de localização** está marcado **Centro**. Clique no ponto médio da linha da escada do DWG (P1) até completar 8 degraus (P2) e mude a direção clicando no ponto médio da linha do outro lance (P3) para completar mais 8 (P4). Clique em **Concluir modo de edição** para finalizar.

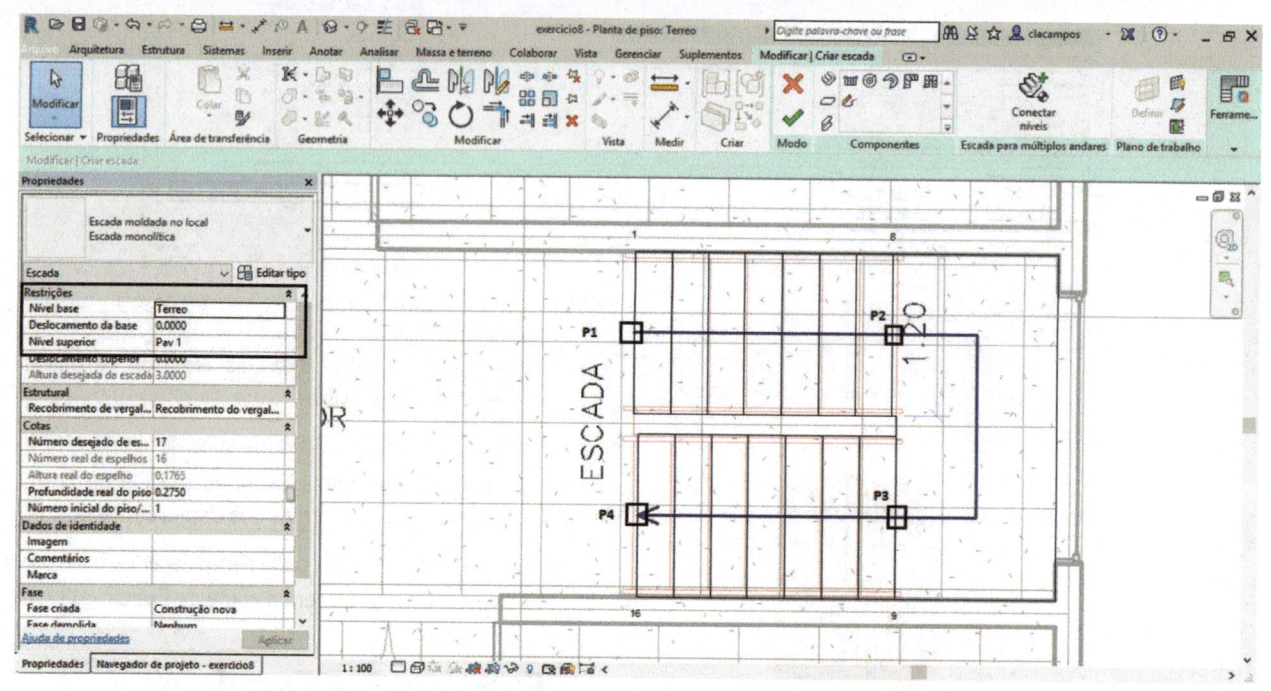

Figura A.66 – Escada do pavimento Térreo.

3. Deve surgir uma mensagem avisando que a escada não atingiu a altura. Abra a vista do corte que passa pela escada para visualizar. Note que o guarda-corpo foi criado automaticamente.

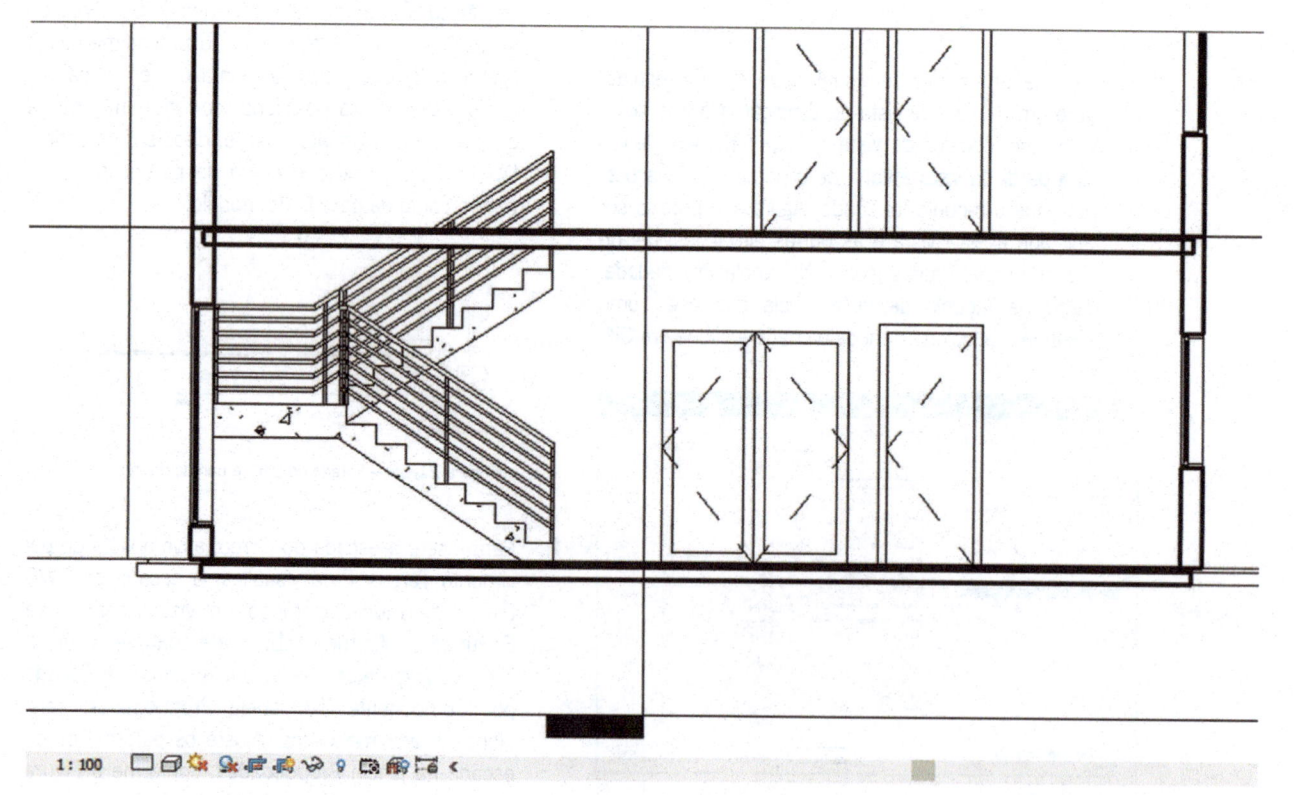

Figura A.67 – Escada vista no corte.

4. Vamos aumentar mais 2 degraus na escada. Selecione a escada na planta e clique em **Editar escada** na aba **Modificar | Escadas**. Em seguida, selecione a seta azul no 2º lance da escada, aquele que chega no piso acima, e arraste para acrescentar mais 2 degraus, como mostra a Figura A.68.

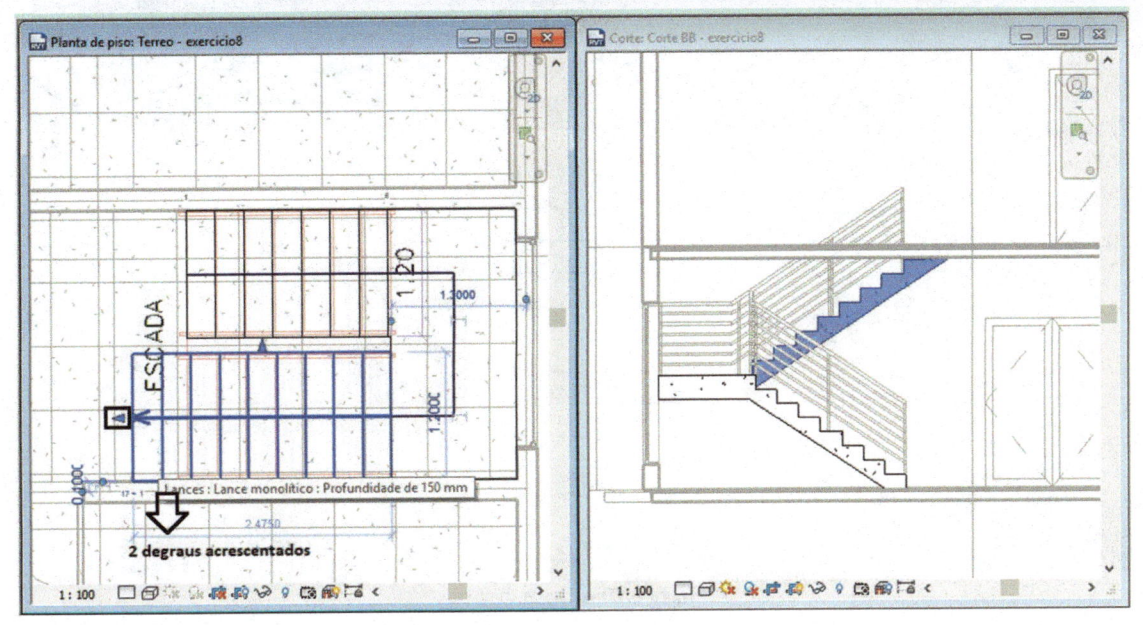

Figura A.68 – Aumento de degraus na escada.

5. Em seguida, note que um lado da escada tem mais degraus que o outro. Para equalizar, clique no outro lance da escada na seta azul e puxe; os degraus vão ser distribuídos igualmente. Clique em **Concluir modo de edição** para finalizar. Visualize o corte para verificar se está correto. Apague o corrimão.

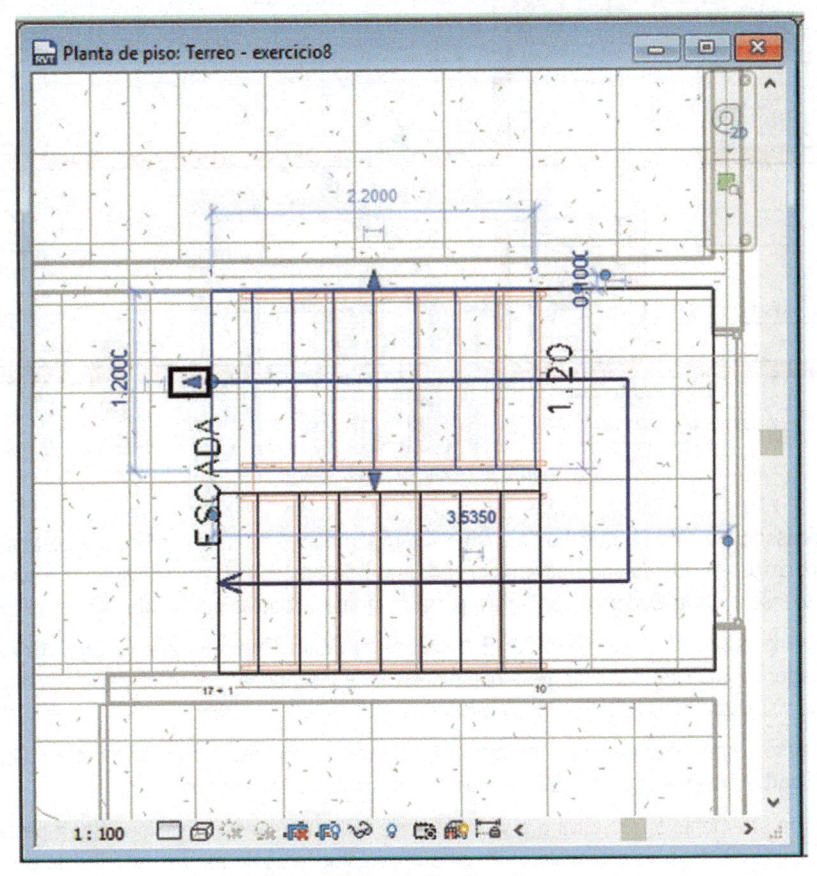

Figura A.69 – Equalizando os degraus.

6. O próximo passo é alterar uma propriedade da escada para que ela vá até a cobertura. Selecione a escada no corte e, na janela **Propriedades**, em **Nível superior diversos andares**, selecione **Cobertura**.

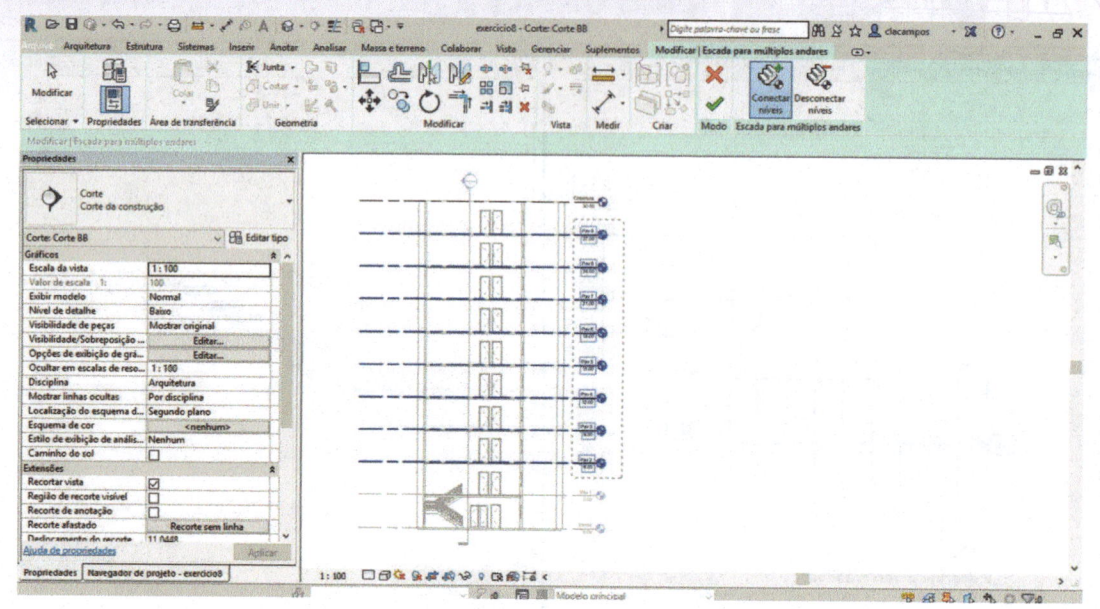

Figura A.70 – Escada completa.

7. Depois de criar as escadas, vamos inserir elevadores no **Térreo**. Na aba **Inserir**, selecione **Carregar família** e, em **Equipamento especial**, na pasta **Específico do Brasil**, carregue a família **Elevador**. Em seguida, selecione a parede do elevador. Esse tipo vai abrir a parede e criar a porta do elevador.

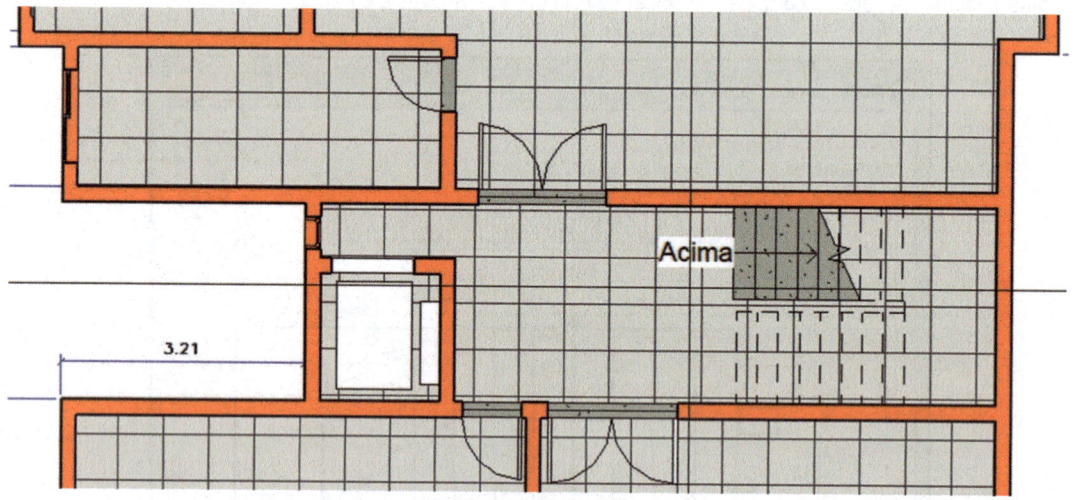

Figura A.71 – Inserção do elevador.

8. Repita o processo para o **Pav 1**, que é o tipo. O Revit tem também uma família só com a porta do elevador. Não podemos copiar os elevadores entre pavimentos porque esse procedimento não vai abrir a parede. O **Pav 1** é um grupo. Ao inserir um elevador ou somente a porta no grupo, todos os pavimentos são atualizados.

9. Selecione a vista do **Pav 1**, selecione o **Pav 1** e clique em **Editar Grupo** na aba **Editar | Grupos de modelo**. Insira o elevador e clique em **Concluir**. Note que o elevador é inserido em todos os pavimentos. Na vista do corte, você pode visualizar todas as portas dos elevadores.

10. O próximo passo é criar uma abertura nos pisos e lajes por onde passa a escada e o elevador. Vamos usar a ferramenta **Shaft**. Para criar essa abertura, ela passa por todos os pavimentos.

11. Com a vista do pavimento térreo ativa e a vista do corte em outra janela, selecione **Shaft** na aba **Arquitetura**. Selecione a opção de desenho retângulo e desenhe um retângulo conforme as medidas da escada. Clique em **Concluir modo de edição**.

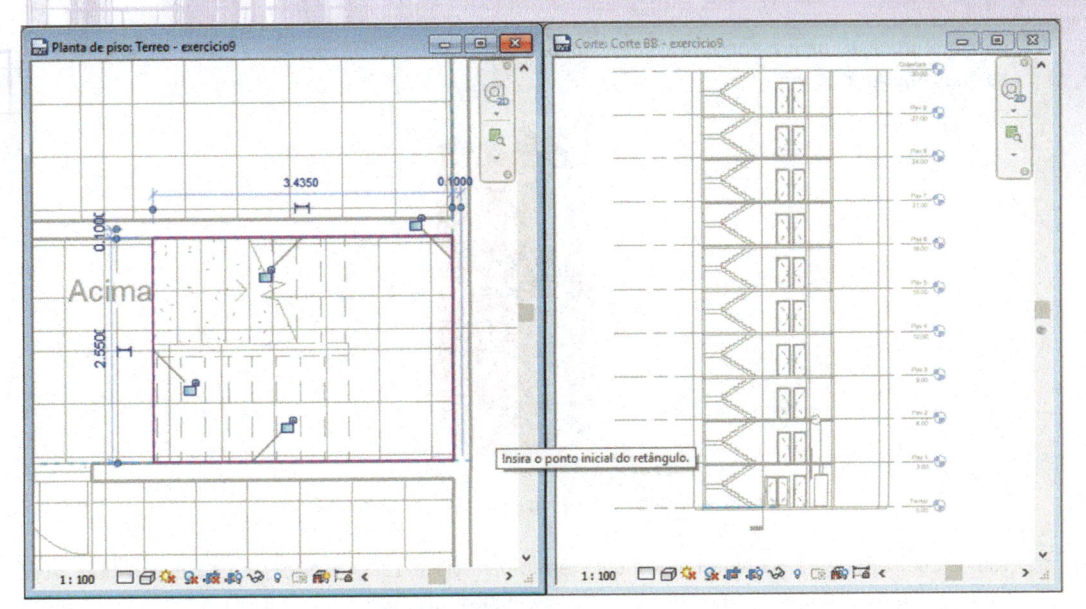

Figura A.72 – Vista do térreo e corte.

O resultado deve ser semelhante à Figura A.73.

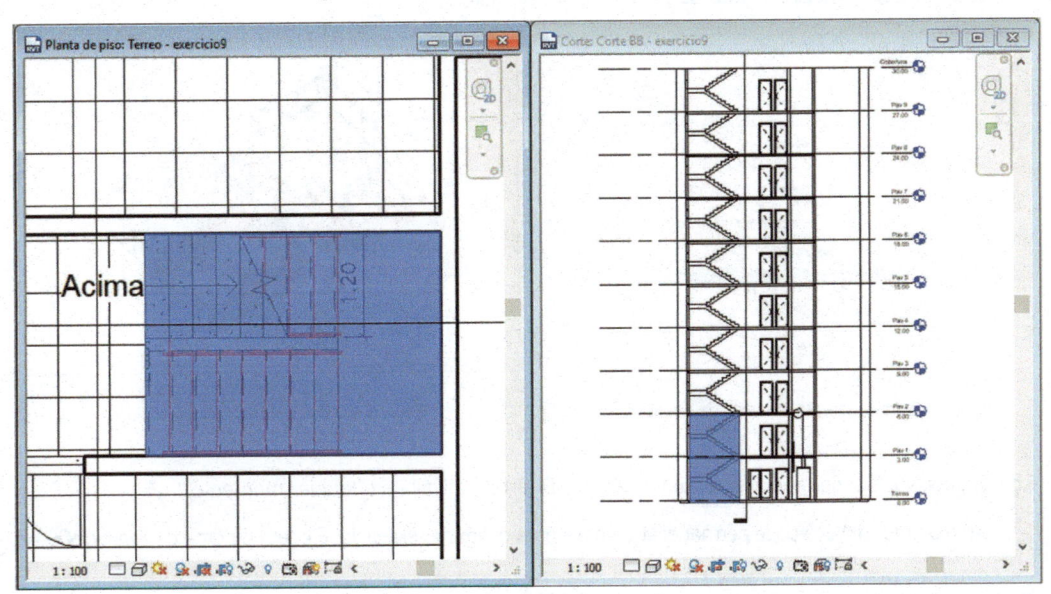

Figura A.73 – Criação do Shaft (abertura).

12. Em seguida, na janela **Propriedades**, insira **Térreo** em **Restrição da base** e **Acima para o nível: Cobertura** em **Restrição superior**. Visualize a abertura em todos os pavimentos na vista do corte.

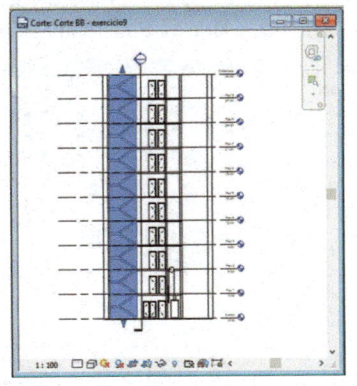

Figura A.74 – Resultado com a abertura em todos os pavimentos.

13. Repita o processo para a abertura dos elevadores. Em uma vista 3D isométrica, você poderá visualizar as duas aberturas.

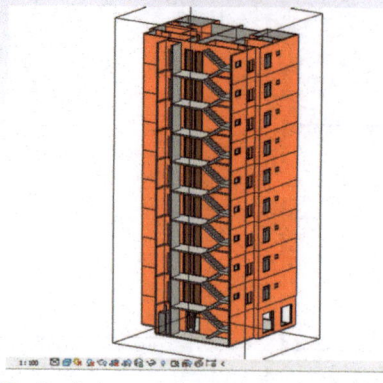

Figura A.75 – Resultado com a abertura em todos os pavimentos em 3D.

14. Vamos criar uma vista 3D para o pavimento térreo para visualizar o que foi feito neste exercício. Você pode criar para cada pavimento uma vista 3D isométrica que facilita muito a visualização de cada pavimento. Clique na "casinha" para abrir uma isométrica nova. No ícone do **View Cube**, selecione a seta na parte inferior do cubo para ativar o menu de contexto, como mostra a Figura A.76, e selecione **Orientar para a vista > Planta de Piso > Planta de piso:térreo.**

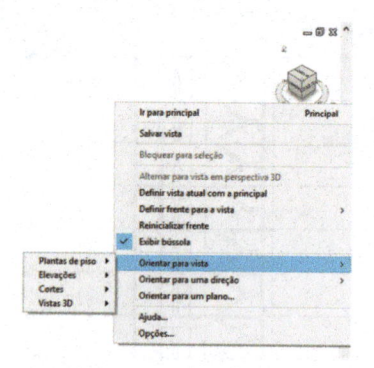

Figura A.76 – Seleção de planta de piso isométrica.

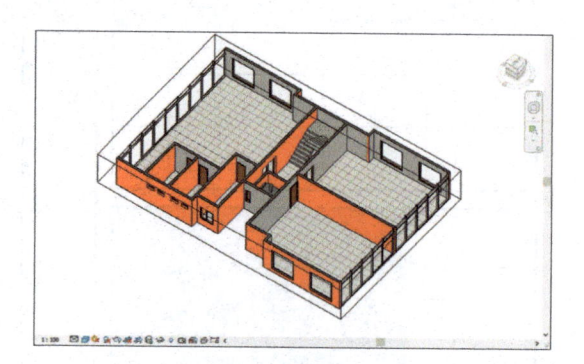

Figura A.77 – Vista isométrica do térreo.

15. Depois, você pode renomear essa vista para 3D térreo, ativá-la a qualquer momento.

Salve o arquivo. Você pode permanecer com ele para o próximo exercício. Ele tem o nome de **Exercicio09.rvt**.

Exercício 10 – Terreno e subsolo

1. Vamos criar o subsolo. Podemos copiar somente as paredes do térreo para o SS1 e editar ou construir a partir do DWG (**ED_sub_solo.dwg**). Para copiar, ative a vista do pavimento térreo e selecione todos os elementos. Selecione o **Filtro** e deixe somente as paredes. Ative a vista **SS1**. Faça as edições necessárias para finalizar o **SS1** removendo as portas e janelas e alterando as paredes cortina para ALVENARIA.

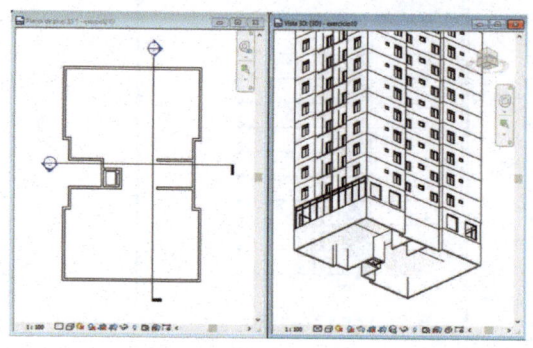

Figura A.78 – Pavimento SS1.

2. Em seguida, vamos fazer um terreno quase plano a partir de um arquivo do AutoCAD, Terreno3D.DWG, para apoiar o projeto. No **Navegador de projeto**, ative a vista da planta **Terreno**. Selecione **Arquitetura > Inserir > Vínculo de CAD**. Na janela que se abre, escolha os parâmetros, como mostra a Figura A.79, e clique em **Abrir**.

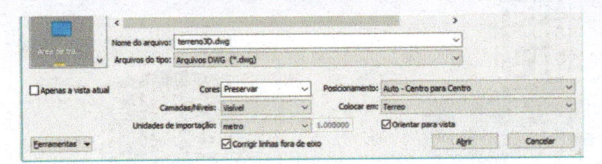

Figura A.79 – Seleção do arquivo do AutoCAD.

3. Como usamos a opção **Centro para Centro**, o arquivo do AutoCAD ficou centralizado em relação ao projeto, como na Figura A.80. O desenho do AutoCAD já está com uma marcação do edifício as ruas e as que para facilitar a criação de sub-regiões para rua e calçada.

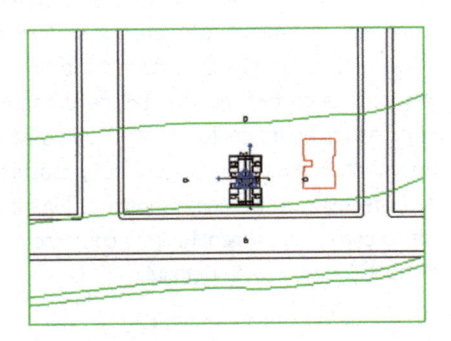

Figura A.80 – Inserção do arquivo de curvas de nível.

4. Vamos mover o arquivo do terreno de forma que se ajuste ao pavimento térreo. Utilize o snap no canto das linhas do contorno para mover para ponto final da parede, como mostra a Figura A.81.

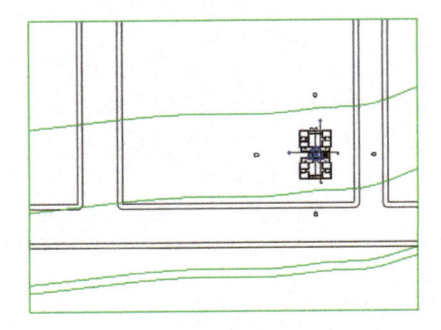

Figura A.81 – Terreno movido.

5. Mude para a aba **Massa e terreno** e selecione **Superfície topográfica**. Na aba que se abre, **Modificar | Editar superfície**, em **Criar da Importação > Selecionar instância da importação**, selecione o terreno inserido anteriormente. Na janela de diálogo **Adicionar pontos de camadas selecionadas**, escolha o layer **Curvas3D** das curvas e clique em **OK**.

6. Para sair da aba **Modificar | Editar superfície**, clique no botão **Concluir superfície**. O terreno é criado na vista em planta.

7. Selecione na barra de acesso rápido – ícone da casinha – **Vista 3D padrão** e mude a visualização para **Sombreado**. O desenho deve ficar semelhante ao da Figura A.82

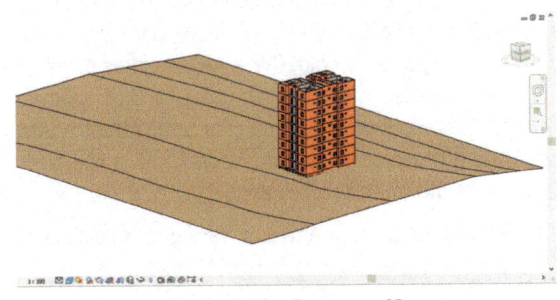

Figura A.82 – Terreno em 3D.

8. Vamos modelar o terreno criando a laje do subsolo com a ferramenta **Plataforma de construção**. Ative a vista **SS1**.

9. Para criar uma plataforma de construção, clique na aba **Massa e terreno** e, no painel **Modelar terreno**, clique em **Plataforma de construção**. Em seguida, você entra no modo de desenho do contorno. Selecione **Linha** nas ferramentas de desenho. Vamos criar uma poligonal com o contorno do pavimento. Clique no botão **Concluir**. O desenho deve ficar como o da Figura A.83. Mude para a vista 3D e o resultado deve ser semelhante ao da Figura A.84.

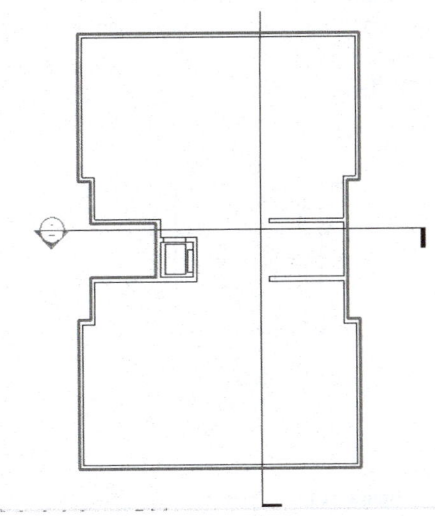

Figura A.83 – Contorno da plataforma de construção.

Figura A.84 – Plataforma de construção criada no SS1.

10. Como podemos ver, a plataforma de construção está enterrada, pois encontra-se no pavimento **SS1** que fica na cota/3.00. Mude para uma vista de corte, por exemplo, **Corte AA**, e veja as cotas. O terreno está entre as cotas 0,5 m e 3,00 metros. O térreo no projeto está na cota zero. Vamos assim que o térreo ficará na cota 3, de forma a não fazer muita movimentação de terra.

11. Vamos elevar tudo em 3 m para que o pavimento térreo fique na cota de 3 m do terreno.

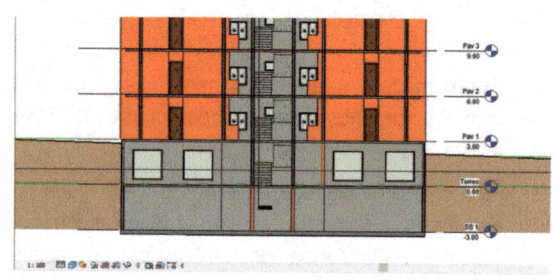

Figura A.85 – Vista em corte.

12. Para mudar as cotas, vamos ficar nessa mesma vista de elevação. Faça uma cota com a opção **Alinhada** entre todas as linhas dos níveis, como apresenta a Figura A.86. Confirme as alturas de 3 m entre os pavimentos. Em seguida, feche os cadeados de todas as cotas. Dessa forma, travamos as distâncias entre esses pavimentos. Ao mudar a cota do pavimento **Térreo**, todos os pavimentos sobem juntos, sem alteração das cotas entre eles.

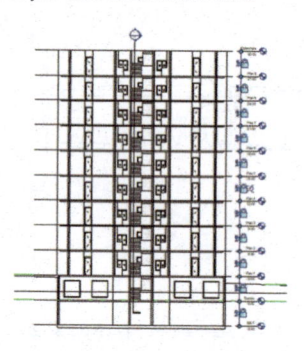

Figura 21.86 – Cotas em todos os níveis.

13. Selecione a cota do pavimento **Térreo**, digite 3 no lugar da cota 0 e veja o resultado. Todos os pavimentos sobem 3 m e o térreo não está mais enterrado.

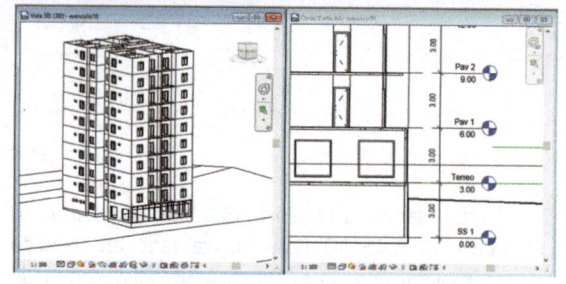

Figura 21.87 – Alteração da cota do Térreo.

14. Vamos criar outra plataforma de construção no térreo para o piso externo. Ative a vista do terreno. Clique em **Plataforma de construção**. Em seguida, você entra no modo de desenho do contorno. Selecione **Linha** nas ferramentas de desenho; desenhe as linhas do contorno seguindo as paredes; depois, desenhe um retângulo com afastamento das paredes 2,00 m, como mostra a Figura A.88. Vamos criar uma poligonal com o contorno do pavimento. Clique no botão **Concluir**.

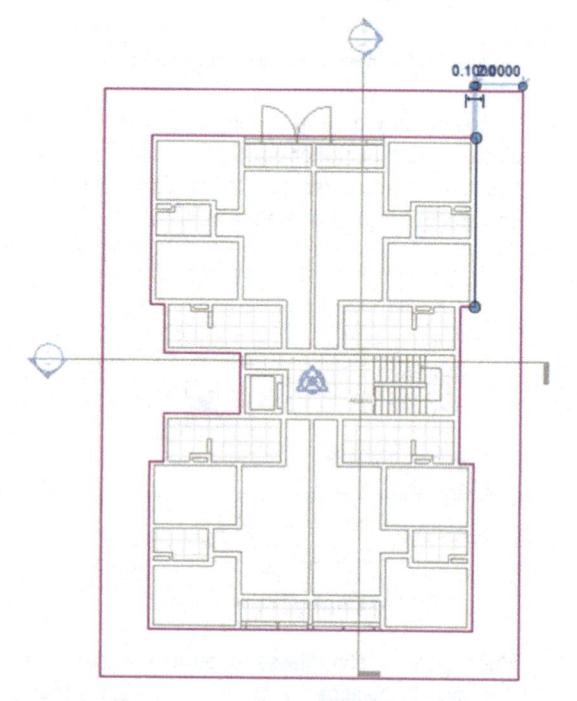

Figura A.88 – Desenho da plataforma no térreo.

15. O resultado é uma calçada ao redor do térreo. Edite o tipo da plataforma e crie uma nova com 0,15 m de piso de concreto.

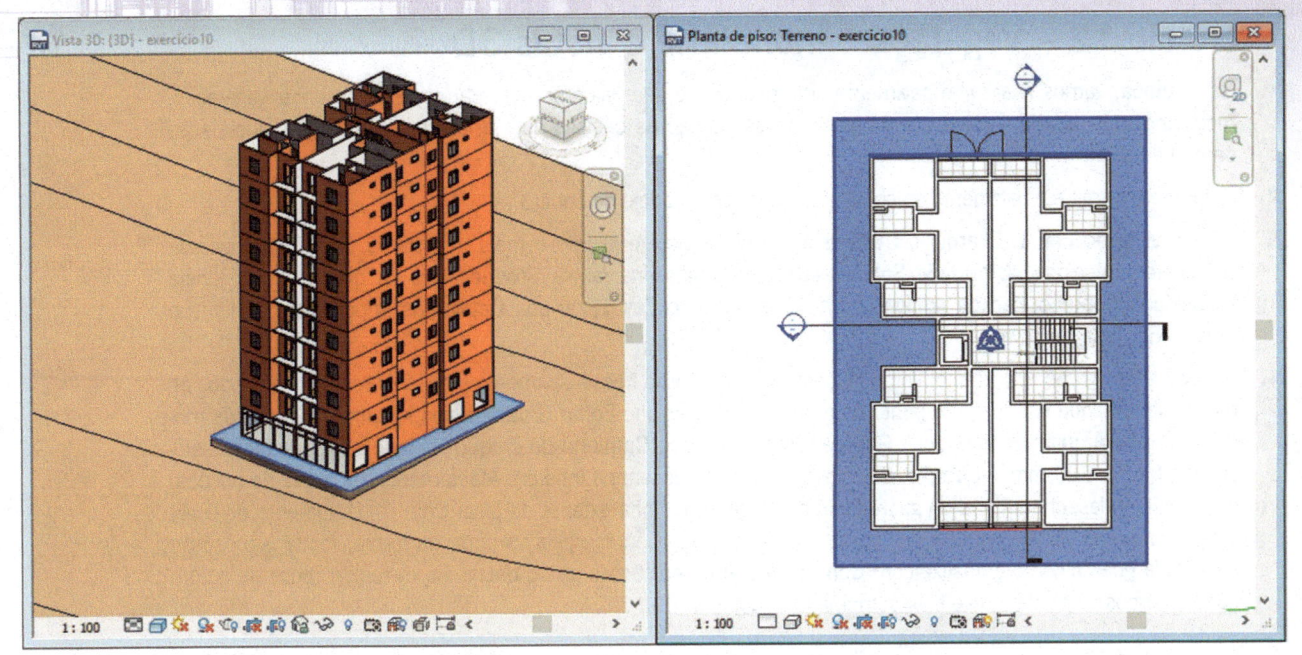

Figura A.89 – Piso externo do térreo.

Salve o arquivo. Você pode permanecer com ele para o próximo exercício. Ele tem o nome de Exercicio10.rvt.

Exercício 11 – Calçadas e ruas

1. O próximo passo é a criação de ruas e calçadas com o recurso Sub-região. Vamos começar criando uma sub-região para a rua e depois para as calçadas. Ative a vista Terreno, deixe o modo de visualização em Estrutura de arame para ver o desenho do AutoCAD; crie uma sub-região separada para a rua e outra para as calçadas na aba Massa e Terreno > Sub-região. As sub-regiões devem ser poligonais totalmente fechadas, portanto faça cada contorno bem delimitado usando Selecionar linhas. Selecione as linhas do AutoCAD que estão por baixo e Linha para fechar as bordas, como mostra a Figura A.90 com a rua. Em seguida, mude o material da sub-região criada para Asfalto na janela Propriedades, nas sub-regiões o material é uma propriedade de instância.

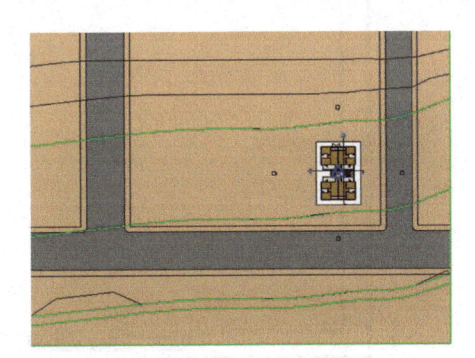

Figura A.91 – Sub-região da rua.

2. Repita o processo para as calçadas e mude o material para Concreto – Moldado no local. Trabalhe sempre na vista em Estrutura de arame e ligue o Sombreamento para visualizar o material. No final, visualize o projeto na vista 3D e veja que as ruas acompanham a declividade do terreno.

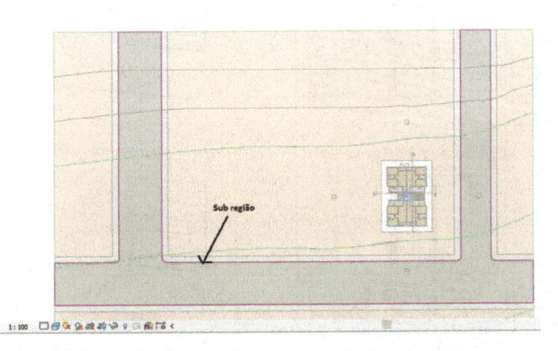

Figura A.90 – Regiões para criação de sub-região.

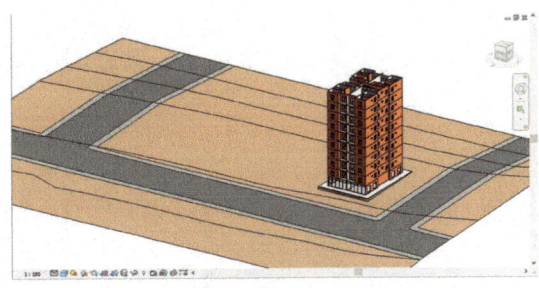

Figura A.92 – Sub-região da calçada.

Salve o arquivo. Você pode permanecer com ele para o próximo exercício. Ele tem o nome de Exercicio11.rvt.

Exercício 12 – Vegetação, mobiliário e vistas 3D

1. Nesta etapa, vamos finalizar o pavimento tipo inserindo o guarda-corpo na varanda, e acrescentar vegetação, mobiliário e postes de iluminação. As famílias usadas são as básicas que já fazem parte de uma instalação padrão do Revit.

2. Aproveite e termine o pavimento da cobertura inserindo uma laje de cobertura.

3. Ative a vista do **Pav 1**. O arquivo DWG está visível na vista e já não é mais necessário. Para desativar sua visibilidade selecione **Visibilidade/Sobreposição de gráficos** na janela **Propriedades** ou digite VV. Na janela **Visibilidade/Sobreposição de gráficos para planta de piso Pav 1**, na aba **Categorias importadas**, desligue o arquivo **ED_pav_tipo.dwg**.

4. O **Pav 1** é um grupo e, portanto, vamos inserir o guarda-corpo nesse pavimento e ele será repetido em todos os pavimentos. Clique em qualquer ponto do pavimento e selecione **Editar Grupo** na aba **Modificar|Grupos de modelo**. Na aba **Arquitetura**, selecione **Guarda-corpo** e a opção **Caminho do croqui**. Na janela **Propriedades** selecione a família **900 mm Tubulação**. Selecione o modo de desenho **Linha** em **Afastamento**, na **Barra de opções**, digite 0,10 e desenhe a linha do guarda-corpo por cima da linha externa do piso. Com o afastamento de 0,10, ele se posiciona corretamente a 0,10 m da borda do piso. Comece pela varanda da frente, repita o processo para cada guarda-corpo e finalize com **Concluir modo de edição** do grupo depois de desenhar todos os quatro guarda-corpos. O modelo deve ficar semelhante à Figura A.93.

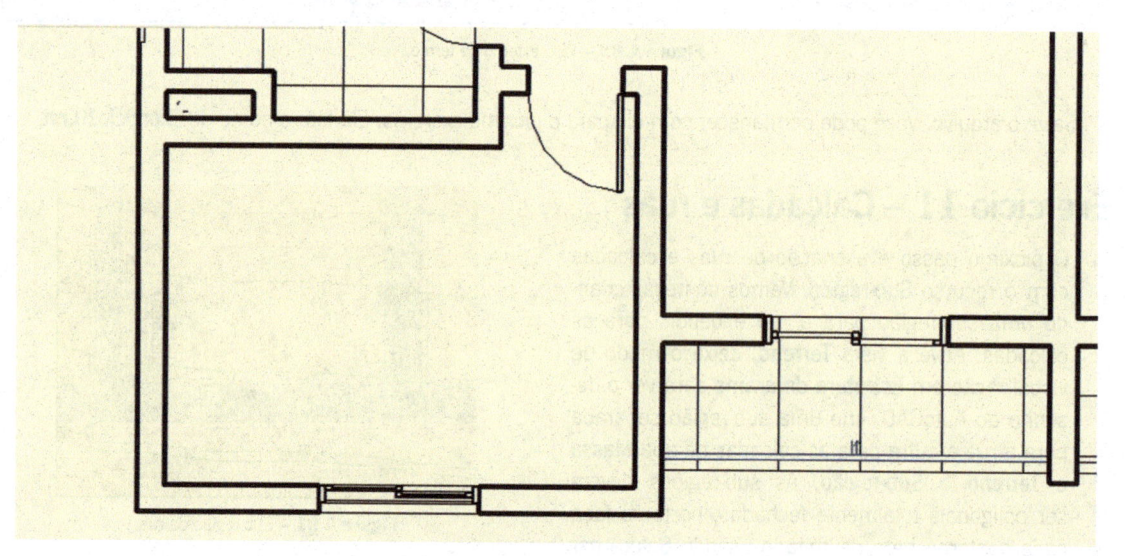

Figura A.93 – Desenho do guarda-corpo.

Figura A.94 – Guarda-corpo em todos os pavimentos.

5. Vamos inserir o mobiliário, luminárias e a vegetação no pavimento térreo. Ative a vista do térreo.

6. Desative a visibilidade do DWG que serviu de base para o térreo, porque ele não é mais necessário.

7. Na aba **Arquitetura**, selecione **Componente > Inserir um Componente** e em seguida **Carregar Família**. Selecione na pasta **Mobiliário** um sofá e outros elementos para mobiliar o hall do edifício. Insira livremente o mobiliário da maneira que mais lhe agradar. A Figura A.95 mostra uma sugestão.

8. Com a ferramenta **Câmera**, crie perspectivas do ambiente. Ao criar as perspectivas, renomeie as vistas criadas para identificá-las.

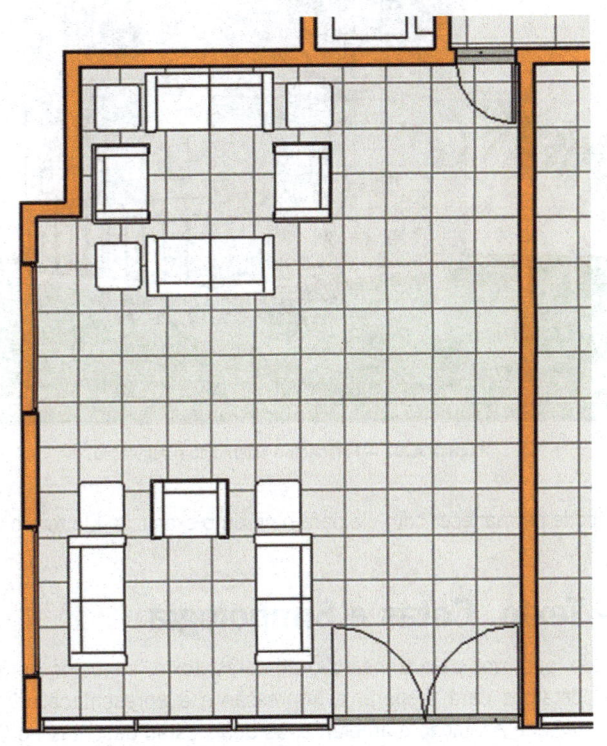

Figura A.95 – Inserção de mobiliário no térreo.

Figura A.96 – Perspectiva do térreo.

9. Em seguida, insira luminárias e vegetação. Veja que nas famílias de luminárias temos luminárias de parede, de pé, e de forro. Para inserir as baseadas em forro, é necessário criar o forro. Você poderá editar o grupo do pavimento tipo e inserir forro e as luminárias no ambiente. No modo de visualização Realista, podemos visualizar a vegetação de forma rápidas, sem a necessidade de renderizar a vista.

Figura A.97 – Perspectiva externa com vegetação.

Salve o arquivo. Você pode permanecer com ele para o próximo exercício. Ele tem o nome de Exercicio12.rvt.

Exercício 13 – Texto, Cotas e Simbologia

1. Com o projeto definido, partimos para a inserção de cotas, texto, símbolos de nível em corte, ambientes e outros elementos de detalhes para preparar a impressão e a apresentação. Neste exercício, pode treinar livremente as ferramentas de anotação e ambiente, as quais estão descritas no Capítulo 15. Neste exemplo, inserimos cotas e ambiente no pavimento tipo. A Figura A.98 exibe um detalhe do resultado. Não se esqueça de que você pode duplicar vistas para gerar outras com detalhes diferentes em outras escalas. Também pode desligar elementos que não deseja ver em uma determinada vista em **Visibilidade/Sobreposição de gráficos**, na janela **Propriedades**.

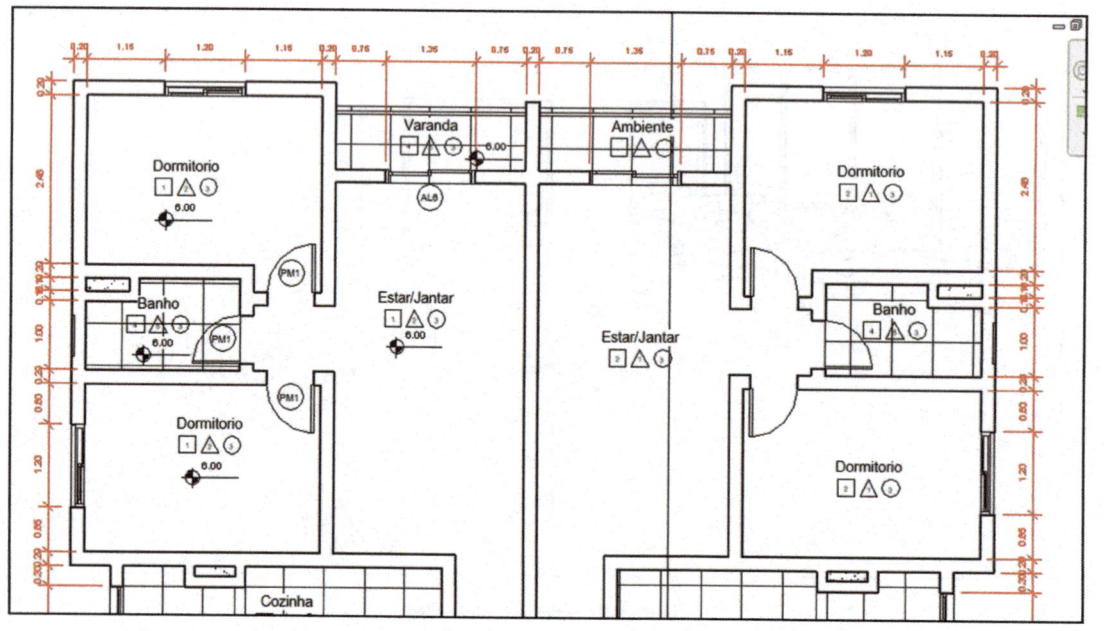

Figura A.98 – Planta – Cotas, texto, símbolos.

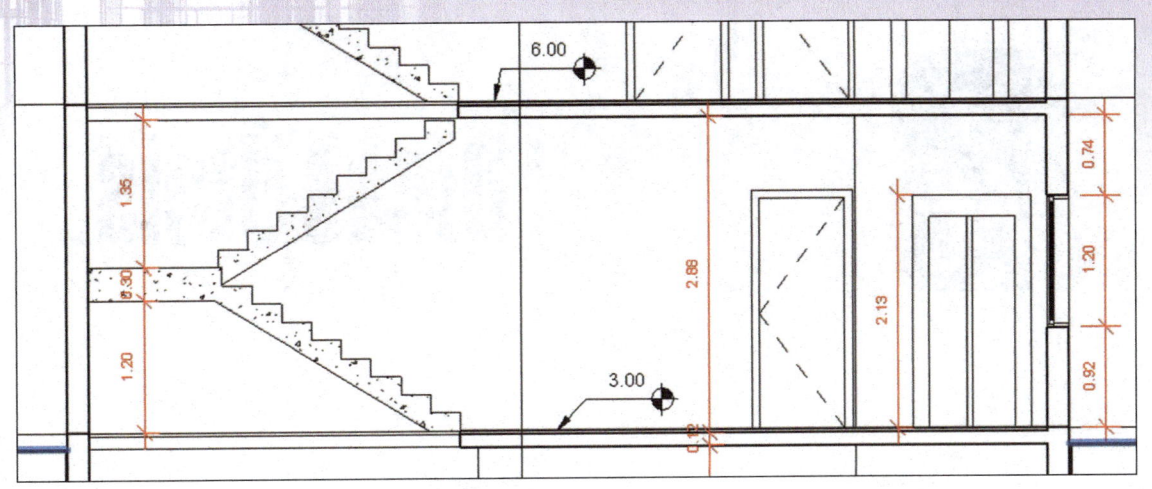

Figura A.99 – Corte – Cotas, texto, símbolos.

Salve o arquivo. Você pode permanecer com ele para o próximo exercício. Ele tem o nome Exercicio13.rvt.

Exercício 14 – Folhas de impressão

1. Neste exercício vamos criar as folhas de impressão. Utilizaremos a família Folha A0 – Carimbo. No Capítulo 17, vimos em detalhes como trabalhar com folhas. Aqui, vamos praticar. Antes de montar uma folha, você deve estar atento aos seguintes informações sobre cada vista:

   - Uma vista não pode ser inserida em mais de uma folha – duplique as vistas que precisa inserir em mais de uma folha.
   - Duplique uma vista para gerar vistas do mesmo pavimento em outras escalas, com exibição de outros elementos, com outras informações. Por exemplo, uma vista de projeto executivo e uma vista de layout. Esse item está no Capítulo 7.
   - Ligar/desligar a visibilidade dos elementos que serão exibidos na vista (Propriedades da vista – Visibilidade/Sobreposição de gráficos – V V).
   - Escala da vista, nível de detalhe e modo de visualização.
   - Configurar a região de recorte e sua visibilidade se ligada/desligada.
   - Configura as Informações de projeto (Capítulo 19) porque se elas estiverem inseridas na folha devem estar corretas.
   - Vistas de detalhe e outras vistas 2D.

2. A seguir carregue a família de folha Folha A0 – Carimbo.rfa – disponível no site da editora e na aba Vista em Composição da folha, selecione Folha. Na janela de seleção da família, selecione FOLHA A0 – CARIMBO. A folha é inserida na tela.

3. Em seguida, arraste as vistas para a folha. Neste exemplo, criamos uma folha para as plantas. Prossiga criando as outras folhas para cortes, elevações, perspectivas, detalhes e tabelas. Procure extrair tabelas do projeto para inserir na folha. As tabelas foram vistas no Capítulo 16. As imagens renderizadas também podem ser inseridas em uma folha.

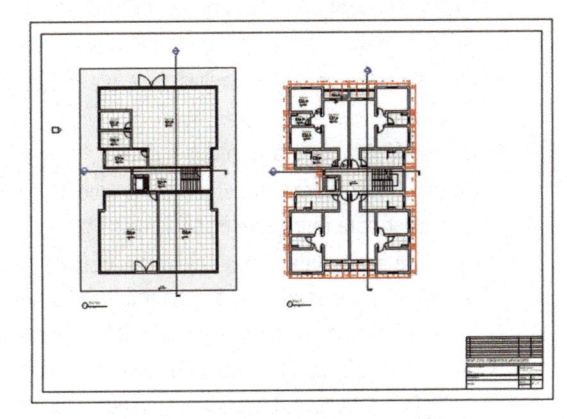

Figura A.100 – Folha 01 – Plantas.

Salve o arquivo. Ele tem o nome de Exercicio14.rvt.

Este tutorial forneceu uma diretriz inicial de projeto com o Revit. As etapas propostas são uma sugestão para iniciantes na nova tecnologia de projeto que usa a parametrização. Esse projeto completo para sua verificação está disponível no site da editora com o nome Tutorial_completo.rvt.

B Dicas Úteis

Confira, em seguida, algumas dicas que facilitam o uso do Revit:

- Use a tecla **Tab** para selecionar objetos quando houver vários sobrepostos. Posicione o cursor sobre a linha do objeto a ser selecionado e, **sem** clicar, tecle **Tab** até aparecer o objeto desejado; então, clique nele.
- Pressionando-se **Ctrl** na seleção, somam-se objetos. **Shift** retira objetos selecionados.
- **Ctrl + seta para esquerda** seleciona o objeto anterior (prévio).
- O atalho de teclado **SA** seleciona todos os elementos em uma vista.
- Digitar **SZ** fecha no ponto inicial uma sequência de segmentos de linhas ou paredes.
- No modo de desenho, pressionar **Shift** liga a função **Ortho**.
- Para mover lentamente um texto ou um objeto, use as setas de direção.
- Você pode carregar famílias para um projeto, clicando e arrastando a família do Windows Explorer para o arquivo.
- Use **Matriz** para fazer níveis e eixos.
- **Ctrl + Tab** alterna as vistas, assim você não perde a seleção de objetos; é possível selecionar em uma vista e mudar para outra e selecionar mais objetos.
- Mude a visibilidade dos objetos na vista 3D para visualizar aqueles que estão atrás dos outros; por exemplo, deixe as paredes em **Transparente** para visualizar o interior do edifício. Selecione uma parede, clique no botão direito do mouse e selecione **Sobrepor gráficos na Vista** > **Por elemento** > **Transparente**.
- Se, por acaso, você fechar o **Navegador de projeto** ou a janela **Propriedades**, pode abri-los indo até a aba **Vista** > **Interface do usuário** e ligando a janela.
- Duplo clique no divisor de títulos do cabeçalho de uma tabela deixa a coluna no tamanho máximo da maior palavra.
- Você pode baixar as **bibliotecas do Revit** e outras famílias no **BIMobject.com**, no endereço <http://bimobject.com>.
- Para desligar o desenho do AutoCAD, vá até a janela **Propriedades da vista** e, em **Sobreposição de visibilidade/Gráfico**, selecione **Editar**; então, na aba **Categorias importadas**, desligue o arquivo DWG.
- Você pode mudar a posição de uma aba da **Ribbon** clicando nela, mantendo a tecla **Ctrl** pressionada e arrastando-a para a posição desejada.
- É possível mudar o lado da dobradiça tanto durante a inserção da porta como depois. Basta clicar na barra de espaço ao inseri-la.
- Para inserir portas e janelas sem a etiqueta de numeração, desmarque a caixa **Identificar** na colocação na aba **Modificar | Inserir porta ou janela**.
- Sempre use a vista 3D para verificar as alterações.

- Para selecionar o forro com mais facilidade, use uma vista 3D ou um corte.
- Ao marcar a **Parede cortina**, ela é selecionada totalmente. Para selecionar um dos elementos, eixo ou montante, ou o painel separadamente, tecle **Tab**. Dessa forma, a seleção alterna entre eles.
- Para corrigir o texto, clique duas vezes nele; para apagar, clique nele e pressione **Del**.
- Uma vista não pode ser inserida mais de uma vez na folha nem em mais de uma folha. Para inserir uma vista em mais de uma folha, ela precisa ser duplicada.
- Para imprimir várias folhas ao mesmo tempo, crie um único arquivo com todas elas e imprima em PDF ou exporte em DWF.
- Apertando a tecla **Shift** e o botão scroll do mouse, podemos girar o projeto em 3D.
- Para usar rapidamente o modo de apresentação de vistas lado a lado, abra as vistas que deseja ver e digite WT.
- Para configurar a altura de corte em uma vista de planta, você deve configurar a **Propriedade da vista** na **Faixa da vista**, como mostra a Figura B.1. Ela é acessada pela janela **Propriedades**.

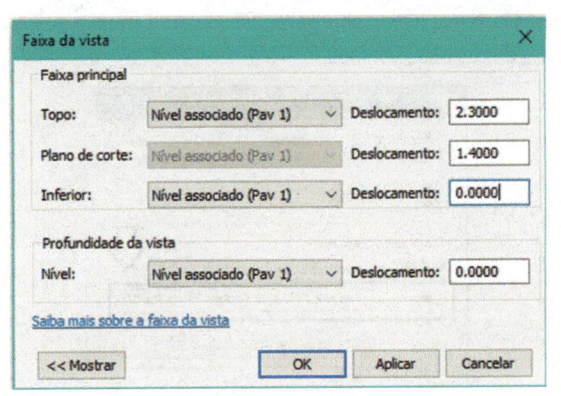

Figura B.1.

- Para copiar/transferir famílias do tipo **Família do sistema** de um arquivo para outro, você deve estar com os dois arquivos abertos: o que contém as famílias e o que vai receber as famílias. Em seguida, na aba **Gerenciar**, selecione a ferramenta **Transferir Normas de Projeto** e, na janela **Selecionar itens para copiar**, selecione as famílias que deseja copiar.

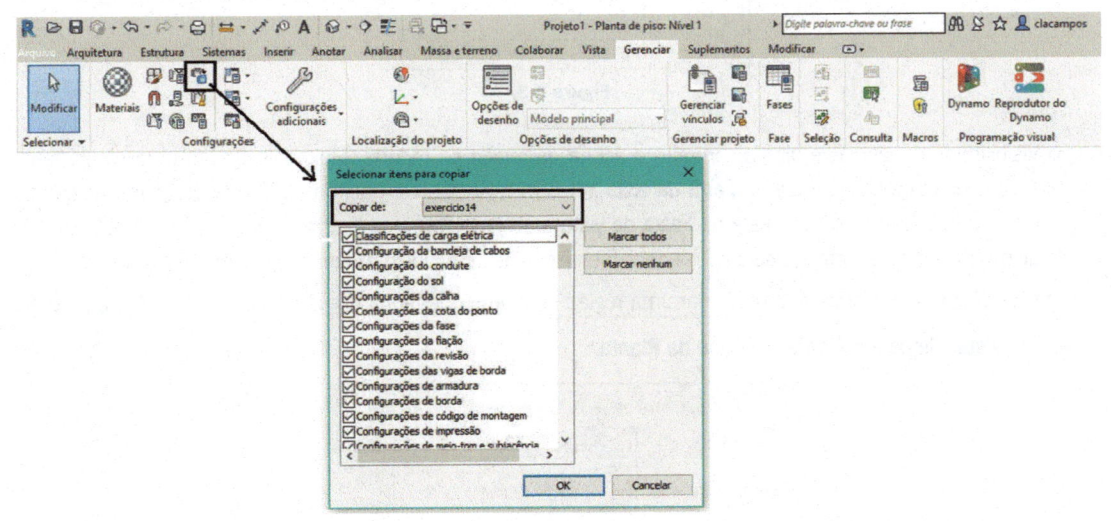

Figura B.2.

- Para mover todos os pavimentos juntos sem alterar a altura entre eles – ou em relação à cota do Térreo, por exemplo –, insira uma cota nos pavimentos e FECHE o cadeado. Em seguida, altere a cota do Térreo e todos os pavimentos serão movidos em relação a ele. No item 5 do Exercício 4 do tutorial do livro, temos um exemplo de como fazer isso.
- Ao utilizar uma hachura em piso do tipo linhas horizontais e verticais, use **Align** para alinhar a linha que representa a cerâmica com a linha da parede.

- Em identificadores de material use **Marca** em material para que no identificador fique R1, R2, R3. Ele pode ser usado em planta e em vista/corte.

- Se as dimensões temporárias estiverem muito pequenas no menu Arquivo, selecione **Opções** e, em **Gráficos**, altere o valor de **Aparência do texto na cota temporária**.

- Atalhos de teclado são muito úteis: ZF para zoom fit (também possível com duplo clique no mouse); ZA para zoom all; WT para deixar as janelas lado a lado; HH esconde elementos selecionados; HR exibe os elementos; KS permite que você crie seus próprios atalhos de teclado e SA seleciona todos os elementos do mesmo tipo.

- O duplo clique em um elemento ativa a edição da família, mas isso pode ser desativado em **Opções** em **Interface do usuário** > **Opções de clique duplo**.

- **Alterar idioma** – Para alterar o idioma no Revit a partir da versão 2015, você só precisa editar as propriedades do atalho do Revit na sua área de trabalho. Clique no botão direito do mouse no atalho do Revit 2018. Em seguida, edite o idioma em – language - para "PTB" como mostra a Figura B.3. Se você preferir, pode duplicar o atalho e ficar com as duas versões.

Figura B.3.

- Visibilidade de janelas e planta com altura acima da região de recorte. Muitas vezes em uma planta temos a linha de corte configurada na **Faixa da vista** a 1.5 m e janelas com peitoril de 0.9 m que são exibidas corretamente visto que o corte está na **Faixa da vista** a 1.5m. Porém, se tivermos janelas com peitoril de 1.65 acima da linha de corte, ou seja acima de 1.5 essas, janelas não são exibidas em corte na planta.

Para resolver essa questão, devemos criar uma região na planta que tenha um outro valor para a **Faixa da vista**.

Na aba **Vista**, clique em **Planta > Região da Planta**.

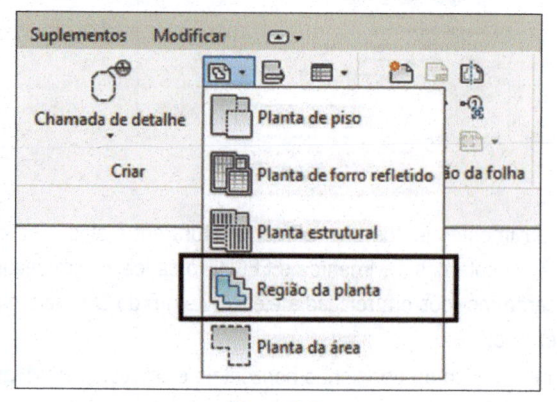

Figura B.4.

- Em seguida, na planta, desenhe com retângulo a área que deve ter outro valor para a **Faixa da vista**. Clique em **Concluir**.

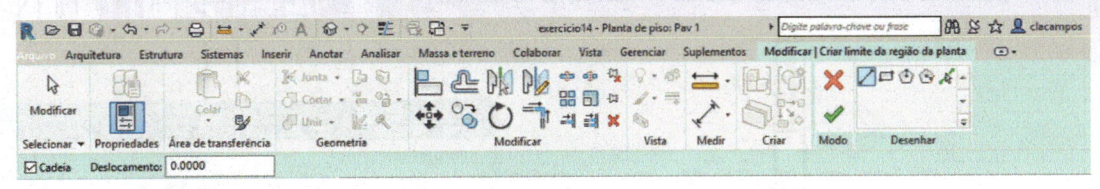

Figura B.5.

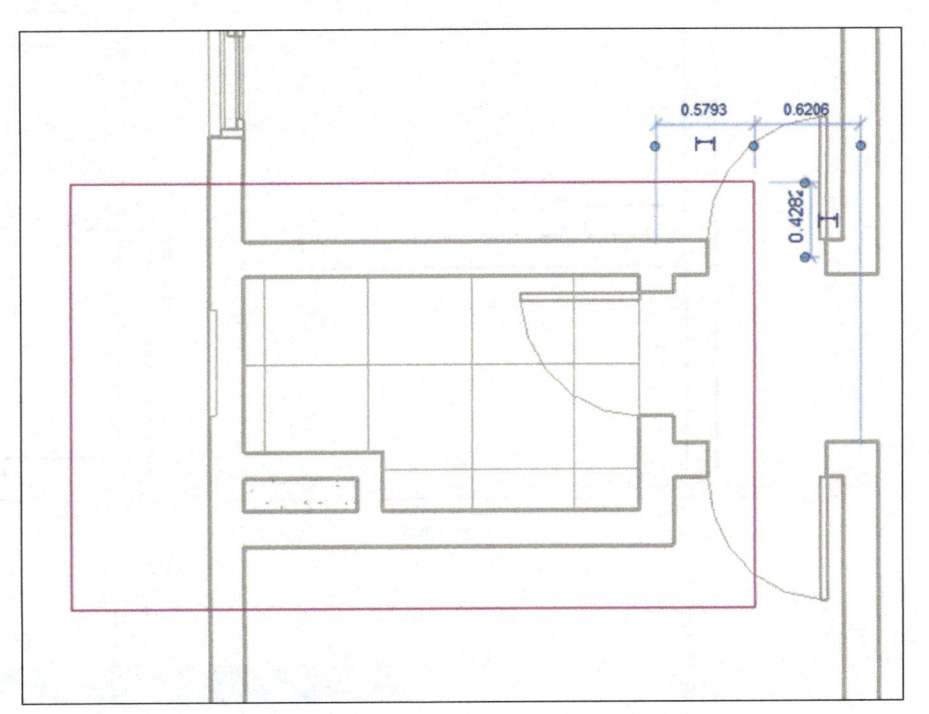

Figura B.6.

- Será criada na planta uma área delimitada por uma linha tracejada verde que é a Região de Planta.

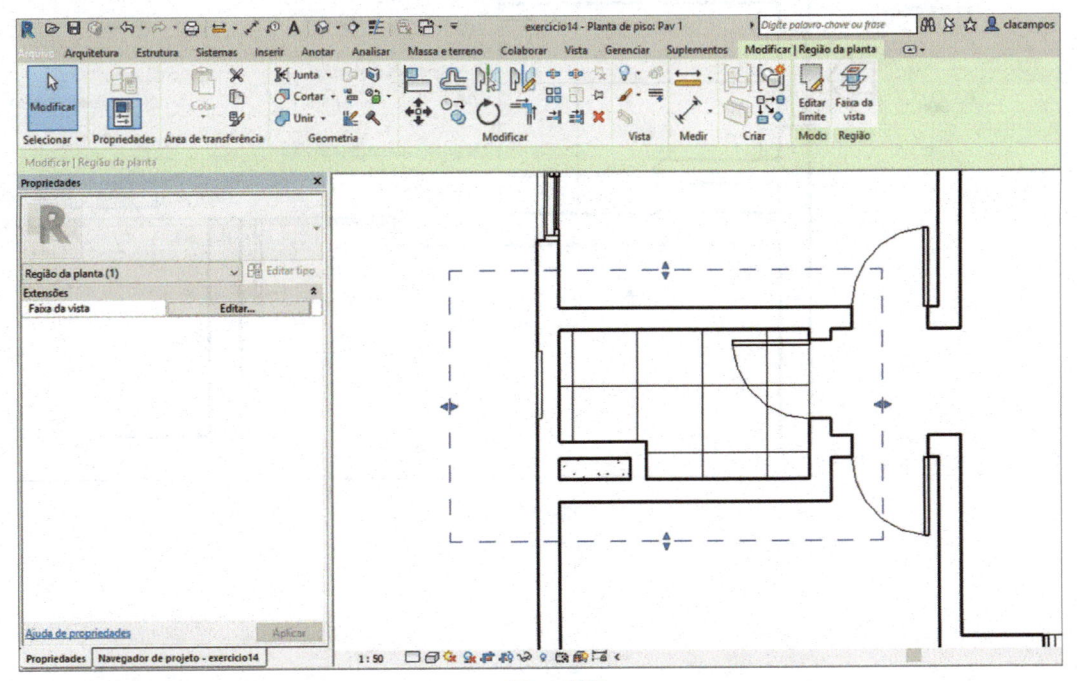

Figura B.7.

- Selecione na **Ribbon Faixa da vista**, e altere o valor para 1.9 e veja o resultado. A janela deste exemplo tem peitoril de 1.65 m e não era exibida corretamente na planta.

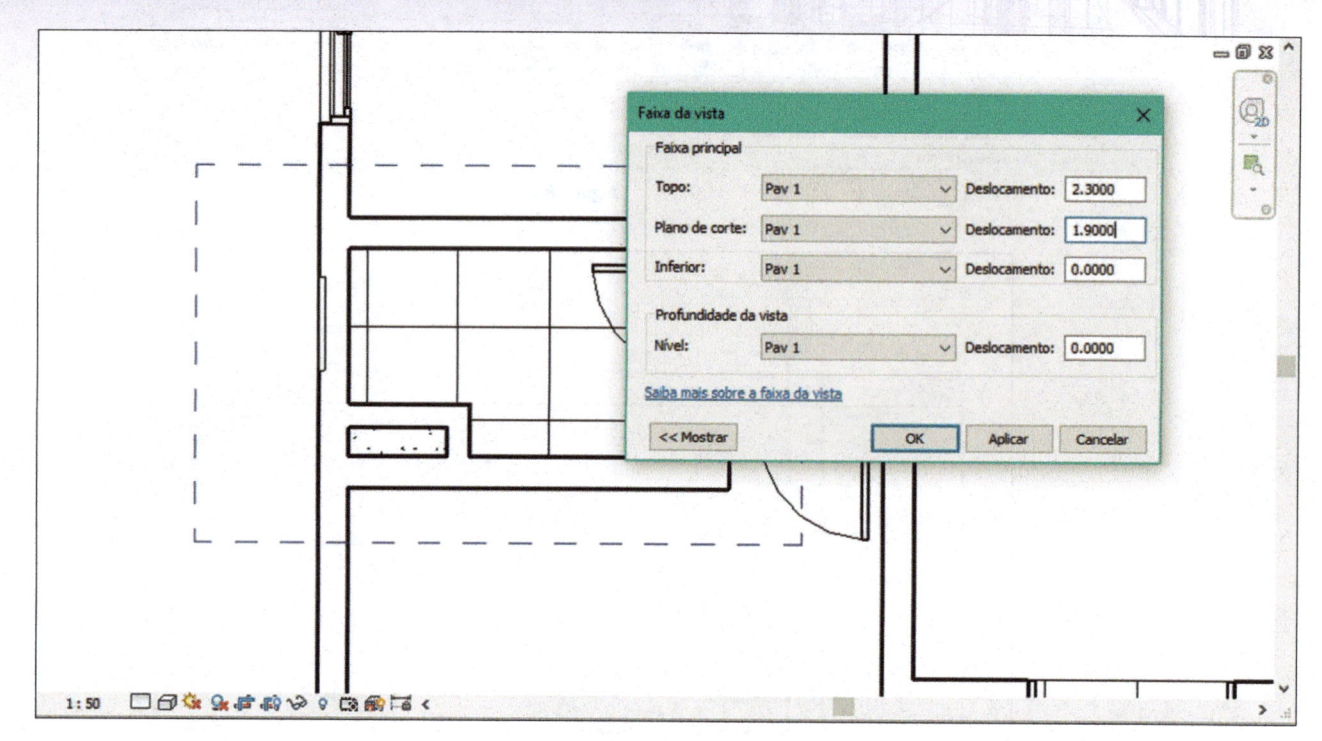

Figura B.8.

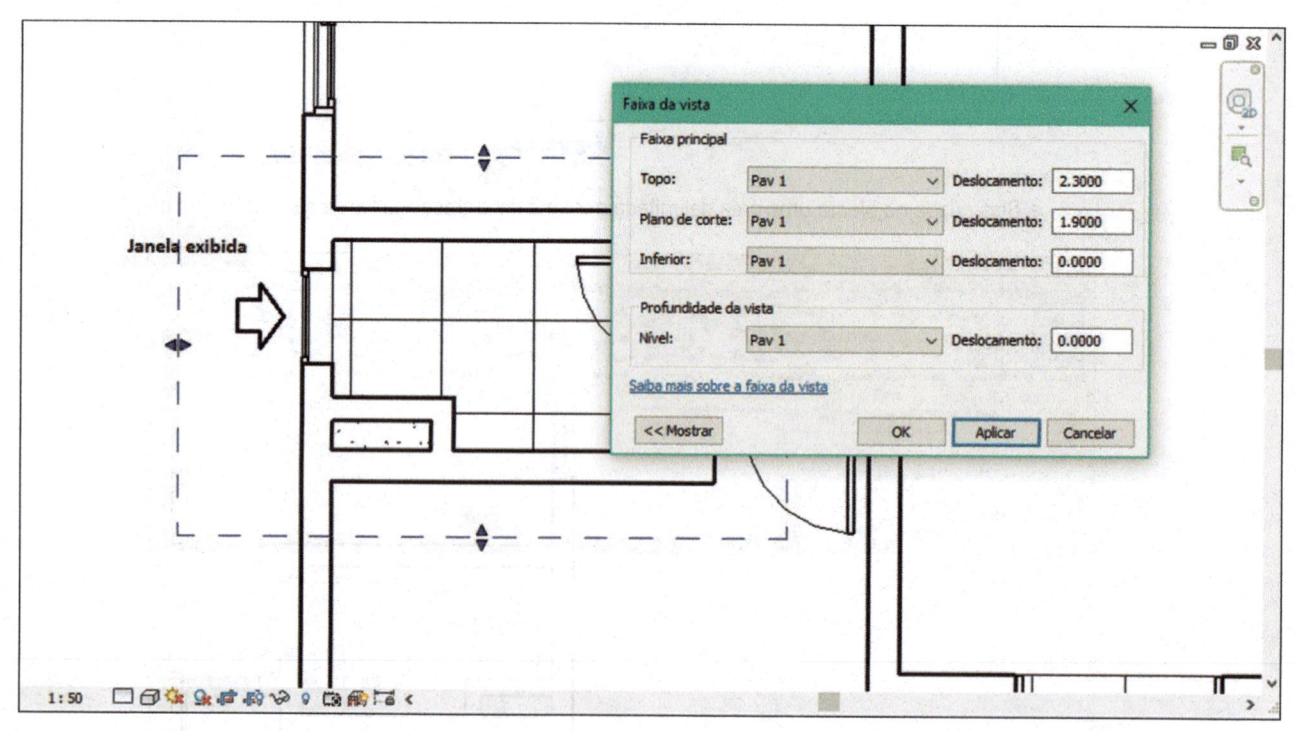

Figura B.9.